北斗系统与应用出版工程

北斗系统与应用出版工程

“十二五”国家重点图书出版规划项目

国家出版基金项目

北斗/GPS 双模软件接收机原理与实现技术

鲁 郁 著

電子工業出版社
Publishing House of Electronics Industry
北京 · BEIJING

内 容 简 介

本书从电子工程和通信技术的角度详细讲解GPS和北斗双系统接收机的原理，在对GPS和北斗系统的历史演进进行介绍的同时，详细讲解了GPS和北斗接收机内部从信号跟踪与捕获，到卫星位置速度计算、观测量模型分析和定位导航解算的几乎所有信号处理理论，同时也融进了作者在该领域多年的研发经验和心得。全书在对理论知识进行详细阐述的同时，紧密结合理论知识点实现了一台GPS和北斗双系统软件接收机，给出了该软件接收机源代码，该源代码实现了本书讲解的所有理论知识点，读者可以在阅读本书理论部分的同时运行相应程序，理解和分析运行结果，同时也可以根据自身需求修改源代码，更快更好地理解GPS和北斗双系统接收机设计的理论，为进一步地深化学习打下坚实的基础。

本书内容翔实，理论和实践并重，适合电子、航空航天、测绘测控、自动控制、地理、交通、农林、遥感、规划等领域从事卫星导航定位专业的工程技术人员和科研院所人员，以及通信电子类专业的高年级本科生和研究生阅读，既可作为参考资料，也可作为教辅参考书。

图书在版编目（CIP）数据

北斗/GPS双模软件接收机原理与实现技术 / 鲁郁著. —北京：电子工业出版社，2016.4
北斗系统与应用出版工程
ISBN 978-7-121-28525-7

Ⅰ. ①北… Ⅱ. ①鲁… Ⅲ. ①全球定位系统－接收机 Ⅳ. ①P228.4

中国版本图书馆CIP数据核字（2016）第069447号

策划编辑：宋　梅
责任编辑：宋　梅
印　　刷：北京天宇星印刷厂
装　　订：北京天宇星印刷厂
出版发行：电子工业出版社
　　　　　北京市海淀区万寿路173信箱　邮编　100036
开　　本：720×1000　1/16　印张：28.25　字数：586千字
版　　次：2016年4月第1版
印　　次：2025年1月第13次印刷
定　　价：98.00元

凡所购买电子工业出版社图书有缺损问题，请向购买书店调换。若书店售缺，请与本社发行部联系，联系及邮购电话：（010）88254888，88258888。

质量投诉请发邮件至zlts@phei.com.cn，盗版侵权举报请发邮件至dbqq@phei.com.cn。

本书咨询联系方式：mariams@phei.com.cn。

总　　序

“北斗系统与应用出版工程”丛书，能作为国家出版工程推进，是件很好的事情，我表示热烈的祝贺，欣然作序予以鼓励支持。北斗系统不仅是项充满活力的新兴技术，而且是国家重要的时空信息基础设施，同时由于它与其他技术和产业的多重关联性和融合性，故成为现代智能信息产业群体的重大技术支持系统和具有巨大带动力的时代产业发展引擎，与国家安全、国民经济和社会民生密切相关，与“中国梦”密切相关，能够服务全中国和全世界。北斗系统的建设和运营，给国家和社会的兴邦强国，行业和企业的建功立业，团队和个人的著书立说，以及创新创业创造精神的大发挥、大发展，提供了百年难遇的良好机会。“北斗系统与应用出版工程”丛书，也承载着同样的使命，它所包括的内容包括系统、技术和应用三个方面，这种选择非常符合实际需要，很全面，不仅顾及了眼前和长远，而且应用方面所占的分量相当大。我建议在应用的服务领域要多下点功夫，这是北斗系统和时空信息服务体系的关键。在当今的条件下，推进这个出版工程，具有明显的现实意义和长远价值。为此，我在这里要强调三点：一是一定要把国内外 GNSS 领域的成功经验和教训，进行系统总结，作为良好的参考；二是应该将我们在系统建设中的实践，上升为理论与模式，进一步推进我们的工作与事业；三是在上面两点的基础上，我们要有所前进，有所创造，在理论、实践、产业和体系化发展推进上有所突破，逐步走向世界的前列，真正把这一出版工程，做成北斗系统伟大工程的一个不可分割的组成部分，反过来对系统工程发挥指导和促进作用，发挥其 GNSS 里程碑效应和效能。

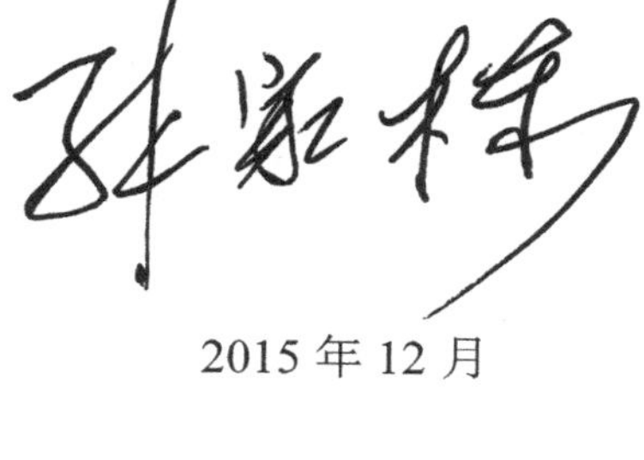

2015 年 12 月

序

前　言

全球导航卫星系统（Global Navigation Satellite System，GNSS）是利用空间卫星实现定位和导航目的的系统，这项技术在早期只为少数专业人士所熟悉，在 GPS 发展的早期，应用最多的领域是军事国防、精密制导、国土测绘、专业测量、大气层研究等，但在 21 世纪的今天，普通大众发现在日常生活中越来越离不开这项技术，如今随处可见的车辆导航、手机导航、儿童防丢手表、基于位置的服务等就是明证。

目前，世界上主要的 GNSS 系统包括美国的 GPS、俄罗斯的 GLONASS、中国的北斗系统和欧盟的 Galileo 系统。GPS 是发展最为成熟、市场接收度也最高的系统；GLONASS 的发展受苏联解体的影响，一度处于停滞状态，但在进入 21 世纪以后发展迅速；中国的北斗系统虽然起步较晚，但发展速度很快，已经于 2012 年 12 月建成覆盖中国和部分亚太地区的区域服务系统，并计划于 2020 年建成覆盖全球的全球服务系统。

在这种背景下，国内相关科研技术人员对于北斗接收机研究和设计的技术书籍一直比较期待，而由于北斗系统目前还处于不断发展过程中，有些方面还存在不够完善的地方，所以成熟的技术文献资料还比较少，本书的出版在一定程度上顺应了这种呼声，为国内从事北斗接收机研发设计以及算法研究的人员提供了一本参考资料。

本书的前期工作基础是笔者 2009 年在电子工业出版社出版的《GPS 全球定位接收机——原理与软件实现》。在编写完那本书以后，笔者又在北斗接收机的系统设计和算法研究方面做了一部分工作，但主要集中在工程实现方面，后来又实现了 GPS 和北斗双系统的软件接收机，对于一些以前不太明白的理论问题有了更深刻的理解和认识。早在 2011 年，电子工业出版社的宋梅编审便邀请我写一本有关北斗接收机的专业书籍，但由于感觉自己的技术积累不是太充足，加之北斗系统还在不断完善和演进之中，很多技术并没有成熟和稳定下来，略显重复恐有误人子弟之嫌，所以一直没有应承下来。后来宋梅编审的一再鼓励使我打消了顾虑，因为像北斗系统这样发展迅速的技术领域，一味地等待技术的成熟和稳定将是不现实的，阶段性的总结和讨论也是很有意义的，由此便有了本书的问世。

本书内容共 9 章：第 1 章对 GNSS 系统中使用的空间系统和时间系统进行了介绍，对定位的基本原理做了简介，使读者（尤其是初学者）能够对整个系统的框架有一个基本认识；第 2 章详细描述了 GPS 和北斗系统的历史由来，并对两个 GNSS 系统目前的状况和未来的发展趋势进行了阐述；第 3 章对 GPS 和北斗的信号格式和导航电文格式进行了讲解，这一章是后续理解基带信号处理的基础，也是接收机设计中实现数据解调、比特同步、载波同步、子帧同步等功能的理论基础；第 4 章用较大的篇幅讲解了信号捕获和跟踪的理论原理，详细分析了目前工程实际中使用的几种信号捕获的技术方案，同时对载波跟踪和伪码跟踪的原理进行了理论分析，这一章最后还分析了 GPS 和北斗子帧同步技术，并进行了对比；第 5 章讲解了 GNSS 接收机常用的观测量，包括伪距观测量、载波相位观测量和多普勒观测量，在分析观测量的数学原理的同时，也对其噪声特性进行了分析，这一章是后续理解 PVT 解算的基础；第 6 章分析了卫星的位置和速度的计算方法，包括 GPS 卫星和北斗 GEO/MEO/IGSO 卫星，对现在市场上主流的商业接收机中使用的扩展星历技术进行了简要介绍；第 7 章详细讲解了位置、速度和时间解算的理论和具体方法，分析了目前接收机中几种常用的卡尔曼滤波模型，这一章包括一部分状态参数估计的理论，以及最小二乘法和卡尔曼滤波方法的原理；第 8 章主要讲解了接收机中的射频前端，对其中的理论原理和性能参数的选择进行了详细分析，并结合实例给出射频前端设计要点，这一章内容可以帮助读者将接收机作为一个整体来理解；第 9 章详细讲解了根据本书所涵盖的理论原理而设计的 GPS 和北斗双系统软件接收机的源代码，同时对一段实际采集的 GPS 和北斗双模中频信号进行处理，以数据曲线、图形等直观的形式给出了数据处理的结果，包括信号捕获、信号跟踪、位置速度和时间解算等结果，建议读者在阅读这一章时结合软件接收机源代码一起阅读，这样能够将前几章讲解的理论部分融会贯通，起到事半功倍的效果。由于书中理论部分的一些公式推导稍显烦琐，所以作为附录在书后单列出来，感兴趣的读者可以阅读。

在工程技术领域，知易行难。只有真正去“行”了，才能实现真正的“知”，在 GNSS 接收机技术领域更是如此。鉴于此，在组织本书材料的过程中，实现 GPS 和北斗双模软件接收机的源代码是不得不着重提出的一点。这些源代码用 C 语言和 Matlab 语言编写，实现了从信号捕获、载波和伪码跟踪、子帧同步、电文解调、卫星星历位置计算、PVT 解算（LSQ 和卡尔曼滤波）的全部功能，读者可以对代码进行修改以适应自身需要，也可以在此基础上实现自己的软件接收机。全部源代码可以从网站 http://www.gnssbook.cn/上免费下载，笔者的电子邮件和微信联系方式也可以在该网站上找到，欢迎读者交流。

在本书编写过程中，得到了笔者在中国科学院微电子研究所工作时的同事们的支持，他们睿智的头脑总能给我启发，让我收益颇多；电子工业出版社的宋梅编审给我最大的鼓励，没有她的鼓励我甚至不可能动笔；中国科学院微电子研究所的硕士研究生黄健参与了本书初稿的校对，并参与了软件接收机源代码中图形界面的编写。在此，对上述人士一并表示感谢。我还需要感谢的是我的妻子何炎女士和我的孩子们，他们是我不断前行的动力。

由于自己的学识和经验有限，加之 GPS 和北斗系统还在快速发展和完善中，在全书编写过程中，错误和纰漏在所难免，希望通过本书结交更多的朋友，也欢迎广大的读者朋友批评斧正，共同提高。

鲁郁

2016 年 1 月

目　　录

第 1 章

定位、坐标系和时间标准

本章要点

- 问题的提出
- 常用坐标系
- 时间系统

全球导航卫星系统，英文全称为 Global Navigation Satellite System，简写为 GNSS，其系统主要思想是通过位于空间的导航卫星发射无线电导航信号实现终端用户的定位和导航功能。通常意义上的 GNSS 泛指所有的导航卫星系统，包括全球的、区域的和增强的系统。目前世界上有四种主要的全球 GNSS 系统，分别是美国的 GPS、俄罗斯的 GLONASS、中国的北斗（BDS）和欧盟的 Galileo，区域系统包括中国的北斗一代、日本的 QZSS 和印度的 IRNSS，增强系统包括 WAAS、EGNOS 等，其中从系统成熟度和公众知名度来说，当属美国的 GPS 系统，其他几个全球 GNSS 系统虽然各自的射频频段、信号调制方式以及卫星导航电文均和 GPS 存在或多或少的差异，但实现定位和导航的基本原理却大同小异。所以从这个意义来说，对卫星导航领域的初学者来说 GPS 系统是一个很好的起点。

本章第一节将从最基本的问题出发，一步步用浅显易懂的语言来描述 GPS 系统的基本原理。“貌似非常复杂的 GPS 全球定位接收机的基本原理竟然如此简单”——希望读者读了本章以后有如此的惊叹。在这一节中尽量用浅显的生活语言来描述问题，繁杂的理论推导和数学公式将尽量避免，这样做的目的是让初学者从阅读本书的开始就能保持对学习接收机理论的兴趣。

定位目的本身要求接收机必须身处一定的坐标系中，这样才能给出有意义的定位结果。所以本章第二节简要阐述了几种不同的坐标系，并对常用坐标系之间的相互转换进行了介绍。GNSS 系统对于时间的要求非常高，时间测量的精确程度直接影响到定位的准确性。有些学者甚至认为 GNSS 系统首先是一个严格的时间同步系统，然后才能谈论其定位的功能，所以在本章第三节讨论了目前世界上常用的几种时间系统，并对不同时间系统之间的关系进行了分析。

1.1 问题的提出

1.1.1 基本目的和基本定位系统

GPS 接收机最基本的目的是定位，通俗地说，就是回答一个问题：我身在何处？关于这一点，很少有人会表示异议。于是就让我们从这个最基本的目标谈起。

我们生活的世界是个三维空间，所以最直接的问题应该是个三维的定位问题。可是三维的情况比较复杂，我们还是从二维开始比较容易入手。当然我们也可以从一维开始，可是这个切入点有些过于简单了。二维的情况相比三维世界要简单很多，同时也很容易扩展到三维的情况。

考虑一个二维世界的 A 先生，生活在一个二维直角坐标系，如图 1.1 所示。

A 先生想知道自己的坐标 (x, y)，最简单最直接的方法就是用一把尺子量一量自己距离两个坐标轴的远近，可是这个方法有很大的局限性。首先，A 先生必须知道坐标轴的位置，在实际生活中坐标轴只是一个虚的概念，并没有物理的实现。比如有时虚拟的坐标轴要穿过高山或海洋，此时直接的物理测量就无从谈起；其次，当A先生距离坐标轴很远的时候，比如1 000 km，如何能得到一把如此长的尺子？

为了解决这些问题，A先生不选择坐标轴作为测量的参考点，而在二维平面内选择了两个已知坐标的点，$P_1(x_1,y_1)$ 和 $P_2(x_2,y_2)$，作为测量的参考点，如图 1.2 所示。这样如果他知道自己距离 $P_1(x_1,y_1)$ 和 $P_2(x_2,y_2)$ 的距离 S_1 和 S_2 就可以列出两个方程：

$$S_1=\sqrt{(x-x_1)^2+(y-y_1)^2} \tag{1.1}$$

$$S_2=\sqrt{(x-x_2)^2+(y-y_2)^2} \tag{1.2}$$

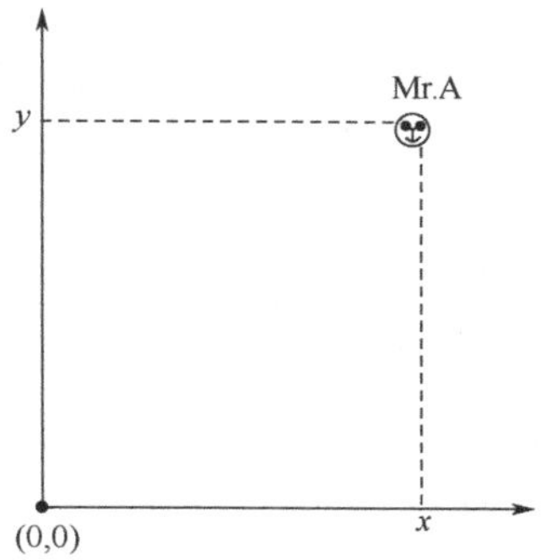

图 1.1 生活在二维世界里的 A 先生

这样就可以解出坐标 (x,y)。式(1.1)和式(1.2)均为非线性方程，具体的方程解法可以采用迭代法。这两个方程的物理意义是给出了两个圆的轨迹，而A先生就在这两个圆的交点上。当然，理论上他会得到两个交点，但其中有一个交点是不合理的，比如有一个交点在天空，而A先生知道自己只能在地球表面上。

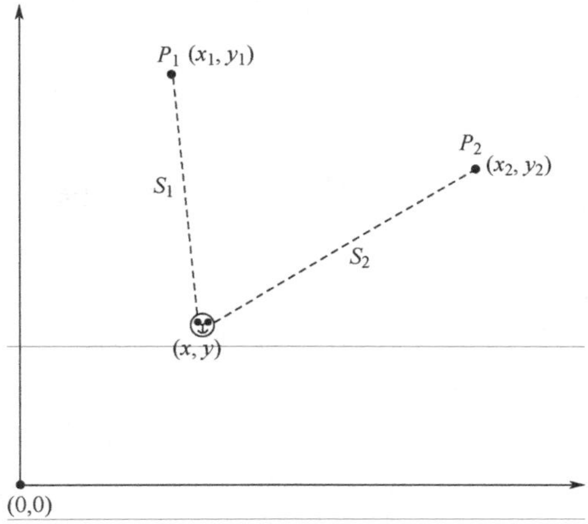

图 1.2 A 先生利用两个参考点实现定位

这种变通的方法把对坐标的直接测量变成了对距离的测量，而且是测量A先生对某个具体的参考点的距离，参考点的位置是事先知道的。对距离的测量方法很多，简单的方法如用尺子量，复杂的如通过三角关系法进行计算，或者通过测距仪器，例如，采用激光测距仪或超声波测距仪等测量。这里我们所要使用的是另一种方法，这种方法和上述的方法有所不同，之所以采用这种方法是因为它是目前 GNSS 接收机中实现伪距测量的方法，这种方法的基本原理就是测量电磁波在参考点和用户之间的传播时间而得到距离。

众所周知，电磁波在自由空间的传播速度是恒定的，具体数值为光速，一般用 c 表示，如果知道了电磁波信号从参考点到用户之间的传播时间，那么将时间乘以光速就得到了用户和参考点之间的距离，即式(1.1)和式(1.2)左边的 S_1 和 S_2。

一个很睿智的方法是让参考点在一个已知的时刻 t_s 发出一个闪光，A 先生在时刻 t_r 看到这个闪光，于是他就可以利用公式 $S = c(t_r - t_s)$ 得到闪光传播的距离，而这就是自己距离参考点的距离。此处 c 是光速，大概为 2.997×10^8 m/s。这里有两个参考点，于是就有两个发射时间 t_{s1} 和 t_{s2}，同时也就有两个接收时间 t_{r1} 和 t_{r2}，为了使事情简单一些，P_1 点和 P_2 点的闪光可以同步起来共用一个发射时间，即 $t_{s1} = t_{s2}$，下面的分析中就只有一个 t_s。但接收时间却总是不同的，除非 A 先生所在的位置距离 P_1 和 P_2 点一样，即 A 先生的位置和 P_1、P_2 组成一个等腰三角形，否则总有两个不同的接收时间 t_{r1} 和 t_{r2}。

到此为止，A 先生成功地把距离的测量转化为了时间的测量。于是，现在的问题变为：如何测量闪光到达的时间 t_{r1} 和 t_{r2}。

很容易想到，在 P_1 和 P_2 点及 A 先生自身处各放置一个时钟，三个时钟在最开始就彼此对准，大家约定好 P_1 点和 P_2 点在同一个时刻——比如 7:00:00——开始发射闪光，于是假如 A 先生分别在 7:00:01 和 7:00:02 看到 P_1 点和 P_2 点的闪光，那么他就知道自己和 P_1 点的距离是闪光走 1 秒的距离，而和 P_2 点的距离就是闪光走 2 s 的距离。

看起来这个方案不错，A 先生无须一个超长的尺子，而只需要携带一个时钟就可以了。实际上，这个原理也正是 GPS 系统最基本的工作原理。听起来有点匪夷所思，但 GPS 的基本原理就是这么简单。

这个测量时间的方案看起来很简单，可是仔细想一想就会发现一些明显的问题。

第一个困难是，如果 P_1 点和 P_2 点发射的是一样的闪光的话，A 先生如何能区别出先后收到的闪光分别来自 P_1 点还是 P_2 点？

第二个困难是，如何保证接收时刻 t_{r1} 和 t_{r2} 的准确测量？理解这个问题的提出必须结合光速的绝对值来考虑，光在 1 s 的时间里大概可以走 300 000 km。所以如果 A 先生携带的时钟不那么精准，比如错了 1 s，那么 t_{r1} 和 t_{r2} 的测量值就会错 1 s，由此而带来的距离测量值就会错 300 km，因为 $2.997 \times 10^8 \times 1$ ms=299.7 km。1 s 在我们日常的生活中看似微不足道，但这里却带来巨大的误差，这实在是差之毫厘，谬以千里。

第一个问题比较好解决，我们可以让 P_1 点发红色的闪光，而 P_2 点发蓝色的闪光，这样 A 先生就知道哪个闪光来自哪个参考点。推而广之，也就是说，每一个参考点必须用一个唯一的标识（ID 号）来标志自己发射的信号。

第二个问题比较棘手。为了理解这个问题，我们有必要先来了解一下时钟的工作原理。

1.1.2　时钟问题

在人类文明前进的征途中，不论世事如何变迁、技术如何进步，当我们回顾时间测量技术时，会发现一个不变的结论，即时间的测量总是通过对于某个周期事件的计数来实现的。远古时期的人们通过对日升日落进行计数，得知以天为单位的时间尺度，伽利略和惠更斯时代人们已经可以制作利用单摆的简谐运动的周期进行计时的摆钟了，进入电子时代以后更是通过更为精巧和稳定的电子振荡器进行计时，现代数字电路中大量使用的时钟信号其实就是某种周期事件的具体实现。

现代的时钟大量采用石英晶体振荡器作为频率基准，例如，石英钟里使用的 32 768 Hz 的晶振。为了产生秒的计数，就必须用一个计数器对 32 768 Hz 晶振的振荡周期进行计数，当计数器计满 2^{15} 个振荡周期时就产生一个秒进位信号。可是这个秒进位信号只有在晶振确实是以 32 768 Hz 的频率值振荡时才是准确的一秒。32 768 Hz 只是这个晶振的标称值，其实际测量值却不一定就是如此。衡量一个晶振最重要的两个指标是频率准确度（Accuracy）和频率稳定度（Stability）。晶振的频率测量值和标称值之间几乎是一定会有一个偏差的，这个偏差就是频率准确度。比如标称值为 1 MHz 的晶振，实际测量值可能是 999 999 Hz，那么，其频率准确度就是 1 Hz。更为合理的表示方法是相对频率准确度（Relative Frequeny Accuracy），其表示值为 $\frac{\Delta f}{f_0}$，其中 Δf 是测量值和标称值的差，f_0 为晶振的标称频率值。可以看出频率准确度其实是个比率值，是个没有量纲的量，一般来说可以表示为 ppm，$1\ \text{ppm}=10^{-6}$。在上面的例子中，其相对频率准确度就是 10^{-6}，即 1 ppm。频率测量值和标称值之间的偏差还会随着时间变化，这个偏差对时间的导数反映了晶振的频率稳定度。频率稳定度和多种因素相关，常见的有温度变化、电压变化、自身老化、外界动态应力等。

相对频率准确度可以表示为

$$F = \frac{f - f_0}{f_0} \tag{1.3}$$

式(1.3)中，f_0 是标称值；f 是实际测量值。

如果对频率标称值为 f_0 的晶振进行计数，计数长度取决于所定时的长短，此处设为 N，则理论计时时间为

$$T_0 = \frac{N}{f_0} \tag{1.4}$$

但由于频率准确度的问题，实际计时时间为

$$T = \frac{N}{f} \tag{1.5}$$

设 $\Delta f = f - f_0$，则有计时误差

$$\Delta T = T - T_0 = \frac{N\Delta f}{ff_0} \approx \frac{T_0\Delta f}{f_0} = T_0 F \tag{1.6}$$

式(1.6)最后一步的近似是因为一般来说，$\Delta f \ll f_0$。

由式(1.6)可以很容易得到 $\frac{\Delta T}{T_0} = F$，这个式子表明，只要 F 不为 0 就必定会导致计时误差，而且该误差和 F 成正比。如果取 T_0=1 s，那么 $\Delta T = F$。这个结论的物理意义就是，对任何一个晶振的标称值频率计时 1 s，实际得到的时间长度和理论上的 1 s 的偏差就是这个晶振的相对频率准确度。这个结论在 GPS 接收机里的应用在后续章节里还要详述。

所以 A 先生就面临这个难题：即使在一开始他把自己的时钟和 P_1、P_2 点的时钟都对准了，可是由于晶振的频率准确度问题，过一段时间后就不能准确地从本地时钟得到时间的信息。除非他不停地与 P_1 点和 P_2 点的时钟进行校对，这显然是不现实的。

在考虑第二个问题的时侯，不可避免地出现第三个问题：如果时钟的严格对准是件困难的事情，我们又如何保证 P_1 和 P_2 两点的时钟保持对准？这个问题的出现是因为我们前面的讨论都是基于 P_1 和 P_2 的闪光严格地同时发出，这样它们才能共享一个发射时间，否则后续的讨论都无从谈起。

第三个困难是这样解决的：因为参考点只有两个，我们可以运用非常复杂的技术和高昂的成本制作两个非常精准的时钟，这两个时钟之精确性近乎完美。实际上，GPS 系统中的卫星，作为定位的参考点，就使用了铷或铯的原子钟，其相对频率稳定度可达$10^{-12} \sim 10^{-14}$，同时地面控制站还时刻在监控卫星上的原子钟，并在需要的时候及时进行调整。

此时会有人问，如果 A 先生也配置一台原子钟，那么第二个困难不就解决了吗？理论上可以，可实际上不可行。因为原子钟高昂的成本和复杂的技术，最终用户负担不起使用原子钟的接收机[1]。之所以参考点可以配置原子钟是因为只有屈指可数的几个参考点，而用户却有成千上万个。

所以到目前为止，我们还没有解决第二个困难的好办法。

1.1.3 一个改进的系统

我们先把第二个问题放在一边，姑且认为 A 先生的时钟非常准，可以足够精确地测量闪光到达的时间，于是他就可以基于式(1.1)和式(1.2)来实现定位。可是这个方案还是有一些缺憾。现在的方案简单描述如下：参考点 P_1 和 P_2 只在一些约定好的

[1] 随着技术的进步和成本的降低，目前考虑在 GPS 接收机中使用原子钟也不是一件不可能的事情。有一些公司已经在进行片上原子钟（**Chip-Scale Atomic Clock**）的开发和生产，这种原子钟体积在厘米级别，功耗几十毫瓦左右，已经能在小型接收机内使用。在将来的接收机设计中，也许会考虑使用这种芯片级的原子钟。

时刻发出闪光，我们可以选择在每一个整秒的时刻发出闪光，例如，在 7:00:00，7:00:01，7:00:02，…，P_1 和 P_2 同时发出闪光，而且同一个参考点在不同整秒发出的闪光都是一样的。

这样的设置就会带来两个问题：第一，A 先生每一秒钟只能实现一次定位，如果错过了当前时刻的闪光，就只能等下一秒。最好能实现无论何时 A 先生只要读一下自己的时钟就可以实现一次定位。第二，如果 A 先生距离参考点很远，比如超过了 300 000 km，那么闪光从参考点到 A 先生就要超过 1 s 的时间，那么 A 先生将无法得知自己收到的闪光在何时发出，因为 1 s 前发出的闪光和 10 s 前的闪光并无二致，也因此无从计算自己和参考点之间的距离，就不能利用式(1.1)和式(1.2)来定位。这个困难可以叫作整秒模糊度问题，这个问题的根本原因是因为每一次发射的闪光都是相同的。

让我们对现在的简单定位系统做一些改进。

首先，我们让参考点发射闪光的频率加快，以前是 1 s 发一次，现在每秒发 10^6 次，即每 1 μs 就发一次。同时 P_1 和 P_2 点发射的红蓝闪光依然保持同步，每 1 μs 的时刻，一个红色闪光和一个蓝色闪光严格地同时发出。第二个改进是在每一个闪光上调制上发射时间的信息，由此 A 先生接收到一个闪光后可以由上面调制的时间信息得知这个闪光的发射时间。为了读取闪光上面调制的发射时间，A 先生现在除了要携带一台时钟以外，还需要装备一台“闪光接收器”，这个接收器也许并不是一个实际的仪器，也可能只是现有的仪器中的一个功能，其目的是为了解码闪光的调制信息。

图 1.3 给出了改进后的参考点发射闪光的示意图。由图中可以看出，红、蓝闪光发射时刻的同步关系，而且每一个闪光上面都调制了自己的发射时刻。这里要着重提出的是，这个严格的同步关系只有在参考点才是正确的，在接收点即 A 先生的接收器就不存在这个结论了。原因很简单，A 先生和两个参考点的距离是不一样的，所以闪光所需的传输时间也不一样，导致在接收端红、蓝闪光的同步关系被破坏。

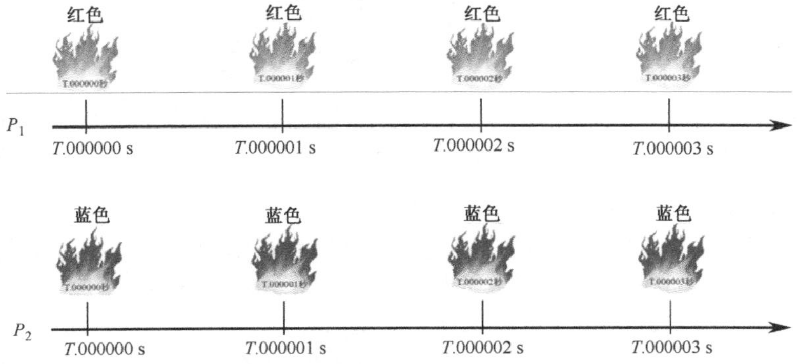

图 1.3　红蓝闪光的发射间隔时间为 1 μs，同时在每个闪光上调制器发射时间

下面我们来分析一下这两个改进对定位会有什么影响。

首先，现在 A 先生每一次读取自己的时钟值的时候，只要他愿意多等 1 μs，他的接收器必然会收到两个闪光，一蓝一红。这两个闪光也许不是严格同时到达 A 先生的接收器的，但它们之间的时间差一定小于 1 μs。

我们已经知道 1 μs 带来的距离误差是 300 m 左右，如果我们可以容忍 300 m 的误差的话就可以把这两个闪光到达的时间差忽略不计，而认为它们是同时到达，而到达的时间就是 A 先生自己的时钟值。如前所述，虽然这两个闪光是同时到达，但它们两个的发射时间是不同的。

假设 A 先生的接收器在某一个时刻 t_r 接收到了红色和蓝色闪光各一个，从闪光上调制的信息可以得到各自的发射时间。由此 A 先生得到了三个时间观测量，红色闪光和蓝色闪光的发射时间 t_{s1}、t_{s2} 和自己的本地时间 t_r 。t_{s1} 和 t_{s2} 总是准确的，因为它们来自于参考点的原子钟。现在我们假设 A 先生自己的时钟是一台极其精准的原子钟，所以本地时间 t_r 可以很精确，那么红色闪光和蓝色闪光传输的时间就是 $(t_{s1}-t_r)$ 和 $(t_{s2}-t_r)$，于是可以列出如下方程：

$$S_1 = c(t_{s1}-t_r) = \sqrt{(x-x_1)^2+(y-y_1)^2} \tag{1.7}$$

$$S_2 = c(t_{s2}-t_r) = \sqrt{(x-x_2)^2+(y-y_2)^2} \tag{1.8}$$

因为 1 μs 的时间是如此得短，我们几乎可以说现在只要 A 先生读一下自己的接收器就能得到一组数据：t_{s1}、t_{s2} 和 t_r，从而实现一次定位解算。而且由于每个闪光都携带自己发射时间的信息，所以整秒模糊度问题也得以解决。

但这个改进的系统是基于 A 先生使用了一台及其精准的原子钟，所以依然没有解决 1.1.1 节中提到的第二个问题。

现在假设 A 先生用了一台一般的廉价时钟，于是他每一次读取接收器的时候，他的本地时间是不准的，用 t'_r 表示。但是 t_{s1} 和 t_{s2} 都是准确的，因为这两个时间量都是从闪光自身调制的信号得到的，而不是从本地时间读取的。如果我们假设 t'_r 和 t_r 的偏差为 b，即 $t'_r = t_r - b$，我们就可以由式(1.7)和式(1.8)得到

$$\rho_1 = c(t_{s1}-t'_r) = \sqrt{(x-x_1)^2+(y-y_1)^2}+cb \tag{1.9}$$

$$\rho_2 = c(t_{s2}-t'_r) = \sqrt{(x-x_2)^2+(y-y_2)^2}+cb \tag{1.10}$$

在这两个方程中，我们用 ρ 而不再用 S 是因为 ρ 不再是准确的距离量，这个量和真实的距离相差一个时间常数 b，所以把 ρ 称作伪距。该方程组有三个未知量 (x,y,b)，却只有两个方程，所以解不出来。

仔细观察式(1.9)和式(1.10)可以发现，每一参考点给出一个方程，A 先生有两个参考点 P_1 和 P_2，因此有两个方程。于是很自然地想到，如果再多有一个参考点，就可以多得到一个方程，于是就可以解出 (x,y,b)。

现在如果加上一个新参考点 $P_3(x_3,y_3)$，P_3 发射绿色闪光，并且与 P_1 和 P_2 的红色、蓝色闪光严格保持同步的发射时间，通过类似的分析可知，A 先生的接收器在每 1 μs 会接收到三个闪光，如图 1.4 所示。

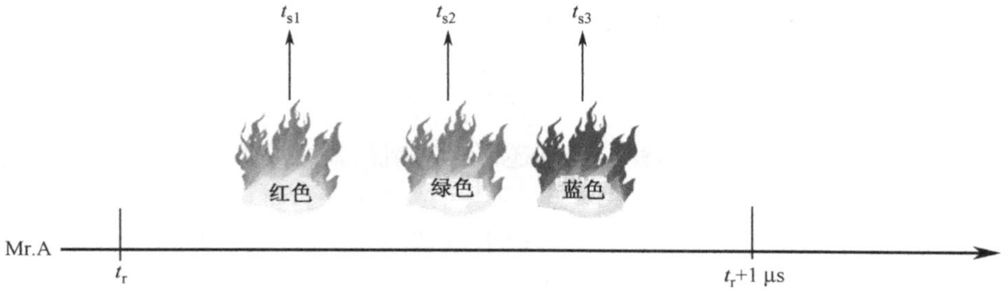

图 1.4　A 先生在 t_r 时刻收到三个闪光

相应地，可以得到三个方程

$$\rho_1 = c(t_{s1} - t_r') = \sqrt{(x-x_1)^2 + (y-y_1)^2} + cb \tag{1.11}$$

$$\rho_2 = c(t_{s2} - t_r') = \sqrt{(x-x_2)^2 + (y-y_2)^2} + cb \tag{1.12}$$

$$\rho_3 = c(t_{s3} - t_r') = \sqrt{(x-x_3)^2 + (y-y_3)^2} + cb \tag{1.13}$$

于是 A 先生可以解出 (x, y, b)。1.1.1 节中提到的第二个问题迎刃而解，而且不仅解算出了定位信息，还解出了 t_r' 和 t_r 的偏差，于是 A 先生可以用这个偏差去校正本地时间 t_r' 从而可以得到准确的本地时间。我们把这个功能叫作精确授时功能。这实在是一个意想不到的副产品！

于是 A 先生不仅可以回答“我身在何处”，还可以回答“我身处何时”。从式(1.11)～式(1.13)可以看出，位置测量精度和时间测量的精度是紧密耦合的，伪距 ρ_i 的测量精度直接确定了位置精度和时间精度。时间精度和位置精度之间存在的线性关系，系数为 $1/c$。例如，当位置精度是 30 m 时，时间精度将是 $30/c$=100 ns；当位置精度是 300 m 时，时间精度将是 $300/c$=1 μs。

利用三个参考点进行定位的图示由图 1.2 变为图 1.5。由此图可以看到，现在 A 先生不仅可以算出自己的位置 (x, y)，还可以算出自己和精确时间的偏差 b，这实在是件值得庆贺的事情。

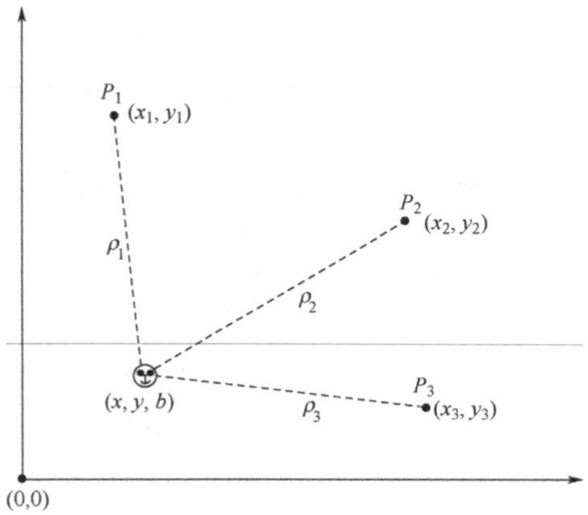

图 1.5　A 先生现在需要三个参考点来定位，同时可以实现授时功能

1.1.4 改进后系统的总结

在 1.1.3 节里，我们把原来的基本定位系统加以改进，结果是出人意料地好。A 先生如今可以随时进行定位解算，而且还可以得到精确的授时。当然系统的复杂程度要高了一些。对参考点来说，不仅要每秒发 10^6 个闪光，而且每个闪光还要调制发射时间。对 A 先生来说，需要一个能接收并解调闪光调制信息的接收器，而且要接收至少 3 个参考点的闪光，但好处是不再需要一个准确的本地时钟，只要一个廉价时钟即可，同时还可以得到精确的本地时间。

现在这个系统是基于两维世界，但推广到我们生活的三维世界并不是件难事，只要将 A 先生的坐标加上一维，成为 (x,y,z,b) 即可。相对应地，所需要的最少的参考点数目变为 4 个，即所需的方程数目也变成 4 个。

$$\rho_1 = c(t_{s1} - t_r') = \sqrt{(x-x_1)^2 + (y-y_1)^2 + (z-z_1)^2} + cb \tag{1.14}$$

$$\rho_2 = c(t_{s2} - t_s') = \sqrt{(x-x_2)^2 + (y-y_2)^2 + (z-z_2)^2} + cb \tag{1.15}$$

$$\rho_3 = c(t_{s3} - t_r') = \sqrt{(x-x_3)^2 + (y-y_3)^2 + (z-z_3)^2} + cb \tag{1.16}$$

$$\rho_4 = c(t_{s4} - t_r') = \sqrt{(x-x_4)^2 + (y-y_4)^2 + (z-z_4)^2} + cb \tag{1.17}$$

式(1.14)～式(1.17)实际上就是 GPS 系统的伪距方程，而这里的描述其实已经涉及 GPS 接收机中伪距观测量的读取。关于如何得到伪距观测量的具体方法，将在第 5 章讲述。在实际的接收机设计中，往往会得到多于 4 个的卫星观测量，此时得到的方程组式(1.14)～式(1.17)将会变为超定方程，在第 7 章将会讲解如何利用最小二乘法和卡尔曼滤波的方法对多于 4 个的方程得到尽可能准确的定位结果。

总结这几节在实现这个定位系统的过程中，对该系统的基本要求进行抽象，我们得到以下结论：

① 需要若干个参考点，而这些参考点坐标已知。

② 这些参考点要发射某种信号，这些信号需要有唯一的标识信息（ID）以和其他参考点的信号区分开来。

③ 参考点连续发射信号，该信号可以被用户的接收设备接收到。

④ 每个参考点发送的信号和其他参考点在时间上严格同步。

⑤ 用户接收到某参考点的信号后，可以从信号调制的信息知道此时此刻接收到的信号的准确发送时间。

⑥ 用户自身有一个时钟，但无须非常准。

初学者看到这些要求也许没有什么感觉，但希望读者能把这几条要求记在心里，当完全理解了 GPS 定位的全部过程和 GPS 接收机的原理的时候，再回过头看看这些要求，就会有恍然大悟之感，同时也会赞叹整个 GPS 系统设计之精妙。

从以上要求可以看出，GPS 系统对时间同步的要求非常高，这就需要有一个严格定义的时间标准作为参照。同时为了得到有意义的定位结果，必须在一个严格定义的坐标系中讨论，所以下面两节将简要介绍目前常用的坐标系和时间标准，作为后续章节的基础。

GPS、北斗、GLONASS 和 Galileo 的定位原理基本相同，所以只要理解了 GPS 定位的基本原理，那么理解其他几个 GNSS 系统的定位原理就没有什么难点了。

1.2 常用坐标系

1.2.1 地心惯性坐标系

惯性坐标系必须是静止的或者是匀速运动的，其加速度为 0，所以牛顿运动定律可以在惯性坐标系中很好地适用。惯性坐标系的原点可以在任意点，其三个坐标轴可以是任意三个互相正交的方向，不同方向的坐标轴定义了不同的惯性坐标系。对于不同的坐标系之间的相互转换在附录 B 中有详细阐述。

考虑如下的一个惯性坐标系的选取：该惯性系原点和地球的质心重合，Z 轴和地球自转轴重合，X 轴和 Y 轴组成地球赤道面，X 轴指向春分点，即地球赤道面和地球公转轨道面交线的方向，Y 轴和 X 轴与 Z 轴一起构成右手系。由于春分点不受地球自转而改变，所以 X 轴可以认为是固定的；同时地球自转轴虽然存在“极移”现象，但在短时间内也可以认为是固定不变的，所以如此构成的惯性系叫作地心惯性坐标系（Earth Centered Inertial Frame），简记为 ECI 坐标系。图 1.6 是 ECI 坐标系的示意图，图中阴影区域为地球轨道面，地球自转轨道面和绕太阳公转轨道面之间有一个夹角，叫作黄赤交角，两个轨道面之间的交线的两个端点分别叫作秋分点和春分点，每年的 9 月 23 日，地球通过秋分点，3 月 21 日通过春分点，春分点和秋分点是地球公转轨道上日夜时长相等的位置。

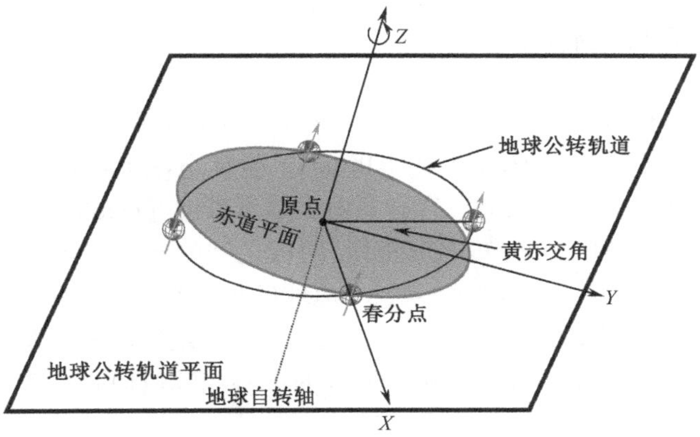

图 1.6　ECI 惯性坐标系图示

众所周知，地球在绕着太阳公转，公转周期是 1 年，同时太阳也在绕着银河系旋转；地球地轴在空间也在运动，包括复杂的岁差和章动，图 1.7 显示的图来自于 IERS 的官方网站 http://www.iers.org/，图中数据显示的是地球自转轴在 2003 年至 2013 年的十年间的极移现象，*X* 轴和 *Y* 轴的单位均为弧度秒（arcsecond）。同时由于受到地球自身不规则球体的引力和月亮引力的作用，地球质心的位置也存在扰动，所以严格来说，地心惯性坐标系并不是真正意义上的惯性系，然而在短时间内可以近似认为是惯性系。

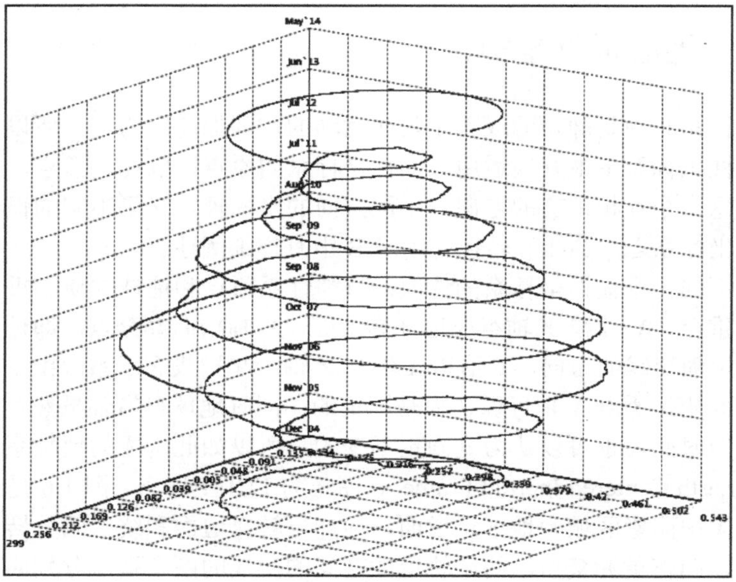

图 1.7　地球自转轴在 2003 年至 2013 年之间的极移情况

1.2.2　测地坐标系

测地坐标系（Geodetic Frame）即人们日常生活中经常使用的经度（Latitude）、纬度（Longitude）和高度（Height 或 Altitude）坐标系，所以有人将它简记为 LLH 坐标系。在定义测地坐标系以前，有必要对大地水准面（Geoid）做一个简介。

地球的形状大体和一个旋转椭球相似，两极之间的长度略短于赤道所在平面的直径。根据 WGS84 坐标系的有关参数[1]，地球的长半轴为 6 378 137 m，短半轴为 6 356 752 m，可见短半轴比长半轴短了将近 20 km。地球的椭球是绕着短半轴旋转所得的，即一个形状略扁的椭球。旋转椭球的中心和地球地心重合，所以只需要两

[1] 其他坐标系中定义的地球椭球模型和 WGS84 略有差别，但差别不是很大，所以这里以 WGS84 坐标系为例不会带来严重的混淆。

个信息就可以完全定义该椭球坐标系：长半轴和短半轴的长度，分别记为 a 和 b 。由这两个量还可以衍生出以下两个重要的量。

- 离心率 e：定义为 $e^2=(a^2-b^2)/a^2$；
- 扁率 f：定义为 $f=(a-b)/a$。

扁率和离心率的相互转换关系为 $e^2=2f-f^2$。根据目前被广泛使用的 WGS84 坐标系，可以得知地球椭球的离心率是 0.081 819 19，扁率是 0.003 352 81。

如果地球的表面是光滑的，则地球的自然表面就是这个旋转椭球的球面，但实际上地球表面高低不平并且变化异常，最高峰珠穆朗玛峰比最低洼处马里亚纳海沟高出近 20 km。在这种情况下，大地水准面的定义是一个非常复杂的过程。一般来说，需要对巨量的数据进行最小二乘拟合才能得到大地水准面的定义，这些数据往往包括地理测绘的数据和重力场的数据，而且在不同的历史时期对大地水准面有着不同的定义。测量仪器的性能和测量手段的更新在极大程度上改进了大地水准面的定义，尤其进入航空时代以来，以绕地人造卫星为平台的遥测遥感技术更为大地水准面的测量提供更有力的武器。由于本书是侧重于 GNSS 接收机设计方面，所以在此我们不需要在大地水准面的定义和测量上消耗过多的时间和精力，读者可以把大地水准面简单理解为以世界平均海平面为参考的一个等重力势面，在这个面上处处都有相同的重力势，并且重力矢量的方向和该处的切平面相垂直。大地水准面的概念在定义高程的时候需要用到。

图 1.8 可以帮助我们理解测地坐标系的定义。图中 P 点是大地水准面某处的一点，P 点和地球自转轴构成的平面和赤道面垂直，叫作子午面，子午面和赤道有一条过地心的交线 OQ。众所周知的本初子午面就是通过英国格林威治天文台的子午面。P 点的测地坐标由三个坐标量构成，其定义分别如下所述。

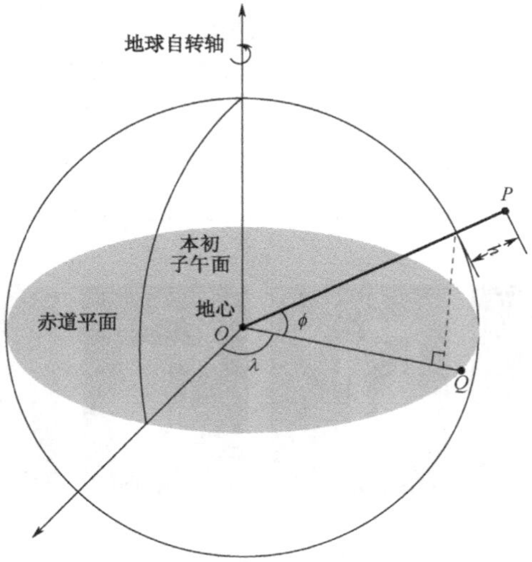

图 1.8　测地坐标系图示

- 纬度：OQ 与过 P 点的椭球表面的法线之间的夹角，一般用 ϕ 表示。纬度在赤道附近比较小，随着往极地附近移动逐渐变大。纬度的范围是 $[-90^\circ,+90^\circ]$，北半球为正，南半球为负，在北极点取到 +90°，在南极点取到 −90°。
- 经度：在赤道面内测得的 OQ 与本初子午面之间的夹角，一般用 λ 表示。经度范围是 $[-180^\circ,+180^\circ]$，零度子午线以东方向为正。
- 高度：从 P 向大地水准面做投影，从 P 点到投影点的距离就是高度，一般用 h 来表示。

在地球表面的大多数地方，图 1.8 中过 P 点的法线方向并不通过地心，而是有一个很小的偏差，只有在纬度为 0° 或 ±90° 的时候过 P 点的法线才会通过地心。所以图中的表示只是一个近似表示，这一点在实际运用中需要注意。

地球表面相同纬度的曲线叫作纬线，所有的纬线都是圆，纬度越高纬线的半径越小。相同经度的曲线叫作经线，也叫作子午线，所有的子午线都是近似圆的椭圆，子午线从地球北极出发终于地球南极。历史上纬度的测量通过六分仪等航海仪器测量太阳的仰角并加以必要的航海历修正来完成，经度的精确测量却历经波折，这是因为经度线的划分是人为完成的，并不像纬度线那样存在地理、地形地貌、天体运行等方面的明显的自然差异，所以无法像纬度那样通过直接测量太阳的角度来测量。15 世纪开始的大航海时代对于远洋航行中的船队的定位有着迫切的要求，17—18 世纪的多次海难促使人们开始对航海定位精度的重要性提到生死攸关的高度，其中最广为人熟知的当属 1707 年 11 月 2 日英国皇家海军的克劳斯里 • 夏威尔（Cloudesley Shovell）上将率领的舰队在击败了法国海军舰队后，在返程的途中由于大雾迷失方向而触礁沉没，导致近 2 000 名海军士兵命丧夕利群岛海域（经纬度为 49.9334° N，6.325° W 附近）的故事。1714 年英国议会甚至通过了《经度法案》以立法的形式寻求解决经度测量的方法，最初由各行各界提出的方法有很多，包括星图法、月距法、钟表法等，最终由英国的工匠约翰 • 哈里森通过制作精确的航海钟 H1、H2、H3 和 H4 以保持精确的航行时间而最终解决，也就是在经度的测量问题解决以后才最终确定了英国格林威治天文台所在位置为零经度线，随之而确定的还有随后近两百年的英国海洋霸主地位。

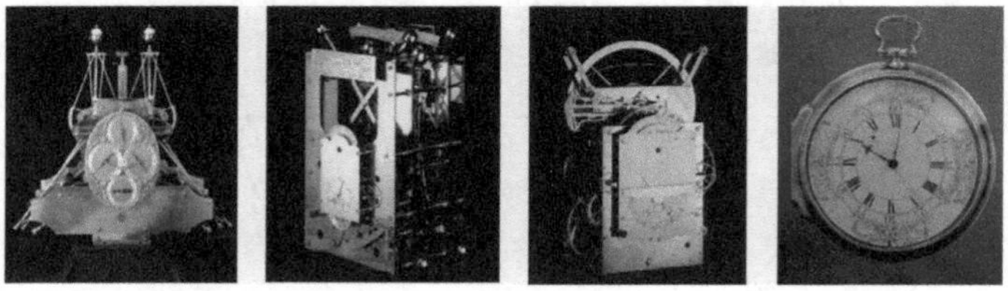

H1　　H2　　H3　　H4

图 1.9　约翰 • 哈里森制作的四块航海钟，最终解决了经度测量问题

（该图片来自于互联网）

测地坐标系不是直角坐标系，而是极坐标系，所以在做坐标转换的时候不能采用附录 B 中的方法。同时测地坐标系也有一些不方便的地方，比如相同的经度跨度在不同的纬度有着不同的距离，比如在赤道附近 1° 经度大概有 110 km 的跨度，但在纬度 60° 的地方却只有大约 55 km 的跨度。

测地坐标系和航海技术有一些很有趣的渊源。比如海里的定义，海里被定义为地球椭球面大圆 1 分的弧长，即大约是 1.855 km，所以可以很更容易地计算出地球的赤道的长度大约是 360×60=21 600 海里。今天舰船的航速往往用“节”作为单位来表示，1 节就是 1 海里/小时，因为经度线都是大圆，所以在南北方向即纬度相差 1 度则几何距离就相差 60 海里，这样如果在大洋上南北方向航行了 60 节就说明纬度变化了 1 度，这样的单位设置便于舰船在航行中通过船速推算自身的经纬度坐标，这种技术随后得到了继承，被称作航位推算技术（Dead Reckoning），简称 DR 技术，当然现代的 DR 技术往往是通过惯性传感器或其他速度感知器件来完成的。

在 GNSS 接收机中卫星的位置坐标是在 ECEF 坐标系中表示的，所以解算得到的用户位置坐标也是在 ECEF 坐标系中表示的，但人们在许多应用场合更习惯于用测地坐标系，所以 ECEF 坐标系和测地坐标系之间的相互转换也是一个很重要的问题。同时在后面将要讲解的 ENU 坐标系，也需要知道用户的经度和纬度以后才能被确定下来。

1.2.3　ECEF 坐标系

ECEF 坐标系的全称是 Earth-Centered-Earth-Fixed 坐标系，所以也被译为地心地固坐标系。从字面意义理解，所有以地球质心为原点，坐标轴刚性附着在地球上的坐标系都为地心地固坐标系，但是在 GNSS 领域，人们提到 ECEF 坐标系就是 ECEF 直角坐标系，其原点在地心，X 轴指向本初子午面和赤道的交点，即 0° 经线和 0° 纬线的交点；Z 轴指向地球的北极，即 Z 轴和地球自转轴重合；Y 轴和 X 轴与 Z 轴一起构成右手坐标系。图 1.10 给出了 ECEF 坐标系的图示。

由于地球自转和绕太阳的公转，ECEF 坐标系不是惯性系。相对于 ECI 惯性坐标系来说，ECEF 坐标系的旋转角速度为

$$\omega_{\text{ie}} \approx \frac{(1+365.25)\times 2\pi}{365.25\times 24\times 3\,600} = 7.292\ 115\times 10^{-5} \quad \text{rad/s} \tag{1.18}$$

式(1.18)应该如此理解：地球公转一圈耗时一年，即 365.25 天，总共转过了（365.25+1）圈，其中多出来的 1 圈来自于一年中地球绕太阳公转的一圈，然后除以总共消耗的时间，即 365.25×24×3 600 s，得到其角速度。角速度 $\vec{\boldsymbol{\omega}}_{\text{ie}}$ 是矢量，因为旋转方向是绕 ECEF 坐标系的 Z 轴，所以角速度在 ECEF 坐标系中的表示就是 $[0,0,\omega_{\text{ie}}]^T$。

ECEF 坐标系的角速度虽然数值很小，但在某些场合却不能忽略。比如后面章

节将会讲解到的导航定位算法中，在卫星信号从太空传输到地面的过程中，就必须考虑地球在这段时间内转过的角度，相应地需要对参与定位的卫星的位置进行调整，否则会带来不可忽略的定位误差。

无一例外地，每一个 GNSS 系统的接口控制文档（ICD）中都会首先说明其系统定位的 ECEF 坐标框架基本参数。表 1.1 中列出了 4 种 GNSS 系统的坐标框架的主要差别。

表 1.1　4 种 GNSS 系统对 ECEF 坐标框架的主要参数定义

	差异项				
GNSS	坐标框架	半长轴 / m	扁率	地球自转角速度 /（弧度/s）	引力常数（GM）
GPS	WGS-84	6 378 137	1/298.257 223 563	$7.292\,115\,146\,7\times10^{-5}$	$398\,600.5\times10^{9}$
北斗	CGCS 2000	6 378 137	1/298.257 222 101	$7.292\,115\,146\,7\times10^{-5}$	$398\,600.4418\times10^{9}$
GLONASS	PZ-90	6 378 136	1/298.257 839 303	$7.292\,115\times10^{-5}$	$398\,600.44\times10^{9}$
Galileo	GTRF	6 378 137	1/298.257 222 101	$7.292\,115\,146\,7\times10^{-5}$	$398\,600.4418\times10^{9}$

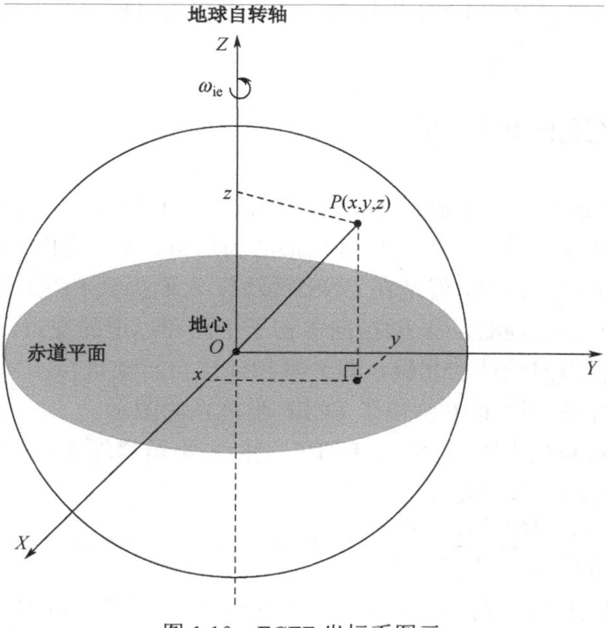

图 1.10　ECEF 坐标系图示

不同坐标系主要在坐标原点、地球椭球半长轴、椭球扁率、引力常数等方面有细微的差别。其中半长轴和扁率定义了地球椭球的形状和离心率等基本信息，地球自转角速度考虑到 ECEF 坐标系不是惯性系，所以必须给出其自转角速度，引力常数是和卫星轨道周期的计算密切相关的，基本原理可以参看本书第 6 章的内容。

在接收机内部，作为定位参考点的卫星位置是在 ECEF 坐标系内表示的，得到的用户位置一般也在 ECEF 坐标系内，但直接输出 ECEF 坐标对大多数人来说比较晦涩难懂，人们往往比较习惯于用经纬度和高度来表示位置，所以 ECEF 坐标系和测地坐标系之间的相互转换就显得尤为重要。

更进一步的理论分析表明，从测地坐标系到 ECEF 坐标系的转换可以通过以下关系式完成。

$$x = (R_N + h)\cos(\phi)\cos(\lambda) \tag{1.19}$$

$$y = (R_N + h)\cos(\phi)\sin(\lambda) \tag{1.20}$$

$$z = [R_N(1-e^2) + h]sin(\phi) \tag{1.21}$$

其中，

$$R_N = \frac{a}{\sqrt{1-e^2\sin^2(\phi)}} \tag{1.22}$$

R_N 的意义可以用图 1.11 解释。首先通过 P 点的子午面为图中所示的椭圆平面，过 P 点在子午面内作该椭圆曲线的垂线，和椭圆交于 N 点，同时和 Y 轴交于 T 点，而从 T 点到 N 点的长度即为 R_N。图中的椭圆显然和实际情况不符，因为实际的地球子午面离心率非常小，可以近似看作一个圆，这里夸大了离心率是为了图示看起来更清楚一些。图中 TN 和 X 轴的交角即为纬度 ϕ。具体的推导过程比较烦琐，所以单列在附录 D 中给出。

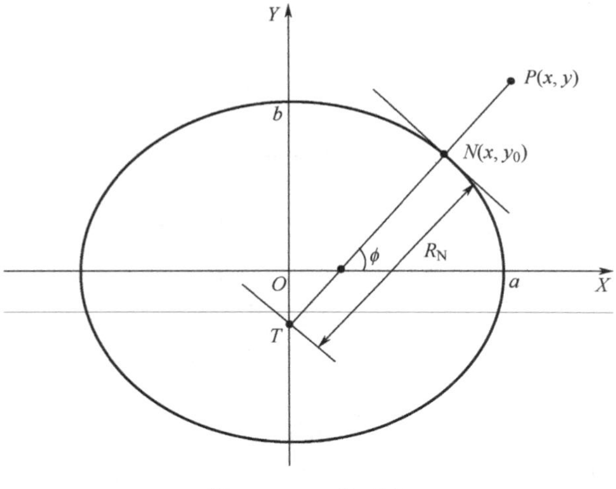

图 1.11　R_N 的意义

从式(1.19)～式(1.21)可以得到 ECEF 中的速度（$\dot{x},\dot{y},\dot{z}$）和（$\dot{\phi},\dot{\lambda},\dot{h}$）的关系，对式(1.19)～式(1.21)两边同时对时间求导得到

$$\begin{aligned}\dot{x} = &(R_M + h)[-\sin(\phi)\cos(\lambda)]\dot{\phi} + (R_N + h)[-\cos(\phi)\sin(\lambda)]\dot{\lambda} \\ &+[\cos(\phi)\cos(\lambda)]\dot{h}\end{aligned} \tag{1.23}$$

$$\begin{aligned}\dot{y} = &(R_M + h)[-\sin(\phi)\sin(\lambda)]\dot{\phi} + (R_N + h)[\cos(\phi)\cos(\lambda)]\dot{\lambda} \\ &+ [\cos(\phi)\sin(\lambda)]\dot{h}\end{aligned} \tag{1.24}$$

$$\dot{z} = (R_M + h)[\cos(\phi)]\dot{\phi} + [\sin(\phi)]\dot{h} \tag{1.25}$$

将式(1.23)～式(1.25)写成矩阵形式，即

$$\begin{bmatrix}\dot{x}\\ \dot{y}\\ \dot{z}\end{bmatrix} = \begin{bmatrix}-\cos(\lambda)\sin(\phi) & -\sin(\lambda) & -\cos(\lambda)\cos(\phi)\\ -\sin(\lambda)\sin(\phi) & \cos(\lambda) & -\sin(\lambda)\cos(\phi)\\ \cos(\phi) & 0 & -\sin(\phi)\end{bmatrix}\begin{bmatrix}(R_M + h) & 0 & 0\\ 0 & (R_N + h)\cos(\phi) & 0\\ 0 & 0 & -1\end{bmatrix}\begin{bmatrix}\dot{\phi}\\ \dot{\lambda}\\ \dot{h}\end{bmatrix} \tag{1.26}$$

式(1.26)中的 R_M 定义如下：

$$R_M = \frac{a(1-e^2)}{\left[1-e^2\sin^2(\phi)\right]^{3/2}} \tag{1.27}$$

知道了如何从 (ϕ,λ,h) 转换到 (x,y,z)，理论上也就知道了如何从 (x,y,z) 转换到 (ϕ,λ,h)，只要将式(1.19)~式(1.21)反推即可。可是从式(1.19)~式(1.21)很难得到 (ϕ,λ,h) 的解析解，所以在实际中都是利用如下的迭代法来完成从 (x,y,z) 到 (ϕ,λ,h) 的转换的。

首先，进行如下的初始化：

$$h = 0$$
$$R_N = a$$
$$p = \sqrt{x^2 + y^2}$$

然后，进行如下迭代直至收敛：

$$\sin(\phi) = \frac{z}{(1-e^2)R_N + h}$$

$$\phi = \text{atan}\left(\frac{z + e^2 R_N \sin(\phi)}{p}\right)$$

$$R_N = \frac{a}{\sqrt{1-e^2\sin^2(\phi)}}$$

$$h = \frac{p}{\cos(\phi)} - R_N$$

在上述迭代过程中，理论上，可以直接由 $\arcsin[z/\{(1-e^2)R_N+h\}]$ 得到 ϕ，可是实践证明，由 $\text{atan}(\frac{z + e^2 R_N \sin(\phi)}{p})$ 得到，ϕ 收敛得要快得多。利用上述迭代法，经过 5 次迭代以后就能收敛到厘米级别。

1.2.4 ENU 或 NED 坐标系

ENU 坐标系的机理如图 1.12 所示。对于地球表面上的一点 P，ENU 坐标系原点就是 P 点，过 P 点作一个地球椭球面的切平面，取正北方向为 Y 轴，正东方向为 X 轴，Z 轴指向法线方向。图中同时也给出了 ECEF 坐标系，用 X 轴、Y 轴和 Z 轴表示，为了区别 ENU 坐标系的三个坐标轴，分别用 X_{ENU}、Y_{ENU} 和 Z_{ENU} 表示。

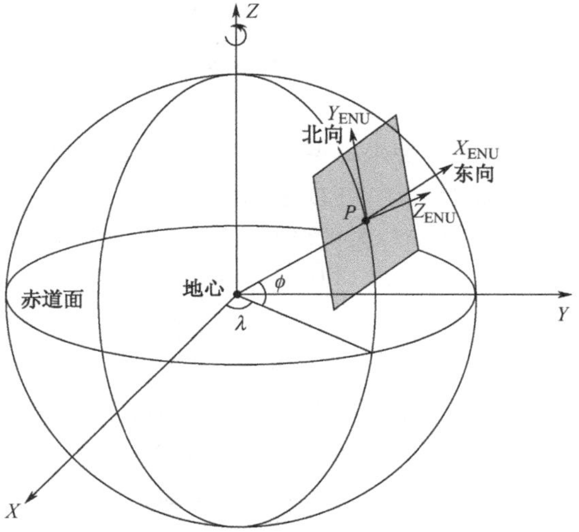

图 1.12 ENU 坐标系和 ECEF 坐标系的关系

从其定义可以看出，ENU 坐标系是由 P 点的位置决定的，当 P 点移动时，对应的 ENU 坐标系也随之移动。从这个特点来说，有些学者也把 ENU 坐标系叫作站心坐标系。

人们在实际生活中习惯于用“东南西北”等方向来标识某一点相对于自己的位置，此时的“东南西北”等方向就是该处在本地 ENU 坐标系中的表示。比如我们说 P 点的正北方向，就是在以 P 点为中心的 ENU 坐标系中顺着 Y 轴看去的方向，而正东方向就是在 ENU 坐标系中向 X 轴看过去的方向。在地心惯性坐标系中看，在中国上海市的某一点的“正北”方向和在美国旧金山市的某一点的“正北”方向其实是完全不同的，所以如果不知道参考点的位置谈论方向容易产生混淆。

从图 1.10 中不难看出从 ECEF 坐标系到 ENU 坐标系转换的方法。首先将 ECEF 坐标系以 Z 轴为旋转轴旋转 $(\lambda+\pi/2)$ 角度，这一步的旋转矩阵为

$$\boldsymbol{R}_1=\begin{bmatrix}\cos(\pi/2+\lambda) & \sin(\pi/2+\lambda) & 0\\ -\sin(\pi/2+\lambda) & \cos(\pi/2+\lambda) & 0\\ 0 & 0 & 1\end{bmatrix}=\begin{bmatrix}-\sin(\lambda) & \cos(\lambda) & 0\\ -\cos(\lambda) & -\sin(\lambda) & 0\\ 0 & 0 & 1\end{bmatrix} \tag{1.28}$$

然后再以 X 轴为旋转轴旋转 $(\pi/2-\phi)$ 角度，这一步的旋转矩阵为

$$\boldsymbol{R}_2=\begin{bmatrix}1 & 0 & 0\\ 0 & \cos(\pi/2-\phi) & \sin(\pi/2-\phi)\\ 0 & -\sin(\pi/2-\phi) & \cos(\pi/2-\phi)\end{bmatrix}=\begin{bmatrix}1 & 0 & 0\\ 0 & \sin(\phi) & \cos(\phi)\\ 0 & -\cos(\phi) & \sin(\phi)\end{bmatrix} \tag{1.29}$$

所以，从 ECEF 到 ENU 坐标系的旋转矩阵为

$$\boldsymbol{R}_{\mathrm{e2t}}=\boldsymbol{R}_2\boldsymbol{R}_1=\begin{bmatrix}-\sin(\lambda) & \cos(\lambda) & 0\\ -\cos(\lambda)\sin(\phi) & -\sin(\lambda)\sin(\phi) & \cos(\phi)\\ \cos(\lambda)\cos(\phi) & \sin(\lambda)\cos(\phi) & \sin(\phi)\end{bmatrix} \tag{1.30}$$

式(1.30)中的下标 e 表示 ECEF 坐标系，t 表示站心坐标系，取其英文中切平面 Tangent Plane 的第一个字母。

与 ENU 坐标系很类似的一种坐标系是 NED 坐标系。将 ENU 坐标系的 X 轴和 Y 轴互换，同时将 Z 轴反向就得到了 NED 坐标系，这样 N、E、D 三个方向依然保持右手系，可见从 ENU 到 NED 坐标系的转换关系为

$$\begin{bmatrix}n\\ e\\ d\end{bmatrix}=\begin{bmatrix}0 & 1 & 0\\ 1 & 0 & 0\\ 0 & 0 & -1\end{bmatrix}\begin{bmatrix}e\\ n\\ u\end{bmatrix} \tag{1.31}$$

所以，从 ECEF 坐标系到 NED 坐标系的旋转矩阵就变为

$$\begin{bmatrix}0 & 1 & 0\\ 1 & 0 & 0\\ 0 & 0 & -1\end{bmatrix}\boldsymbol{R}_{\mathrm{e2t}}=\begin{bmatrix}-\cos(\lambda)\sin(\phi) & -\sin(\lambda)\sin(\phi) & \cos(\phi)\\ -\sin(\lambda) & \cos(\lambda) & 0\\ -\cos(\lambda)\cos(\phi) & -\sin(\lambda)\cos(\phi) & -\sin(\phi)\end{bmatrix} \tag{1.32}$$

不论是从 ECEF 坐标系转换到 ENU 坐标系，还是转换到 NED 坐标系，其转换矩阵 $\boldsymbol{R}_{\mathrm{e2t}}$ 为酉矩阵，即

$$\boldsymbol{R}_{\mathrm{e2t}}\boldsymbol{R}_{\mathrm{e2t}}^{\mathrm{T}}=\boldsymbol{I} \tag{1.33}$$

式(1.33)的物理意义可以分两步来理解：$\boldsymbol{R}_{\mathrm{e2t}}^{\mathrm{T}}=\boldsymbol{R}_{\mathrm{e2t}}^{-1}$ 表示从 ENU 坐标系转换到 ECEF 坐标系，所以第一步是将矢量从 ENU 转换到 ECEF 坐标系，然后左乘 $\boldsymbol{R}_{\mathrm{e2t}}$ 矩阵表示从 ECEF 坐标系转换到 ENU 坐标系，所以整个操作对原有矢量没有造成任何改变。

ENU 坐标系在 GNSS 接收机中的用处很广泛，其中最为众所周知的应用当属卫星仰角和方位角的计算。因为 GNSS 卫星的位置坐标和解算得到的用户位置坐标都是在 ECEF 坐标系里，所以这里可以假设用户和 GNSS 卫星之间的相对位置矢量为 $(\Delta x,\Delta y,\Delta z)_{\mathrm{ECEF}}$，则通过 $\boldsymbol{R}_{\mathrm{e2t}}$ 矩阵将其转换到 ENU 坐标系中：

$$\begin{bmatrix}\Delta e\\ \Delta n\\ \Delta u\end{bmatrix}=\boldsymbol{R}_{\mathrm{e2t}}\begin{bmatrix}\Delta x\\ \Delta y\\ \Delta z\end{bmatrix} \tag{1.34}$$

卫星的仰角 α 定义为相对位置矢量 $(\Delta e,\Delta n,\Delta u)_{\mathrm{ENU}}$ 和东向轴和北向轴组成的切平面之间的夹角，可以计算如下：

$$\alpha = \arcsin\left[\frac{\Delta u}{\sqrt{\Delta e^2 + \Delta n^2 + \Delta u^2}}\right] \tag{1.35}$$

或

$$\alpha = \arctan\left[\frac{\Delta u}{\sqrt{\Delta e^2 + \Delta n^2}}\right] \tag{1.36}$$

卫星的方位角 β 定义为相对位置矢量在切平面上的投影矢量和北向轴的夹角，即

$$\alpha = \arctan\left[\frac{\Delta e}{\Delta n}\right] \tag{1.37}$$

另外，一个需要用到 $\boldsymbol{R}_{\mathrm{e2t}}$ 矩阵的地方是速度矢量在 ECEF 和 ENU 坐标系中的相互转换，在 ECEF 坐标系中的速度矢量表示为 $[\dot{x}, \dot{y}, \dot{z}]^T$，在 ENU 坐标系中的速度矢量表示为 $[v_n, v_e, v_d]^T$，则有

$$\begin{bmatrix} v_n \\ v_e \\ v_d \end{bmatrix} = \begin{bmatrix} -\cos(\lambda)\sin(\phi) & -\sin(\lambda)\sin(\phi) & \cos(\phi) \\ -\sin(\lambda) & \cos(\lambda) & 0 \\ -\cos(\lambda)\cos(\phi) & -\sin(\lambda)\cos(\phi) & -\sin(\phi) \end{bmatrix} \begin{bmatrix} \dot{x} \\ \dot{y} \\ \dot{z} \end{bmatrix} \tag{1.38}$$

对比式(1.38)和式(1.26)，可以知道

$$\begin{bmatrix} v_n \\ v_e \\ v_d \end{bmatrix} = \begin{bmatrix} (R_M + h) & 0 & 0 \\ 0 & (R_N + h)\cos(\phi) & 0 \\ 0 & 0 & -1 \end{bmatrix} \begin{bmatrix} \dot{\phi} \\ \dot{\lambda} \\ \dot{h} \end{bmatrix} \tag{1.39}$$

式(1.39)揭示了北东的速度矢量与经纬高变化率的关系，式(1.39)的反变换式为

$$\begin{bmatrix} \dot{\phi} \\ \dot{\lambda} \\ \dot{h} \end{bmatrix} = \begin{bmatrix} \dfrac{1}{(R_M + h)} & 0 & 0 \\ 0 & \dfrac{1}{(R_N + h)\cos(\phi)} & 0 \\ 0 & 0 & -1 \end{bmatrix} \begin{bmatrix} v_n \\ v_e \\ v_d \end{bmatrix} \tag{1.40}$$

1.2.5　运动本体坐标系

运动本体坐标系（Body Frame）是指严格附着在运动体之上的坐标系，这里运动体是一切需要导航的物体，比如运动中的飞行器和车船等。本体坐标系一般取坐标原点为运动体的某一个固定点，比如运动体的质心，而坐标轴则指向运动体的三个正交方向。本体坐标系的三个坐标轴习惯上用 $[u, v, w]$ 来表示。理论上说，三个坐标轴的方向可以任意选取，只要保持正交即可。在实际中，为了方便一般选取运动体前进的方向为坐标轴 u 的方向，运动体右侧的方向为坐标轴 v 的方向，而坐标轴 w

的方向和$[u,v]$方向构成右手系，即指向运动体正下方的方向，可以用图 1.13 描述。

由于本体坐标系是严格地附着在运动体上面的，所以伴随着运动体的移动，本体坐标系也随之移动，这一点在图 1.13 也体现了出来。这一点有点类似于 ENU 坐标系，但和 ENU 坐标系又不同。比如当运动体在地球表面某一位置点绕自身质点转动时，ENU 坐标不变，而本体坐标系则随之旋转。

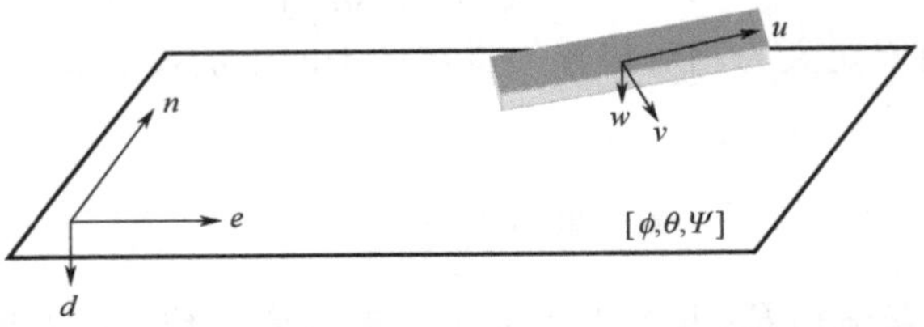

图 1.13 体坐标系的图示，图中体坐标系随着载体的运动而改变

本体坐标系的提出是和运动体的姿态控制要求密切相关的。运动体的平动决定了其质心的位置，而运动体绕质心的旋转则决定了其姿态，包括其航向角（Yaw）、俯仰角（Pitch）和横滚角（Roll）。绕坐标轴u旋转得到其横滚角，绕坐标轴v旋转得到其俯仰角，绕坐标轴w旋转就得到其航向角。图 1.14 给出了航向角、俯仰角和横滚角的含义。

单个的 GNSS 的观测量无法确定运动体的姿态，两个或更多的 GNSS 天线阵列可以确定运动体的姿态。利用 GNSS 对运动物体的姿态进行测量是 GNSS 测姿问题，许多学者在这个问题上也有很多研究成果，感兴趣的读者可以参看有关多天线测姿的书籍和论文。

在导航系统中，导航需要知道的运动体的位置和姿态信息都是相对于一定的导航坐标系来说的。导航坐标系一般指某一个固定的参考坐标系，而本体坐标系相对于该参考坐标系是随着运动体的运动而不断改变的，为了完成从本体坐标系到参考导航坐标系的转换就必须知道运动体的姿态和位置，而这个任务一般是由固定在运动体上的相关传感器完成的，如惯性测量单元（Inertial Measurement Unit，IMU）。从图 1.14 中可以看出，导航坐标系是 NED 坐标系，所以运动体的姿态和位置也在 NED 坐标系中表示。由于本书只涉及独立 GPS 接收机的内容，所以对本体坐标系只简略介绍，有兴趣的读者可以参看有关惯性导航与组合导航的文献和书籍。

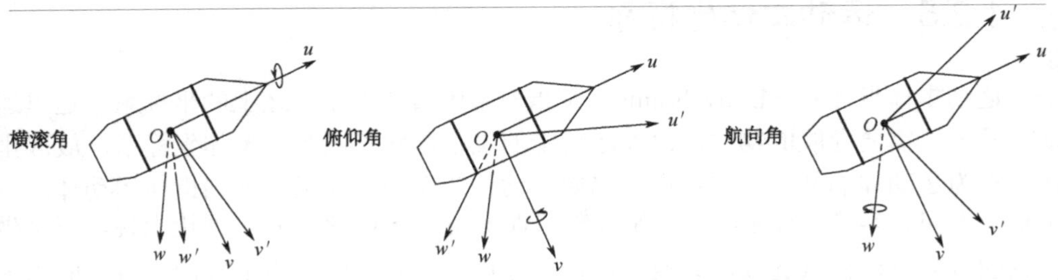

图 1.14 俯仰角、横滚角和航向角的定义

1.3　时间系统

国际单位制的 7 个基本单位分别是米（m）、千克（kg）、秒（s）、安培（A）、开尔文（K）、坎德拉（cd）、摩尔（mol），并规定用符号 **SI** 表示。时间是国际单位制的 7 个基本单位之一，而且是迄今为止测量最准确的物理量。前面已经提到，随着技术的进步人们测量时间的精度不断提高，但基本的原理却没有什么变化，计时的基本原理都是对一个周期现象进行计数，根据周期计数而算出时间的流逝。这个周期现象可以是日升日落，也可以是沙漏的翻转，或者是钟摆的摆动，直到今天最精确的周期现象原子钟的振动。基于这些不同的周期现象可以得到不同的时间系统。从 1.1.1 节可以看出精确的时间同步和时间测量对 GPS 系统运作的意义是多么的重大，所以本节将详细讲述历史上和目前的几种主要的时间系统。

1.3.1　太阳时和恒星时

在远古时代人们就知道利用日升日落来计时。一个日升日落就是一个太阳日，就是地球自转一周的时间。但如果对任意两个太阳日进行采样，就会发现它们并不是严格地一样长，也就是说，太阳日并不是均匀的。这是由于地球公转轨道不是一个严格的圆形，而是一个椭圆，根据开普勒第二定律，地球在某些地方会转得快一些而有些地方会转得慢一些。同时地球赤道面和黄道面（即地球公转轨道所在平面）有一个夹角，也就是说地球自转轴并不和黄道面垂直，这一点也会影响太阳日的长度。所以人们就假想了一个平太阳，即地球在一个假定的圆形轨道上绕着平太阳做匀速旋转，并且转轴垂直于黄道面，在这种情况下，地球一个完整的自转周期叫作一个平均太阳日。

恒星日的定义是地球相对于遥远的恒星转动一圈的时间。严格来说，恒星日的长短也不是恒定的，于是就有了平均恒星日。由于地球在自转的同时也在绕太阳公转，所以在一年的时间（即地球绕太阳公转一圈的时间）里相对于遥远处的恒星来说地球会多转动一圈，所以一个平均太阳日要比一个平均恒星日长一点，大概是 4 min 左右，具体数值为

$$偏差 = \frac{3\,600 \times 24秒}{365.25} \approx 236秒 = 3分56秒$$

所以一个平均恒星日的长度大概是 23 小时 56 分钟 4 秒。实际上，GPS 卫星绕地球一周的时间是半个平均恒星日，即 11 小时 58 分钟 2 秒左右。

以平均太阳日和平均恒星日为基准得到的时间系统分别被称为太阳时（Solar Time）和恒星时（Sidereal Time）。

以格林威治子午线为基准得到的平均太阳时是世界时（Universal Time，UT），所以世界时也是以地球自转为基础的时间系统。20 世纪早期，天文学家发现地球自

转速度不是恒定的，尽管影响地球自转速度的因素还不甚明了，但长期看来的趋势是地球自转速度在逐渐变慢。同时天文学家还发现地球极点位置的移动和四季的更替也会影响世界时的准确度，所以综合考虑这些因素以后出现了 UT0、UT1 和 UT2 三个世界时标准。UT0 是由多家天文台观测到的平均太阳时，UT1 是在 UT0 的基础上修正了地球极移效应，UT2 是在 UT1 的基础上考虑了四季更替对地球自转速度的影响。简言之，三者时间的关系可以用下式表示：

$$\mathrm{UT1} = \mathrm{UT0} + \Delta\lambda \tag{1.41}$$

$$\mathrm{UT2} = \mathrm{UT1} + \Delta\mathrm{TS} \tag{1.42}$$

式(1.41)中，$\Delta\lambda$ 是极移效应修正；式(1.42)中，$\Delta\mathrm{TS}$ 为地球自转速度的四季更替修正。

虽然经过以上两项改正，世界时 UT2 依然难以完全消除地球自转速度逐年减缓和其他不规则变化的影响，所以 UT2 仍是一个不均匀的时间系统。而由此定义得到的 1 s 无法满足不断提高的精度要求，所以必然被后来的更准确更均匀的原子时所代替。

1.3.2 力学时

力学时（Dynamical 时）是天文学中的一个重要概念，主要用来描述天体在一定的坐标系和一定的引力场作用下的运动。力学时需要考虑一些今天看来很基本的影响因素，比如广义相对论和惯性系的影响。离我们最近的（近似）惯性系是原点位于太阳系质量中心的坐标系，在英文中有一个专门的单词来描述这个质心即“Barycentre”。以太阳系质心为参考得到的力学时被称作 Barycentric Dynamical Time，简称 TDB[1]。TDB 是考虑了相对论效应以后的时间系统，而且是连续均匀的。如果在地球表面固定一个时钟，则由于地球在太阳系引力场中的转动，该时钟的时间会与 TDB 相比会出现最大 1.6 ms 的偏差。

在描述近地天体的运动的时候需要引入另一个力学时，即 Terrestrial Dynamical Time，简称 TDT。TDT 的前身是历书时（Ephemeris Time），历书时是用来描述近地天体历书的时间尺度。在更准确的原子时出现之前，历书时的 1 s 被美国天文学家 Simon Newcomb 定义为 1900 年的一年时间跨度的 $\dfrac{1}{31\,556\,925.974\,7}$。随着人们发现地球自转等效应对历书时的不利影响，TDT 就代替了历书时。从 1977 年 1 月 1 日开始，TDT 被定义为在国际原子时（TAI）的基础上加 32.184 s 的偏移，即

$$\mathrm{TDT} = \mathrm{TAI} + 32.184\ \mathrm{s} \tag{1.43}$$

[1] 这里和后面 TDT 的反向首字母缩写体现的是这些词汇在法语中的顺序。

1.3.3　原子时和协调世界时（UTC）

以地球自转为基准的世界时只能提供约10^{-9}的准确度，而随着人们对计时系统的准确性和稳定性的要求不断提高，以地球自转为基础的世界时系统已经越来越无法满足要求。从 20 世纪 50 年代开始，人们开始建立起了以原子能级间的跃迁特征为基础的原子时系统。目前对秒的最新的定义是：位于海平面上的铯原子基态两个超精细能级间，在零磁场中跃迁辐射振荡 9 192 631 770 周所持续的时间。原子时是精确而均匀的时间尺度，不受地球自转和公转的影响。国际原子时（TAI）是通过对世界各地的多台原子钟的数据进行处理得到的统一的时间系统。原子时的起点和 1958 年 1 月 1 日零时的 UT2 时间一致，但后来发现慢了 0.003 9 s，但这一偏差作为历史事实而保留。

原子时出现以后，因为原子钟的高度频率准确性和稳定性，相应导出的原子时也有极高的时间准确性和稳定性。目前铷原子钟频率稳定性（1 天）可以高达$10^{-12}\sim10^{-13}$，相应地在 1 年的时间内累计钟差大约为 31 μs，而氢原子钟的频率稳定性可以高达10^{-14}，相应地在 1 年的时间内累计钟差将只有惊人的 3.1 μs！

近乎完美的原子时也带来一个问题，即随着时间的流逝，原子时和世界时之间的差距将越来越大。这是因为随着地球自转速度的变慢，UT2 将滞后于原子时，而且这种差距将会越来越大，图 1.15 是 IERS 记录了从 1973 年至 2008 年间地球自转周期的变化趋势，地球自转速度变慢的原因尚不明，一般的解释包括地月之间的潮汐效应、冰川的融化、地核的增生等，但这些假说还尚待证实中。

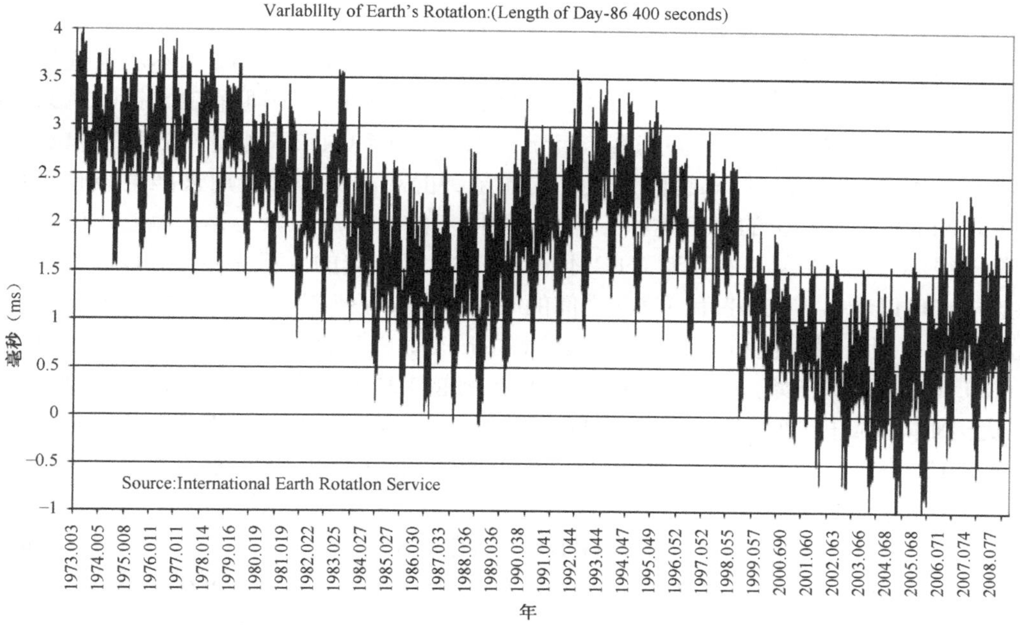

图 1.15　1973 年至 2008 年地球自转周期的变化

（数据来自 IERS 网站）

为了协调这个问题，不至于使两个时间系统差别过大，人们又提出了协调世界时（UTC）的概念。UTC计时的基本尺度还是原子时的秒，但引入了跳秒的概念。跳秒可以是正的也可以是负的，跳秒保证了UTC和UT1的差距在0.9 s之内。注意不要把UTC和世界时UT弄混，UTC从本质上来说还是一种原子时，而非基于地球自转的世界时。

跳秒由国际地球自转服务机构（International Earth Rotation Service，IERS）负责维护并发布，一般在每年的6月30日或12月31日发布。如果跳秒发生，那么包含跳秒的那1 min就包含61 s而非通常的60 s。所以从长远的时间跨度看，UTC时间并不是一个光滑的时间曲线，而是类似于阶梯函数的时间曲线。UTC是目前非常重要的时间标准，对人们的日常生活有着重要影响，因为几乎所有国家的时间都是以UTC时间为基准的。在GPS接收机内部将GPS时间转换为UTC时间也是一个很重要的工作。

IERS（http://www.iers.org）是一个专注于地球定向参数服务、建立协议天球和地球参考系的国际机构，除了这里提到的跳秒信息，前文提到的ECI坐标系的极移问题和相关数据也由该机构检测和发布信息。IERS由国际天文学联合会、国际大地测量学与地球物理学联合会于1987年成立，次年开始正式工作，目前在美国、欧洲和澳大利亚有分支机构。

1.3.4 GPS时（GPST）

GPS时间是GPS系统运作的时间基准，简称为GPST。GPST从本质来说是一种原子时，在这里单独列出一节是因为深刻理解GPS时间对理解GPS接收机原理意义重大。GPS时间的时间基准来自于一系列原子钟的频率测量，之所以说是一系列是因为地面监控站和空间卫星上的原子钟的观测数据都被用来产生该时间基准。GPST整秒进位的时刻是和UTC时间同步的，虽然实际上存在偏差，但这个偏差很小，在10 ns左右。和UTC不同，GPST是连续的，不存在跳秒问题。基于这一点可以看出，GPST和UTC之间的时间差会存在跳跃。第一个GPS时开始于1980年1月5日午夜和1月6日凌晨交接的时刻，即UTC时间1980年1月6日的0:00:00。从那时开始，GPST和UTC的偏差就越来越大，其历史记录如表1.2所示。截止到本书成书的时刻，GPS时和UTC时的偏差已经有16 s，最近的一次跳秒发生在2012年7月1日。所以在2012年7月1日以后，GPST和UTC之间的差异已经达到16 s，即

$$\mathrm{GPST} \approx \mathrm{UTC} + 16 \tag{1.44}$$

式(1.44)中的近似号是因为GPST和UTC除了由于跳秒累积产生的整秒差异之外，还存在着小于1 μs的秒内偏差，而该偏差可以通过GPS卫星广播的UTC时间参数计算得到。

表 1.2 中出现了一个新概念：儒略日（Julian Day，简称 JD 日）。儒略日是一种不用年月的长期纪日法，没有年和月，只有从公元前 4713 年 1 月 1 日格林威治时间平午（世界时 12:00）开始的日的计数。儒略日主要由天文学家使用，作为天文学上的单一历法。儒略日的一天是从中午到第二天的中午，和我们一般的从午夜到第二天午夜的计时方式不同，这是由于天文观测主要发生在夜间，所以这样的计时方式便于天文事件的记录。一个儒略周期[1]是 7 980 年，而儒略日的起点——公元前 4713 年——正是最近的一个儒略周期开始的年份。

在实际使用中儒略日略显冗长，人们又定义了修正儒略日（MJD 日）。MJD 日的起始点为 1858 年 11 月 17 日午夜，对应的儒略日为 2 400 000.5，所以有

$$MJD = JD - 2\,400\,000.5 \tag{1.45}$$

对于 GPST 来说，因为 GPST 的起始点为 1980 年 1 月 6 日 0:00:00 时刻，此时的儒略日为 JD 2 444 244.5 。

表 1.2　GPST 和 UTC 偏差的历史记录

年月日	儒略日	GPST-UTC
1980 年 1 月 1 日	JD 2 444 239.5	0
1981 年 7 月 1 日	JD 2 444 786.5	1
1982 年 7 月 1 日	JD 2 445 151.5	2
1983 年 7 月 1 日	JD 2 445 516.5	3
1985 年 7 月 1 日	JD 2 446 247.5	4
1988 年 1 月 1 日	JD 2 447 161.5	5
1990 年 1 月 1 日	JD 2 447 892.5	6
1991 年 1 月 1 日	JD 2 448 257.5	7
1992 年 7 月 1 日	JD 2 448 804.5	8
1993 年 7 月 1 日	JD 2 449 169.5	9
1994 年 7 月 1 日	JD 2 449 534.5	10
1996 年 1 月 1 日	JD 2 450 083.5	11
1997 年 7 月 1 日	JD 2 450 630.5	12
1999 年 1 月 1 日	JD 2 451 179.5	13
2006 年 1 月 1 日	JD 2 453 736.5	14
2009 年 1 月 1 日	JD 2 454 832.5	15
2012 年 7 月 1 日	JD 2 456 109.1	16

[1] 儒略周期的导出和三个因素有关，分别是太阳周期（Solar Cycle）、太阴周期（Metonic Cycle）和小纪（Indictioncycle）。太阳周期是 28 年，太阴周期为 19 年，小纪周期为 15 年，而 28、19、15 的最小公倍数为 28×19×15=7 980。太阳周期和太阴周期分别由太阳、月亮的轨道运行周期决定，而小纪则为古罗马皇帝所颁布的课税周期，为古罗马时期的一个纪元单位。

因为同是原子时，都是均匀和连续的，GPST 和 TAI 的关系就简单得多，两者之间有一个固定的 19 s 的偏差，即

$$TAI = GPST + 19\,s \tag{1.46}$$

GPST 的基本计时单位也是秒，但 GPST 把连续的时间看作周期的时间段，其周期为一个星期，即 $7 \times 24 \times 3\,600 = 604\,800\,s$。GPST 的秒计数在每个星期的周六午夜／周日凌晨清零，同时将其星期计数加 1，然后秒计数重新累加直至下一个星期的开始。所以提到 GPST 的时候除了给出在该星期内的秒计数，还必须要给出当前 GPST 的星期数。在 GPS 导航电文里是用 10 比特来记录星期数，这样一来该星期数给出的其实是 GPST 的绝对星期数被 1 024 除的余数，每 1 024 个星期导航电文中的 10 比特星期数就会溢出清零。从 GPST 开始至今，该星期数已经被清零一次，发生在 1999 年的 8 月 21 日午夜到 22 日凌晨交替的时刻。

每一颗 GPS 卫星发送的无线电导航信号都有连续不断的时间戳，这一点和我们在 1.1.4 节中得到的结论一致。用户接收到 GPS 卫星的信号，在任何时刻都可以经过简单计算得到当前信号的发送时间。这个时间戳就是以 GPST 的形式发送的，包含了 GPS 星期数和当前星期内的秒计数。所有的 GPS 卫星发送的导航信号都是严格同步好的，这一点对于 GPS 定位的实现至关重要。在 3.4 节中还要详细讲述不同 GPS 信号以及北斗卫星信号之间的同步关系。

1.3.5　北斗时（BDT）

北斗时是北斗卫星导航系统的时间基准，简称 BDT。和 GPST 类似，BDT 也是一种原子时，其时间基准也来自于一系列原子钟的时间测量，包括地面监控站和北斗卫星星载原子钟的观测数据。由于北斗卫星导航系统还在不断推进和部署阶段，很多方面还有待完善，所以对于 BDT 的详细信息很难从公开发表的文献资料里找到，下面关于 BDT 的有些结论是基于很有限的文献得到的，甚至有些信息是通过与 GPST 的类比以及常识推断出来的，相信错误和纰漏在所难免，读者对于这一点一定有所注意。

根据 2012 年 12 月 27 日公开的北斗接口控制文档 1.0 版，BDT 以国际单位制秒为基本单位进行时间累积，没有跳秒，所以和 GPST 一样，BDT 是连续时间。BDT 的起始历元是 UTC 时间 2006 年 1 月 1 日 00 时 00 分 00 秒，对应的儒略日为 2453736。

BDT 采用了和 GPST 一样的时间表示方式，即星期数和周内秒计数。一个星期内的秒计数为 604 800 s，所以从 2006 年 1 月 1 日 00:00:00 开始，BDT 每计满 604 800 s 就把星期数加 1，同时将周内秒计数清零。因为 BDT 也是连续的时间系统，所以就不可避免会和 UTC 时间存在逐渐扩大的偏差，从 2006 年 1 月 1 日到 2013 年已经存在两次闰秒的调整，所以截止到 2013 年 5 月 BDT 和 UTC 时之间的偏差已经是 2 s。

考虑到在 BDT 起始历元的时刻，GPST 的星期数和周内秒计数为

GPST= [1 356 周，14.000 s]

所以，可以推断出 BDT 和 GPST 有如下关系：

$$\text{BDT 星期数} = \text{GPST 星期数} + 1\ 356 \tag{1.47}$$

$$\text{BDT 周内秒计数} = \text{GPST 周内秒计数}+14 \tag{1.48}$$

式(1.48)在计算时需要考虑溢出问题，即当（GPST 周内秒计数+14）超过 604 800 时需要将 BDT 星期数加 1。

作为本节的总结，图 1.16 表示了几种时间系统之间的相互关系。

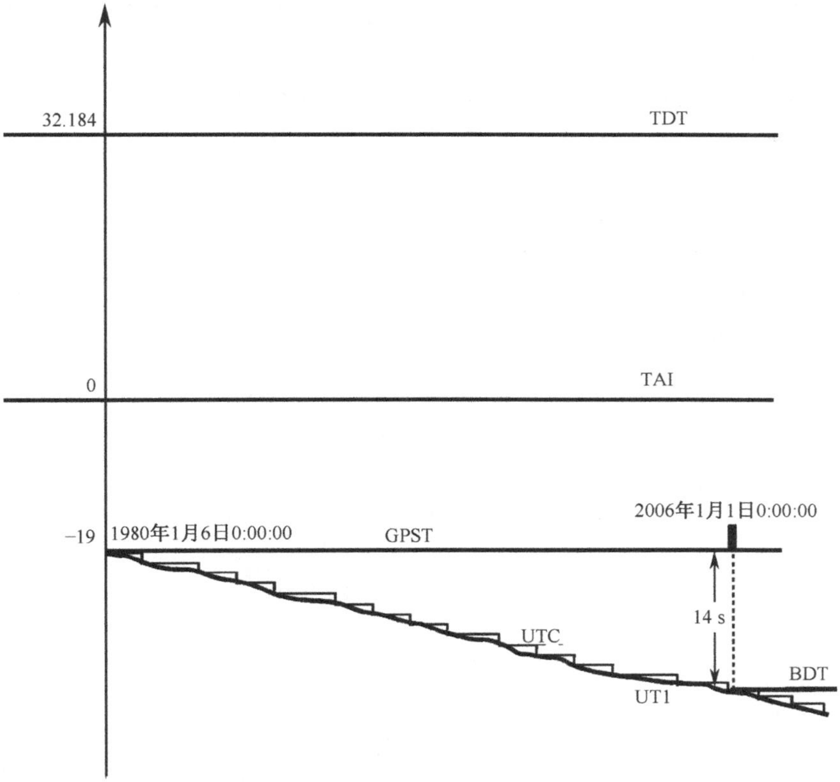

图 1.16　不同时间系统之间的相互关系

参考文献

[1]　曹冲. 卫星导航常用知识问答. 北京：电子工业出版社，2010 .

[2]　Dava Sobel. 经度——一个孤独的天才解决他所处时代最大难题的真实故事. 肖明波，译. 上海：上海人民出版社，2007.

[3] 柳宝林，范伟. 战场定位的天神——GPS 的军事应用. 北京：蓝天出版社，1998.

[4] 翟造成，张为群，等. 原子钟基本原理与时频测量技术. 上海：上海科学技术文献出版社，2009.

[5] Jay A. Farrell, Aided Navigation. GPS with High Rate Sensors. McGraw Hill, 2008.

[6] 刘基余. GPS 卫星导航定位原理与方法. 北京：科学出版社，2003.

[7] E.D.Kaplan. Understanding GPS Principles and Applications, 2rd Edition. Artech House Publishers，2006.

[8] Navstar GPS Space Segment/Navigation User Interfaces, IS-GPS-200G, September 5, 2012.

[9] 中国卫星导航系统管理办公室. 北斗卫星导航系统空间信号接口控制文件（公开服务信号）2.0 版. 2013 年 12 月.

[10] Pratap Misra, Per Enge. 全球定位系统——信号、测量和性能（第二版）. 北京：电子工业出版社，2008.

[11] GPS 官网： http://www.gps.gov.

[12] 北斗官网：http://www.beidou.gov.cn.

[13] Galileo 官网：http://www.gsa.europa.eu.

[14] GLONASS 官网：http://glonass-iac.ru/en/.

[15] IERS 官网：http://www.iers.org.

第 2 章

GPS 和北斗卫星导航系统简介

本章要点

- GPS 系统的历史由来
- GPS 系统的构成
- GPS 的现代化计划
- 北斗导航系统概述

本章首先对 GPS 系统从宏观角度进行简要综述，然后对我国自主规划、设计和实施的北斗卫星导航系统进行类似的综述，侧重从顶层设计的角度对 GPS 和北斗系统的卫星星座、信号体制、载波频段、性能指标和应用范围进行综合描述，同时对一些卫星导航系统的历史发展事件给出描述和评论，可以使初涉卫星导航领域的读者对该领域的系统构成和历史演变有初步的了解，从而能够更清楚地认识和理解现有系统的特点及未来的发展方向。GPS 系统现代化作为 21 世纪卫星导航方面的一件重大事件，在本章会详细讲述，并分析该事件对未来 GPS 接收机的影响，同时结合中国北斗卫星导航系统的部署和实施分析未来 GNSS 接收机的性能演变趋势。

2.1 GPS 系统的历史由来

GPS 实现定位的基本原理是无线电导航技术，即通过测量电磁波在空间传播过程中的幅度、频率或载波相位等电信号参量实现导航定位。

1957 年 10 月 4 日，苏联发射了人类历史上第一颗人造地球卫星 Sputnik-I，揭开了人类利用空间卫星实现无线电定位导航的序幕。Sputnik-I 卫星的外形是一个直径 58 cm 的表面抛光的金属球体，质量大约为 83.6 kg，外面安装了四根发射天线用于播发 20.005 MHz 和 40.002 MHz 的无线电连续波信号，其运行轨道为离心率为 0.052 01 的椭圆轨道，半长轴为 6 955.2 km，根据椭圆曲线的基本性质可以推算出轨道近地点距离地心约 6 593 km，远地点距离地心约 7 317 km，考虑到地球半径约为 6 378 km，所以 Sputnik-I 卫星基本上在距离地平面 215～939 km 之间飞行，同时由开普勒定律可以推算出轨道运行周期为 92 分钟 12 秒，飞行速度为 8 km/s 左右。

Sputnik-I 卫星并不是为了导航目的而发射的，其最初的研制目的是为了大气观测：通过对其气动阻力的测量可以得知外层大气空间的大气浓度，同时通过对其播发的无线电波的观测可以知道电离层的相关信息。但很快人们就发现了更多更有趣的物理现象。

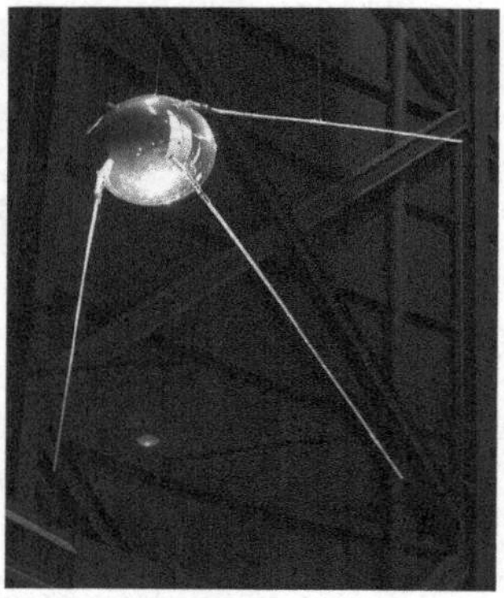

图 2.1 第一颗人造地球卫星 Sputnik-I

就在 Sputnik-I 卫星发射升空几天以后，美国约翰霍普金斯大学应用物理实验室（Applied Physics Laboratory，APL）的两位物理学家 William Guier 和 George Weiffenbach 就发现了 Sputnik-I 卫星的无线电波产生的多普勒频移现象。

George 当时正在完成他的博士论文，论文内容是关于微波波谱的课题，于是他们就利用手边的一台 20 MHz 的接收机接收到了 Sputnik-I 发射的 20.005 MHz 的无线电电波，其差频信号正好落在人耳可以直接听见的声波频率范围内。后来他们花了一整个晚上的时间记录下来卫星从地平线升起，然后又从地平线落下的全部电波信号。当他们对这次完整的电波信号的频率进行分析的时候，他们发现了电波频率在整个卫星运行过程中的变化，并很快意识到该变化曲线可以体现卫星和接收机之间的相对运动速度的变化，而这些数据信息和卫星的飞行轨迹及接收机的地理位置直接相关。结合后来 Sputnik-II 卫星的双频信号数据，George 和 William 计算出了卫星运行的 6 个轨道参数和 3 个系统参数，其中就包括了大气电离层的自由电子浓度。

时任应用物理实验室副主任的 Frank McClure 博士知道了 George 和 William 的工作之后，提出了一个反命题，即如果知道卫星的轨道参数，能不能根据多普勒频移推算出用户的位置？

George 和 William 很快给出了这个反命题的理论分析报告，结果是不但可行，而且定位精度会比预想的要高得多，因为待定的未知数要比正命题还要少得多！George 和 William 的这个结论直接催生了后来的子午仪导航系统（TRANSIT Navigation System）。

子午仪卫星导航系统又名海军卫星导航系统（Navy Navigation Satellite System，NNSS）其最初的设计目的是为了解决北极星级弹道导弹核潜艇（Polaris Missle）的定位问题，因为如果核潜艇自身的精确位置无法确定，那么其导弹攻击的目标位置的精度也无法保证，而北极星核潜艇是美国战略核力量的三元体系中极其重要的一环，所以这个问题当时是亟待解决的战略难题。

值得一提的是，虽然子午仪系统是为了解决美国军事战略问题，但后来随着美国在 1967 年将导航设备和计算机程序解密，一部分民用海洋设备和船只也开始使用子午仪系统进行定位。

子午仪系统研制的过程经历了一系列实验卫星的发射，从子午仪-1A、-1B 卫星到后来的子午仪-5A、-5B、-5E、-5C 卫星，直到定型并投入使用共经历了七年半的时间。最终的子午仪卫星运行在圆形极轨道上，轨道高度约 1 075 km，轨道周期约 107 min，空间飞行速度大约为 7.3 km/s，因为卫星轨道均通过地球极轴，所以星座轨道分布图像一个巨大的“鸟笼”，而地球就在该“鸟笼”内部，如图 2.2 所示。

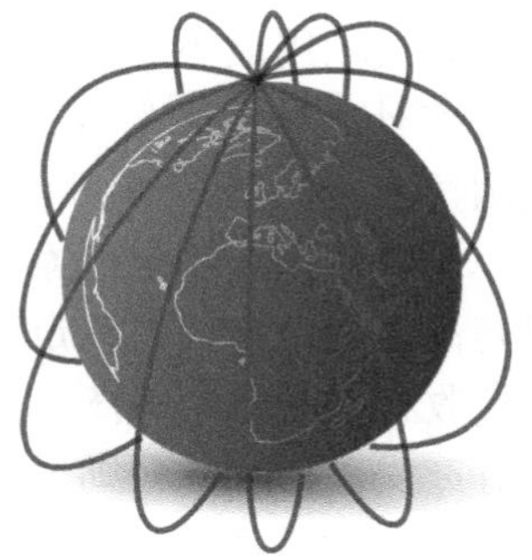

图 2.2　子午仪导航卫星的星座轨道分布示意图

子午仪卫星发射载波频率为 150 MHz 和 400 MHz 的无线电导航信号，用户通过测量接收到的电波信号的多普勒计数实现定位。用户在任意时刻只能接收到一颗子午仪卫星的信号，这一点和后来的 GPS 系统完全不一样。每当一颗子午仪卫星出现在地平线以上时，用户接收机就开始接收该卫星的导航信号，其中包括 6 个轨道参数和轨道扰动项，借此用户可以计算任意时刻的卫星位置，150 MHz 和 400 MHz 的双频信号被用来消除电离层延迟的影响，从而进一步提高定位精度。

子午仪系统定位的过程是这样进行的：当子午仪卫星通过接收机上空时，用户接收机首先锁定卫星播发的无线电导航信号，解调出导航电文中的卫星星历数据和轨道扰动项，计算任意时刻的卫星位置，同时计算卫星在不同轨道位置的多普勒计数，这里的多普勒计数量就包含了用户位置信息，通过无线电导航中的双曲线法就可以计算出用户的位置。在当时的软硬件条件下，整个过程显得复杂而且涉及密集的数据处理，所以必须采用当时尖端的数据计算机来完成。图 2.3 是子午仪接收机通过测量不同时刻卫星信号的多普勒计数实现定位的示意图。

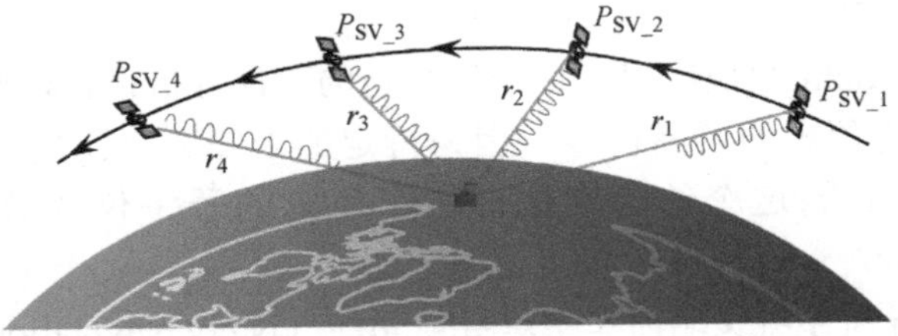

图 2.3　子午仪接收机通过多普勒计数定位

图 2.4 中接收机在 4 个时刻记录接收到的卫星信号的多普勒计数值 $D(t_i,t_{i+1})$，$i=0,\cdots 3$，其中 $T=t_{i+1}-t_i$ 为两次观测之间的时间差，如果省略其中的技术细节和工程化处理，$D(t_i,t_{i+1})$ 可以写成

$$\begin{aligned} D(t_i,t_{i+1}) &= \frac{1}{\lambda}\int_{t_i}^{t_{i+1}} \dot{r}(t)\mathrm{d}t \\ &= \frac{1}{\lambda}\left[r(t_{i+1})-r(t_i)\right] \end{aligned} \tag{2.1}$$

$D(t_i,t_{i+1})$ 给出了卫星在 t_i 和 t_{i+1} 时刻相对于接收机的距离差信息，所以只要累计 3 次多普勒计数值就可以对接收机的经度、纬度和频率差做出修正，从而实现定位的目的。实际上，因为接收机在卫星飞行过程中可以接收到很多次多普勒计数，所以接收机利用最小二乘法对这些冗余观测量进行处理以得到最优的用户位置解。如果读者对于 GPS 载波相位观测量比较熟悉的话，可以看出 $D(t_i,t_{i+1})$ 和 GPS 载波相位观测量比较类似。

子午仪系统的定位原理决定了对于静止或缓慢运动的物体的定位精度较好，如果是高速运动物体，则定位精度就会带来较大的误差。这是因为在两次观测时刻用户接收机与卫星的距离矢量在改变，这种改变由两部分组成，一部分由卫星的轨道飞行产生，另一部分则由用户运动产生，前者由卫星的星历数据可以较精确地计算出来，而后者就需要根据用户的运动速度进行位置推算，在这个过程中用户速度的误差就会对应到推算得到的用户位置误差上去。

一般来讲，对于缓慢运动的船舶，子午仪系统能够达到的定位精度在 100 m 左右，对于静止不动的载体，如海上石油钻探平台，通过长时间重复数据处理，子午仪系统能够提供 10 m 左右的定位精度。在当时的技术条件下，这个精度指标已经相当不错了。子午仪系统主要的问题在于无法连续定位，因为当天顶的卫星落下地平线以后，必须等待一段时间才能接收到另一颗可用卫星的信号，这之间的时间间隔可能长达几个小时，也可能几十分钟，视所在纬度决定，但平均的等待时间为 90 min。所以子午仪系统更适用于海上舰船，其对定位更新的需求不频繁，但对于要求频繁或连续定位的应用则不太合适。然而，子午仪系统的意义在于使得研发部门对卫星定位取得了初步的经验，并验证了由卫星系统进行定位的可行性，为 GPS 系统的研制做好铺垫。

子午仪系统是世界上第一个验证了只需要一颗精确定轨的人造卫星就能够提供全球范围精确定位的空间无线电导航系统。另外值得一提的是，子午仪系统通过多普勒计数来定位的原理在 GPS 卫星上依然可以适用。实际上，在 GPS 星座还没有完全实现全球覆盖的时候，在某些 GPS 星座分布不佳的区域，某些研究人员曾经尝试着利用子午仪定位系统的定位原理通过利用 GPS 卫星的多普勒计数进行定位，如参考文献[5]所述。感兴趣的读者在今天也可以通过只观测一颗 GPS 卫星的多普勒计数值实现定位。

20 世纪 60、70 年代发生了一系列重大事件，涉及政治、军事和工程技术等诸多领域，如果要深入理解 GPS 系统的演变则必须对这些重要事件有所了解。

1962 年发生的古巴导弹危机进一步加剧了冷战时期的美苏核军备竞赛，美国决心建立陆海空战略核力量的三元体系，其中美国空军的洲际弹道导弹（ICBM）和美国海军的潜射弹道导弹（SLBM）都对高速、实时、全天候、全球覆盖的导航定位系统提出了迫切要求，而这些技术要求远远超出了子午仪系统所能提供的定位能力。

美国海军研究实验室（Naval Research Lab）在子午仪系统的基础上，于 1967 年开发了 Timation 卫星，“Timation”这个词并不是现有的英文单词，而是 TIMe 和 navigATION 这两个单词的头三个字母和后五个字母一起组成的新词，从其字面意思可以知道该卫星和时间系统有关。实际上，Timation 卫星的最初目的就是为了解决被动式测距定位技术中的一个突出问题，即高精度的时钟同步和时间保持难题。Timation-I（1967 年发射）和 Timation-II（1969 年发射）卫星均采用了特制的石英晶体作为时钟源，但效果并不好，而 Timation-III 卫星（1974 年发射）采用了突破性的铷原子钟作为系统时钟。Timation 卫星完成的一系列实验的意义在于验证了以空间卫星为平台的高精度时间同步系统的可行性，而该结论是后来 GPS 系统正常工作的重要基础之一。

和美国海军相比，美国空军（USAF）对高性能的导航定位系统的需求更迫切些，因为对于战机和导弹等高动态飞行器来说，美国海军的 Transit 系统显然无法满足要求。在 20 世纪整个 60 年代，美国空军主持了一系列与导航有关的科研项目，包括 MOSAIC、57 号计划和 621B 计划。这些计划有些还处于保密状态，从公开的文献中很难找到关于这些计划的详细描述，但从中还是可以得到一些零散的结论。和 GPS 密切相关的计划当属 621B 计划，该计划开发并验证了复杂的以伪随机码为基础的测距码方案，而该方案在今天的 GPS 系统中已经成为众所周知的技术。

在同时期几乎同步进行的类似的导航项目还有美国陆军的 SECOR 测绘卫星系统，该系统包括三个已知位置的地面站和一个空间卫星，地面站通过卫星信号转发器向位置待定的地点发送定位信号，从而实现第四个位置未知地点的定位功能，从这个角度看该系统类似转发式卫星定位系统。该系统在 20 世纪整个 60 年代发射了 13 颗卫星，完成了一系列实验，这些实验成果和结论与 Timation 系统、621B 项目的研究成果一起构成了 GPS 系统的基础。

从上述时代背景中可以看出 GPS 项目的研发动力和设计目标，以及预期的应用场景。GPS 从设计初期就是为了军事目的而开发的，所以由美国国防部（DoD）牵头整个项目也就一点不奇怪了。

1973 年美国国防部批准了 GPS 项目的总体结构，最初的项目名称叫作防卫导航卫星系统（Defense Navigation Satellite System，**DNSS**），后来改为 NavSTAR-GPS，英文全称为 Navigation by Satellite Timing and Ranging-Global Positioning System[1]，这个全称稍显冗长，后来进一步简化为“**GPS**”。

GPS 项目的管理由美国空军、美国空间与导弹中心（SMC）、NavStar-GPS 联合项目办公室（JPO）共同负责，其中 JPO 由来自空军、海军、陆军、海军陆战队、交通部、国防地图机构的成员代表联合组成，甚至还有来自北约（NATO）和澳大利亚的成员代表。JPO 在整个 GPS 项目的推进过程起着举足轻重的作用，主要负责地面测控站和空间部分的研发，以及空间卫星的更新换代，还负责军用接收机和 PPS 服务终端的研发。

下面是 GPS 系统的一些基本设计目标。

- 24 小时不间断服务；
- 全球覆盖；
- 实现三维位置定位，同时提供速度信息；
- 实现精确授时功能；
- 连续、实时的定位；
- 用户数目不受限；
- 被动方式定位，便于保持无线电静默；
- 民用服务精度受限，军用服务精度更高。

虽然 GPS 最初的目标是为了精确的武器投送，也就是军用目的，但决策层很快意识到民事用户领域的巨大市场和商机，所以在设计之初就为民用目的的应用留下了可能性。但为了防止民用 GPS 接收机被用于军事目的，尤其是和美国国家利益相

---

[1] 关于 NavSTAR 的简略词来源，还有一种说法是“Navigation Signal Timing and Ranging”。

悖的军事目的，民用服务的定位精度从信号格式上就决定了要低于军用服务的精度，同时还加上了可用性选择（Selective Availability），又称 SA 政策，以进一步限制民用服务的定位精度。美国国防部经过通盘考虑军用服务和民用服务的需求以后，将 GPS 提供的服务分为以下两类。

- 标准定位服务（SPS）：服务于非授权用户，包括民用、商业和学术研究应用等应用；
- 精密定位服务（PPS）：服务于授权用户。

PPS 服务通过特殊加密的密码技术进行控制，只有 DoD 授权用户才能使用该服务。广大的民事用户只能选用 SPS 服务，在系统早期还要受 SA 政策的影响，使得定位精度只能在 100 m 左右，同时缺乏双频观测量以抵消电离层延迟的影响，所以饱受诟病。美国政府于 2000 年 5 月宣布取消 SA 干扰，美国国防部更是于 2007 年宣布未来的 GPS-III 型卫星将不具备施加 SA 干扰的能力，这等于是宣布了对 SA 政策的永久废止。

被动定位方式的目的是为了保证军用场合下的无线电静默，主动式定位需要终端用户通过上行链路和卫星联系，这样就不可避免地暴露自身的存在。从这个角度来看，GPS 接收机只是被动地接收并处理来自卫星的信号，解决“我在哪儿”的问题。这一点和我国的北斗-I 系统不同，北斗-I 的接收机是主动式定位方式，所以不仅要知道“我在哪儿”，还要让别人知道“我在哪儿”，关于这一点，在后面北斗系统的章节还要详述。

在卫星轨道的选择上也是经过了深思熟虑的。国际上一般把卫星轨道分为低轨道、中轨道和静止轨道。低轨道卫星的轨道高度为 2 000 km 以下，这种卫星用于导航定位目的有其优缺点。优点是卫星高度较低，用户接收机和卫星之间的距离较近，由此带来的导航信号的路径损耗就会比较小，所以可以采用低功率的信号发射器，同时卫星飞行速度快，空间星座分布变化快，对某些利用卫星几何空间相关性的定位算法比较有利。但缺点也很明显，首先卫星过境时间短，接收机需要不断地捕获新卫星，导致接收机控制算法复杂，同时低轨道导致大气拖曳效应明显，会对卫星的运行轨道产生明显摄动，低轨道卫星为了实现全球覆盖需要的卫星数目也要多很多，一个明显的例子是需要 66 颗卫星覆盖全球的铱星系统。静止轨道卫星是位于赤道上空 36 000 km 的地球同步卫星，虽然只需要少量卫星即能实现全球覆盖，但较高的轨道高度决定了星载信号发射器必须采用较大功率，同时全部卫星位于赤道上空也决定了高纬度地区的用户的定位精度无法满足要求，读者在学习了 GPS 定位解算算法中的几何精度因子的知识后就能清楚地明白这一点。

所以 GPS 卫星最终选用了轨道高度约 20 000 km 的中轨卫星，卫星过境时长为几个小时，视不同位置而定，覆盖全球的卫星数目适中，24 颗卫星即可，但现在为了提高系统性能，同时在轨的卫星数目可以高达 30 颗，中轨卫星的路径损耗也在可接受范围之内，不会对星载信号发射器的功率提出过高要求。

根据参考文献[8]，GPS项目的实施可分为以下四个阶段。

（1）预研阶段

该阶段从1960年到1972年，主要是尝试各种类型的卫星定位和导航系统，积累相关经验，解决一系列工程技术难题，包括信号体制、载波选择、时间同步、精确定轨、终端定位设备研发等。前面描述的Transit系统、Timation系统、621B计划和SECOR系统的工作都被归属于该阶段。

（2）概念验证阶段

该阶段从1973年到1979年，主要是通过发射试验卫星验证GPS的可行性。GPS系统早期的Block-I型卫星就是在该阶段开始发射的，但在第一颗Block-I卫星发射升空之前，美国还发射了两颗实验性质的导航技术卫星（NTS），其中在NTS-2卫星上采用的导航信号就是后来采用的GPS信号，NTS-2卫星于1977年6月从范登堡空军基地发射，但只工作了8个月就失效了。在NTS卫星的基础上，又陆续发射了11颗Block-I型卫星，最后一颗Block-I卫星于1995年失效。在此阶段，在控制段和用户终端方面也进行了大量设计验证工作。

（3）全面研制和设计阶段

该阶段从1979年到1985年，共发射了11颗Block-I卫星，同时也确定了Block-II型卫星的提供商和商业合同，同时用户终端接收机的研制商也初步确定，并对用户终端原型机进行了大量陆地和海洋环境下的测试。在此阶段总计28颗Block-II型卫星开始研发生产。

（4）部署和实用阶段

该阶段从1986年至今。1989年2月14号第一颗Block-II型卫星被Delta-II火箭推进入太空预定轨道。近两年半以后，即1991年6月，由Block-I卫星和Block-II卫星组成的混合星座已经能够提供覆盖全球的二维定位能力。1993年12月JPO宣布已经实现了全球范围内的三维定位。1994年4月全部24颗卫星组成的空间星座得以实现。

值得一提的是，在1991年的第一次海湾战争中，GPS系统虽然尚没有实现卫星星座的全球覆盖，但已经在战场指挥、作战单位的部署和救援、精确制导武器的使用等方面都发挥了重要的作用，极大地提升了军队的信息化程度，显示了卫星导航系统在军事领域的巨大应用潜力。随着美国政府在2000年取消了SA干扰，GPS技术和终端产品也开始越来越多地进入寻常百姓的生活。时至今日，GPS的应用已经渗透到车辆导航、野外救护、户外运动、特殊人士跟踪、地震监测、大气监控以及基于位置服务（Location Based Service）等方面。

2.2　GPS 系统的构成

GPS 系统看起来虽然复杂，但从整体上看可以被分为三个部分：空间段、控制段和终端段，如图 2.4 所示。

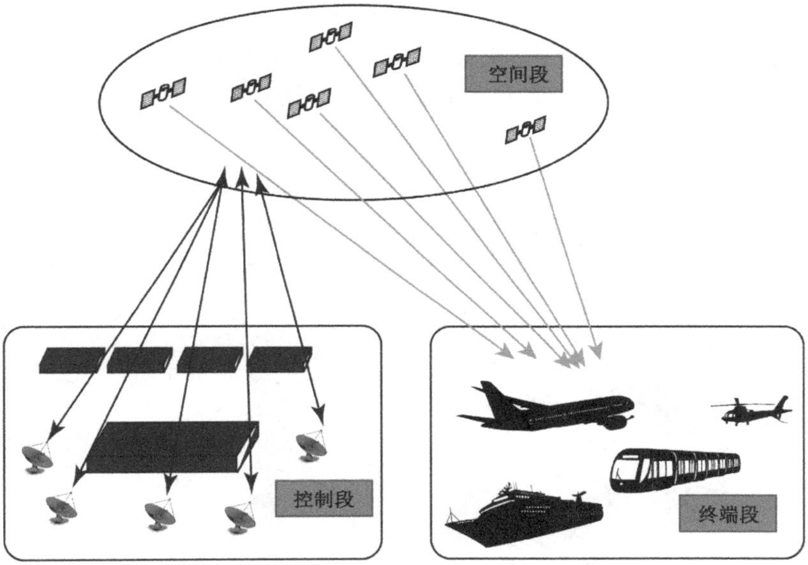

图 2.4　GPS 系统的总体结构图

1. 空间段

空间段主要由围绕地球运行的 24 颗 GPS 卫星组成，在 GPS 星座设计之初，为了保证地球上任意位置在任何时刻均有大于 4 颗可见卫星，初始设计方案是最少 24 颗卫星构成空间卫星星座，但实际上后来空间组网的在轨 GPS 卫星数目总是大于 24 颗，目前 GPS 卫星数目保持在 29~31 颗。美国官方把构成 GPS 星座的 24 颗卫星称作“核心星座”（Core Constellation）或“基本星座”，核心星座的卫星部署是为了满足 GPS 系统在全球范围内的基本定位性能，在此基础上增加的 GPS 卫星能够提供更好、更可靠的定位结果。

GPS 卫星在近圆的椭圆轨道上绕地球运行，轨道的离心率在 0.002 ~ 0.01 之间，不同卫星的轨道离心率有细微的差别。24 颗 GPS 卫星分布在 6 个轨道面上，每个轨道面与地球赤道面的夹角为 55°，相邻轨道面的升交点经度相差为 60°，每个轨道面上有 4～6 颗 GPS 卫星，卫星之间的间距并不是均匀分布的。轨道的长半轴在 26 560 km 左右，卫星绕地运行一周耗时约 11 小时 58 分钟左右，这也正好是半个恒星日的时长，考虑地球自转周期为 24 小时，在 ECI 坐标系里看，地球自转一圈的时间内 GPS 卫星正好飞行两圈，所以同一颗 GPS 卫星在相邻两天的大致同一个时刻飞过地球同一个位置的上空。严格地说，每天地球上同一位置的观测者会发现同一颗 GPS 卫星从地平线出现的时刻会比前一天提前 4 分钟，而这正是由于地球自转一天的时间和 GPS 卫星两个轨道周期之间的时间差。所以这也决定了位于地球同一地点的观测者在相邻两天的同一时刻会观测到几乎相同的 GPS 卫星星座分布。

GPS 卫星星座的分布如图 2.5（a）所示，图 2.5（b）给出了 2007 年 12 月的 GPS 卫星在 6 个轨道面上的分布，其中轨道上的数字表示卫星的 PRN 号码，可以看出，在 6 个轨道面上共计由 30 颗卫星完成组网。读者需要注意的是，这里的卫星星座的状态只是对某个特定时期而言，该信息会随着卫星的更新、失效和维护状态而进行调整。

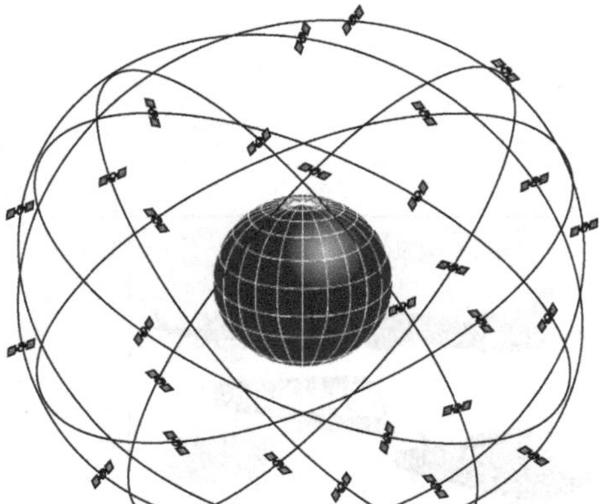

（a）GPS卫星星座分布示意图

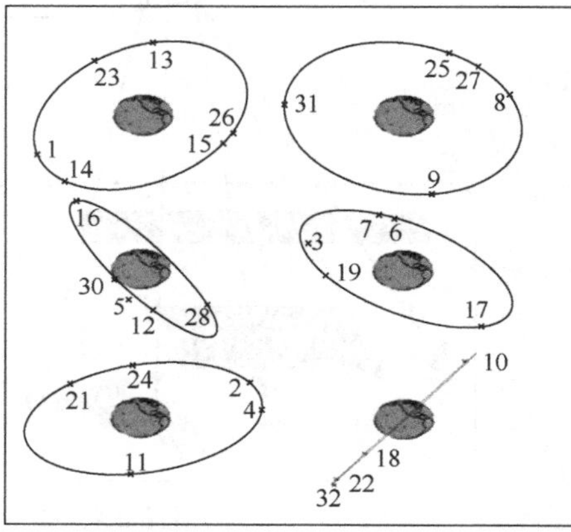

（b）GPS轨道面上卫星分布（2007年12月）

图 2.5 卫星星座分布图

GPS 星座的 6 个轨道面用字母 A、B、C、D、E 和 F 来表示，轨道内卫星编号用数字 1~4 来表示，则每颗 GPS 卫星可以用两个字符表示，一个字符是轨道号，另一个是该轨道以内的卫星编号，如 A1、B3 和 E4，分别表示 A 轨道面卫星 1，B 轨道面卫星 3 和 E 轨道面卫星 4，注意把这里的卫星编号与卫星 PRN 号码区分开，卫星编号只表示同一颗卫星轨道面内的 Slot 号，而不是卫星的 PRN 号。

GPS 卫星从开始到目前已经经历了两代，即 Block-I 和 Block-II，其中 Block-II 又包括了 Block-IIA、Block-IIR、Block-IIR（M）和 Block-IIF 等系列改进型。

Block-I 卫星从 1978 年开始发射第一颗卫星，到 1985 年总计发射了 11 颗。Block-I 卫星的初始设计寿命为 5 年，但实际运行寿命从 4 年到 13 年半不等。寿命最长的卫星是第 3 颗，编号为 GPS I-3 或 GPS SVN-3，这里 SVN-3 是卫星的空间飞行器编号，该卫星 1978 年 10 月发射，直到 1992 年 5 月失效，共工作了 13 年半。最后一颗 Block-I 卫星一直工作到 1996 年 3 月，卫星编号为 GPS I-10，即第 10 颗 Block-I 卫星，该卫星于 1984 年 9 月发射，实际工作时间为 11 年半。Block-I 卫星的目的主要是验证整个系统的可行性和发现实际工作中的问题，为 Block-II 卫星的研制开发提供宝贵的工程经验。截至 1995 年 11 月，全部 Block-I 卫星提供的服务终止。

和 Block-I 卫星一样，Block-II/IIA 卫星依然由美国 Rockwell International 公司研制开发。Block-II 系列卫星在 Block-I 的基础上进行了改进，设计目标之一是在卫星与控制段没有任何通信联系的条件下能提供长达 14 天的定位服务，当然服务质量会随着时间的推移会逐渐恶化。该系列卫星上配置了三轴姿态稳定器，能够保证良好的姿态控制，两侧的太阳能帆板提供 710 W 的电力供应，卫星上还装备了联氨（肼）推进系统提供一定的轨道修正能力，时钟基准由两台铷原子钟和铯原子钟提供。Block-II 卫星质量为 1 660 kg，总共发射了 9 颗，由 Delta-II 型火箭发射升空，发射时间从 1989 年 2 月到 1990 年 10 月。Block-II 卫星设计寿命为 7 年半，但实际工作寿命要超过该值，最后一颗 Block-II 卫星直到 2007 年 3 月才停止服务，所以现在 GPS 星座中已经没有 Block-II 卫星。

和 Block-II 卫星相比，Block-IIA 卫星的无通信联系条件下的服务时间提高到 180 天，总质量也从 1 660 kg 增加到 1 816 kg。Block-IIA 卫星总计发射了 19 颗，发射时间从 1990 年 11 月到 1997 年 11 月。截至 2013 年 6 月，还有 8 颗 Block-IIA 卫星处于正常工作状态，分别占据 GPS 卫星轨道面的 A3、A5、C2、C6、D4、E5、E5 和 F5。

Block-IIR 卫星由美国 Lockheed Martin 公司研制开发，其名称中的字母“R”表示“Replenishment”（更新），主要目的是替换已经逐渐达到设计年限的 Block-II/IIA 卫星，在性能方面的更新并不多，卫星总质量提高到 2 217 kg，太阳能帆板的电力功率提高到 800 W，设计的工作寿命提高到 10 年。从 1997 年 7 月到 2004 年 11 月，总共发射了 12 颗 Block-IIR 卫星，截至 2013 年 6 月，这 12 颗 Block-IIR 卫星还都处于正常工作状态。

Block-IIR（M）依然由美国 Lockheed Martin 公司研制开发，其名称后缀中的字母“M”表示“Modernized”（现代化），顾名思义，表示该系列卫星是为了顺应 GPS 现代化计划的需求而研发部署的。和前系列 Block-IIR 卫星相比，该系列卫星最大的改进是增加了 L2 载波上的 L2C 信号，同时增加了新的军用码信号，太阳能帆板功率、卫星质量和设计工作寿命均和 Block-IIR 一样。从 2005 年 9 月到 2009 年 8 月共发射了 8 颗 Block-IIR（M）卫星，截至 2013 年 6 月，7 颗 Block-IIR（M）卫星处于正常工作状态，有一颗（GPS SVN-49）处于“不可用”状态（Unusable）。可以看出，Block-IIR 和 Block-IIR（M）（12+8 颗卫星）共同构成了目前 GPS 星座的主体。

Block-IIF 卫星由美国 Boeing 公司承制研发，其后缀中的字母“F”表示“Follow-on”（后续）。Boeing 公司预计制造总共 12 颗 Block-IIF 卫星，第一颗卫星已于 2010 年 5 月发射升空，到 2013 年 6 月已经有 4 颗 Block-IIF 卫星入轨工作。和前系列 Block-II/IIA/IIR/IIR（M）卫星相比，Block-IIF 卫星具有更长的设计工作寿命（12 年），采用了混合的铷铯原子钟提供极为精确的时钟基准，增加了第三个民用信号 L5，对军用信号提供更灵活的功率控制以对热点区域的阻塞和干扰进行有效反制。截至 2013 年 6 月，三颗 Block-IIF 卫星均工作正常，其中 SVN66（对应于 PRN27）处于测试状态。

表 2.1 给出了截至 2013 年 6 月的 GPS 卫星 PRN 号码、SVN 号码和卫星类型的对应一览表，表格中的字符表示卫星的工作状态，其中“H”表示健康可用，可以看出全部 32 颗卫星中，有 8 颗 Block-IIA 卫星、12 颗 Block-IIR 卫星、8 颗 Block-IIR（M）卫星和 4 颗 Block-IIF 卫星。值得注意的是，该表给出的信息来源于美国海岸警卫队（USCG）的网站，表中的信息会随着时间而变化，旧卫星会逐渐被新的卫星替换，同时 PRN 号码会因卫星调整而改变，所以读者在使用该表时最好能及时根据官方网站的最新信息进行调整。

表 2.1 GPS 卫星类型、PRN 号码和 SVN 号码对应一览表（2013 年 6 月）

PRN	1	2	3	4	5	6	7	8	9	10	11	12	13	14	15	16
SVN	63	61	33	34	50	36	48	38	39	40	46	58	43	41	55	56
IIA			H	H		H		H	H	H						
IIR		H									H		H	H		H
IIR（M）					H		H					H			H	
IIF	H															
PRN	**17**	**18**	**19**	**20**	**21**	**22**	**23**	**24**	**25**	**26**	**27**	**28**	**29**	**30**	**31**	**32**
SVN	53	54	59	51	45	47	60	65	62	26	66	44	57	49	52	23
IIA										H						H
IIR		H	H	H	H	H	H					H				
IIR（M）	H												H	U	H	
IIF								H	H		T					
注：H. 健康；T. 测试中；U. 不可用或不稳定																

空间段的 GPS 卫星最主要的任务是播发导航无线电信号，使得地球上的使用者通过对导航信号进行处理实现定位目的，卫星自身具有一定的容错能力和自检测逻辑，同时和地面控制站之间的通信可以实现卫星的工作维护和状态监控，周期性的导航电文的上载就是这些维护和监控工作的一部分。卫星的维护和监控操作一般不会中断导航信号的播发，但 Block-IIA 卫星在上载导航电文时会产生 6～24 s 不等的导航信号的间断，但这种情况十分罕见。

2. 控制段

控制段是负责跟踪 GPS 卫星状态、检测卫星信号质量、对其定位性能进行分析，从而向卫星发送控制指令和数据的一整套全球网络，物理上主要包括：

- 一个主控站（MSC）；
- 一个备份主控站（Alternate MSC）；
- 4 个地面天线站（或注入站）（Ground Antenna）；
- 覆盖全球的监控站网络（Monitor Stations）。

GPS 主控站位于科罗拉多州的 Schriever 空军基地，备份主控站位于加利福尼亚州的 Vandenberg 空军基地。主控站完成 GPS 控制系统的核心任务，相当于整个控制段的神经中枢。主控站的输入来自于监控站网络的导航信息，通过复杂的计算得到 GPS 卫星的空间位置，监控 GPS 卫星工作的状态，监控 GPS 运行轨道参数，对不正常的卫星及时发现并处理，产生 GPS 导航电文并交给地面天线站完成上载，同时对星载原子钟的时钟信号进行监控，保证 GPS 卫星之间的时钟同步。主控站之所以能完成上述任务，必须得到遍布全球的监控站网络的支持。

GPS 监控站和 GPS 卫星之间的通信是单向的，对过境的 GPS 卫星发射的导航信号进行跟踪，得到测距码和载波观测量卫星发射的导航电文，以及大气数据，然后将这些信息送给主控站。监控站和主控站之间的通信联系是通过美国国防卫星通信系统（DSCS）实现的。由于 GPS 卫星是中轨道卫星，其运行轨迹遍布全球，所以为了保证对所有卫星的实时跟踪，监控站必须由多个遍布全球的网络组成。

GPS 系统运行之初，只有 6 个监控站，全部由美国空军负责运行，分别位于美国的夏威夷（Hawaii）、科罗拉多（Colorado Springs），南太平洋的卡瓦加兰（Kwajalein）、阿松森群岛（Ascension Island），印度洋的迭戈加西亚（Diego Garcia）和佛罗里达（Cape Canaveral）。从 2006 年以后，由美国地理空间情报局（National Geospatial-Intelligence Agency，NGA）负责的 11 个监控站也投入使用，这些监控站分别位于美国（两个，分别位于 Alaska 和 Washington DC）、厄瓜多尔（Quito）、澳大利亚（Adelaide）、英国（Hermitage）、巴林（Manama）、韩国（Osan）、南非（Pretoria）、新西兰（Wellington）、阿根廷（Buenos Aires）和塔西提岛（Papeete）。在全部 17 个监控站投入运行以后，任意一颗 GPS 卫星都能够同时被至少三个监控站实时跟踪，所以能够保证卫星轨道参数和星历数据的完整性和精确性，从而保证了整个系统优良的运行状态。

地面天线站主要负责和 GPS 卫星之间的数据传输，这种数据传输是双向的，通过 S 波段信号通信实现。地面天线站和主控站之间也是通过国防卫星通信系统完成通信联络的，将主控站发送来的星历数据、时钟修正数据和一些控制指令发送到卫星。全球共有四个地面天线站，分别位于南太平洋的卡瓦加兰、阿松森群岛、印度洋的迭戈加西亚和佛罗里达。

图 2.6 是 GPS 控制段的全球分布图，包含了主控站、备份主控站、监控站和地面天线站的全球分布。

3．终端段

终端段也可以称作用户段，包含世界各地的 GPS 用户，涵盖各种各样、各行各业的应用。大到国家组织和政府机构，小到一个企业或个人，都可以根据自身需求设计和开发 GPS 接收机，并在此基础上展开一系列应用和服务，所以从这个意义来说，终端段是整个 GPS 系统中最具有活力和创造力的部分。

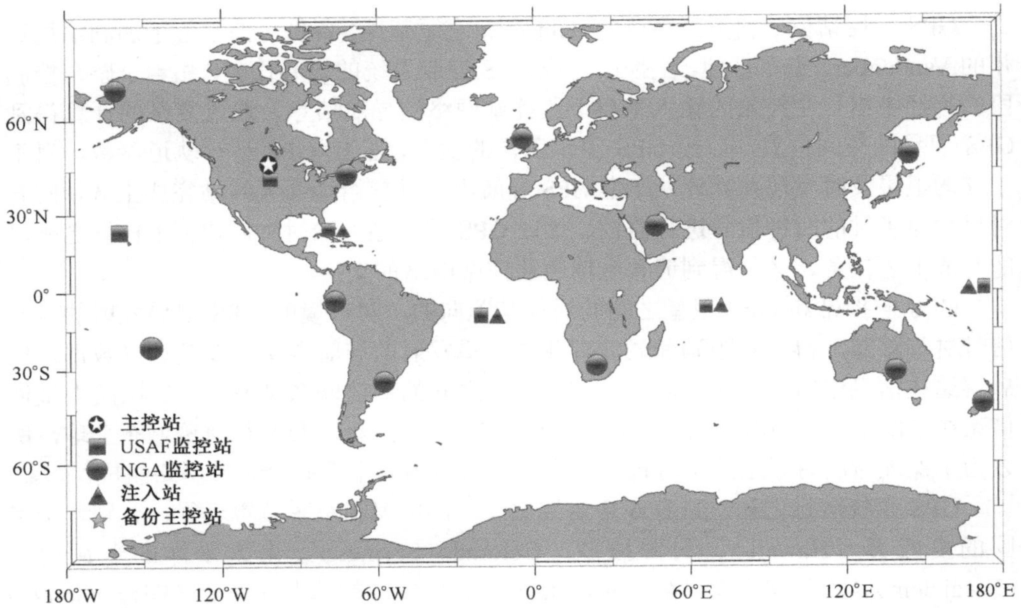

图 2.6 GPS 控制段的全球分布图

GPS 系统从开发之初，其目的就是为全球用户提供全天候的、连续实时的、三维定位导航服务，而空间段和控制段的所有工作和基础设施都是围绕着这个目的展开的。对最终用户来说，定位导航及后续的各种应用都是通过 GPS 接收机来实现的，因此可以说终端段在整个 GPS 系统中起着“临门一脚”的作用，离开终端段空间段和控制段就没有存在的意义。

终端段的具体实现方式虽然形式多样，但基础设施都会包括 GPS 接收机、天线和配套的附属设备。从具体实现形式来分，可以分为硬件 GPS 接收机和软件 GPS 接收机；从应用范畴上来分，可以分为导航型接收机和专业测绘级接收机；从提供的服务精度来分，可以分为高精度服务接收机（PPS）和标准精度服务接收机（SPS）。虽然分类各不相同，但 GPS 接收机的基本结构和原理却大致相同，硬件架构上都包括了天线、射频前端、信号处理单元、微处理器单元、人机接口和相关的附属设施等，当然现代的软件接收机也许不包含上述的全部硬件单元，但只不过是将大量的信号处理和定位解算算法通过软件编程来实现，就信号处理的本质内容来说是类似的。

早期的 GPS 接收机出现于 20 世纪 80 年代，当时的设计目的主要是为了对 GPS 概念和系统功能进行验证，限于器件水平和制造工艺的限制，当时的 GPS 接收机非常笨重，并且功能有限，图 2.7 是世界上第一台人力可操作的 GPS 接收机 AN/PSN-8，由 Rockwell Collins 公司在 1988 年研发并生产，该款接收机重达 17 磅，由电池供电并且非常耗电，当时售价约 4 万美元，当时限于器件工艺，只能采取单通道设计，分时处理多个卫星信号。虽然该产品的设计目的是定位于野外战场单兵使用，但由于其体积和重量往往使人力不堪重负，所以经常被置于越野车或直升机上使用。

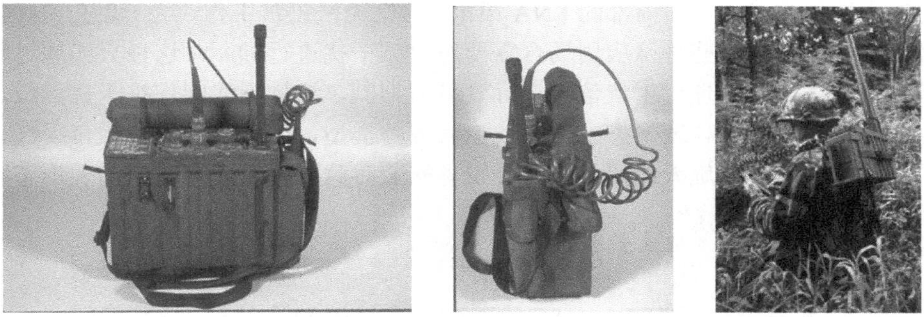

图 2.7　世界上第一台人力可操作的 GPS 接收机 AN/PSN-8

AN/PSN-8 生产出来以后，美国军方起初估计的需求量在 900 台左右，但随后四年中的总需求量达到 75 000 台，远远超过了军方最初的估计量，其后续改进型还被用于美国的空射巡航导弹（CALCM）和防区外对地攻击导弹（SLAM），由此可见，GPS 接收机在军事上的巨大应用潜力。

1983 年发生了苏联击落南朝鲜 007 民航客机的事件，时任美国总统里根宣布将向全球民用和商业用户开放 GPS 定位服务，以提高航空飞行器的导航精度和安全性。从此大量的商业公司涉足 GPS 接收机的开发和生产业务，各种型号、不同性能、针对不同应用场合的 GPS 接收机如雨后春笋般走向市场。伴随着半导体器件工艺的不断提高和封装技术的进步，小型化、低功耗、低成本的 GPS 芯片和整机也逐渐被人们所熟知。

现代的 GPS 接收机虽然形态各不相同，但主要都包含以下逻辑单元，如图 2.8 所示。

天线是接收机接收卫星信号的第一步，所以天线的性能好坏直接影响后续的性能参数。由于 GPS 卫星信号的极化方式是右旋圆极化（RHCP），所以正常情况下的接收机天线均为右旋圆极化设计，只有在某些特殊应用场合，如在接收反射信号时需要采用左旋圆极化的天线。射频带宽也是选择天线时的一个重要因素，合适的射频带宽在保证信号无损通过的同时，最大限度地抑制噪声。带宽过窄使得信号能量受损失，带宽过宽虽然能使信号能量全部通过，但同时也使得更多的噪声混入射频前端，所以过大或过小的带宽都不合适。一般来说，对于处理 L1 C/A 码信号的接收机天线，射频带宽应该在 2.046 MHz 左右；而对于处理 L1 和 L2 P（Y）码的双频接收机天线，则必须保证在 L1 频点的射频带宽为 2.046 MHz，同时在 L2 频点的射频带宽为 20.46 MHz，这种双频 GPS 天线设计生产更复杂、成本更高。高精度接收机的天线还必须保证不同频段的射频信号到达天线的相位中心的精度，有些还需要对多径信号进行抑制，如扼流圈天线等。天线内部还可以设计一级低噪声放大器（LNA），这样除了保证天线的增益外，还有助于减小后续的射频器件对系统总噪声系数的影响，这样的天线叫作有源天线，反之叫作无源天线。在使用有源天线时必须通过合适的方式给天线内部的LNA馈电，否则无法正常工作，这一点在实际使用中必须特别注意。有些特殊应用场合需要对射频干扰进行抑制，这种天线通过特殊的模拟或数字信号处理对干扰信号进行衰减或抑制，这种天线叫作抗干扰天线，在军事上应用较多。从物理形态上，天线也有各种类型，如螺旋天线、微带天线、片状天线、背腔平面螺旋天线等，在进行设备安装时就必须考虑合适的物理形态和安装尺寸。

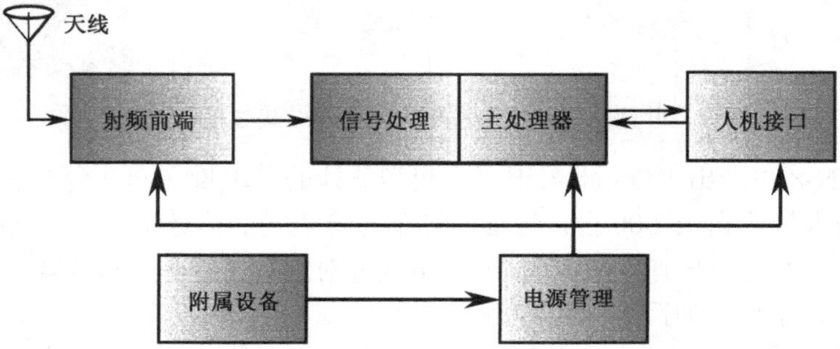

图2.8 现代GPS接收机包含的主要功能单元模块

射频前端的作用是将天线接收到的射频信号进行放大和滤波，滤除带外噪声信号，然后和本地产生的载波信号混频，得到中频信号，此时可以进行进一步的放大或滤波，信号被放大到合适的电平以后送给ADC进行数字采样和量化。采样量化的目的是为了后续的数字信号处理，一般来说射频前端会输出采样量化后的数字信号，但有些射频前端也会输出模拟中频信号，由用户自行选择合适的ADC完成采样量化。射频前端的主要参数包括射频带宽、噪声系数、系统增益（一般用dB，即分贝来表示）、射频信号频率、AD采样频率、中频信号中心频率、量化位宽、功耗等。

图2.8中的信号处理单元和主处理器单元合并在一起，主要原因是信号处理单元可以由一块具体的专用硬件芯片完成，如大多数的商业接收机内部的实现方案；也可以在主处理器上运行的一段软件代码，如软件无线电的接收机方案。但从信号处理的角度，具体的软件或硬件实现方案并不改变信号处理的核心算法原理，都需要复杂的基带算法和导航定位解算算法，而这些处理往往离不开主处理器的指令程序执行和软件调度。信号处理单元和主处理单元在整个接收机系统中处于核心地位，是整个系统的“心脏”，所以与系统性能指标和功能的实现息息相关。

信号处理部分负责对GPS信号完成捕获和跟踪，实现载波同步、比特同步和子帧同步，然后进行导航电文解调、观测量提取，并进而完成卫星星历数据收集和导航定位解算，整个信号处理流程包含了密集的数学运算和复杂的软件逻辑控制。在大多数情况下，还需要大量的浮点运算，所以对主处理器的运算能力和处理能力的要求很高。众所周知，大量的运算和复杂的软件处理往往意味着功耗的提高，将运算密集型的处理任务采用硬件逻辑实现是一种不错的变通，但这必然需要一定的芯片尺寸和成本的开销，所以采用高效而精巧的基带算法对于降低系统功耗、减小芯片尺寸和成本都具有举足轻重的作用。在产品性能和功耗尺寸都必须考虑的应用中，最终的方案往往是两者的折中。

主处理器完成定位和导航解算后，必须将位置信息等通过一定的接口方式传输给用户，或通过 LCD、LED 等显示设备显示出来。现代的接收机可以通过 RS232、RS485、USB、网卡接口、SPI、IIC、CAN 总线等诸多物理接口将定位结果送出，有些接收机还具备实时数据存储功能，将定位结果在非易失性存储媒介——如 Flash 存储卡、U 盘或便携式硬盘——上存储下来，供后续分析和处理。

电源单元是整个系统运行的动力来源，也是系统正常工作的保障，电源的实现方式可以是内置的、外置的、电池供电的等，电源工作方式可以分为线性稳压的和开关方式。根据应用场合的不同对电源的要求也各不相同，如便携式设备必须具备电池供电，相应地也必须提供电池充放电管理电路。当在野外使用时，系统功耗的大小直接影响着电池供电的长短，所以针对此种应用必须考虑低功耗设计和复杂的电源管理电路。接收机的电源性能参数主要有供电电压、电流容量、纹波参数、转换效率等。

附属设备主要包括各种电缆，如射频信号电缆、数据接口电缆和电源线等，有些设备还需要显示设备，如果需要提供数据辅助（A-GPS）和差分 GPS（D-GPS）功能的系统还必须具备无线链路设备，如数传电台或 GPRS/CDMA/3G 调制解调器等。

2.3　GPS 的现代化计划

GPS 系统经过了 20 多年的运行以后，逐渐暴露出一些问题，同时由于新技术和器件工艺的进步，原有系统的系统功能及软硬件设施对新时期的需求和应用环境已经捉襟见肘，在这种情况下，各方人士均对现有系统提出更新和改进的呼声，2000 年美国国会正式批准了 GPS 现代化计划。

GPS 现代化最初由美国政府和军方主导，主要包括空间段和控制段的现代化，但可以预见的是随着空间卫星的更新和新的导航信号的启用，终端段的更新也必然随之展开。但和空间段、控制段不同的是，终端段的现代化是由民间团体、商业公司和学术界自发推动的。

空间段的现代化包括下一代 GPS 卫星的研制和部署，即 BlockIII 系列卫星，在现有的 L1 C/A 信号和 L2 P（Y）信号的基础上增加新的民用信号 L2C、L5 和 L1C，还要增加新的军用信号 M-Code。

L2C 和 L5 信号的提出主要出于以下三个目的：

① 对电离层群延迟的精确矫正需要两个不同频率的信号。

② 对于定位信号可用性的要求不断提高，尤其在安全相关的应用方面，而原有的信号越来越显示出这方面的不足。

③ 对于定位结果的精度和迅捷性的要求，也对GPS信号提出了更高的要求。

作为GPS现代化的第一步，美国政府已经于2000年5月停止了SA政策，这使得民用单频接收机的定位精度达到了10 m左右，比SA政策废止之前的精度提高了一个数量级。SA政策的初始目的是为了人为地降低非授权用户的定位精度，或者说控制非授权GPS应用的定位精度，但后来发现该策略对GPS民用市场的推广具有不利影响，同时非授权用户可以利用差分GPS技术以较小的代价消除SA对定位精度的影响，所以美国政府综合各方因素最终决定废除SA政策。

图2.9是在SA停止前后的时刻记录的GPS定位误差结果，纵坐标单位为米，横坐标为时间，图中深灰色曲线表示的是垂直方向的位置误差，深灰色曲线表示的是水平方向的位置误差。该数据由Rob Conley在美国科罗拉多（Colorado Springs）的GPS支持中心用一台Trimble SV6接收机记录，记录时刻在UTC时间2000年5月2日04:05:00前后，这个时刻正是SA政策被停止的时刻，从中可以明显得看出水平位置误差和垂直位置误差都有显著的减小。进一步的数据统计分析表明，在SA废止之前的定位分布在半径45.0 m圆周之内（95%概率），而在SA废止之后的定位误差分布在半径6.5 m圆周之内（95%概率）。

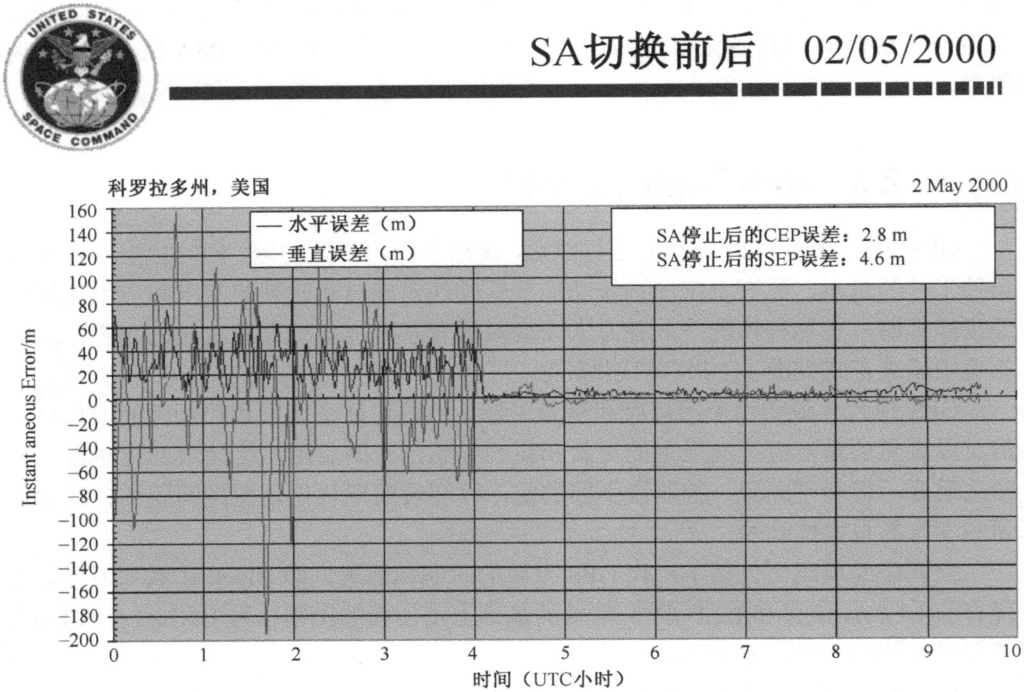

图2.9 SA政策废止前后的GPS定位误差对比

2008 年美国洛克希德·马丁（Lockheed Martin）公司赢得了 GPS 空间段现代化的合同，主要负责 BlockIII 卫星的研发、测试和部署，并计划于 2014 年和 2015 年发射发射第一和第二颗 BlockIII 卫星[21]。雷神（Raytheon Company）公司在 2010 年 2 月赢得控制段现代化的合同，未来的控制段被称作“下一代 GPS 运行控制系统”，简称 OCX。

随着 GPS 空间段现代化的不断推进，在可以预见的未来，空间星座将包括 BlockIIA、BlockIIR、BlockIIR-M、BlockIIF 和 BlockIII 卫星。图 2.10 是 GPS 现代化后空间段的各型卫星发射的导航信号的示意图。

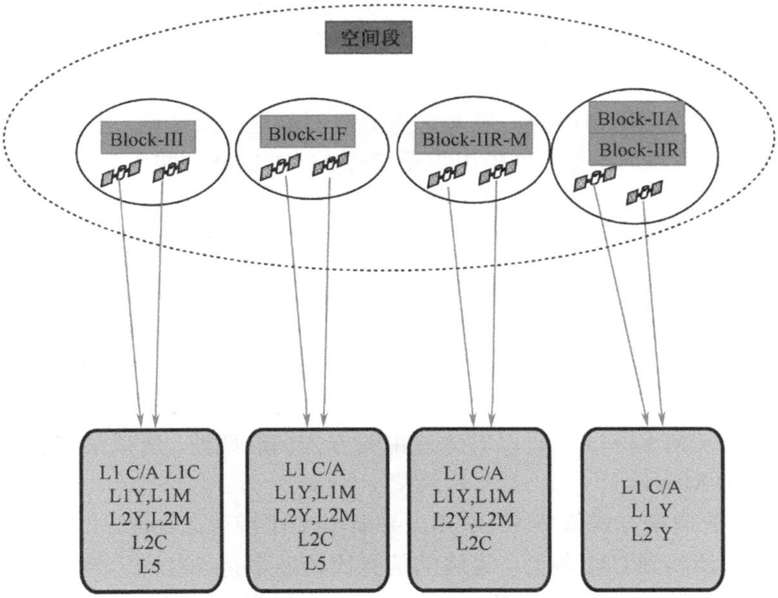

图 2.10 GPS 空间段现代化后发射的导航信号类型

洛克希德·马丁公司是未来 Block-III 卫星的合同供应商。根据洛克希德·马丁公司的计划，未来 GPS-III 卫星分为 IIIA、IIIB 和 IIIC 三种型号的卫星，基于洛马的 A2100S 平台制造。A2100S 平台是洛马公司研发的高可靠主流卫星平台，第一颗 A2100 卫星已经稳定运行超过 13 年，该卫星平台采用箱板式结构和模块化设计，支持多种通信载荷，并能够适应各种发射平台。Block-IIIA 卫星计划在 2014 年开始发射，除了增加 L1C 信号外，还提升了地球表面用户接收到的信号强度，并为后续 IIIB 和 IIIC 留下了兼容空间。Block-IIIC 卫星会增加“热点”功能，即局部信号增强功能，主要通过点波束天线（Spot Beam）对地球上热点区域进行信号强度的提升，以加强该地区 GPS 接收机的抗干扰能力。

如 2.2 节所述，现有的 GPS 空间段包括了 Block-IIA、Block-IIR、Block-IIR-M、Block-IIF 卫星，其中 Block-IIA 和 Block-IIR 卫星发射 L1 C/A 信号和 L1 P（Y）、L2

P（Y）信号，但其中民用信号只有 L1 C/A 信号；Block-IIR-M 卫星发射的导航信号增加了新的军码信号和 L2C 信号，其中 L2C 信号是第二个民用信号；Block-IIF 卫星加入了第三个民用信号 L5；未来 Block-IIIA 卫星预计会增加第四个民用信号 L1C，但 L1C 信号的启用与否还需要根据 OCX 的实施情况而定[22]。图 2.10 是未来各型 GPS 卫星发射的导航信号的种类示意图。

1. L2C 信号

L2C 信号的载波频点在 L2（1 227.6 MHz），这样就和原来的 L1 频点 C/A 信号共同构成了商业和民用市场的双频导航信号，直接的影响就是民用用户可以通过双频观测量的组合消除电离层延迟，从而提高定位精度。电离层延迟是无线电导航信号通过电离层等色散介质时产生的延迟，延迟量和载波频率的平方成反比，所以通过 L1 和 L2 频点的观测量组合可以非常完美地消除电离层影响。在此之前的民用接收机只能通过某种通用模型，如采用附录 E 中的 Klobuchar 模型来处理电离层延迟，或通过数据链获取差分修正量来修正电离层延迟。所以，电离层误差是影响独立定位的单频 GPS 接收机的主要因素，这也是 GPS 现代化之前困扰 GPS 接收机民用市场的一个很大的问题。

L2C 信号的伪随机码有两个，一个被称作 CM 码，另一个被称作 CL 码。CM 码的码周期是 10 230 个码片，CL 码的码周期是 767 250 个码片，CM 码和 CL 码的码片速率都是 511 500 bps，所以 CM 码每 20 ms 重复一个周期；而 CL 码每 1 500 ms 重复一个周期。CM 码和 CL 码以时分复用的方式调制载波，所以最终的合并伪码比特速率是 1.023 Mbps。

L2C 信号的调制方式依然为 BPSK，导航电文比特为 25 bps，以 1/2 前向纠错码（FEC）的形式调制到 CM 码上，最终的信息比特速率是 50 bps。为了和原有的导航电文区分开，L2C 的导航电文被称作 CNAV，其中的字母“C”表示民用信号（Civil）。CNAV 电文的组织格式依然是 300 bit 组成子帧，但由于 CNAV 电文内容比较精简和高效，接收机获取全部星历数据并实现首次定位的时间比 L1 C/A 码接收机还要快一些。

和 CM 码不同，CL 码不调制消息比特，这样安排的目的很明显，CM 码用来实现信号的快速捕获，而 CL 码由于没有数据比特跳变问题，则可以进行更长时间的相干积分，有助于捕获弱信号，同时从信号跟踪的角度来看，由于没有数据比特跳变问题，所以载波环可以采用纯锁相环，而非科斯塔斯环，载波跟踪性能还要提升 6 dB，所以 CL 码可提供更好的信号跟踪特性。

有关 L2C 信号格式和 CNAV 的更多内容，可以查阅参考文献[23]。

2. L5 信号

在 GPS 现代化计划提出来之前，卫星导航界一致认为民用市场迫切需要一个

L1 频点以外的第二个频点的民用导航信号，该信号必须满足以下三个条件：

① 能够通过双频观测量消除电离层延迟的影响。

② 信号鲁棒性更好，以便服务于生命安全领域，如航空和飞行器导航。

③ 有更好的捕获跟踪特性和定位精度。

美国联邦航空管理局（FAA）起初反对 L2C 信号作为第二个民用导航信号，主要是因为 L2C 的频点并不在航空无线电导航服务允许的频段内，即 Aviation Radio Navigation Service，简称 ARNS 频段。ARNS 频段是国际电联（ITU）专为生命安全应用而分配的航空无线电导航频段，其他服务不得占用该频段。

图 2.11 是国际电联规定的 ARNS 和 RNSS 的频率范围，从图中可见，ARNS 频段分两段，上半段是从 1 559～1610 MHz，包括了 GPS 和 GLONASS 的 L1 信号频点，我国的北斗卫星 B1 频点信号也落在该频段；ARNS 下半段是从 1 151～1 214 MHz。而 L2C 频点并不在 ARNS 频段范围之内，1 227.6 MHz 落在无线定位服务频段，该频段内可能会受地面高功率雷达发射的电磁波影响，所以可能存在信号干扰问题，严重时甚至会导致导航失败。

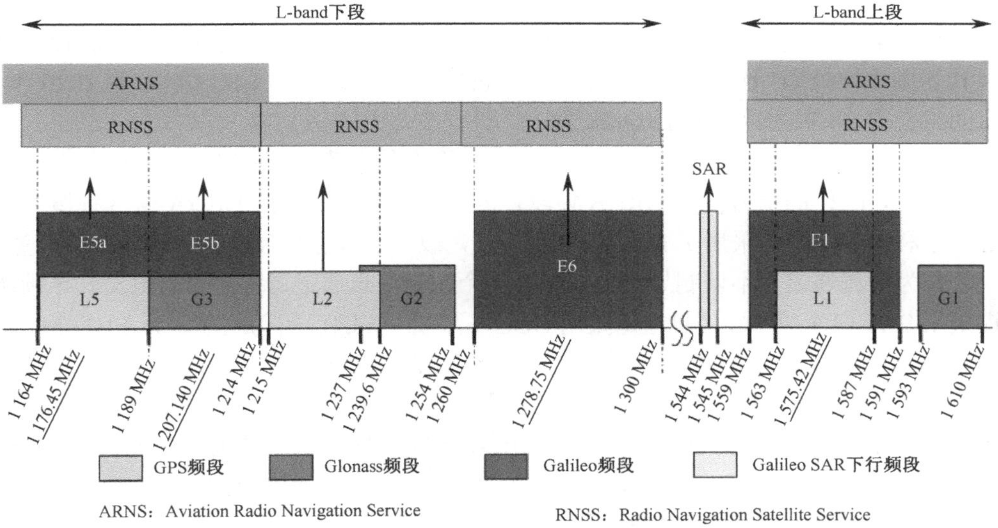

图 2.11　ITU 规定的 RNSS 和 ARNS 频段范围

后来经过美国国防部和交通部（DOT）联合各方进行仔细研究后决定，保留 L2C 信号的同时增加一个新的民用导航信号，频率值为 1 176.45 MHz，该频率值落在 ARNS 频段，符合美国联邦航空管理局的要求，该信号频点被称作 L5，是第三个民用导航信号。

Block-IIF 以及后续型号的 GPS 卫星发射 L5 信号。L5 信号分为数据通道和导频通道两部分，分别以 BPSK（10）的方式调制在同相和正交载波上，伪码速率是 10.23 Mbps，伪码周期 1 ms，一个整周期包含 10 230 个码片。导航电文数据率是 50 bps，以 1/2 FEC 编码方式产生 100 bps 的比特流调制到数据通道。导频通道没有调制数据比特，可以允许更长时间的相干积分，提供更为精确的相位跟踪结果和更高精度的载波相位观测量，同时结合 L1、L2C 和 L5 的观测量可以提供更多样化的宽巷、窄巷组合，更加有利于载波相位模糊度的快速求解。

L5 的码片长度只有 L1 C/A 码片的 1/10，是迄今为止民用导航信号中码片长度最短的，和 P（Y）码的码片长度一样。根据众所周知的结论，码片长度越短则理论定位精度越高，因为伪距观测量的测量精度越高，因此 L5 信号将比目前 L1 C/A 码信号提供更高的理论定位精度。同时在多径环境下，更短的伪码码片能够提供更好的多径抑制性能。更长的伪码周期还可以提供更高的扩频增益，也有更好的自相关和互相关特性，能够在卫星被遮挡的情况下更为准确地捕获较弱卫星，而不会被较强卫星信号的互相关峰干扰。所有这些优点都使得 L5 信号最有可能成为未来在生命安全应用方面广泛采用的信号。

有关 L5 信号格式和 L5 上调制的 CNAV 的更多内容，可以查阅参考文献[26]。

3. L1C 信号

L1C 信号的提出主要是为了便于 GPS 和世界上其他卫星导航系统之间进行兼容性和互操作性处理，预计 2015 年开始在 Block-III 上开始发射 L1C 信号，到 2026 年，空间将会有 24 颗卫星发射 L1C 信号。

L1C 信号的频点依然是 1 575.42 MHz，和现有的 L1C/A 信号频点一样，从图 2.11 可以看出，L1C 的信号也在 ARNS 频段之内。为了不对现有的 L1C/A 信号频谱产生过多不利影响，L1C 采用了 MBOC 调制方式，载波分量也分为同相分量和正交分量，一个作为导频通道，不调制导航电文；另一个作为信息通道，调制导航电文。导频通道采用 BOC(1,1)方式，信息通道采用 BOC(6,1)方式。L1C 的伪码速率为 1.023 MHz，伪码周期为 10 230 个码片，所以一个周期的长度为 10 ms。

未来在 L1 频点将会有超过 4 个民用导航信号，包括 GPS 的 L1 C/A、L1C，欧盟伽利略系统的 E1 信号和中国 BDS 的 B1-C 信号，所以未来的 L1 频点的 GNSS 接收机能够只用一套射频前端设备接收并处理来自多系统的导航信号，多系统之间的兼容性和互操作性将是这种接收机的一个重要工作。

除了上述的几种新的民用导航信号外，Block-III 卫星还会增加新的军用码信号，即 M-Code，军用码信号将采用创新的点波束天线，在需要的时候可以针对地球表面的热点地区改变发射天线的波束，以达到局部信号增强的目的，其最大增益可达 20 dB，这就使得地球表面的用户接收 M-Code 的信号功率不再是一个固定值，这种技术叫作战区信号增强功能。M-Code 被设计成能够自主定位，这里“自主”的意思是接收机只需要处理 M-Code 信号就能够实现定位了，而不像 P（Y）码那样需要首先需要捕获跟踪 C/A 码后才能完成 P（Y）码的捕获跟踪，这样的好处在于在关闭 C/A 码信号或 C/A 码信号被严重干扰的情况下依然能够顺利地仅仅通过 M-Code 进行定位。由于本书将侧重于民用信号展开，所以有关 M-Code 的更进一步的介绍就不详述了。

图 2.12 是 GPS 现代化以后的空间段提供的民用导航信号示意图。一旦 GPS 现代化计划完成以后，民用用户将有更多的导航信号可用，接收机的设计和实现将会呈现多样化的趋势，针对不同市场和应用将会有更多的产品，不同的产品将会采用一种或多种导航信号组合以达到某种特定性能，而在 GPS 现代化之前这些都是不可想象的。

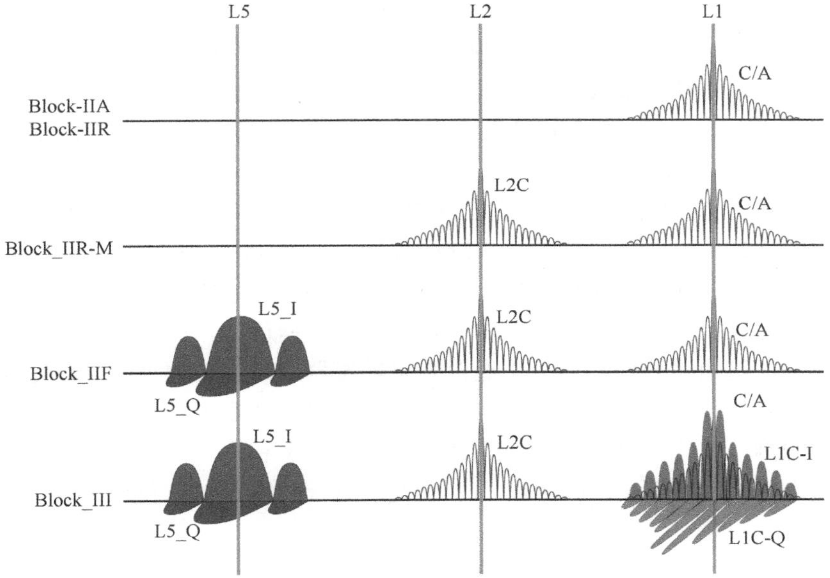

图 2.12 GPS 现代化以后不同型号 GPS 卫星发射的民用导航信号

2.4 北斗导航系统概述

由于卫星导航系统具有重大的国家战略意义，同时蕴藏着巨大的国内和国际经济利益，所以世界各大工业国无一不在实施或正在计划自己的卫星导航系统，中国作为目前世界上举足轻重的政治、军事和经济大国当然也不例外，北斗卫星导航系统就是中国目前正在实施的、自主研发、独立运行的全球卫星导航系统，在国际上被称作 Beidou 或 Compass，其正式英文全称为 BeiDou Navigation Satellite System，简称 BDS，目前和美国的 GPS、俄罗斯的 GLONASS 和欧盟的 Galileo 并列为全球四大 GNSS 系统。图 2.13 是中国北斗卫星导航系统的标志。

根据参考文献[28]，北斗卫星导航系统的发展规划分为以下三个步骤。

- 第一步，北斗卫星导航试验系统；

图 2.13 中国北斗卫星导航系统的标志图案

- 第二步，北斗卫星导航系统区域服务；
- 第三步，北斗卫星导航系统全球服务。

其中，第一步建设的北斗卫星导航试验系统被称作“北斗一代”；第二步和第三步建设的北斗卫星导航系统叫作“北斗二代”，截至本书写作期间，北斗卫星导航系统的建设已经完成了第二步，正处于第三步计划的稳步实施阶段。

1994 年中国启动北斗卫星导航试验系统建设，2000 年 10 月 31 日和 12 月 21 日中国发射了两颗北斗卫星，2003 年 5 月 25 日又发射了第三颗北斗卫星，从而形成了以两颗地球静止卫星（东经 80° 和东经 140°），一颗在轨备份卫星（东经 110.50°）组成的空间星座部分，地面部分包括中心控制系统、标校系统和各类用户终端等部分组成，这就是北斗一代卫星导航系统。

北斗一代系统的定位原理是主动（有源）定位方式，其基本原理是三球交会原理，如图 2.14（a）所示，图中三个球面分别以卫星 1、卫星 2 和地球质心为球心。地面控制中心首先通过两颗地球静止轨道卫星向服务地域内的用户发送询问信号，用户如果有定位服务请求则响应其中一颗卫星的询问信号，同时向第二颗卫星也发送回应信号，这两路回应的信号都经过卫星转发器发送给地面控制站，地面控制站根据这两个观测量计算出用户距离两颗卫星的距离，然后根据数字地图数据库或者用户自带的测高仪得到高程信息，这样就得到了三个和用户位置相关的方程，由此可以计算出用户的经纬度。图 2.14（b）就是北斗一代系统的定位原理和信息流向示意图。

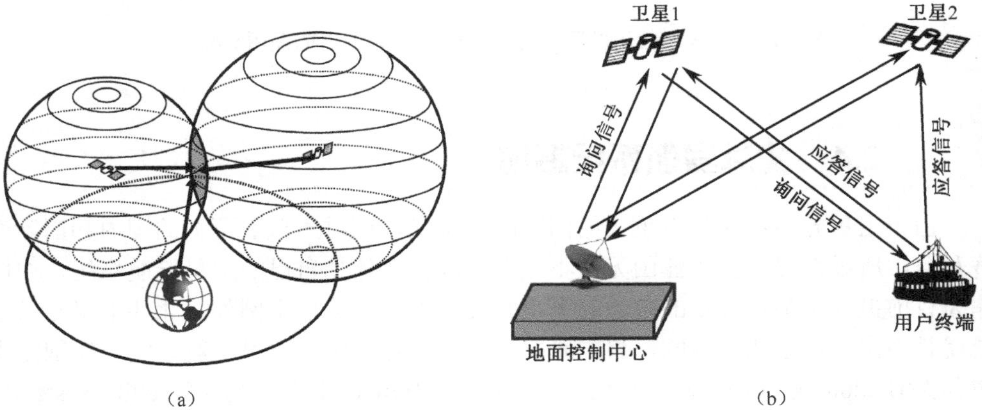

（a）　　　　（b）

图 2.14 北斗一代定位原理示意图

北斗一代的实施解决了中国卫星导航系统的有无问题，在 20 世纪 90 年代中国国内资金和技术储备都很有限的情况下，是中国卫星导航事业取得的一大成就，使中国成为继美国和苏联之后世界上第三个建立了卫星导航系统的国家。由于北斗一代的用户终端需要和卫星建立双向联系，所以除了常规的定位功能外，北斗一代还具有短报文功能，即用户终端可以通过卫星中继和地面控制中心进行双向报文通信功能，每次可以传输 120 个汉字的报文信息，这样不仅能够让使用者知道“我在哪儿”，而且还能不借助其他通信链路的情况让别人也知道“我在哪儿”，这是美国 GPS 和苏联 GLONASS 都不具备的功能。正是由于这个独特功能，北斗一代卫星导航系统在 2008 年汶川地震抗震救灾中发挥了重要作用[32]。

1. 北斗一代也显示出不足与缺陷

北斗一代建成以后，在中国及其周边地区进行了广泛的应用，在测绘、电信、水利、交通运输、渔业、勘探、森林防火、抗震救灾和国家安全等方面发挥着重要作用。与此同时，北斗一代也显示出不足和缺陷，主要有以下几点。

（1）北斗一代不是全球卫星导航定位系统

由于北斗一代的空间星座只有两颗地球静止轨道卫星，所以无法实现全球覆盖，同时由于其定位方式依赖高程数据库，所以在无法提供高程信息的地区就无法实现定位，北斗一代系统的有效覆盖范围只有北纬 5°～55°，东经 70°～140° 之间的区域。

（2）北斗一代无法用于高动态用户

根据北斗一代的定位原理可知，北斗系统从用户发出定位申请到得到定位结果，必须经过询问—应答—计算—结果回送等过程，整个过程耗时 1 s 左右，所以实时性较差，很难应用于飞行器导航等高动态的应用，更无法应用于精密武器制导。

（3）北斗一代的用户定位的隐蔽性差

这一点是由北斗一代的定位机制决定的，用户定位时必须向控制中心发送信息，于是这种有源定位方式在使用户实现定位的同时就失去了无线电隐蔽性，在军事上是不利的。

（4）北斗一代的用户数量受限

北斗一代是双向测距的有源定位系统，所以用户数量取决于星地链路的最大数据通信带宽，和最大的信道阻塞率、询问速率和用户响应速率有关。而在 GPS 和 GLONASS 系统的无源定位方式下，导航信号是广播发送的，用户只是被动接收并处理即可，所以用户数量是无限制的。

（5）北斗一代的用户终端设备价格较高，市场推广困难

由于存在上行通信链路，所以北斗一代的用户终端机必须具备发射机，因此在体积、重量、功耗和价格方面都无法和 GPS 接收机进行市场竞争，在商业市场推广

方面处于劣势。

2. 北斗二代卫星导航系统

北斗二代卫星导航系统的目的是建设我国独立自主、开放兼容、技术先进、稳定可靠、全球覆盖的导航系统，提供全天候、全天时定位和导航服务，具有高精度、高可靠的定位、导航、授时服务，并兼具短报文通信能力。

根据参考文献[33]，未来的北斗卫星导航系统包括空间段、控制段和用户终端段，这一点和其他 GNSS 系统类似。空间段包含 35 颗卫星，其中 5 颗地球静止轨道卫星（GEO），3 颗倾斜地球同步轨道卫星（IGSO）和 27 颗中轨卫星（MEO）。5 颗 GEO 卫星位于东经 58.75°、东经 80°、东经 110.5°、东经 140°和东经 160°、IGSO 和 MEO 的轨道信息如表 2.2 所示。

表 2.2　北斗导航系统的 IGSO 和 MEO 卫星轨道信息

相关信息	中轨卫星	倾斜同步轨道卫星
卫星数目	27	3
轨道数目	3	3
轨道高度	约 21 500 km	约 36 000 km
轨道倾角	55°	55°

未来北斗卫星星座分布如图 2.15 所示，图中与地球赤道面平行的大圆轨道是 5 颗 GEO 卫星所处的轨道，另外和赤道面成倾斜夹角的三个大圆轨道是 IGSO 卫星所在的轨道，其余的 3 个较小的椭圆轨道是 27 颗 MEO 卫星所在的轨道。

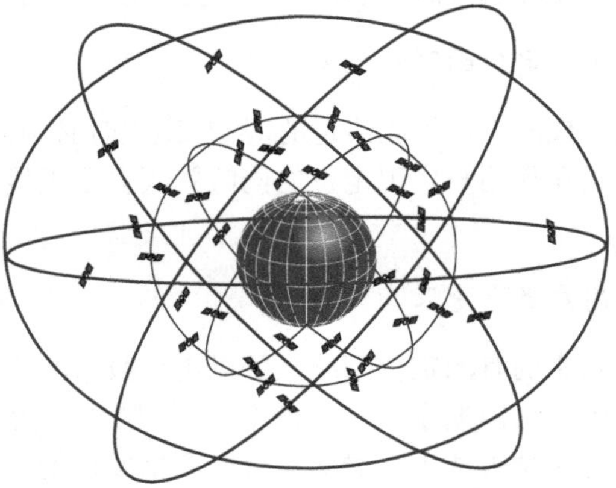

图 2.15　未来北斗卫星导航系统的空间星座分布

北斗卫星导航系统将提供无源定位、测速和授时等基本功能，定位精度为 10 m（置信度 95%），测速精度为 0.2 m/s，授时精度为 20 ns。参考文献[33]给出了以下三个北斗卫星发射的信号频段。

- B1：1 559.052～1 591.788 MHz；
- B2：1 166.22～1 217.37 MHz；
- B3：1 250.618～1 286.423 MHz。

北斗导航信号的基本参数如表 2.3 所示。

表 2.3 北斗导航信号的基本参数

信号分量	载波频率（MHz）	伪码速率（cps）	数据速率（bps/sps）	调制方式	服务类型
B1-C_D	1575.42	1.023	50/100	MBOC（6,1,1/11）	OS
B1-C_P			No		
B1$_D$		2.046	50/100	BOC（14,2）	AS
B1$_P$			No		
B2a_D	1191.795	10.23	25/50	AltBOC（15,10）	OS
B2a_P			No		
B2b_D			50/100		
B2b_P			No		
B3	1268.52	10.23	500	QPSK（10）	AS
B3-A_D		2.5575	50/100	BOC（15,2.5）	AS
B3-A_P			No		
注：AS—授权服务；OS—开放服务					

北斗导航信号中的 B1 频点和 GPS 的 L1 频点一样，将来可以和 GPS 的 L1 C/A L1C、Galileo 的 E1，以及 GLONASS 等其他系统的导航信号进行更好的互操作性设计；B2 频点落在 ARNS 频段以内，所以可以更好地应用于生命安全领域；B3 频点为授权服务，非授权用户如大众商业市场不可用。从表 2.2 可以看出，未来北斗全部的开放服务（OS）导航信号均提供了信息通道和导频通道，这样的处理有助于提升未来北斗接收机的信号捕获和跟踪性能。

和 GPS 类似，北斗二代的系统建设中也包括地面控制段。地面控制段负责系统导航任务的运行控制，主要由主控站、时间同步 / 注入站、监测站等组成。主控站是北斗卫星导航系统的运行控制中心，主要任务包括：

- 收集各时间同步 / 注入站、监测站的导航信号监测数据，进行数据处理，生成北斗卫星导航电文等；
- 负责任务规划与调度及系统运行管理与控制；
- 负责星地时间观测比对，向卫星注入导航电文参数；
- 进行卫星有效载荷监测和异常情况分析等。

时间同步 / 注入站主要负责完成星地时间同步测量，并向卫星注入导航电文参数。监测站对卫星导航信号进行连续观测，为主控站提供实时观测数据。北斗系统的地面控制段和美国 GPS 的地面控制段的功能和体系架构非常类似，读者可以通过

GPS 的控制段的相关知识来借鉴理解。

2012 年 12 月 27 日中国政府发布了北斗系统空间信号接口控制文件正式版 1.0，标志着北斗二代的区域服务系统已经完成建设，开始向中国及周边地区和国家提供导航定位服务。北斗二代区域服务系统的空间星座包括 14 颗卫星，其中 5 颗 GEO 卫星，5 颗 IGSO 卫星和 4 颗 MEO 卫星。GEO 卫星的轨道高度为 35 786 km，分别定点于东经 58.75°、东经 80°、东经 110.5°、东经 140° 和东经 160°；IGSO 卫星的轨道高度为 35 786 km，轨道倾角为 55°，分布于三个轨道面内，轨道面的升交点与赤经相差 120°；MEO 卫星轨道高度为 21 528 km，轨道倾角为 55°，卫星周期为 12 小时 55 分 23 秒，比 GPS 卫星的运行周期略长，4 颗 MEO 卫星分别位于两个轨道面之内。表 2.4 是北斗系统导航卫星的发射记录。

表 2.4 北斗卫星发射记录

卫星列表	发射日期	运载火箭	轨道
北斗 I-1	2000.10.31	CZ-3A	GEO
北斗 I-2	2000.12.21	CZ-3A	GEO
北斗 I-3	2003.05.25	CZ-3A	GEO
北斗 I-4	2007.02.03	CZ-3A	GEO
北斗 II-1	2007.04.14	CZ-3A	MEO
北斗 II-2	2009.04.15	CZ-3C	GEO
北斗 II-3	2010.01.17	CZ-3C	GEO
北斗 II-4	2010.06.02	CZ-3C	GEO
北斗 II-5	2010.08.01	CZ-3A	IGSO
北斗 II-6	2010.11.01	CZ-3C	GEO
北斗 II-7	2010.12.18	CZ-3A	IGSO
北斗 II-8	2011.04.10	CZ-3A	IGSO
北斗 II-9	2011.07.27	CZ-3A	IGSO
北斗 II-10	2011.12.02	CZ-3A	IGSO
北斗 II-11	2012.02.25	CZ-3C	GEO
北斗 II-12,II-13	2012.04.30	CZ-3B	MEO
北斗 II-14,II-15	2012.09.19	CZ-3B	MEO
北斗 II-16	2012.10.25	CZ-3C	GEO
注：“北斗 I”指的是北斗一代卫星，“北斗 II”中指的是北斗二代卫星			

值得一提的是，北斗二代的第 12、13 颗卫星和第 14、15 颗均采用“一箭双星”方式发射成功，采用的是“长征三号乙”运载火箭，也是中国首次采用“一箭双星”方式发射地球中高轨道卫星。根据参考文献[36]，北斗系统后续的 MEO 卫星发射将采取“一箭双星”或“一箭多星”的方式，GEO 卫星和 IGSO 卫星还继续采用一箭一星的方式。

目前，北斗二代系统总共发射了 16 颗卫星，除了两颗实验用途的卫星外，总共有 14 颗卫星在轨运行提供服务。为了实现 2020 年北斗系统全球覆盖的目标，还需要再发射 24 颗 MEO 卫星。根据北斗网讯消息[36]，后续 MEO 卫星的改动会比较大。目前北斗二代区域系统中的 4 颗 MEO 卫星除了提供常规的导航定位服务外，还担任一个重要任务，就是为后续的 MEO 卫星进行轨道、发射、测控、大系统接口等方面的试验验证，后期的 MEO 卫星会在平台和载荷两方面做较大改动，主要包括增加卫星设计寿命、提高卫星自主生存能力、设计新的卫星结构构型以适应一箭多星发射方式、提供更高精度的星载时间基准等。

北斗二代区域服务系统的服务示意图如图 2.16 所示。包括了南纬 55° 到北纬 55°，东经 70° 到东经 150° 之间的大部分区域，如图中线框内的部分。

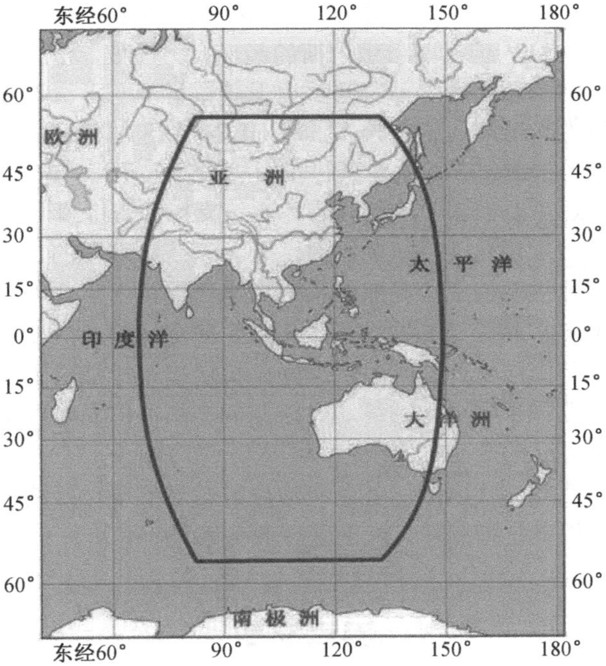

图 2.16　北斗二代区域服务系统的覆盖范围

北斗二代区域服务系统的顺利实施标志着中国在向着卫星导航强国的方向迈出了一大步，为北斗计划的第三步顺利推进奠定了坚实的基础，未来还有以下一些很重要的工作需要展开。

① 需要确保北斗二代区域服务系统的可靠稳定运行。

对现有北斗卫星进行监测和评估，保证卫星系统安全、稳定、可靠的运行。为了进一步提高北斗星座的可靠性，还需要几颗备份卫星，以便保证当出现失效卫星的情况时不会影响在服务区域内的服务或出现服务质量下降的情况。

② 需要完成北斗二代全球服务系统的准备工作。

未来的北斗全球系统的信号体制和目前的信号体制不同，所以需要对新的信号体制进行评估、测试和工程实践的检验，同时还需要对现有的卫星进行改进，增加卫星设计寿命和自主生存能力。

③ 北斗二代全球系统的卫星生产和发射工作。

目前还没有进入北斗全球系统的卫星密集发射期，但应该合理规划卫星的生产计划安排，并为发射工作做好准备。

④ 北斗导航接收机关键技术攻关和市场推广。

在北斗系统迈向全球覆盖的过程中，中国政府需要借鉴俄罗斯 GLONASS 系统的前车之鉴。GLONASS 系统在 20 世纪 90 年代的迅速部署使得当时国际用户均对其抱以极大的兴趣和期望，因为当时 GLONASS 的定位精度要比施加了 SA 政策的 GPS 民用定位精度更高，但是随着俄罗斯的经济实力滑坡，没有财力对 GLONASS 空间星座进行持续地更新和改进，空间可用卫星数目不断下滑，导致其服务质量不断下降，用户和接收机生产厂家也失去了对 GLONASS 的信任。信心一旦失去，重建就需要付出更大的努力，所以北斗系统在形成“政府投入—市场应用—产出回报”的良性循环之前，还需要中国政府的强有力政策支撑和资金投入。

在中国政府大力推进北斗系统的同时，北斗系统终端段的工作也需要紧锣密鼓地展开，国内和国际主要的卫星导航终端厂商都已经推出了基于北斗系统的导航芯片或接收机。由于未来北斗导航系统的服务是面向全球的，所以北斗系统终端设备的市场竞争也一定是面向全球的竞争。这既是机遇也是挑战，因为一方面意味着国内的北斗用户可以选择来自全球的终端供应商的产品，但同时也意味中国的北斗终端生产厂家可以把自己的产品推向全世界。

本书将围绕着北斗二代区域服务系统的导航信号展开，后续的内容如果不另加说明，提到“北斗”就是指北斗二代的区域服务系统。

参考文献

[1] 吴玉石.“子午仪”导航卫星系统的研制和应用. 国外空间技术，1980, (4).

[2] 陈为民，译. 美国第一代导航卫星系统——子午仪. 国外空间动态，1979, (5).

[3] T.A.Stansel Jr. 子午仪的现状和未来. 王广俊，译. Journal of Navigation, Vol.25, No.1, 1978.

[4] R. L. Beard, J. Murray, J. D. White, “GPS Clock Technology and the Navy PTTI Programs at the U.S. Naval Research Laboratory”, 1986.

[5] 蒋志凯. GPS 多普勒定位法的研究. 中国航海，1994, (2).

[6] William H.Guier, George C. Weiffenbach, Genesis of Satellite Navigation, JOHNS HOPKINS APL Technical Digest, Vol.19, No.1, 1998.

[7] Steven J.Dick , Roger D.Launius, Societal Impact of Spaceflight, Chapter 17, Washington, DC: National Aeronautics and Space Administration（NASA）, Office of External Relations, History Division. 2007.
[8] Navstar GPS User Equipment – Introduction, Public Release Version, NAVASTAR-GPS JPO USAF, September 1996.
[9] GPS Wing Reaches GPS III IBR Milestone，InsideGNSS，November 10, 2008.
[10] http://space.skyrocket.de/doc_sdat/navstar-2a.htm.
[11] “Global Positioning management System IIR”. Lockheed Martin Space Systems Company.
[12] Krebs, Gunter. “GPS-2R（Navstar-2R）”. *Gunter's Space Page*. Retrieved 11 July 2012.
[13] http://en.wikipedia.org/wiki/List_of_GPS_satellites.
[14] http://www.gps.gov/systems/gps/space/.
[15] http://www.boeing.com/boeing/defense-space/space/gps/.
[16] http://www.navcen.uscg.gov/?Do=constellationstatus.
[17] Global Positioning System Standard Positioning Service Performance Standard, Department of Defense, USA, public release, 4th edition, 2008.
[18] Adams, Thomas K. ,The Army after next: the First Postindustrial Army, Greenwood Publishing Group, Jan 1, 2006.
[19] ION 导航博物馆链接，http://www.ion.org/museum/item_view.cfm?cid=7&scid=9&iid=10.
[20] http://www.gps.gov/systems/gps/modernization/sa/data/.
[21] Lockheed Martin Press Release, US Air Force Awards Lockheed Martin GPS III Flight Operations Contract, 2008-05-31.
[22] Michael Shaw, “GPS Modernization: On the Road to the Future, GPS IIR/IIR-M and GPS III”, UN/UAE/US Workshop on GNSS Applications, Dubai, UAE, January 16, 2011.
[23] Navstar GPS Space Segment/Navigation User Interfaces, IS-GPS-200G, September 5, 2012.
[24] Keith D.McDonald, The Modernization of GPS: Plans, New Capabilities and the Future Relationship to Galileo, Journal of Global Positioning Systems, Vol .1 No. 1:1-17, 2002.
[25] 欧洲航天局, European Space Agency, http://www.navipedia.net.
[26] Navstar GPS Space Segment/User Segment L5 Interfaces, IS-GPS-705A, June 8, 2010.
[27] http://www.gps.gov/systems/gps/modernization/civilsignals/.
[28] 中国卫星导航系统管理办公室. 北斗卫星导航系统发展报告 V2.2 版，2013 年 12 月.
[29] 李俊锋. 北斗卫星导航定位系统与全球定位系统之比较分析. 北京测绘，2007, (1).
[30] 戴邵武，马长里，廖剑. 北斗一代导航定位系统分析与研究. 计算机与数字工程，2010, (3).
[31] 唐金元，于潞，王思臣. 北斗卫星导航定位系统应用现状分析. GNSS World of China, 2008, (2).
[32] 北斗卫星导航系统在救灾中派上大用场. 新华网，2008 年 5 月 18 日.
[33] International Committee on Global Navigation Sstellite Systems, “Current and Planned Global and Regional Navigation Satellite Systems and Satellite-based Augmentations Systems”, New

Work, 2010.

[34] China National Administration of GNSS and Applications, "Compass View on Compatibility and Interoperability", ICG Working Group A Meeting on GNSS Interoperability, July 30, 2009.

[35] 中国卫星导航系统管理办公室. 北斗卫星导航系统公开服务性能规范 1.0 版，2013 年 12 月.

[36] 中国北斗卫星导航系统官方网址，http://www.beidou.gov.cn.

[37] Frank V.Diggelen, A-GPS, Assisted GPS, GNSS, and SBAS, Artech House, 2009.

第 3 章

GPS 和北斗的信号格式与导航电文

本章要点

- GPS 信号
- 北斗信号
- 导航电文
- 不同卫星信号的时间关系

GPS 接收机工作于无源定位模式，我国北斗 II 代系统的定位模式和 GPS 非常类似，也就是说 GPS／北斗接收机只是被动地接收来自于卫星的导航信号，通过一系列的软／硬件信号处理模块和相应算法实现用户的定位解算，所以了解卫星和卫星发射的信号结构对于理解接收机内部的各个模块的原理和性能意义重大。

GPS 和北斗系统的导航信号均采用码分多址方式，各自系统内的多颗卫星发射的导航信号共享相同的载波频率，伪随机码是共享相同载频的多颗卫星信号能够区分开彼此的标识，同时也对初始的信号带宽进行了展宽，这也是远离卫星的地球表面的用户能够检测并处理微弱信号的关键所在；另外，接收机内部的环路跟踪完成对伪随机码相位的跟踪后可以提供伪距观测量，后续的定位解算就是基于伪距观测量展开，所以伪随机码在卫星导航信号中的作用非常关键。

本章将对 GPS 和北斗卫星的导航信号做详细介绍，包括载波分量、伪随机码和导航电文。由于随着 GPS 现代化和中国北斗二代系统的全球化建设，未来的导航信号的种类将会比较多，限于篇幅本章将只对 GPS 的 L1 C/A 码和北斗系统的 B1 频点的 D1 和 D2 码进行介绍，读者在理解了这些基本信号结构和性质的基础上能够比较容易地理解其他类似的卫星导航信号，为进一步学习和提高打下基础。

3.1 GPS 信号

3.1.1 GPS 信号的产生机制

图 3.1 所示是 GPS 卫星发射的 L1 和 L2 信号的产生机制示意图。图中 10.23 MHz 是基准时钟频率，是 GPS 卫星的原子钟输出的基准时钟，一般把这个频率记作 f_0，GPS 信号产生环节的所有时钟均是从 f_0 产生的。10.23 MHz 时钟经过 120 倍频，得到 L2 频率 1 227.6 MHz 的载波，该载波信号通过 BPSK 调制导航电文得到 L2 信号。同时，10.23 MHz 时钟经过 154 倍频，得到 L1 频率 1 575.42 MHz 的载波，该载波信号通过移相器得到同相和正交分量，然后分别调制 P(Y)码和 C/A 码与导航电文的模二加，得到 L1 信号。10.23 MHz 还是 P(Y)码的伪码发生器时钟，经过 10 分频以后的 1.023 MHz 时钟驱动 C/A 码发生器。从图 3.1 可以看出，L2 频点上调制的 BPSK 信号可以是 P(Y)码、P(Y)码和导航电文模二加或者 C/A 码和导航电文模二加，由选择器进行选择，目前 L2 信号一般都选择 P(Y)码和导航电文的模二加的结果。

GPS 卫星上的 10.23 MHz 时钟驱动 P(Y)码发生器，所以 P(Y)码的码片宽度大约是 0.1 μs，C/A 码的码片宽度大约是 1 μs，是 P(Y)码码片宽度的 10 倍。由 P(Y)码调制的导航信号提供高精度定位服务（PPS），而由 C/A 码调制的导航信号提供标准定位服务（SPS）。由 GPS 空间信号接口控制文档[7]可知，P 码发生器首先在 10.23 MHz 时钟驱动下产生 P 码，P 码周期很长（约为 10^{14} 个码片），每 7 天重复一次，美国政府通过“反欺骗”（AS）政策将 P 码加密，这种加密的主要目的是保护授权用户不受虚假的 GPS 信号影响，同时限制非授权用户使用 PPS 服务。加密过程通过一种特殊的 Y 码完成，Y 码码片速率和 P 码一样，用户必须使用密钥才能使用 Y 码信号，一般把这种加密后的信号叫作 P(Y)码信号。通过 AS 政策，美国政府可以控制 PPS 服务的覆盖范围，只有得到授权的用户才能使用 PPS 服务，非授权用户只能使用 C/A 码提供的 SPS 服务。由于民用用户只能使用 SPS 服务，而从图 3.1 可以看出，SPS 服务只提供 L1 频点上的 C/A 码信号，由于缺少双频观测量消除电离层延迟对定位精度的影响，所以定位精度比 PPS 服务要差一些。

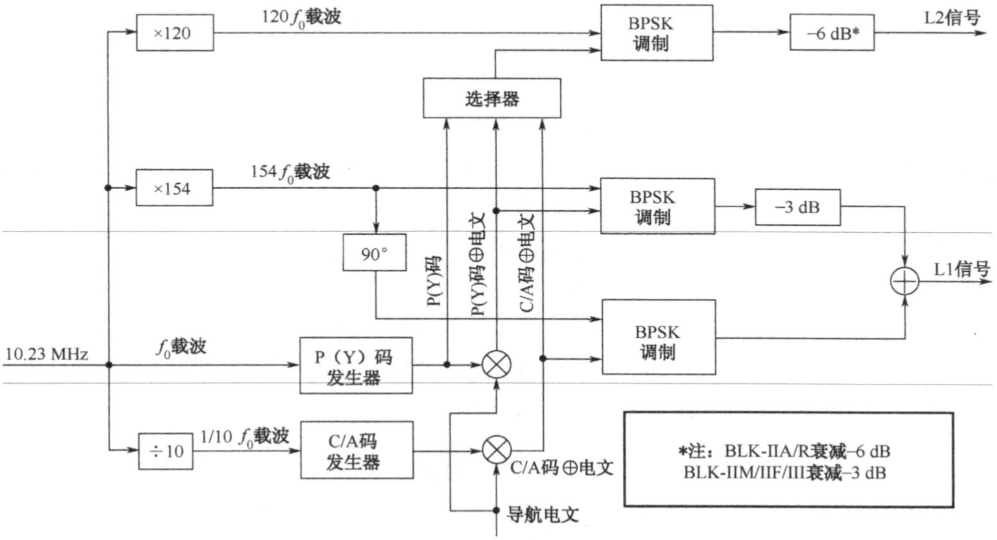

图 3.1　GPS L1 和 L2 频点信号产生机制

由于 P(Y)码周期很长，直接捕获比较困难，而 C/A 码周期短，所以一般先进行 C/A 码的捕获，得到 C/A 码的码相位和发射时间等初步信息后，再进行 P(Y)码的捕获，从这个意义来说 C/A 码也被称为“粗测/捕获”码（Coarse Code）。目前较新的技术已经能够直接捕获 P(Y)码。GPS 现代化新增加的 L1M 和 L2M 信号也能够完成，无须 C/A 码的介入而直接捕获 P(Y)码并定位。

实际上，受相对论效应影响，原子钟的输出频率并不是精确的 10.23 MHz，而是人为调整了一个偏移量。由于 GPS 卫星处于高速运动状态，根据狭义相对论的时间膨胀理论，如果对一部以 GPS 卫星轨道速度运行的时钟进行计时，则每天的时间缩短约 7.2 μs；同时根据广义相对论的引力场作用，卫星在 2 万多千米的太空中引力场较弱，导致时钟加快，对该时钟计时每天会增加 45.8 μs，最终的综合效应是每天增加约 38.6 μs。假如不对 GPS 星载时钟进行调整的话，一天以后由时间误差带来的位置误差就会达到 11 km 的级别。所以 GPS 时钟被人为调慢了 $38.6\times10^{-6}/(24\times3\,600)\approx 4.467\times10^{-10}$ Hz，实际的原子钟输出是 10.229 999 995 43 MHz。注意，这里的频率修正是对原子钟输出的基准频率进行矫正，和卫星飞行的位置无关，如果卫星的飞行速度和高度保持不变，则这个简单的频率修正就可以解决问题了，但实际上，由于卫星轨道是一个椭圆，所以卫星的飞行速度和重力势都会随着位置的不同而变化，从而导致卫星在飞行轨道的不同位置受到的相对论效应的影响会不同。为了保证伪距观测量的准确性，GPS 卫星的广播星历中会包含一项针对卫星不同位置的相对论修正量，在获取伪距观测量时需要将该修正量加上才能得到满意的伪距精度。

如果读者对于时钟准确性和定位精度之间的关联性有异议的话，我们只需要回顾一下 GPS 系统运行早期实施的 SA 政策对定位精度的影响就可以明白了。SA 政策的本意是有目的地限制未授权用户通过 GPS 卫星信号实现的定位精度，即在测量中加入了可控误差。这一政策的具体技术手段就是通过在卫星时钟加上一个人为的“抖动”量，而这个时钟抖动就会影响 C/A、P(Y)码和载波相位观测量，从而最终影响到用户定位精度，授权用户可以通过密钥消除该抖动的影响，非授权用户虽然没有密钥，但也可以通过差分等手段消除该不利影响。根据相关文献，在 SA 政策实施期间，自主型 GPS 接收机的定位结果的主要误差源就是 SA，其中水平方向和垂直方向的精度误差分别是 100 m 和 156 m（95%置信度），SA 政策废止前后的定位精度的变化从图 2.9 中可以清楚地看出来。

图 3.1 中的 P(Y)码和 C/A 码发生器产生的都是 0、1 逻辑信号，导航电文也是 0、1 数字序列，两者通过模二加得到 BPSK 调制的数字信号，这里模二加运算对二进制数相当于十进制数的乘法运算，其运算规则如表 3.1 所示。

表 3.1　模二加运算

运算数 1	运算数 2	模二加结果
0	0	0
0	1	1
1	0	1
1	1	0

BPSK 的全称是二进制相移键控，调制信号为 0 时载波相位不变，为 1 时载波相位反相。GPS 的调制信号为导航电文和伪码的模二加后的合成信号，受调制的载波为 1 575.42 MHz（L1）和 1 227.6 MHz（L2）。对于 P(Y)码信号来说，一个码片宽度内有 154 个 L1 的载波周期，或者 120 个 L2 的载波周期；而对于 C/A 码信号来说，一个码片宽度内有 1 540 个 L1 的载波周期。最终的 L1/L2 的导航信号的构成可以用图 3.2 表示。

图 3.2 以 GPS L1 频点的 C/A 码信号为例，图中包含了导航电文比特、伪随机码、载波信号和 BPSK 信号。C/A 码的伪码周期为 1 ms，所以伪随机码部分在每 1 ms 重复，载波部分和伪随机码同步，同时也可以看出导航电文比特跳变时刻的时钟是和伪随机码的时钟是同步的，这些同步关系都是由 GPS 星载时钟及后续的时钟电路

决定的。实际上，一个 C/A 码码片内部有 1 540 个载波周期（对 L1 载波信号而言），图 3.2 并没有严格体现这个比例关系，主要是受图画比例所限。可以清楚地看出，图中下部的 BPSK 信号随着 C/A 码和导航电文比特的模二加结果而改变载波相位。P(Y)码的 GPS 信号也可以根据图 3.2 来进行类似理解。

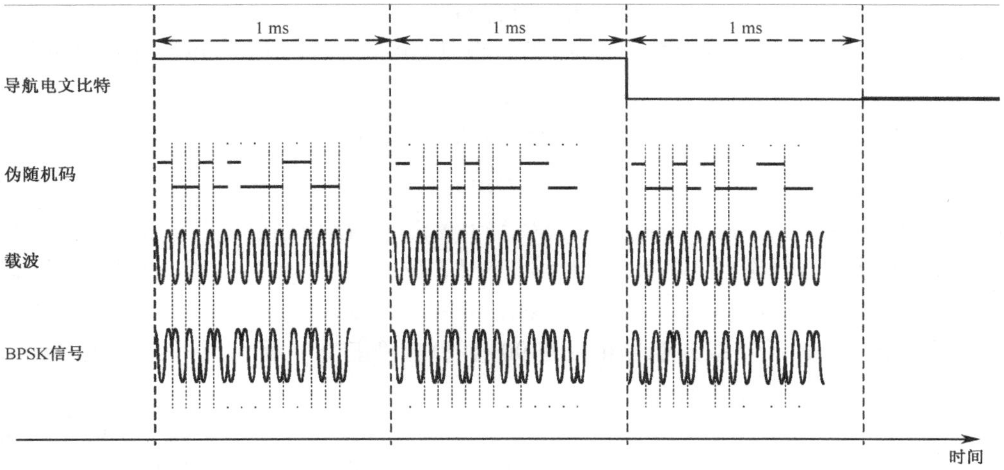

图 3.2　GPS 导航信号的构成

在 GPS 现代化之前，每颗 GPS 卫星传播 L1 和 L2 两个频点的导航信号，其中 L1 上包括了 C/A 码信号和 P(Y)码信号，L2 上只有 P(Y)码信号，如图 3.3 所示。

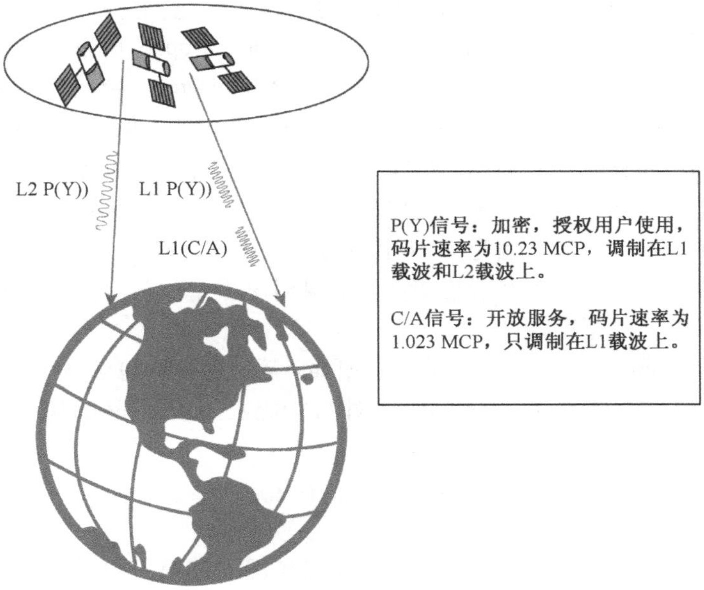

图 3.3　GPS L1 载波和 L2 载波上发射的导航信号

L1和L2上的导航电文速率均为50 bps，每个信息比特宽度为20 ms，所以在每个导航电文比特内部包含了20 460个C/A码片或者204 600个P(Y)码片，P(Y)码片跳变的速率是C/A码片跳变的10倍。受严格的星载时钟电路保证，导航电文比特跳变和伪码码片跳变的时刻是严格同步的。更进一步，由于GPS控制段对所有GPS卫星星载时钟的监控和修正，可以认为所有GPS卫星产生的各自导航电文跳变时钟和各自伪码发生器的时钟也是同步的，而这也是GPS系统实现定位的一个基本前提。

GPS导航信号包含载波、伪码和导航电文三个分量，其数学表达式为

$$s_{\mathrm{L1}}(t)=\sqrt{2P_{\mathrm{C}}}D(t)c(t)\cos[\omega_{\mathrm{L1}}t+\theta_{\mathrm{L1}}]+\sqrt{2P_{\mathrm{Y1}}}D(t)y(t)\sin[\omega_{\mathrm{L1}}t+\theta_{\mathrm{L1}}] \tag{3.1}$$

$$s_{\mathrm{L2}}(t)=\sqrt{2P_{\mathrm{Y2}}}D(t)y(t)\sin[\omega_{\mathrm{L2}}t+\theta_{\mathrm{L2}}] \tag{3.2}$$

式(3.1)和式(3.2)，$c(t)$和$y(t)$分别是C/A码和P(Y)码；$D(t)$是导航电文数据比特；ω是载波频率，其下标L1和L2表示L1载波和L2载波；P_{C}、P_{Y2}、P_{Y1}分别是不同信号分量的功率。L1载波上调制了C/A码信号和P(Y)码信号，两者虽然调制在相同频率的载波上，但两路载波信号相位差90°，保持“正交”，所以使得接收机能够接收并区分出这两路导航信号。

$c(t)$的码片速率为1.023 MHz，每一个码片宽度大约是1 μs，所以一个码片的误差在距离定位上就对应大约300 m。$c(t)$对应的伪随机码有时也被称作粗码，其周期是1 023个码片，在时间长度上即1 ms。$y(t)$的码片速率为10.23 MHz，是C/A码速率的10倍，所以相应的一个码片的误差在距离定位精度上对应于30 m，由此可以看出，使用$y(t)$码的接收机在距离定位精度上理论上比C/A码提高了9倍。实际中接收机的定位精度受多个因素影响，伪码码片宽度只是其中的一项。

$D(t)$是调制的导航电文比特，信息比特速率是50 bps，所以一个比特的长度是20 ms。导航电文的作用是提供卫星的星历数据和历书数据，这些数据被用来计算卫星的位置和速度，导航电文还提供卫星的时钟修正参数、电离层（Ionospheric）和对流层（Tropospheric）延迟参数、UTC时间参数、卫星运行状况等。除了这些参数以外，导航电文还帮助提供信号的发射时间。由第1章可知，接收机获取信号的发射时间是非常关键的一步，因为GPS卫星的位置计算直接由其信号发射时间决定，更进一步，为了获取伪距观测量也需要得到某时刻卫星的信号发射时间，这些处理都离不开导航电文的帮助。

可以看出，导航电文信号和伪随机码相乘以后，原有的信号带宽从100 Hz展宽到了约2 MHz（对C/A码）和20 MHz〔对P(Y)码〕。GPS信号的频谱分布可用表示如图3.4所示。

GPS信号采用扩频信号的目的主要有以下几点。

① 伪随机码是不同卫星信号的标识。

从式(3.1)和式(3.2)可以看出，所有卫星信号都享有相同的载波频率，在频谱图上就是所有卫星信号的频谱都混杂在一起。接收机接收到的信号也是多颗卫星的共存信号，而却不会产生严重的同频干扰，这一点的实现就在于每一颗卫星有各自唯

一的伪随机码，以及伪随机码具有很强的自相关性。

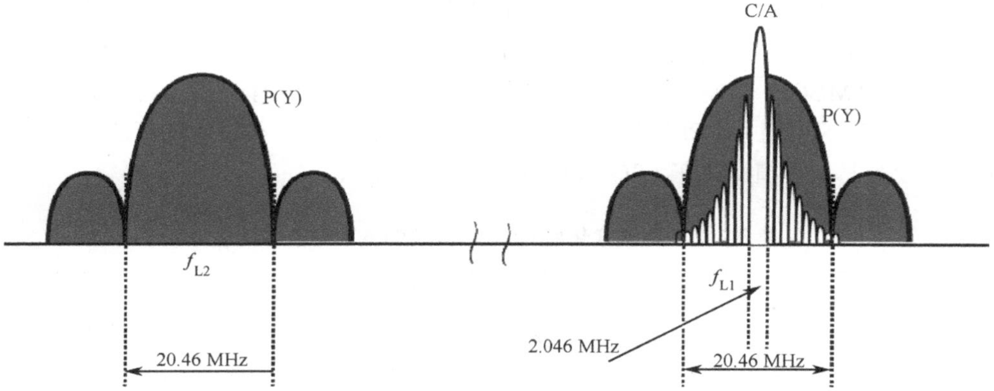

图 3.4 GPS 信号频谱在 L1 和 L2 频点上的示意图

② 拓宽频带使得接收信号的信噪比不必很高。

这一点通过信息论中的香农公式可以看出

$$C = B\mathrm{lb}(1 + S / N) \tag{3.3}$$

式中，C 为信道容量；B 为信道的频带宽度；S/N 为信噪比。可见，在 C 一定的情况下，如果 B 变宽，则 S/N 可以很小，即接收信号的功率可以很低，甚至于低于噪声功率。

③ 在 GPS 接收机端，伪随机码的码片相位为定位提供了必要的测距信号。

码片相位直接和卫星信号传输的距离有关，接收机通过检测相关峰的位置得到伪码相位，进而得到伪距观测量，实现定位。

在当前几种主要的卫星导航系统中，虽然导航信号中载波调制的方式可能不同，但几乎全部的测距信号均采用了伪随机码+导航电文的方式。GPS、Galileo 和北斗系统的不同卫星信号采用 CDMA 多址方式，所以必然采用伪随机码；而对于俄罗斯的 GLONASS 系统来说，虽然不同卫星信号采用了 FDMA 多址方式，导致不同卫星信号依靠不同的载波频率来区分，但依然采用了伪随机码+导航电文，只不过所有 GLONASS 卫星的导航信号使用一套伪随机码，这时其只利用了上述伪随机码的第②点和第③点性质而已。值得一提的是，从 2008 年开始俄罗斯政府考虑在新的 GLONASS 卫星上发射 CDMA 信号，预计新发射的 K 系列及以后的卫星将发射两个公开的 CDMA 信号，但目前尚没有更进一步的消息。

GPS 现代化预计增加三个民用信号：L1C、L2C 和 L5。其中 L2C 频点和现有的 P(Y)码的 L2 频点一样，L5 是一个新增加的 ARNS 频段的频点，L1C 频点和现有的 L1 频点一样，为了与现有的 C/A 码信号及其他 GNSS 系统的信号有更好的互操作性。随着 Galileo 系统、北斗系统和 GLONASS 系统各自推出新的公开服务信号，未来的民用卫星导航信号将会更加多样化，然而其基本的信号结构还是非常类似的，所以读者可以在理解本节内容的基础上举一反三、加快理解和学习。

表3.2给出了L1C、L2C和L5信号的基本特征，从中可以看出，三种信号均采用了前向纠错和导频通道机制，这样能够保证更好的数据解调性能和基带处理性能。L1C采用TMBOC调制方式是为了使信号频谱的分布和现有的信号之间的干扰更小。L2C和L5采用了BPSK调制，所以和L1 C/A信号比较类似，现有的处理方法能够比较容易地移植到未来L2C和L5信号的处理中去。

表3.2 GPS现代化后L1C、L2C和L5信号基本特性

信号类型	载波频率（MHz）	多址方式	调制方式	伪码速率（Mcps）	调制内容	电文速率
L1C	1 575.42	CDMA	TMBOC	1.023	数据I+ 导频Q	50 bps/100 sps FEC
L2C	1 227.6	CDMA	BPSK	1.023	CM+CL 分时	25 bps/50 sps FEC
L5	1 176.45	CDMA	BPSK	10.23	数据I+ 导频Q	50 bps/100 sps FEC

图3.5所示是GPS现代化后接收机能够使用的几种GPS导航信号的频谱分布图，包括了L1 C/A、P(Y)、L1C、L2C和L5的信号频谱，图中没有包括新的M-Code信号。其中L5和L1C信号由于采用了导频通道和数据通道，所以在图中显示的是两路正交的频谱分量。有关L1C、L2C和L5的技术细节，可以查阅其接口控制文档[7][8][9]。

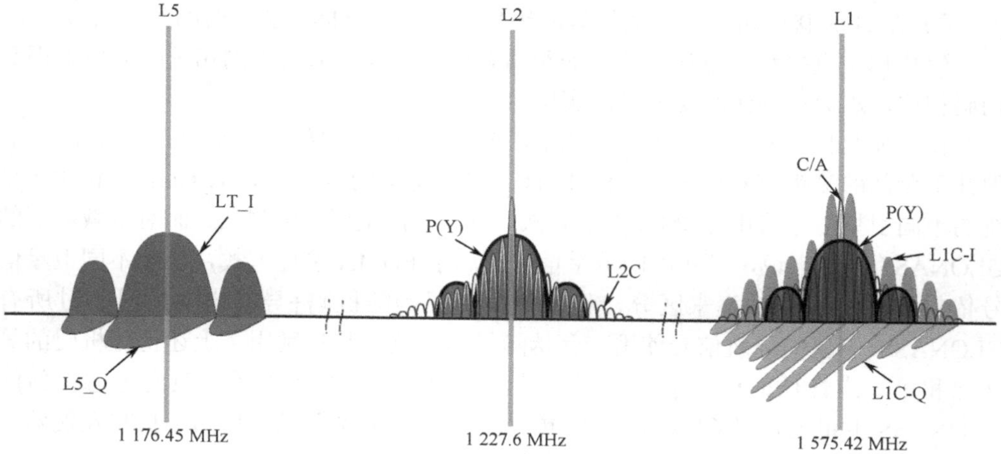

图3.5 GPS现代化后导航信号的频谱分布图

3.1.2 C/A码发生器

GPS信号中的伪随机码，根据信号的不同而有多种，包括L1上的C/A码，L2和L1上的P(Y)码，L2C信号中的CM和CL码，L5上的I5码和Q5码，以及L1C

上的 L1CD 和 L1CP 码。虽然这些伪随机码的码长和比特内容各不相同，但其基本机理却非常类似，读者对其中一种码有了深刻认识之后，就能很快理解其他伪随机码的原理和性质，所以这里以 GPS 接收机中最常见的 C/A 码为例进行详细讲解，读者可在此基础上查阅其他各伪随机码的技术文档进一步学习研究。

L1 频点上的 C/A 码本质上是一种 Gold 码，有些学者把该码翻译成“戈德”码或“金”码，为了避免歧义，这里只用其英文名称。我们知道，Gold 码是通过由同步时钟控制的两个码字不同的 m 序列优选对逐位相加得到的，这里的相加和我们常见的加法不同，而是模二加运算，具体内容在表 3.1 中已经描述过。Gold 码各个码组之间的互相关函数保持了原来的两个 m 序列之间的互相关特性，最大的互相关值不会超过原来的两个 m 序列之间的最大互相关值。当改变两个 m 序列的相对相位关系时，就可以产生新的 Gold 码，所以 Gold 码的优点是能够根据两个 m 序列优选对产生多个独立码组，这对于 CDMA 系统的意义非常重大，具体到 GPS 系统来说，就是系统中可以容纳足够多的卫星，不同卫星播发的信号能够通过各自独立的 Gold 码（C/A 码）而彼此区分开。

GPS 卫星使用的 C/A 码是一种平衡 Gold 码，这里“平衡”的意思是全部序列中 1 的个数比 0 最多多一个，即基本没有直流分量，这样在调制载波时可以具有很好的载波抑制特性。如果伪码的平衡性不好，则导致调制电路中的平衡调制器出现码时钟分量泄漏，这样一方面导致在发射端的扩频信号失去了信号隐蔽的特点，同时也浪费了发射功率；在接收机一侧，由于载波分量没有很好地抑制，导致其作为窄带信号进入后续信号处理单元，增加了系统内部干扰。所以当初在选择 GPS 卫星信号采用的 C/A 码的时候必须考虑伪码的平衡性。

C/A 码的选取考虑了多方面的因素，其中之一是码具有尽量尖锐的自相关函数和尽可能弱的互相关函数，这一点在后面章节中会详细描述；其二是码长，因为码周期越长则能够提供更大的扩频增益和更好的自相关及互相关特性，但过长的码周期会导致信号捕获时的难度增大，显著问题就是伪码相位的不确定度增大，导致信号捕获的时间开销增大。GPS 初期的信号体制通过 C/A 码和 P(Y)码共存兼顾这两个因素，因为 C/A 码的周期是 1 023 个码片，时间长度为 1 ms，所以能够很快实现捕获，但 P(Y)码周期为 7 天，能提供极佳的互相关抑制和自相关函数，但很难实现直接捕获，所以一般是先实现 C/A 码的捕获，得到基本的时间信息和相位信息以后再进行 P(Y)码的捕获。

GPS 系统的官方文档 ICD-GPS-200 给出了产生 C/A 码的原理图，如图 3.6 所示。

从图 3.6 中可见，C/A 码由两个 m 序列构成，分别被称为 G1 序列和 G2 序列，每一个卫星测距信号中使用的唯一 C/A 码就是通过将 G1 序列和一定抽头选择后的 G2 序列模 2 加得到。每一个 m 序列的线性移位寄存器位数都是 10 位，根据 m 序列的性质可知，G1 序列和 G2 序列的周期都是 $2^{10}-1=1\ 023$ 个码片，二者模二加得到的 Gold 码的周期也是 1 023 个码片。

图3.6中有两个线性移位寄存器组，每一组的寄存器数目为10个，上半部分的寄存器组对应于G1序列，下半部分的寄存器组对应于G2序列。移位寄存器的工作时钟一般是1.023 MHz，该时钟取决于实际的伪码速率，在卫星上就是原子钟输出的10.23 MHz时钟的十分频，在用户接收机里是本地伪码时钟发生器产生的伪码时钟，一般由一个伪码环路控制的数字压控振荡器（NCO）输出得到，其具体的频率值是1.023 MHz附近微调的一个数值。由于Gold码的周期为1 023个码片，所以在1.023 MHz时钟的驱动下，一个伪码周期的时间长度为1 ms，即每隔1 ms产生一个周期的全部伪码码片，每个码片的时间长度约为1 μs（≈0.977 517 μs）。

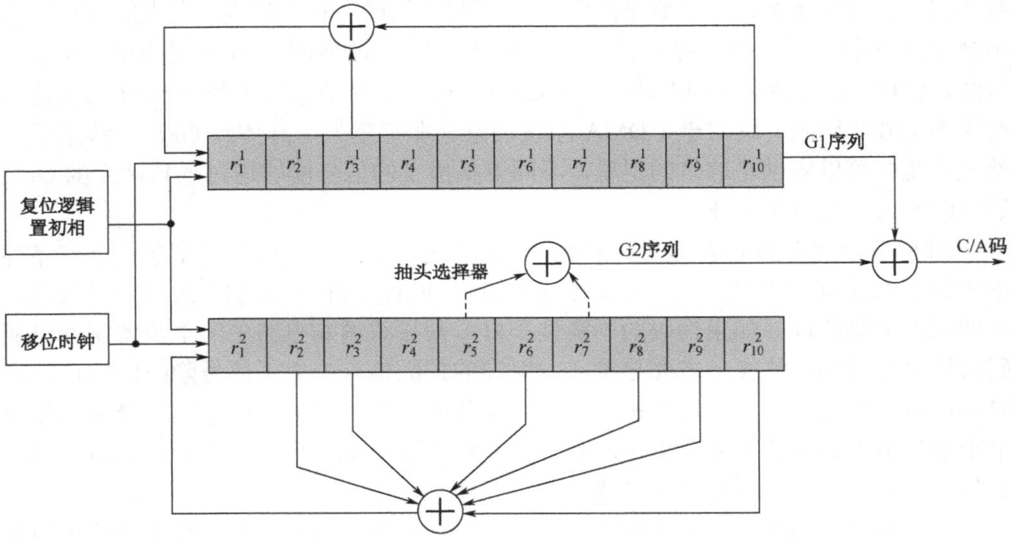

图3.6 通过抽头选择器方式产生C/A的原理框图

m序列的生成多项式是对m序列进行理论分析的重要基础，由图3.6的线性反馈抽头配置可以看出G1和G2的生成多项式为

$$P_{G1} = 1 + x^3 + x^{10} \tag{3.4}$$

$$P_{G2} = 1 + x^2 + x^3 + x^6 + x^8 + x^9 + x^{10} \tag{3.5}$$

图3.6中G1的线性移位寄存器内容用r_i^1表示，i=1,…,10，每一个时钟上升沿来临的时刻，第2到第10个寄存器内容被前一个寄存器内容更新，第1个寄存器内容被反馈值F更新，整个过程可以用下列公式表示：

$$\begin{cases} F = r_3^1 \oplus r_{10}^1 \\ r_1^1 = F \\ r_i^1 = r_{i-1}^1, \quad i = 2,\cdots,10 \end{cases} \tag{3.6}$$

类似地，G2的线性移位寄存器的内容用r_i^2表示，$G2$的寄存器内容的更新过程为

$$\begin{cases} F = r_2^2 \oplus r_3^2 \oplus r_6^2 \oplus r_8^2 \oplus r_9^2 \oplus r_{10}^2 \\ r_1^2 = F \\ r_i^2 = r_{i-1}^2, \quad i = 2,\cdots,10 \end{cases} \tag{3.7}$$

G1 和 G2 的寄存器初始相位设置均为全 1，即 0x3FF，此处用 16 进制数表示 10 个“1”。寄存器初始相位设置很关键，如果设置不合适则不会得到应有的结果，例如，将初始相位设为全 0，则反馈值 F 始终为 0，得到的 m 序列也是全 0。

输出的 C/A 码是 G1 的最后一个寄存器内容和 G2 的若干个寄存器内容进行模二加的结果，即

$$C_{\mathrm{C/A}}(k) = r_{10}^1(k) \oplus \left[r_{\mathrm{S}_1}^2(k) \oplus r_{\mathrm{S}_2}^2(k) \right], \quad k = 1,\cdots,1\,023 \tag{3.8}$$

式(3.8)中的下标 s_1 和 s_2 是 G2 线性移位寄存器的抽头位置，改变 s_1 和 s_2 则可以改变生成的 C/A 码。

和通过改变抽头位置产生 C/A 码的方法不同，另一种方法通过改变 G2 序列的延迟相位产生不同的 C/A 码，该方法原理框图如图 3.7 所示。

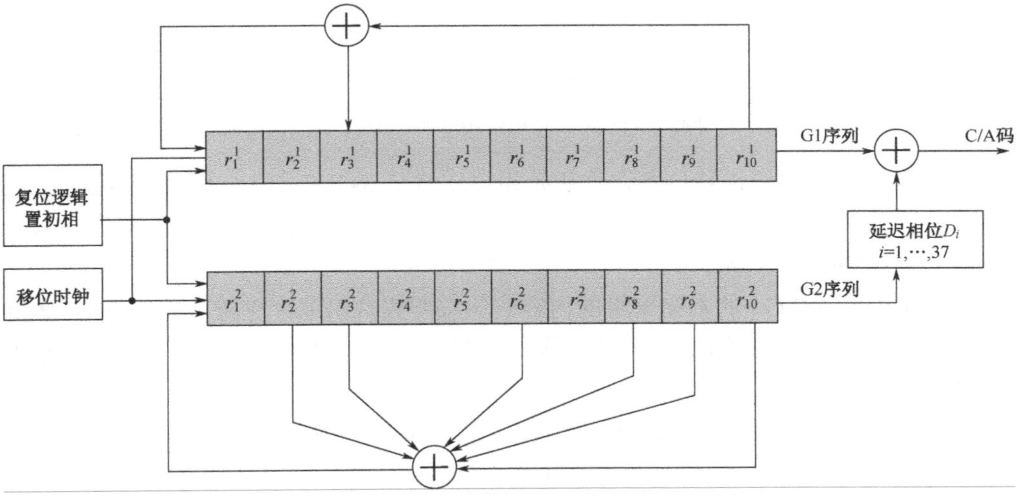

图 3.7　通过调整 G2 序列的相位延迟量改变 C/A 码的原理框图

这种方法和图 3.6 相比省去了抽头选择逻辑，而增加了延迟相位单元，G1 序列和 G2 序列还是按照式(3.4)和式(3.5)产生，即 G1 寄存器和 G2 寄存器的反馈抽头设置不变，G2 序列产生后需要延迟 D_i 个码片后再和 G1 序列按比特进行模二加操作，结果就是 C/A 码码流，这里 D_i 是相位延迟量，i 从 1～37 对应 GPS 的 37 个 C/A 码，每个 C/A 码对应一个不同的 D_i 值。

在延迟相位方法中 G1 和 G2 的寄存器初相和抽头选择法一样，均为 0x3FF，即全 1。产生的 C/A 码的内容可以用式(3.9)表示：

$$C_{\mathrm{C/A}}(k) = r_{10}^1(k) \oplus r_{10}^2(k + D_i), \quad k = 1,\cdots,1\,023 \tag{3.9}$$

在对延迟相位法的具体实现进行思考的过程中，结合 m 序列的一个性质，可以得到第三种产生 C/A 码的方法。该方法利用了 m 序列的一个性质，即一个 m 序列与其自身时间移位序列的模二和仍然是该 m 序列，仅是相位发生变化。因此在相位延迟法中不同相位延时对应的 G2 移位寄存器的输出也可以通过改变 G2 的初始相位得到，这种方法叫作初始相位法，如图 3.8 所示。

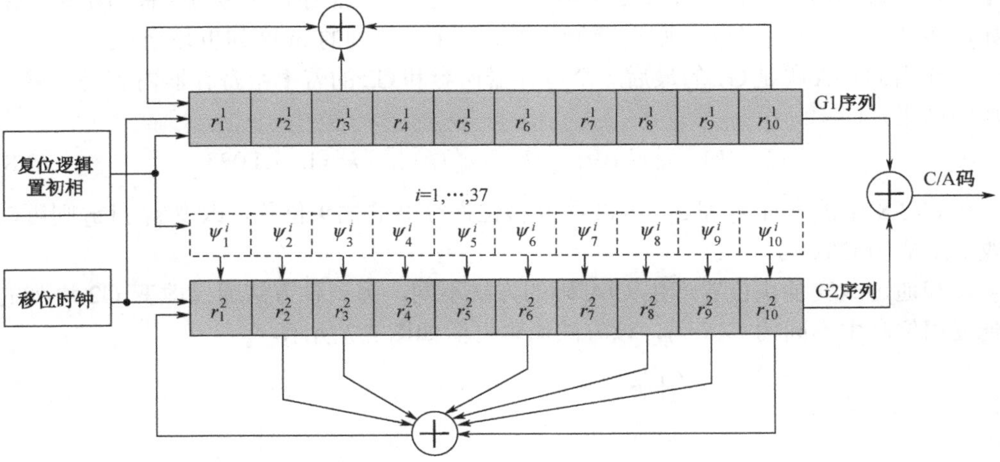

图 3.8 通过改变 G2 寄存器初始相位产生 C/A 码的原理框图

图 3.8 中 G1 的线性移位寄存器初始相位依然是 0x3FF，但 G2 的初始相位则根据 C/A 码的不同而各不相同，所以图中用 $\Psi_1^i \cdots \Psi_{10}^i$ 表示不同的初始设置，其上标 i 表示第 i 个 C/A 码，i 从 1～37。

初始相位法中 G1 的寄存器组的内容依然按照式(3.6)进行更新，而 G2 寄存器组的内容按照式(3.10)进行更新，其中，操作步骤与式(3.7)相比仅仅是多了一个初始化 G2 寄存器相位的步骤。

$$\begin{cases} \text{Initialize: } [r_i^2] = [\Psi_i^j], \quad i = 1, \cdots, 10 \\ F = r_2^2 \oplus r_3^2 \oplus r_6^2 \oplus r_8^2 \oplus r_9^2 \oplus r_{10}^2 \\ r_1^2 = F \\ r_i^2 = r_{i-1}^2, \quad i = 2, \cdots, 10 \end{cases} \tag{3.10}$$

初始相位法产生的 C/A 码内容可以用式(3.11)表示：

$$C_{\text{C/A}}(k) = r_{10}^1(k) \oplus r_{10}^2(k), \quad k = 1, \cdots, 1\,023 \tag{3.11}$$

以上三种方法产生 C/A 码的结果是一样的，在具体实现中可以根据具体情况选择其中的一种方法。为了方便工程人员使用，本书将三种方法的具体配置信息汇总到表 3.3 中，其中包括了抽头设置法的抽头选择、延迟相位法的 D_i 值和初始相位法的 $\Psi_1^i \cdots \Psi_{10}^i$ 设置（采用十六进制数表示和二进制数表示）。表 3.3 中包括了 GPS 信号的 PRN1～PRN37 的信息，目前，1～32 由 GPS 空间段使用，33～37 预留给地面应用，如伪卫星应用等。

表 3.3　三种产生 C/A 码的方法汇总

C/A 码号	抽头设置 (s_1,s_2)	相位延迟量 D_i (单位：码片)	G2 初始相位* (十六进制数)	(二进制数)
1	2 ⊕ 6	5	0x320	1100100000
2	3 ⊕ 7	6	0x390	1110010000
3	4 ⊕ 8	7	0x3C8	1111001000
4	5 ⊕ 9	8	0x3E4	1111100100
5	1 ⊕ 9	17	0x25B	1001011011
6	2 ⊕ 10	18	0x32D	1100101101
7	1 ⊕ 8	139	0x259	1001011001
8	2 ⊕ 9	140	0x32C	1100101100
9	3 ⊕ 10	141	0x396	1110010110
10	2 ⊕ 3	251	0x344	1101000100
11	3 ⊕ 4	252	0x3A2	1110100010
12	5 ⊕ 6	254	0x3E8	1111101000
13	6 ⊕ 7	255	0x3F4	1111110100
14	7 ⊕ 8	256	0x3FA	1111111010
15	8 ⊕ 9	257	0x3FD	1111111101
16	9 ⊕ 10	258	0x3FE	1111111110
17	1 ⊕ 4	469	0x26E	1001101110
18	2 ⊕ 5	470	0x337	1100110111
19	3 ⊕ 6	471	0x39B	1110011011
20	4 ⊕ 7	472	0x3CD	1111001101
21	5 ⊕ 8	473	0x3E6	1111100110
22	6 ⊕ 9	474	0x3F3	1111110011
23	1 ⊕ 3	509	0x233	1000110011
24	4 ⊕ 6	512	0x3C6	1111000110
25	5 ⊕ 7	513	0x3E3	1111100011
26	6 ⊕ 8	514	0x3F1	1111110001
27	7 ⊕ 9	515	0x3F8	1111111000
28	8 ⊕ 10	516	0x3FC	1111111100
29	1 ⊕ 6	859	0x257	1001010111
30	2 ⊕ 7	860	0x32B	1100101011
31	3 ⊕ 8	861	0x395	1110010101
32	4 ⊕ 9	862	0x3CA	1111001010
33	5 ⊕ 10	863	0x3E5	1111100101

续表

C/A 码号	抽头设置 (s_1,s_2)	相位延迟量 D_i (单位：码片)	G2 初始相位* (十六进制数)	(二进制数)
34	$4\oplus10$	950	0x3CB	1111001011
35	$1\oplus7$	947	0x25C	1001011100
36	$2\oplus8$	948	0x32E	1100101110
37	$4\oplus10$	950	0x3CB	1111001011
*：LSB 对应 Ψ_1^i，MSB 对应 Ψ_{10}^i				

3.1.3 C/A 码自相关和互相关特性

自相关函数衡量一个信号和其自身在时间轴上偏移某段时长以后的相似性。对于一个完全随机的函数来说，由于当前时刻和下一个时刻的函数值完全不相关，则其自相关函数在时间偏移量不为 0 的情况下应该是 0，典型的例子如白噪声信号。谈到 C/A 码的自相关函数，一般将其定义为时间平均自相关函数，数学表达式为

$$R_{i,\,i}(\tau)=\frac{1}{T}\int_0^T c_i(t)c_i(t+\tau)\mathrm{d}t,\quad \tau\in(-T/2,T/2) \tag{3.12}$$

在式(3.12)中，i 表示第 i 个 PRN 的 C/A 码，下标(i,i)表示该 PRN 码的自相关函数，这里这样处理是为了后面描述互相关函数时方便表示，因为以此类推，第 i 个和第 j 个 PRN 的 C/A 码之间的互相关函数就可以用下标(i, j)表示了。T 为 C/A 码的周期，假设码片长度为 T_c，一个周期内的码片数据是 N，则 $T=NT_c$。对于 n 阶线性反馈移位寄存器，$N=2^n-1$，对于 C/A 码来说 $n=10$，是 G1 和 G2 移位寄存器组中移位寄存器的位数。根据上一节的知识可知，GPS C/A 码的 $T_c\approx0.977\ 517\ \mu s$，$N=1\ 023$，则 $T=1$ ms，即 C/A 码的周期是 1 ms。

式(3.12)的意思是将 C/A 码延迟一段时间 τ 之后和自身乘积的积分平均，因为 C/A 码是一个周期函数，即

$$c_i(t)=c_i(t+NT),\qquad N=0,1,2,\cdots \tag{3.13}$$

将式(3.13)代入式(3.12)可以看出 $R_{i,\,i}(\tau)$ 也是周期函数，周期为 T，和 C/A 码周期一样，这也是式(3.12)中 τ 的取值范围在$(-T/2,\ T/2)$的原因。

图 3.9 直观地展示了 C/A 码自相关函数是如何计算的。图中最上部的波形信号为 $c_i(t)$，其下方的波形信号为经过一段时间延迟 τ 后的 $c_i(t)$，当 τ 值为正值时信号波形往右边移动，当 τ 值为负值时信号波形往左边移动。图中较深的阴影部分表示两个波形信号之间的相同部分，较浅的阴影部分表示两个波形信号之间的不同部分。很显然相同部分的乘积是 1，而不同部分的乘积是−1，所以最终的积分结果是所有相同部分的累计面积和所有不同部分的累计面积的差值。

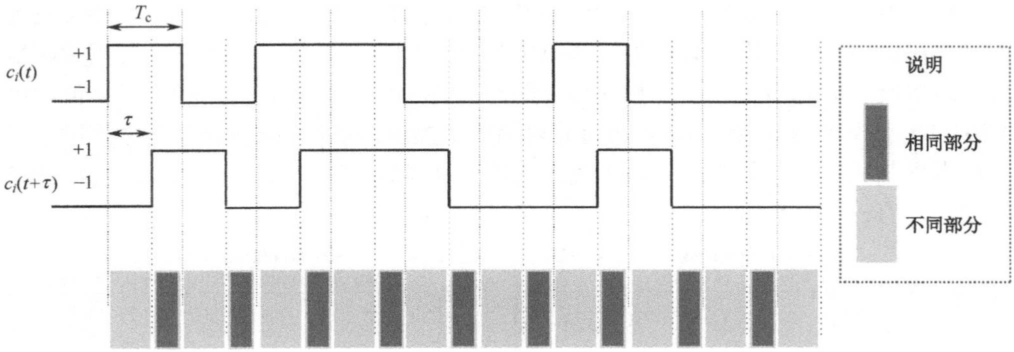

图 3.9　C/A 码自相关函数计算方法图示

当 τ=0 时，此时 $c_i(t)$和 $c_i(t+\tau)$完全对齐，则

$$\begin{aligned} R_{i,i}(0) &= \frac{1}{T}\int_0^T c_i(t)c_i(t)\mathrm{d}t \\ &= \frac{1}{T}\int_0^T c_i^2(t)\mathrm{d}t \\ &= 1 \end{aligned} \tag{3.14}$$

显然，此时 $R_{i,i}(\tau)$ 取到最大值。

当 $\tau \neq 0$ 时，先考虑 τ 为 T_c 的整数倍的情况，即 $\tau = kT_c$，k 为非零整数，则

$$\begin{aligned} R_{i,i}(kT_c) &= \frac{1}{T}\int_0^T c_i(t)c_i(t+kT_c)\mathrm{d}t \\ &= \frac{T_c}{T}\sum_{n=1}^{1\,023} c_i(n)c_i(n+k) \\ &= \frac{1}{N}\sum_{i=1}^{1\,023} c_i(n)c_i(n+k) \end{aligned} \tag{3.15}$$

式(3.15)中的 $c_i(n)$为 3.1.2 节中 C/A 码发生器产生的离散值，在数字逻辑电路里为 0 或 1，因为数字电路的模二加对应这里的数字乘法，所以这里需要将离散码值中的 0 转换为−1 才能在此处直接使用数字的乘法运算。

可以验证，在 τ 为 T_c 的非零整数倍的情况下，$R_{i,i}(\tau)$ 只能取三个不同的值[21]

$$R_{i,i}(kT_c) = \left\{\frac{-1}{N}, \frac{-\beta(n)}{N}, \frac{\beta(n)-2}{N}\right\} \tag{3.16}$$

这里 $\beta(n) = 1 + 2^{\lfloor (n+2)/2 \rfloor}$，$\lfloor x \rfloor$ 指不超过 x 的最大整数。对于 GPS C/A 码来说，n=10，则 $\beta(n)$=65，所以 $R_{i,i}(kT_c) = \left\{\frac{-1}{1\,023}, \frac{-65}{1\,023}, \frac{63}{1\,023}\right\}$，$k$=1,⋯,1 022。考虑到 τ=0 相当于 k=0，则可以得出结论：C/A 码的自相关函数在时间偏移整数倍 T_c 的情况下只取四个有限值，即 $\left\{1, \frac{-1}{1\,023}, \frac{-65}{1\,023}, \frac{63}{1\,023}\right\}$。

这个结论对全部 37 个 GPS PRN 码都成立，图 3.10 所示是以 PRN6 的 C/A 码为例计算出的自相关函数，其横坐标的单位为 T_c，即一个码片，纵坐标是自相关函数值，这里没有取归一化。图 3.10（a）部分为 τ 在$(0,\ T)$区间内的自相关函数值，图 3.10（b）部分为 τ 在$(0,\ 5T)$区间内的自相关函数值，从图 3.10（b）部分可以很清楚地看出其周期性。图中除了自相关最大值为 1 023 之外，其他时间延迟量下的自相关值只有−1、−65 和 63 三种。

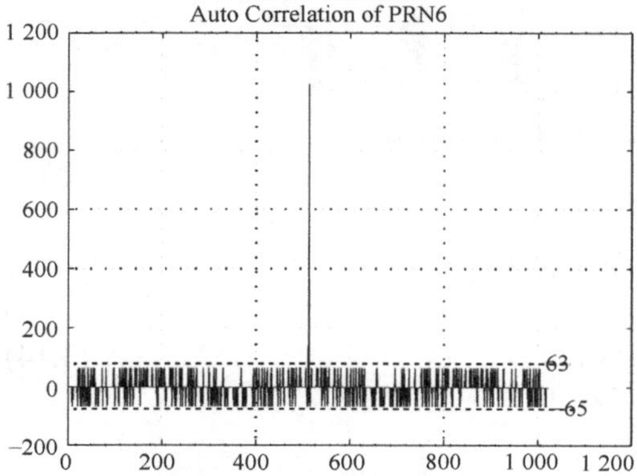

（a）单周期内

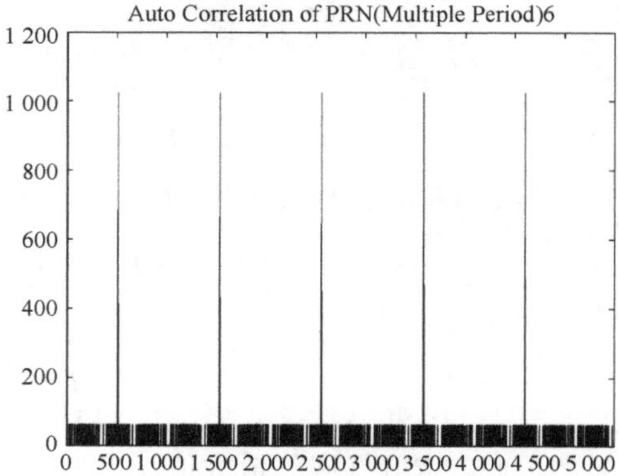

（b）多周期内

图 3.10　GPS PRN6 的 C/A 码自相关函数

对于一个白噪声信号 $n(t)$来说，其自相关函数为

$$R_n(\tau)=\begin{cases}1 & 当\tau=0\\0 & 其他\end{cases} \tag{3.17}$$

式(3.17)的物理意义是 $n(t)$在当前时刻的值和其他任何时刻的信号值都没有任何相关性，直观地理解，就是我们无法从当前时刻的 $n(t)$推算或预测出其他任何时刻的 $n(t+\tau)$的值。根据信号与系统的理论，功率谱和自相关函数是一对 FFT 变换对，将式(3.17)的函数进行 FFT 谱分析就能得到类似白色光谱一样的平坦的噪声频谱，这也是“白噪声”这个名称的由来。

如果将式(3.17)和图 3.10 的自相关函数值进行比较，就会发现 C/A 码的自相关函数和白噪声的自相关函数有些类似，但 C/A 码的自相关函数显然不是真正的白噪声的自相关函数，两者有很明显的不同：C/A 码的自相关函数是周期函数，而白噪声的自相关函数则不是；同时，在 $\tau\neq0$ 的时候，C/A 码的自相关函数值也无法做到处处都是 0，这一点也和真正的白噪声不一样。所以人们把 C/A 码及类似的 Gold 码叫作“伪随机”码，说明这种码的自相关函数和真正的随机码有些类似，但又不是真正的随机码。

当 $\tau\neq0$ 时且 τ 连续可变时，情况有些复杂。我们首先考虑 τ 在$(0, T_c]$之间连续变化的情况。考虑图 3.9 中 τ 为 0 时，根据前面的分析，此时 $R_{i,i}(\tau)$ 取最大值，因为 $c_i(t+\tau)$

和 $c_i(t)$的值 100%相同；当 τ 渐渐增大时，$c_i(t+\tau)$和 $c_i(t)$之间开始有不同部分，相同部分占全部周期的长度和 τ 有关，并且呈线性关系；当 τ 增大到 T_c 时，$R_{i,i}(\tau)$ 取值就回到了 $\tau=kT_c$ 的情况（此时 k=1）。从整个变化过程可见，$c_i(t+\tau)$和 $c_i(t)$的相同部分占全部周期的比例和 τ/T_c 呈线性关系，在此过程中 $R_{i,i}(\tau)$ 取值变化范围在 1 和 $R_{i,i}(T_c)$ 之间。当 τ 在〔kT_c, $(k+1)T_c$〕连续可变时，也可以做类似分析，此时 $R_{i,i}(\tau)$ 的取值在 $R_{i,i}(kT_c)$ 和 $R_{i,i}((k+1)T_c)$ 之间线性变化，也和 τ/T_c 呈线性关系。

以上是定性分析了 τ 连续可变的情况下 $R_{i,i}(\tau)$ 的函数值变化趋势，下面从数学上严格证明这一点。不失一般性，考虑当 $kT_c < \tau < (k+1)T_c$ 时，k 是某个整数，此时记 $\Delta\tau = \tau - kT_c$，我们可以把式(3.12)中的积分拆成两部分，第一部分是 $c_i(t)$和 $c_i(t+\tau)$在每个码片内的 $\Delta\tau$ 部分，第二部分是 $c_i(t)$和 $c_i(t+\tau)$在每个码片内的 $(T_c-\Delta\tau)$ 部分，则有

$$
\begin{aligned}
R_{i,i}(\tau) &= \frac{1}{T}\int_0^T c_i(t)c_i(t+\tau)\mathrm{d}t \\
&= \frac{1}{T}\sum_{n=0}^{1\,022}\int_{nT_c}^{(n+1)T_c} c_i(t)c_i(t+\tau)\,\mathrm{d}t \\
&= \frac{1}{T}\sum_{n=0}^{1\,022}\left[\int_{nT_c}^{nT_c+\Delta\tau} c_i(t)c_i(t+\tau)\mathrm{d}t + \int_{nT_c+\Delta\tau}^{(n+1)T_c} c_i(t)c_i(t+\tau)\mathrm{d}t\right] \\
&= \frac{1}{T}\sum_{n=0}^{1\,022}\left[c_i(n)c_i(n+k)\Delta\tau + c_i(n)c_i(n+k+1)(1-\Delta\tau)\right] \\
&= R_{i,i}(kT_c)\left(\frac{\Delta\tau}{T_c}\right) + R_{i,i}[(k+1)T_c]\left(\frac{T_c-\Delta\tau}{T_c}\right)
\end{aligned}
\tag{3.18}
$$

式(3.18)最后一步利用了式(3.15)的结果。从式(3.18)可以看出，当 $kT_c < \tau < (k+1)T_c$ 时，$R_{i,i}(\tau)$ 的取值在 $R_{i,i}(kT_c)$ 和 $R_{i,i}$〔$(k+1)T_c$〕之间线性变化，具体表现形式就是 $R_{i,i}(kT_c)$ 和 $R_{i,i}$〔$(k+1)T_c$〕之间的连线。

图 3.11 所示是将 PRN9 的 C/A 码进行 16.368 MHz 采样以后，对采样后的 C/A 码进行自相关函数计算的结果。图中 3.11（a）是自相关函数取最大值附近的局部细节图，图 3.11（b）是某段非零时延以后的自相关函数局部细节图。因为采样率是 16.368 MHz，所以每个码片内有 16 个采样点，因此自相关函数的时延变化的最小单位是 1/16 个 T_c。从图 3.11 可以看出，τ 在〔kT_c, $(k+1)T_c$〕连续可变时，$R_{i,i}(\tau)$ 的取值也是在 $R_{i,i}(kT_c)$ 和 $R_{i,i}$〔$(k+1)T_c$〕之间线性变化，呈现出类似锯齿波的图形，从而印证了上述的分析。读者需要注意图 3.11 中自相关函数值没有归一化。

图 3.11 中标出了 T_c 的宽度，可以看出自相关函数从最高峰经过一个 T_c 的时延以后立刻降到比较低的值，即 $\left\{\frac{-1}{1\,023},\frac{-65}{1\,023},\frac{63}{1\,023}\right\}$ 之一。这个特点使得 C/A 码的自相关函数呈现出一个尖锐的峰值特性，对于测距应用来说这是一个很好的特性。因

为自相关峰值越尖锐，则伪随机码的到达时间就越容易测量，测距精度是直接和自相关峰尖锐程度正相关的。从图 3.11 可以看出，T_c越小则自相关峰值就越尖锐，对于 GPS C/A 码来说，$T_c \approx 0.977\ 517\ \mu s$，乘以光速可以转换为距离，一个 C/A 码片对应距离大约是 300 m。当接收机能保证 C/A 码的码相位的测量精度在 0.1 码片以内时，就可以保证距离误差在 30 m 以内，而现代 GPS 接收机在卫星和天线没有遮挡时往往能保证更高的测距精度。

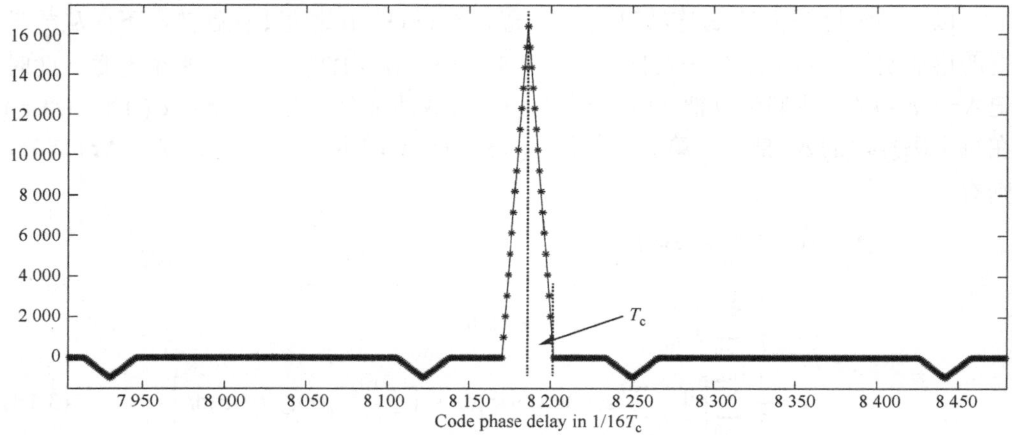

（a）PRN9 C/A码的自相关函数在最大值附近的局部图

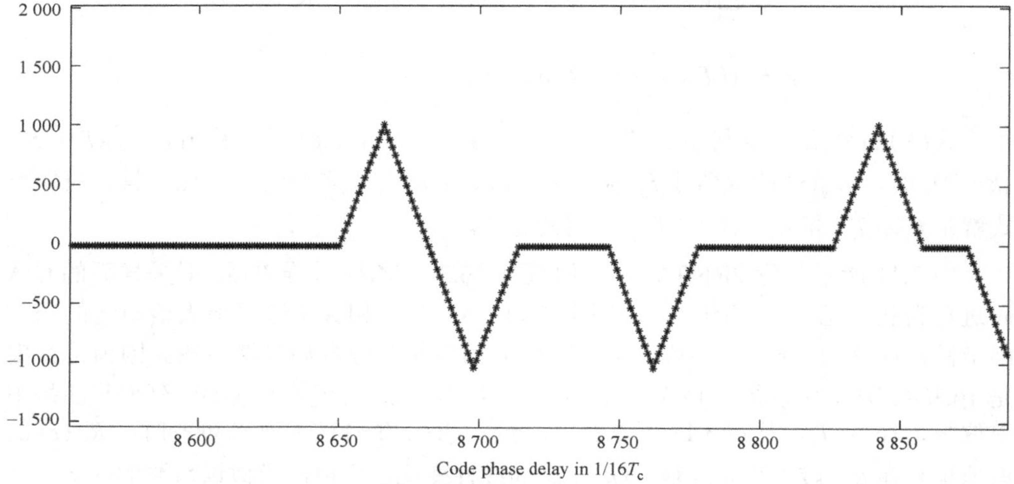

（b）PRN9 C/A码的自相关函数在某个时延附近的局部图

图 3.11 GPS PRN9 的自相关函数在最大值和某个时延的局部细节

我们把异于最大自相关峰的其他峰值叫作次相关峰或旁瓣，而最大自相关峰被称作主瓣。主瓣和旁瓣的比值越大，则在实际处理中把旁瓣误认为主瓣的概率越小。把旁瓣当成主瓣的结果将是灾难性的，因为此时距离误差将会出现几百米甚至几十千米级别的偏差，理解这一点只需要回顾一下 C/A 码片宽度对应的距离，如果错开

了 N 个码片，那么距离误差就是 300 Nm。GPS C/A 码的最大旁瓣和主瓣的比值为

$$\frac{\max(\text{旁瓣})}{\text{主瓣}}=\frac{65}{1\,023}\approx -23.94\ \text{dB} \tag{3.19}$$

式(3.19)中把线性值转换为分贝表示，表明 C/A 码的最大自相关峰比旁瓣峰值至少要高 24 dB，在信号质量较好的情况下还是很难把旁瓣当成主相关峰的。

C/A 码良好的自相关特性是基带信号处理的基础，包括信号的捕获、伪码跟踪环路和伪距观测量的获取，同时对多径信号的抑制也起着至关重要的作用，这些内容在后续章节还要陆续展开。

和自相关函数不同，互相关函数衡量一个信号和其他信号在时间轴上偏移某段时间以后的相似性，其定义为时间平均互相关函数，数学表达式为

$$R_{i,j}(\tau)=\frac{1}{T}\int_0^T c_i(t)c_j(t+\tau)\mathrm{d}t,\quad \tau\in(-T/2,T/2) \tag{3.20}$$

式(3.20)中的各个参数的定义和式(3.12)中一样，唯一的区别是下标变成了(i,j)，表示第 i 个和第 j 个 PRN 的 C/A 码之间的互相关函数。

因为不同 GPS 卫星发射的信号共享同一个载波频段，所以就必须通过伪码来区分彼此，此时就需要不同 C/A 码之间的互相关函数为 0，即

$$R_{i,j}(\tau)=\frac{1}{T}\int_0^T c_i(t)c_j(t+\tau)\mathrm{d}t=0 \tag{3.21}$$

式(3.21)是理想情况，如果能实现的话就可以称 $c_i(t)$ 和 $c_j(t)$ 是正交的。实际上，不同 C/A 码之间只是近似正交的，图 3.12 以 PRN3 和 PRN9 为例，计算出的互相关函数值，互相关函数的值域为 $\left\{\frac{-1}{1\,023},\frac{-65}{1\,023},\frac{63}{1\,023}\right\}$，和自相关函数值域相比只是缺少了自相关函数的最大值。

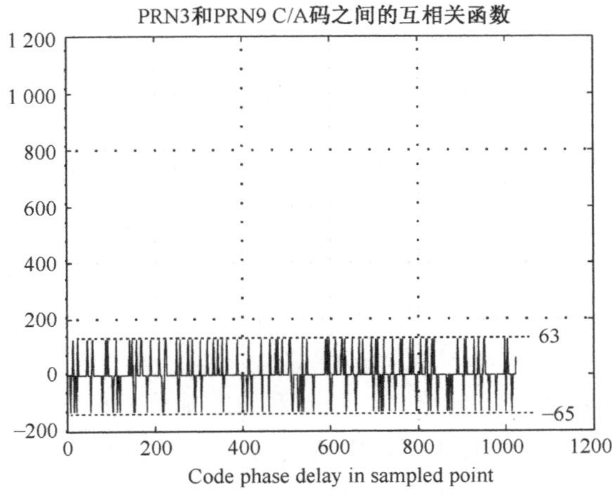

图 3.12　GPS PRN3 和 PRN9 C/A 码之间的互相关函数值

C/A 码的互相关特性对现代高灵敏度接收机的设计非常重要。考虑强星信号和弱星信号并存的情况，典型场景如城市、峡谷或局部遮挡的应用环境，此时有一颗或多颗卫星和接收机天线之间存在视距传播路径，所以信号较强，而另外几颗卫星则因为被遮挡而信号较弱，针对这种强弱星共存的情况，在捕获弱星信号时很容易捕捉到强星的互相关峰上。根据以上分析，自相关峰值和最大互相关峰值的比例为

$$\frac{\text{自相关峰值}}{\max(\text{互相关峰值})}=\frac{1\,023}{65}\approx 24\ \text{dB}$$

假设当某颗强星 CN0 为 β dBHz 时，如果接收机的捕获灵敏度高于(β−24) dBHz，同时弱星的信号强度低于(β−24) dBHz 时，就有可能捕捉到强星的互相关峰。举例来说，在开放天空的环境下，GPS 卫星信号强度往往能高于 45 dBHz，此时如果接收机捕获灵敏度优于 21 dBHz，则存在误捕到该强星互相关峰的危险。

3.2 北斗信号

北斗导航系统预计在 2020 年实现全球覆盖，在此之前只提供覆盖中国和亚太区域的区域服务系统。截至本书写作时，北斗二代的接收机用户只能接收到参考文献[10]定义的导航信号，所以本书后续章节描述的都是北斗区域系统的导航信号。

3.2.1 北斗信号结构

北斗卫星在 B1、B2 和 B3 频段发射导航信号，其中 B3 频段上的导航信号为授权服务信号，不对公众开放，所以这里这对 B1 和 B2 频段上的导航信号进行介绍。B1 信号的标称载波频率为 1 561.098 MHz，B2 信号的标称载波频率为 1 207.140 MHz，其数学表达式为

$$s_{\mathrm{B1}}(t)=\sqrt{2P_{\mathrm{B1I}}}D_{\mathrm{B1I}}(t)c_{\mathrm{B1I}}(t)\cos[\omega_{\mathrm{B1}}t+\theta_{\mathrm{B1I}}]+\sqrt{2P_{\mathrm{B1Q}}}D_{\mathrm{B1Q}}(t)c_{\mathrm{B1Q}}(t)\cos[\omega_{\mathrm{B1}}t+\theta_{\mathrm{B1Q}}] \tag{3.22}$$

$$s_{\mathrm{B2}}(t)=\sqrt{2P_{\mathrm{B2I}}}D_{\mathrm{B2I}}(t)c_{\mathrm{B2I}}(t)\cos[\omega_{\mathrm{B2}}t+\theta_{\mathrm{B2I}}]+\sqrt{2P_{\mathrm{B2Q}}}D_{\mathrm{B2Q}}(t)c_{\mathrm{B2Q}}(t)\cos[\omega_{\mathrm{B2}}t+\theta_{\mathrm{B2Q}}] \tag{3.23}$$

式中，P 为载波功率，c 为伪随机码，D 为导航电文比特，θ 为载波初始相位，这些量的下标分别为 B1I、B1Q、B2I 和 B2Q，分别表示 B1、B2 频点的 I 和 Q 路。ω_{B1} 和 ω_{B2} 是 B1 和 B2 频点上的载波角频率。

由式(3.22)和式(3.23)可以看出，B1 频点和 B2 频点上的导航信号均采用了 QPSK 调制方式，但截至 2013 年 1 月 1 日，中国官方只公开了 B1I 和 B2I 信号结构，而对 B1Q 和 B2Q 信号结构还没有公开的详细说明，所以这里只针对北斗 B1I 和 B2I 的信号格式进行说明。值得一提的是，虽然中国官方并没有公开 B1Q、B2Q 和 B3 信号

格式的正式文档，但全世界的工程师和研究学者已经对这些未公开信号的结构、伪随机码生成方式、载波频点和信号带宽等特性进行了分析研究[13] [14] [15] [16] [17]，读者可以查阅相关文档对此进行了解，但这些文献中的结论并没有得到官方承认，或者只是针对北斗总体计划的中间测试阶段的信号而尚未确定，故读者对这些文献中的结论仅作参考和借鉴。

由于 B1Q 和 B2Q 路信号不可用，所以式(3.22)和式(3.23)表示的 QPSK 信号就可以看作 BPSK 信号，此时就和 GPS 的 L1 C/A 码信号结构很类似。关于这个结论，只需要将式(3.22)和式(3.23)的第一项和式(3.1)的第一项做对比就可以理解这一点。由于北斗信号和 GPS L1 频点的 C/A 码信号存在这种相似性，所以基于 GPS 信号的处理方法可以很容易地应用到北斗信号的处理上去。

B1 和 B2 载波信号由卫星上的原子钟产生，但北斗卫星原子钟的基准频率目前还没有公开的资料予以确认，载波频率、伪随机码频率和导航电文频率之间的分频关系也没有权威的公开文献描述，所以还无法绘出和图 3.1 类似的北斗 B1 和 B2 信号产生机理示意图。

由于北斗卫星和 GPS 卫星同处于太空飞行，所以也不可避免地受狭义和广义相对论效应的影响，但和 GPS 卫星不同的是，北斗空间星座包括了地球静止轨道卫星（GEO）、倾斜地球同步轨道卫星（IGSO）和中轨卫星（MEO），因此北斗卫星星载原子钟受相对论效应影响的问题比 GPS 卫星更为复杂。国内外学者已经对此问题展开了研究和分析，表 3.4 所示是狭义和广义相对论效应对 GPS 卫星、北斗 GEO/IGSO/MEO 卫星影响对比。

表 3.4　GPS 卫星和北斗卫星受相对论效应的影响对比

	GPS 卫星	北斗 GEO	北斗 IGSO	北斗 MEO
轨道高度（km）	20 715	35 786	35 786	21 528
平均速度（km/s）	3.835	3.075	3.075	3.683
时间膨胀项（μs/day）	−7.07	−4.54	−4.54	−6.52
时间引力项（μs/day）	46.07	51.12	51.12	47.17
综合影响（μs/day）	38.99	46.58	46.58	40.64

表 3.4 中给出了 GPS 卫星和北斗卫星的轨道高度和平均速度，因为狭义相对论和卫星速度有关，广义相对论效应和卫星所处的引力场强度有关，而引力场强度主要由卫星轨道高度决定。表中的时间膨胀项就是狭义相对论影响的结果，而时间引

力项是广义相对论影响的结果，单位均为微秒／天，即以一天的时间跨度来观察星载原子钟，测量其计时的时间和标准时间的差异用微秒来表示的结果。从表 3.4 可以看出，北斗 GEO/IGSO 和 MEO 的时钟受相对论效应影响是不同的，GEO/IGSO 轨道高度更高，导致时间引力项的结果更大，而卫星平均速度比 GPS 卫星稍慢，所以时间膨胀项更小一些，两者相加的综合影响是导致星载原子钟每天变快 46.6 μs。北斗 MEO 卫星的轨道高度和 GPS 卫星相差不多，卫星速度也近似，所以最终的综合影响是 MEO 的星载原子钟每天变快 40.6 μs 左右，和 GPS 卫星的结果 38.99 μs 近似。

根据表 3.4 的结果，北斗的 GEO/IGSO 卫星的星载原子钟的频率调整量是-5.39×10^{-10} Hz，MEO 卫星的星载原子钟的频率调整量是-4.28×10^{-10} Hz，这里的负号表示把时钟调慢。需要注意的是，和 GPS 卫星的星载原子钟的调整一样，这里的频率调整仅仅是对原子钟的基准频率进行的，当卫星运行在不同位置时还需要提供一个与位置有关的时钟修正量，北斗卫星的导航电文里提供了这个量。

B1I 和 B2I 信号的伪随机码均的码速率均为 2.046 MHz，码长为 2 046 个码片，所以码周期都是 1 ms。B1 和 B2 的载波频率和伪码速率有以下的比例关系，

$$f_{B1}=1\,561.098\ \text{MHz}=763f_0 \tag{3.24}$$

$$f_{B2}=1\,207.140\ \text{MHz}=590f_0 \tag{3.25}$$

此处，f_0=2.046 MHz，表示北斗伪随机码的伪码速率。所以一个 B1I 或 B2I 的伪码码片宽度之内有 763 个 B1 的载波周期，或者 590 个 B2 的载波周期。

和 GPS 卫星不同，北斗卫星的导航电文分两种，一种是 D1 导航电文，另一种是 D2 导航电文。MEO/IGSO 卫星的 B1I 和 B2I 信号上调制的是 D1 导航电文，GEO 卫星的 B1I 和 B2I 信号上调制的是 D2 导航电文。D1 电文的速率是 50 sps，并调制了速率为 1 000 bps 的 NH 码；而 D2 电文的速率是 500 sps，没有 NH 码。北斗卫星的导航电文内容和 GPS 卫星的类似，均包括了为卫星钟差校正参数、卫星星历和历书数据、电离层参数、对流层参数、UTC 时间参数和卫星运行状态等，同时还提供卫星信号发射时间信息，D2 导航电文还播发北斗系统完好性和差分信息，以及格网点电离层信息等。

图 3.13 所示是北斗区域服务系统播发的导航信号的频谱图，其 B3 频点未公开，所以在图中未标注，B1Q、B2Q、B3I_Q 信号均为授权服务信号。

表 3.5 给出了 GPS 信号和北斗导航信号的特点对比，GPS 信号包括 L1 C/A、P(Y)、L1C、L2C 和 L5 信号，没有包括最新的 M-code，北斗信号只包含了 B1 和 B2 频点的 I 路信号，B3 频点为授权服务，B1Q 和 B2Q 尚未公开，所以在表中没有体现。

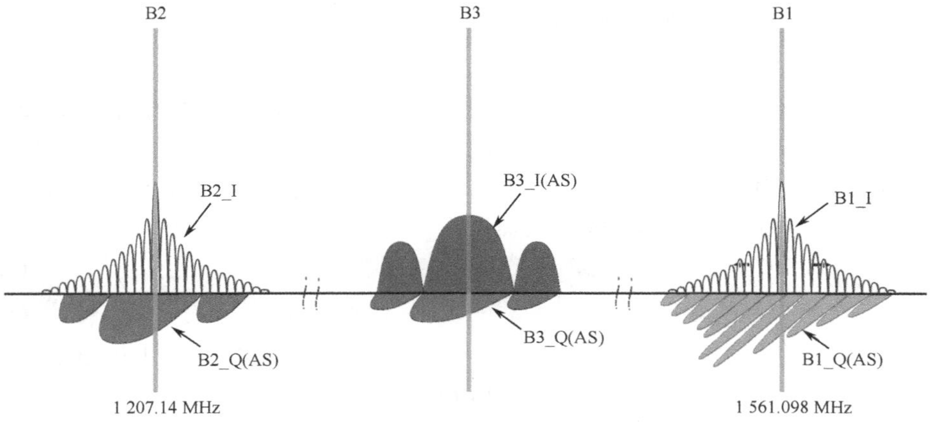

图 3.13　北斗区域系统的信号频谱图

表 3.5　GPS 信号和北斗信号的异同点比较

比较项	GPS 信号	北斗信号
卫星类型	MEO	GEO/IGSO/MEO
工作频点	L1：1 575.42 MHz L2：1 227.6 MHz L5：1 176.45 MHz	B1：1 561.098 MHz B2：1 207.14 MHz B3：未知
调制方式	L1 C/A：BPSK L1C：AltBOC P(Y)：BPSK L2C：BPSK，分时调制 L5：QPSK	B1-I/B1-Q: QPSK B2-I/B2-Q: QPSK B3: 未知
伪码速率	L1 C/A：1.023 Mcps P(Y)：10.23 Mcps L2C：511.5 kcps L5：10.23 Mcps	I 路：2.046 Mcps（B1I ,B2I ） Q 路：未知
导航电文码率	L1 C/A：50 bps P(Y)：50 pbs L2C：25 bps L5：50 bps	GEO 的 B1I 和 B2I：D2 码，500 bps MEO/IGSO 的 B1I 和 B2I：D1 码，50 bps， NH 码率 1 kbps 卫星 Q 路：未知
多址方式	CDMA	CDMA
射频极化	RHCP	RHCP
卫星星座	椭圆轨道，半长轴为 26 560 km，离心率为 0.002～0.01，6 个轨道面，共计 30～32 颗可用卫星	MEO:椭圆轨道，半长轴为 27 906 km，离心率约为 0.01，分布于 3 个轨道平面，目前[*]有 4 颗卫星 IGSO：椭圆轨道，半长轴约为 42 164 km，分布于 3 个轨道面，目前[*]有 5 颗卫星 GEO：椭圆轨道，半长轴约为 42 164 km，位于赤道上空，目前[*]有 5 颗卫星
[*]：截至 2012 年 12 月		

3.2.2 北斗伪随机码发生器

和 GPS 的 C/A 码类似，北斗的 B1I 和 B2I 信号调制的伪随机码也是 Gold 码，但级数是 11，即两个 11 级 m 序列模二加产生平衡 Gold 码，该平衡 Gold 码的周期为 $2^{11}-1=2\,047$ 个码片，但经过人为截断一个码片得到最终的伪随机码，所以北斗的伪随机码是一种截短码，其生成多项式为

$$P_{G1}=1+X+X^7+X^8+X^9+X^{10}+X^{11} \tag{3.26}$$

$$P_{G2}=1+X+X^2+X^3+X^4+X^5+X^8+X^9+X^{11} \tag{3.27}$$

北斗系统的官方文档《空间信号接口控制文件 V2.0》（后简称北斗 ICD）给出了产生北斗伪随机码的原理图，如图 3.14 所示。

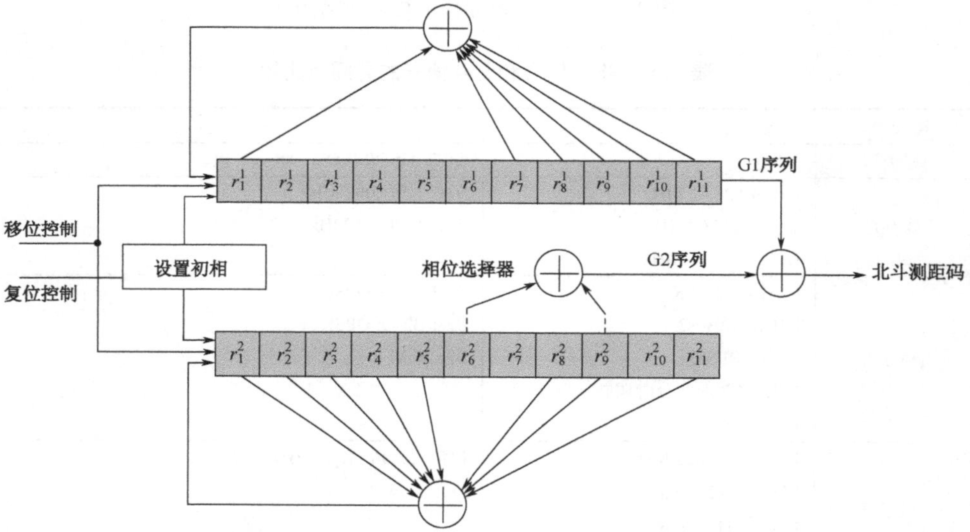

图 3.14 通过抽头选择器方式产生北斗伪码的原理框图

图 3.14 中采用的实现方式是通过设置 G2 序列的相位抽头的方式，不同的 PRN 编号对应不同的抽头选择器配置。移位时钟的频率值是 2.046 MHz，在北斗卫星上该时钟由原子钟的基准频率分频得到，在用户接收机里由本地伪码跟踪环路控制的数字压控振荡器（NCO）输出得到。G1 寄存器组和 G2 寄存器组的初始相位并不是全 1，而是置为

G1 初相=[0 1 0 1 0 1 0 1 0 1 0]

G2 初相=[0 1 0 1 0 1 0 1 0 1 0]

GPS 的 C/A 码发生器的初相是全“1”，在初始相位配置这一点上北斗和 GPS 不一样。另一点和 GPS 的 C/A 码不同的是北斗伪随机码被人为地截断 1 比特，即在工作时钟计数到 2 046 时强制 G1 和 G2 寄存器组清零，并重新置为初始相位，然后

从头开始。这个截短 1 比特的操作也可以认为是先根据平衡 Gold 码的原理产生 2 047 比特，然后将最后一个比特截掉。正是因为截短 1 比特的操作使得北斗伪码不再是平衡 Gold 码，从而有着和 GPS 的 C/A 码不同的特性。

根据北斗 ICD2.0 的相关内容，北斗 G1 序列和 G2 序列的产生方式和 GPS 的 C/A 码非常类似，除了寄存器组数目和抽头方式有别以外，其他的处理流程和 C/A 码一样。具体来说，G1 寄存器组和 G2 寄存器组的更新过程如下所述。

$$\begin{cases}\text{G1寄存器组：}\\ \quad F_1 = r_1^1 \oplus r_7^1 \oplus r_8^1 \oplus r_9^1 \oplus r_{10}^1 \oplus r_{11}^1\\ \quad r_1^1 = F_1\\ \quad r_i^1 = r_{i-1}^1, \quad i = 2,\cdots,11\\ \quad \text{当CLK} = 2\,046\text{时，复位并将G1置初相。}\\ \text{G2寄存器组：}\\ \quad F_2 = r_1^2 \oplus r_2^2 \oplus r_3^2 \oplus r_4^2 \oplus r_5^2 \oplus r_8^2 \oplus r_9^2 \oplus r_{11}^2\\ \quad r_1^2 = F_2\\ \quad r_i^2 = r_{i-1}^2, \quad i = 2,\cdots,11\\ \quad \text{当CLK} = 2\,046\text{时，复位并将G2置初相。}\end{cases} \tag{3.28}$$

输出的伪随机码是 G1 的最后一个寄存器内容和 G2 的若干个寄存器内容模二加的结果，取前 2 046 比特，即

$$C_{\text{BDS}}(k) = r_{11}^1(k) \oplus \left[r_{s1}^2(k) \oplus r_{s2}^2(k) \right], \quad k = 1,\cdots,2\,046 \tag{3.29}$$

式(3.29)中的下标 s_1 和 s_2 是 G2 线性移位寄存器的抽头位置，改变 s_1 和 s_2 则可以改变生成的北斗伪码。

和 GPS C/A 码产生方式相似，北斗伪随机码发生器也可以通过设置 G2 线性移位寄存器组初相和 G2 序列的延迟相位的方法来实现，两种方法的原理图如图 3.15 和图 3.16 所示。其中图 3.15 是延迟相位法的示意图，图 3.16 是设置初相法的示意图，读者可以与图 3.7 和图 3.8 对比，就能够看出这两种方法在形式上和产生 GPS 的 C/A 码相对应的两种方法也是非常类似的。

图 3.15 所示的延迟相位方法中的 G1 和 G2 的初相都是[010101010]，G1 序列和 G2 序列都是不截短的，即长度均为 2 047 个码片，然后再对 G2 序列进行相位延迟 D_i，这里 D_i 是相位延迟量，i 从 1～37，对应北斗的 37 个测距码。在 G1 序列和 G2 序列模二加的新序列中进行截短，取前 2 046 个码片，整个过程为

$$C_{\text{BDS}}(k) = r_{11}^1(k) \oplus r_{11}^2(k + D_i), \quad k = 1,\cdots,2\,046 \tag{3.30}$$

在图 3.16 所示的通过置 G2 初始相位的方法中，G1 寄存器的初相和更新步骤和前两种方法一样，但不同之处在于复位时置 G2 寄存器初始相位的步骤。

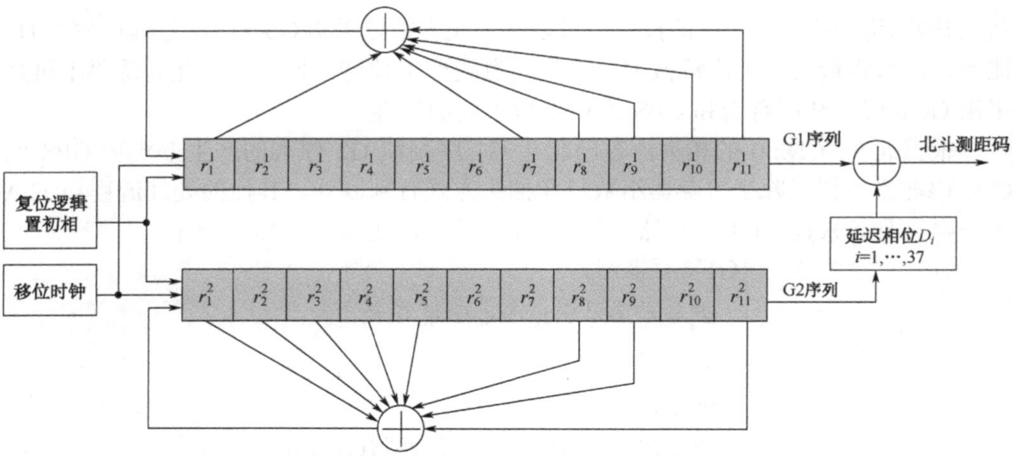

图 3.15 通过调整 G2 序列的相位延迟量改变北斗伪随机码的原理框图

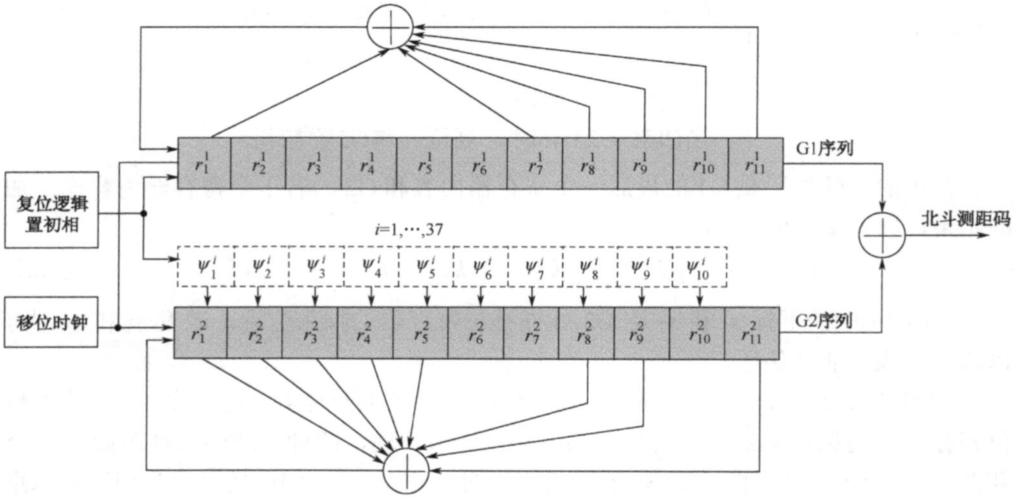

图 3.16 通过改变 G2 寄存器初始相位产生北斗伪随机码的原理框图

$$\begin{cases} \text{G2 寄存器组:} \\ \text{Initialize}: [r_i^2] = [\Psi_i^j], \quad i = 1, \cdots, 11 \\ F = r_1^2 \oplus r_2^2 \oplus r_3^2 \oplus r_4^2 \oplus r_5^2 \oplus r_8^2 \oplus r_9^2 \oplus r_{11}^2 \\ r_1^2 = F \\ r_i^2 = r_{i-1}^2, \quad i = 2, \cdots, 11 \end{cases} \tag{3.31}$$

式(3.31)中不同的$\Psi_1^i \cdots \Psi_{11}^i$设置产生不同的北斗伪随机码，最终得到的北斗伪码序列是 G1 和 G2 寄存器组的最后一个比特的模二加，并取前 2 046 比特，即

$$C_{\mathrm{BDS}}(k) = r_{11}^1(k) \oplus r_{11}^2(k), \quad k = 1, \cdots, 2\,046 \tag{3.32}$$

北斗的 ICD 文档中定义了 37 个伪随机码，其中前 5 个分配给 GEO 卫星，后 32 分配给 IGSO/MEO 卫星。表 3.6 给出了全部北斗卫星伪随机码的抽头配置、相位延迟量和初始相位配置（包括十六进制数和二进制数），读者可以根据实际情况选择合适的产生方式。

表 3.6　三种产生北斗伪随机码的方法汇总

伪码编号	卫星类型	抽头设置（s_1,s_2）	相位延迟量 D_l（单位：码片）	G2 初始相位*（十六进制数）	（二进制数）
1	GEO	1⊕3	713	0x187	00110000111
2	GEO	1⊕4	1 582	0x639	11000111001
3	GEO	1⊕5	1 415	0x1E6	00111100110
4	GEO	1⊕6	1 551	0x609	11000001001
5	GEO	1⊕8	582	0x605	11000000101
6	MEO/IGSO	1⊕9	772	0x1F8	00111111000
7	MEO/IGSO	1⊕10	1 312	0x606	11000000110
8	MEO/IGSO	1⊕11	1 044	0x1F9	00111111001
9	MEO/IGSO	2⊕7	1 550	0x704	11100000100
10	MEO/IGSO	3⊕4	360	0x7BE	11110111110
11	MEO/IGSO	3⊕5	711	0x061	00001100001
12	MEO/IGSO	3⊕6	1 580	0x78E	11110001110
13	MEO/IGSO	3⊕8	1 549	0x782	11110000010
14	MEO/IGSO	3⊕9	1 104	0x07F	00001111111
15	MEO/IGSO	3⊕10	580	0x781	11110000001
16	MEO/IGSO	3⊕11	770	0x07E	00001111110
17	MEO/IGSO	4⊕5	359	0x7DF	11111011111
18	MEO/IGSO	4⊕6	710	0x030	00000110000
19	MEO/IGSO	4⊕8	1 412	0x03C	00000111100
20	MEO/IGSO	4⊕9	1 548	0x7C1	11111000001
21	MEO/IGSO	4⊕10	1 103	0x03F	00000111111
22	MEO/IGSO	4⊕11	579	0x7C0	11111000000
23	MEO/IGSO	5⊕6	358	0x7EF	11111101111
24	MEO/IGSO	5⊕8	1 578	0x7E3	11111100011
25	MEO/IGSO	5⊕9	1 411	0x01E	00000011110
26	MEO/IGSO	5⊕10	1 547	0x7E0	11111100000
27	MEO/IGSO	5⊕11	1 102	0x01F	00000011111
28	MEO/IGSO	6⊕8	708	0x00C	00000001100
29	MEO/IGSO	6⊕9	1 577	0x7F1	11111110001
30	MEO/IGSO	6⊕10	1 410	0x00F	00000001111
31	MEO/IGSO	6⊕11	1 546	0x7F0	11111110000

续表

伪码编号	卫星类型	抽头设置 (s_1,s_2)	相位延迟量 D_i（单位：码片）	G2 初始相位*（十六进制数）	（二进制数）
32	MEO/IGSO	8⊕9	355	0x7FD	11111111101
33	MEO/IGSO	8⊕10	706	0x003	00000000011
34	MEO/IGSO	8⊕11	1 575	0x7FC	11111111100
35	MEO/IGSO	9⊕10	354	0x7FE	11111111110
36	MEO/IGSO	9⊕11	705	0x001	00000000001
37	MEO/IGSO	10⊕11	353	0x7FF	11111111111
*：LSB 对应 Ψ_1^i，MSB 对应 Ψ_{11}^i					

3.2.3 北斗伪随机码的自相关和互相关特性

北斗 ICD 中定义了 37 个伪随机码，其中 5 个分配给 GEO 卫星，剩下的 32 个分配给 IGSO 和 MEO 卫星。由于北斗伪随机码是截短 Gold 码，严格地说，截短后的伪码已经不再是平衡 Gold 码，因为 37 个北斗伪码中近一半的伪码中的“1”的个数比“0”的个数多了两个，其他的北斗伪码的“1”的个数和“0”的个数严格相等，而全部 GPS C/A 码中“1”的个数比“0”的个数都是多一个。由此也可以看出，北斗伪随机码的平衡性并没有被太严重破坏。

北斗伪码和 GPS C/A 码的一个重要区别是在自相关函数和互相关函数值域分布上。北斗伪码的自相关函数的定义和式(3.12)一样如下所示。

$$R_{i,\,i}(\tau)=\frac{1}{T}\int_0^T c_i(t)c_i(t+\tau)\mathrm{d}t,\quad \tau\in(-T/2,T/2) \tag{3.33}$$

式(3.33)中的下标定义和式(3.12)一样，只不过都换成北斗伪码的对应项。

北斗伪码的自相关函数依然是周期函数，周期和北斗伪码周期一样，也是 1 ms，并且在时间延迟 τ=0 时 $R_{i,i}(\tau)$ 取到最大值，但当 $\tau\neq0$ 且 τ 为整数倍码片位移时，$R_{i,i}(\tau)$ 自相关函数不再符合平衡 Gold 码的理论值，即不再只取三个不同的值，

$$R_{ij}(kT_\mathrm{c})\neq\left\{\frac{-1}{N}\quad\frac{-\beta(n)}{N}\quad\frac{\beta(n)-2}{N}\right\} \tag{3.34}$$

这里 k、T_c、N、$\beta(n)$的定义同式(3.16)。

北斗 PRN 码的自相关函数取值在最大值和最小值之间分布，如果用直方图将其值域分布表示的话，将呈现连续分布的特点，这一点和 GPS C/A 码的三值特性不同。

计算机仿真结果表明，不同北斗 PRN 码的自相关函数值域也各自不同，但范围在［(−170，162)，2 046］之间。当 τ=0 时，$R_{ij}(kT_\mathrm{c})$ 取最大值 2 046，当 $\tau\neq0$ 但限制 τ 为整数倍码片时，自相关函数值在（−170，162）之间。

图 3.17 所示以北斗 PRN37 伪码为例，给出了其自相关函数和函数值域的分布。图中左半部分是自相关函数值，横坐标是延迟量，以码片为单位，纵坐标是未归一

化的自相关函数，可见当延迟量为 0 时取到最大自相关值 2 046；图中右半部分是值域分布图，横坐标是未归一化自相关值，纵坐标是延迟量在[0,2 046]码片范围内变动时自相关结果取该值的个数，当 $\tau\neq0$ 且但限制 τ 为整数倍码片时，PRN37 的自相关函数值域在（−138，150）之间，且在该范围内连续分布。

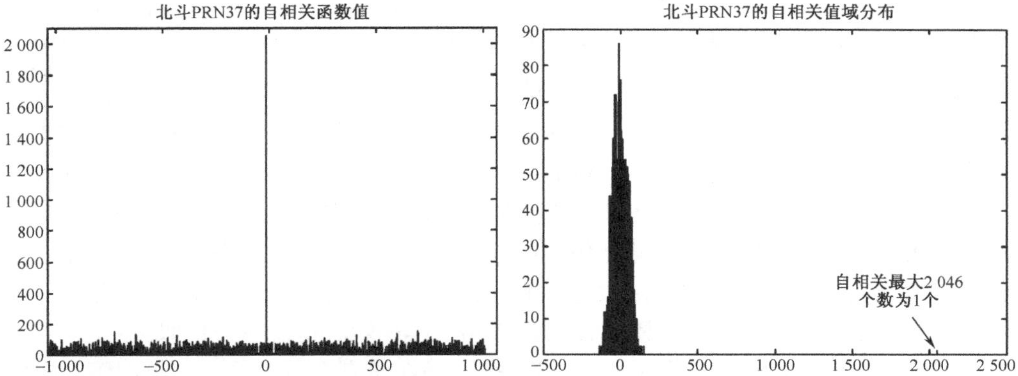

图 3.17　北斗 PRN37 的自相关函数值（左图）和值域分布情况（右图）

不同北斗伪码的自相关函数值域范围各不相同，通过计算机仿真程序计算可以得到全部 37 颗北斗伪码的自相关函数值，归纳在表 3.7 中。

表 3.7　北斗 PRN1 到 PRN34 的自相关函数值域范围（非归一化）

PRN	值域	PRN	值域
1	[(−122, 130), 2 046]	2	[(−114,122), 2 046]
3	[(−126, 146), 2 046]	4	[(−126,110), 2 046]
5	[(−118, 138), 2 046]	6	[(−126,126), 2 046]
7	[(−146, 130), 2 046]	8	[(−146,138), 2 046]
9	[(−142, 126), 2 046]	10	[(−126,138), 2 046]
11	[(−170, 138), 2 046]	12	[(−126,122), 2 046]
13	[(−146, 138), 2 046]	14	[(−118,130), 2 046]
15	[(−130, 130), 2 046]	16	[(−118,134), 2 046]
17	[(−138, 150), 2 046]	18	[(−150,142), 2 046]
19	[(−122, 138), 2 046]	20	[(−142,114), 2 046]
21	[(−134, 134), 2 046]	22	[(−162,162), 2 046]
23	[(−162, 114), 2 046]	24	[(−130,134), 2 046]
25	[(−142, 122), 2 046]	26	[(−126,126), 2 046]
27	[(−138, 146), 2 046]	28	[(−138,114), 2 046]
29	[(−106, 138), 2 046]	30	[(−122,134), 2 046]
31	[(−158, 110), 2 046]	32	[(−146,118), 2 046]
33	[(−134, 122), 2 046]	34	[(−150,126), 2 046]
35	[(−134,130), 2 046]	36	[(−130,138), 2 046]
37	[(−138,150), 2 046]		

北斗 PRN 码的互相关函数定义式和式(3.20)一样，如下所示。

$$R_{i,j}(\tau)=\frac{1}{T}\int_0^T c_i(t)c_j(t+\tau)\mathrm{d}t,\quad \tau\in(-T/2,T/2) \tag{3.35}$$

将上式中对应的下标都换成北斗伪码的对应项即可。

和自相关函数类似，北斗 PRN 码的互相关函数值域也随着伪码的不同而不同，考虑 M 个 PRN 码，则两两组合的 PRN 对的数目为 C_M^2 个，当 M 很大时（如 M>10），则 C_M^2 将是一个很大的值，所以在此不能一一列举全部北斗伪码组合的互相关函数值。通过计算机仿真计算可以知道，在全部 37 个北斗伪码之间，PRN1～PRN37 之间的互相关函数值域范围在(−210,202)之间，最小值（−210）发生在 PRN35 和 PRN12 之间，最大值（202）发生在 PRN24 和 PRN36 之间。这里以北斗 PRN1 和 PRN10 为例，通过计算机程序计算出其互相关函数值和值域分布情况，具体结果如图 3.18 所示，其中左半部分是自相关函数值，右半部分是函数值域分布图。可以看出，互相关函数的分布和自相关函数除了没有最大值 2 046 外，其余部分相似。

需要指出的是，上述分析是两个 PRN 码之间在没有多普勒频移的情况下，如果存在多普勒频移则结果会更复杂。在零多普勒频移的情况下，GPS C/A 码的自相关函数峰值和互相关峰值的比值为 20lg10(1 023/65) = 23.93 dB，而北斗 PRN 码之间的该比值为 20lg10(2 046/210) = 19.77 dB。可见在最恶化的情况下，北斗不同 PRN 信号之间的互相关抑制性能要比 GPS 恶化大约 4 dB，所以在进行北斗弱信号捕获时必须对互相关结果进行必要的处理。

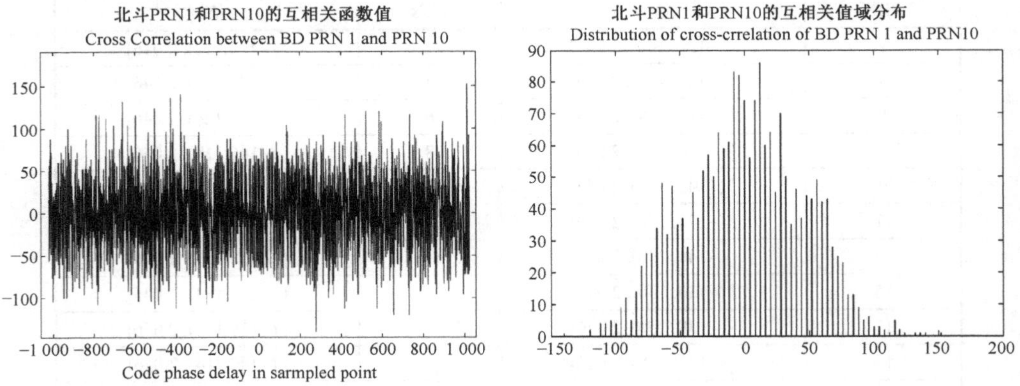

图 3.18　北斗 PRN1 和 PRN10 的互相关函数值（左图）和值域分布情况（右图）

当 τ 不为整数码片延迟时，式(3.18)的结论依然对北斗伪码适用，其分析过程和 GPS C/A 码一样，读者可以自行分析。

进一步的关于截短 Gold 码的特性分析，可以参阅参考文献[22]、[23]。

3.3 导航电文

本节将对 GPS 和北斗卫星播发的导航电文进行讲解，本节内容参考了参考文献[7]和[10]。其中 GPS 部分主要覆盖 L1 的 C/A 码调制的导航电文，北斗部分则涵盖 GEO/IGSO/MEO 的 D1 码和 D2 码，即 B1I 信号和 B2I 信号上调制的导航电文。限于篇幅，GPS 现代化中新增加的 L2C、L5 和 L1C 信号的导航电文在此不做过多描述，读者可以自行阅读参考文献[7]、[8]、[9]以了解更多技术细节。本节中北斗导航电文特指北斗区域覆盖系统的导航电文，由于北斗系统的导航电文尚未公开，所以在此略过，未来的北斗系统导航电文的内容和结构很可能和现有的导航电文有显著改动。

3.3.1 GPS 导航电文

GPS 信号上调制的导航电文是 GPS 卫星播发的数据信息，即式(3.1)和式(3.2)中的 $D(t)$，其数据率是 50 bps/sps，这里 bps 的意思很清楚，就是每秒多少比特，而 sps 的概念是符号率，即原始数据比特经过某种信道编码之后产生的符号序列的速率，这里的信道编码可以是 CRC、交织或卷积等处理方式，一般是为了提高纠错、检错能力，增加抗衰落或抗干扰能力等目的。而 GPS L1 频点 C/A 码信号的数据没有经过信道编码，所以这里 bps 和 sps 是一样的。GPS 信号中每一个数据位的时间长度是 20 ms，GPS 接收机在进入稳定的信号跟踪以后，每 20 ms 输出一个数据比特，这决定了在进行信号捕获和跟踪处理时最大的相干积分时间无法超过 20 ms。同时可以看出，GPS 信号中调制的数据率和现代的其他高速通信系统相比是比较慢的，这样的设置是为了对微弱的卫星信号有足够的扩频增益，从而保证足够低的误码率和合理的基带信号处理性能。

导航电文在整个 GPS 信号构成中占据重要地位，每一个卫星都连续不断地发送其自身独特的导航电文。概括地说，导航电文的作用有以下几点。

- 提供信号的发射时间和卫星上时钟修正量，这些信息和跟踪环的跟踪状态量将一起提供卫星精确的发射时间；
- 提供卫星星历数据，接收机根据信号的发射时间和星历数据就可以得到卫星的精确位置；
- 提供卫星的其他信息，如健康状态、Anti-Spoofing 技术（AS）开启与否和卫星配置信息（BlockII/II-A/II-R）等；
- 提供电离层和对流层的延时校正参数，这些参数将在定位时提供观测量的矫正量，从而提高定位精度；
- 提供当前卫星和其他卫星的历书数据，历书数据可以用来计算卫星比较粗略的位置坐标，接收机用该数据计算卫星的大致方位，从而实现快速信号捕获。

我们已经知道，GPS 卫星作为动态位置已知点，在卫星轨道参数已知的情况下给定精确的信号发射时间就能确定其位置，所以得到精确的信号发射时间是 GPS 接收机实现定位的关键。但是严格来说，精确的信号发射时间由导航电文和跟踪环路共同提供。导航电文的数据位长度为 20 ms，这也决定了单靠导航电文只能提供精确到 20 ms 的发送时间，更精确的部分就必须由跟踪环，尤其是伪码跟踪环来提供。

采用类似于软件工程中的自底向上的概念，导航电文可以被分成五个不同层次的结构，其最基本的结构是长度为 20 ms 的数据位（bit）；高一级的结构是字（word），由 30 个数据位组成一个字；第三级的结构是子帧（Subframe），由 10 个字组成一个子帧，所以一个子帧包含 300 个数据比特；第四级的结构是页面（Page）或主帧，由 5 个子帧组成一个页面；第五级的结构是由 25 个页面组成一个整周期的导航电文。每一个卫星连续不断地发射由 25 个页面组成的周期导航电文。导航电文各级结构的时间长度如表 3.8 所示。

表 3.8 导航电文的各级层次结构的时间长短

结构类型	数据位	字	子帧	主帧（页面）	25 主帧
时间长短	20 ms	600 ms	6 s	30 s	12.5 min

根据以上分析，可以用图 3.19 来表示导航电文的组织结构。从中可以看出，GPS 导航电文每隔 12.5 min 发送一套完整的导航电文结构，其中包括了 25 主帧、125 子帧、3 750 字或者 75 000 比特。

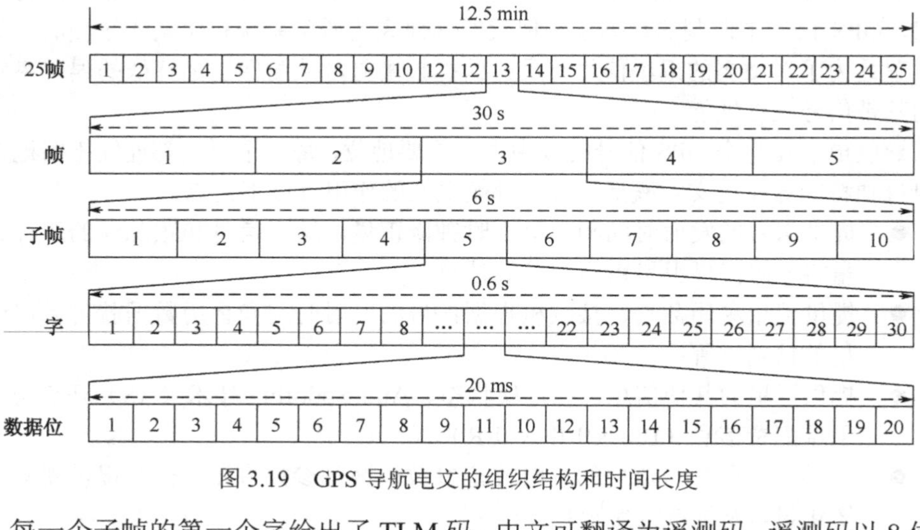

图 3.19 GPS 导航电文的组织结构和时间长度

每一个子帧的第一个字给出了 TLM 码，中文可翻译为遥测码。遥测码以 8 位前导字符开始，其内容是 10001011，前导字符主要用来作为搜索同步字符，遥测字的第 9～22 bit 为特许用户保留，第 23～30 bit 是校验码。关于如何使用该遥测码进行解调电文中的子帧同步，后续章节要详细阐述。遥测字的内容如图 3.20 所示。

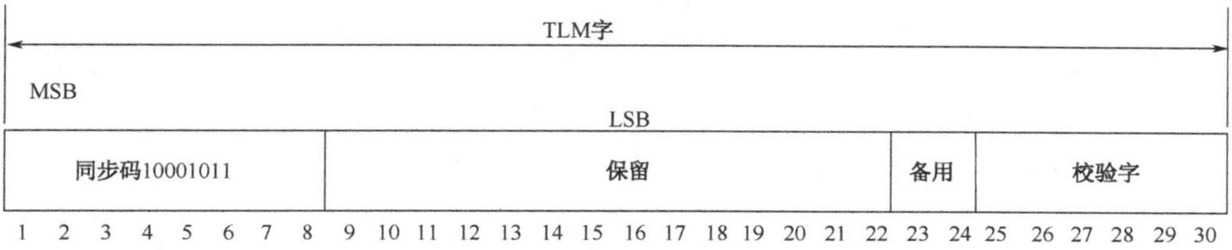

图 3.20　遥测字的比特内容

电文子帧的第二个字中提供了前文中提到的时间戳，被称作 HOW 字，中文叫作交接字或转换字。为清楚地了解如何从交接字获取当前信号的发射时间，必须先回顾一下 GPS 时间的概念。根据第 1.3.4 节，我们已经知道 GPS 时间把连续的时间看作以星期为周期的时间段，而在每个星期六午夜 / 星期日凌晨时刻清零，然后不断累加直至下一个星期的开始。一星期内有 604 800 s，GPS 信号中的时间戳就是对于以秒为单位的 GPS 时间而言，导航电文中有一个专门的词来描述这个时间戳，即 TOW（Time Of Week），即周内时间。接收机的跟踪环路在能够解调导航电文以后就能根据时间戳得知当前信号的发射时间，前面已经提到，单单依靠导航电文的内容只能将卫星的发射时间精确到 20 ms，这里暂且不去深究如何将发射时间的精度提高到定位所要求的水平上去。由于每一个子帧历时 6 s，于是一个星期的时间内总共能发送 100 800（即 604800/6）个子帧，当子帧计数到 100 799 时 GPS 星期数加一。交接字的比特内容如图 3.21 所示。

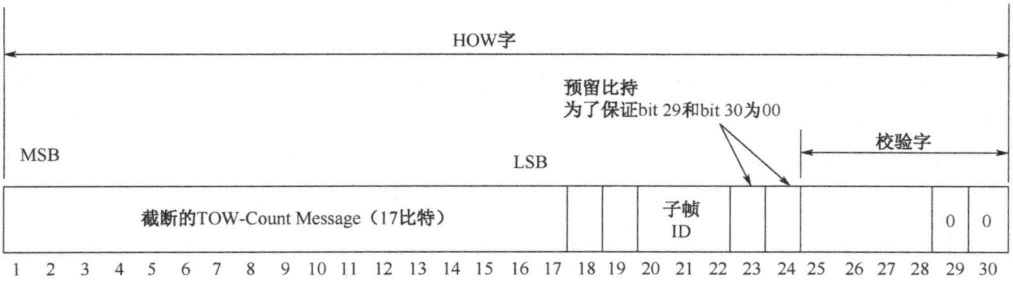

图 3.21　交接字的比特内容

交接字的前 17 比特是以 Z-计数表示的周内时间，采用高位在前、低位在后的方式播发。这里 Z-计数是人为定义的一个 GPST 的计时单位，长度为 1.5 s，实际上是 GPS 信号产生环节的 X1 序列的周期长度。显而易见，一个子帧在时间上总共要耗费 4 个 Z-计数。一个星期的时间 604 800 s 总共会有 403 200 个 Z-计数，用二进制来表示需要 19 比特，而导航电文中的 HOW 只预留了 17 比特来记录 Z-计数。粗看起来这是一个矛盾，其实导航电文中的 Z-计数纪录的是“截短的” Z-计数，是将 Z-

计数的末 2 bit 丢弃而只保留高 17 bit 而得到的结果。这样处理的原因很容易理解："截断的"Z-计数每增加 1，就意味着 GPST 增加了 6 s（4 个 Z-计数），而 6 s 正是一个子帧的长度。所以 HOW 中的"截断的"Z-计数可以看作该星期内子帧的计数器。17 bit 二进制数能够记录的最大数字是 131 072，而一周之内的截短 Z-计数的最大值为 100 800，所以这里用 17 bit 来表示不会出现有限字长情况下的计数溢出问题。

需要指出的是，当前子帧的第二个字提供的 Z-计数是当前子帧结束、下一子帧起始时刻的周内时计数，而不是当前本子帧起始时刻的周内时计数。所以通过接收机中解码得到本子帧的 17 bit 的截短 Z-计数后，必须要用这个值乘 6 再减去 4.8 s 才能得到当前子帧下一个字的起始时间。乘 6 的原因前面已经阐述，4.8 s 这个值是由于 HOW 处于当前子帧第二个字，而本子帧下一个字（第三个字）距离下一个子帧起始有 4.8 s 的时间差。图 3.22 很清楚地表示了这一点，在接收机程序设计中必须注意这一点，否则就会得到错误的信号发射时间。

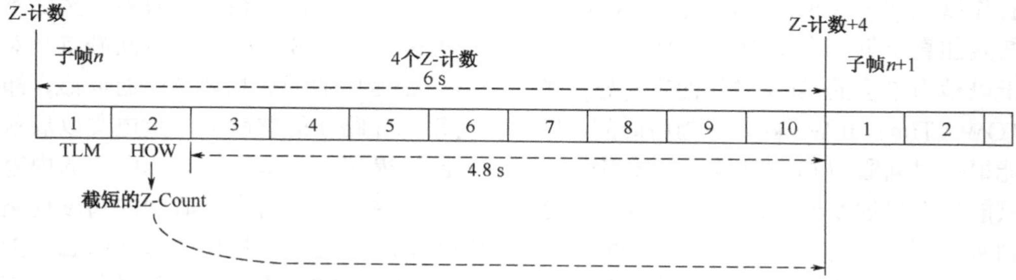

图 3.22 当前子帧的 Z-计数和周内时计数的关系

得到了 HOW 中的 Z-计数后，就可以根据导航电文的比特计数得到后续任一个时刻的 GPS 时间。关于这一点，详细过程用下面的例子来说明。比如接收机解调到当前子帧的截断 Z-计数是 1 000，由以上分析就可以知道从本子帧第三个字开始的 GPS 时间是 $1\,000 \times 6 - 4.8 = 5\,995.2\ \text{s}$，那么在以后的任一个时刻，比如在第四个字的第 10 比特处，接收机可以得到当时的发射时间是

$$\text{GPST} = 1\,000 \times 6 - 4.8 + 40 \times 0.02 = 5\,996.0\ \text{s}$$

该式中的 40 是第四个字的第 10 bit 距离第三个字起始的比特数目，而 0.02 s 是一个比特的长度。必须指出的是，通过上式计算的 GPST 是很粗略的，这是因为导航电文最小的单元是比特，而一个比特的长度是 20 ms，所以单单从导航电文得到的 GPST 有 20 ms 的模糊度。也就是说，由导航电文无法得到发射时间中精度高于 20 ms 的部分。上式中得到的发射时间无法直接拿来定位，因为会带来上千千米的误差。为了解决这个 20 ms 的模糊度必须从伪码跟踪环的状态参数中得到更多更精细的信息，这个问题将在接收机实现信号的跟踪以后解决。

至此就解释了如何利用截短的 Z-计数来计算信号发射时刻的粗略的 GPST。需要注意的是，虽然 Z-计数是由每个子帧的第二个字中的 HOW 提供的，但我们不能

忽略第一个字中的 TLM 的作用。这是因为第一个字中的 TLM 提供了前导字符，而只有在和前导字符同步以后才能正确解调后续的导航电文。所以接收机要得到 HOW 就必须先解调并正确识别 TLM。实际上，在接收机内部软件中，解调导航电文的第一步必然是寻找正确的 TLM 字符。

GPS 导航电文每一个子帧的前两个字均为遥测字和交接字，但后续内容却不同，基本可以分为两类：和定位解算直接相关的，以及和其他卫星相关的。前者是为了计算卫星的准确位置而设置的，主要是卫星的轨道参数、本卫星的健康状态、位置精度 URA、时钟修正等参数；后者主要包括全部卫星的历书数据、电离层延迟校正参数、UTC 时间参数及全部卫星的健康状态等信息。和定位解算直接相关的数据在每个子帧的前三个子帧中，每一主帧均重复播发，即每隔 30 s 就重复一遍，这样保证接收机能够在最多 30 s 的导航电文数据中得到定位解算所必需的信息，而和其他卫星相关的数据则分散在不同主帧的第 4、第 5 子帧中，全部播发完毕需要 12.5 min，即 25 个主帧的长度。

和定位解算直接相关的电文集中在第 1、2、3 子帧，主要包括以下数据。

（1）第 1 子帧

- 星期数（Week-Number，WN）：占据第 61～70 bit，其含义前面已经说明。由于 WN 在 1999 年已经清零一次，所以在那以后的接收机在读取该星期数时需要加上 1 024 来得到当前正确的 GPS 星期数。
- 用户位置精度（User-Range-Accuracy，URA）：占据第 73～76 bit。这个参数给出的是如果利用该卫星的数据来实现定位，而得到的用户位置在 1σ 的统计意义上的误差估计。这个参数的取值范围为 0～15，其值越小表示精度越高。
- 卫星的健康状态：占据第 77～82 bit。顾名思义，该参数给出了该卫星发射信号的健康度。该参数的高位（MSB）表示了信号的大体状况：如果 MSB=0，表示导航电文数据正常；如果 MSB=1，表示导航电文数据不正常，而此时低 5 位就表示不同的异常状况，包括信号功率比正常值略弱、某一个分量（P 分量或 C/A 分量）的数据丢失或者该卫星被关闭等。一般来说，只有在 MSB=0 的时候才使用这颗卫星的数据。
- 卫星时钟量的数据龄期（IDOC）：占据第 83～84 bit 和第 211～218 bit，其中前者为高两位，后者为低 8 位。该参数的改变意味着卫星修正参数发生了更新，接收机需要准备更新其本地的卫星参数。
- 群延迟估计（Estimated Group Delay Differential），占据第 197～204 bit，一般用 T_{GD} 来表示。这是一个用来对卫星时钟进行群延迟效应补偿的参量。
- 卫星时钟修正因子：共有四个修正因子，t_{oc} 占据第 219～234 bit，a_{f0} 占据第 27～292 bit，a_{f1} 占据第 249～264 bit，a_{f2} 占据第 241～248 bit。在计算卫

星位置的过程中会使用这些修正因子。

第 1 子帧的比特内容如图 3.23 所示。

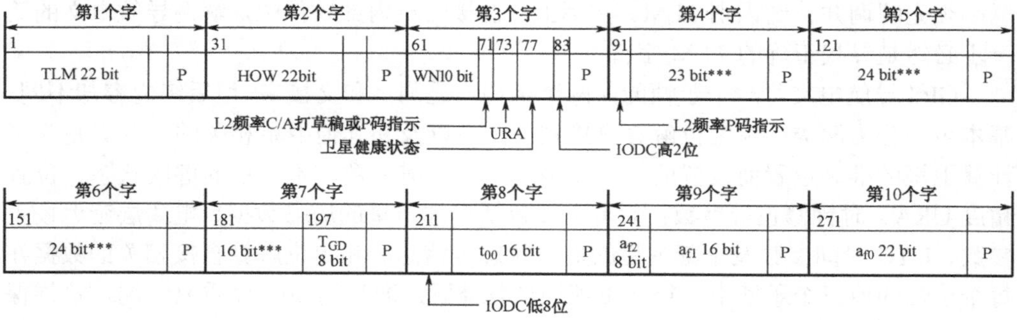

图 3.23　GPS 导航电文第 1 子帧的比特内容

这里为了描述的便利，我们把一个子帧中全部 10 个字包含的数据比特看作连续的 300 bit，比如第一个字占据第 1～30 bit，第二个字占据第 31～60 bit，以此类推，第 10 个字占据第 271～300 bit。这么做的原因是有的参数要占据多个字的不同位域。后续的子帧内容也按照这种方式进行讲解。

（2）第 2 子帧

- IODE（Issue of Data, Ephemeris，卫星星历数据的数据龄期）：占据了子帧 2 的第 61～68 bit。实际上，子帧 3 的第 271～278 bit 也传送 IODE 数据，正常情况下，这两个 IODE 应该和子帧 1 中的 IODC 的低 8 位相等。任何时候只要三者（子帧 2 和子帧 3 的 IODE，以及子帧 1 的 IODC 的低 8 位）不相等，就意味着星历数据发生了改变，接收机应该注意接收新的星历数据。IODE 和 IODC 一起为用户提供了非常方便的方法来检查星历数据的有效期。
- C_{rs}（卫星轨道半径的正弦调和修正值）：占据第 69～84 bit。单位为 m，缩放系数为 2^{-5}。
- Δn（计算得到平均角速度的修正值）：占据第 91～106 bit。单位为 πrad/s，缩放系数为 2^{-43}。该项是用卫星平均角速度和利用公式 $\sqrt{\mu/a^3}$ 求得的计算值之差，式中 μ 是对 GPS 卫星来说地球的万有引力常数，a 是卫星椭圆轨道的半长轴。由这个关系可知，卫星修正后的平均角速度 $n=\sqrt{\mu/a^3}+\Delta n$。
- M_0（参考时刻的平近点角）：高 8 位占据第 107～114 bit，低 24 位占据第 121～144 bit。单位为πrad，缩放系数为 2^{-31}。
- C_{uc}（升交角矩的余弦调和修正值）：占据第 151～166 bit。单位为 rad，缩放系数为 2^{-29}。
- e_s（卫星轨道的椭圆离心率）：高 8 位占据第 167～174 bit，低 24 位占据第

181～204 bit，该项无单位，缩放系数为 2^{-33}。

- C_{us}（升交角矩的正弦调和修正值）：占据第 211～226 bit。单位为 rad，缩放系数为 2^{-29}。
- $\sqrt{a}$（卫星轨道半长轴的平方根）：高 8 位占据第 227～234 bit，低 24 位占据第 241～264 bit。单位为米 $^{1/2}$，缩放系数为 2^{-19}。
- t_{oe}（星历数据的参考时刻）：占据第 271～286 bit。单位为秒，缩放系数为 2^{4}。

第 2 子帧的比特内容如图 3.24 所示。

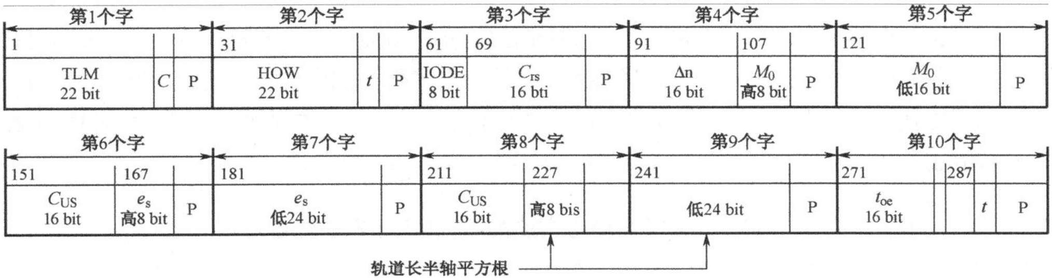

图 3.24　GPS 导航电文第 2 子帧的比特内容

（3）第 3 子帧

- C_{ic}（卫星轨道倾角的余弦调和修正值）：占据子帧 3 的第 61～76 bit，单位为 rad，缩放系数为 2^{-29}。
- Ω_e（卫星轨道的升交点经度）：高 8 位占据子帧 3 的第 77～84 bit，低 24 位占据第 91～114 bit，单位为πrad，缩放系数为 2^{-31}。
- C_{is}（卫星轨道倾角的正弦调和修正值）：占据子帧 3 的第 121～136 bit，单位为 rad，缩放系数为 2^{-29}。
- i_0（在参考时刻卫星轨道的倾角）：高 8 位占据子帧 3 的第 137～144 bit，低 24 位占据第 151～174 bit，单位为πrad，缩放系数为 2^{-31}。
- C_{rc}（卫星轨道半径的余弦调和修正值）：占据子帧 3 的第 181～196 bit，单位为米，缩放系数为 2^{-5}。
- ω（卫星轨道近地点角矩）：高 8 位占据子帧 3 的第 197～204 bit，低 24 位占据第 211～234 bit，单位为πrad，缩放系数为 2^{-31}。
- $\dot{\Omega}$（卫星轨道升交点经度变化率）：占据子帧 3 的第 241～264 bit，单位为πrad/s，缩放系数为 2^{-43}。
- IODE，占据子帧 3 的第 271～278 bit，含义在前面已说明。
- IDOT，卫星轨道倾角变化率：占据子帧 3 的第 279～292 bit，单位为πrad/s，缩放系数为 2^{-43}。

第 3 子帧的比特内容如图 3.25 所示。

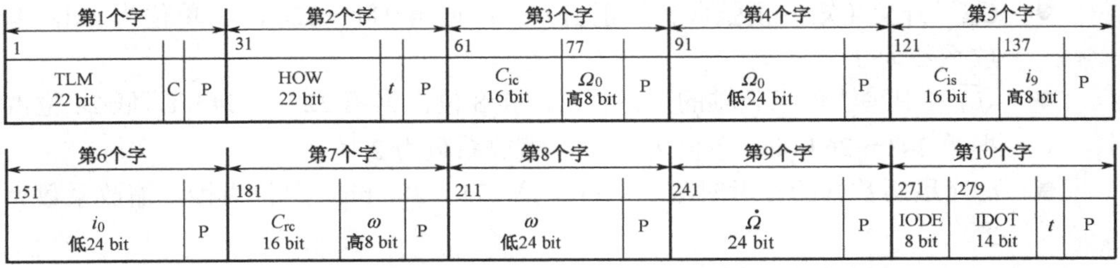
第1个字
第2个字
第3个字
第4个字
第5个字
1
31
61
77
91
121
137
TLM
22 bit
C
P
HOW
22 bit
t
P
C_{ic}
16 bit
Ω_0
高8 bit
P
Ω_0
低24 bit
P
C_{is}
16 bit
i_0
高8 bit
P
第6个字
第7个字
第8个字
第9个字
第10个字
151
181
211
241
271
279
i_0
低24 bit
P
C_{rc}
16 bit
ω
高8 bit
P
ω
低24 bit
P
$\dot{\Omega}$
24 bit
P
IODE
8 bit
IDOT
14 bit
t
P

图 3.25　GPS 导航电文第三子帧的比特内容

和其他卫星相关的数据包括卫星的历书数据（Almanac）、电离层延时参数、UTC 时间参数、卫星的 A-S 标志和健康度标志等，这些数据分散在 25 个主帧中的第 4、第 5 子帧中播发，所以在解码时必须针对当前子帧对应的主帧号进行区别对待。表 3.9 列示了每个主帧的第 4、第 5 子帧的内容。

表 3.9　GPS 导航电文的第 4、第 5 子帧的内容

子帧号	主帧号	内容描述
第 4 子帧	1、6、11、12、16、19、20、21、22、23、24	保留
	2、3、4、5、7、8、9、10	卫星 25～32 的历书数据
	13	NMCT
	14、15	系统保留使用
	17	特殊消息
	18	电离层延迟参数和 UTC 参数
	25	A-S 标志和卫星 25～32 的健康度标志
第 5 子帧	1～24	卫星 1～24 的历书数据
	25	卫星 1～24 的历书参考时间

和其他卫星相关的数据并不是接收机实现定位必需的信息，但接收机的整体性能表现却和这些参数密切相关。历书数据的参数也是基于开普勒卫星模型，基本可以和星历数据对应起来，但没有星历数据中的扰动校正项，一般可以认为历书数据是星历数据的一个子集或精简版。历书数据的用途是计算卫星的位置的，但由于历书的精度比星历要低，故计算得到的卫星位置误差较大，所以并不是用来直接实现定位功能，而是用来在接收机搜索卫星的时候大致确定卫星的方位，以便缩短搜索时间。历书数据在传输过程中可以占用较少的比特，这一点从上述内容就可以看出，一套星历数据需要三个子帧传完，而一套历书数据只需要一个子帧就可以传完。同时历书数据的精度较低，所以所能够容忍的时间有效期也比星历数据长得多，星历数据一般只有 2～4 h 的有效期，而历书数据却有长达几个月的有效期，所以接收机在解调到一套有效的历书数据以后就可以将其存储在非易失存储器内，这样在后续

的搜索过程就可以使用该信息以提高搜索和捕获信号的速度。

电离层参数包含 8 个参量，即[$\alpha_1,\alpha_2,\alpha_3,\alpha_4,\beta_1,\beta_2,\beta_3,\beta_4$]，该参数基于 Klobuchar 模型得到，可以用来在没有差分修正或双频观测量时对伪距观测量进行修正，从而提高定位精度。UTC 参数给出了 GPST 和 UTC 时间之间的累计闰秒改正数，和其他必要的时钟修正参数，可以用来根据当前的 GPST 得到精确的 UTC 时间。卫星的健康度标志用来检测卫星播发的信号的可用性，避免把工作状态不正常的卫星用来定位。由于篇幅所限，这些参数的详细说明和格式内容在这里就不详细阐述了，感兴趣的读者可以在参考文献[7]中查看。

3.3.2 北斗导航电文

北斗卫星的导航电文分为两种，分别是 D1 导航电文和 D2 导航电文。D1 导航电文速率为 50 bps，并调制有 1 kHz 的二级码（NH 码），北斗 IGSO 和 MEO 卫星的 B1I 和 B2I 信号上播发 D1 导航电文。D2 导航电文速率为 500 bps，北斗 GEO 卫星的 B1I 信号和 B2I 信号上播发 D2 导航电文。D1 和 D2 上的电文内容均包括了和定位解算直接相关的信息，以及和其他卫星相关的信息，D2 电文还包括了增强服务信息，如北斗系统的差分及完好性信息和格网点电离层信息等。

北斗导航电文在传输之前进行了信源编码，主要是比特交织和 BCH 编码。比特交织的目的主要是为了将突发的连续差错变得离散化，从而提高抗连续差错的能力。比特交织的处理步骤可以从下列操作式看出。

输入比特流：$[b_0,b_1,b_2,b_3,b_4,b_5,b_6,b_7,b_8,b_9,b_{10},b_{11},b_{12},b_{13},b_{14},b_{15},b_{16},b_{17},b_{18},b_{19},b_{20},b_{21}]$

交织处理后：$[b_0,b_2,b_4,b_6,b_8,b_{10},b_{12},b_{14},b_{16},b_{18},b_{20}]+[b_1,b_3,b_5,b_7,b_9,b_{11},b_{13},b_{15},b_{17},b_{19},b_{21}]$

上式中的输入比特流每隔一个比特进行串并处理，得到两个并行序列，一个是奇数抽取的序列，一个是偶数抽取的序列，每个序列的比特数目都是 11。这里之所以选择序列长度是 11 bit，是因为北斗导航电文的校验方式是 BCH(15,11,1)编码，即码长 15 bit，信息位 11 bit，纠错能力 1 bit。所以在进行 BCH 编码之前，首先需要对输入数据进行比特分组，得到 11 bit 长度的信息码组。每两个 11 bit 的信息码组经过 BCH 编码以后得到两个 15 bit 的编码码组，然后将这两个编码码组经过 1 bit 并串处理得到新的 30 bit 的待发送码组。

在接收机端，整个过程正好反过来。首先将解调的数据进行去交织处理，其实处理形式和编码时一样，均是 1 bit 串并转换，只不过此时是每隔 30 bit 得到两组 15 bit 长度的输入码组，然后将这两个输入码组进行 BCH 译码，得到 11 bit 的信息码组和 4 bit 的校验码字，然后再将两组信息码组和校验码字经过并串转换组成 22 bit 的信息位和 8 bit 的校验位，即一个北斗导航电文的字（word）。整个交织、去交织和 BCH 编码及译码过程如图 3.26 所示，其中上半部分为编码过程的示意图，下半部分为译码过程的示意图。

北斗 BCH 编码的生成多项式是 $g(x)=x^4+x+1$，该多项式决定了 BCH(15,11,1)的编码框图，如图 3.27 所示。

图中移位寄存器初始状态为全 0，开关 K_1 连通，K_2 断开，随着移位时钟 11 个信息比特通过或门输出，通过 K_1 驱动移位寄存器改变内容，抽头设置构成了 $g(x)$除法器电路，当 11 个信息比特全部移完之际，$[r_1, r_2, r_3, r_4]$之中保留的就是 4 bit 的校验码字，然后将 K_1 断开，K_2 保持连通，将 4 个校验比特输出，这样就和先前的 11 bit 信息构成 15 bit 的 BCH 编码。随后再将 K_1 连通，K_2 断开，移位时钟驱动下一个周期动作，周而复始。

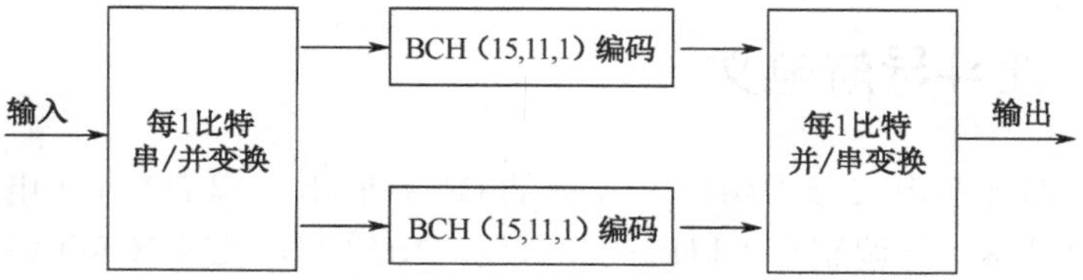

（a）编码示意

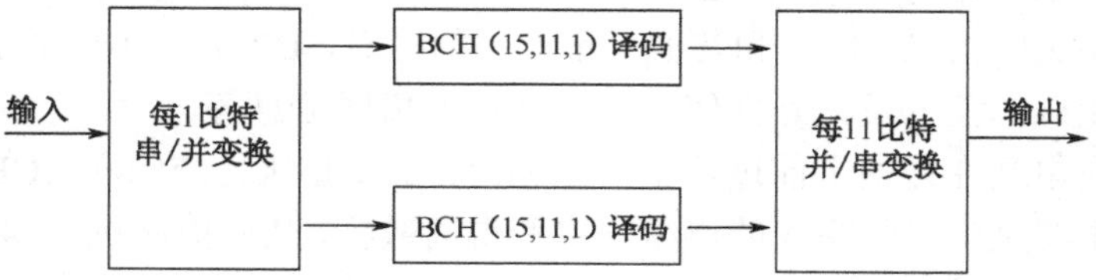

（b）译码示意

图 3.26　北斗导航电文的编码过程和译码过程

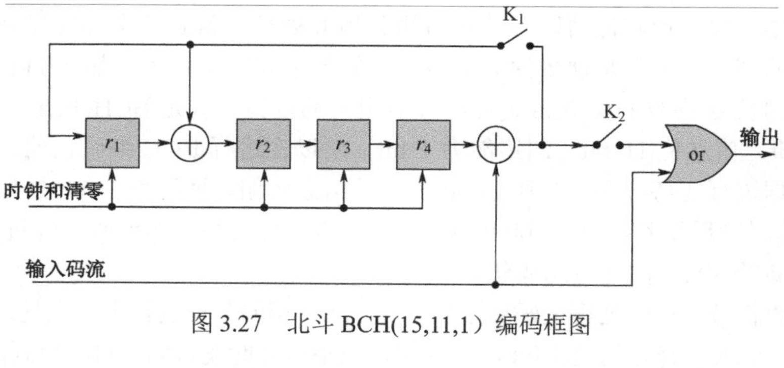

图 3.27　北斗 BCH(15,11,1）编码框图

北斗 BCH(15,11,1)译码框图如图 3.28 所示。其中 4 位移位寄存器和反馈抽头设置构成了 $g(x)$ 除法器电路，移位寄存器初始状态依然是全 0。输入码流依然分成两路，一路经过除法器产生 4 位纠错码，另一路缓存在 15 位纠错缓冲器中。当移位时钟完成 15 个节拍时，$[r_1, r_2, r_3, r_4]$之中就是 4 位的纠错码，经过 BCH 纠错码表得到错误比特信息，然后对纠错缓冲器中的信息进行纠错。这里的纠错是用纠错码表得

到的 15 位纠错信号和缓冲的输入码流进行模二加完成，纠错码表内容如表 3.10 所示，表中当[r_1, r_2, r_3, r_4]为全 0 时表示没有出错，否则根据其内容查到对应的纠错信号就能够将输入码流中的错误位纠正过来。值得注意的是，仅仅当一位数据比特出错的时候以上纠错机制才适用，如果出现了 2 位或更多的错误比特，则上述机制就无法进行纠错了。

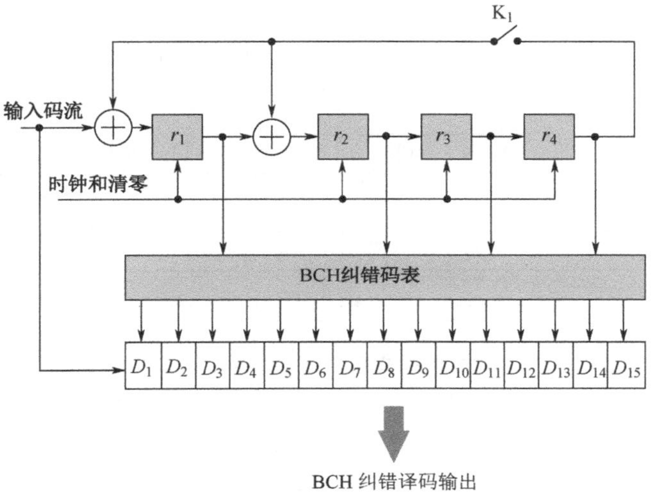

图 3.28　北斗 BCH(15,11,1)译码框图

表 3.10　北斗 BCH 纠错码表

[r_1,r_2,r_3,r_4]	15 位纠错信号	[r_1,r_2,r_3,r_4]	15 位纠错信号
0000	000000000000000	0001	000000000000001
0010	000000000000010	0011	000000000010000
0100	000000000000100	0101	000000100000000
0110	000000000100000	0111	000010000000000
1000	000000000001000	1001	100000000000000
1010	000001000000000	1011	000000010000000
1100	000000001000000	1101	010000000000000
1110	000100000000000	1111	001000000000000

和 GPS 导航电文的组织结构类似，北斗导航电文的层次结构也包括了超帧、主帧、子帧、字、比特，这里超帧的概念就是一套完整的导航电文。与 GPS 导航电文不同的是，北斗导航电文分 D1 和 D2 导航电文，两者的结构略有不同。

D1 导航电文的超帧历时 12 min，包含了 24 个主帧；一个主帧历时 30 s，包含了 5 个子帧；一个子帧历时 6 s，包含了 10 个字；一个字历时 0.6 s，包含了 30 bit。所以一个 D1 超帧包含了 36 000 bit。

D2 导航电文的超帧历时 6 min，包含 120 个主帧；一个主帧历时 3 s，包含了 5 个子帧；一个子帧历时 0.6 s，包含 10 个字；一个字历时 0.06 s，包含 30 bit。由于 D2 导航电文的比特速率是 500 bps，所以在同样时间内 D2 导航电文传输的比特数目是 D1 导航电文的 10 倍。一个 D2 超帧包含了 180 000 bit。

D1 导航电文和 D2 导航电文的层次结构和各级层次之间的时间关系分别如图 3.29 和图 3.30 所示。其中每子帧的第一个字和后续字的校验码格式不同，第一个字的校验码是 4 位，而后续第 2～9 个字的校验码是 8 位，图中给出了两种校验码的不同。

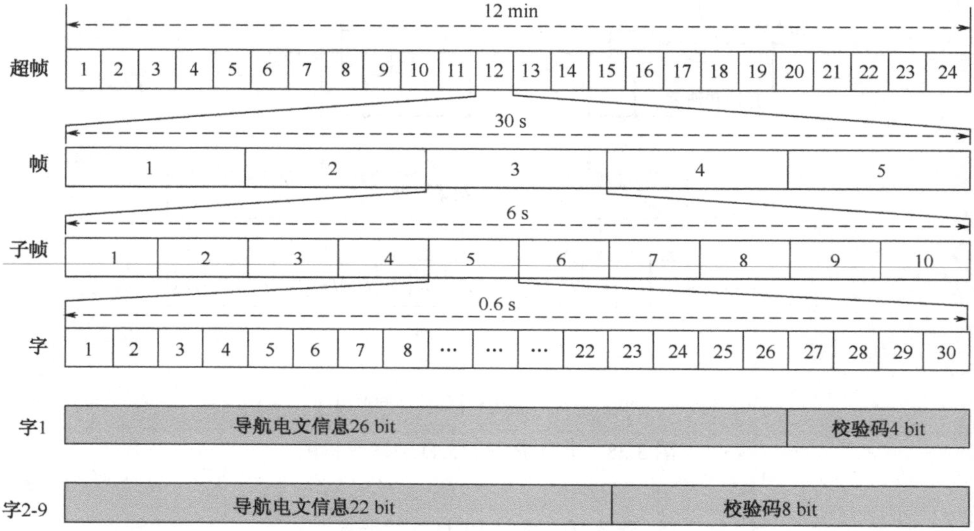

图 3.29　北斗 D1 码导航电文的组织结构和时间长度

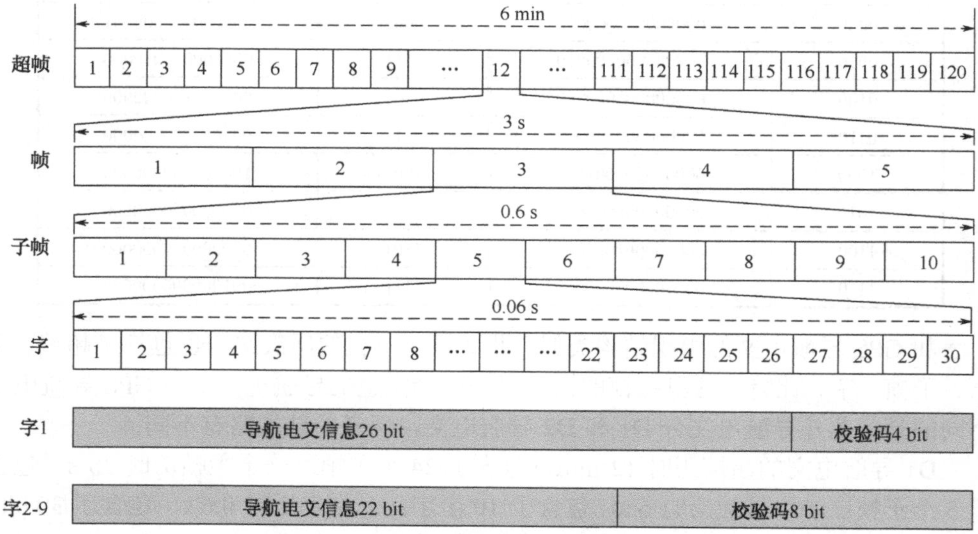

图 3.30　北斗 D2 码导航电文的组织结构和时间长度

D1 码的导航电文内容和 GPS 导航电文非常类似，子帧 1、2、3 传输与定位解算直接相关的数据，子帧 4、5 传输与其他卫星相关的数据。子帧 1、2、3 每隔 30 s 重复播发一次，这样保证接收机在至多 30 s 以内就能够解调到定位计算必需的星历等数据，而子帧 4、5 的内容包括了与其他卫星有关的数据，则根据主帧号（或页面号）的不同而不同，一套完整的导航电文需要 24 个主帧，即 12 min 才能传完。由于每个主帧均重复，所以子帧 1、2、3 的电文内容没有主帧号信息，而子帧 4 和 5 的电文内容中有 7 bit 的主帧号，接收机在解调子帧 4、5 的电文时需要根据主帧号进行不同的处理。图 3.31（a）显示了 D1 导航电文的内容安排。

D2 码的导航电文内容和 GPS 导航电文有较大不同，首先是 D2 码的超帧包含了 120 个主帧，而 GPS 的超帧只有 25 个主帧，在主帧数目上比 GPS 多了 95 个；其次 D2 码的主帧时长 3 s，只有 GPS 的主帧时长的 1/10，当然这一点是因为 D2 码的数据速率是 GPS 的数据速率的 10 倍；最主要的区别在于导航电文内容的编排上，D2 导航电文不仅包含了与定位解算直接相关的数据和与其他卫星相关的数据，而且还包括了北斗卫星系统完好性及差分信息。与定位解算直接相关的数据集中在子帧 1 中传送，分 10 个主帧传完，与其他卫星相关的数据集中在子帧 5 中传送，分 120 个主帧传完，北斗卫星系统完好性及差分信息集中在子帧 2、3、4 中传送，分 6 个主帧传完。图 3.31（b）显示了 D2 导航电文的内容安排。

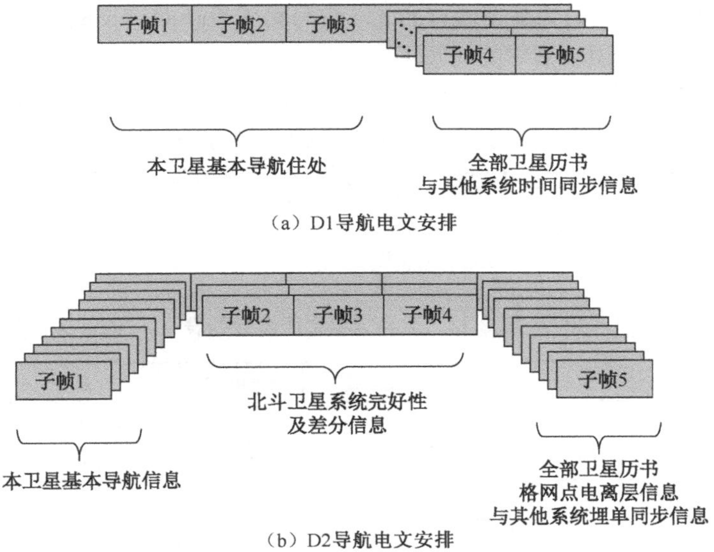

图 3.31　D1 导航电文和 D2 导航电文的内容安排

和 GPS 导航电文类似，北斗导航电文的子帧也包含同步码和周内时间信息。每一个子帧的第 1 个字的前 11 bit 为同步码，内容为“11100010010”，当接收机开始解调导航电文之前必须先确认搜索到该同步码，即已经完成了子帧同步。同步码后面跟随 4 比特的保留信息，然后是 3 比特的子帧号和 SOW 的高 8 位，如图 3.32 所示。

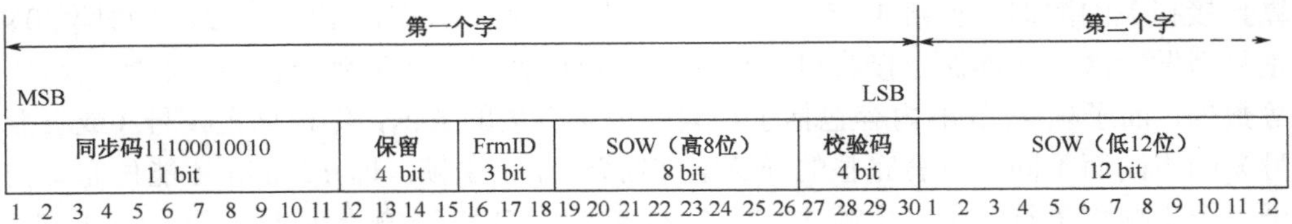

图 3.32　北斗导航电文的同步码和 SOW 信息

这里SOW的意思是周内秒计数，因为北斗时也是利用星期数和周内秒计数表示的，所以这里 SOW 的信息类似于 GPS 的 TOW 信息。北斗的 SOW 总共有 20 位，最大可表示范围为 1 048 576 s，大于 604 800 s，所以不需要截短处理。SOW 的低 12 是在每个子帧的第二个字的高 12 比特传输的，D1 和 D2 导航电文的任意子帧均是如此设置，图 3.32 也表示了这一点。

需要注意的是，北斗子帧中的 SOW 对应的秒时刻指的是本子帧的同步码的第一个脉冲上升沿对应的时刻，这一点和 GPS 的 TOW 信息的含义略有出入。

北斗的星期数（WN）信息用 13 比特传输，这一点借鉴了 GPS 电文的经验，因为如此一来北斗的 WN 需要累积 8 192 个星期，约合 157.1 年以后才会产生溢出清零问题，比 GPS 导航电文中的 19.6 年的溢出清零周期大大增加了。考虑到现有的电子产品的生命周期，可以认为根据现有的北斗信号格式设计的接收机在服务年限内已经不用考虑北斗星期数溢出清零的问题了。

与定位解算直接相关的数据中最重要的就是卫星星历数据，在 D1 导航电文中由子帧 1、2、3 传送，在 D2 导航电文中由子帧 1 中分 10 个主帧传送。D1 和 D2 导航电文中关于星历数据的定义都是一样的，当然两者在各自子帧内容的安排上有所不同，表 3.11 给出了北斗星历参数的定义、比特数、比例因子、单位等信息，该星历参数对于北斗 GEO/IGSO/MEO 卫星均适用。

表 3.11　北斗卫星星历参数列表

参数	说明	比特数	比例因子	有效范围	单位
t_{oe}	星历参考时间	17	2^{3}	604 792	s
$\sqrt{A}$	长半轴的平方根	32	2^{-19}	8 192	$m^{1/2}$
E	离心率	32	2^{-33}	0.5	
ω	近地点幅角	32*	2^{-31}	±1	π
Δn	卫星平均运动速率与计算值的差值	16*	2^{-43}	$\pm 3.73\times10^{-9}$	π/s
M_0	参考时间的平近点角	32*	2^{-31}	±1	π
Ω_0	参考时间的升交点赤经	32*	2^{-31}	±1	π
$\dot{\Omega}$	升交点赤经变化率	24*	2^{-43}	$\pm 9.54\times10^{-7}$	π/s

续表

参数	说明	比特数	比例因子	有效范围	单位
i_0	参考时间的轨道倾角	32*	2^{-31}	±1	π
IDOT	轨道倾角变化率	14*	2^{-43}	$\pm 9.31\times 10^{-10}$	π/s
C_{uc}	纬度幅角的余弦调和项	18*	2^{-31}	$\pm 6.10\times 10^{-5}$	弧度
C_{us}	纬度幅角的正弦调和项	18*	2^{-31}	$\pm 6.10\times 10^{-5}$	弧度
C_{rc}	轨道半径的余弦调和项	18*	2^{-6}	±2 048	m
C_{rs}	轨道半径的正弦调和项	18*	2^{-6}	±2 048	m
C_{ic}	轨道倾角的余弦调和项	18*	2^{-31}	$\pm 6.10\times 10^{-5}$	弧度
C_{is}	轨道倾角的正弦调和项	18*	2^{-31}	$\pm 6.10\times 10^{-5}$	弧度
*：为二进制补码，最高位为符号位					

D1 导航电文中子帧 1、2、3 的内容安排如图 3.33 所示，D2 导航电文中子帧 1（10 个页面）的内容安排如图 3.34 所示，接收机解调星历参数主要就是依据图 3.33、图 3.34 和表 3.10 给出的信息，限于篇幅这里就不再详述了。

D1 导航电文中子帧 4、5 的内容如表 3.12 所示。

表 3.12　北斗 D1 导航电文的第 4、第 5 子帧的内容 [1]

子帧号	主帧号	内容描述
第 5 子帧	1～6	北斗卫星 25～30 的历书数据
	7	北斗卫星 1～19 的健康度信息
	8	北斗卫星 20～30 的健康度信息，以及历书数据的星期数
	9	北斗时和其他时间系统的参数
	10	北斗时和 UTC 时间参数
	11～24	系统保留使用
第 4 子帧	1～24	北斗卫星 1～24 的历书数据

和 GPS 导航电文不同的是，北斗系统将电离层延时参数移到子帧 1、2、3 中传输，每隔 30 秒就重复一次，所以在解调北斗卫星星历参数的时候就能够得到电离层参数，这样在定位解算时就可以马上使用电离层校正了。

表 3.13 是 D2 导航电文中的子帧 2、3、4、5 的内容安排，其中子帧 2 和子帧 3 主要传输北斗系统完好性和差分信息及卫星标识、区域用户距离精度（RURA）、用户差分距离误差（UDRE）和等效时钟修正量 Δt；子帧 4 为系统保留使用；子帧 5 则传输全部卫星历书数据、格网点电离层信息、北斗时和其他卫星时间系统的参数和 UTC 时间参数等，有关更详细的说明和如何使用这些信息可以阅读参考文献[10]。

[1] 北斗系统正处在快速调整时期，此内容可能在将来发生改变，请随时根据北斗官方网站进行更新。

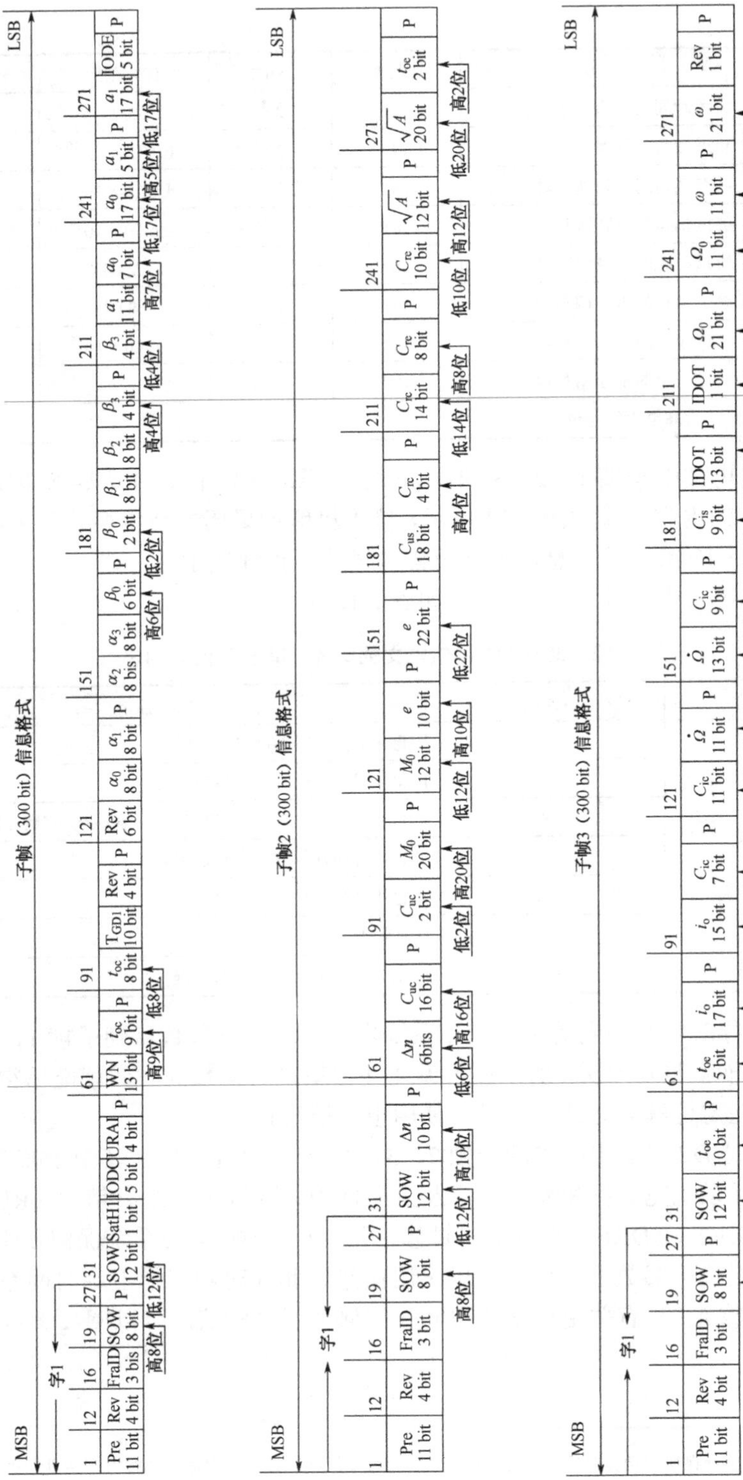

图 3.33　北斗 D1 码导航电文第 1、2、3 子帧的格式

表 3.13　北斗 D2 导航电文的第 2、3、4、5 子帧的内容[1]

子帧号	主帧号	内容描述
第 2 子帧	1～6	北斗系统完好性与差分信息
第 3 子帧	1～6	北斗系统 RURAI 和等效钟差修正量 Δt
第 4 子帧	1～6	系统保留使用
第 5 子帧	1～13 61～73	北斗系统电离层格网点信息
	35	北斗卫星 1～19 的健康度信息
	36	北斗卫星 20～30 的健康度信息，以及历书数据的星期数
	37～60	北斗卫星 1～24 的历书数据
	95～100	北斗卫星 25～30 的历书数据
	101	北斗时和其他时间系统的参数
	102	北斗时和 UTC 时间参数
	14～34 74～94 103～120	系统保留使用

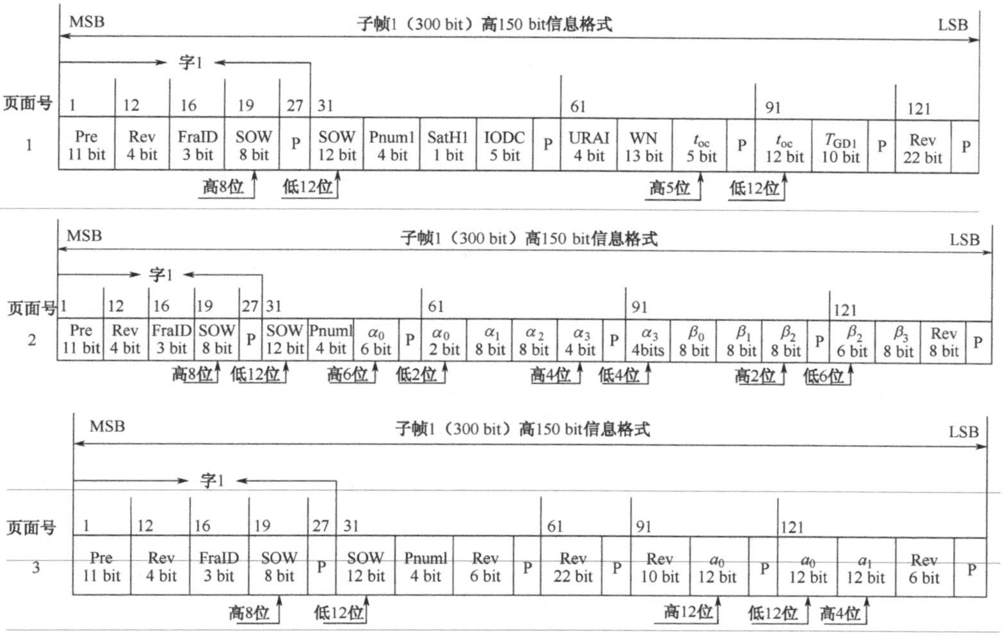

图 3.34　北斗 D2 导航电文的第 1 子帧的格式[2]

[1] 北斗系统正处在快速调整时期，此内容可能在将来发生改变，请随时根据北斗官方网站进行更新。

[2] 图 3.33 和图 3.34 摘自参考文献[10]。

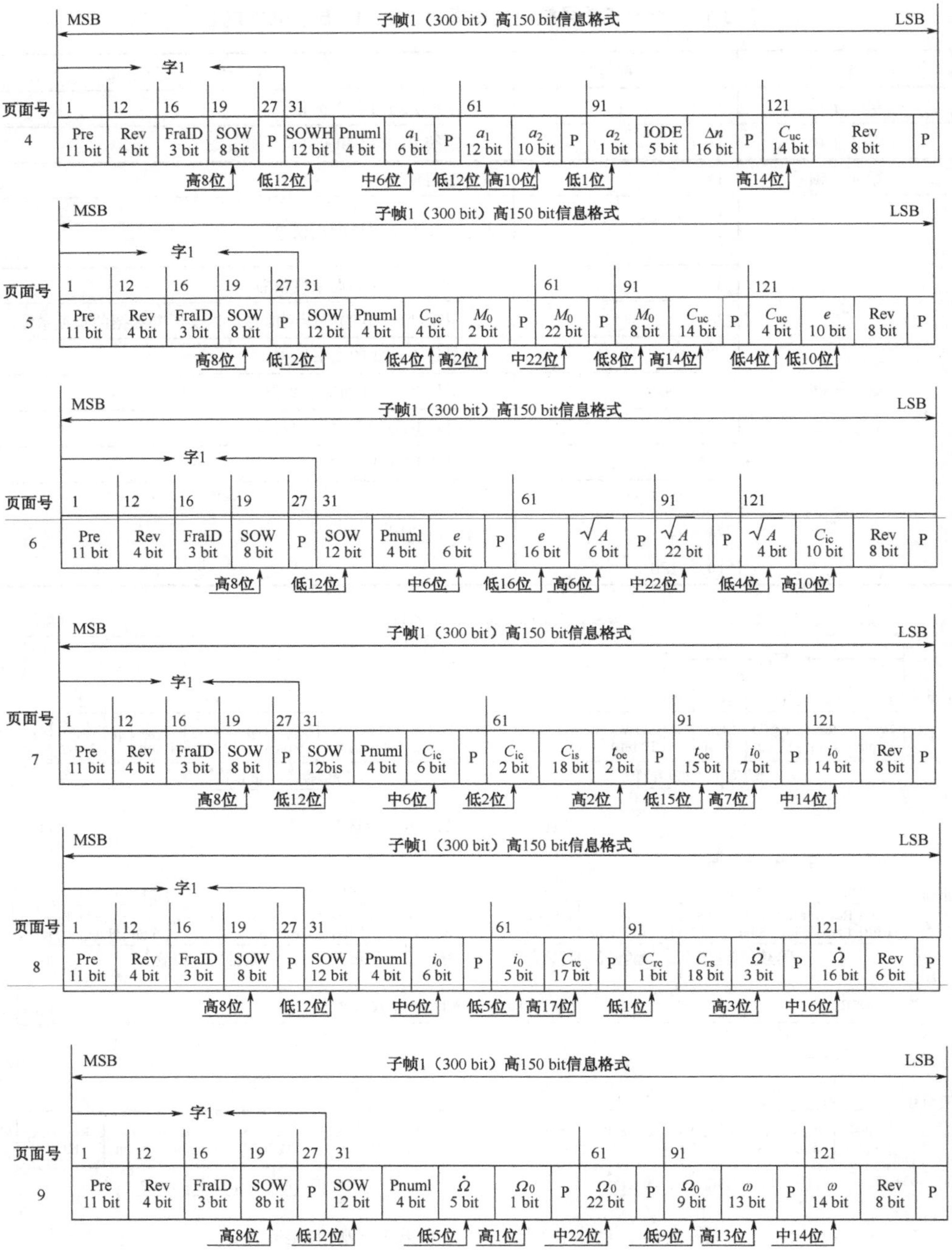

图 3.34　北斗 D2 导航电文的第 1 子帧的格式（续）

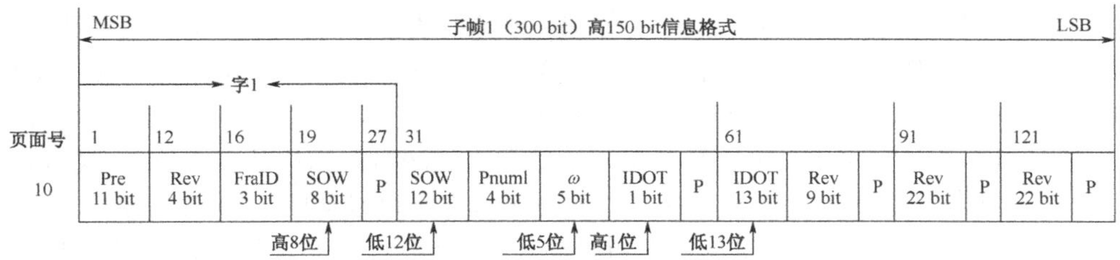

图 3.34　北斗 D2 导航电文的第 1 子帧的格式（续）

3.4　不同卫星信号的时间关系

本章前几节里主要了解了单颗GPS和北斗卫星发射的导航信号的基本结构和主要特点，我们已经知道每一颗卫星时刻不停地向外广播自己的导航电文信号，信号每隔一段时间便会在导航电文中加上一个时间戳。对于 GPS 信号来说，这个时间间隔是 6 s；对于北斗来说，D1 信号的时间间隔是 6 s，D2 信号的时间间隔是 0.6 s。导航电文的数据结构经过巧妙组织，使得接收机一旦实现对信号的可靠跟踪，就可以根据该时间戳推算出任意时刻的信号发射时间。但往往容易被初学者忽略的是，太空中飞行的所有 GPS 卫星发射的信号在时间上都是严格同步的，所有北斗卫星发射的信号在时间上也是严格同步的，这种发射时间上的同步特性是 GPS 和北斗卫星信号能够被用来实现定位的最根本的特质。从这个意义上来说，卫星导航系统与其说是一个定位系统，不如首先说是一个严格的时间同步系统。

首先，每颗卫星上的原子钟保持严格同步。原子钟的基本特性之一便是极高的频率稳定度，再加上地面控制站时刻都在连续监控卫星上原子钟的状态，并对时间误差进行修正，所以即使原子钟与 GPST 和 BDT 之间有偏差，地面站随时发送修正项以保持卫星上时钟的严格同步。实际上，不同 GPS 卫星上的原子钟的同步偏差被控制在 5～10 ns 以内。

在卫星上原子钟保持良好同步的前提下，不同 GPS 和北斗卫星发射的导航信号就具有了保持同步的基本条件。这里以 GPS 卫星为例，GPS 时间在一星期内被分为 100 800 个时段，每一个时段长度 6 s，每一个时段正好是发射一个子帧信号的长度。在星期六午夜到星期日凌晨交替的时刻，所有 GPS 卫星根据自己的原子钟提供的时间基准开始发射该星期的第一个子帧，然后是第二个子帧，以此类推，直到下一个周六和周日凌晨交替的时刻。因此，从导航电文的出发点看，所有 GPS 卫星在同一个 GPS 时间发射的导航信号都有相同的时间戳。对于北斗卫星做类似分析也可以得到相同的结论。

另一点容易被初学者忽视的地方是，不同卫星发射的信号中的伪码相位也是同步的。虽然不同卫星调制的伪码各不相同，但在同一个时刻（GPST 或 BDT），当不同卫星的导航信号离开卫星的发射天线的一刹那，所有的伪码相位都是一样的。注意，这里的伪码相位同步只是针对相同卫星导航系统之间的，一颗 GPS 卫星和另一颗 GPS 卫星的伪码相位是同步的，一颗北斗卫星和另一颗北斗卫星的伪码相位也是同步的，但一颗 GPS 卫星和一颗北斗卫星的伪码相位却不一定是同步的，这是因为 GPST 和 BDT 之间存在固有的系统偏差。但是这种严格的相位同步关系在它们被接收机天线接收到的时刻就不复存在了。关于这一点，可以从图 3.35 得到解释。

图 3.35 中给出了 4 颗 GPS 卫星和 4 颗北斗卫星的情况。选择 4 颗卫星是因为 4 颗卫星的观测量是实现三维定位所需的最小数目，当然如果采用联合解算方法的话，这里总共有 8 颗卫星信号可用。由于每颗卫星位于空间的不同位置，所以距离接收机天线各不相同，假设 4 颗 GPS 卫星距离接收机天线分别为$\gamma_{\mathrm{G}i}$，$i=1,2,3,4$，而 4 颗北斗卫星距离接收机天线分别为$\gamma_{\mathrm{B}i}$，$i=1,2,3,4$，则导航信号从卫星到接收机的传输时间分别为

$$\begin{aligned}&\text{GPS卫星：}\quad \tau_{\mathrm{G}i}=\gamma_{\mathrm{G}i}/c,\quad i=1,2,3,4\\&\text{BD卫星：}\quad \tau_{\mathrm{G}i}=\gamma_{\mathrm{B}i}/c,\quad i=1,2,3,4\end{aligned}\tag{3.36}$$

式中，c 是光速。显然这里$\tau_{\mathrm{G}i}$和$\tau_{\mathrm{B}i}$各不相同。

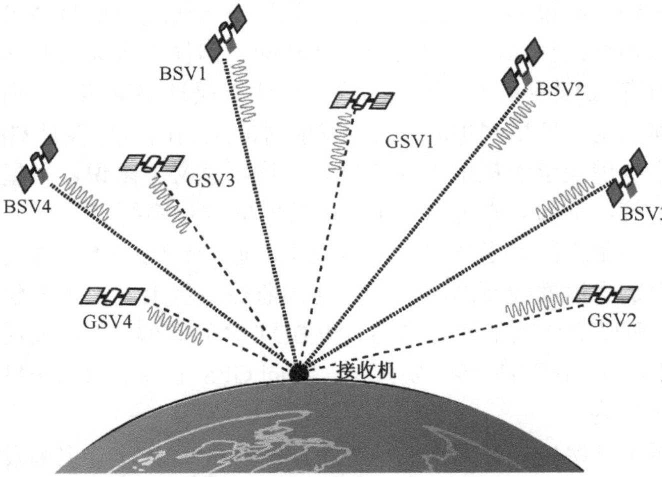

图 3.35　不同卫星发射的导航信号具有不同的路径延迟

如果在时刻t，接收机天线接收到了这 8 颗卫星的信号，则此时接收到的信号其实是在当前时刻之前的某 8 个时刻发射的，这 8 个时刻分别是

$$\begin{aligned}t_{\mathrm{GSV},i}&=t-\tau_{\mathrm{G}i}\\t_{\mathrm{BSV},i}&=t-\tau_{\mathrm{B}i}\end{aligned}\tag{3.37}$$

式中，下标 $_{\mathrm{BSV}}$ 和 $_{\mathrm{GSV}}$ 分别表示北斗卫星和 GPS 卫星，$i=1,2,3,4$。

由于τ_i各不相同，导致$t_{\mathrm{SV},i}$也将变得参差不齐，所以在接收机的天线端不同卫星的导航信号已经不再保持严格的时间同步关系，而正是不同卫星信号之间的不同相位关系体现了用户的位置信息。同时，只有当所有卫星信号在发射端严格同步时，

在接收端看似纷乱的信号相位才有意义。否则，如果信号相位在发射端就已经杂乱无章，那么在接收端的相位就没有任何意义可言了。接收机的任务就是根据这些看似纷乱的信号相位 $t_{SV,i}$，利用一定的算法得到用户的位置信息。这个过程可以清楚地用图 3.36 表示。

图 3.36（a）中是 4 颗 GPS 卫星和 4 颗北斗卫星发射信号时的情况，图 3.36（a）中上半部分是 GPS 卫星发射的信号，下半部分是北斗卫星发射的信号。GPS 卫星发射子帧 1～5 的信号，北斗卫星也发射子帧 1～5 的信号，可见为了方便描述这里使用了北斗 IGSO/MEO 卫星信号（D1 码）为例。可以看出，4 颗 GPS 卫星的子帧都是时间同步的，GPS 卫星的子帧 1 的上升沿时刻用 Z-计数(n)来表示，4 颗北斗卫星的子帧也是时间同步的，北斗卫星的子帧 1 的上升沿时刻用 SOW(n)来表示。从图中可以看出，GPS 卫星信号和北斗卫星信号的子帧上升沿之间存在一个系统时间偏差，图中用 T 表示，这个时间偏差是 GPST 和 BDT 之间的系统偏差，这个固有偏差可以当作一个系统状态量加以估计，后续会对这一点详细说明。信号的伪码相位在图中没有画出来，但在每一个数据比特内部，相同卫星系统的不同卫星信号中的伪随机码相位都是同步的。

图 3.36（b）中是接收机天线接收信息的情况。图 3.36（b）中下半部分的虚线表示 Z-计数(n)和 SOW(n)时刻，和上半部分的对应时刻是对齐的，这可以理解是从同一个时间框架内观察信号发射时刻和信号接收时刻。可以看出，在信号接收时刻 4 颗 GPS 卫星和 4 颗北斗卫星信号的子帧同步关系已经被打破。有些卫星延迟得多一些，而有些卫星延迟得少一些。延迟较大的信号说明这颗卫星距离接收机天线较远，反之则说明比较近。

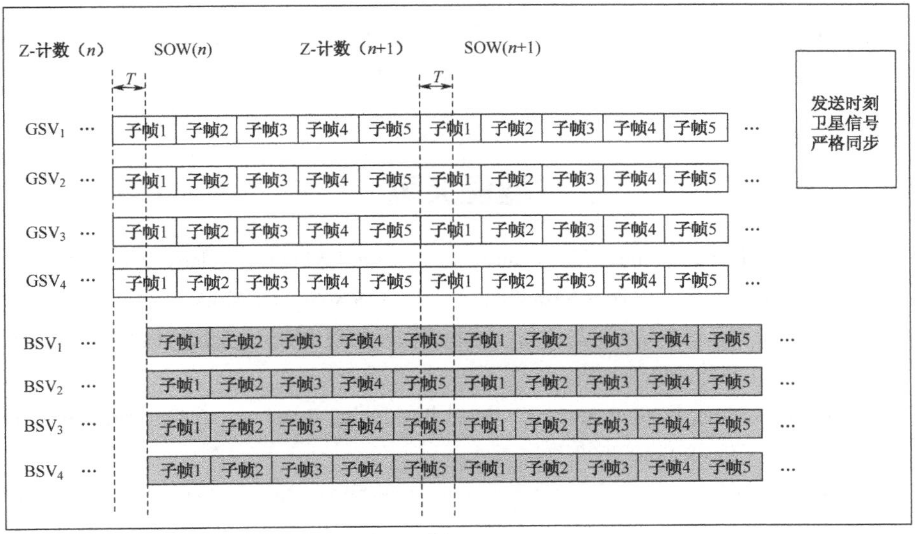

（a）

图 3.36　不同 GPS 卫星和北斗卫星信号在发射时刻和接收时刻的时间关系

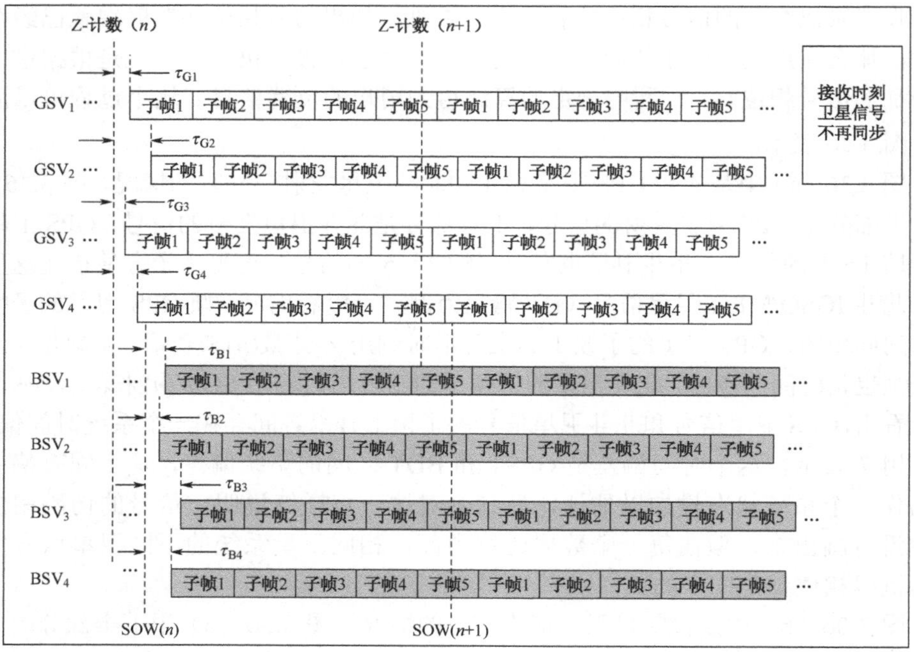

（b）

图 3.36　不同 GPS 卫星和北斗卫星信号在发射时刻和接收时刻的时间关系（续）

不同卫星信号之间的严格同步关系是卫星导航系统能够实现定位的基本前提。由图 3.36 可以看出，只有不同卫星的信号在发射时刻保持严格的同步关系，不同卫星信号的传输延迟 τ_i 才变得有意义。不同的传输延迟和卫星天线到接收机天线的距离呈严格的线性相关关系，这一点也是从根本上理解伪距观测量及 GPS 和北斗接收机工作原理的基本前提，只有理解了这个基本前提才能深入理解伪距方程背后的物理意义。

参考文献

［1］　Neil Ashby, Relativity in the Global Positioning System, Living rev. Relativity, 6, 2003.

［2］　J.Kouba, Relativistic Time Transformation in GPS, GPS Solutions, Vol.5, No.4, 2002 .

［3］　达道安，杨亚天. 北斗导航卫星钟相对论效应误差的理论研究. 全国时间频率学术交流会，西安，11 月 1 日，2005 年.

［4］　Tsui,James Bao-Yen, Fundamentals of Global Positioning Receivers: A Software Apporach, 2nd Edition, John Wiley& Sons 2008.

［5］　E.D.Kaplan, Understanding GPS Principles and Applications, Artech House Publishers,1996.

［6］　Pratap Misra, Per Enge. 全球定位系统——信号、测量和性能（第二版）. 北京：电子工业出版社，2008.

[7] Navstar GPS Space Segment/Navigation User Interfaces, IS-GPS-200G, September 5, 2012.
[8] Navstar GPS Space Segment/User Segment L5 Interfaces, IS-GPS-705,Rev.A, June 8, 2010.
[9] Navstar GPS Space Segment/User Segment L1C Interfaces, IS-GPS-800, Rev.A, June 8, 2010.
[10] 中国卫星导航系统管理办公室. 北斗卫星导航系统空间信号接口控制文件（公开服务信号）2.0 版. 2013 年 12 月.
[11] 中国卫星导航系统管理办公室. 北斗卫星导航系统公开服务性能规范 1.0 版. 2013 年 12 月.
[12] 中国卫星导航系统管理办公室. 北斗卫星导航系统发展报告 V2.2 版. 2013 年 12 月.
[13] G.Gibbons, Compass in the Rearview Mirror, Inside GNSS, Feb 2008, P62-63.
[14] T. Grelier, J.Dantepal, A.Delatour, A.Ghion, L.Ries, Initial Observations and Analysis of Compass MEO Satellite Signals, Inside GNSS, May/June 2007, P 39-43.
[15] T.Grelier,J.Dantepal,L.Ries,A.Delatour,J.-L.Issler,J.A.Avila-Rodriguez,S.Wallner,G.W.Hein, Compass Signal Structure and First Measurements, ION GNSS 2007, September 2007, Fort Worth, TX.
[16] G.Xingxin Gao, A.Chen, S.Lo, D.De Lorenzo, P.Enge, The Compass MEO Satellite Codes, Inside GNSS, July/August 2007, P.36-43.
[17] G.Xingxin Gao, A.Chen, S.Lo, D.De Lorenzo, P.Enge, Compass-M1 Broadcaset Codes and Their Applciation to Acquisition and Tracking ,Proceedings of the ION National Technical Meeting 2008, San Diego.
[18] Gold.R. Optimal Binary Sequences for Spread Spectrum Multiplexing, *IEEE Trans. On Information Theory*, Vol. IT-13, pp.619-621.
[19] Holmes, J. (1990) Coherent Spread Spectrum Systems, Krieger Publishing Company, Malabar, Florida.
[20] Spiker, J. GPS Signal Structure and Theoretical Performance, Chap.3 of Global Positioning System: Theory and Applications, Vol.I , B.Parkinson, J.Spiker, P.Axelrad, and P.Enge., 1996.
[21] Gold R. Maximum Recursive Sequences with 3-Valued Recursive Cross Correlation Functions, IEEE Trans. On Information Theory, 1968,14: pp.154-156.
[22] 文海霞，孙娇燕. 截短平衡 Gold 码的特性分析. 信息技术，2008,32(7):47-51.
[23] 黄剑明，施志勇，保铮. 截短平衡 Gold 码的统计特性分析. 系统工程与电子技术，2006,28(5)
[24] 费保俊. 相对论在现代导航中的应用. 北京：国防工业出版社，2007.

第 4 章

信号捕获和跟踪

本章要点

- 信号捕获
- 信号跟踪

GPS 和北斗卫星信号经过射频前端从射频下变频到中频，为了解调导航电文必须经过载波剥离、伪码剥离、比特同步、子帧同步等一系列信号处理过程，有些文献把载波剥离和伪码剥离也叫作载波同步和伪码同步，其实是同样的处理，只是表达不同而已。在此过程中，信号捕获可以说是 GPS 接收机内信号处理的第一步。只有完成了信号捕获，才有可能开始信号跟踪，信号跟踪包括载波跟踪和伪码跟踪，分别完成载波剥离和伪码剥离，完成了载波和伪码剥离以后的信号就是卫星的数据比特，即导航电文信号了，此时就可以进行电文解调、提取伪距观测量、提取载波相位和多普勒观测量等基带信号处理。

所有的码分多址（CDMA）系统都存在信号捕获问题，因为多个信号共享相同的载波频率，只是通过正交编码得以区分彼此，所以必须首先对接收到的信号中存在的信号进行判断，进而对该信号大致的载波频率和伪码相位进行搜索。北斗和 GPS 系统作为典型的码分多址系统也不例外，更由于空间卫星的高速运动使得信号捕获变得更加复杂和困难，其直接原因就在于卫星和接收机之间的相对距离的高速变化带来载波频率的多普勒频移变化剧烈。首次定位时间（TTFF）衡量的是接收机上电到实现有效定位所花费的时间，一般来说在没有辅助信息的情况下，GPS 接收机花在信号捕获上的时间是所有 TTFF 环节中耗时中最冗长的一部分，所以提高信号捕获的速度对于缩短 TTFF 意义重大。

GPS 和北斗接收机在完成了信号的捕获以后，就对信号的载波频率和伪码相位有了粗略的估计。这里使用了“粗略”这个词来描述信号捕获的结果，是相对于跟踪环路的结果来说的。一般说来，根据信号捕获的结果，对载波频率的估计精度在几百赫兹到几十赫兹，而伪码相位的估计精度在±0.5 个码片范围之内。这个精度不足以实现导航电文数据的解调，因为解调数据一般必须在进入稳定的相位锁定状态以后才可以进行，这里的相位锁定指的是载波相位和伪码相位均要保持锁定。同时随着卫星和接收机的相对运动，天线接收到的信号的载波频率和伪码相位还在时刻发生改变。而且更为棘手的是，接收机本地的时钟的钟漂和随机抖动也会影响对已捕获信号的锁定。所以如果没有对载波跟踪环路和伪码跟踪环路进行持续不断地动态调整，捕获的信号会很快就失锁，而信号跟踪从其本质来说就是为了实现对信号的稳定跟踪而采取的一种对环路参数的动态调整策略。

在本章首先了解信号捕获的基本概念和接收机为什么要进行信号捕获，对于信号捕获的目的进行了介绍。然后介绍几种现在常用的信号捕获的方法，包括基于硬件相关器、基于匹配滤波器和基于软件 FFT 算法的信号捕获的方法，针对高灵敏度接收机的要求介绍两种并行捕获方案：匹配滤波器和 FFT 结合的方案，以及利用相位补偿和同步数据块的快速捕获方法，并对这两种方案进行性能分析和运算量分析。在信号捕获的基础上，详细介绍信号跟踪环路的基本原理、理论模型和性能分析，对线性锁相环、锁频环、鉴相器、鉴频器等进行介绍，并针对 GPS 和北斗接收机的特点讲解 Costas 环路的实现方法，针对不同的跟踪环路对实际数据进行处理，并对数据结果进行分析和比较。

4.1 信号捕获

4.1.1 信号捕获的基本概念

就 CDMA 系统来说，不同信号源发射的信号通过不同的伪随机码区分开。一般说来，CDMA 系统可以共享相同的载波频率和时间。所有的 CDMA 系统都存在信号捕获问题。这个问题的提出有以下几个原因。

- 原因一：由于 CDMA 系统所有信源公用相同的载波频率和信道时间，所以来自所有可能的信号源的信号无可避免地在接收机的天线处混合在一起，接收机在上电伊始对当前天线接收到的信号来自哪些信号源一无所知。这个问题在卫星导航接收机系统中尤其重要，因为接收机只能接收处于天线视距可见（Line-of-Sight）的天空中的卫星信号，当卫星运行到地球背面的时候接收机不可能接收到其发射的信号。而只有知道了目前接收的信号来自那些卫星之后，接收机才能对其进行跟踪并解码。从这个意义来说，捕获是 GPS 和北斗接收机在进行后续信号处理之前必须完成的一步。
- 原因二：伪随机码的引入使信号频谱展宽，相应地信号的功率就可以降到很低的水平。在 GPS 和北斗信号的情况下，由于卫星和地面之间的距离超过 2 万千米以上，导致巨大的路径损失，接收到的信号电平往往要比背景噪声电平还要低很多，通俗地说，就是信号被噪声“湮没”。在这种情况下，就必须通过信号捕获将微弱信号从噪声中提取出来。
- 原因三：根据 CDMA 信号的特点，必须利用伪随机码的强自相关性才能实现信号的跟踪和数据的解调。但前提是必须先找到正确的伪随机码相位才能利用其强自相关函数，而接收机上电时刻的随机性决定了其接收到的信号的相位随机性。所以必须由信号捕获告知某信号的伪随机码相位。其实这一点和原因一是相辅相成的：只有在找到了正确的伪码相位并得到了自相关函数的尖峰之后，才能知道接收到的信号中包含该伪码调制的信号。

对于 GPS 和北斗信号来说，还有一个特殊的原因使得信号捕获变得更有必要，同时也变得更复杂。这个原因是由多普勒效应所引起的。

考虑卫星的运动，我们首先以 GPS 卫星为例，得到一些通用的结论，然后将结论应用到北斗卫星上。如前面章节所描述，GPS 卫星是中轨道卫星，在空间并非静止而是时刻运动着的。我们可以大致估算一下卫星的运动速度。卫星的轨道是个近圆轨道，这里我们把它近似看作一个圆形不会引入太大的误差（毕竟 GPS 卫星轨道的离心率只有约 0.01），所以可以认为卫星运动轨迹是一个半径为 26 560 km 的圆。卫星的周期大概是 11 小时 58 分钟，即 43 080 s，于是我们可以估算出卫星的平均角

速度为

$$\omega = 2\pi / 43\,080 \approx 1.458\,5 \times 10^{-4}\ \mathrm{rad/s}$$

这里需要指出的是，严格来说卫星的运动并非匀速，根据开普勒第二定律，卫星在近地点的速度最快，但是因为卫星轨道是个近圆轨道，所以这个差别其实并不很大。于是卫星平均速度的估计值为

$$V_s = r \cdot \omega = 2.656 \times 10^7 \times 1.458\,5 \times 10^{-4} \approx 3.87\ \mathrm{km/s} \tag{4.1}$$

由于多普勒效应，如此高速运动必然会使接收机接收到的信号产生多普勒频移，简单估算可知，这个速度对 L1 载波频率的信号引起的频移可达

$$\delta f_{L_1} = \frac{\overline{v}}{c} f_{L_1} \approx 20.3\ \mathrm{kHz} \tag{4.2}$$

实际上，多普勒频移只和相对运动的径向速度分量有关，假设接收机位于地球表面处于静止状态，要产生高达 20 kHz 的多普勒频移必须是卫星正对着地球表面该接收机所处地点飞行，而一般来说，卫星总是环绕地球飞行的，所以相对地球表面的某一点来说，其相对运动的径向速度分量不可能达到 3.87 km/s，我们可以根据图 4.1 来进行定量分析。

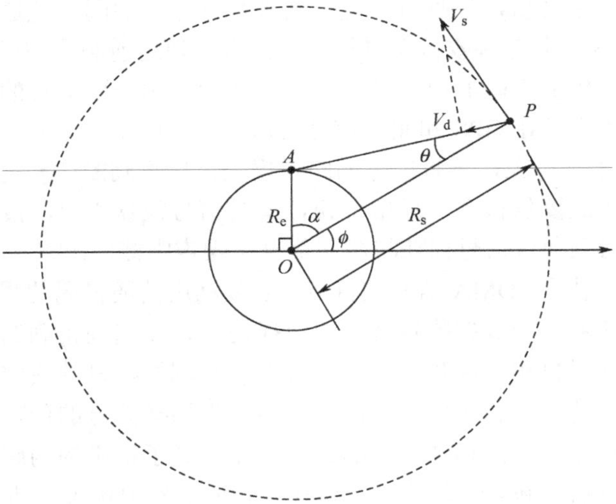

图 4.1　GPS 卫星的多普勒频移和观测角的关系

图 4.1 中的 GPS 卫星的位置用 P 表示，接收机位置用 A 表示，卫星的飞行轨迹用虚线的大圆表示，O 点为地球质心，这里将卫星轨道近似为圆形轨道，圆心位于 O 点。地球半径即 AO 的距离为 R_e，卫星轨道距 O 点距离即 PO 用 R_s 表示，显然 $R_e \approx 6\,378$ km，$R_s \approx 26\,560$ km。假设卫星和接收机的连线 AP 和 OP 之间的夹角为 θ，在接收机处于静止状态的时候接收机和用户之间的径向速度为

$$V_d = V_s \sin(\theta) \tag{4.3}$$

对三角形 AOP 运用余弦定理和正弦定理，有

$$\frac{R_e}{\sin(\theta)}=\frac{|AP|}{\sin(\alpha)} \tag{4.4}$$

$$|AP|=\sqrt{R_e^2+R_s^2-2R_eR_s\cos(\alpha)} \tag{4.5}$$

将式(4.5)代入式(4.4)可以得到 $\sin(\theta)$的表达式，

$$\sin(\theta)=\frac{R_e\sin(\alpha)}{\sqrt{R_e^2+R_s^2-2R_eR_s\cos(\alpha)}} \tag{4.6}$$

由此得到径向速度 V_d 的表达式：

$$V_d=\frac{V_sR_e\sin(\alpha)}{\sqrt{R_e^2+R_s^2-2R_eR_s\cos(\alpha)}} \tag{4.7}$$

式(4.7)中，V_s、R_s 和 R_e 均可以看作常量，只有 α 角度随着卫星位置的变化而变化，我们关心的是 V_d 何时能够取到最大值，最大值是多少。于是对式(4.7)取 α 的导数，并令其为 0，得到

$$\frac{\mathrm{d}V_d}{\mathrm{d}\alpha}=\frac{V_sR_e[\cos(\alpha)(R_e^2+R_s^2)-R_eR_s\cos^2(\alpha)-R_eR_s]}{[R_e^2+R_s^2-2R_eR_s\cos(\alpha)]^{3/2}}=0 \tag{4.8}$$

解式(4.8)可得，当 $\cos(\alpha)=\frac{R_e}{R_s}$ 时，V_d 取最大值 $\frac{V_sR_e}{R_s}$。如果仔细观察图 4.1就会发现，此时 AP 和 OA 正好成直角，即卫星处于从 A 点看过去的地平线升起的时刻，此时 V_d 的最大值

$$V_{dM}=\frac{V_sR_e}{R_s}\approx\frac{3\,870\times6\,378}{26\,560}\approx929.3\ \mathrm{m/s} \tag{4.9}$$

Tsui 在参考文献[13]中对这个问题有类似的分析，其结论是，地球表面静止的接收机和卫星之间相对运动的最大径向速度分量约为 929 m/s，这个结论和式(4.9)一致，随之导致的最大多普勒频移是

$$f_{dM}=V_{dM}\frac{f_{L1}}{c}\approx\frac{929.3\times1\,575.42\times10^6}{3\times10^8}\approx4\,880.3\ \mathrm{Hz} \tag{4.10}$$

这里 c 为光速，f_{L1} 为 L1 载波频率。上述分析的结论是 GPS 卫星信号对于地球表面静止的接收机所能产生的最大多普勒频移，实际的情况往往不满足上述的假设条件。首先，接收机不可能处于静止状态，姑且不论接收机载体自身的运动动态，在地球表面静止的物体也随着地球自转而时刻处于运动状态；其次，上述分析中只有接收机天线位置处于卫星运行轨道平面之内，否则卫星和接收机之间的径向方向的速度就不简单是 $V_s\sin(\theta)$，而是需要乘以一个卫星接收机之间的矢量与卫星轨道平面夹角的正弦分量，但式(4.10)依然可以认为是地球表面的接收机接收的多普勒频移上限的很好的参考值，因为在一般民用场合中卫星的飞行速度是多普勒频移产生的主要因素。

以上分析也可以应用到 L2 频点上，但由于 L2 频点的载波频率值没有 L1 高，

所以同样的径向速度产生的多普勒效应并没有 L1 频点明显，所以这里就省略了，读者可以自行分析。

北斗卫星的情况要稍微复杂一些，一方面是北斗的载波频点和 GPS 的载波频点不同；另一方面是由于北斗空间星座包含了 GEO/IGSO/MEO 三种卫星，不同类型卫星的轨道高度、飞行速度和飞行轨迹范围各不相同，导致不同类型的北斗卫星产生的最大多普勒频移结果各不相同，所以需要分别分析。

图 4.2 是北斗 GEO/IGSO/MEO 卫星的运行轨迹在地球表面的投影，其中 GEO 卫星以 PRN1 为例，IGSO 卫星以 PRN6 为例，MEO 卫星以 PRN11 为例，图中只给出了一个周期内的卫星轨迹，对于 MEO 卫星来说是 12 小时 55 分钟，对于 GEO/IGSO 卫星来说是 24 h。MEO 卫星的多普勒频移可以借鉴 GPS 卫星进行类似的分析，但 GEO 和 IGSO 卫星和 MEO 则不同。如果依然按照 GPS 卫星的方法进行分析，那么 GEO 的轨道半径为 42 100 km，则平均速度为

$$V_s = r \cdot \omega = 4.21 \times 10^7 \times 2\pi/(24 \times 3\,600) \approx 3.07\ \text{km/s}$$

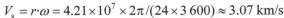

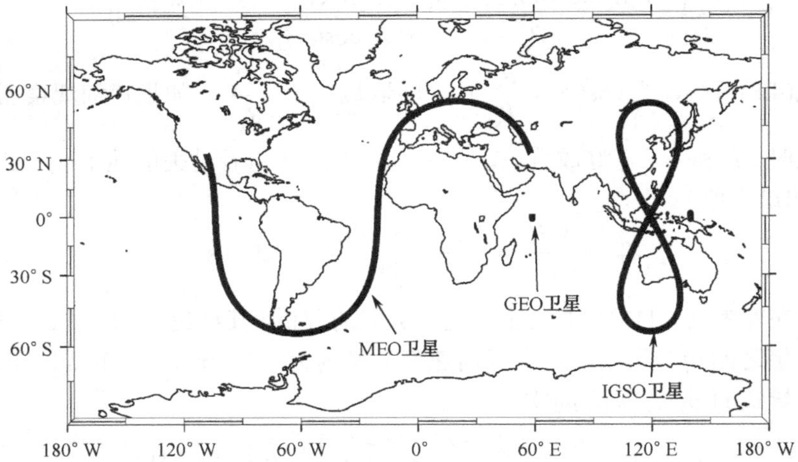

图 4.2　北斗空间星座 GEO/IGSO/MEO 卫星轨迹

但地球表面的物体也随着地球自转在运动，GEO 卫星和地球表面的物体保持相对静止，所以依然按照式(4.9)计算 GEO 对于地球表面静止的接收机产生的最大多普勒频移量显然是不合理的。IGSO 卫星的情况要相对更复杂一些，这一点从其飞行轨道就可以看出来，所以更无法利用式(4.9)来进行计算其最大的多普勒频移量。

实际中，可以根据北斗卫星播发的 GEO/IGSO 卫星轨道参数，如星历数据和历书数据，计算出一个周期内的最大卫星运行速度，当然这里计算得到的速度是在 ECEF 坐标系里的飞行速度，然后再计算相对地球表面的接收机的多普勒频移。根据实际卫星轨道参数可以计算出 GEO 卫星的最大速度在 80～90 m/s 之间，IGSO 卫星的最大飞行速度在 2 800 m/s 左右，考虑当卫星出现于接收机所在位置的地平线方向时产生最大多普勒频移，于是有

$$\text{GEO 卫星：}\ V_{\text{dM}} = \frac{V_{\text{s,GEO}} R_{\text{e}}}{R_{\text{s,GEO}}} \approx \frac{90 \times 6\,378}{42\,100} \approx 13.6\ \text{m/s} \tag{4.11}$$

$$\text{IGSO 卫星：}\ V_{\text{dM}} = \frac{V_{\text{s,IGSO}} R_{\text{e}}}{R_{\text{s,IGSO}}} \approx \frac{2\,800 \times 6\,378}{42\,100} \approx 424.2\ \text{m/s} \tag{4.12}$$

式中，42 100 km 为 GEO 和 IGSO 卫星的轨道半径。根据式(4.11)和式(4.12)计算得到的北斗 GEO 和 IGSO 在 B1 频点的最大多普勒频移分别为

$$f_{\text{dM,GEO}} = V_{\text{dM,GEO}} \frac{f_{\text{B1}}}{c} \approx \frac{13.6 \times 1\,561.098 \times 10^6}{3 \times 10^8} \approx 70.8\ \text{Hz} \tag{4.13}$$

$$f_{\text{dM,IGSO}} = V_{\text{dM,IGSO}} \frac{f_{\text{B1}}}{c} \approx \frac{424.2 \times 1\,561.098 \times 10^6}{3 \times 10^8} \approx 2207.4\ \text{Hz} \tag{4.14}$$

对北斗 MEO 卫星则可以利用式(4.1)和式(4.9)计算

$$V_{\text{s,MEO}} = r_{\text{MEO}} \cdot \omega_{\text{MEO}} = 2.791 \times 10^7 \times 1.3531 \times 10^{-4} \approx 3.78\ \text{km/s} \tag{4.15}$$

$$V_{\text{dM,MEO}} = \frac{V_{\text{s,MEO}} R_{\text{e}}}{R_{\text{s,MEO}}} \approx \frac{3\,780 \times 6\,378}{27\,900} \approx 864.1\ \text{m/s} \tag{4.16}$$

$$f_{\text{dM,MEO}} = V_{\text{dM,MEO}} \frac{f_{\text{B1}}}{c} \approx \frac{864.1 \times 1\,561.098 \times 10^6}{3 \times 10^8} \approx 4\,496.5\ \text{Hz} \tag{4.17}$$

由上述分析可见，对于地球表面的北斗接收机而言，GEO/IGSO/MEO 卫星产生的最大多普勒频移分别大约是 70.8 Hz、2 207.4 Hz 和 4 496.5 Hz。

除了由于卫星的高速运动产生的多普勒频移外，接收机自身的 RF 时钟晶振的偏差也会使接收到的信号载频偏移理论值。理论计算表明，1 ppm 的晶振偏差在 L1 的载频上能引起 1.57 kHz 的载频偏差，在 B1 频点上能引起 1.56 kHz 的载频偏差。所以，在接收机射频前端的设计中，晶振的频率稳定性质量至关重要，不仅影响后续跟踪环路的性能，而且也决定了信号捕获的搜索范围。在没有先验信息的情况下，卫星信号的载波频率搜索范围是由多普勒频移和晶振稳定度共同决定的。现代 GPS 接收机射频前端采用的晶振一般都是温度补偿晶体振荡器（TCXO），其频率稳定度一般在 ±1 ppm 以内，或者更高的晶体稳定度。如果采用 ±1 ppm 的晶振，那么对 GPS 和北斗 GEO/IGSO/MEO 卫星的多普勒频率搜索范围还需要在式(4.10)、式(4.13)、式(4.14)和式(4.17)的基础上加上 ±1.57 kHz（GPS 卫星）和 ±1.56 kHz（北斗卫星）。

综合考虑这些因素，可以认为接收机天线最终接收到的 GPS 和北斗信号不仅在伪码相位上存在模糊现象，而且在载波频率上也具有一定量的模糊度，为了实现对信号稳定的跟踪就必须同时解决伪码相位模糊和载波频率模糊的问题。

GPS 和北斗接收机中的信号捕获可以认为是一个三维的搜索，第一维是从 PRN 码的方向，第二维是从伪码相位的方向，第三维是从多普勒频移的方向。

从 PRN 码的方向来说，如果接收机上电伊始没有任何辅助信息，对目前天顶的卫星星座分布一无所知，则从天线接收的信号中可能存在的 GPS 卫星的 PRN 码数目是 32 个，所有可能的北斗卫星的 PRN 码是 37 个（当然在 2020 年北斗全球系统

完成之前可以将这个范围缩小到 14 颗北斗卫星），此时就必须一个个地穷举尝试每一个可能的 PRN，如果有其他辅助信息可以减小搜索量，则可以大大缩短搜索时间。比如暖启动（Warm-Start）或热启动（Hot-Start）就是利用接收机保存的既往的历书或星历数据和本地时间，在已知本地大致位置的情况下，可以大致推算出当前天顶上 GPS 和北斗卫星星座的分布，从而大大限制了 PRN 码的搜索空间，因此得以缩短搜索过程所需的耗时。

从伪码相位方向的搜索，首先需要产生本地伪码，通过设置不同的本地伪码相位，将本地伪码和输入信号进行相关。利用伪码的强自相关性，只有在本地码和信号的伪码相位对齐的情况下才能产生很强的相关值，一旦某一个伪码相位对应的相关值超过了预定的门限值，就可以认为找到了正确的本地伪码相位。由 3.1.3 节和 3.2.3 节可以看出，自相关尖峰的位置对伪码相位很敏感，伪码相位差超过一个码片就会很快失去这个尖峰，所以一旦出现很高的相关尖峰就可以认为输入信号的伪码相位和本地伪码相位之差已经在一个码片以内。

从多普勒频移的方向的搜索，是通过产生本地载波并调节本地载波的值和输入信号相乘并积分，如果本地载波和输入信号的载波频率很接近的话，通过相干积分将输入信号中的高频载波分量去除，同时将差频分量即接近于零频的分量进行累加。由于事先对输入信号的可能的载波频率值无法知道，所以需通过设置不同的本地载波的值来尝试。频率步长的选取是基于搜索灵敏度和搜索效率的折中：对于一定的频率模糊区间，小的频率步长增加待搜索的频率井（Frequency Bin）的数目，从而直接增大覆盖全部频率模糊区间所需的工作量，结果就是增加了搜索的时间，但其好处是使得搜索的灵敏度提高。关于灵敏度和频率步长的关系，还要结合 4.1.2 节的数学表达式进一步讲解。

图 4.3 所示是对于某段 GPS 信号给定某个 PRN 情况下的二维搜索示意图，左边的纵坐标表示伪码相位的搜索范围，横坐标表示多普勒频移的搜索范围。伪码相位的搜索范围为 1 023 个码片，当然，如果是搜索北斗信号，则伪码相位的搜索范围应该变为 2 046 个码片，图中伪码相位的搜索步进值为 ΔT_c。多普勒频移的搜索范围设置为[−6 500 Hz,6 500 Hz]，可以考虑为[（±5.0 kHz）+ (±1.5 kHz)]，这里 5.0 kHz 和 1.5 kHz 这两个数值的来由前面已经分析过，图中多普勒频移的搜索步进值为 Δf_D。根据前面的分析，这里伪码码相位的搜索步进值 ΔT_c 应该小于一个伪码码片，当然 ΔT_c 更小则搜索的结果会更精细，但这样会带来更大的运算量；多普勒频移的搜索步进值 Δf_D 和相干积分时间长度有关，一个简单的结论是越长的相干积分时间需要越小的多普勒搜索步进值，否则就容易错失相关峰。当本地伪码相位和多普勒频移与输入信号的伪码相位及多普勒频移对齐时，就会出现图 4.3 中右边所示的相关峰，对这个相关峰的形状和统计特性的分析将在后续章节中展开。

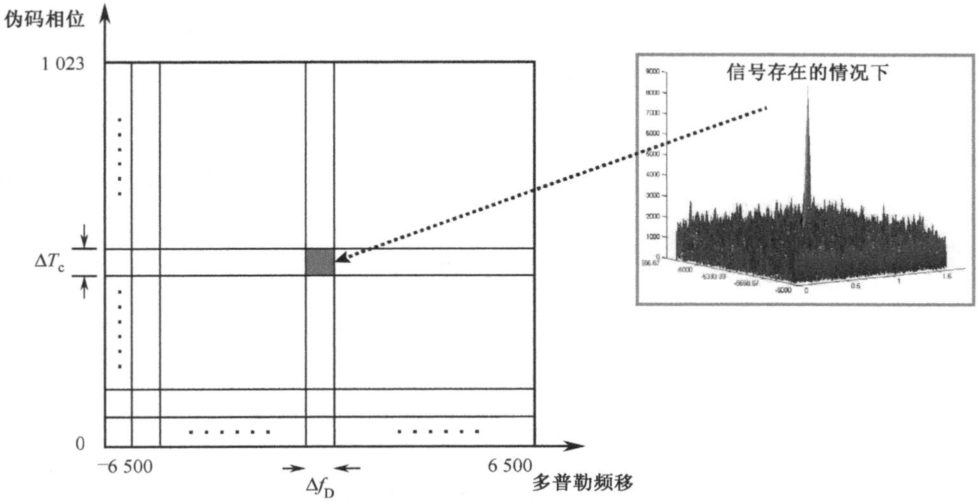

图 4.3　信号捕获的二维搜索图示

在实际的信号捕获中，伪码相位的搜索和载波频率的搜索其实是在同时完成的。因为如果仅仅完成了伪码相位的搜索，而载波分量依然存在，则将输入信号和本地伪码相乘以后得到的信号虽然完成了伪码剥除，但相对于积分时间来说依然是高频信号，相关运算必须通过积分器，对高频信号进行积分不会得到一个很高的峰值；反之，如果仅仅完成了载波频率的搜索，而伪码分量依然存在，则输入信号和本地载波相乘以后虽然变成了低频分量，但伪码的存在使得信号依然是扩频信号，这样通过积分器以后依然不会出现高的相关峰。只有同时完成伪码剥除和载波剥除以后，得到的才是一个低频连续波信号，通过积分器才会出现比较高的相关峰值。所以在实际的信号捕获过程中，都是同时设置好本地伪码相位和本地载波频率，然后再进行相关运算，最后检查相关结果以决定是否实现了信号的捕获。也就是说，载波剥除和伪码剥除是两个互相耦合，缺一不可的环节。

4.1.2　基于时域相关器的信号捕获

图 4.4 所示给出了 GPS / 北斗接收机中常用的时域相关器的基本结构。

这里的“时域”是相对于后面将要介绍的基于 FFT 的搜索算法，因为 FFT 算法本身涉及频域和时域的转换，而这里的相关器则仅仅在时域上进行操作。这里的时域相关器可以处理 GPS 信号，也可以处理北斗信号，只需要对其中的伪码发生器和伪码时钟进行适当的调整就能适应 GPS 和北斗信号的情况。为了方便描述，如果不做特殊说明，后续讲解将以 GPS 信号为例展开。

可以看出，时域相关器包括本地载波发生器，本地伪码发生器，I 路和 Q 路乘法器，积分器以及相应的控制电路。输入的信号是 RF 射频前端输出的经 ADC 采样的

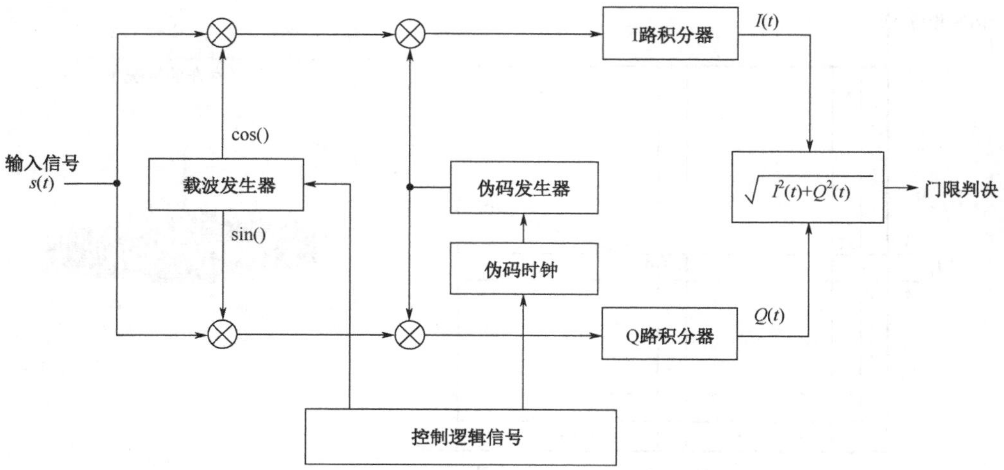

图 4.4　时域相关器的基本结构

中频数字信号，首先和本地载波的sin()和cos()分量相乘，得到I、Q分量，然后再分别和本地伪码在某个伪码相位处进行相关运算，最后由积分器给出积分结果，积分器的时间为1毫秒的整数倍，也就是整数倍的C/A码周期。控制电路控制本地载波的频率，在某一个固定载波频率处，滑动本地伪码的相位，相位滑动的范围从1～1 023个码片，每次伪码滑动的步进值可以设为小于或等于一个码片的值，一般来说1/2个码片是个不错的选择，在所需运算量和相关峰捕获精细度方面是一个合理的折中。对于每一个载波频率和伪码相位，I、Q相关器输出相关结果。如果在当前载波频率值完成所有1 023个码片的相关运算还没有得到超出阈值的尖峰，就改变当前载波频率，然后再重复所有1 023个伪码相位的搜索。这里描述的步骤就是针对某一个PRN码的二维搜索。当完成当前所有可能的载波频率和伪码相位时依然没有满足要求的相关尖峰出现，则说明当前接收的信号不包含该PRN伪码信号，或者该PRN码对应的信号太微弱，于是控制逻辑就要考虑改变当前的PRN码，重新搜索所有可能的伪码相位和多普勒频移。

下面让我们用数学公式来说明信号捕获的处理过程，以及捕获灵敏度和效率的关系。

输入信号为RF输出的中频采样，其数学表达式如下。

$$s_{\mathrm{IF}}(t)=\sqrt{2P_s}C(t-\tau)D(t-\tau)cos[\omega_{\mathrm{IF}}t+\phi(t)]+n(t) \tag{4.18}$$

式中，P_s是信号功率；$C(t)$是C/A码，其值为±1；τ表示在传输过程中带来的时间延迟；$D(t)$是导航电文比特，如前所述其比特率是50 bps；ω_{IF}是中频载波频率，其值由RF电路和多普勒频移决定；$\phi(t)$是初始载波相位；$n(t)$是白噪声，其功率谱密度被认为是常量，用$N_0/2$来表示。

本地载波发生器输出两路信号，分别表示为

$$I_{\mathrm{ca}}(t)=\sqrt{2}\cos[(\omega_{\mathrm{IF}}+\Delta\hat{\omega})t+\hat{\phi}_0] \tag{4.19}$$

$$Q_{\text{ca}}(t)=\sqrt{2}\sin[(\omega_{\text{IF}}+\Delta\hat{\omega})t+\hat{\phi}_0] \tag{4.20}$$

在这里可以看出，本地载波的频率是$(\omega_{\text{IF}}+\Delta\hat{\omega})$，和输入信号的载波频率相差了$\Delta\hat{\omega}$，这里$\Delta\hat{\omega}$未知。信号捕获的目的之一就是调节本地载波频率使得$\Delta\hat{\omega}$尽可能的小。不同的频率并对应不同的$\Delta\hat{\omega}$。当捕获成功时，该频率差已经很小，而当接收机开始稳定跟踪信号时，可以认为该频率差接近于0。

本地载波的I，Q信号分别送给混合器和输入信号相乘，其结果为

$$I(t)=\sqrt{2P_{\text{s}}}C(t-\tau)D(t-\tau)\cos[\omega_{\text{IF}}t+\phi(t)]\times\sqrt{2}\cos[(\omega_{\text{IF}}+\Delta\hat{\omega})t+\hat{\phi}_0] \tag{4.21}$$

$$Q(t)=\sqrt{2P_{\text{s}}}C(t-\tau)D(t-\tau)\cos[\omega_{\text{IF}}t+\phi(t)]\times\sqrt{2}\sin[(\omega_{\text{IF}}+\Delta\hat{\omega})t+\hat{\phi}_0] \tag{4.22}$$

因为乘法器后面有一个积分器，可以看作一个低通滤波器，所以可以把上式中的高频成分忽略，于是得到如下简化结果：

$$I(t)=\sqrt{P_{\text{s}}}C(t-\tau)D(t-\tau)\cos[\phi(t)-\Delta\hat{\omega}t-\hat{\phi}_0] \tag{4.23}$$

$$Q(t)=\sqrt{P_{\text{s}}}C(t-\tau)D(t-\tau)\sin[\phi(t)-\Delta\hat{\omega}t-\hat{\phi}_0] \tag{4.24}$$

注意：式(4.23)和式(4.24)仅表示混合器输出的信号分量，噪声分量单独列出，如下所示。

$$n_{\text{I}}(t)=n(t)\times\sqrt{2}\cos[\hat{\phi}(t)] \tag{4.25}$$

$$n_{\text{Q}}(t)=n(t)\times\sqrt{2}\sin[\hat{\phi}(t)] \tag{4.26}$$

其均值$E(n_{\text{I}})=E(n_{\text{Q}})=0$，功率谱密度PSD($n_I$) = PSD($n_{\text{Q}}$) = $N_0/2$。式(4.25)和式(4.26)的噪声量和原有的噪声量相比发生了相位的旋转，但功率谱密度并没有发生变化，对于这个结论只要考虑一下白噪声和$e^{\mathrm{j}\hat{\phi}(t)}$相乘在频域上相当于频谱的平移，但其频谱形状和分布并没有丝毫变化的情况。

假设本地伪码发生器产生的本地伪码可以表示为$C(t-\hat{\tau})$，将其和式(4.18)相比可知，本地伪码和信号的伪码相位的偏差为$\Delta\tau=\tau-\hat{\tau}$。

假设积分时间长度为T_{I}，于是I路和Q路积分器的输出为

$$\begin{aligned}\bar{I}_{\text{P}}&=\int_0^{T_{\text{I}}}\sqrt{P_{\text{s}}}C(t-\tau)C(t-\hat{\tau})D(t-\tau)\cos[\Delta\hat{\omega}t+\delta\phi_0]\mathrm{d}t+\bar{N}_{\text{I}}\\&=D\sqrt{P_{\text{s}}}\int_0^{T_{\text{I}}}C(t-\tau)C(t-\hat{\tau})\cos[\Delta\hat{\omega}t+\delta\phi_0]\mathrm{d}t+\bar{N}_{\text{I}}\end{aligned} \tag{4.27}$$

$$\begin{aligned}\bar{Q}_{\text{P}}&=\int_0^{T_{\text{I}}}\sqrt{P_{\text{s}}}C(t-\tau)C(t-\hat{\tau})D(t-\tau)\sin[\Delta\hat{\omega}t+\delta\phi_0]\mathrm{d}t+\bar{N}_{\text{Q}}\\&=D\sqrt{P_{\text{s}}}\int_0^{T_{\text{I}}}C(t-\tau)C(t-\hat{\tau})\sin[\Delta\hat{\omega}t+\delta\phi_0]\mathrm{d}t+\bar{N}_{\text{Q}}\end{aligned} \tag{4.28}$$

在上面两式中，$\delta\phi_0=\hat{\phi}_0-\phi(t)$；$T_{\text{I}}$是积分时间，如前所述，一般为C/A码周期，即1 ms的整数倍；而$D(t)$的比特率是50 bps，所以$D(t)$在20毫秒以内都保持不变，一般选取$T_{\text{s}}<20$ ms，所以在积分时间之内可以认为$D(t)$是常数，于是可以移到积分号外面。

现在可以根据式(4.27)和式(4.28)分析如何通过调整本地伪码相位和本地载波频

率来实现信号捕获。在式(4.27)和式(4.28)中，有两个变量 $\hat{\tau}$ 和 $\Delta\hat{\omega}$，分析起来还是比较困难，所以我们可以先固定一个变量，分析另一个变量的变化对积分器结果的影响。

首先，假设本地载波频率和 $s(t)$ 的载波频率完全一致，即 $\Delta\hat{\omega}=0$，于是式(4.27)和式(4.28)变为

$$\begin{aligned}\bar{I}_{\text{P}} &= D\sqrt{P_{\text{s}}}\cos[\delta\phi_0]\int_0^{T_{\text{I}}}C(t-\tau)C(t-\hat{\tau})\text{d}t+\bar{N}_{\text{I}} \\ &= D\sqrt{P_{\text{s}}}\cos[\delta\phi_0]R(\Delta\tau)T_{\text{I}}+\bar{N}_{\text{I}}\end{aligned} \tag{4.29}$$

$$\begin{aligned}\bar{Q}_{\text{P}} &= D\sqrt{P_{\text{s}}}\sin[\delta\phi_0]\int_0^{T_{\text{I}}}C(t-\tau)C(t-\hat{\tau})\text{d}t+\bar{N}_{\text{Q}} \\ &= D\sqrt{P_{\text{s}}}\sin[\delta\phi_0]R(\Delta\tau)T_{\text{I}}+\bar{N}_{\text{Q}}\end{aligned} \tag{4.30}$$

式(4.29)和式(4.30)中 $R(\Delta\tau)$ 是伪码自相关函数，如式(3.12)所定义。根据 PRN 码的自相关特性的分析可知，这个结果表明，当滑动本地伪码相位到和输入信号的伪码相位一致时，积分器输出达到最大值；当相位差大于一个 C/A 码片时，积分器输出变成类似于噪声的输出。

现在假设本地伪码和输入信号伪码相位差是 0，即 $\Delta\tau=0$，我们来看一看本地载波频率的变化对积分器输出结果的影响。此时式(4.27)和式(4.28)变成

$$\begin{aligned}\bar{I}_{\text{P}} &= D\sqrt{P_{\text{s}}}\int_0^{T_{\text{I}}}C^2(t-\tau)\cos[\Delta\hat{\omega}t+\delta\phi_0]\text{d}t+\bar{N}_{\text{I}} \\ &= D\sqrt{P_{\text{s}}}T_{\text{I}}\text{sinc}\left(\frac{\Delta\hat{\omega}T_{\text{I}}}{2}\right)\cos[\frac{\Delta\hat{\omega}}{2}T_{\text{I}}+\delta\phi_0]+\bar{N}_{\text{I}}\end{aligned} \tag{4.31}$$

$$\begin{aligned}\bar{Q}_{\text{P}} &= D\sqrt{P_{\text{s}}}\int_0^{T_{\text{I}}}C^2(t-\tau)\sin[\Delta\hat{\omega}t+\delta\phi_0]\text{d}t+\bar{N}_{\text{Q}} \\ &= D\sqrt{P_{\text{s}}}T_{\text{I}}\text{sinc}\left(\frac{\Delta\hat{\omega}T_{\text{I}}}{2}\right)\sin[\frac{\Delta\hat{\omega}}{2}T_{\text{I}}+\delta\phi_0]+\bar{N}_{\text{Q}}\end{aligned} \tag{4.32}$$

令 s_{IP} 和 s_{QP} 分别为 $\bar{I}_P$ 和 $\bar{Q}_P$ 的信号部分，则式(4.31)和式(4.32)所表示的信号功率为

$$\bar{P}=s_{\text{IP}}^2+s_{\text{QP}}^2=P_{\text{s}}T_{\text{I}}^2\text{sinc}^2\left(\Delta\hat{\omega}T_{\text{I}}/2\right) \tag{4.33}$$

函数 $\text{sinc}(x)$ 在零点附近的表现为：当 $x\to0$，则 $\text{sinc}(x)\to1$；$\text{sinc}(x)$函数的最大值是 1。于是可以得出结论，当 $\Delta\hat{\omega}\to0$，积分器输出最大的信号功率。图 4.5 就表示了这一点。

图 4.5 所示是在不同相干积分时间情况下，将相关器峰功率值进行归一化处理的结果和频率误差之间的关系，图中给出了四种不同积分时间的情况，分别是 1 ms、2 ms、5 ms 和 20 ms。图中横坐标是载波频率误差，单位为赫兹，纵坐标是输出的归一化的信号功率值，即将相关器输出的功率和最大功率的比值。从图中可见，对于积分时间为 1 ms 的情况，在主瓣内，归一化功率随着 $\Delta\omega$ 增大而减小；当 $\Delta\omega=1\,000$ Hz 时，已经没有信号功率输出，第一旁瓣的最大值在 $\Delta\omega=1\,430$ Hz 左右，但此时归一化的旁瓣最大值为 0.047 Hz，用分贝表示为−13 dB，表示第一旁瓣和主瓣峰值相差了

约 13 dB。对于积分时间 20 ms 的情况，输出功率第一次接近于零时对应的频率误差则缩小到 50 Hz，第一旁瓣的最大值在 $\Delta\omega = 72$ Hz 左右，此时归一化的第一旁瓣和主瓣峰值依然相差了约 13 dB。从该图可以很容易地理解搜索的频率步长对灵敏度的影响，积分时间越长则图中的曲线衰减得越快，意味着积分器输出的信号功率对载波频率的误差越敏感。因此频率步长越大，意味着可能的频率误差越大，而相关器输出的信号分量就越弱，所以就越容易漏掉信号。

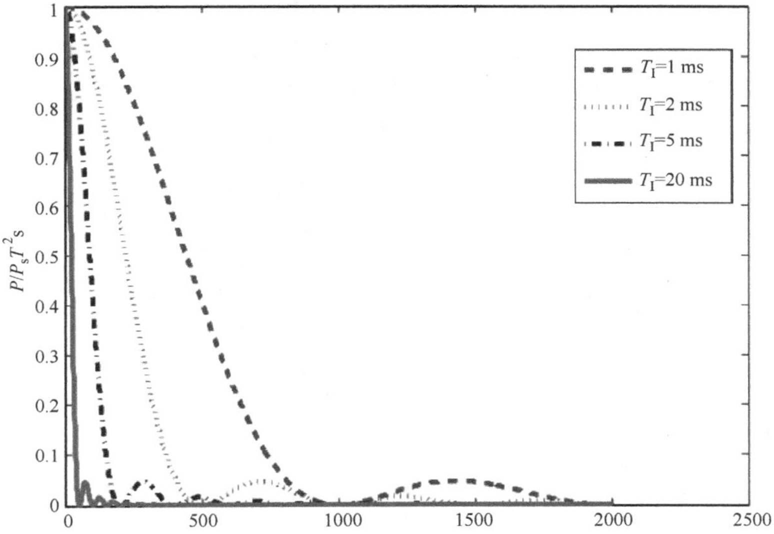

图 4.5　不同相干积分时间长度下的归一化相关器峰值和频率误差的关系

图 4.5 还说明积分时间越长，主瓣的宽度就越窄，意味着同样的载波频率误差在长时间积分的情况下更容易丢失信号功率，所以积分时间 T_I 越长，载波频率搜索的步长 Δf_D 就应该越小。在实际中，载波频率搜索的步长设置必须结合积分时间考虑。一般来说可以设置 $\Delta f_D=1/T_I$，当然也可以设置得更小一些，但这样就意味着覆盖同样的多普勒范围所需要的频率井的数目增大，从而增大了运算量。

从式(4.33)还可以看出积分时间长短对积分器输出的影响。T_I 越长，$T_I\text{sinc}\left(\Delta\hat{\omega}T_I/2\right)$ 的值越大，意味着积分器输出的信号越强，但对载波频率误差的容忍度越差，而且同时在较长的积分时间内发生数据比特跳变的可能性也越大，如果在积分时间内发生比特跳变就会抵消相干积分结果；而 T_I 越短，则积分器输出的功率越弱。但 T_I 最短不能少于一个 C/A 码周期，所以 1 ms 是最短的积分时间。

图 4.5 中的相关峰值经过了归一化处理，所以看不出积分时间长度变化对积分器输出的相关峰强度的影响。图 4.6 为非归一化处理的相关器输出峰值和频率偏差的关系，图中给出了积分时间为 1 ms、2 ms 和 5 ms 的情况，20 ms 的积分时间得到的最大相关峰值太高，无法在一幅图中清楚地显示细节，所以图 4.6 中没有给出 20 ms 积分时间的相关峰。从图中可以很清楚地看出，相干积分时间越长则相关器输出峰

值越大，同时主瓣宽度变窄，即频率选择性越强。这可以看作增大相干积分时间长度的两个结果，一方面是能够得到更强的相关峰，有利于发现较弱的信号；另一方面是对载波频率误差的容忍度变差，频率搜索的步长必须随之缩短，否则容易出现漏检现象。

结合式(4.31)和式(4.32)可以对“相干积分”这个词作出更清楚的解释。相干的概念来自于与物理学中的相干波，其定义为频率一样、相位一样、传播方向一致的两束波，那么接收机中的相干积分和物理学中的相干波有什么联系呢？虽然没有统一的严格定义，但相干积分意味着在积分过程中保持了载波相位的连续性，关于这一点只需要对 I 和 Q 两路的积分过程进行更长时间的观测就会明白。式(4.31)和式(4.32)的积分区间是$[0, T_I]$，改变积分区间为$[T_I，2T_I]$则有

$$\begin{aligned}\bar{I}_{P,1} &= D\sqrt{P_s}\int_{T_I}^{2T_I} C^2(t-\tau)\cos[\Delta\hat{\omega}t+\delta\phi_0]\mathrm{d}t+\bar{N}_I \\ &= D\sqrt{P_s}T_I\mathrm{sinc}\left(\frac{\Delta\hat{\omega}T_I}{2}\right)\cos[\frac{3\Delta\hat{\omega}}{2}T_I+\delta\phi_0]+\bar{N}_I\end{aligned} \tag{4.34}$$

$$\begin{aligned}\bar{Q}_{P,1} &= D\sqrt{P_s}\int_{T_I}^{2T_I} C^2(t-\tau)\sin[\Delta\hat{\omega}t+\delta\phi_0]\mathrm{d}t+\bar{N}_Q \\ &= D\sqrt{P_s}T_I sinc\left(\frac{\Delta\hat{\omega}T_I}{2}\right)\sin[\frac{3\Delta\hat{\omega}}{2}T_I+\delta\phi_0]+\bar{N}_Q\end{aligned} \tag{4.35}$$

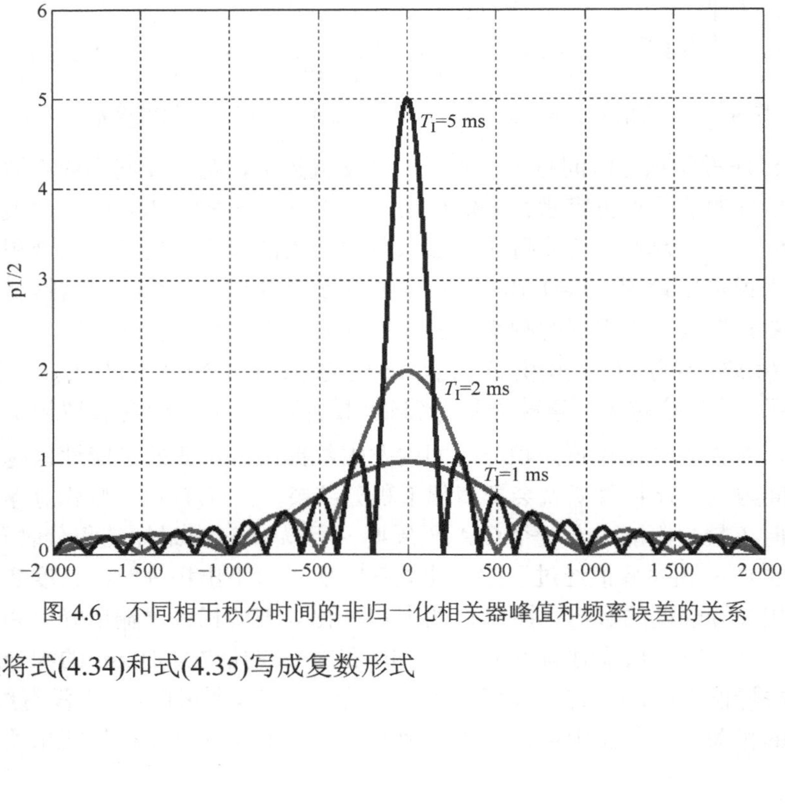

图 4.6 不同相干积分时间的非归一化相关器峰值和频率误差的关系

如果将式(4.34)和式(4.35)写成复数形式

$$\bar{I}_{P,1}+i\bar{Q}_{P,1}=D\sqrt{P_s}T_I\text{sinc}\left(\frac{\Delta\hat{\omega}T_I}{2}\right)e^{j\left[\frac{3\Delta\hat{\omega}}{2}T_I+\delta\phi_0\right]}+\bar{N}_{I,Q}(T_I) \tag{4.36}$$

将积分区间继续改变为$[2T_I,3T_I]$，则

$$\bar{I}_{P,2}+i\bar{Q}_{P,2}=D\sqrt{P_s}T_I\text{sinc}\left(\frac{\Delta\hat{\omega}T_I}{2}\right)e^{j\left[\frac{5\Delta\hat{\omega}}{2}T_I+\delta\phi_0\right]}+\bar{N}_{I,Q}(2T_I) \tag{4.37}$$

以此类推可以将积分区间继续改变，并推导出和式(4.36)、式(4.37)相似的结果，式中的载波相位以角频率 $\Delta\hat{\omega}$ 随时间变化。由式(4.36)和式(4.37)可见，I 和 Q 路积分保持了载波相位的连续性，但如果进行式(4.33)的取模操作则

$$\left|\bar{I}_{P,1}+i\bar{Q}_{P,1}\right|^2=P_sD^2T_I^2\text{sinc}^2\left(\frac{\Delta\hat{\omega}T_I}{2}\right),$$

$$\left|\bar{I}_{P,2}+i\bar{Q}_{P,2}\right|^2=P_sD^2T_I^2\text{sinc}^2\left(\frac{\Delta\hat{\omega}T_I}{2}\right)$$

可见载波相位的连续性不复存在，只留下了幅度信息，如图 4.1 所示。注意，在上式中噪声项没有出现，这是为了使表达式简洁。

在本地载波相位和输入信号的载波相位严格同步的情况下，信号的实数部分 $\bar{I}_{P,k}$ 就包含了全部的信号能量，而虚数部分 $\bar{Q}_{P,k}$ 为 0 或仅有噪声项，此时是不需要取模操作的，仅仅对 $\bar{I}_{P,k}$ 进行门限判决即可。但在频率差或相位差无法严格同步的情况下，取模操作就很有必要了，此时单路的 $\bar{I}_{P,k}$ 或 $\bar{Q}_{P,k}$ 将随着载波相位差而旋转，因此无法从中直接得到信号能量值，而取模操作在去除了载波相位信息的同时，也使测量到的信号能量值和载波相位差无关，从而得以稳定地进行门限判决。

图 4.7 中左半部分仅仅是相关积分的情况下 $\bar{I}_{P,k}+i\bar{Q}_{P,k}$，$k$=0，1，…，在复平面的表示，右半部分是对积分的 I 和 Q 结果进行取模运算后在复平面的表示。如果仅仅进行相干积分，则 $\bar{I}_{P,k}+i\bar{Q}_{P,k}$ 以一定的角度旋转，这里的角度表示其载波相位，于是可以清晰地看出其相位信息，而取模运算以后的结果就不再有相位信息了。

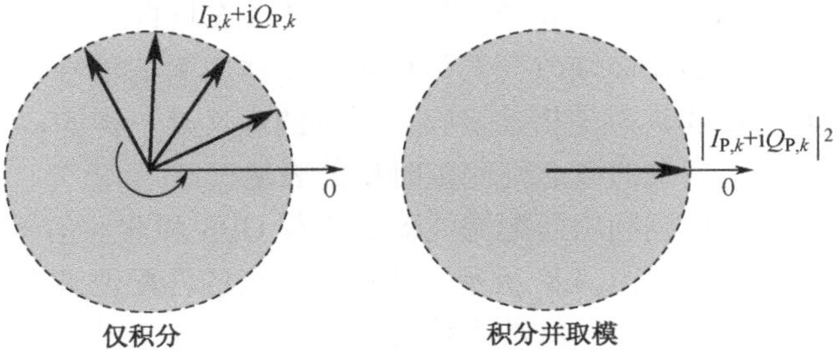

图 4.7　相干积分和载波相位连续性

至此为止，我们分析了伪码相位误差和载波频率误差对相关器输出的信号功率的影响，同时也可以看出，信号捕获的过程就是不断调整本地载波频率和伪码相位，直至伪码相位差和载波频率差都为 0 的过程。当然，误差为 0 是理想的状态，实际

上只要小于一定的门限，在信号存在且强度足够的情况下积分器就会输出很强的相关结果，从而将控制权移交到跟踪环路。

时域相关器对信号的捕获过程虽然简单，理解起来也没有什么困难，但很清楚地揭示了信号捕获的原理，尤其是图 4.5 和图 4.6 清楚地说明了积分时间长度和频率误差对相关峰的影响，后续章节的几种信号捕获的方法虽然各有特定，但有些只是在具体实现上不同，背后的数学原理和最终结论和时域相关器类似，都可以参照本节的内容加以理解。

时域相关器的不足之处也很明显，从其结构可以看出，对于一个载波频率和伪码相位的组合，完成一次积分的时间是固定的，也就是串行完成全部可能的伪码相位和载波频率组合。每一次积分运算的时间由相干积分时间 T_I 决定，假设有 N 个频点和 M 个伪码相位需要搜索，则总共需要的时间开销是 $N \times M \times T_I$，可见完成全部的频率和相位组合的搜索的时间也是固定的，这样就限制了搜索的速度，尤其对弱信号的捕获时间耗时过长，所以现代接收机的捕获引擎往往不再采用时域相关器进行捕获。一种能提高搜索速度的方案就是增加相关器的数目，采用多个相关器同时并行处理，这就是通过增加硬件资源的开销来缩短时间的开销，以硬件资源换时间。也可以适当增加并行相关器以实现串行混合的搜索处理[16][17]，但其并行度有限。目前，另外一种改进的方法是将中频数据的数字采样存储下来，然后利用高速逻辑电路对该数据以极高的时钟进行处理，即缓存-回放的模式，这种模式的处理速度由时钟速度决定，高速的时钟能够加快捕获的速度，但增加了电路的复杂度，同时高速逻辑电路的功耗也会较大。

4.1.3 基于匹配滤波器的信号捕获

由信号系统理论可知，匹配滤波器是白噪声条件下信号瞬时功率与噪声平均功率的比值最大的线性滤波器，是一种最优滤波器。匹配滤波器的传递函数是信号频谱的共轭，所以匹配滤波器必须和输入信号的频谱完全匹配，一旦输入信号发生改变，则原有的匹配滤波器就必须改变其传递函数以适应新的信号频谱。从这个意义来说，匹配滤波器也可以认为是相关接收，两者的意义是一样的，只不过匹配滤波器重在频域的表述，而相关的概念则侧重时域的表达。

由此可以很容易联想到利用匹配滤波器来进行 GPS 和北斗信号的捕获。利用匹配滤波器实现捕获的原理如图 4.8 所示，考虑到现代的匹配滤波器往往在数字信号上实现，所以这里采用离散时间域的表达方式。输入采样信号经过必要的下变频和降采样处理，得到中频或基带信号，然后在采样时钟的驱动下和匹配滤波器进行相关处理，每一个驱动时钟产生一个相关结果输出。$h(0)$、$h(1)$、…、$h(N)$为匹配滤波器系数，根据匹配滤波器理论，应该配置为伪码值的逆序排列，即 $C(N-1)$、$C(N-2)$、…、$C(0)$，这里 C 为伪码值，N 为一个伪码周期内的采样点数目。如果把采样时钟设置为 1.023 MHz，每一个伪码码片内一个采样点，则 N=1 023，那么每一个采样时钟的匹配滤波器的输出值对应一个伪码相位的相关结果，可见最多经过 1 ms 即 1 023 个采样时钟就能完成全部 1 023 个伪码相位的相关运算。

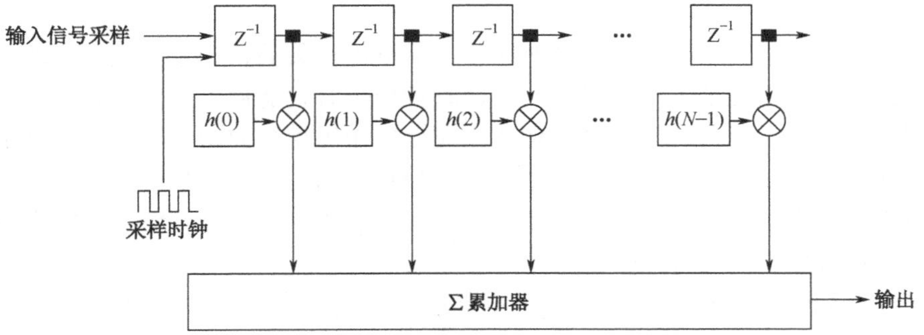

图 4.8　采用匹配滤波器的基带信号捕获原理框图

假设输入信号的采样序列用 $s(n)$表示，则匹配滤波器的输出可以表示为

$$\mathrm{MF}_{\mathrm{out}}(i)=\sum_{k=0}^{N-1}s(i-k)h(k)=\sum_{k=0}^{N-1}s(i-k)C(N-1-k) \tag{4.38}$$

从式(4.38)可见，匹配滤波器的输出实际上是输入信号和本地伪码信号的相关值，从物理意义上看和 4.1.2 节的时域相关器滑动相关法是一样的，只不过滑动相关法是在每一次相干积分时调整本地伪码的相位，而匹配滤波器法本地伪码的相位是固定的，滑动的是输入信号的相位，当两者相位一致的时候就会输出最大相关峰值。

注意：图 4.8 所示的原理框图是基于基带信号的，如果输入信号是中频信号则匹配滤波器的参数必须考虑中频载波分量，此时的匹配滤波器系数需要两套，对应于 I 和 Q 分量。图 4.9 是输入中频采样数据时的匹配滤波器捕获原理框图，此时多了一个载波发生器用来产生多普勒频移信号的 I 和 Q 分量，该信号和伪码值相乘作为匹配滤波器的系数，与此对应的累加器环节增加了取模运算。每次设置一个不同的多普

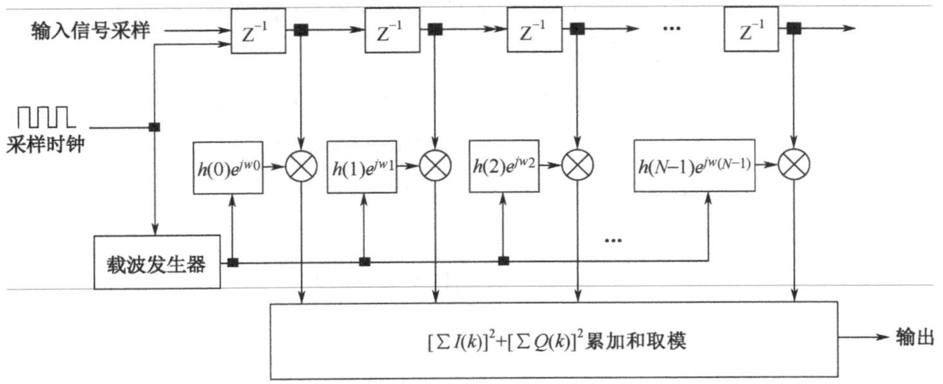

图 4.9　采用匹配滤波器的中频信号捕获原理框图

勒频移值，则匹配滤波器的系数需要更改，每一个采样时钟匹配滤波器的累加取模输出对应于该载波频率下的不同伪码相位的相关输出，当输入信号和本地伪码相位一致并且中频载波频率和本地载波发生器的频率一致时，累加和取模单元就会输出最大相关峰值。

虽然匹配滤波器的输出结果和时域相关器输出结果的物理意义是一样的，但从实现形式上看，匹配滤波器在每一个采样时钟到来时就能输出当前伪码相位下的相关结果，这样在一个伪码周期之内就能完成全部伪码相位的相关结果，从这个意义来看，匹配滤波器等效于1 023个并行的时域相关器，实现了伪码域（时间域）的并行搜索。在载波多普勒频率的维度上看，依然需要串行处理，所以没有实现载波多普勒频移维度上的并行搜索。

上述分析针对GPS信号，对于北斗信号来说，匹配滤波器的系数必须和北斗伪码对应，假设采样时钟为2.046 MHz，每一个伪码码片内1个采样点，则N=2 046，在这种情况下匹配滤波器输出的相关结果的码片精度为1个伪码码片。如果将采样时钟改为4.092 MHz，每一个伪码码片内2个采样点，此时N=4 092，匹配滤波器输出的相关结果的码片精度为半个伪码码片，码片精度提高的同时意味着运算量需要增加一倍。

4.1.4 基于FFT的信号捕获

该方案的基本思想是基于DFT和信号卷积的关系，即时域的卷积对应于频域的相乘，同时时域的相乘对应于频域的卷积，

$$s(t)\otimes h(t)\Leftrightarrow S(f)\cdot H(f) \tag{4.39}$$

$$S(f)\otimes H(f)\Leftrightarrow s(t)\cdot h(t) \tag{4.40}$$

式(4.39)和式(4.40)中的$s(t)$和$h(t)$分别对应两个时域信号，$S(f)$和$H(f)$分别对应其傅里叶变换，⊗表示卷积操作。

如果把ADC以后的中频信号$s(t)$与本地载波发生器的同相分量和正交分量相乘的结果看作两个中间变量$s_{\rm I}(t)$和$s_{\rm Q}(t)$，即

$$s_{\rm I}(t)=s(t)\sqrt{2}\cos[(\omega_{\rm IF}+\Delta\hat{\omega})t] \tag{4.41}$$

$$s_{\rm Q}(t)=s(t)\sqrt{2}\sin[(\omega_{\rm IF}+\Delta\hat{\omega})t] \tag{4.42}$$

把本地伪码发生器的输出记作一个本地信号$s_{\rm L}(t)=C(t)$，则I路和Q路的积分器输出的相关结果分别为

$$I(\tau)=\int_0^{T_{\rm I}} s_{\rm I}(t)s_{\rm L}(t+\tau){\rm d}t \tag{4.43}$$

$$Q(\tau)=\int_0^{T_{\rm I}} s_{\rm Q}(t)s_{\rm L}(t+\tau){\rm d}t \tag{4.44}$$

而任意两个时域信号$x(t)$和$y(t)$的卷积表达式为

$$Z(t)=\int_0^{T_\mathrm{I}} x(\tau)y(t-\tau)\mathrm{d}\tau \tag{4.45}$$

将式(4.43)、式(4.44)和式(4.45)相比，可以看出，式(4.45)和积分器输出的信号在数学表达式形式上非常相似，唯一的区别在于函数自变量 τ 的符号上。

对式(4.43)进行傅里叶变换，得到

$$\begin{aligned}\mathrm{DFT}\{I\}&=\int_0^{T_\mathrm{I}}\left[\int_0^{T_\mathrm{I}} s_\mathrm{I}(t)s_\mathrm{L}(t+\tau)\mathrm{d}t\right]e^{-\mathrm{j}2\pi f\tau}\mathrm{d}\tau\\&=\int_0^{T_\mathrm{I}} s_\mathrm{I}(t)\left[\int_0^{T_\mathrm{I}} s_\mathrm{L}(t+\tau)e^{-\mathrm{j}2\pi f(t+\tau)}\mathrm{d}\tau\right]e^{\mathrm{j}2\pi ft}\mathrm{d}t\\&=S_\mathrm{L}(f)\int_0^{T_\mathrm{I}} s_\mathrm{I}(t)e^{\mathrm{j}2\pi ft}\mathrm{d}t\\&=S_\mathrm{L}(f)S_\mathrm{I}^*(f)\end{aligned} \tag{4.46}$$

这里 $S_\mathrm{L}(f)$ 和 $S_\mathrm{I}(f)$ 和分别是 $s_\mathrm{L}(t)$ 和 $s_\mathrm{I}(t)$ 的傅里叶变换，$S_\mathrm{I}^*(f)$ 是 $S_\mathrm{I}(f)$ 的复共轭。对式(4.44)进行同样的处理可以得到类似的结论，即

$$\mathrm{DFT}\{Q\}=S_\mathrm{L}(f)S_\mathrm{Q}^*(f) \tag{4.47}$$

式(4.46)和式(4.47)可重新写成如下形式

$$I(\tau)=\mathrm{IDFT}[\ \mathrm{DFT}(s_\mathrm{L})\cdot\mathrm{DFT}^*(s_\mathrm{I})\ ]$$

$$Q(\tau)=\mathrm{IDFT}[\ \mathrm{DFT}(s_\mathrm{L})\cdot\mathrm{DFT}^*(s_\mathrm{Q})\ ]$$

上式中的 DFT*表示傅里叶变换的共轭运算，于是可以看到，时域相关器中的 I 和 Q 积分运算完全可以通过对输入信号和本地信号做 DFT，然后对共轭相乘的结果做 IDFT 反变换得到。由于求序列的 DFT 和 IDFT 都有快速算法，所以和常规运算相比可以大大提高处理速度。

在实际工程实践中处理的大都是离散序列，即

$$s_\mathrm{I}(t)\text{离散化}\ \Rightarrow s_\mathrm{I}(0),s_\mathrm{I}(1),\cdots,s_\mathrm{I}(N-1)$$

$$s_\mathrm{Q}(t)\text{离散化}\ \Rightarrow s_\mathrm{Q}(0),s_\mathrm{Q}(1),\cdots,s_\mathrm{Q}(N-1)$$

$$s_\mathrm{L}(t)\text{离散化}\ \Rightarrow s_\mathrm{L}(0),s_\mathrm{L}(1),\cdots,s_\mathrm{L}(N-1)$$

由此对应的 $I(\tau)$和 $Q(\tau)$被离散化为 $I(k)$和 $Q(k)$，k=0，1，…，N−1

$$I(k)=\sum_{i=0}^{N-1} s_\mathrm{L}(i)s_\mathrm{I}(\lceil i+k\rceil_N) \tag{4.48}$$

$$Q(k)=\sum_{i=0}^{N-1} s_\mathrm{L}(i)s_\mathrm{Q}(\lceil i+k\rceil_N) \tag{4.49}$$

上式中的 $\lceil\bullet\rceil_N$ 运算意义为对 N 取余数，即 $\lceil i+k\rceil_N=\mathrm{mod}(i+k,N)$。

可见此处的相关运算是一种循环相关运算，而不是线性相关，两者之间类似于循环卷积和线性卷积的关系。因为采用了循环相关，此处输入序列和输出序列的长度都是 N，如果是线性相关的话，输入序列长度为 N 而输出序列长度将是 2N−1。

由式(4.48)和式(4.49)可以看出，运用常规方法每一次改变 k 则重新计算 N 次乘

加运算，遍历完全部 k 则总共需要 N^2 次乘加运算；而采用 FFT 则总共需要 3 次 FFT 和 N 次乘加。如果假设一次 FFT 所需的乘加运算时 $N\text{lb}(N)$，则总共的乘加运算量为〔$3\text{lb}(N)+1$〕N 个，可以将运算量减小一个数量级。实际中可以把本地伪码信号的 FFT 事先计算并存储，这样在实时捕获时还可以减少一部分运算量。

采用 FFT 实现信号捕获的方法，实际的信号处理流程简述如下。

- 第一步：将输入中频信号和本地载波发生器输出的同相和正交信号相乘，通过低通滤波器得到基带的复信号 I_L+jQ_L；
- 第二步：对第一步得到的复信号做 FFT；
- 第三步：对本地伪码发生器输出的伪码信号做 FFT 并取共轭；
- 第四步：将第二步和第三步的结果相乘并将乘积做 IFFT 变换；
- 第五步：对第四步的 IFFT 结果取模并对结果进行门限判决。如果有足够强的尖峰出现，则说明实现了信号捕获，尖峰对应的位置对应于伪码相位，而此时本地载波的频率值就是信号所在的载波频率；如果没有足够强的尖峰出现，则重设本地载波发生器的频率为下一个频率井的值，重复第一到第四步；

图 4.10 是采样这种方法的信号处理流程示意图。

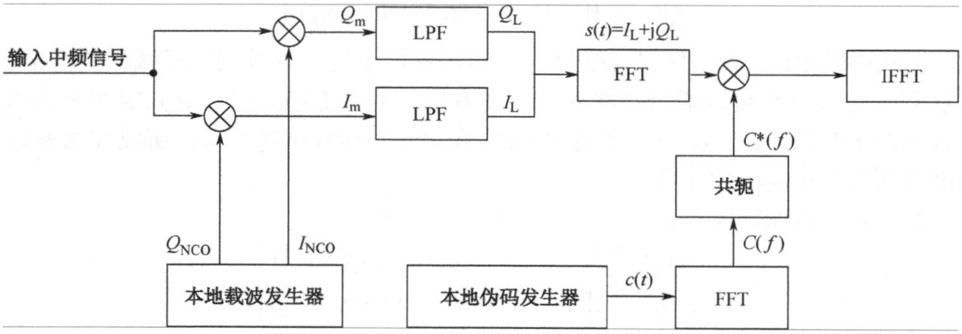

图 4.10　基于 FFT 算法的信号捕获原理

上面的 FFT 方法在完成一个处理（两次 FFT 和一次 IFFT）后能够得到全部 N 个伪码相位的相关结果，所以实现了伪码域的并行处理，而多普勒频移维度的搜索依然是串行的，即每次改变本地载波发生器的频点，则需要完成一次新的处理，即两次 FFT、1 次 IFFT 和 N 次乘加运算。

参与 FFT 运算的点的采样率决定了相关峰结果的伪码精度，这里可以用单位码片内的采样点数来衡量采样频率，这样的处理可以更好地适应 GPS 和北斗信号的不同码片速率的情况。例如，单位码片内的采样点数是 1 个，则 FFT 得到的相关峰的码片精度是 1 个码片；如果单位码片内的采样点数是 2 个，则相关峰的码片精度是半个码片，以此类推。所以如果想得到更精确的码片精度，则需要提高采样率，与此同时运算量也在随之增加。

参与 FFT 运算的信号序列长度决定了结果的多普勒频移精度。假如信号长度为 T_I，则相关峰的多普勒频率分辨率是 $1/T_I$ Hz，所以在设定频率步进值的时候要根据信号长度决定，基本原则是步进值小于或等于 $1/T_I$ Hz。这一点和时域相关器中图 4.6 的结论是一致的，FFT 运算的信号长度相当于时域相关器的积分长度，所以信号长度越长，则相关峰形状越尖锐，峰值越高，对频率误差越敏感。图 4.11 所示是对一段 GPS 信号进行 FFT 捕获的结果，图 4.11（a）是对 1 ms 长度的数据进行处理，图 4.11（b）是对 2 ms 的数据进行处理，图 4.11（c）是对 5 ms 的数据进行处理，三种情况下的频率步进值分布为 1 kHz、500 Hz 和 200 Hz，其相关峰的形状和峰值验证了前面的分析。需要注意的是，信号序列的长度受数据比特跳变的限制，无法超过一个数据比特的长度，所以，也无法通过无限制地增加信号序列长度的方法提高频率精度。

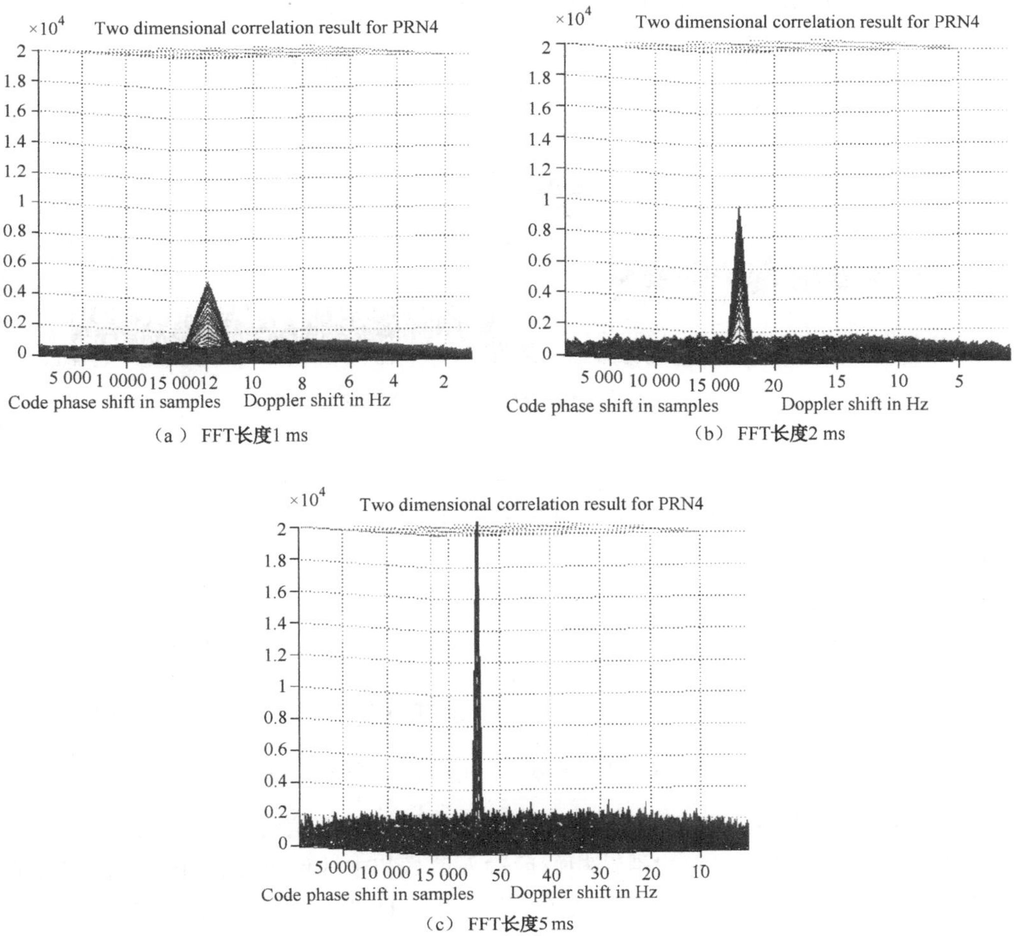

图 4.11　对不同时间长度的 GPS 信号进行 FFT 捕获结果

下面看看另一种采用 FFT 方法的信号捕获方案。

考虑式(4.18)所示的中频信号，将本地伪码信号 $C(t-\hat{\tau})$ 和中频信号相乘得到

$$y(t)=\sqrt{2P_s}C(t-\tau)C(t-\hat{\tau})\cos[\omega_{IF}t+\phi(t)]+n'(t) \tag{4.50}$$

因为一般相干处理的信号时长小于 20 ms，GPS 导航电文比特可以看作常量，所以式(4.18)中的 $D(t)$被去掉了。$n'(t)$ 是原有噪声项和 $C(t-\hat{\tau})$ 相乘的结果，因为 $C(t-\hat{\tau})=\pm1$，且 $C(t-\hat{\tau})$ 为平衡码，所以 $n'(t)$ 的噪声均值和方差均和 $n(t)$ 一样。当伪码相位差 $\Delta\tau=\tau-\hat{\tau}$ 为 0 时，式(4.50)变为

$$y(t)=\sqrt{2P_s}\cos[\omega_{IF}t+\phi(t)]+n'(t) \tag{4.51}$$

可见，此时 $y(t)$成为了一个连续波信号和加性噪声的混合信号，因为 $n'(t)$ 具有白噪声的平坦频谱特性，而连续波具有线谱特性，所以对式(4.51)进行 DFT 变换可以观察到其中连续波分量的频谱尖峰。整个过程的原理如图 4.12 所示。

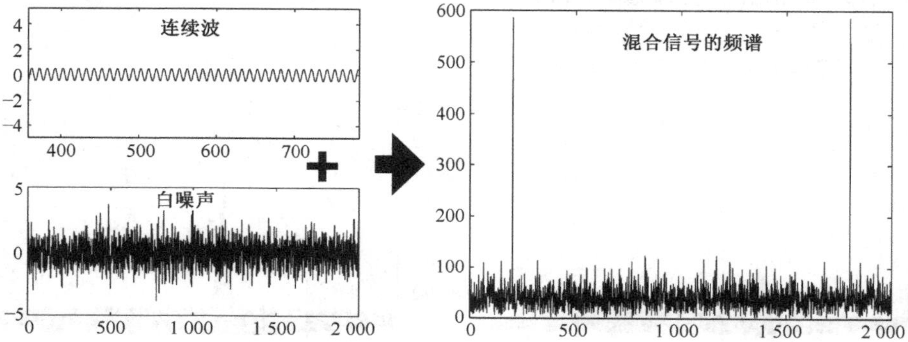

图 4.12　连续波和白噪声的混合信号及其频谱

基于这种思想的处理框图如图 4.13 所示。

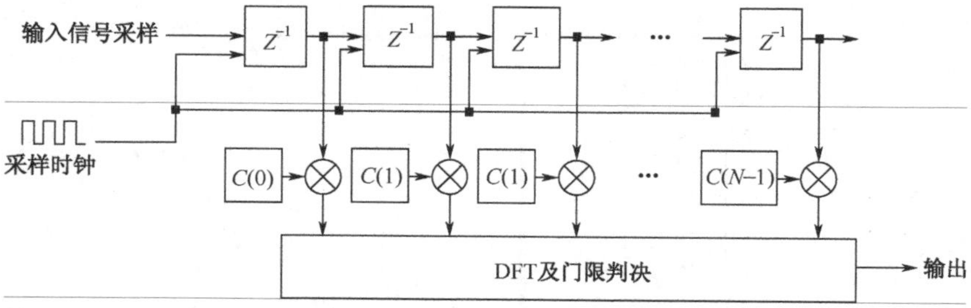

图 4.13　输入信号和本地伪码相乘后做 DFT 处理

图 4.13 的形式和匹配滤波器方法非常类似，中频输入信号在采样时钟的驱动下每次滑动一个伪码相位，每次滑动相位后输入信号和本地伪码 $C(t)$相乘，但相乘的结果并不是通过累加器给出累加输出的，而是经过 DFT 后给出频谱峰值的，当其中最大峰值超过一定门限时，就表示捕获到了一个伪码的信号。此时滑动的伪码相位表明了此时的输入信号的伪码相位信息，而频谱峰值所在 FFT 序列中的位置则表示

了多普勒频移量的大小。

这种方法和图 4.10 的方法的不同之处在于，该方法通过串行滑动伪码相位并相乘完成伪码剥离，所以在伪码相位的维度上是串行处理的，但通过一次 FFT 运算能够实现全部多普勒频移覆盖范围内的信号搜索，所以可以认为在多普勒频移的维度上是并行的。

下面以 GPS 信号为例对该方法所需运算量进行分析。因为 GPS C/A 码码周期为 1 023 个码片，如果输入信号的时间长度为 1 ms，可以取 N=1 023，此时需要将输入中频信号采样频率降到 1.023 MHz，则图 4.10 中的采样时钟 f_s 为 1.023 MHz，本地伪码信号也是 1 023 个样点，每个采样时钟相当于将输入信号的伪码相位滑动一个伪码码片，然后和本地伪码样点值进行相乘，结果得到 1 023 个样点，对相乘后的样点序列进行 FFT 可以得到该伪码相位情况下的全部多普勒频移的相关结果。可见总共需要进行 1 023×1 023 点的 FFT，运算量非常惊人。如果将 N 改为 2 046，则伪码相位精度变为半个伪码码片，但此时运算量就更大了，所以在实际中该方法的运用并不是很广泛。

以上分析是基于 GPS 信号，如果针对北斗信号则运算量更大一些，因为北斗信号的伪随机码是 2 046 码片，是 GPS 信号的伪码周期的两倍，所以同样码片精度情况下的运算量是处理 GPS 信号的运算量的四倍。

仔细分析上述情况，因为 N 点 FFT 的频谱分辨率是 f_s/N，所以 N 点 FFT 覆盖的多普勒频移范围为 $f_s/2$（考虑到奈奎斯特频率），对于上例中 f_s=1.023 MHz，则多普勒频移覆盖范围为 515.5 kHz，而一般卫星和用户之间相对运动的多普勒频移范围大多落在[−10 kHz,+10 kHz]范围内，可见直接对 N 点相乘样点做 FFT 运算导致了很多无效的结果，浪费了运算量。当然也可以采用线性调频 Z 变换（CZT 变换）只针对多普勒频移可能存在的频率范围进行搜索[12]。

这种 FFT 捕获方法虽然在实际中意义不大，但从理论上展示了在多普勒频移的维度也可以进行并行处理。如果能够实现伪码相位维度和多普勒频移维度的二维并行处理，将大大加快信号捕获的速度。

4.1.5　短时相关匹配滤波器和 FFT 结合的信号捕获

如果将图 4.9 和图 4.13 对比，就能发现两者在形式上非常类似，唯一不同之处在于最后一步的处理上，图 4.9 中的匹配滤波器方案将匹配滤波系数和输入信号采样相乘的结果进行累加以后输出，而图 4.13 中的 FFT 方案将相乘的结果进行 DFT 处理并取模判决。图 4.9 中的方案实现了伪码相位维度的并行处理，图 4.13 中的方案实现了多普勒频移维度的并行处理。

分析图 4.9 中的方案，其最大的问题在于匹配滤波器最后一步的累加导致了伪码剥离以后的连续波序列的频率信息的丢失，所以必须在本地信号中加入载波信号，在实现伪码剥离的同时进行载波剥离。图 4.13 的方案则是在实现了在进行载波剥离的时候没有任何累加，而必须借助 FFT 对所有相乘的样点进行频谱分析才能找到可能的多普勒频移，这样就导致了无效的频率覆盖范围和不必要的运算量浪费。因此可以考虑将两者结合起来实现二维的并行处理[11][15]，基本思想就是将伪码剥离后的序列进行分段累加，这样既能保证伪码剥离的顺利完成，同时又能保证分段累加和的数字序列中保存有效的多普勒频率范围。

这种新方案的信号处理框图如图 4.14 所示。

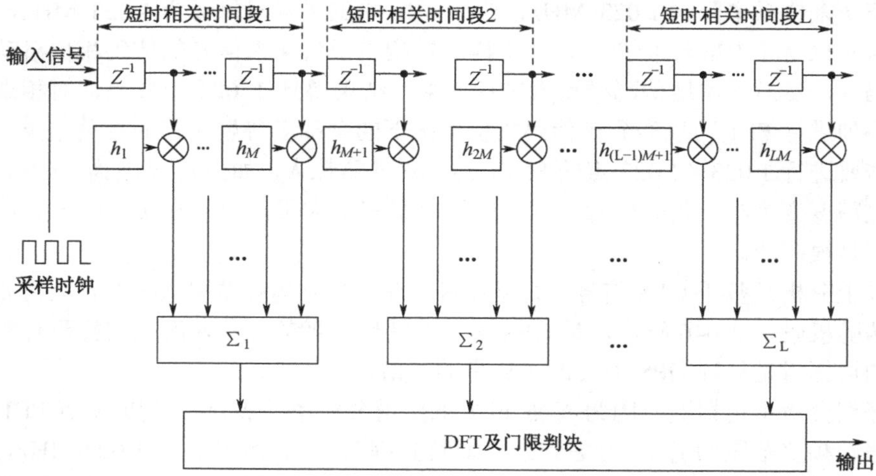

图 4.14 采用短时相关匹配滤波器和 FFT 的捕获方案

该方案将匹配滤波器系数和输入数据相乘的结果分成 L 段，如图 4.14 所示，假设每段数据的时间长度为 T_p，则总的相干积分时间为 LT_p，每一个时间段的相乘结果累加，共得到 L 个累加和，将这 L 个累加和送给 DFT 单元，结果取模并进行门限判决，则可以完成信号的捕获。这种方案相当于是将图 4.8 中的匹配滤波器拆分成 L 个较短的匹配滤波器，所以称作短时相关匹配滤波器。这就是短时相关匹配滤波器和 FFT 捕获方案的简单流程，下面进行数学分析，这里依然以 GPS 信号为例。

考虑 1 ms 长度的 GPS 中频数据采样序列，可以记为

$$s_{\mathrm{IF}}(mT_s)=\sqrt{2P_s}C(mT_s-\tau)\cos[\omega_{\mathrm{IF}}mT_s+\phi_0]+n(mT_s),\ \ m=[0,N-1] \tag{4.52}$$

在式(4.52)中，T_s 为采样间隔，C 为伪随机码，ω_{IF} 为中频载波频率，ϕ_0 为初始相位，$n(mT_s)$ 为高斯白噪声，服从 $N(0,\sigma^2)$ 分布。m 取值为 0 到 $N-1$，表示 1 ms 内的样点数为 N。因为在一个伪随机码周期内没有导航电文比特跳变，所以这里省略了导航电文比特项。

每一段短时相关积分的长度为 M 个样点，这里用 T_p 表示短时相关的时长，则 $T_p=MT_s$。则第 i 段短时相关累加的输出为

$$I_i = \sum_{k=iM+1}^{(i+1)M} s_{\mathrm{IF}}(kT_s)\cdot\cos(\omega_L\cdot kT_s)\cdot c(kT_s) \tag{4.53}$$

$$Q_i = \sum_{k=iM+1}^{(i+1)M} s_{\mathrm{IF}}(kT_s)\cdot\sin(\omega_L\cdot kT_s)\cdot c(kT_s) \tag{4.54}$$

在式(4.53)和式(4.54)中，ω_L 为本地载波频率，$c(kT_s)$ 为本地伪随机码。经化简后结果为

$$I_i = \frac{1}{2}\sqrt{2P_s}R(\tau)\cdot\frac{\sin(\frac{\Delta\omega}{2}T_p)}{\sin(\frac{\Delta\omega}{2}T_s)}\cdot\cos[i\Delta\omega T_p+\varphi]+N_I(i) \tag{4.55}$$

$$Q_i = -\frac{1}{2}\sqrt{2P_s}R(\tau)\cdot\frac{\sin(\frac{\Delta\omega}{2}T_p)}{\sin(\frac{\Delta\omega}{2}T_s)}\cdot\sin[i\Delta\omega T_p+\varphi]+N_Q(i) \tag{4.56}$$

在式(4.55)和式(4.56)中，$\Delta\omega=\omega_{\mathrm{IF}}-\omega_L$ 为输入信号和本地信号的载波频差；φ 为固定相差，其值为

$$\varphi=\frac{1}{2}\Delta\omega(T_P-T_s)+\phi_0$$

$R(\tau)$ 为归一化短时相关函数，定义如下式：

$$R_L(\tau)=\frac{1}{M}\cdot\sum_{k=iM+1}^{(i+1)M} C(mT_s-\tau)\cdot c(mT_s) \tag{4.57}$$

式(4.55)和(4.56)中的 N_I 和 N_Q 依然为高斯白噪声，服从 $N(0,M\sigma^2)$ 分布。

当本地伪随机码相位和输入信号的伪码相位一致时，$\tau\to 0$；当本地载波频率和输入信号载波频率一致时，$\Delta\omega\to 0$，此时短时相关积分的信号能量项为

$$\lim_{\substack{\tau\to 0\\ \Delta\omega\to 0}}\sqrt{I_i^2+Q_i^2}=\sqrt{\frac{P_s}{2}\frac{T_P}{T_s}}=M\sqrt{\frac{P_s}{2}} \tag{4.58}$$

可见短时相关积分和全部相关积分相比，其最大信号能量值只是全部相关积分的 $1/L$，这也符合直观思维，因为此时参与运算的样点数目只是全部样点数的 $1/L$。

如果固定 $\tau=0$，而让 $\Delta\omega$ 变化，此时式(4.58)的变化曲线类似于图 4.5 和图 4.6，短时积分时间越长，则信号相关峰值越高，但形状越尖锐，表示频率选择性越强；反之，则图 4.6 的信号相关峰值越低，但形状越展宽，表示频率选择性越弱。

短时相关结果是采样间隔为 T_p 的数字序列 $\{I_n-\mathrm{j}Q_n,\ n=1,\cdots,L\}$，全部周期内的样点数为 L 个，对该序列进行 FFT 变换，则得到的结果为

$$F(\omega_k)=\sum_{n=0}^{L-1}(I_n-\mathrm{j}Q_n)e^{-\mathrm{j}\omega_k nT_p} \tag{4.59}$$

式(4.59)中的 $\omega_k=\dfrac{2\pi k f_{\mathrm{p}}}{L}$，$k=0,\cdots,L-1$，其中 $f_{\mathrm{p}}=\dfrac{1}{T_{\mathrm{p}}}$。

$(I_n-\mathrm{j}Q_n)$ 的信号分量如下：

$$\mathrm{Signal}\{I_n-\mathrm{j}Q_n\}=\frac{1}{2}\sqrt{2P_{\mathrm{s}}}R(\tau)\cdot\frac{\sin(\frac{\Delta\omega}{2}T_{\mathrm{p}})}{\sin(\frac{\Delta\omega}{2}T_{\mathrm{s}})}\cdot e^{\mathrm{j}(n\Delta\omega T_{\mathrm{p}}+\varphi)} \tag{4.60}$$

这里为了表达式更简洁一些，只考虑 $(I_n-\mathrm{j}Q_n)$ 的信号分量，则将式(4.60)代入式(4.59)并化简得到 $F(\omega_k)$ 的实部和虚部为

$$\mathrm{Re}[F(\omega_k)]=\frac{1}{2}\sqrt{2P_{\mathrm{s}}}R(\tau)\cdot\frac{\sin(\frac{\Delta\omega}{2}T_{\mathrm{p}})}{\sin(\frac{\Delta\omega}{2}T_{\mathrm{s}})}\cdot\frac{\sin(\frac{\Delta\omega-\omega_k}{2}LT_{\mathrm{p}})}{\sin(\frac{\Delta\omega-\omega_k}{2}T_{\mathrm{p}})}\cdot\cos(\varPhi_k) \tag{4.61}$$

$$\mathrm{Im}[F(\omega_k)]=\frac{1}{2}\sqrt{2P_{\mathrm{s}}}R(\tau)\cdot\frac{\sin(\frac{\Delta\omega}{2}T_{\mathrm{p}})}{\sin(\frac{\Delta\omega}{2}T_{\mathrm{s}})}\cdot\frac{\sin(\frac{\Delta\omega-\omega_k}{2}LT_{\mathrm{p}})}{\sin(\frac{\Delta\omega-\omega_k}{2}T_{\mathrm{p}})}\cdot\sin(\varPhi_k) \tag{4.62}$$

式中，$\varPhi_k=(L-1)(\Delta\omega-\omega_k)T_{\mathrm{p}}+\varphi$。

随着采样时钟的节拍，输入信号相当于在滑动伪码相位，每滑动一个采样点，L 个短时相关匹配滤波器输出 L 个短时相关结果，当本地伪码相位和输入信号的伪码相位对齐时，$R(\tau)=1$，此时归一化的信号功率分量为

$$\left|F(\omega_k)\right|_{\mathrm{norm}}=\left|\frac{\sin(\frac{\Delta\omega}{2}T_{\mathrm{p}})}{\sin(\frac{\Delta\omega}{2}T_{\mathrm{s}})}\cdot\frac{\sin(\frac{\Delta\omega-\omega_k}{2}LT_{\mathrm{p}})}{\sin(\frac{\Delta\omega-\omega_k}{2}T_{\mathrm{p}})}\right| \tag{4.63}$$

式(4.63)中的第一项是由短时相关提供的，第二项由 FFT 处理提供，下面对这两项进行分析。

当 $\Delta\omega\to 0$ 时，第一项达到最大值，即

$$\max_{\Delta\omega}\left\{\left|\frac{\sin(\frac{\Delta\omega}{2}T_{\mathrm{p}})}{\sin(\frac{\Delta\omega}{2}T_{\mathrm{s}})}\right|\right\}=\frac{T_{\mathrm{p}}}{T_{\mathrm{s}}}=M$$

当 $\omega_k\to\Delta\omega$ 时，第二项达到最大值，即

$$\max_{\omega_k}\left\{\left|\frac{\sin(\frac{\Delta\omega-\omega_k}{2}LT_{\mathrm{p}})}{\sin(\frac{\Delta\omega-\omega_k}{2}T_{\mathrm{p}})}\right|\right\}=\frac{LT_{\mathrm{p}}}{T_{\mathrm{p}}}=L$$

所以，式(4.63)的最大值在 $\Delta\omega=0,\omega_k=0$ 时得到。

$$\max_{\Delta\omega,\omega_k} \left|F(\omega_k)\right|_{\text{norm}} = ML \tag{4.64}$$

由于 FFT 处理只能得到 L 个频点的结果，换言之，ω_k 只能取有限的离散值，所以只有当本地载波和输入信号载波频率相等时，此时短时相关结果的 FFT 处理的第 0 个处理结果达到最大值，该处理结果和对全部输入信号进行时域相关处理的处理增益是一样的，均为 ML，其中短时相关提供 M 倍的增益，FFT 提供 L 倍的增益。匹配滤波器实现了伪码相位维度的并行搜索，而 FFT 实现了多普勒频移维度的并行搜索。虽然该方法和常规方法提供的处理增益一样，但由于实现了频域和时域的二维并行搜索，和常规方法的处理速度相比有了很大的提高。

短时相关匹配滤波器和 FFT 方案可以看作图 4.13 所示的 FFT 方案的改进，或者图 4.13 的方案可以看作短时相关匹配滤波器和 FFT 方案的一个特例，此时 L 就是全部采样序列的样点数，每一个短时相关操作的数据块长度 M=1。在图 4.13 的方案中没有短时相关操作，导致参与 FFT 运算的样点数就是全部积分长度内的样点数，这样虽然多普勒频率覆盖范围非常宽，但覆盖了很多无效区域，同时导致了巨大的运算量。通过将短时相关和 FFT 结合，能够将参与 FFT 运算的样点数大大压缩，将多普勒频率覆盖区域控制在合理范围之内，充分利用匹配滤波器的时域并行和 FFT 的频域并行，节省了运算量。

假设总的中频数据长度为 T ms，此处选择 T 为大于或等于 1 的整数，被平均分成 L 段，则每段的长度为 $T_{\text{p}} = T/L$ ms。由于参与 FFT 运算的点数为 L，所以一般取 L 为 2 的幂次或通过补零将 L 转为 2 的幂次。FFT 运算的频率分辨率和 T 成反比，为 1 000/T Hz，所以 FFT 运算的频率覆盖范围为 $L \cdot 1000/T$ Hz。分段越多，则频率覆盖范围越大，一次 FFT 就能得到越多的多普勒频移的搜索结果。

以 1 毫秒的数据长度为例，考虑两种情况，第一种是 L=8 的分段配置，第二种是 L=16 的分段配置。两种情况下，频率分辨率均为 1 kHz，则第一种情况下 8 点 FFT 可以覆盖 8 kHz 的多普勒频移搜索范围；而第二种情况下则可以覆盖 16 kHz 的搜索范围。虽然分段越多，FFT 覆盖的多普勒频移范围越广，但并不意味着一味增大分段数就能够实现更好的结果，这是因为式(4.63)中的第一项还影响着最终的处理增益，当分段数越多时，虽然能够得到更广的多普勒频率覆盖范围，但偏离真正的多普勒频率的那些 FFT 结果会受短时相关包络影响而衰减得就越严重。

图 4.15 和图 4.16 所示分别是将 1 ms 的数据分为 L=8 段和 L=16 段的情况。其中虚线显示的是短时相关积分包络，即式(4.63)中的第一项的函数包络，虚线内部的实线是 FFT 操作的每一个频点的结果取模。两幅图中的 FFT 点数分别是 8 和 16，故各有 8 个实线峰和 16 个实线峰。最终的处理增益由短时相关积分包络和 FFT 运算共同决定。从图中可见，当 $\Delta\omega \to 0$ 时，FFT 的第一个结果即第一个实线峰得到最大值，但随着 $\Delta\omega$ 的增大，FFT 的其他结果随之衰减，FFT 的最后一个结果虽然能够覆盖 8 kHz/16 kHz 的多普勒频率，但衰减已经超过 10 dB 了。

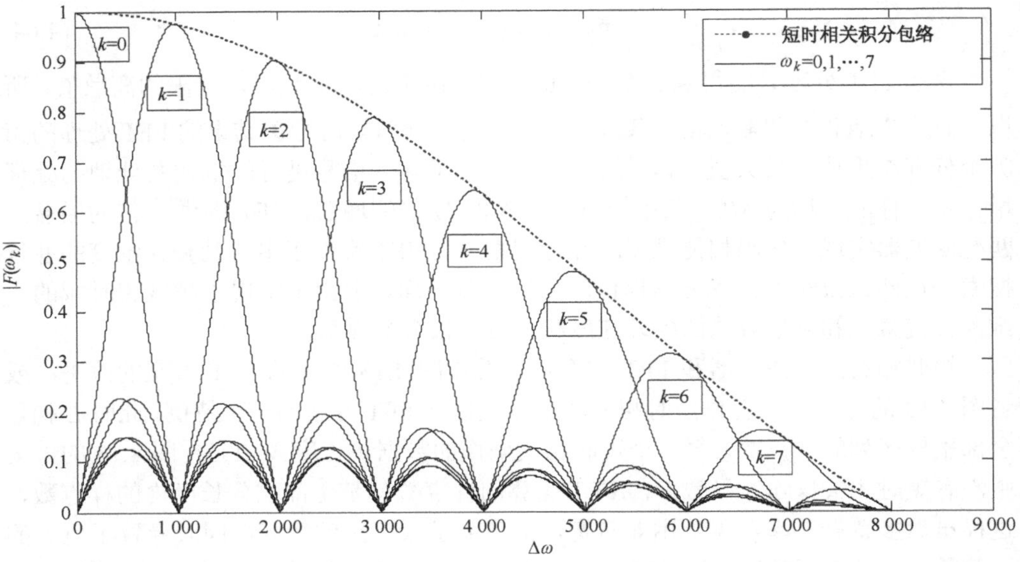

图 4.15　1 ms 的中频数据分成 8 段的短时相关+FFT 的处理增益

图 4.15 和图 4.16 还表示了分段多少对于频率分辨率没有影响，只会影响频率覆盖范围。图 4.15 和图 4.16 中的频率覆盖范围虽然是 8 kHz 和 16 kHz，但相邻实线峰之间的频率间隔都是 1 kHz，这是由参与运算的采样序列长度决定的。在本例中，数据长度为 1 ms，所以实现峰之间的间隔就是 1 kHz，如果选择数据长度为 2 ms，则实线峰之间的频率间隔就变为 500 Hz。所以通过增加序列时间长度可以提高频率分辨率，通过增加分段数目 L 可以提高多普勒频率覆盖范围。

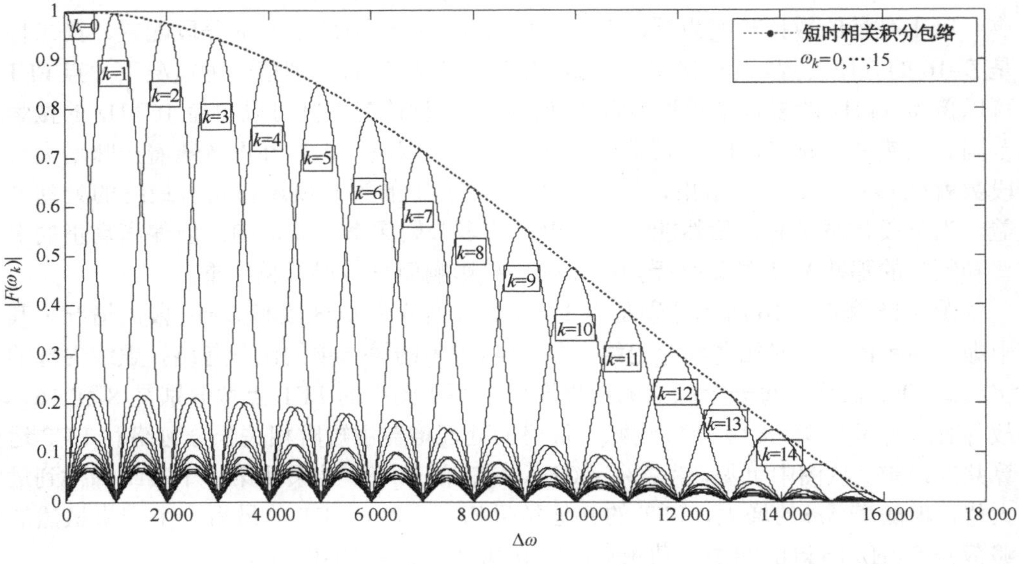

图 4.16　1 ms 的中频数据分成 16 段的短时相关+FFT 的处理增益

在实际应用中，参与短时相关匹配滤波器和 FFT 处理的总数据长度不能超过数据比特跳变所允许的最大长度，否则就会出现相关峰抵消问题。对于 GPS 信号来说，因为 GPS 数据比特长度为 20 ms，所以最大数据长度小于 20 ms 即可，但对于北斗信号来说，D1 码上调制了 1 kHz 的 NH 码，所以数据不跳变的最大长度只有 1 ms，这在一定程度上限制了该方法对北斗信号的处理性能。

4.1.6 基于数据分块和频率补偿的信号捕获

考虑长度为 L ms 的数据，这里 $L\geqslant 1$ 是个整数。假设在 1 毫秒的时间内，总共有 N 个采样点，显然 N 是由采样频率决定的。那么在 L ms 内，总共有 NL 个采样点。我们把这些采样点分成 L 个数据块，那么每一个数据块包含了正好 1 ms 的数据采样，如图 4.17 所示。

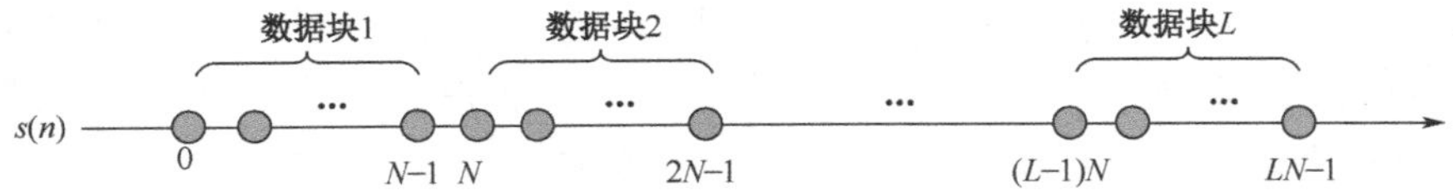

图 4.17　L 毫秒的采样数据被分块，每块包括 1ms 的数据

一般信号中会包含多颗卫星的信号，这里先针对其中一颗卫星的信号进行分析，假设 PRN 为 k 的卫星得到的离散的数据采样 $s_k(n)$可以表示为

$$s_k(n) = D_k(nt_s)C_k(nt_s)e^{j2\pi f_k nt_s} + v_k(nt_s) \tag{4.65}$$

这里 t_s 是采样周期，显然有 Nt_s=1 ms。$n\in[0, NL-1]$，D_k 为导航电文数据比特，C_k 为伪随机码。f_k 为信号载波频率，受多普勒频移的影响，每颗卫星的载波频率均不同，其值在理论中频加上[−5 kHz，+5 kHz]之间，这个搜索范围需要根据不同晶振的品质调整。$v_k(nt_s)$ 是高斯白噪声，服从 $N(0,\sigma^2)$ 分布。因为式(4.65)中的载波幅度为 1，所以这里其实将噪声功率做了归一化处理，即

$$\sigma^2 = \frac{N_0 B_w}{2A^2}$$

式中，A 为实际接收到的载波信号幅度；B_w 为射频前端的信号带宽； $N_0/2$ 为噪声双边功率谱密度。

省略式(4.65)中的噪声项，只考虑其中的信号部分，如果 L 的长度小于电文比特周期，则其中 D_k 可以看作常数，伪码信号 $C_k(i)$是个周期函数，对 GPS 和北斗信号的周期都是 1 ms，用离散域表示 即

$$C_k(it_s) = C_k[(i+N)t_s]\text{，}\ i=0,1,\cdots,(L-1)N-1$$

$s_k(n)$中信号部分中共有三个分量：$\{D_k, C_k, e^{j2\pi f_k t}\}$，其中分量 D_k 和 C_k 在不同数据块的相同位置都不变，于是很自然地想到，如果我们把这 L 个数据块的相同位置的对应样点进行叠加，则

$$\sum_{i=0}^{L-1} s_k(n+iN) = D_k(nt_s)C_k(nt_s)e^{j2\pi f_k nt_s}\sum_{i=0}^{L-1} e^{j2\pi f_k iNt_s} + \sum_{i=0}^{L-1} v_k(nt_s+iNt_s)$$
$$= S\{s_k(n)\}G(L,f_k) + \sum_{i=0}^{L-1} v_k(nt_s+iNt_s) \quad (4.66)$$

式(4.66)中 $S\{s_k(n)\}$ 是 $s_k(n)$中的信号分量，$G(L,f_k)$ 是一个新的增益函数，

$$G(L,f_k) = \sum_{i=0}^{L-1} e^{j2\pi f_k iNt_s}, \quad n=0,1,\cdots,N-1 \quad (4.67)$$

通过上述的块叠加，将 L 段数据合并成一段数据，累加以后的信号分量相当于原始信号和函数 $G(L,f_k)$ 相乘，下面让我们来看看 $G(L,f_k)$ 的性质。

$$G(L,f_k) = \sum_{i=0}^{L-1} e^{j2\pi f_k iNt_s} \Rightarrow |G(L,f_k)| \leqslant \sum_{i=0}^{L-1} |e^{j2\pi f_k iNt_s}| = L \quad (4.68)$$

式(4.68)表明，$G(L,f_k)$ 能取到的最大值是 L，该最大值当 $e^{j2\pi f_k iNt_s}=1$ 的时候取到。很显然，当 $G(L,f_k)$ 取到该最大值的时候，意味着原始信号被放大了 L 倍。而 $G(L,f_k)$ 的值和 f_k 有关，直接对输入信号进行块累加并不能保证 $G(L,f_k)$ 取到最大值。可以在本地产生一个频率是$\triangle f_k$ 的载波调整信号，该信号是个连续波信号，可以表示为 $p_k(n)=e^{j2\pi\Delta f_k nt_s}$，将 $p_k(n)$和输入信号 $s_k(n)$相乘，得到一个载波频率调整以后的新信号 $y_k(n)$，

$$y_k(n) = D_k(nt_s)C_k(nt_s)e^{j2\pi(f_k+\Delta f_k)nt_s} + v_k(nt_s)e^{j2\pi\Delta f_k nt_s} \quad (4.69)$$

可见 $p_k(n)$的引入只是改变了原始信号的载波频率，对 D_k 和 C_k 并没有任何影响，式(4.69)中的噪声分量是原始的噪声分量上旋转一定相位，但功率谱密度没有变化，这里用 $v_k'(t)$ 表示新的白噪声信号。

现在对 $y_k(n)$进行类似的块累加，可以得到，

$$Y_k(n) = \sum_{i=0}^{L-1} y_k(n+iN) = S\{y_k(n)\}G(L,f_k') + \sum_{i=0}^{L-1} v_k'(n+iN) \quad (4.70)$$

这里 $f_k' = f_k + \Delta f_k$，$G(L,f_k')$ 的定义同式(4.67)。

仔细分析 $G(L,f_k')$ 的表达式，可以看出，当 $f_k'Nt_s$ 是一个整数时，则 $e^{j2\pi f_k' iNt_s}=1, \forall i\in[0,L-1]$，此时 $G(L,f_k')$ 中的 L 项累加项均为 1，其累加和取最大值。因为 $N\cdot t_s = 1\,\text{ms}$，所以 $f_k'Nt_s$ 是整数的条件就等同于下式

$$\text{mod}(f_k', 1\,\text{kHz}) = 0 \quad (4.71)$$

这里 mod(x,y)表示 x 对 y 取模运算。式(4.71)的含义即 f_k' 是 1 kHz 的整数倍，当这个条件满足时，$G(L,f_k')$ 取到最大值 L，因此

$$\begin{aligned} Y_k(n) &= S\{y_k(n)\}\sum_{i=0}^{L-1} e^{j2\pi i[\text{某个整数}]} + \sum_{i=0}^{L-1} v_k'(n+iN) \\ &= S\{y_k(n)\}\cdot L + \sum_{i=0}^{L-1} v_k'(n+iN) \end{aligned} \quad (4.72)$$

即累加以后的数据块中的信号强度得到了增强。

其实式(4.72)对于原始的 f_k 依然可能成立，比如经过多普勒频移以后的信号载波频率恰好是 1 kHz 的整数倍，那么直接对原始信号进行累加就可以使信号强度提高。只是由于多普勒频率的效应是不可控的，我们不能保证接收到的信号载波频率满足式(4.71)。而载波调整信号 $p_k(n)$的引入使我们能够控制 f_k' 的值以满足式(4.71)，则就能将载波调整以后的信号强度增强 L 倍。

如果抛开貌似复杂的数学公式，从直观上分析，原始信号之所以不能直接累加是因为每个 1 ms 的数据块的起始载波相位不同步，而 $p_k(n)$的引入使得调整以后的信号每个数据块的起始载波相位一致，同时不影响信号结构中数据比特和伪码比特，从这个意义上可以把 $p_k(n)$看作载波相位调整序列。在经过相位调整以后的数据序列中，信号的数据比特依然保持不变，伪码比特依然保持 1 ms 的周期性，同时多个数据块的起始载波相位也被同步了，于是累加多个数据块必然导致信号强度的线性累加，信号强度增大的幅度正比于参加累加的数据块的数目。整个过程可以用图 4.18 表示。

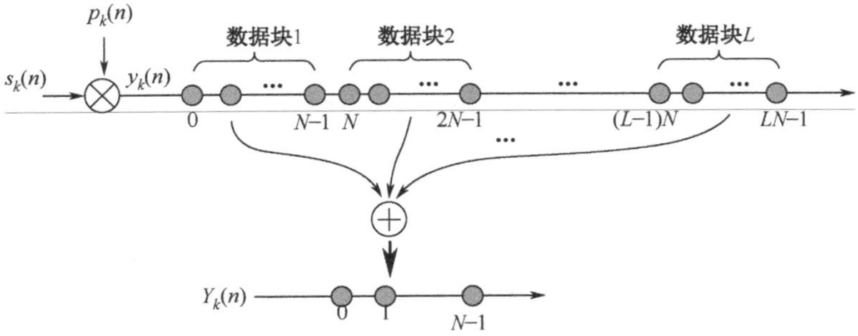

图 4.18　通过载波相位调整后的数据块累加使信号强度提高

为方便描述，我们把能够使式(4.71)成立的$\triangle f_k$ 称作“优化的”$\triangle f_k$。下面让我们来看看优化的$\triangle f_k$有什么性质。

① 优化的$\triangle f_k$只对 PRN 是 k 的卫星信号有效。

关于这一结论的原因很明显，因为不同卫星信号的多普勒频移不同，导致其载波频率对 1 kHz 取余的结果是不相同的，所以必须对不同卫星的优化的$\triangle f_k$进行搜索。既然载波频率对 1 kHz 取余的结果决定$\triangle f_k$，则可以推出$\triangle f_k$的下一个性质。

② 优化的$\triangle f_k$是周期出现的，其周期是数据块周期的倒数。

在上述分析中，如果$\triangle f_k$对于卫星 k 的信号是优化的，那么($\triangle f_k$+n×1 kHz)对于卫星 k 的信号也是优化的，这里 n 为任意整数。进一步的分析表明，该周期和单位数据块的长度成反比。如果单位数据块的长度为 1 ms，那么周期为 1 kHz；如果单位数据块长度为 2 ms，那么周期就变成 500 Hz，以此类推。

③ 对经过优化的$\triangle f_k$ 进行相位补偿以后的数据进行累加可以将信噪比增大 $10\lg L$ 分贝。

累加 L 数据块使信号强度增大了 L 倍，信号功率增大了 L^2 倍。对噪声项而言，假设原始信号中的噪声为高斯白噪声，其分布为 $v'_k(n+iN) \sim \mathcal{N}(0,\sigma^2)$，累加以后的噪声为 $\sum_{i=0}^{L-1} v'_k(n+iN) \sim \mathcal{N}(0,L\sigma^2)$，可以知道噪声的功率增大了 L 倍，但噪声增大的速度赶不上信号功率增大的速度。当 L=10 时，信噪比会增大 10 dB；当 L=20 时，信噪比会增大 13 dB，但 L 不能超过导航电文比特跳变的周期。

寻找优化的$\triangle f_k$ 并没有明显的捷径，可以根据上述第②条性质进行搜索，搜索范围为[0，1 kHz]，可见相对于原有的多普勒频移范围，$\triangle f_k$的搜索范围要小得多。搜索的步进频率可以根据 $G(L,\Delta f_k)$ 的性质决定，图 4.19 是不同 L 和$\triangle f_k$ 值域下的 $G(L,\Delta f_k)$。

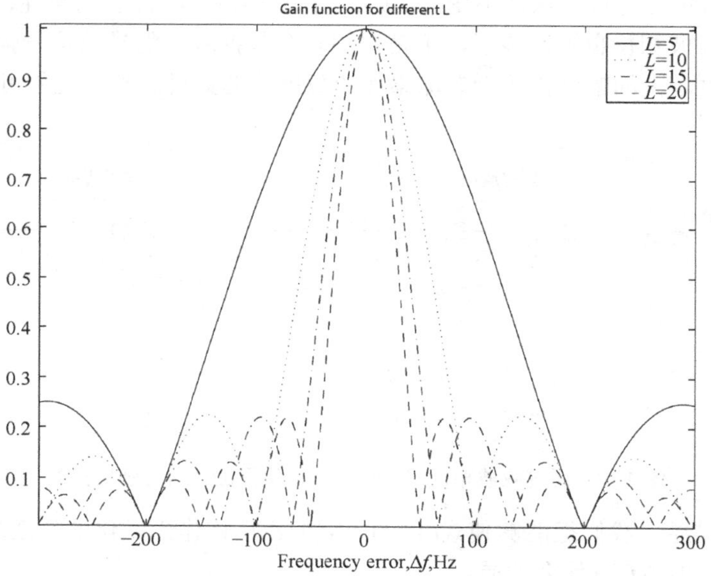

图 4.19　不同 L 值的情况下归一化的 $G(L,\Delta f_k)$

根据图 4.19 可看出，L 越大则 $G(L,\Delta f_k)$ 的主瓣越窄，这一点和图 4.6 是一致的，因为 L 对应参与累加的数据长度，相当于图 4.6 中的积分长度。一般来说，可以选择 $G(L,\Delta f_k)$ 第一个过零点的宽度定为$\triangle f_k$ 的搜索步进值，当中 L=5 时，可以把$\triangle f_k$ 的搜索步进值定为 200 Hz，当 L=10 时，搜索步进值定为 100 Hz，这样由频率误差带来的最大灵敏度损失大约为 2 dB。

确定了频率步进值后就能产生一组$\triangle f_k$，每一个$\triangle f_k$ 可以如式(4.72)所示得到一个载波相位补偿并累加以后的数据块 $Y_{k,l}(n)$，此处下标 l 对应$\triangle f_k$ 的数目。剩下的问题就归结为如何从这 l 个 1 ms 的数据块中找到优化的$\triangle f_k$？

第一种处理方法是将对这 l 个数据块进行平方运算，经过平方以后 $Y_{k,l}(n)$中的信号分量成为连续波信号，对其进行 FFT 运算，就能发现频谱分量的峰值，对该峰值对应的频率位置和伪码相位位置进行分析就可以知道信号中包含的 PRN 数目和相应的伪码相位。根据这种思想，对式(4.72)两边取平方可得

$$\begin{aligned}Y_k^2(n) &= D_k(n)^2 C_k(n)^2 e^{\mathrm{j}2\pi 2(f_k+\Delta f_k)nt_s}\cdot L^2 \\ &+ V(n)^2 + 2LV(n)D_k(n)C_k(n)e^{\mathrm{j}2\pi(f_k+\Delta f_k)nt_s}\end{aligned} \tag{4.73}$$

式(4.73)中 $V(n)=\sum_{i=0}^{L-1} v_k'(n+iN)$ 是 L 块累加后的噪声项，因为 $v_k'(n+iN)$ 相互间隔 1 ms，可以认为相互独立，则 $V(n)\sim N(0,L\sigma^2)$。为简化分析，记

$$\eta_n(L) = V(n)^2 + 2LV(n)D_k(n)C_k(n)e^{\mathrm{j}2\pi(f_k+\Delta f_k)nt_s} \tag{4.74}$$

对 $\eta_n(L)$ 进行理论分析，可知

$$E[\eta_n(L)] = L\sigma^2 \tag{4.75}$$

$$\mathrm{var}[\eta_n(L)] = 2L^2\sigma^4 + 4L^3\sigma^2 \tag{4.76}$$

于是可以得到经过平方操作后的信噪比：

$$S/N_{平方} = \frac{L^2}{2\sigma^4}\left(\frac{1}{1+2L/\sigma^2}\right) \tag{4.77}$$

式(4.77)中，当 $2L/\sigma^2 \gg 1$ 时，

$$S/N_{平方} \approx \frac{L}{4\sigma^2},$$

可见此时通过平方操作得到比较明显的信号频谱。

当 $2L/\sigma^2 \ll 1$ 时，

$$S/N_{平方} \approx \frac{L^2}{2\sigma^4}$$

上式在 $2L/\sigma^2 \ll 1$ 的情况下趋近于 0，所以此时无法通过平方操作得到明显的信号频谱。通过这些理论分析可以看出，对于强信号可以通过平方操作检测到信号频谱，对于弱信号进行平方操作则使信号频谱的检测变得更恶化了。数据比特跳变的长度限制使得无法通过一味增大 L 的方式来满足条件 $2L/\sigma^2 \gg 1$，所以这种方法对弱信号的捕获效果不明显。注意上述分析中的 σ^2 为中频采样数据中的归一化噪声功率，对于 GPS 和北斗来说，往往有 $\sigma^2 > 1$。

另一种方法是对 l 个数据块分别进行图 4.10 所示的 FFT 捕获，l 越大则需要的 FFT 和 IFFT 数量越多，因此总运算量也不小。

在上述过程中，为了实现数据块的累加，必须对优化的 $\triangle f_k$ 进行搜索，搜索过程是通过串行尝试不同的 $\triangle f_k$ 以覆盖[0，1 kHz]范围。受数据块的相同位置采样信号的载波相位的特点启发，可以通过 FFT 算法来实现 $\triangle f_k$ 的搜索，这一点可以通过观

察图 4.20 看出来。

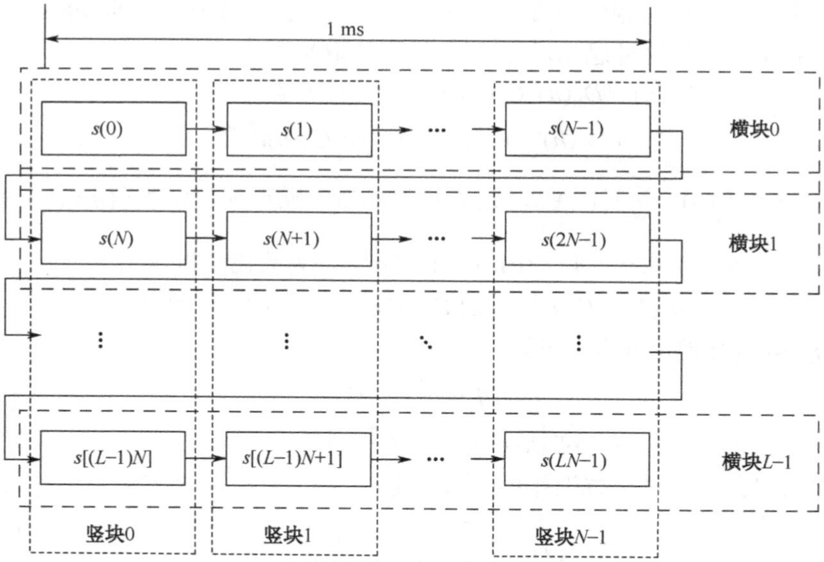

图 4.20 将中频数据采样按横块和竖块重新排列

图 4.20 是将图 4.17 中的数据进行了重新排列，将其分成二维矩阵形式，图中每一个粗框内表示一个中频采样样点，采样样点之间的箭头表示数据流的方向，从矩阵的横向看，数据被分成了 L 个横块；从纵向看，数据被分成了 N 个竖块；每一个横块表示 1 ms 的采样数据，每一个竖块中有 L 个数据，每个数据之间的时间间隔是 1 ms。

首先考虑第 i 个竖块，这里 $i=0,1,\cdots,N-1$，该竖块中包含了 L 个数据，分别为

$$\left[s(i),s(N+i),\cdots,s((L-1)N+i)\right]$$

先不考虑噪声项，竖块里各采样样点的数学表达式为

$$\begin{cases} s(i)=C_kD_ke^{\mathrm{j}2\pi f_k iT_s+\phi_0} \\ s(N+i)=C_kD_ke^{\mathrm{j}2\pi f_k(i+N)T_s+\phi_0}=s(i)e^{\mathrm{j}2\pi f_k NT_s} \\ \quad\vdots \\ s\left[(L-1)N+i\right]=C_kD_ke^{\mathrm{j}2\pi f_k(i+(L-1)N)T_s+\phi_0}=s(i)e^{\mathrm{j}2\pi f_k(L-1)NT_s} \end{cases} \tag{4.78}$$

式(4.78)中，D_k、C_k、f_k 的含义和式(4.65)中一样。

由于 NT_s=1 ms，所以竖块中的采样数据的采样频率是 1 kHz。如果把载波频率 ω_0 分成 1 kHz 的整数倍和余数部分，即

$$f_k=F\cdot 1\,\text{kHz}+\triangle f_k \tag{4.79}$$

此处，F 为某个整数，$0<\triangle f_k<1\,\text{kHz}$，则第 i 个竖块中的采样点可以简化为

$$s(i),s(i)e^{\mathrm{j}2\pi\triangle f_k NT_s},\quad\cdots\quad,s(i)e^{\mathrm{j}2\pi\triangle f_k(L-1)NT_s}$$

对这 L 个采样点进行 FFT 变换，根据 FFT 变换的理论，得到的 L 个结果为

$$Y(i,m)=\sum_{n=0}^{L-1}s(i)e^{\mathrm{j}\Delta\omega_k nNT_s}e^{-\mathrm{j}\omega_m nNT_s} \tag{4.80}$$

式(4.80)中，$\omega_m=\dfrac{2\pi mf_p}{L}$，$m=0,1,\cdots,L-1$，其中 $f_p=1\,\text{kHz}$。$\Delta\omega_k=2\pi\Delta f_k$，在后面分析中，为简便把下标 k 去掉。经化简后，式(4.80)可写成：

$$Y(i,m)=s(i)\frac{1-e^{\mathrm{j}(\Delta\omega-\omega_m)LNT_s}}{1-e^{\mathrm{j}(\Delta\omega-\omega_m)NT_s}} \tag{4.81}$$

用 $Y(i,k)$替换第 i 个竖块的数据，得到新的数据块矩阵如图 4.21 所示。

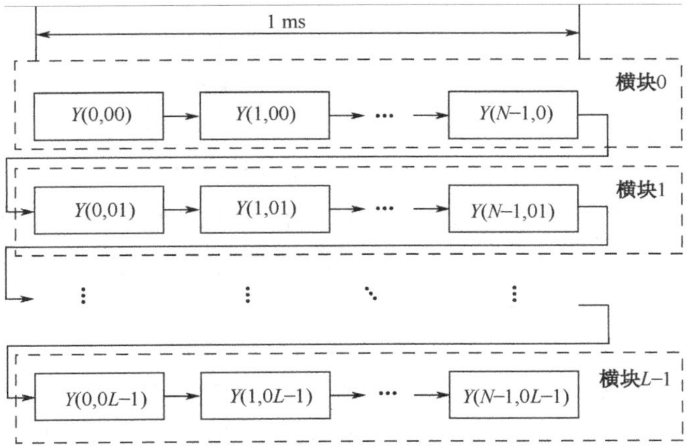

图 4.21　对竖块数据进行 FFT 后的数据块矩阵

此时，第 m 个横块中的数据可以写成：

$$s(0)A(m),\ s(1)A(m),\ \cdots\ ,s(N-1)A(m)，\ m=0,1,\cdots,L-1$$

式中，$A(m)=\dfrac{1-e^{\mathrm{j}(\Delta\omega-\omega_m)LNT_s}}{1-e^{\mathrm{j}(\Delta\omega-\omega_m)NT_s}}$。在第 m 个横块数据的采样时刻内考虑，$A(m)$是一个和采样时刻无关的公共项。

可见经过对竖块数据进行 FFT 并重新排列后，此时横块中的数据采样间隔为 T_s，采样点数为 N，包含了一个周期的伪随机码信号，如果对这 N 个数据进行图 4.10 中的 FFT 捕获方法就可以得到伪码相位的信息。整个过程如图 4.22 所示。

图 4.22 中每一个横块数据经过 FFT 再与本地伪码+载波混合信号的 FFT 共轭相乘以后，再经过 IFFT 变换得到全部伪码相位的相关结果，整个过程的详细分析已经在 4.1.4 节给出，唯一的区别在于参与相关运算的中频数据多了一个公共项因子 $A(m)$。经化简，$A(m)$的模为

$$|A(m)|=\left|\frac{\sin\left[\dfrac{\Delta\omega-\omega_m}{2}LNT_s\right]}{\sin\left[\dfrac{\Delta\omega-\omega_m}{2}NT_s\right]}\right| \tag{4.82}$$

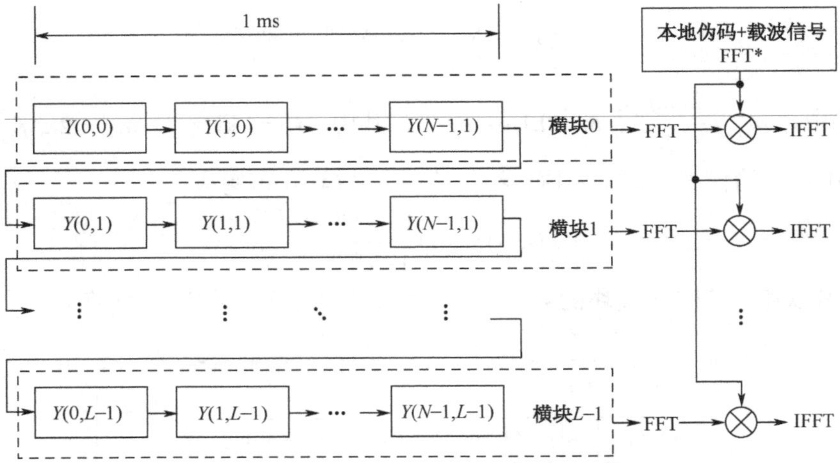

图 4.22 对横块数据进行 FFT 码相位并行捕获

式(4.82)的最大值为 L，当 $\Delta\omega = \omega_m$ 时取到，从这个意义来说，$A(m)$可以看作一个选频因子，只不过是对 f_k 中 1 kHz 以下的部分进行甄选。f_k 中 1 kHz 的部分，即式(4.79)中的整数 F 是由通过对横块数据进行 FFT 捕获时通过设定本地载波频率而确定的。

图 4.22 中的本地载波频率设定间隔固定为 1 kHz，为了覆盖[−5 kHz，+5 kHz]的频率范围需要 10 个频点。对应于每个频点 f_i，i=0,1,⋯, 9，可以得到一组本地伪码和载波的混合信号数据，对该数据做 FFT 后取共轭，然后和 L 个横块数据的 FFT 相乘后再做 IFFT，最终得到一个 $L\times N$ 的矩阵，该矩阵的纵向坐标(0,1,⋯,N−1)对应伪码相位信息，而横向坐标(0,1,⋯,L−1)对应载波多普勒频率信息，其中第 m 行数据对应的多普勒频率值为

$$f(m) = f_i \cdot 1\,\text{kHz} + \omega_m,\quad m=0,1,\cdots,L-1 \tag{4.83}$$

由上式可以看出，多普勒频率的搜索分辨率由 ω_m 决定，从上面 ω_m 的定义知道，ω_m 的频率粒度是 1 kHz 被 L 等分，所以 L 越大则多普勒频率分辨率就越高。在实际中，为了考虑 FFT 快速算法的要求，一般取 L 为 2 的幂次，但同时还要考虑数据总时长不能超过数据比特跳变的边界，所以 L 可以是 2、4、8 或 16。如果 L=4，则频率分辨率为 250 Hz；如果 L=8，则频率分辨率为 125 Hz，以此类推。

在实际设计中，可以把本地伪码+载波的混合信号的 FFT 操作提前完成并存储在 RAM 里，在进行 FFT 捕获时直接从 RAM 中读取来参与运算，这样就能节省该部分运算量，其代价是增加了 RAM 容量开销。在这种情况下，每个横块数据的操作需要两次 FFT 运算，一次是对横块数据的 FFT 运算；另一次是对相乘以后的数据进行 IFFT 运算。对于一个 $L\times N$ 的输入数据块，如果多普勒频率范围是[−5 kHz，+5 kHz]，总共需要 $2L\times 10$ 个 N 点 FFT 运算，考虑到对竖块数据的 FFT 运算过程需要进行 N 个 L 点的 FFT 运算，则总的 FFT 运算量为

$$C_{\text{Block}}=10\times 2L\text{ 个 }N\text{ 点 FFT}+N\text{ 个 }L\text{ 点 FFT}$$

如果直接对 $L\times N$ 的输入数据进行 FFT 捕获，依然采用预先存储本地伪码和载波混合信号的 FFT 结果的方案，欲达到相同的多普勒频率分辨率则需要的频点数目为 $10\times L$ 个，而每个频点依然需要完成两次 FFT，但此时 FFT 的数据点数是 $L\times N$，总的 FFT 运算量为

$$C_{\text{Normal}}=20\times L\text{ 个 }LN\text{ 点的 FFT}$$

如果按照 n 点 FFT 的运算量为 $n\text{lb}(n)$来计算，则分块处理的总运算量

$$C_{\text{Block}}=20\cdot L\cdot N\cdot \text{lb}(N)+N\cdot L\cdot \text{lb}(L) \tag{4.84}$$

而常规 FFT 处理的总运算量为

$$\begin{aligned}C_{\text{Normal}}&=20\cdot L\cdot LN\text{lb}(LN)\\&=20\cdot L^2\cdot N\cdot \text{lb}(N)+20\cdot L^2\cdot N\cdot \text{lb}(L)\end{aligned} \tag{4.85}$$

当 $L>1$ 时，显然式(4.84)的值要小于式(4.85)，图 4.23 所示是当 N=1 024 时，几种不同的 L 长度对应的两种方法的运算量对比，可见先分块处理然后进行 FFT 捕获的方案通过充分利用 FFT 快速算法减少运算量而达到了快速捕获的目的。

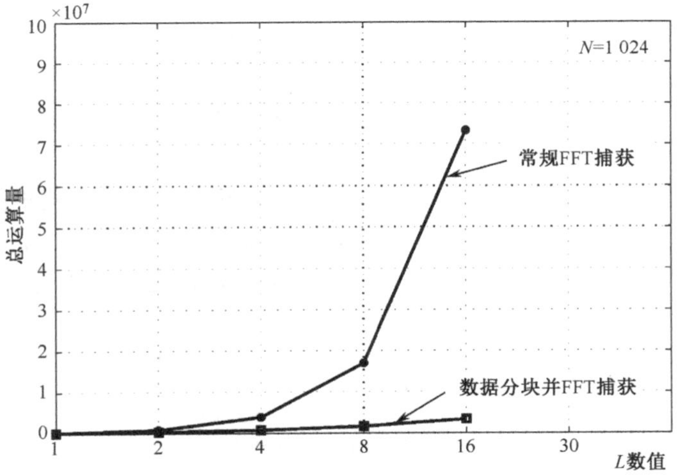

图 4.23　L=1，2，4，8，16 时分块处理和常规 FFT 的运算量比较

4.1.7　信号捕获的门限设定

前面几节介绍了几种不同的信号捕获的方法，虽然这些方法具体的实现细节各异，依据的数学原理也不尽相同，但最终都要经过门限判决以判定是否存在卫星信号，同时给出信号的载波频率和伪码相位的估计值。在 4.1.2 节已经说明了相干积分和门限判决的一些基本知识，本节将对门限判决的设定进行详细的理论分析。

根据 4.1.2 节的分析可知，当本地伪码和输入信号的伪码相位差为 $\Delta\tau$，载波频

率差为$\Delta\hat{\omega}$时，I 和 Q 路积分输出的相干积分结果为

$$\bar{I}_P = D\sqrt{P_s}T_I \text{sinc}\left(\frac{\Delta\hat{\omega}T_I}{2}\right)R(\Delta\tau)\cos\left[\frac{\Delta\hat{\omega}}{2}T_I + \delta\phi_0\right] + \bar{N}_I \tag{4.86}$$

$$\bar{Q}_P = D\sqrt{P_s}T_I sinc\left(\frac{\Delta\hat{\omega}T_I}{2}\right)R(\Delta\tau)\sin\left[\frac{\Delta\hat{\omega}}{2}T_I + \delta\phi_0\right] + \bar{N}_Q \tag{4.87}$$

式(4.86)和式(4.87)中各参数的定义与式(4.31)和式(4.32)一样，$\bar{N}_I$和$\bar{N}_Q$为高斯白噪声，服从$N(0,\sigma^2)$分布。如果定义$A=\sqrt{P_s}T_I$，则当伪码相位和载波频率都严格对齐时，信噪比为

$$SN = \frac{A^2}{\sigma^2} \tag{4.88}$$

注意：此处的信噪比不是中频数据的信噪比，而是经过载波剥离和伪码剥离以后的基带信噪比。

在载波频率误差不为 0 的情况下，由于存在相位旋转，故无法仅通过对$\bar{I}_P$的值进行门限判决，在 4.1.2 节已经对这个原因进行了解释，在这种情况下，通过对式(4.86)和(4.87)进行取模操作得到判决门限：

$$\begin{aligned}\left|\bar{I}_P + i\bar{Q}_P\right| &= \sqrt{I_p^2 + Q_p^2}\\ &= A\left|\text{sinc}\left(\frac{\Delta\hat{\omega}T_I}{2}\right)\right|R(\Delta\tau) + N_R\end{aligned} \tag{4.89}$$

式(4.89)表示的是一个随机变量，其分布是莱斯分布（Ricean Distribution)。

莱斯分布以美国科学家斯蒂芬·莱斯的名字命名，因为他在 1945 年就对这种随机变量的统计特性进行了理论分析[1]，对莱斯分布最常见的描述是一定幅度的正弦波加窄带高斯过程的包络概率密度函数分布，可用下式来表示：

$$p(z|A,\sigma) = \frac{z}{\sigma^2}e^{-\frac{(z^2+A^2)}{2\sigma^2}}\text{I}_0\left[\frac{Az}{\sigma^2}\right] \tag{4.90}$$

式中，A 是正弦波的幅度；σ^2为窄带高斯过程的方差；$\text{I}_0(x)$为第一类零阶修正贝塞尔函数。图 4.24 是莱斯分布的概率密度函数，其中给出了 6 种不同A值情况下的概率密度函数的曲线。从可以看出，莱斯分布的概率密度函数曲线由A和σ^2决定，其中A决定曲线中心的大致位置，σ^2决定曲线的集中程度。

在对信号进行捕获时，分两种情况：无信号存在，只有噪声分量，这种情况用H_0假设表示；有信号存在，此时信号和噪声的叠加类似于正弦波加窄带高斯随机过程，所以符合上述莱斯分布的定义，这种情况用H_1假设表示。

在H_0假设的情况下，A=0，此时式(4.90)退化为瑞利分布（Raileigh Distribution)，此时其概率密度函数只由σ^2决定：

$$p(z) = \frac{z}{\sigma^2}e^{-\frac{z^2}{2\sigma^2}} \tag{4.91}$$

所以可以将瑞利分布看作莱斯分布的一种特殊情况。

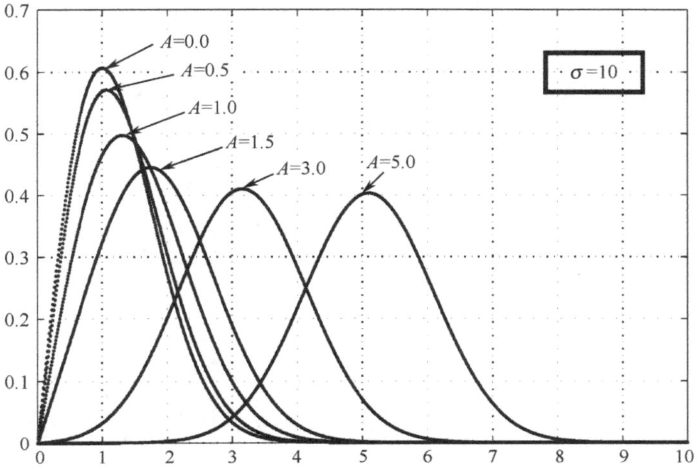

图 4.24　莱斯分布的 PDF 函数

在知道了 H_0 和 H_1 的概率密度分布的情况下，门限判决就可以看作对随机变量 $\sqrt{I_p^2+Q_p^2}$ 根据预设的门限值 V_t 进行判断：当 $\sqrt{I_p^2+Q_p^2}$ 超过门限值时，给出信号存在的声明；当 $\sqrt{I_p^2+Q_p^2}$ 没有超过门限值时，给出信号不存在的声明。

于是在 H_0 和 H_1 的假设下，又分别以下有四种情况。

① 在 H_0 的假设情况下，$\sqrt{I_p^2+Q_p^2}$ 超过门限值。

② 在 H_1 的假设情况下，$\sqrt{I_p^2+Q_p^2}$ 没有超过门限值。

③ 在 H_0 的假设情况下，$\sqrt{I_p^2+Q_p^2}$ 没有超过门限值。

④ 在 H_1 的假设情况下，$\sqrt{I_p^2+Q_p^2}$ 超过门限值。

图 4.25 用概率密度分布函数的图形组合生动地说明了四种判决结果对应的物理意义，其中概率密度函数曲线下的阴影部分的面积表示对应的事件发生的概率。其中（a）事件叫作虚警事件，表示在没有信号存在的情况下错误地认为有信号存在，其概率用 P_{fa} 表示；（b）事件叫作漏检事件，表示在有信号存在的情况下错误地认为没有信号存在，其概率用 P_m 表示；（c）事件叫作正确丢弃事件，表示在无信号的情况下正确地认为没有信号存在，其概率用 P_T 表示；（d）事件叫作检测事件，表示在有信号的情况下正确地认为有信号存在，其概率用 P_D 表示。显然，有 $P_D+P_m=1$，$P_{fa}+P_T=1$，一般希望 P_{fa} 和 P_m 越小越好，P_D 和 P_T 越大越好。

在接收机设计中虚警事件和检测事件的重要性要强于漏检事件和正确丢弃事件，因为虚警事件往往意味着必须为不存在的信号继续后续的牵引、跟踪过程，这些过程的硬件开销和时间开销都很大，所以必须尽量避免虚警事件的发生；而检测事件的成功与否直接关系到接收机对信号捕获过程的成功率，和接收机 TTFF 等性能指标直接相关，所以一般把虚警概率和检测概率作为门限设定时所必须考虑的两个关键因素。

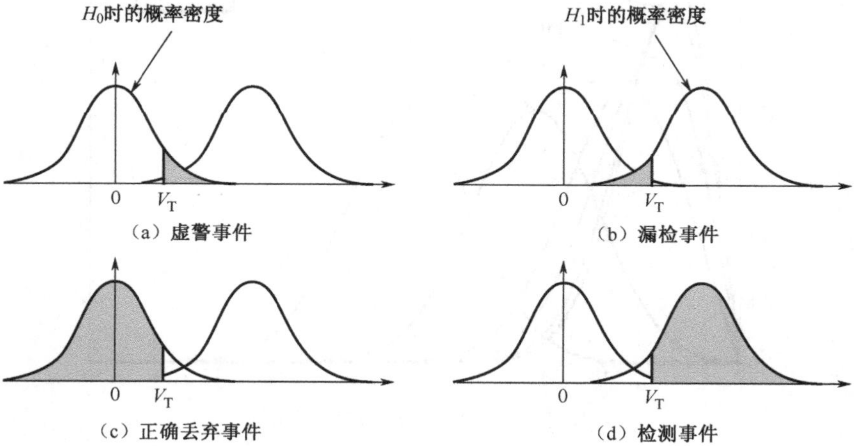

图 4.25　门限判决时的四种情况

根据图 4.25 的阴影面积的计算方式，可以给出 P_{fa} 和 P_D 的表达式：

$$P_{fa} = \int_{V_T}^{+\infty} p(z|H_0)\,dz \tag{4.92}$$

$$P_D = \int_{V_T}^{+\infty} p(z|H_1)\,dz \tag{4.93}$$

为了避免非相干积分带来的平方损失问题，这里只对单次判决进行分析。对单次检测判决来说，判决输入量为 $\sqrt{I_p^2+Q_p^2}$，那么在给定 P_{fa} 和 σ^2 的情况下，就可以根据式(4.92)和式(4.93)确定门限值 V_T，此时有：

$$\begin{aligned} P_{fa} &= \int_{V_T}^{+\infty} \frac{z}{\sigma^2} e^{-\frac{z^2}{2\sigma^2}}\,dz \\ &= e^{-\frac{V_T^2}{2\sigma^2}} \end{aligned} \tag{4.94}$$

由上式可以看出，此时可以唯一地确定 V_T，即

$$V_T = \sigma\sqrt{-2\ln(P_{fa})} \tag{4.95}$$

在确定了 V_T 之后，根据 $p(z|H_1)$ 的函数式就可以确定 P_D。由此可见，在$(A,\ \sigma^2)$一定的情况下，V_T、P_{fa} 和 P_D 是相互关联的，一般来说无法独立地确定一个参数然后再独立地确定另外两个参数。V_T 值的选择希望能够使得 P_D 尽可能地接近 1，并且 P_{fa} 尽可能地接近 0，显然这是不可能同时实现的，实际 V_T 值的设定必定是两者的折中。

在实际的 GPS 和北斗信号捕获过程中，可以根据中频采样数据的分布情况、量化电平、中频采样率、积分时间长度和本地伪码载波信号的比例系数决定 σ^2，或者

独立分配一个噪声相关通道实时估计 σ^2，然后再根据捕获灵敏度的下限 CN0 和相干积分时间长度决定 A，这样就能确定 $p(z|H_0)$ 和 $p(z|H_1)$，于是就可以根据上述的分析对 V_T 值进行设定。V_T 值和具体的捕获方案实施细节密切相关，例如，在改变量化比特位宽、改变相干积分长度或者改变中频采样率的情况下均需要对 A 和 σ^2 重新估计，从而正确地重新设置 V_T 值。

需要注意的是，这里讨论的是对包络进行单次判决的情况，实际中的判决策略有很多种。参考文献[8]介绍了一种搜索全部可能的($\Delta\hat{\omega}$, $\Delta\tau$)组合，然后选择 $\sqrt{I_p^2+Q_p^2}$ 的最高值进行判决的方法，参考文献[9]介绍了 Tong 搜索方法和 N 中选 M 的判决方法，这些方法主要的目的是为了提高信号捕获的完备性和鲁棒性，其中门限值的选择必须根据对具体判决事件的概率分布函数进行分析，有兴趣的读者可以阅读其中有关信号捕获的章节。

4.1.8　相干积分和非相干积分

相干积分是 GPS 和北斗接收机中非常常见但也很关键的操作，在信号捕获和信号跟踪的处理中都需要进行相干积分，在 4.1.2 节中描述的相干积分的特点在于保持载波相位在时间上的连续性，在本节将介绍相干积分的作用以及相干积分和非相干积分的区别。

由于现代卫星接收机在进行捕获和跟踪处理的时候均是对 ADC 采样量化后的数字信号进行的，所以这里将对离散域信号展开分析。考虑射频前端带宽为 B_w，噪声双边功率谱密度为 $N_0/2$，采样率为 T_s，则 ADC 采样得到的信号可以表示为

$$s_{IF}(mT_s)=\sqrt{2P_s}C(mT_s-\tau)\cos[\omega_{IF}mT_s+\phi_0]+n(mT_s),\ m=[0,1,\cdots] \tag{4.96}$$

式中，P_s 是载波功率；C 为伪随机码；ω_{IF} 为中频载波频率；ϕ_0 为初始相位；$n(mT_s)$ 为高斯白噪声，服从 $N(0,\sigma^2)$ 分布，这里 $\sigma^2=B_wN_0$。考虑相干积分长度小于数据比特跳变周期，所以这里略去了数据比特项。

如果本地伪码相位、本地载波频率和式(4.96)中的 τ、ω_{IF} 一致，即实现了伪码和载波的完全同步，此时可以实现载波剥离和伪码剥离，于是经过 I 和 Q 累加器的（在连续时间域用积分器表示，这里用累加器表示）低通滤波特性之后，式(4.96)将简化为

$$\begin{aligned} s_I(mT_s)&=\sqrt{P_s}\cos(\Phi)+n_I(mT_s)\\ s_Q(mT_s)&=\sqrt{P_s}\sin(\Phi)+n_Q(mT_s) \end{aligned} \tag{4.97}$$

式中，Φ 为载波相位差，为一个固定角度。

考虑相干积分长度为 1 ms，采样点个数为 M，则 I 和 Q 累加和为

$$\begin{aligned}\mathrm{Sum_I} &= \sqrt{P_\mathrm{s}}M\cos(\Phi)+\sum_{m=0}^{M-1}n_\mathrm{I}(mT_\mathrm{s})\\ \mathrm{Sum_Q} &= \sqrt{P_\mathrm{s}}M\sin(\Phi)+\sum_{m=0}^{M-1}n_\mathrm{Q}(mT_\mathrm{s})\end{aligned} \tag{4.98}$$

式(4.98)中信号功率为 M^2P_s，噪声项方差为 $M\sigma^2$，则累加后的信噪比为

$$SN=\frac{M^2P_\mathrm{s}}{M\sigma^2}=M\frac{P_\mathrm{s}}{\sigma^2} \tag{4.99}$$

可见累加后的信噪比是累加前的 M 倍，这里把信噪比的提升量叫作相干增益，用分贝表示为

$$相干增益=10\lg(M)\ \mathrm{dB}$$

可见相干增益由 M 决定，当 M=2 046 时，相干增益为 $10\lg(2\,046)\approx 33$ dB。由于 M 由中频采样率决定，那么是不是可以通过提高中频采样率来提高相干增益？直接从相干增益的表达式似乎可以得出这个结论，但在ADC输出的数字采样信号带宽一定的情况下，单纯提高中频采样速率使得式(4.96)中的噪声项不再是“白”的，即时间上不再是不相关的，而是呈现一定的相关特性，于是式(4.98)中的噪声项方差不再是 $M\sigma^2$，而是 $f(M)\sigma^2$，这里 $f(M)$ 是个介于 M 和 M^2 之间的数值，具体值视噪声项在时间上的相关性而定，所以在这种情况下相干增益就不再是 $10\lg(M)$ 了，而是要小于 $10\lg(M)$。

如果把射频前端的带宽增大，这样就能够使得在提高ADC的采样率的同时，还能保证噪声项的白噪声特性，这样似乎就可以通过提高 M 来提高相干增益了。但需要仔细考虑的是，在增大射频前端带宽的同时，式(4.96)中的噪声方差 σ^2 也增大了，而且 σ^2 增大的系数和 B_w 是线性的，一般来说采样率和 B_w 也是线性的，也就是说 M 增大的倍数和 σ^2 增大的倍数是同步的，所以单单通过增大射频前端带宽的方法也无法增大相干积分增益。

上面是通过离散采样的信号和噪声样点的统计特性分析相干增益的特性，下面换个角度，从噪声功率谱密度和信号等效带宽的角度来分析。

我们知道，为了尽量保证有用信号分量无损通过，同时尽量抑制带外噪声和干扰，接收机的射频前端带宽 B_w 可以认为是卫星导航信号的带宽，对于GPS信号，B_w=2.046 MHz，对北斗信号则 B_w=4.092 MHz。

在相干积分之后，假设相干积分时间长度为 T，则等效信号带宽变为 $1/T$，因为此时信号经过伪码剥离已经变成了窄带信号，信号分量不受影响，而噪声分量的功率则变为 N_0/T，可见等效信号带宽越小则噪声功率越小，意味着信噪比越高，信噪比提升的倍数即为射频带宽和基带信号带宽的比值。例如，当 T=1 ms 时，噪声带宽变为1 kHz，此时对GPS信号来说，信噪比的提升为

$$\frac{2.046\ \mathrm{MHz}}{1\ \mathrm{kHz}}=2\,046\approx 33\ \mathrm{dB}$$

可见从信号带宽和噪声功率谱密度的角度分析可以得到相同的结果。对北斗信号可以进行同样的分析。

将上述的分析过程进行归纳，可以得出结论：如果相干积分时间为 T，则相干增益可以表示为

$$\text{Gain}=10\lg\left(\frac{B_w}{B_b}\right)\text{dB} \tag{4.100}$$

式(4.100)中，$B_b=1/T$，T 为相干积分时间长度。实际中的相干增益除了和相干积分时间长度有关外，还受伪码相位是否对齐、载波频率是否一致、ADC 量化噪声、射频前端噪声系数等多个因素的影响。

式(4.100)虽然简单，但在实际中却非常有用。以 GPS 信号为例，当天线等效噪声温度 290 K 时，噪声功率谱密度大约是−174 dBm/Hz，如果输入信号功率为−130 dBm，在射频前端带宽为 2.046 MHz 的情况下，射频信噪比约为

$$-130\ \text{dBm}-(-174+63)\ \text{dBm}=-19\ \text{dB}$$

根据参考文献[13]，基带信噪比必须达到 14 dB 以上才能进行可靠地信号捕获和跟踪，所以可以看出，必须提供 35 dB 的相干增益才行，这时根据式(4.100)就可以看出需要 T=2 ms，即 2 ms 的相干积分才能保证足够的相干增益，以实现良好的信号捕获和跟踪结果。

根据以上分析可知，通过增加相干积分时间可以增大相干增益，从而提高基带信号信噪比，但受导航电文比特跳变的影响无法无限制地增大相干积分时间，此时可以通过采用非相干积分（或累加）的方式来提高信噪比。

非相干积分和相干积分的最大区别在于非相干积分不再保持载波相位的连续性，这一点在 4.1.2 节已经说明了，这里将对非相干积分带来的平方损失进行定量分析。

平方损失的定义在不同研究学者看来不尽相同，这里采用参考文献[2]中的定义，即

$$\text{平方损失}=\frac{\text{SNR}(\sqrt{I_\text{p}^2+Q_\text{p}^2})}{\text{SNR}(\overline{I}_\text{p}+\text{i}\overline{Q}_\text{p})} \tag{4.101}$$

式(4.101)的意义是经过对 $\overline{I}_\text{p}+\text{i}\overline{Q}_\text{p}$ 取模之后的信噪比与 $\overline{I}_\text{p}+\text{i}\overline{Q}_\text{p}$ 的信噪比的比值。参考文献[13]从给定检测概率和虚警概率的角度分析了非相干积分损耗，参考文献[2]从概率分布密度函数的角度分析了平方损耗，两者结论不尽一致，但只是观察问题的依据和出发角度不同，放在各自的语境条件下又都是合理的[18]。下面的分析将基于参考文献[2]的理论，因为从直观的物理意义来看，参考文献[2]的理论更符合实际一些。

非相干积分不是对 I 和 Q 积分器输出的 $\overline{I}_\text{p}+\text{i}\overline{Q}_\text{p}$ 进行累加，而是对其模 $\sqrt{I_\text{p}^2+Q_\text{p}^2}$ 进行累加，4.1.7 节中分析了取模操作对应的随机变量的统计特性。根据 4.1.7 节的

分析结果可知，$\sqrt{I_{\mathrm{p}}^2+Q_{\mathrm{p}}^2}$ 的概率分布分两种情况：① H_0 假设时呈现瑞利分布；② H_1 假设时呈现莱斯分布。从直观上分析，取模操作包括 I 和 Q 两路积分结果的平方、相加和求平方根操作，整个过程中产生了新的随机变量，而新的随机变量和相干积分结果相比有以下不同：

① H_1 假设信号相关峰值的幅度发生了变化。

② H_0 和 H_1 假设 $\sqrt{I_{\mathrm{p}}^2+Q_{\mathrm{p}}^2}$ 的均值不再是 0，而相干积分结果 $\overline{I}_{\mathrm{p}}+\mathrm{i}\overline{Q}_{\mathrm{p}}$ 中包含的噪声均值都为 0。

③ H_0 假设 $\sqrt{I_{\mathrm{p}}^2+Q_{\mathrm{p}}^2}$ 的方差发生了变化。

图 4.26 是对一段实际采集的 GPS 信号进行相干积分的结果，积分时间长度 1 ms，其中左图为 $\overline{I}_{\mathrm{p}}+\mathrm{i}\overline{Q}_{\mathrm{p}}$ 的结果，右图为 $\sqrt{I_{\mathrm{p}}^2+Q_{\mathrm{p}}^2}$ 的结果。左图中实际上是两条曲线，分别对应 I 路积分和 Q 路积分，虽然由于显示比例的限制，两条曲线相互纠缠在一起不容易区分，但可以明显看出噪声均值为 0。右图为 $\sqrt{I_{\mathrm{p}}^2+Q_{\mathrm{p}}^2}$，即对左图的两条曲线进行平方、相加和取平方根以后的结果，整个曲线都为正值，可以看出此时噪声均值不再为 0，而是高于 0 的某个值。

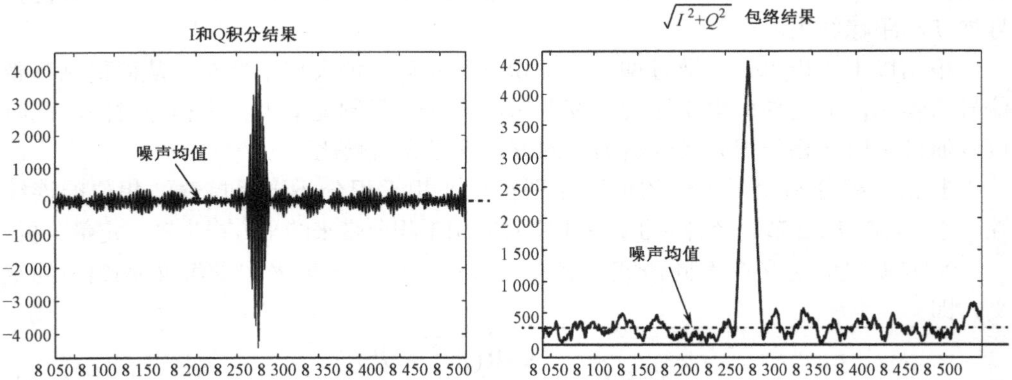

图 4.26 $\overline{I}_{\mathrm{p}}+i\overline{Q}_{\mathrm{p}}$（左图）和 $\sqrt{I_{\mathrm{p}}^2+Q_{\mathrm{p}}^2}$（右图）噪声均值的对比

首先假设相干积分输出的 I 和 Q 结果中信号幅度为 A_{c}，两路各自的噪声功率为 σ_{c}^2，这里下标 c 表示相干积分（Coherent）的意思，考虑到 I 和 Q 两路的噪声分量相互正交，所以信噪比为

$$\mathrm{SNR}(\overline{I}_{\mathrm{p}}+\mathrm{i}\overline{Q}_{\mathrm{p}})=\frac{A_{\mathrm{c}}^2}{2\sigma_{\mathrm{c}}^2} \tag{4.102}$$

下面再来看非相干积分的情况，非相干积分的第一步是对 $\overline{I}_{\mathrm{p}}+\mathrm{i}\overline{Q}_{\mathrm{p}}$ 进行取模操作。

考虑在 H_0 假设的情况下，$\sqrt{I_{\mathrm{p}}^2+Q_{\mathrm{p}}^2}$ 为瑞利分布，其概率密度函数用式(4.91)所示，此时噪声均值和方差分别如式(4.103)和式(4.104)所示[2]。

$$\mu_{n0}=\sigma_c\sqrt{\frac{\pi}{2}} \tag{4.103}$$

$$\sigma_{n0}^2=\frac{4-\pi}{2}\sigma_c^2 \tag{4.104}$$

在 H_1 假设的情况下，$\sqrt{I_p^2+Q_p^2}$ 为莱斯分布，其概率密度函数用式(4.90)所示，此时其噪声均值[2]为

$$\mu_{n1}=\sigma_c\sqrt{\frac{\pi}{2}}e^{-\frac{A_c^2}{4\sigma_c^2}}\left[(1+\frac{A_c^2}{2\sigma_c^2})\mathrm{I}_0(\frac{A_c^2}{4\sigma_c^2})+\frac{A_c^2}{2\sigma_c^2}I_1(\frac{A_c^2}{4\sigma_c^2})\right] \tag{4.105}$$

式(4.105)中，$\mathrm{I}_0(\cdot)$和 $\mathrm{I}_1(\cdot)$分布为第一类零阶和一阶修正贝塞尔函数。

如果记 $\gamma=A_c^2/2\sigma_c^2$，即 γ 为相干积分的信噪比，式(4.105)可以简化为

$$\mu_{n1}(\gamma,\sigma_c)=\sigma_c\sqrt{\frac{\pi}{2}}e^{-\frac{\gamma}{2}}\left[(1+\gamma)\mathrm{I}_0(\frac{\gamma}{2})+\gamma I_1(\frac{\gamma}{2})\right] \tag{4.106}$$

可见此时 $\sqrt{I_p^2+Q_p^2}$ 的均值是 γ 和 σ_c 的函数。式(4.106)的含义是当信号存在时经过取模操作以后 $\sqrt{I_p^2+Q_p^2}$ 的均值，仔细观察图 4.12 中的右图可知，μ_{n1} 其实包括两部分，一部分是由于信号自相关峰产生的峰值；另一部分是由于噪声均值不再为零而导致的自相关峰值的提升，这部分额外提升就是式(4.103)表示的分量。在计算信号功率时，应该把由于噪声均值非零导致的 μ_{n1} 增加的部分扣除，所以此时的信噪比为

$$\begin{aligned}\mathrm{SNR}(\sqrt{I_p^2+Q_p^2})&=\frac{(\mu_{n1}-\mu_{n0})^2}{\sigma_{n0}^2}\\&=\frac{\pi}{4-\pi}\left[e^{-\frac{\gamma}{2}}\left[(1+\gamma)I_0(\frac{\gamma}{2})+\gamma I_1(\frac{\gamma}{2})\right]-1\right]^2\end{aligned} \tag{4.107}$$

结合式(4.102)和式(4.107)，根据式(4.101)可得，此时的平方损失为

$$\text{平方损失}=\frac{\pi}{(4-\pi)\gamma}\left[e^{-\frac{\gamma}{2}}\left[(1+\gamma)I_0(\frac{\gamma}{2})+\gamma I_1(\frac{\gamma}{2})\right]-1\right]^2 \tag{4.108}$$

图 4.27 所示是根据式(4.108)画出来的平方损失和相干积分信噪比 γ 的曲线图，横轴表示 γ 的取值范围，单位是 dB，纵轴是对应的平方损失，单位也是 dB。图中 γ 从−20 dB 变化到 30 dB，对应的平方损失的值为−20.4 dB～+6.4 dB。

平方损失成为正值确实很令人费解，因为此时意味着取模操作对于信噪比来说不是“损失”，而是“增强”。但从上面严格的数学推导确实得到如此结果，实际的蒙特卡罗仿真数据结果也证实了这一点[2]。其实从经验直观上考虑也许更容易理解，在信噪比较高的情况下，通过取模操作使得误差的方差更小了，关于这一点只需要对式(4.104)进行数值计算就可以确知，误差的最大变化在于均值不再为 0，相当于增

加了一个正向的直流分量，如式(4.103)的结果所示，但同时 I 和 Q 两路结果平方也使得信号幅度增大，当信噪比较高时，信号幅度增大的速度大于噪声均值提升的速度，结果就导致按照式(4.107)计算，输出信噪比大于输入信噪比。

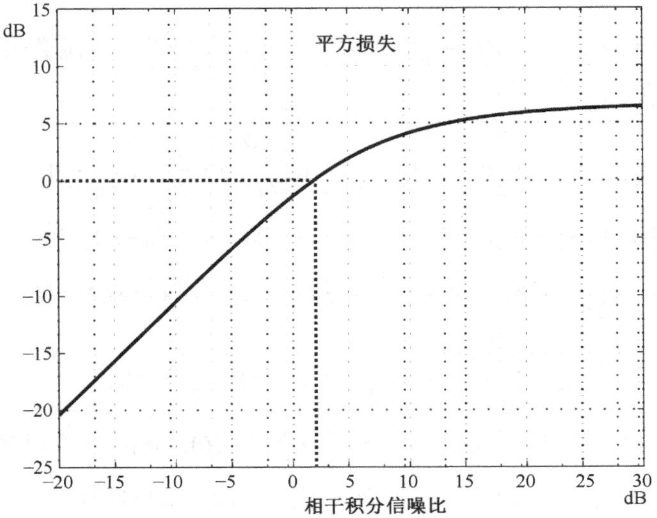

图 4.27　相干积分信噪比 γ 和平方损失的关系

从图 4.27 中可以看到，当相干积分信噪比大于 3.4 dB 时，平方损失开始大于 0，所以在进行非相干积分之前，如果通过一定时间的相关积分使得信噪比大于 3.4 dB，则会导致一个额外的信噪比提升。如果相关积分的信噪比比较低的话，那么通过取模操作会给信噪比带来不可忽视的消弱，例如，当 $\gamma=-20$ dB 时，取模以后的信噪比会减弱约 20.4 dB，而这是需要极力避免的结果。

以上分析得出了取模操作对于相干积分结果的信噪比的影响，在此之后还需要进行若干次非相干累加，假设非相干累加的次数为 L，因为 L 次相干积分取模的结果($\sqrt{I_{p,k}^2+Q_{p,k}^2}$，$k=0,1,\cdots,L$)包含的随机变量可以认为是时间无关的，那么信号幅度增加了 L 倍，噪声均方根只增大了 $\sqrt{L}$ 倍，所以可以认为 L 次非相干累加带来的信噪比的提升为

$$\text{非相干累加增益} = 10\lg(L) \quad (\text{dB})$$

假如相干积分时间长度为 T，非相干累加次数为 L，射频前端带宽为 B_w，结合相关积分增益的公式(4.100)，以及上述关于平方损失、非相干累加增益的结论，则总增益为

$$\text{Gain}=10\lg\left(\frac{B_w}{B_b}\right)+10\lg(L)-\text{平方损失} \quad (\text{dB}) \tag{4.109}$$

式(4.109)中，$B_b=1/T$，平方损失通过式(4.108)计算。平方损失的计算和相干积分结果的信噪比有关，所以很难在系统设计之初给一个确定的数值，因为不同信号

强度、不同的相关积分时间都会导致不同的平方损失。一般来说，应该尽量在保证没有数据比特跳变危险的条件下延迟相干积分时间，这样能够保证较大的相干积分信噪比，而可以得到较小的平方损失，但在延长相干积分时间时，也会导致多普勒频移搜索空间变大而加大运算量，所以相干积分时间长度、非相干累加次数均需要仔细考虑，在性能和运算量之间选取一个平衡点。

4.2 信号跟踪

GPS 和北斗接收机在完成了信号的捕获以后，就对信号的载波频率和伪码相位有了粗略的估计。这里使用了“粗略”这个词来描述信号捕获的结果，是相对于跟踪环路的结果来说的。一般说来，根据信号捕获的结果，对载波频率的估计精度为几十赫兹到几百赫兹，而伪码相位的估计精度在±0.5 个码片范围之内。这个精度不能保证实现导航电文数据的稳定解调，因为解调数据一般必须在进入稳定的跟踪状态以后才可以进行，即载波频率差为 0，载波相位差接近于 0，伪码相位差在 0.01～0.1 个码片之内。随着卫星和接收机的相对运动，天线接收到的信号的载波频率和伪码相位还在时刻发生改变。而且更为棘手的是，接收机本地时钟的钟漂和随机抖动也会影响对已捕获信号的锁定。所以如果没有对载波 NCO 和伪码 NCO 的持续不断的动态调整，捕获的信号会很快就失锁，而信号跟踪从其本质来说就是为了实现对信号载波和伪码的稳定跟踪而采取的一种对环路参数的动态调整策略。

信号跟踪的目的有两个，一个是实现对卫星导航信号中的载波分量的跟踪，另一个是实现对伪码分量的跟踪。所以，在接收机内部必须有两个跟踪环，这两个跟踪环必须紧密耦合在一起，缺一不可。对如此紧密耦合的两个环路同时进行分析实在是一件困难的事情，所以本章采取的策略是将两个环路分开来分别分析。这样在分析一个环路的时候，假设另一个已经处于稳定的锁定状态。这样的处理方式是为了理论分析的方便，同时在实际应用中，当接收机处于稳定工作状态的时候，必定是两个环路都处于稳定地锁定状态，所以这样的处理方式和接收机的实际工作状态并不相悖。

在实现载波同步、伪码同步和比特同步之后，跟踪环路的同相路积分器会输出导航电文比特，此时在信噪比足够高的情况下可以进行导航电文解调，同时可以提取伪距、载波相位和多普勒观测量，这些观测量信息会送给后续导航解算单元进行 PVT 解算。由此可见，信号跟踪环节在接收机的信号处理流程中具有举足轻重的作用，信号跟踪的性能将直接影响接收机的总体性能指标和用户体验。

在开始对北斗和 GPS 接收机内部的跟踪环路进行分析以前，我们必须对基本锁相环的工作原理有深刻的理解。这是我们进行后续理论分析的基础，所以让我们先看看基本的锁相环路。

4.2.1 基本的锁相环

基本的锁相环如图 4.28 所示。

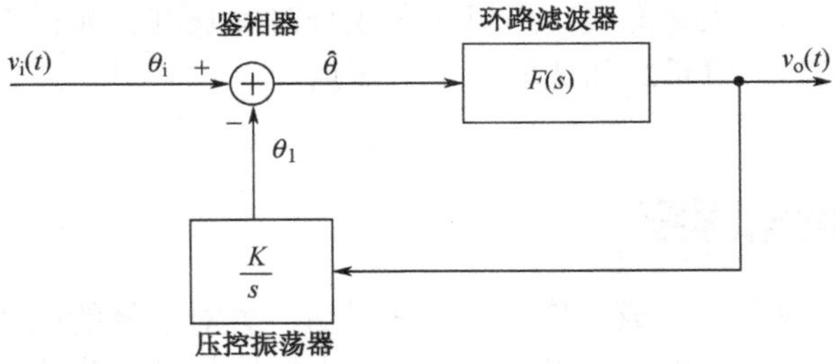

图 4.28 基本的锁相环功能框图

可以看出，基本的锁相环其实是一个闭环反馈控制系统，包括鉴相器、压控振荡器和环路滤波器。图 4.28 中 $v_i(t)$是输入信号，因为锁相环的目的是对输入信号的相位进行锁定，所以实际的输入量是 $v_i(t)$的相位，用 $\theta_i(t)$所示；压控振荡器产生的本地信号的相位用 $\theta_1(t)$表示，于是鉴相器输出相位差 $\hat{\theta}=\theta_i(t)-\theta_1(t)$；相位差经过环路滤波器滤去高频分量，然后控制压控振荡器，同时这个量也是锁相环的输出量，用 $v_o(t)$表示。为了以后分析方便，此处图中示出的是频域模型，实际中使用的是时域模型。

压控振荡器的输出频率和输入量成正比，假设 $u(t)$是压控振荡器的输入量，则

$$f_{vco}(t)=ku(t) \tag{4.110}$$

这里 $f_{vco}(t)$是压控振荡器输出信号的频率，k 为压控振荡器的压控增益，单位是弧度／伏特。

因为相位是频率的积分，所以输出信号的相位可以表示为

$$\theta_{vco}(t)=\int_0^t f_{vco}(\tau)\mathrm{d}\tau \tag{4.111}$$

对式(4.111)取拉普拉斯变换，并将式(4.110)带入，就得到压控振荡器的频域模型

$$\theta_{vco}(s)=\frac{k}{s}U(s) \tag{4.112}$$

这里 $U(s)$是 $u(t)$的拉普拉斯变换，即 $U(s)=L[u(t)]$，其中 $L[\cdot]$是拉普拉斯算子。

回过来看看图 4.28，其中压控振荡器的输入量是环路滤波器的输出，即

$$\begin{aligned}v_o(s)&=\hat{\theta}(s)F(s)\\&=[\theta_i(s)-\theta_1(s)]F(s)\end{aligned} \tag{4.113}$$

所以根据式(4.112)，可以得到

$$\theta_1(s)=\frac{k}{s}[\theta_i(s)-\theta_1(s)]F(s) \tag{4.114}$$

进一步调整得到

$$\theta_1(s)=\frac{kF(s)}{s+kF(s)}\theta_{\mathrm{i}}(s) \tag{4.115}$$

根据式(4.115)，相位差$\hat{\theta}(s)$可以表示为

$$\hat{\theta}(s)=\frac{s}{s+kF(s)}\theta_{\mathrm{i}}(s) \tag{4.116}$$

于是定义环路传递函数 $H(s)$和误差传递函数 $E(s)$分别为

$$H(s)=\frac{\theta_1(s)}{\theta_{\mathrm{i}}(s)}=\frac{kF(s)}{s+kF(s)} \tag{4.117}$$

$$E(s)=\frac{\hat{\theta}(s)}{\theta_{\mathrm{i}}(s)}=\frac{s}{s+kF(s)} \tag{4.118}$$

容易看出，$H(s)$和 $E(s)$有如下的关系：

$$E(s)=1-H(s) \tag{4.119}$$

由上面分析可以看出，锁相环的传递函数由环路滤波器决定，由此而知，锁相环的性能在很大程度上和环路滤波器息息相关。$F(s)$的形式一定以后，就可以由式(4.117)得到传递函数$H(s)$，与之对应的等效噪声带宽定义为

$$B_n=\int_0^{\infty}|H(\mathrm{j}2\pi f)|^2\,\mathrm{d}f \tag{4.120}$$

有关等效噪声带宽的物理意义可以考虑某白噪声通过传递函数为 $H(s)$的线性系统，若单边带噪声功率谱密度为 N_0，则系统输出的噪声功率为

$$P_{N_0}=\int_0^{\infty}|H(\mathrm{j}2\pi f)|^2 N_0\mathrm{d}f=B_nN_0$$

由此可见，P_{N_0}就类似于上述白噪声通过带宽为 B_n 的线性系统的结果，从这个意义来说，式(4.120)定义了闭环传递函数 $H(s)$所对应的等效噪声带宽。

B_n要在后面分析环路热噪声特性时用到。由式(4.118)得到的误差传递函数 $E(s)$，在分析环路对动态应力的响应时用到，具体就是根据拉普拉斯终值定理对输入激励为动态应力条件下的稳态相位误差进行分析。

对于 n 阶环的闭环传递函数，锁相环的传递函数写成如下通用的形式：

$$H(s)=\frac{a_0+a_1s+a_2s^2+\cdots+a_{n-1}s^n}{b_0+b_1s+b_2s^2+\cdots+b_{n-1}s^n} \tag{4.121}$$

锁相环的阶数由 $H(s)$的分母中包含的 s 算子的最高幂次决定，将式(4.121)代入式(4.120)就可以得到不同环路的噪声带宽。GPS 和北斗接收机中常用的环路包括 1 阶环、2 阶环和 3 阶环，Lindsey 制成一个求B_n的表，如表 4.1 所示。利用该表，可以很方便地算出 1 阶、2 阶和 3 阶环路的$H(s)$对应的B_n。

表 4.1　一阶环，二阶环和三阶环的噪声带宽公式[20]

环路阶数	$H(s)$	B_n
1	$\dfrac{a_0}{b_0+b_1 s}$	$\dfrac{a_0^2}{4b_0b_1}$
2	$\dfrac{a_0+a_1 s}{b_0+b_1 s+b_2 s^2}$	$\dfrac{a_0^2b_2+a_1^2b_0}{4b_0b_1b_2}$
3	$\dfrac{a_0+a_1 s+a_2 s^2}{b_0+b_1 s+b_2 s^2+b_3 s^3}$	$\dfrac{a_2^2b_0b_1+(a_1^2-2a_0a_2)b_0b_3+a_0^2b_2b_3}{4b_0b_3(b_1b_2-b_0b_3)}$

$H(s)$的分母中包含的 s 算子的最高幂次其实就是 $H(s)$的极点数目，由信号与系统知识可知，时域的积分器对应拉普拉斯域的 $1/s$ 算子，于是 $H(s)$的极点数目和环路中的积分器分数目是一致的，因此可以说锁相环阶数由闭环回路中的积分器的数目决定，这一点在后续进行 1 阶、2 阶和 3 阶环路分析的时候可以得到印证。在此需要提出的是，压控振荡器作为锁相环路中的一个必不可少的器件，其自身已经包含了一个积分器。

对锁相环进行全面的分析是一个艰巨而繁杂的任务[21]，接收机中的锁相环包括了载波环和伪码环，工程人员往往比较关心环路的暂态响应和稳态响应特性，所以这里只对这两点进行简单介绍。

锁相环常见的三种输入如图 4.29 所示，从左到右分布为相位阶跃、频率阶跃和频率斜升。相位阶跃输入是在原有的相位的基础上突然增加了一个 θ_0 量，频率阶跃输入是在原有相位的基础上增加了 $\Delta\omega t$，其实是频率发生了突变，频率斜升输入是在原有的频率基础上增加了一个频率的加速度分量 α。

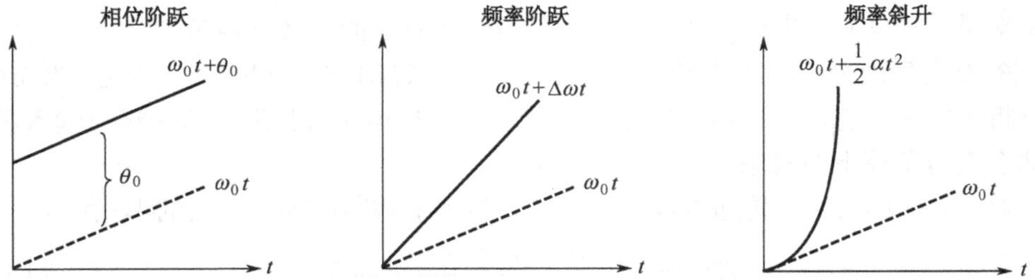

图 4.29　锁相环的常见的三种相位输入

由于卫星接收机中的载波相位对应接收机和卫星之间的距离量，载波频率对应接收机和卫星之间的速度量，所以图 4.29 中的三种相位输入量分别对应于距离的突变、速度的突变和加速度的突变。假如卫星和接收机之间的距离矢量是 $\boldsymbol{R}$，则图中的三种相位输入对应于 $\Delta\boldsymbol{R}$，$\Delta\dot{\boldsymbol{R}}$ 和 $\Delta\ddot{\boldsymbol{R}}$。

假设锁相环的输入量在时域的表达式为 $u(t)$，将其转换到 s 域，用 $u(s)$表示，则由式(4.117)可知输出量

$$\theta_1(s) = H(s)u(s)$$

将上式变换到时域得到

$$\theta_1(t) = L^{-1}[H(s)u(s)] \tag{4.122}$$

然后根据式(4.122)的结果即可对锁相环的输出进行暂态响应分析。锁相环的暂态响应主要衡量对环路输入变化的响应速度和性能，例如，在输入信号的频率或相位发生突变的情况下，环路能否尽快跟上变化并保持继续锁定，是否因为无法跟上变化的步伐而发生环路失锁等。

对于稳态响应分析可以直接利用拉普拉斯终值定理，即

$$\hat{\theta}_{1,\infty} = \lim_{s\to 0} sH(s)u(s) \tag{4.123}$$

和暂态响应不同，稳态响应主要关心在进入稳定跟踪之后锁相环对于输入信号的跟踪能力，是否有稳定偏差等，对环路的 $H(s)$和 $E(s)$函数使用终值定理可以得到稳态时的本地相位输出量和相位误差量。暂态响应和稳态响应都需要一定的输入激励，但关心的侧重点不同。

下面对几种常见的环路滤波器进行分析。

1. 1 阶环

1 阶环对应的环路滤波器为全通滤波器，无电抗元件，其滤波器函数为

$$F(s) = 1$$

将上式带入式(4.117)和式(4.118)可以得到 1 阶环的 $H(s)$和 $E(s)$

$$H(s) = \frac{k}{s+k}, \quad E(s) = \frac{s}{s+k}$$

和表 4.1 中的 1 阶环的参数进行对比可知，$a_0=k$，$b_1=1$，$b_0=k$，根据表中 B_n 的计算公式可以得知，1 阶环的噪声带宽为

$$B_n = \frac{k}{4} \tag{4.124}$$

（1）相位阶跃输入

当输入信号是相位阶跃信号时，$\theta_i(t) = \theta_0 u(t)$〔这里的 $u(t)$为单位阶跃函数，下同〕，其拉氏变换为 $\theta_i(s) = \dfrac{\theta_0}{s}$，则由终值定理可知稳态相差为

$$\hat{\theta}_{e,\infty} = \lim_{s\to 0} sE(s)\theta_i(s) = \lim_{s\to 0} \frac{\theta_0 s}{s+k} = 0$$

（2）频率阶跃输入

当输入信号是频率阶跃信号时，$\theta_i(t) = \Delta\omega t u(t)$，其拉氏变换为 $\theta_i(s) = \dfrac{\Delta\omega}{s^2}$，则其稳态相差为

$$\hat{\theta}_{e,\infty} = \lim_{s\to 0} sE(s)\theta_{\rm i}(s) = \lim_{s\to 0}\frac{\Delta\omega}{s+k} = \frac{\Delta\omega}{k} \tag{4.125}$$

即其稳态相差不为 0。

（3）频率斜升输入

当输入信号是频率斜升时，$\theta_{\rm i}(t)=\frac{1}{2}\alpha t^2$，其拉氏变换为 $\theta_{\rm i}(s)=\frac{\alpha}{s^3}$，则其稳态相差为

$$\hat{\theta}_{e,\infty} = \lim_{s\to 0} sE(s)\theta_{\rm i}(s) = \lim_{s\to 0}\frac{\alpha}{s(s+k)} = \infty \tag{4.126}$$

即稳态相差为无穷大，意味着环路失锁。

由此可知，1 阶环不能很好地跟踪频率阶跃和频率斜升的相位输入信号。而实际上，GPS 接收机接收到的卫星信号受多普勒效应以及本地用户动态的影响，或多或少都有频率阶跃，在有外部信息辅助的情况下，可以把频率阶跃和更高阶的频率变化量扣除，此时可以使用 1 阶环进行跟踪，但在没有外部辅助的情况下，北斗和 GPS 接收机中的跟踪环路一般不使用 1 阶环。

2．2 阶环

实际中可以实现 2 阶环的环路滤波器有很多种，比如阻容积分器、有源比例积分器、无源比例积分器等。这里我们以有源比例积分器为例来说明，其他的滤波器的情况读者可以进行类似分析。

对于有源比例积分器，$F(s)=\frac{1+s\tau_1}{s\tau_2}$，则此时的 $H(s)$和 $E(s)$为

$$H(s)=\frac{\frac{k\tau_1}{\tau_2}s+\frac{k}{\tau_2}}{s^2+\frac{k\tau_1}{\tau_2}s+\frac{k}{\tau_2}},\quad E(s)=\frac{s^2}{s^2+\frac{k\tau_1}{\tau_2}s+\frac{k}{\tau_2}}。$$

在电路和控制理论分析中，将上面两式中分母写成归一表达式往往会使后续分析更容易，即

$$(s^2+\frac{k\tau_1}{\tau_2}s+\frac{k}{\tau_2}) \triangleq (s^2+2\zeta\omega_{\rm n}s+\omega_{\rm n}^2) \tag{4.127}$$

式中，$\omega_{\rm n}$ 和 ζ 的定义如下：

$$\omega_{\rm n} \triangleq \sqrt{\frac{k}{\tau_2}},\qquad \zeta \triangleq \frac{1}{2}\omega_{\rm n}\tau_1 \tag{4.128}$$

上式中 $\omega_{\rm n}$ 表示的是 PLL 的自然频率（Natural Freuqncy），其物理意义是：对于 $\theta_{\rm i}(t)$ 的变化，PLL 的输出即 $\theta_1(t)$ 会产生暂态响应，其暂态响应的表现形式类似阻尼振荡，而该阻尼振荡的角频率就是 $\omega_{\rm n}$，相应的阻尼系数就是 ζ。由控制理论可知，

当ζ很小时，该暂态响应需要经过很大的过冲才会到达稳态，即欠阻尼；而当ζ很大时，因为系统阻尼过大，虽然不会有过冲，但系统需要较长的时间才能到达稳态，即过阻尼。所以一般都会选择临界优化值$\zeta = 0.707$。采用了式(4.128)的定义后，$H(s)$可以改写成：

$$H(s) = \frac{2\zeta\omega_{\mathrm{n}} s + \omega_{\mathrm{n}}^2}{s^2 + 2\zeta\omega_{\mathrm{n}} s + \omega_{\mathrm{n}}^2}$$

对比表 4.1，此时

$$a_1 = 2\zeta\omega_{\mathrm{n}},\ a_0 = \omega_{\mathrm{n}}^2$$

$$b_2 = 1,\ b_1 = 2\zeta\omega_n,\ b_0 = \omega_n^2$$

所以可以推导出 2 阶环的等效噪声带宽：

$$B_n = \frac{1}{8}\omega_n(4\zeta + \frac{1}{\zeta}) \tag{4.129}$$

下面考虑 2 阶环对于三种输入相位的稳态相差。

（1）相位阶跃输入

当输入信号是相位阶跃信号时，$\theta_{\mathrm{i}}(t) = \theta_0 u(t)$，$\theta_{\mathrm{i}}(s) = \dfrac{\theta_0}{s}$，则由终值定理可知稳态相差为

$$\hat{\theta}_{e,\infty} = \lim_{s\to 0} sE(s)\theta_{\mathrm{i}}(s) = \lim_{s\to 0}\frac{\theta_0 s^2}{s^2 + 2\zeta\omega_{\mathrm{n}} s + \omega_{\mathrm{n}}^2} = 0 \tag{4.130}$$

（2）频率阶跃输入

当输入信号是频率阶跃信号时，$\theta_{\mathrm{i}}(t) = \Delta\omega t u(t)$，$\theta_{\mathrm{i}}(s) = \dfrac{\Delta\omega}{s^2}$，则其稳态相差为

$$\hat{\theta}_{e,\infty} = \lim_{s\to 0} sE(s)\theta_{\mathrm{i}}(s) = \lim_{s\to 0}\frac{\Delta\omega s}{s^2 + 2\zeta\omega_{\mathrm{n}} s + \omega_{\mathrm{n}}^2} = 0 \tag{4.131}$$

（3）频率斜升输入

当输入信号是频率斜升信号时，$\theta_{\mathrm{i}}(t) = \dfrac{1}{2}\alpha t^2$，$\theta_{\mathrm{i}}(s) = \dfrac{\alpha}{s^3}$，则其稳态相差为

$$\hat{\theta}_{e,\infty} = \lim_{s\to 0} sE(s)\theta_{\mathrm{i}}(s) = \lim_{s\to 0}\frac{\alpha}{s^2 + 2\zeta\omega_{\mathrm{n}} s + \omega_{\mathrm{n}}^2)} = \frac{\alpha}{\omega_{\mathrm{n}}^2} \tag{4.132}$$

即稳态相差不为 0。

由此可知，2 阶环能很好地跟踪相位阶跃和频率阶跃信号，但不能很好地跟踪频率斜升信号，但已经能够处理绝大多数时间内北斗和 GPS 接收机接收到的卫星信号，同时 2 阶环在环路复杂性和环路稳定性方面也比较理想，所以 2 阶环是目前民用接收机内较常使用的跟踪环路。由于无法处理无偏地跟踪频率斜升输入信号，所

以 2 阶环不太适合高动态运动的应用场合。

3. 3 阶环

北斗和 GPS 接收机中常用的 3 阶环的环路滤波器常选用如下形式[9]：

$$F(s)=\tau_1+\frac{\tau_2}{s}+\frac{\tau_3}{s^2}$$

于是此时的 $H(s)$ 和 $E(s)$ 为

$$H(s)=\frac{k\tau_1 s^2+k\tau_2 s+k\tau_3}{s^3+k\tau_1 s^2+k\tau_2 s+k\tau_3},\quad E(s)=\frac{s^3}{s^3+k\tau_1 s^2+k\tau_2 s+k\tau_3}$$

对比表 4.1，此时

$$a_2=k\tau_1,\ a_1=k\tau_2,\ a_0=k\tau_3$$

$$b_3=1,\ b_2=k\tau_1,\ b_1=k\tau_2,\ b_0=k\tau_3$$

所以可以推导出 3 阶环的等效噪声带宽：

$$B_n=\frac{k\tau_1}{4}+\frac{k\tau_2^2}{4(k\tau_1\tau_2-\tau_3)} \tag{4.133}$$

（1）相位阶跃输入

当输入信号是相位阶跃信号时，$\theta_{\mathrm{i}}(t)=\theta_0 u(t)$，$\theta_{\mathrm{i}}(s)=\dfrac{\theta_0}{s}$，则稳态相差为

$$\hat{\theta}_{e,\infty}=\lim_{s\to 0}sE(s)\theta_{\mathrm{i}}(s)=\lim_{s\to 0}\frac{\theta_0 s^3}{s^2+k\tau_1 s^2+k\tau_2 s+k\tau_3}=0 \tag{4.134}$$

（2）频率阶跃输入

当输入信号是频率阶跃信号时，$\theta_{\mathrm{i}}(t)=\Delta\omega t u(t)$，$\theta_{\mathrm{i}}(s)=\dfrac{\Delta\omega}{s^2}$，则稳态相差为

$$\hat{\theta}_{e,\infty}=\lim_{s\to 0}sE(s)\theta_{\mathrm{i}}(s)=\lim_{s\to 0}\frac{\Delta\omega s^2}{s^2+k\tau_1 s^2+k\tau_2 s+k\tau_3}=0 \tag{4.135}$$

（3）频率斜升输入

当输入信号是频率斜升信号时，$\theta_{\mathrm{i}}(t)=\dfrac{1}{2}\alpha t^2$，$\theta_{\mathrm{i}}(s)=\dfrac{\alpha}{s^3}$，则其稳态相差为

$$\hat{\theta}_{e,\infty}=\lim_{s\to 0}sE(s)\theta_{\mathrm{i}}(s)=\lim_{s\to 0}\frac{\alpha s}{s^2+k\tau_1 s^2+k\tau_2 s+k\tau_3}=0 \tag{4.136}$$

从以上分析可见，3 阶环可以无偏地跟踪频率斜升输入信号，所以比较适合高动态场合下的跟踪环路设计。但与 1 阶环、2 阶环不同的是，3 阶环存在稳定性问题，1 阶环、2 阶环都是无条件稳定的。由劳斯-赫尔维茨稳定判决条件可知，当以下条件成立时系统稳定：

$$k\tau_1 > 0,\ k\tau_2 > 0,\ k\tau_3 > 0,\ \text{且}\ k\tau_1 \cdot k\tau_2 > k\tau_3 \tag{4.137}$$

式(4.137)仅仅是一个很松散的稳定性约束，E.D.Kaplan 在参考文献[9]中提出，当 $Bn \leqslant 18$ Hz 时，3 阶环能保证较好的稳定性。

观察 1 阶环、2 阶环和 3 阶环的 $H(s)$和 $E(s)$，可以看出，1 阶环只有一个调整系数 k，2 阶环有两个调整系统 ζ 和 ω_n〔根据式(4.127)〕，3 阶环有四个调整系数 k、τ_1、τ_2 和 τ_3，但其实可以将 $k\tau_1$、$k\tau_2$ 和 $k\tau_3$ 合并而看作 3 个系数，所以 3 阶环其实只有三个调整系数。在实际的接收机跟踪环路设计中，由于 NCO 是通过数字逻辑或软件编程实现的，其中的压控增益可以自行设定，所以将其设定为 1 并将 k 折算到其他系数中，通过这种处理可以用图 4.30 表示 1 阶环、2 阶环和 3 阶环的环路滤波器的实现方式。

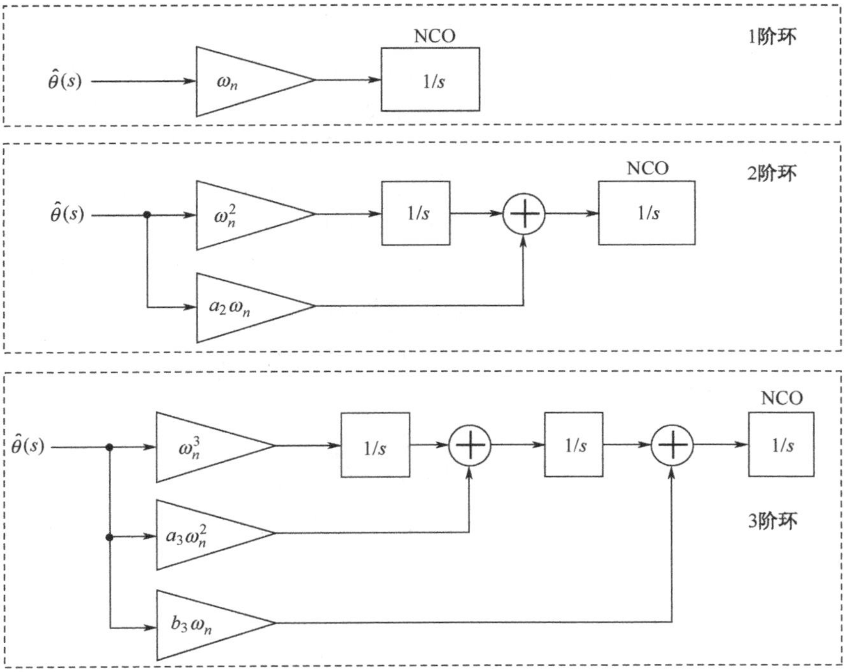

图 4.30　三种环路滤波器的实现方式：1 阶环、2 阶环和 3 阶环

图 4.30 中的系数和上面公式中的系数有如表 4.2 所示的对应关系，表中同时还给出了 B_n 的计算公式，

表 4.2　环路滤波器的系数对应关系和 B_n 的计算公式

	图 4.30 中的系数	公式中系数	B_n
1 阶环	ω_n	k	$\omega_n/4$
2 阶环	$(\omega_n)^2$	k/τ_2	$\frac{(1+a_2^2)}{4a_2}\omega_n$
	$a_2\omega_n$	$k\tau_1/\tau_2$	

续表

	图 4.16 中的系数	公式中系数	B_n
3 阶环	$(\omega_n)^3$	$k\tau_3$	$\dfrac{(a_3b_3^2+a_3^2-b_3)}{4(a_3b_3-1)}\omega_n$
	$a_3(\omega_n)^2$	$k\tau_2$	
	$b_3\omega_n$	$k\tau_1$	

按照图 4.30 实现不同的环路滤波器后，需要确定的就是滤波器系数。对于 1 阶环来说，只需要确定 ω_n，根据表 4.2 中 B_n 和 ω_n 的关系就能够根据设定的等效噪声带宽来确定 ω_n。对于 2 阶环来说，需要确定 a_2 和 ω_n，其中一个原则是选取 2 阶环的阻尼系数为临界优化值，即 $\zeta=0.707$，可以证明，此时 a_2=1.414，因此 B_n=0.53ω_n，所以也可以根据设定的等效噪声带宽 B_n 来确定 ω_n。对于 3 阶环来说，需要确定 a_3、b_3 和 ω_n，参考文献[9]给出的优化值为 a_3=1.1，b_3=2.4，将 a_3 和 b_3 的值带入 B_n 的公式可得 B_n=0.7845ω_n，于是也可以根据设定的等效噪声带宽 B_n 来确定 ω_n。

由图 4.30 可以看出，锁相环的阶数和环路中的积分器数目对应。注意：图 4.30 中的最后一个积分器由 NCO 提供，一般来说，N 阶锁相环的环路滤波器中包含 $N-1$ 个积分器，加上 NCO 一共有 N 个积分器。类似于 3 阶环的环路滤波器的形式，对于 N 阶环，可以假设其 $F(s)=a_0+a_1/s+\cdots+a_{N-1}/s^{N-1}$，则其闭环传递函数为

$$H(s)=\frac{a_0s^{N-1}+a_1s^{N-2}+\cdots+a_{N-1}}{s^N+a_0s^{N-1}+a_1s^{N-2}+\cdots+a_{N-1}} \tag{4.138}$$

误差传递函数为

$$E(s)=\frac{s^N}{s^N+a_0s^{N-1}+a_1s^{N-2}+\cdots+a_{N-1}} \tag{4.139}$$

定义环路的自然频率 $\omega_n=(a_{N-1})^{1/N}$，则可以用终值定理证明，对于输入的动态应力的稳态相差为

$$\begin{aligned}\hat{\theta}_{e,\infty}&=\lim_{s\to0}sE(s)\theta_{\rm i}(s)=\lim_{s\to0}\frac{s^{N+1}\theta_{\rm i}(s)}{s^N+a_0s^{N-1}+a_1s^{N-2}+\cdots+a_{N-1}}\\&=\lim_{s\to0}\frac{s\cdot[s^N\theta_{\rm i}(s)]}{\omega_n^N}=\lim_{t\to\infty}\frac{{\rm d}^N\theta_{\rm i}(t)/{\rm d}t^N}{\omega_n^N}\end{aligned} \tag{4.140}$$

由于 $\theta_{\rm i}(t)$的物理意义是接收机接收到的输入信号中的载波相位，而相位和距离成比例关系，所以式(4.140)的意义就是不同阶数的锁相环能够跟踪不同阶数的动态应力输入，动态越大则需要更高阶的锁相环，但高阶锁相环的系数选择和稳定性问题也越显突出。由式(4.140)可见，在能够实现稳定跟踪的前提下，自然频率 ω_n 越高则稳态相差越小，因为 B_n 和 ω_n 呈线性关系，所以 ω_n 越高则噪声带宽越大，所以一般来说，虽然较大的 ω_n 能够减小稳态相差，但同时增大的 B_n 也使得环路的热噪声性能变差。

4.2.2　线性锁相环的热噪声性能分析

因为锁相环要跟踪的物理量是输入信号的相位，所以对其进行噪声分析就是对输出的相位的噪声进行分析。假设输入信号中叠加了高斯白噪声，很显然，这里噪声是不会直接叠加在信号的载波相位上，实际上，这些噪声直接反映在信号的幅度上，但噪声的存在会影响载波通过零点的时刻，如果通过检测信号过零点的时刻来测量载波相位就会影响相位的测量值，从而间接影响了载波相位的稳定，这就是加性噪声对载波相位的影响。从图 4.31 就可以看出这一点。

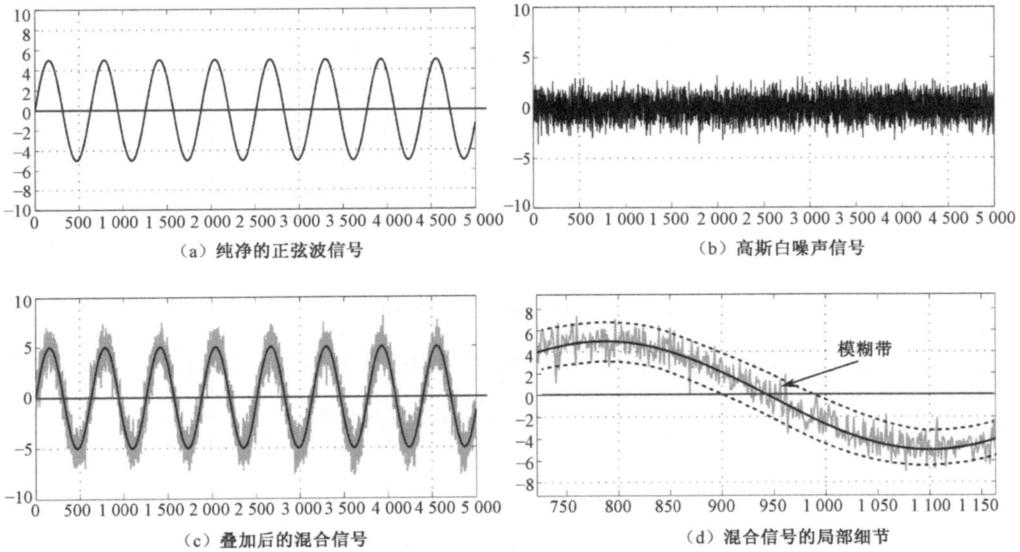

（a）纯净的正弦波信号　（b）高斯白噪声信号　（c）叠加后的混合信号　（d）混合信号的局部细节

图 4.31　加性高斯白噪声对载波相位的影响

图 4.31 中左上部分为一个纯净的正弦波信号 $A\sin(\omega_0 t+\varphi)$，右上部分为一个高斯白噪声，服从 $N(0,\sigma^2)$分布，左下部分为两者叠加以后的混合信号，可见此时正弦波信号上出现很多“毛刺”，右下部分为混合信号在零点附近的局部细节图，中间黑实线为原来的干净的正弦波信号以做比对。可见原来的正弦波信号过零点的时刻是确定的，但由于噪声的叠加，混合信号过零点的时刻呈随机变化，不再是一个确定的时刻，而是一个“模糊带”，这个模糊带的宽度大小就表示了相位抖动的大小。

对于一定幅度的正弦波信号 $A\sin(\omega_0 t+\varphi)$，如果叠加了高斯白噪声 $n(t)\ \sim N(0,\sigma^2)$，则混合信号的数学表达式如下：

$$s(t)=A\sin(\omega_0 t+\varphi)+n(t) \tag{4.141}$$

如果对 $s(t)$的相位进行测量，理论推导表明，由于加性噪声的叠加而产生的相位抖动的方差 $\sigma_{\theta_n}^2$ 可以表示为

$$\sigma_{\theta_n}^2=\frac{1}{2\mathrm{SNR}} \tag{4.142}$$

这里 SNR 为混合信号的信噪比，即 $\mathrm{SNR}=P_\mathrm{s}/P_\mathrm{n}$，$P_\mathrm{s}$ 和 P_n 分别是信号和噪声的功率。

图 4.32 所示是考虑了叠加了噪声以后的锁相环框图。注意：这里白噪声 $n(t)$ 加在鉴相器之后，而实际中噪声混加在输入信号里，即鉴相器之前。一般说来，常用的鉴相器是乘法器，输入信号通过鉴相器就是和本地的载波信号做相乘运算，所以鉴相器对噪声的影响只是改变了噪声相位，而噪声功率谱和噪声分布都没有改变，所以这个等效是有意义的。这里引入这个等效的目的是使后续的分析更简便。

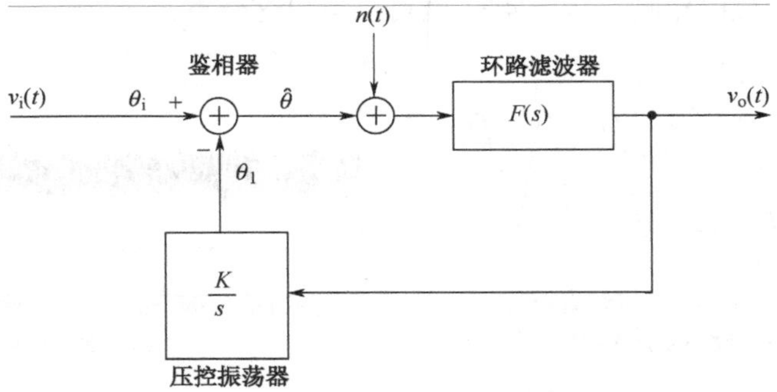

图 4.32　考虑了加性噪声的线性锁相环框图

现在压控振荡器的输入是相差信号 $\hat{\theta}(t)$ 和 $n(t)$，做类似于 4.2.1 节的分析，可得

$$\theta_1(s)\ =\theta_\mathrm{i}(s)-\hat{\theta}(s)\quad =\frac{kF(s)}{s}[\hat{\theta}(s)+n(s)]\quad \Rightarrow$$

$$\begin{aligned}\hat{\theta}(s)&=\frac{s}{s+KF(s)}\theta_i(s)-\frac{kF(s)}{s+kF(s)}n(s)\\&=E(s)\theta_\mathrm{i}(s)-H(s)n(s)\end{aligned}\tag{4.143}$$

这里 $n(s)$ 是 $n(t)$ 的拉氏变换。

式(4.143)是个很有用的公式，从中可以得出一个结论：在锁相环输入存在白噪声的情况下，输出相位的相位噪声由两部分组成，一部分是由动态应力引起的系统稳态相差；另一部分是由输入的加性噪声导致的随机相差。系统稳态相差已经在 4.2.1 节中详细讨论过，由式(4.140)可以看出，只要锁相环输入信号中存在相位的高阶动态应力，系统稳态相差总是存在的，即使输入信号是非常干净的正弦波依然会有稳态相差。而随机相差则由噪声引起，式(4.143)中的最后一项就是由输入噪声产生的相位误差分量，仔细观察式(4.143)中的表达式形式，可以看出随机相差类似于输入噪声 $n(t)$ 经过一个传递函数为 $H(s)$ 的线性系统，假设 $n(t)$ 的单边功率谱密度为 N_0，则该线性系统输出的噪声信号均方值为

$$\sigma_{H(s)}^2=\int_0^\infty |H(j2\pi f)|^2\ N_0\mathrm{d}f\tag{4.144}$$

运用式(4.142)的结论，当锁相环的输入信号功率为 P_i 时，随机相差引起的相位抖动的方差为

$$\delta\theta_{\mathrm{n}}^2 = \frac{\sigma_{H(s)}^2}{2P_{\mathrm{i}}} = \frac{N_0}{2P_{\mathrm{i}}}\int_0^{\infty}|H(\mathrm{j}2\pi f)|^2\,\mathrm{d}f$$

结合上式和锁相环等效噪声带宽 B_n 的定义可得：

$$\delta\theta_{\mathrm{n}}^2 = \frac{N_0 B_{\mathrm{n}}}{2P_{\mathrm{i}}} \tag{4.145}$$

由以上分析可知，系统稳态相差和误差传递函数 $E(s)$ 正相关，而加性噪声导致的随机相差和闭环系统传递函数 $H(s)$ 正相关。于是减小噪声带宽 B_{n} 能减小随机相差，但会增大稳态相差；增大噪声带宽 B_{n} 能减小稳态相差，却使随机相差恶化。随机相差和稳态相差的要求相互矛盾，设计者必须在两者间折中考虑。

北斗和 GPS 接收机中的跟踪环在实现形式上要比图 4.32 复杂得多，相应的环路噪声的分析也要困难得多，但将其线性化后其最根本的结构还是基本的锁相环结构。除了上面分析的随机相差和稳态相差对相位的影响外，同时时钟抖动（Clock Jitter）对跟踪环路的影响也不可忽略，导致 GPS 接收机对时钟的稳定性要求很高。关于时钟抖动的影响，限于篇幅，这里不详细赘述，有兴趣的读者可以参看参考文献[9]的第 5 章和参考文献[8]的第 12 章内容。

下面两节将对北斗和 GPS 接收机中的载波跟踪环和伪码跟踪环做详细说明。由于两个环路相互耦合，两个环路的参数会互相影响环路的性能，所以对两个环路同时分析是十分困难的。本书将采用各个击破的方式，在分析载波环时假设伪码相位已经对齐，在分析伪码环时假设载波相位已经被稳定锁定，这样会使分析大大简化，同时和实际中环路锁定时的稳态情况相符。

4.2.3　载波跟踪环

北斗和 GPS 接收机中的载波同步大多是通过科斯塔斯环实现的。科斯塔斯环是美国工程师 John P.Costas 在 20 世纪 50 年代发明的，为了纪念 John 而用其名字命名，科斯塔斯环的提出被认为“对现代数字通信领域产生了非常深远的影响”[22]。本节将对科斯塔斯环在卫星导航定位接收机基带信号处理中的应用进行详细的介绍。

1．科斯塔斯环的基本形式

图 4.33 所示是科斯塔斯环的基本结构，主要的逻辑单元包括乘法器、载波 NCO、环路滤波器、鉴相器、积分输出单元（Integrate & Dump）等。输入信号首先经过伪码发生器进行伪码剥离，然后与本地载波 NCO 输出的同相和正交分量相乘，其结果分别用同相和正交积分器积分并转储得到同相分量 $I(t)$ 和正交分量 $Q(t)$，积分结果送给鉴相器得到相位误差信号，相位误差作为输入送给环路滤波器，得到的误差信号反馈给载波 NCO，完成对信号载波的跟踪调整。由于利用了本地载波的同相和正交信号，所以科斯塔斯环也被称作同相正交环。从信号流程上看和前面讲解的基本锁相

环类似，都是闭环反馈系统，但科斯塔斯环中的相位误差信号的产生和基本锁相环相比稍显复杂一些，下面将要看到利用了同相和正交信号得到相位误差信号带来的好处。

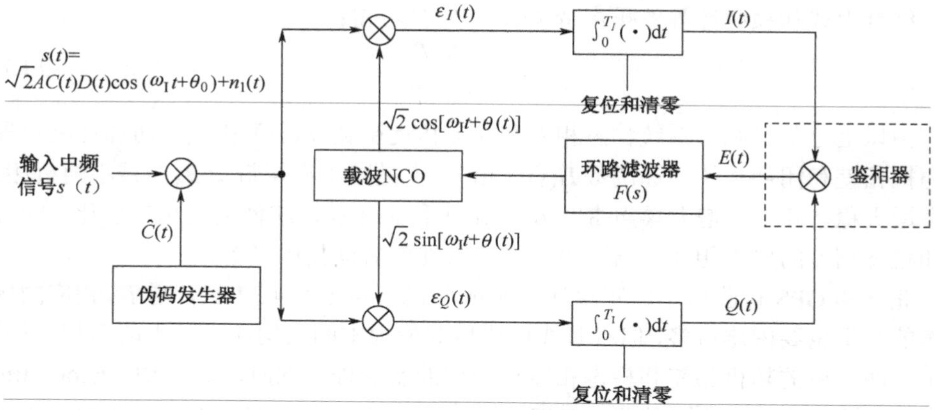

图 4.33　科斯塔斯环的基本结构

图 4.33 中的伪码发生器是北斗和 GPS 接收机特有的，如果单纯为了进行载波信号的同步而言，伪码发生器并不是必须的，但从北斗和 GPS 测距信号的结构特征上来看，伪码发生器是必不可少的，因为只有这样才能把伪码信号去除，从而能够让积分输出单元进行 1 ms 时间长度以上的积分，否则积分结果就会由于伪码分量的存在而产生类似噪声的结果。图 4.33 中的伪码发生器必须根据待处理的信号而调整，当处理 GPS 信号时必须设置为 GPS 伪码发生器，当处理北斗信号时必须设置为北斗伪码发生器。

图 4.33 中我们假设输入信号 $s(t)=\sqrt{2}AC(t)D(t)\cos(\omega_I t+\theta_0)+n_I$。这里，$A$ 是信号幅度；$C(t)$ 是伪随机码；$D(t)$ 是数据比特；ω_I 是载波频率；θ_0 是载波初始相位；$n_I(t)$ 是高斯白噪声，并假设其单边功率谱密度为 N_0。在本节中将暂时忽略噪声项，因为在下面章节中将专门分析科斯塔斯环的噪声性能。

首先，$s(t)$ 和伪码发生器产生的本地伪码 $\hat{C}(t)$ 相乘，这里 $\hat{C}(t)=C(t+\tau)$，τ 表示的是本地伪码和输入信号的伪码相位差，当伪码跟踪环稳定锁定时，$\tau\approx 0$，这样就有

$$C(t)\hat{C}(t)\approx C^2(t)=1$$

所以，此处可以认为经过本地伪码相乘之后，输入信号已经将伪码信号去除，即完成了伪码解扩的过程。信号经过伪码发生器的乘法器后，可以用下式表示：

$$s(t)\hat{C}(t)\approx\sqrt{2}AD(t)\cos(\omega_I t+\theta_0) \tag{4.146}$$

式(4.146)中 $D(t)$ 是数据比特，对于 GPS 和北斗 D1 码信号来说数据码周期是 20 ms；对于北斗 D2 码信号来说数据周期是 2 ms。积分器的长度一般不要超过数据码周期，否则积分时间内会包括数据比特跳变，使部分积分结果正负抵消，从而影响积分的

结果，严重时会产生错误的相位误差信号。积分时间 T_I 一般会是 1 ms 的整数倍，比如 5 ms、10 ms、20 ms 等，这是因为北斗和 GPS 信号使用的伪码周期都是 1 ms。这里需要注意的是，在进行超过 1 ms 长度的积分时，往往需要在完成比特同步以后，因为这样才能保证积分时间没有跨在比特跳变边界，对于北斗 D1 码信号来说还存在二级码的剥离问题。

本地载波 NCO 输出的信号有两路，一路是同相路 $\sqrt{2}\cos[\omega_I t+\theta(t)]$，另一路是正交路 $\sqrt{2}\sin[\omega_I t+\theta(t)]$，正交路输出实际是同相路输出经过相移 90° 得到的。这里 $\theta(t)$ 是本地载波相位和输入信号载波频率 $\omega_I t$ 相异的部分，其中也许只是载波初始相位的不同，也可能是载波频率存在差别，所以这里用一个关于时间 t 的函数来表示。

同相和正交支路的乘法器的输出信号为

$$\varepsilon_I(t)=AD(t)\cos(\omega_I t+\theta_0)\cos[\omega_I t+\theta(t)] \tag{4.147}$$

$$\varepsilon_Q(t)=AD(t)\cos(\omega_I t+\theta_0)\sin[\omega_I t+\theta(t)] \tag{4.148}$$

为了简化分析，式(4.147)和(4.148)中省去了噪声项。

$\varepsilon_I(t)$ 和 $\varepsilon_Q(t)$ 经过积分器积分，利用式(4.31)和(4.32)的结果，可得同相积分器和正交积分器的输出为

$$I(t)=AD(t)T_I\text{sinc}\left(\frac{\Delta\omega T_I}{2}\right)\cos[\frac{\Delta\omega}{2}T_I+\phi(t)] \tag{4.149}$$

$$Q(t)=AD(t)T_I\text{sinc}\left(\frac{\Delta\omega T_I}{2}\right)\sin[\frac{\Delta\omega}{2}T_I+\phi(t)] \tag{4.150}$$

式(4.149)和式(4.150)中，$\Delta\omega=\theta'(t)$ 是本地载波信号和输入信号的频率差，$\phi(t)$ 的定义如下：

$$\phi(t)\triangleq\theta(t)-\theta_0 \tag{4.151}$$

可见这里 $\phi(t)$ 实际就是输入信号和本地载波之间的相位差。

在进入载波跟踪阶段时，输入信号和本地载波信号的频率已经很接近，往往远小于积分器的带宽，即 $\Delta\omega \ll 1/T_I$，于是 $\Delta\omega T_I\approx 0$，所以式(4.149)和式(4.150)可以近似为

$$I(t)\approx AD(t)T_I\cos[\phi(t)] \tag{4.152}$$

$$Q(t)\approx AD(t)T_I\sin[\phi(t)] \tag{4.153}$$

经典的科斯塔斯环利用一个乘法器完成鉴相，如图 4.33 中的虚框内所示，实际的鉴相器不一定是乘法器，在下面的小节中会介绍几种不同的鉴相器。当用乘法器行使鉴相功能时，输出的相位误差信号 $E(t)$ 为

$$E(t)=I(t)Q(t)=\frac{1}{2}A^2D^2(t)T_I^2\sin[2\phi(t)] \tag{4.154}$$

式(4.154)中的 $D(t)$ 经过平方以后变为 1，可见乘法器作为鉴相器使得科斯塔斯环对数据比特的+1 和−1 值不敏感，经过归一化处理后式(4.154)得到的相位误差为

$\sin[2\phi(t)]$，当 $\phi(t)$ 很小时，$\sin[2\phi(t)]\approx 2\phi(t)$，这里归一化可以用 $\sqrt{I^2(t)+Q^2(t)}$ 的值作为除数完成。

图 4.34 表示了科斯塔斯环对数据比特跳变不敏感的性质，图 4.34（a）表示 $D(t)=1$ 的情况，图 4.34（b）表示 $D(t)=-1$ 的情况，两种情况下鉴相器输出的均为 $2\phi(t)$。

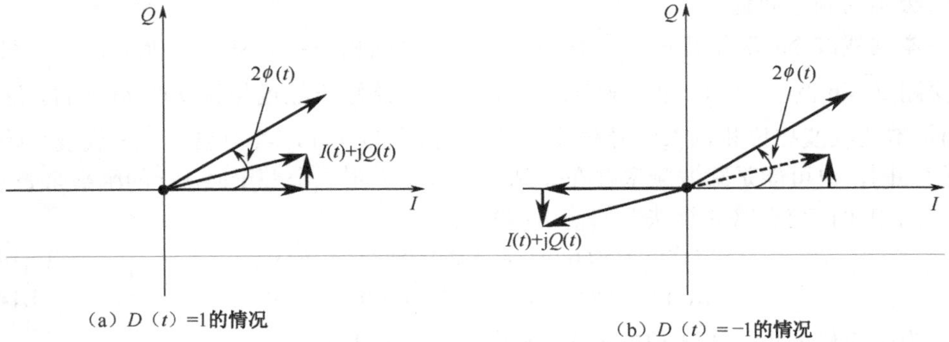

图 4.34　科斯塔斯环对数据比特的变化不敏感

鉴相器输出的相位误差信号通过环路滤波器滤除大部分的高频分量以后，作为载波 NCO 的调整信号，使得本地载波频率和输入信号频率越来越接近，最终达到频率和相位的锁定。整个闭合环路中的分析可以参看 4.2.1 节中有关基本锁相环部分的环路滤波器 $F(s)$、系统传递函数 $H(s)$、误差传递函数 $E(s)$和动态应力稳态相差的分析。

当实现相位跟踪以后，$2\phi(t)\approx 0$，此时从式(4.149)和式(4.150)可以看出，I 路积分器将输出数据比特，Q 路积分器没有任何信号分量，只有一些噪声信号，所以从 I 路可以直接读出数据比特，然后送给后续单元进行导航电文解调。

2．鉴相器和鉴频器

科斯塔斯环使用的鉴相器有多种，表 4.3 给出了在北斗和 GPS 接收机中常用的四种，分别是 $I(t)\times Q(t)$、$\text{sign}[I(t)]\times Q(t)$、$Q(t)/I(t)$、$\text{atan}[Q(t)/I(t)]$，其中 sign[•]表示取符号操作，值为+1 或−1。

表 4.3　科斯塔斯环常用的几种鉴相器

鉴相器类型	输出的相位差	性质
$Q(t)\times I(t)$	$\sin[2\phi(t)]$	经典 Costas 环鉴相器，在低信噪比情况下有近似优化的鉴相特性，鉴相斜率受信号幅度影响较大
$Q(t)\times \text{sign}[I(t)]$	$\sin\phi(t)$	在高信噪比情况下有近似最优的鉴相特性，鉴相受信号幅度影响较大，运算量较小
$Q(t)/I(t)$	$\tan\phi(t)$	在高信噪比和低信噪比情况下都有接近最优的鉴相特性，鉴相斜率不受信号幅度影响，在相差为±90°时会发散
$\text{atan}[Q(t)/I(t)]$	$\phi(t)$	两象限的反正切函数，在高信噪比和低信噪比情况下都有最优的鉴相特性，鉴相斜率不受信号幅度影响

表 4.3 的四种鉴相器输出的相位差的表达式并不难理解，只需要将式(4.152)和式(4.153)代入即可得到，推导过程中可以忽略噪声项以简化分析。值得提出的是，四种鉴相器的输出相位差的鉴相范围均为−90° 到+90°。$I(t)\times Q(t)$自不必说，因为$\sin[2\phi(t)]$的周期就是 180°，比较容易误解的是 $\mathrm{sign}[I(t)]\times Q(t)$，因为根据表中的结果其输出相位差是 $\sin\phi(t)$，直观上看其周期应该是 360°，鉴相范围应该是−180°到+180°，但由于 $\mathrm{sign}[I(t)]$乘积项的值域跳跃影响导致输出的相位差在±90° 发生跳变，使得鉴相范围在[90°,180°]时重复[−90°, 0°]之间的情况，在[−180°, 90°] 时重复[0°, 90°]之间的情况。$Q(t)/I(t)$、$\mathrm{atan}[Q(t)/I(t)]$对应的鉴相器输出范围也比较容易理解，读者可以自行分析。

图 4.35 所示是四种鉴相器的相位差输出的对比，图中为了更好的比较，只输出了相位差项，而省去了信号幅度即 $AD(t)T_I$ 项，并且将相位差均转换为角度。从图中可以看出，$\mathrm{atan}[Q(t)/I(t)]$的线性度是四种之中最好的，但运算量也最大；$\mathrm{sign}[I(t)]\times Q(t)$的线性度次之，运算量也比较小；$Q(t)/I(t)$和 $\mathrm{atan}[Q(t)/I(t)]$由于有除法运算，所以有可能出现除零问题，但省去了归一化的问题；$I(t)\times Q(t)$和 $\mathrm{sign}[I(t)]\times Q(t)$的运算量较小，但需做归一化处理，否则随着信号幅度的变化输出的相位差信号会发生较大幅度的变化。

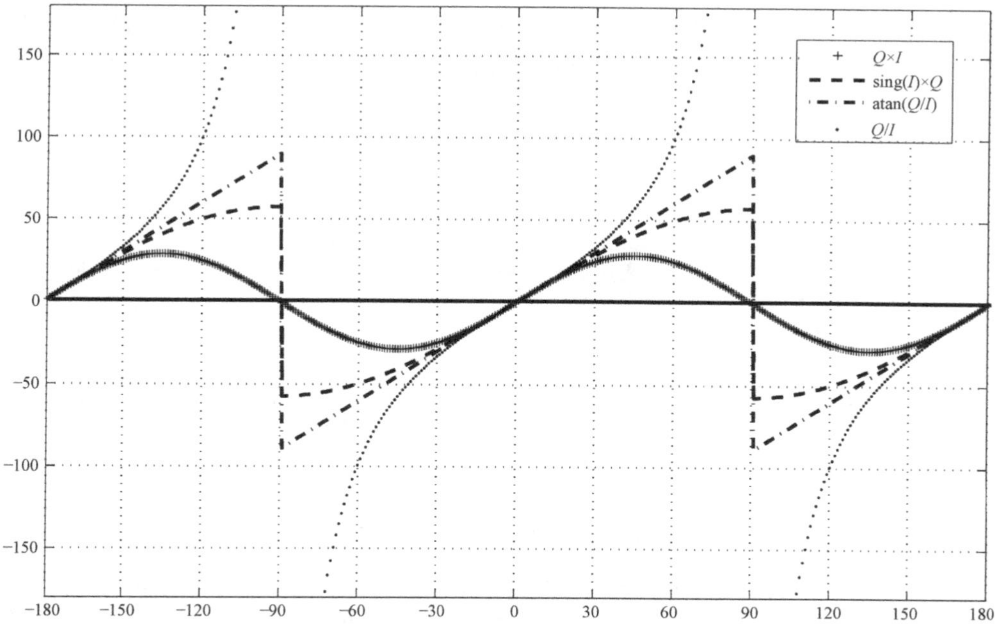

图 4.35　科斯塔斯环常用的四种鉴相器的鉴相曲线

实际中科斯塔斯环除了可以跟踪载波相位外，还可以用来跟踪载波频率，这种环路的结构和图 4.33 所示的环路结构基本一样，只是将其中的鉴相器换成了鉴频器，鉴频器的主要作用就是给出输入信号和本地载波的频率差，用来控制 NCO 的误差信号不是相位差，而是变成了频率差，当环路稳定时锁定的是输入载波的频率。跟踪输入载波频率的科斯塔斯环也叫作 FLL，即锁频环（Frequency Lock Loop），有些研究学者将其叫作“自动频率控制”环路，即 AFC 环路，这里的英文缩写是 Automatic Frequency Control 之意。因为频率是相位的微分，所以最基本的鉴频器就是将相邻两次的相位相减就是频差的估计值，即

$$\Delta f(kT_{\mathrm{s}}) = \frac{\phi(kT_{\mathrm{s}}) - \phi[(k-1)T_{\mathrm{s}}]}{T_{\mathrm{s}}} \tag{4.155}$$

在数字离散系统中，式(4.155)的计算过程可以用图 4.36 表示。

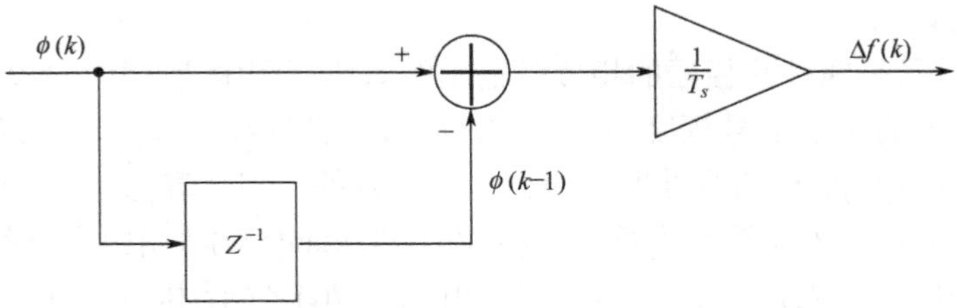

图 4.36 离散系统中频率差的计算原理

由于相位是频率的积分，所以在鉴频器输出的频率差经过环路滤波器之后，即将送给相位 NCO 之前需要增加一级积分器，图 4.37 是科斯塔斯锁频环的基本结构，读者可以和图 4.33 进行对比理解锁频环和锁相环的区别。

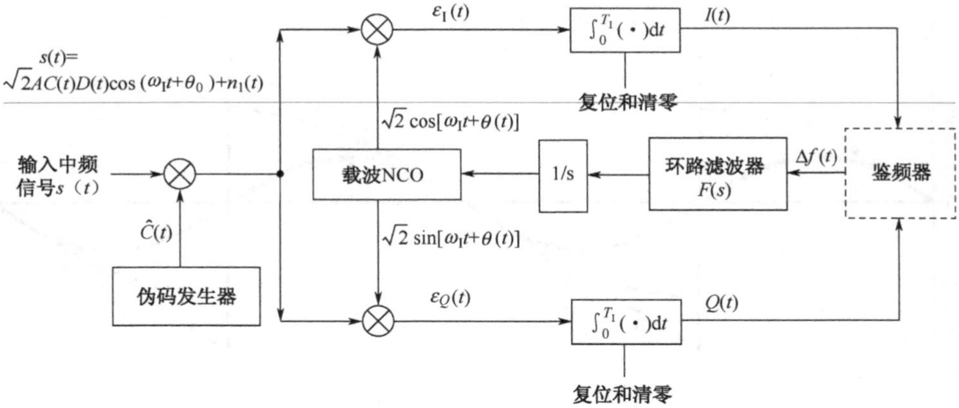

图 4.37 科斯塔斯 FLL 的基本结构

频率跟踪环和相位跟踪环相比，要比相位环更稳定一些，而且频率环的频率捕获范围要比相位环大得多。关于这一点，从直观的分析来说，相位跟踪环跟踪的是相位差，而相位差是频率差的积分，所以频率差必须接近于 0 才能保证相位差在一定范围内，所以说相位跟踪环对输入信号和本地载波的相位差有更高的要求。在相位差比较大的情况下，一般先使用频率环将输入信号和本地载波的频率差逐渐缩小到一定范围以内，然后相位环才能接管环路控制。在北斗和 GPS 接收机里，一般完

成信号捕获之后，由于数据比特跳变时刻还未知，与此同时输入信号和本地载波的频率差还比较大（$\approx 100 \sim 500$ Hz），所以直接使用相位跟踪环无法保持相位锁定，这是就需要一个频率牵引的过程，而在此过程就可以使用频率环将频率差逐渐减小到相位环的捕获范围之内，然后再通过锁相环实现相位的稳定跟踪。

表 4.4 是几种常用的鉴频器方案，其中点乘和叉乘的数学意义分别如下所述：

$$点乘 = I_k I_{k+1} + Q_k Q_{k+1} = A^2 D^2(t) T_I^2 \cos[\phi(k+1) - \phi(k)] \tag{4.156}$$

$$叉乘 = I_k Q_{k+1} - Q_k I_{k+1} = A^2 D^2(t) T_I^2 \sin[\phi(k+1) - \phi(k)] \tag{4.157}$$

式(4.156)和(4.157)推导过程中用到了式(4.152)和式(4.153)的结果，并且省略了噪声项。

由式(4.156)和(4.157)的结果可以推导出表 4.4 的四种鉴频器的输出频率差信号。四种鉴频器中除了 atan2 四象限反正切鉴频器外，其他三种均和输入信号的幅度有关，所以通常需要进行归一化处理，归一化因子是 $1/\sqrt{I^2(t)+Q^2(t)}$ 或 $1/[I^2(t)+Q^2(t)]$。除了归一化处理之外，还需要除以两次积分时间间隔，即(t_2-t_1)。可见，无论哪种鉴频器，均需要利用相邻两次的 I 路和 Q 路积分结果，所以需要保证两次积分时刻没有跨在数据跳变的边沿上，否则相邻两次积分时刻的 $D(t)$发生了改变，式(4.156)和(4.157)中 $D^2(t)$就不成立了，此时鉴频器将输出一个错误的频率差结果，继续利用该频率差修正环路会产生不良的影响。从这个角度说，采用叉乘和点乘鉴相器时最好在完成比特同步之后。

表 4.4　科斯塔斯环常用的几种鉴频器

鉴频器类型	输出频差	鉴频特性
$\dfrac{叉乘}{t_2 - t_1}$	$\dfrac{\sin(\phi_2 - \phi_1)}{t_2 - t_1}$	低信噪比时有接近优化的鉴频特性，受信号幅度影响较大
$\dfrac{叉乘 \times \mathrm{sign}(点乘)}{t_2 - t_1}$	分段的 $\dfrac{\sin(\phi_2 - \phi_1)}{t_2 - t_1}$	高信噪比时有接近优化的鉴频特性，受信号幅度影响较大
$\dfrac{\mathrm{atan2}(叉乘,点乘)}{t_2 - t_1}$	$\dfrac{\phi_2 - \phi_1}{t_2 - t_1}$	最大似然估计，在高信噪比和低信噪比时都有优化的鉴频特性，受信号幅度影响不大，但运算量较大
$\dfrac{叉乘 \times 点乘}{t_2 - t_1}$	$\dfrac{\sin[2(\phi_2 - \phi_1)]}{t_2 - t_1}$	高信噪比时有接近优化的鉴频特性，受信号幅度影响较大
注：点乘 $= I_1 \times I_2 + Q_1 \times Q_2$，**叉乘** $= I_1 \times Q_2 - I_2 \times Q_1$；下标 1、2 表示相邻时间间隔的积分器输出		

图 4.38 所示是表中的四种鉴频器的鉴频特性曲线，从图中可以看出 atan2 四象限反正切鉴频器的线性度最好，但需要的运算量也最大。叉乘鉴频器的频率牵引范围和 atan2 四象限反正切鉴频器一样，都是−100 Hz～+100 Hz，叉乘×sign（点乘）鉴频器是分段的 sin(φ_2−φ_1)函数值域范围，其频率牵引范围只有−50 Hz～+50 Hz。频率牵引范围和积分时间间隔有关，为积分时间间隔的倒数，所以如果积分时间间隔

增大为 10 ms，则图 4.38 中各鉴频器的频率牵引范围都需要变成一半。

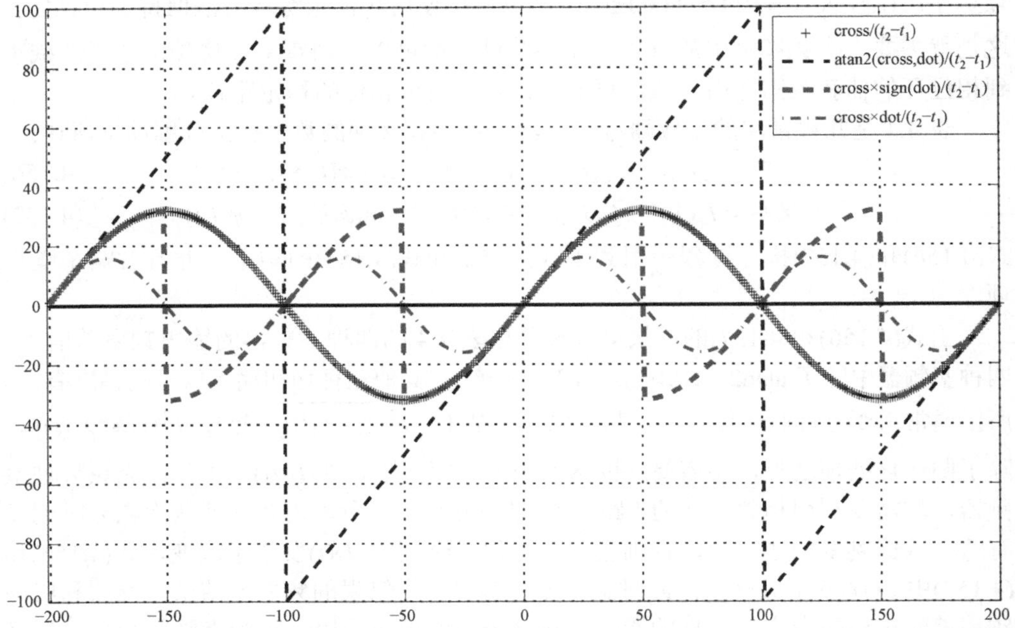

图 4.38　四种鉴频器的鉴频特性曲线（积分间隔为 5 ms）

3．科斯塔斯环的热噪声性能分析

前面分析了锁相环对于输入信号存在动态应力时的稳态相差，实际中影响相差的因素还有时钟机械抖动和阿伦方差导致的随机相差，另外一个更为显著的因素是由于输入信号中的热噪声引起的相差，本节将对科斯塔斯环的热噪声性能进行分析。

在上述两小节中都忽略了噪声项，目的是突出信号部分而简化分析，本节将恢复噪声项，并假定噪声项为高斯白噪声。研究的对象为科斯塔斯环的 PLL，鉴相器类型为 $I(t)\times Q(t)$，相干积分时间长度假设为 T_{I}。

首先假设 4.2.3 第 1 节中的输入信号 $s(t)$中的噪声 n_{I} 为窄带高斯随机过程，表示为

$$n_{\mathrm{I}}(t)=\sqrt{2}n_{\mathrm{c}}\cos(\omega_{\mathrm{I}}t+\theta_0)+\sqrt{2}n_{\mathrm{s}}\sin(\omega_{\mathrm{I}}t+\theta_0) \tag{4.158}$$

这里假设 n_{c} 和 n_{s} 的单边噪声功率谱密度为 N_0，分布为高斯白噪声，均值为 0，n_{c} 和 n_{s} 为平稳高斯过程，相互不相关或统计独立。将接收到卫星信号中的噪声假设为窄带高斯随机过程是合理的，因为射频前端的带宽远小于载波频率，噪声的频谱被限制在以载波频率频点为中心的一个窄的频带上。

本地载波信号和伪码剥离后的输入信号相乘，得到 $\varepsilon_{\mathrm{I}}(t)$ 和 $\varepsilon_{\mathrm{Q}}(t)$，分别可以表示为

$$\varepsilon_{\mathrm{I}}(t)=2AD(t)\cos(\omega_{\mathrm{I}}t+\theta_0)\cos[\omega_{\mathrm{I}}t+\theta(t)]+\sqrt{2}n_{\mathrm{I}}(t)\cos[\omega_{\mathrm{I}}t+\theta(t)]$$
$$\varepsilon_{\mathrm{Q}}(t)=2AD(t)\cos(\omega_{\mathrm{I}}t+\theta_0)\sin[\omega_{\mathrm{I}}t+\theta(t)]+\sqrt{2}n_{\mathrm{I}}(t)\sin[\omega_{\mathrm{I}}t+\theta(t)]$$

将式(4.158)代入上面两式，经过整理，并略去高频分量，可以得到

$$\varepsilon_{\mathrm{I}}(t)=AD(t)\cos[\phi(t)]+n_{\mathrm{c}}cos[\phi(t)]-n_{\mathrm{s}}\sin[\phi(t)] \tag{4.159}$$

$$\varepsilon_{\mathrm{Q}}(t)=AD(t)\sin[\phi(t)]+n_{\mathrm{c}}\sin[\phi(t)]+n_{\mathrm{s}}\cos[\phi(t)] \tag{4.160}$$

由于每次积分器完成当前积分之后，本地 NCO 才会得到误差信号来调整本地载波相位，同时积分时间很短，所以可以认为 $\phi(t)$ 在积分器积分操作期间是不变的，所以在后续分析中可以将其时间变量 t 略去。同时从上面分析可知，数据比特 $D(t)$ 在积分操作期间也保持不变，所以 $D(t)$中的时间变量 t 也可以略去。于是 I 路和 Q 路积分器输出的信号可以简化为

$$I(t)=ADT_{\mathrm{I}}\cos\phi+N_{\mathrm{c}}\cos\phi-N_{\mathrm{s}}\sin\phi$$

$$Q(t)=ADT_{\mathrm{I}}\sin\phi+N_{\mathrm{c}}\sin\phi+N_{\mathrm{s}}\cos\phi$$

这里

$$N_{\mathrm{c}}=\int_0^{T_{\mathrm{I}}}n_{\mathrm{c}}\mathrm{d}t\text{，}\quad N_{\mathrm{s}}=\int_0^{T_{\mathrm{I}}}n_{\mathrm{s}}\mathrm{d}t$$

由高斯白噪声的性质可知，N_{c} 和 N_{s} 依然是高斯分布，其均值依然为 0，方差变为 $\sigma_{N_{\mathrm{c}}}^2=\sigma_{N_{\mathrm{s}}}^2=N_0T_{\mathrm{I}}$。

利用 $D^2(t)=1$ 和以上分析结果，可以得出 $I(t)\times Q(t)$鉴相器的输出

$$\begin{aligned}z(t)&=[ADT_{\mathrm{I}}\cos\phi+N_{\mathrm{c}}\cos\phi-N_{\mathrm{s}}\sin\phi][ADT_{\mathrm{I}}\sin\phi+N_{\mathrm{c}}\sin\phi+N_{\mathrm{s}}\cos\phi]\\&=\underbrace{\frac{1}{2}A^2T_{\mathrm{I}}^2\sin2\phi}_{\text{信号项}}\\&\quad\underbrace{+(ADT_{\mathrm{I}}N_{\mathrm{c}}+\frac{N_{\mathrm{c}}^2}{2}-\frac{N_{\mathrm{s}}^2}{2})\sin2\phi+(ADT_{\mathrm{I}}N_{\mathrm{s}}+N_{\mathrm{c}}N_{\mathrm{s}})\cos2\phi}_{\text{噪声项}}\end{aligned} \tag{4.161}$$

式(4.161)中的信号项就是鉴相器得到的相差信号，和式(4.154)结果一致，可以看出，信号强度和输入信号幅度 A^2 成正比，同时也和积分时间 T_{I}^2 成正比。这一点和直观分析吻合，积分时间越长则相差信号越强。但注意这里的前提是 $\phi(t)$ 在积分时间内不变，如果 $\phi(t)$ 包含频差，而该频差已经大于 $1/T_{\mathrm{I}}$ 的话，那么该结论将不再成立，这一点在分析鉴频器的频率牵引范围时已经说明。

下面要仔细分析式(4.161)中的噪声项，为简化分析，可以设

$$N(t)=(ADT_{\mathrm{I}}N_{\mathrm{c}}+\frac{N_{\mathrm{c}}^2}{2}-\frac{N_{\mathrm{s}}^2}{2})\sin2\phi(t)+(ADT_{\mathrm{I}}N_{\mathrm{s}}+N_{\mathrm{c}}N_{\mathrm{s}})\cos2\phi(t)$$

容易验证 $N(t)$ 均值为 0，所以其方差

$$\begin{aligned}\sigma_N^2&=E[N^2(t)]\\&=E[A^2T_{\mathrm{I}}^2N_{\mathrm{c}}^2+\frac{N_{\mathrm{c}}^4}{4}+\frac{N_{\mathrm{s}}^4}{4}-\frac{N_{\mathrm{s}}^2N_{\mathrm{c}}^2}{2}]\sin^2 2\phi(t)\\&\quad+E[A^2T_{\mathrm{I}}^2N_{\mathrm{s}}^2+N_{\mathrm{c}}^2N_{\mathrm{s}}^2]\cos^2 2\phi(t)\end{aligned} \tag{4.162}$$

上式中 $E[\cdot]$ 意为数学期望。

由于 N_c 和 N_s 依然是高斯分布，且其方差为 N_0T_I，则式(4.162)可以进一步简化，因为根据下列条件

$$E[N_c^2]=E[N_s^2]=N_0T_I \tag{4.163}$$

$$E[N_c^4]=E[N_s^4]=3E[N_s^2]=3N_0^2T_I^2 \tag{4.164}$$

将式(4.163)和(4.164)代入式(4.162)得到

$$\sigma_{N(t)}^2=A^2T_I^2N_0T_I+N_0^2T_I^2 \tag{4.165}$$

由于相邻积分单元中的噪声项可以看作不相关的，因此 $N(t)$ 在时间上呈现“白”色，由 $N(t)$ 的“白”噪声特性，可以将其自相关函数写为

$$R_{N(t)}(\tau)=\begin{cases}\sigma_{N(t)}^2\left[1-\dfrac{|\tau|}{T_I}\right] & ，当\ \tau|<T_I\\ 0 & ，当\ |\tau|>T_I\end{cases}$$

将 $R_N(\tau)$ 做傅里叶变换，得到 $N(t)$ 的噪声功率谱密度，可用下式表示，

$$S_N(f)=(A^2T_I^3N_0+N_0^2T_I^2)T_s\left(\frac{\sin\pi fT_I}{\pi fT_I}\right)^2 \tag{4.166}$$

图 4.39（a）和图 4.39（b）分别给出了 $R_N(\tau)$ 和 $S_N(f)$ 的图示。图（b）中的虚线和频率轴的交点是环路的等效噪声带宽 B_n。图中给出 B_n 的目的是为了说明当 $B_n \ll 1/T_I$ 时，可以把 $S_N(f)$ 看作近似是平坦的。也就是说，在环路噪声带宽 B_n 以内可以把 $N(t)$ 看成白噪声，其平均功率谱密度 $N_0' \approx (A^2T_I^4N_0+N_0^2T_I^3)$。这个近似可以极大地简化后面的分析。实际上，北斗和 GPS 接收机中载波跟踪环的噪声带宽一般在几十赫兹以内，积分时间如果是 1 ms，则 $1/T_I=1\,\text{kHz}$，所以这个条件是可以满足的。在积分时间增长的情况下，噪声带宽也需要相应地减小以便在 B_n 范围内依然可以把噪声看作是白噪声。在 $B_n \ll 1/T_I$ 的条件下，闭环噪声功率可以用 $N_0'B_n$ 表示，于是可以利用 4.2.2 节的结论，得出载波环的随机相差的方差为

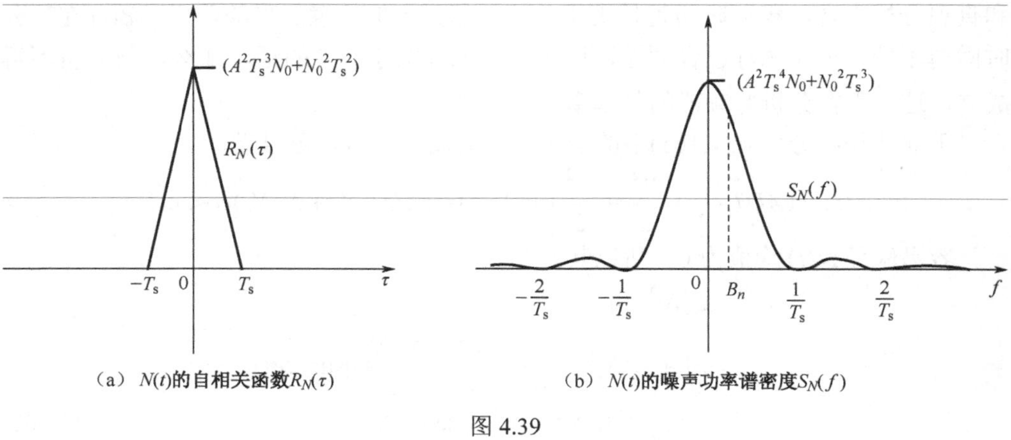

（a）$N(t)$的自相关函数$R_N(\tau)$　　（b）$N(t)$的噪声功率谱密度$S_N(f)$

图 4.39

$$\bar{\sigma}_n^2 = \frac{1}{2\mathrm{SNR}} = \frac{N_0' B_n}{2P_i}, \quad （这里，\quad P_i = \left[\frac{A^2 T_\mathrm{I}^2}{2}\right]^2）$$
$$= \frac{2N_0 B_n}{A^2}\left(1 + \frac{N_0}{A^2 T_\mathrm{I}}\right) \tag{4.167}$$

式中，$P_i = \left[\frac{A^2 T_\mathrm{I}^2}{2}\right]^2$ 由式(4.161)中的信号项部分得到。

由于 N_0 为 n_c 和 n_s 的单边噪声功率谱密度，则定义输入信号的载噪比 CN_0 如下，

$$\mathrm{CN}_0 \triangleq \frac{A^2}{2N_0}$$

将 CN_0 的定义代入式(4.167)则 $\overline{\theta_n^2}$ 可以写成

$$\bar{\sigma}_n^2 = \frac{B_n}{\mathrm{CN}_0}\left[1 + \frac{1}{2\mathrm{CN}_0 T_\mathrm{I}}\right] \tag{4.168}$$
$$= \frac{B_n}{\mathrm{CN}_0 S_L}$$

式(4.168)就是科斯塔斯环 PLL 相差和输入载噪比、等效噪声带宽以及相干积分时间的关系，其中式

$$S_L = \frac{1}{1 + \frac{1}{2\mathrm{CN}_0 T_\mathrm{I}}} \tag{4.169}$$

被称作“平方损失”。从该式可以看出，平方损失和输入载噪比有密切的关系：输入信号载噪比越强，则平方损失越小，反之则越大。同时式(4.169)也表明，积分时间的长短可以抵消输入载噪比的影响。对于较弱的信号，选用较长的积分时间可以减小平方损失。从上述推导过程中可以看出，平方损失的根源是 $I(t)\times Q(t)$ 的过程中导致噪声项相乘，出现了噪声项的高阶矩。

从式(4.168)可以推导出热噪声引起的随机相差的均方根为

$$\bar{\sigma}_n = \sqrt{\frac{B_n}{\mathrm{CN}_0}\left[1 + \frac{1}{2\mathrm{CN}_0 T_\mathrm{I}}\right]} \tag{4.170}$$

上式中 $\bar{\sigma}_n$ 的单位为弧度，可以把 $\bar{\sigma}_n$ 转化为以下两种形式

$$\bar{\sigma}_{n,D} = \frac{360}{2\pi}\sqrt{\frac{B_n}{\mathrm{CN}_0}\left[1 + \frac{1}{2\mathrm{CN}_0 T_\mathrm{I}}\right]} \quad (°) \tag{4.171}$$

$$\bar{\sigma}_{n,M} = \frac{\lambda}{2\pi}\sqrt{\frac{B_n}{\mathrm{CN}_0}\left[1 + \frac{1}{2\mathrm{CN}_0 T_\mathrm{I}}\right]} \quad (\mathrm{m}) \tag{4.172}$$

式(4.171)是以度为单位的表示，式(4.172)是以米为单位的表示，其中 λ 为载波波长，针对不同的信号 λ 的值需要调整。

作为本节的总结，图 4.40 显示了积分时间、等效噪声带宽、载噪比和$\bar{\sigma}_n$的函数曲线，图中$\bar{\sigma}_n$是用式(4.171)计算的，纵轴单位是度，横轴为输入信号载噪比，

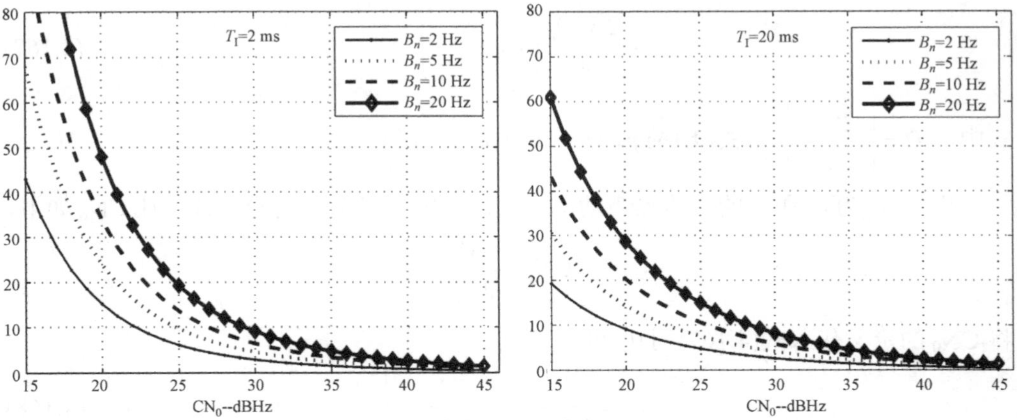

图 4.40　积分时间、等效噪声带宽和载噪比和$\bar{\sigma}_n$的函数曲线

横轴单位为 dBHz，B_n取 2 Hz、5 Hz、10 Hz 和 20 Hz 四种情况，左半图是相干积分时间 2 ms 的情况，右半图是相干积分时间 20 ms 的情况。由图 4.40 可以看出，在其他条件相同的情况下，相干积分时间越长则$\bar{\sigma}_n$越小，B_n越窄则$\bar{\sigma}_n$越小，信号强度越强则$\bar{\sigma}_n$越小。若希望实现对弱信号的稳定跟踪，则尽可能选择较窄的噪声带宽和较长的相干积分时间。

值得提起注意的是，根据式(4.170)计算得到的热噪声随机相差的均方根和跟踪环路的阶数无关，在没有动态应力的条件下，噪声带宽相同的科斯塔斯环得到的热噪声随机相差的均方根是一样的，并不会由于阶数的不同而改变，采用更高阶的环路的主要目的是能够更好地跟踪动态应力。

4.2.4　伪码跟踪环

北斗和 GPS 接收机中为了实现伪码剥离必须实现伪码相位的锁定，本地产生的北斗或 GPS 伪随机码和输入信号中的伪随机码只有保持相位一致，才能保证对输入信号的伪码解扩，而伪码解扩的重要性从上面载波环路的分析过程中已经可以看出来，实际上，图 4.33 和图 4.37 中在输入信号和本地载波进行 I、Q 两路积分之前必须先和伪码发生器产生的本地伪码相乘，否则后面的相干积分器将输出类似于噪声积分的结果，而此处的本地伪码就是伪码跟踪环输出的。伪码环路在实现伪码相位的锁定的同时，也负责提取伪距观测量，所以伪码跟踪环路的性能将直接影响伪距观测量的质量和后续的导航定位结果，所以伪码跟踪环在北斗和 GPS 接收机中的重要性是不言而喻的。

对伪随机码进行跟踪一般使用延迟锁定环（Delayed Lock Loop），本节将详细介

绍延迟锁定环的原理，并对其性能进行理论分析。

1. 相干延迟锁定环

相干延迟锁定环中的相干是相对输入信号载波相位的，相干意味着本地载波相位和输入信号的载波相位已经完全对齐，在这种情况下本地载波信号和输入信号相乘就可以将信号完全搬移到基带零频上，所以在这种情况下也可以叫作基带延迟锁定环。当然这里假设是理想情况下，实际上很难实现载波相位的完全同步，所以工程上使用最广泛的还是非相干延迟锁定环，下一节会介绍非相干延迟锁定环。

输入信号是基带信号，主要是为了在分析时暂时避开中频载波相位没有对齐而带来的困难，而中频载波存在与否并不影响对伪码跟踪环的原理的分析。基带延迟锁定环的基本结构如图 4.41 所示，其中包括了乘法器、伪码发生器、伪码 NCO、环路滤波器和积分单元。细心的读者会发现，图中的输入信号也不包含数据比特，这是因为环路积分时间一般都是在一个数据比特以内，由此可以认为数据位在环路积分时间内是不变的，所以在这里一并略去以简化分析。

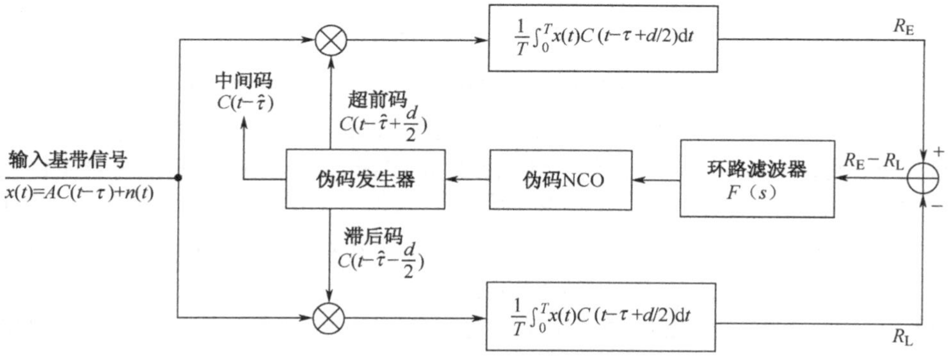

图 4.41　基带延迟锁定环的基本结构框图

图 4.41 中的伪码发生器产生三个不同相位的本地伪码：超前码（Early），滞后码（Late）和中间码（Prompt），在后面公式中分别用下标 E、L、P 表示。相干间隔是一个很重要的参数，指的是三个伪码之间的相位差，一般把超前、中间、滞后的相位间隔设置为对称的，即（中间码相位-超前码相位）=（滞后码相位-中间码相位）。图 4.41 中的相干间隔是 $d/2$，单位是码片。

如果假设输入信号为

$$x(t)=AC(t-\tau)+n(t) \tag{4.173}$$

这里 $C(t)$是伪随机码信号，A 是信号幅度，τ 是伪码相位，这里用伪码码片作为 τ 的单位要比用秒为单位更方便。对 GPS 信号中的 C/A 码来说，这个起始相位可以在(1～1 023）个码片之间，对于北斗信号来说，τ 的范围就是（1～2 046）。$n(t)$是高斯白噪声，均值为 0，其单边功率谱密度为 N_0。

相干间隔是 $d/2$，则三个本地码可以表示为

超前码：$x_E(t)=C(t-\hat{\tau}+d/2)$

中间码：$x_P(t)=C(t-\hat{\tau})$

滞后码：$x_L(t)=C(t-\hat{\tau}-d/2)$

可以看出，它们只间的相位差分别是$-d/2$、0 和$+d/2$，这里 d 以伪码码片为单位。如果取 $d=1$ ，那么相对中间码的伪码相位来说，超前码的伪码相位就要超前 0.5 个码片，而滞后码的伪码相位就要延迟 0.5 个码片。这样设置的原因是当超前码和输入信号伪码相位对齐时，超前码的相关值取到伪码自相关函数的上升沿，而滞后码的相关运算取到伪码自相关函数的下降沿，读者只需要回顾一下 3.1.3 节和 3.2.3 节的内容就可以对 GPS 和北斗伪码的自相关函数形状有清楚的了解。根据上面的公式表达，可以看出伪码跟踪环的中间码的码相位和输入信号的相差$\Delta\tau=(\tau-\hat{\tau})$，而伪码跟踪环的任务就是使$\Delta\tau\rightarrow=0$，下面我们就看一看这个目标是如何实现的。

图 4.41 中超前码积分器和滞后码积分器的输出信号分别为

$$R_E(\Delta\tau)=\frac{1}{T}\int_0^T x(t)x_E(t)\mathrm{d}t$$

$$R_L(\Delta\tau)=\frac{1}{T}\int_0^T x(t)x_L(t)\mathrm{d}t$$

这里 T 是积分时间，一般来说是伪码周期的整数倍，例如，1 ms、5 ms、10 ms 或者 20 ms，在实现了比特辅助之后也可以超过 20 ms。需要注意的是，当积分时间超过 1 ms 时，对于北斗 D1 码信号还需要完成二级码（NH 码）的剥离才能积分，否则会出现正负抵消的不利结果。超前码和输入信号的的伪码相差为$(\Delta\tau-0.5d)$，滞后码和输入信号的伪码相差为$(\Delta\tau+0.5d)$。这里 d 是设计之初确定的，$\Delta\tau$ 是唯一的一个自变量，假设 d=1，即相干间隔 d/2 是 0.5 个码片，那么两个积分器输出的相关函数 R_E 和$-R_L$ 如图 4.42 中的两个黑实线三角所示。图中显示的是理想的伪码自相关函数，即当相位偏移超过一个码片时，自相关函数为 0 并且图中没有考虑噪声的影响。

下面结合图 4.42 来分析一下(R_E-R_L)随着$\Delta\tau$ 变化的情况。

- 当$\Delta\tau\leqslant-1.5T_c$时，$R_E$ 和 R_L 都是 0，所以$(R_E-R_L)=0$；
- 当$-1.5T_c<\Delta\tau\leqslant-0.5T_c$时，$R_L=0$，所以$(R_E-R_L)=R_E$；
- 当$-0.5T_c<\Delta\tau\leqslant0.5T_c$时，$(R_E-R_L)$是一条通过原点的直线，其斜率是 R_E 和 R_L 斜率的两倍；
- 当$1.0T_c<\Delta\tau\leqslant1.5T_c$时，$R_E=0$，所以$(R_E-R_L)=-R_L$；
- 当$\Delta\tau>1.5T_c$时，R_E 和 R_L 又都是 0，所以$(R_E-R_L)=0$。

这里 T_c 是伪码码片宽度，对于 GPS 的 C/A 码，T_c 是 1/1.023 MHz；对于北斗信号，T_c 是 1/2.046 MHz。可以看出，最终 R_E-R_L 的曲线如图 4.42 中的浅色粗折线所示，其形状很像倾斜的字母“S”，所以一般称其 S 曲线。

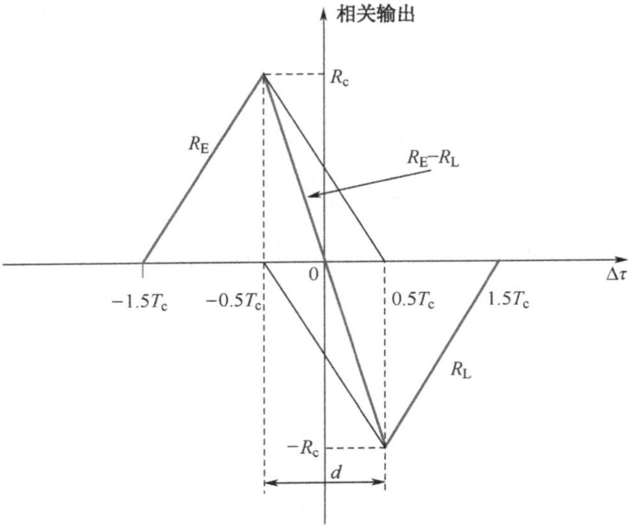

图 4.42　基带延迟滞后环的鉴相曲线

在伪码跟踪环在跟踪状态时，输入信号已经完成捕获过程，这意味着输入伪码和本地伪码的相位差已经在一个伪码码片以内，所以此时 $\Delta\tau$ 可以认为在 $[-0.5T_c,+0.5T_c]$ 之间，所以我们只需要着重分析图 4.42 中粗折线中间段的部分。

(R_E-R_L)的主要目的是得到伪码相位差 $\Delta\tau$ 的估计量，从上面分析可以看出，当 $\Delta\tau=0$ 时，(R_E-R_L)为 0，表明此时伪码相位误差为 0；当 $\Delta\tau\neq0$ 时，才会有不为 0 的误差信号(R_E-R_L)，并且与 $\Delta\tau$ 成一定的比例关系。误差信号(R_E-R_L)经过环路滤波器滤除高频成分以后，送来调整本地 NCO 的频率。当本地伪码相位超前时，将伪码 NCO 调慢一些；当本地伪码相位滞后时，将伪码 NCO 调快一些。这样就实现了 $\Delta\tau$ 的闭环控制，使 $\Delta\tau$ 从起始的较大值逐渐稳定在 0 附近。一个设计良好的伪码跟踪环工作在稳定状态时，$\Delta\tau$ 的均值必然为 0 附近，此时中间码的伪码相位和输入信号的伪码相位对齐，中间码的输出就可以被用来实现对输入信号的伪码解扩，即送给图 4.33 和图 4.37 中的 $\hat{C}(t)$。

如果从更直观的角度来分析误差信号的产生，可以看出之所以当 $\Delta\tau=0$ 时 (R_E-R_L)为 0，是因为超前码和滞后码相对于中间码的相位差是对称的，即$\pm d/2$，同时北斗和 GPS 伪码自相关函数的形状关于自相关最大值也是左右对称的。在图 4.42 中，在 d=1 码片的情况下，当 $\Delta\tau=0$ 时，R_E 取到伪码自相关函数的上升沿的中间值，而 R_L 则取到伪码自相关函数的下降沿的中间值，两者相减结果为 0。所以只要保证超前码相位和滞后码相位的对称性，那么不管 d 取何值总会有类似的结果。在 GPS 接收机伪码跟踪环的设计中，d 是一个很重要的参数，比较小的 d 值会带来一些好的结果，比如对于多径效应的抑制，这种技术叫作“窄相关技术”。

图 4.43 主要是为了显示不同相干间隔对 S 曲线的影响，左图是 d=0.5 码片的例

子，右图是 d=0.25 码片的例子，图中的粗折线依然是鉴相器的 S 曲线，可以看出，此时 S 曲线的形状和 d=1 码片时有了较大的不同，主要表现在出现了上下两段平顶，同时其线性区域的范围相应地缩小了，当 d=0.5 时，线性区域范围为[−0.25,+0.25]码片；当 d=0.25 时，线性区域的范围是[−0.125,+0.125]码片，但线性区域内的 S 曲线斜率却没有变化。图中的 S 曲线的上下两段平顶的值分别为 $\pm0.5R_c$（$d=0.5$）和 $\pm0.25R_c$（$d=0.25$），说明当 $\Delta\tau$ 越过了线性区以后，鉴相器输出值将会保持在平顶值，类似于电平钳制效应（或削波效应），对于多径效应的抑制主要是由 S 曲线的平顶效应决定的。对于其他相干间隔的情况，读者可以根据图 4.43 做类似分析，整个分析过程并不复杂。

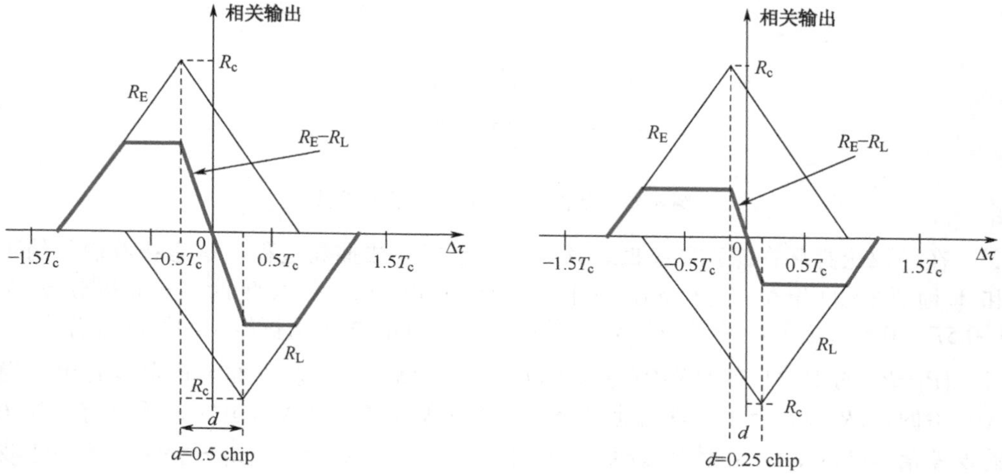

图 4.43 不同相干间隔的鉴相器 S 曲线

图 4.42 和图 4.43 中伪码自相关函数的最高值为 R_c，R_c 和积分时间 T 有关，同时又和信号幅度 A 有关。在 T 一定的情况下，R_c 就和信号幅度线性相关，所以相关器的输出值是随着接收到的信号强度改变的。比如当接收机运动到开阔地的时候，接收信号良好，那么相关器有较强的输出；反之，当接收机运动到城市中心或树林里的时候，接收信号被遮挡，则相关器输出就会减弱。幸运的是，误差信号的产生机制保证了不管在何种信号强度下，其值在 $\Delta\tau=0$ 时总是 0，这是因为超前码和滞后码的相关器的输出结果是同时随着信号强度改变的，并且这种改变是对称性的。但是信号强度的改变的确会对伪码跟踪环的跟踪结果产生影响，这个影响主要是通过改变 S 曲线在零点附近的斜率来实现的。

上面已经证明，S 曲线在零点附近的斜率为 $k={}^{2R_c}\!/\!_{T_c}$，不随相干间隔的改变而改变，该斜率值越大，则误差信号的产生对于 $\Delta\tau$ 就越灵敏，因为很小的 $\Delta\tau$ 就能够产生较大的误差信号；反之，如果斜率值比较小，误差信号的产生对于 $\Delta\tau$ 就越迟钝。同时 k 的值对于伪码环的噪声特性也有很重要的影响，这一点可以从图 4.44 中可以看出来。

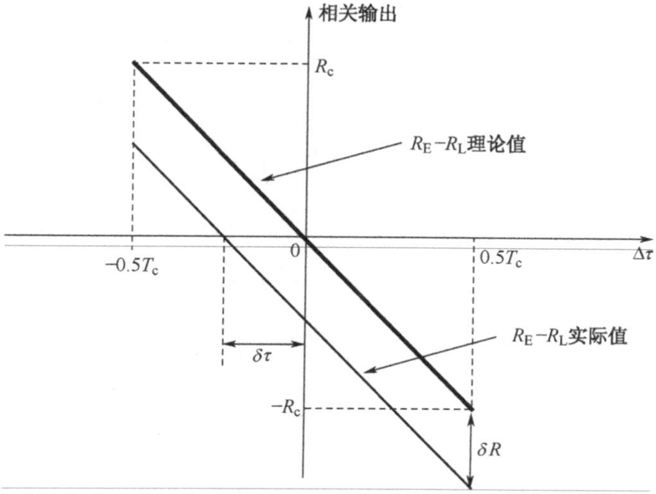

图 4.44　S 曲线线性区的斜率和噪声特性的关系

图 4.44 中黑实线显示的是误差信号的理论值，而且实线则显示的是误差信号的实际值。需要注意的是，这里的噪声并不是混在中频信号的加性高斯噪声，而是等效在鉴相器输出之后的加性高斯噪声，在 4.2.2 节中已经解释过这个等效处理的原因。实际的误差信号由于输入信号中噪声的存在，导致积分器输出值和理论值有 δR 的偏差，而伪码环总是试图通过反馈回路控制将误差信号改变为 0，所以导致最终相位和输入信号的伪码相位的有一个偏差：

$$\delta\tau = \frac{\delta R}{k} = \frac{\delta R \cdot T_c}{2R_c}$$

这里 δR 由输入信号中的加性高斯白噪声 $n(t)$决定。

$$\delta R = \frac{1}{T}\int_0^T n(t)x_E(t)\mathrm{d}t - \frac{1}{T}\int_0^T n(t)x_L(t)\mathrm{d}t \tag{4.174}$$

很容易证明 E[δR]=0，那么 δR 的方差为

$$\begin{aligned}\mathrm{var}\{\delta R\} &= \mathrm{var}\{\frac{1}{T}\int_0^T n(t)x_E(t)\mathrm{d}t - \frac{1}{T}\int_0^T n(t)x_L(t)\mathrm{d}t\} \\ &= E\left\{[\frac{1}{T}\int_0^T n(t)x_E(t)\mathrm{d}t - \frac{1}{T}\int_0^T n(t)x_L(t)\mathrm{d}t]^2\right\} \\ &= \frac{1}{T^2}E\left\{[\int_0^T n(t)x_E(t)\mathrm{d}t]^2\right\} + \frac{1}{T^2}E\left\{[\int_0^T n(t)x_L(t)\mathrm{d}t]^2\right\} \\ &\quad -\frac{2}{T^2}E\left\{\int_0^T n(t)x_E(t)\mathrm{d}t\int_0^T n(t)x_L(t)\mathrm{d}t\right\}\end{aligned} \tag{4.175}$$

下面对式(4.175)中最后一步中的三项进行分析，首先显然有

$$E\left\{\left[\int_0^T n(t)x_{\mathrm{E}}(t)\mathrm{d}t\right]^2\right\}=E\left\{\left[\int_0^T n(t)x_{\mathrm{L}}(t)\mathrm{d}t\right]^2\right\}$$

则只需要计算 $E\left\{\left[\int_0^T n(t)x_{\mathrm{E}}(t)\mathrm{d}t\right]^2\right\}$ 和 $E\left\{\int_0^T n(t)x_{\mathrm{E}}(t)\mathrm{d}t\int_0^T n(t)x_{\mathrm{L}}(t)\mathrm{d}t\right\}$ 两项。

$$\begin{aligned}E\left\{\left[\int_0^T n(t)x_{\mathrm{E}}(t)\mathrm{d}t\right]^2\right\}&=E\left\{\int_0^T n(t)x_{\mathrm{L}}(t)\mathrm{d}t\int_0^T n(s)x_{\mathrm{L}}(s)\mathrm{d}s\right\}\\&=E\left\{\int_0^T\int_0^T n(t)n(s)x_{\mathrm{L}}(t)x_{\mathrm{L}}(s)\mathrm{d}t\mathrm{d}s\right\}\\&=\int_0^T\int_0^T E\{n(t)n(s)\}x_{\mathrm{L}}(t)x_{\mathrm{L}}(s)\mathrm{d}t\mathrm{d}s\\&=\int_0^T\int_0^T N_0\delta(t,s)x_{\mathrm{L}}(t)x_{\mathrm{L}}(s)\mathrm{d}t\mathrm{d}s\\&=N_0\int_0^T x_L^2(t)\mathrm{d}t\\&=N_0T\end{aligned}\tag{4.176}$$

而

$$\begin{aligned}E\left\{\int_0^T n(t)x_{\mathrm{E}}(t)\mathrm{d}t\int_0^T n(t)x_{\mathrm{L}}(t)\mathrm{d}t\right\}&=\int_0^T\int_0^T E\{n(t)n(s)\}x_{\mathrm{E}}(t)x_{\mathrm{L}}(s)\mathrm{d}t\mathrm{d}s\\&=\int_0^T\int_0^T N_0\delta(t,s)x_{\mathrm{E}}(t)x_{\mathrm{L}}(s)\mathrm{d}t\mathrm{d}s\\&=N_0\int_0^T x_{\mathrm{E}}(t)x_{\mathrm{L}}(t)\mathrm{d}t\\&=N_0(1-d)T\end{aligned}\tag{4.177}$$

式(4.177)的最后一步是因为 $x_{\mathrm{L}}(t)$ 相对于 $x_{\mathrm{E}}(t)$ 来说，其伪码相位移位为 d，则在每一个码片内其共同的部分为 $(1-d)T_{\mathrm{c}}$，所以相同部分积分结果为 $(1-d)T$；而不相同的部分由于伪随机码相邻比特的−1、+1 分布对称，所以最终的积分为 0。图 4.45 清楚地说明了 $x_{\mathrm{L}}(t)$ 相对于 $x_{\mathrm{E}}(t)$ 的相同部分和不同部分，读者可以借助此图来理解上述的积分过程。

最后结合式(4.176)和式(4.177)可以得到

$$\mathrm{var}\{\delta R\}=\frac{2}{T^2}\cdot N_0T-\frac{2}{T^2}\cdot N_0(1-d)T=\frac{2N_0d}{T}\tag{4.178}$$

然后由 δR 和 $\delta\tau$ 的关系可得

$$\begin{aligned}\mathrm{var}\{\delta\tau\}&=\frac{\mathrm{var}\{\delta R\}}{k^2}\\&=\frac{N_0d}{T}\frac{T_{\mathrm{c}}^2}{2R_{\mathrm{c}}^2}\end{aligned}\tag{4.179}$$

由式(4.179)可以看出，由输入噪声引起的相位噪声的方差和输入噪声功率谱密度成正比，同时和相位器间隔 d 成正比。R_{c}^2 体现的是输入信号的功率，所以相位噪声的方差和输入信号功率成反比，这和直观的认识相吻合：输入信号越强，则噪声对最终的相位噪声的影响越小。式(4.179)还给出了相位噪声和积分时间的关系。T 是总的积分时间，这一项出现在分母上，所以积分时间越长，相位噪声越小，所以在不造成数据比特跳变的情况下应该尽量使用较长的积分时间，如果数据比特已知则可以采用比特辅助的方式将比特跳变消除后增大积分时间。

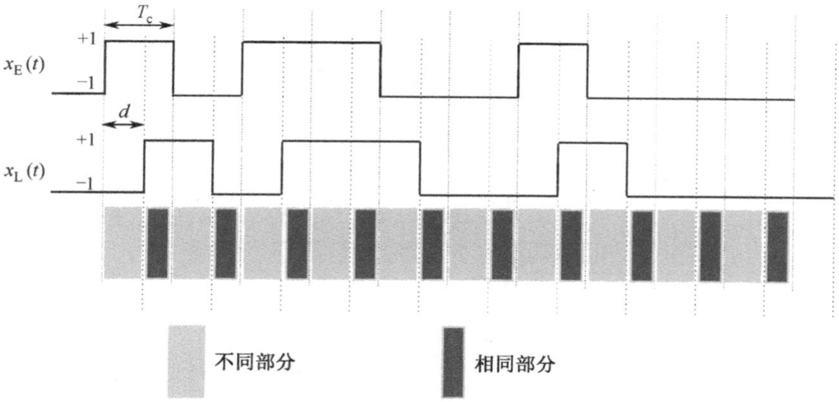

图 4.45　$x_L(t)$ 相对于 $x_E(t)$ 的相同部分和不同部分

2. 非相干延迟锁定环

在输入信号是中频信号的时候，图 4.41 所示的相干延迟锁定环在实际使用中会有很大的困难。这是因为相干积分要求本地载波相位和伪码相位都严格和输入信号的载波相位和伪码相位同步。尤其是载波相位严格同步是非常困难的事情，即使能够达到同步，相干延迟锁定环也很脆弱，在处理动态变化的信号的时候很容易发生载波相位差不为 0 的情况，此时信号能量将在 I 和 Q 方向上发生旋转，单单依靠 I 路积分结果得到伪码相差会不稳定，导致相干延迟锁定环很容易失锁。在这种时候，更多的是采用图 4.46 所示的非相干延迟锁定环。

从图 4.46 可以看出，非相干延迟锁定环的输入信号是中频信号，包括了载波和伪码分量，当然还有噪声分量。非相干延迟锁定环的基本结构比相干延迟锁定环增加了载波 NCO，用来产生 I 路和 Q 路本地载波信号，两路本地载波信号分别与经过超前、滞后码解扩后的信号相乘，因此超前码和滞后码的积分器包含了两路积分器，分别是同相路积分器和正交路积分器。非相干环和相干环的区别在于非相干环通过对同相路和正交路积分结果取平方和并取模得到非相干结果，超前和滞后的非相干结果通过鉴相器得到伪码相差，非相干操作消除了载波相位差对结果的影响。

由前面相关章节的分析，可以很容易地写出图 4.46 中的超前码和滞后码中的四路积分器输出的数学表达式：

$$\overline{I}_E = A\text{sinc}\left(\frac{\Delta\hat{\omega}T_I}{2}\right)R(\Delta\tau-\frac{d}{2})\cos\left[\frac{\Delta\hat{\omega}}{2}T_I+\delta\phi_0\right]+\overline{N}_{E,I} \tag{4.180}$$

$$\bar{Q}_{\mathrm{E}} = A\mathrm{sinc}\left(\frac{\Delta\hat{\omega}T_{\mathrm{I}}}{2}\right)R(\Delta\tau - \frac{d}{2})\sin\left[\frac{\Delta\hat{\omega}}{2}T_{\mathrm{I}} + \delta\phi_0\right] + \bar{N}_{\mathrm{E,Q}} \tag{4.181}$$

$$\bar{I}_{\mathrm{L}} = A\mathrm{sinc}\left(\frac{\Delta\hat{\omega}T_{\mathrm{I}}}{2}\right)R(\Delta\tau + \frac{d}{2})\cos\left[\frac{\Delta\hat{\omega}}{2}T_{\mathrm{I}} + \delta\phi_0\right] + \bar{N}_{\mathrm{L,I}} \tag{4.182}$$

$$\bar{Q}_{\mathrm{L}} = A\mathrm{sinc}\left(\frac{\Delta\hat{\omega}T_{\mathrm{I}}}{2}\right)R(\Delta\tau + \frac{d}{2})\sin\left[\frac{\Delta\hat{\omega}}{2}T_{\mathrm{I}} + \delta\phi_0\right] + \bar{N}_{\mathrm{L,Q}} \tag{4.183}$$

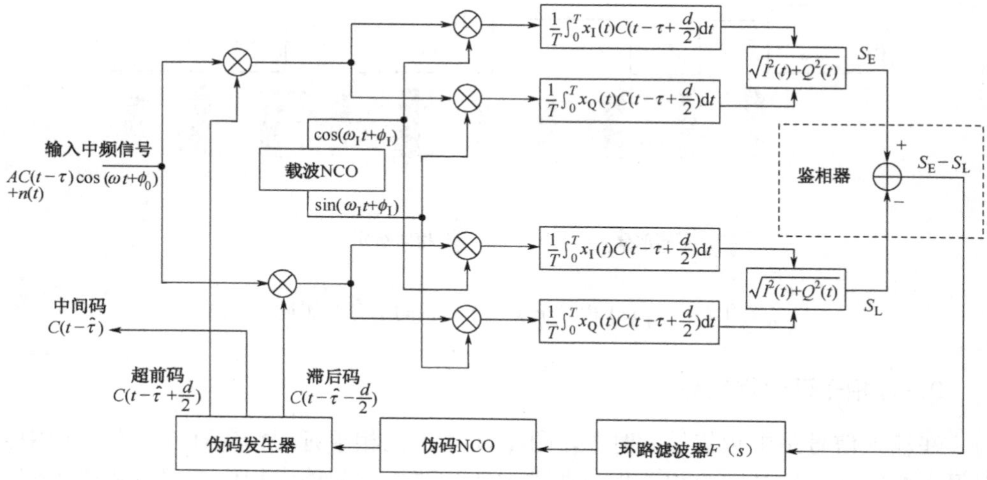

图 4.46　非相干延迟锁定环的基本结构

为简化分析，这里省略噪声项，则可以得到

$$S_{\mathrm{E}} = \sqrt{\bar{I}_{\mathrm{E}}^2 + \bar{Q}_{\mathrm{E}}^2} = A\left|\mathrm{sinc}\left(\frac{\Delta\hat{\omega}T_{\mathrm{I}}}{2}\right)\right|R(\Delta\tau - \frac{d}{2}) \tag{4.184}$$

$$S_{\mathrm{L}} = \sqrt{\bar{I}_{\mathrm{L}}^2 + \bar{Q}_{\mathrm{L}}^2} = A\left|\mathrm{sinc}\left(\frac{\Delta\hat{\omega}T_{\mathrm{I}}}{2}\right)\right|R(\Delta\tau + \frac{d}{2}) \tag{4.185}$$

上面式(4.180)到(4.183)中的 $\Delta\hat{\omega}$ 和 $\delta\phi_0$ 是本地载波和输入信号的载波信号之间的频率差和相位差，在 $\delta\phi_0 \neq 0$ 时，信号能量在 $\bar{I}_{\mathrm{E}}$ 和 $\bar{Q}_{\mathrm{E}}$ 之间旋转，但经过式(4.184)的平方和取模运算之后，$\delta\phi_0$ 的影响就消失了，对滞后码的结果进行类似分析也能得到一样的结论。所以即使本地载波和输入信号的载波相位没有严格同步，S_{E} 和 S_{L} 依然稳定地输出相关结果，这样就解释了为什么非相干延迟锁定环比相干延迟锁定环要稳定得多。

图 4.46 中的鉴相器采用的是($S_{\mathrm{E}} - S_{\mathrm{L}}$)，实际上鉴相器并不是唯一的，表 4.5 给出了另外三种非相干延迟锁定环常用的鉴相器。

表 4.5　非相干延迟锁定环常用的几种鉴相器

鉴相器类型	鉴相特性
$\frac{1}{2}\frac{S_E-S_L}{S_E+S_L}$	非相干超前减滞后包络法，通过对(S_E+S_L)进行归一化使之和信号强度无关，运算量较大，当相干间隔为 $d/2$ 时在[-$d/2$,$d/2$]范围内鉴相特性为线性
$\frac{1}{2}\frac{S_E^2-S_L^2}{S_E^2+S_L^2}$	非相干超前减滞后功率法，通过对 $\left(S_E^2+S_L^2\right)$ 进行归一化使之和信号强度无关，由于省去了开方运算所以运算量适中，当相干间隔为 $d/2$ 时在[-$d/2$,$d/2$]范围内鉴相特性为线性。在信号较强的时候和 $\frac{1}{2}\frac{S_E-S_L}{S_E+S_L}$ 方法的鉴相特性接近，在信号较弱的情况下平方损失较大
$\frac{1}{2}\left[(\bar{I}_E-\bar{I}_L)\bar{I}_P+(\bar{Q}_E-\bar{Q}_L)\bar{Q}_P\right]$	近似相干点乘功率法，利用了超前、中间和滞后相位伪码信号支路的所有积分结果，运算量较小，受信号强度影响较大，可用 $\bar{I}_P^2$ 和 $\bar{Q}_P^2$ 进行归一化，当相干间隔为 $d/2$ 时在[-$d/2$,$d/2$]范围内鉴相特性为近似线性

这几种鉴相器的鉴相曲线可以借鉴“相干延迟锁定环”一节的方法进行分析，读者可以自行完成。这里着重谈谈射频前端带宽对于鉴相器的影响。前面在分析鉴相器的鉴相特性时，都假定伪码自相关函数的形状是左右对称的尖锐的三角形，这是理想条件下才能得到的形状，尖锐的三角形意味着其中包含全部的高次谐波分量，实际中的输入信号和本地信号都是带宽受限的，所以得到的自相关函数的形状必定是发生了平滑畸变的。图 4.47 是前端射频前端的带宽无限情况下的自相关函数曲线〔图 4.47（a)〕，以及前端带宽受限情况下的自相关函数曲线〔图 4.47（b)〕。在带宽受限情况下的自相关函数不再具有尖锐的尖角，而是变得圆滑而平缓，圆滑的程度和受限带宽的大小有关，带宽越宽则尖角越明显，反之则尖角越平滑。当自相关函数的尖角变得平滑时，当相干间隔变小时，鉴相器输出的相位误差将很难反应出真实的伪码主峰的相位位置，从而导致伪码相位的方差变大，随之的伪距观测量也包含更大的误差。

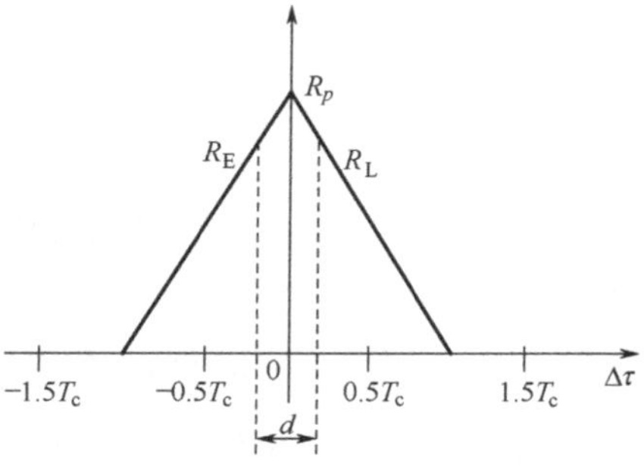

（a）射频带宽无限

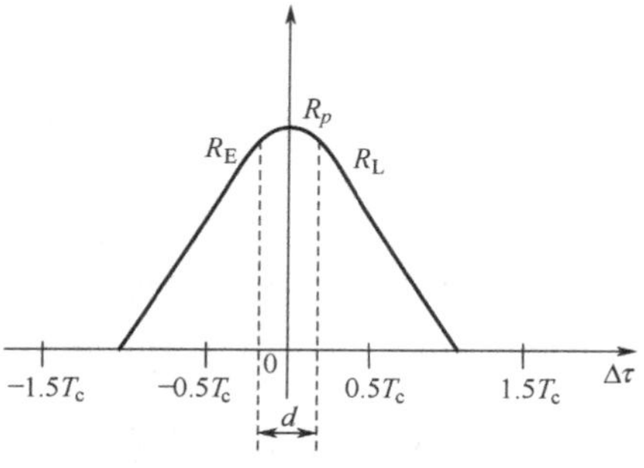

（b）射频带宽受限

图 4.47　不同带宽条件下的伪码自相关函数曲线

对非相干延迟锁定环的热噪声特性进行理论分析比较复杂，虽然主要的推导思路和 4.2.3 节有关热噪声性能的分析并无二致，但由于非相干鉴相器输出的鉴相误差的统计特性推导起来比较困难，本书将略过这部分，而直接给出目前比较成熟的结论。参考文献[9]指出，对于非相干鉴相器的延迟锁定环来说，由于高斯白噪声引起的伪码随机相差的均方根可用下式表示：

$$\sigma_{\text{tDLL}} = \frac{1}{T_{\text{c}}}\sqrt{\frac{B_n\int_{-B_{fe}/2}^{B_{fe}/2}S_s(f)\sin^2(\pi fDT_{\text{c}})\text{d}f}{(2\pi)^2\text{CN}_0\left(\int_{-B_{fe}/2}^{B_{fe}/2}fS_s(f)\sin(\pi fDT_{\text{c}})\text{d}f\right)^2}} \times\sqrt{1+\frac{\int_{-B_{fe}/2}^{B_{fe}/2}S_{\text{s}}(f)\cos^2(\pi fDT_{\text{c}})\text{d}f}{T\cdot\text{CN}_0\left(\int_{-B_{fe}/2}^{B_{fe}/2}S_{\text{s}}(f)\cos(\pi fDT_{\text{c}})\text{d}f\right)^2}} \tag{4.186}$$

式中，B_n 为环路等效噪声带宽，单位为赫兹；$S_{\text{s}}(f)$为有用信号的功率谱密度；B_{fe} 为射频前端的双边带带宽，单位为赫兹；T_{c} 为码片宽度，单位为秒，对于 GPS 信号为 1/1.023 MHz，对于北斗信号为 1/2.046 MHz；CN_0 为信号载噪比，以比值为单位；D 为相干间隔，单位为码片，为滞后码相位和超前码相位差；T 为相干积分时间长度，单位为 s。

对于北斗和 GPS 导航信号而言，均为 BPSK 信号，则其功率谱密度函数 $S_{\text{s}}(f)=T_{\text{c}}\text{sinc}^2(\pi fT_{\text{c}})$，代入(4.186)即可计算出 σ_{tDLL}，对于采用非相干超前减滞后功率法鉴相器，参考文献[24]给出了如下分段函数近似：

$$\sigma_{\text{tDLL}} = \begin{cases} \sqrt{\dfrac{B_n}{2\text{CN}_0}D\left[1+\dfrac{2}{T\cdot\text{CN}_0(2-D)}\right]}, & D\geqslant\dfrac{\pi R_{\text{c}}}{B_{fe}} \\ \sqrt{\dfrac{B_n}{2\text{CN}_0}\left(\dfrac{R_{\text{c}}}{B_{fe}}+\dfrac{B_{fe}}{R_{\text{c}}(\pi-1)}\left(D-\dfrac{R_{\text{c}}}{B_{fe}}\right)^2\right)\left[1+\dfrac{2}{T\cdot\text{CN}_0(2-D)}\right]}, & \dfrac{R_{\text{c}}}{B_{fe}}<D<\dfrac{\pi R_{\text{c}}}{B_{fe}} \\ \sqrt{\dfrac{B_n}{2\text{CN}_0}\left(\dfrac{R_{\text{c}}}{B_{fe}}\right)\left[1+\dfrac{1}{T\cdot\text{CN}_0}\right]}, & D\leqslant\dfrac{R_{\text{c}}}{B_{fe}} \end{cases} \tag{4.187}$$

从式(4.187)可以看出，B_n 越窄、D 越小、CN_0 越高、相干积分时间 T 越长，则 σ_{tDLL} 越小。从式(4.187)还可以看到射频前端带宽在 σ_{tDLL} 值中所起的作用，其主要的影响针对 D 值的选取，D 值并不是越小越好，当 D 小于一定的门限后 σ_{tDLL} 不会再继续随之变小。式(4.187)给出了 D 值的下限是 $\dfrac{R_{\text{c}}}{B_{fe}}$，当 D 值小于这个值后 σ_{tDLL} 就不会再随着 D 的减小而继续改善。例如，当射频前端是 8 MHz 时，对于 GPSC/A 码信号而言，$\frac{R_c}{B_{fe}} \approx \frac{1}{8}$，则相干间隔 D 最小可以取到大约 0.125 个码片，再小则无益，对于北斗信号而言，由于 R_c 是 GPS 的两倍，则 D 最小值可以取到 0.25 码片。

从式(4.186)也可以推导出 D 很小时 σ_{tDLL} 的近似值，当 $\pi f D T_c$ 接近于 0 时，式(4.186)可以近似为

$$\sigma_{\text{tDLL}} = \frac{1}{T_c}\sqrt{\frac{B_n}{(2\pi)^2 \text{CN}_0 \int_{-B_{fe}/2}^{B_{fe}/2} f^2 S_s(f)\text{d}f}}\sqrt{1+\frac{1}{T\cdot \text{CN}_0 \int_{-B_{fe}/2}^{B_{fe}/2} S_s(f)\text{d}f}} \tag{4.188}$$

式(4.188)的推导过程中使用了 $\sin(\pi f D T_c) \approx \pi f D T_c$ 和 $\cos(\pi f D T_c) \approx 1$ 的近似条件。由式(4.188)可以看出，当 D 很小时，σ_{tDLL} 接近于一个极限，该极限值由 B_n、CN_0、相干积分时间 T 和射频前端带宽 B_{fe} 共同决定，其中 $\sqrt{\int_{-B_{fe}/2}^{B_{fe}/2} f^2 S_s(f)\text{d}f}$ 被称作信号的 RMS 带宽，这里 RMS 意为 Root Mean Squared，RMS 带宽衡量了信号中包含的高频分量的多少，所以定量地衡量了信号自相关函数的尖锐程度，信号的 RMS 带宽越宽则能够产生更尖锐的自相关函数边沿，从而得到更精确的伪码相位跟踪结果，但也会对射频前端带宽产生更高的要求。

对伪码跟踪环的热噪声性能的分析结论与载波跟踪环的相应结论类似，虽然具体表达式各不相同〔式(4.170)和式(4.186)〕，但都是指输入信号中混有加性高斯白噪声情况下对跟踪环的随机相差的影响，热噪声引起的随机相差和跟踪环路的阶数无关，阶数的高低主要对环路的动态应力性能方面产生影响。但伪码环和载波环有一点显著的不同，就是伪码环往往会利用载波环的动态信息进行辅助，这是因为载波环的动态应力和伪码环的动态应力成严格的比例关系，所以可以通过一定的比例因子将载波环得到的动态情况在伪码环中进行补偿和抵消，这样伪码环就能够以低阶环和极窄的等效噪声带宽实现优良的热噪声特性，这种技术叫作“载波辅助技术”（Carrier Aiding），在后续章节将会详细阐述载波辅助的原理和实施方法。

4.2.5　跟踪环实现和调试中的问题

本节将针对载波跟踪环和伪码跟踪环的具体实现和调试中的若干实际问题进行探讨，并结合前面章节中的理论分析进行梳理和讨论，对近年来涌现出来的新技术、新方案做简要介绍，并给出了相关的参考文献。

1. 载波 NCO 和伪码 NCO

从前面载波跟踪环和伪码跟踪环的结构分析可以看出，NCO 是其中一个关键单元，本节将详细讲解 NCO 的原理和实现。NCO 是英文 Numerical Controlled Oscillator 的英文缩写，对应的汉语翻译应该是“数字控制振荡器”，其物理本源应该是压控振荡器即 VCO，但在数字技术大行其道的今天，VCO 已经在数字逻辑电路和软件实

现中以 NCO 的形式出现，其基本结构如图 4.48 所示。

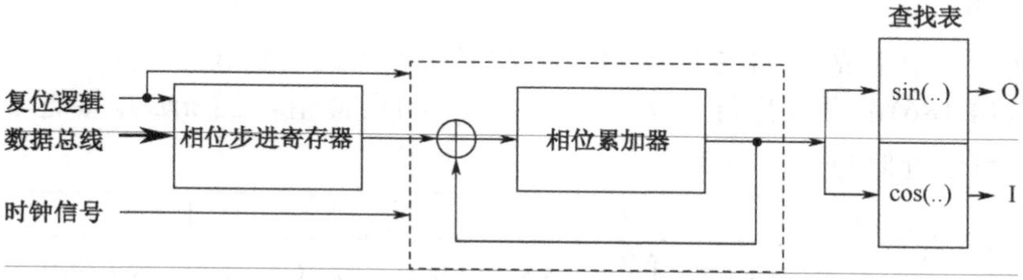

图 4.48　载波 NCO 的工作原理框图

图 4.48 展示的是载波 NCO，其他种类的 NCO 都非常类似，区别仅仅是在最后的查找表不同而已。NCO 的基本配置由三部分组成，分别是相位步进寄存器、相位累加器和查找表，另外还有一些其他的控制信号，包括时钟、数据线和复位信号等。NCO 工作在某个时钟频率上，一般把该频率称作 NCO 的工作频率，在每个工作时钟来临的时刻，NCO 将本地的相位累加器根据相位步进寄存器的值进行累加。假设在时钟 k，相位步进寄存器的值是 $\phi_{\Delta}(k)$，相位累加器的值为 $\phi(k)$，则在时钟 k+1，相位累加器的值为

$$\phi(k+1)=\phi(k)+\phi_{\Delta}(k) \tag{4.189}$$

$\phi_{\Delta}(k)$ 是外界对 NCO 的输入，可见相位累加器的确是外界输入的积分，如果把本地相位作为输出，$\phi_{\Delta}(k)$ 作为输入的话，NCO 的 s 域模型就是 $1/s$。

从式(4.189)看 $\phi(k)$ 似乎会无限制地增大，其实在数字系统中相位累加器是有一定位宽的，所以 $\phi(k)$ 并不能无限制地增大。如果累加器位数为 n，则 $\phi(k)$ 的最大值为 (2^n-1)，当 $\phi(k)$ 到这个值以后就回到 0 值从新开始，此时 NCO 完成了一个周期的相位更新。NCO 的输出是由当前相位累加器的值而决定的，由当前相位的值作为查找表的索引地址给出输出量。对于载波 NCO 来说，因为载波信号的周期为 2π，相对应的查找表的相位范围就是 $[0,2\pi]$，相位累加器的值域范围是 $[0,2^n-1]$，这两者之间是线性对应关系。

图 4.49 表示载波 NCO 的本地相位更新和输出值的关系。图中的相位累加器位宽为 16 位，相位累加器从 0 加到 0xFFFF，然后回到 0，周而复始。图中的右下部分画出了 NCO 相位累加时的阶梯形状，图中的右上部是对应的正弦查找表和余弦查找表的图形，根据本地相位的值输出查找表对应的值，于是就得到了前面章节讲解的载波跟踪环中的同相和正交载波分量。

对于伪码 NCO 来说，查找表要简单得多，图 4.50 是伪码 NCO 的本地相位更新和输出值的关系。从图中可见，伪码 NCO 和载波 NCO 的原理非常类似，除了在最后的查找表环节之外。伪码 NCO 输出的是方波，于是只需要根据本地相位的值判断是 0 还是 1 即可。从图中可以看出，当相位大于 0x8000 时伪码 NCO 输出 0，反之输出 1，所以伪码 NCO 的查找表要比载波 NCO 简单得多。

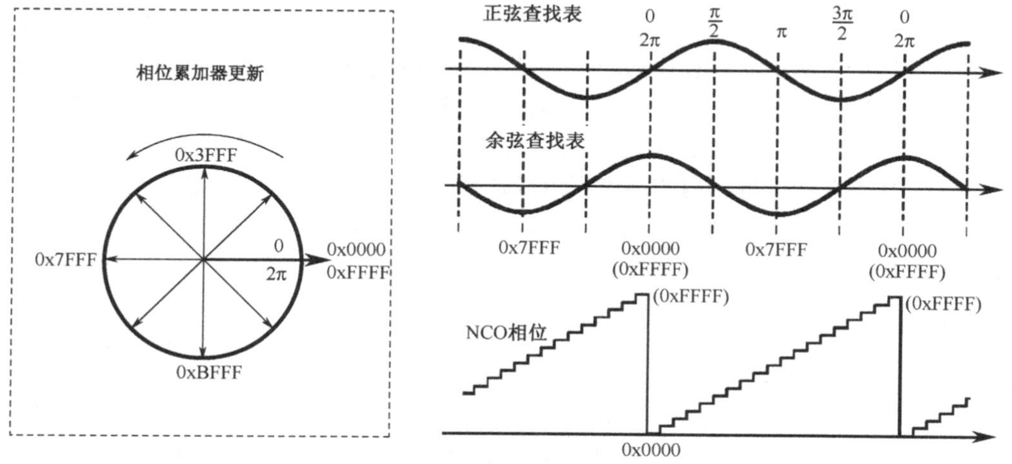

图 4.49　载波 NCO 的本地相位更新原理和输出

很容易分析，NCO 的瞬时频率 $f_{\rm NCO}$ 和相位累加器位宽 n、输入时钟频率 f_s 以及相位步进值 $\phi_\Delta(k)$ 有如下的关系：

$$f_{\rm NCO}=\frac{\phi(k+1)-\phi(k)}{2^n T_s}=f_s\frac{\phi_\Delta(k)}{2^n} \tag{4.190}$$

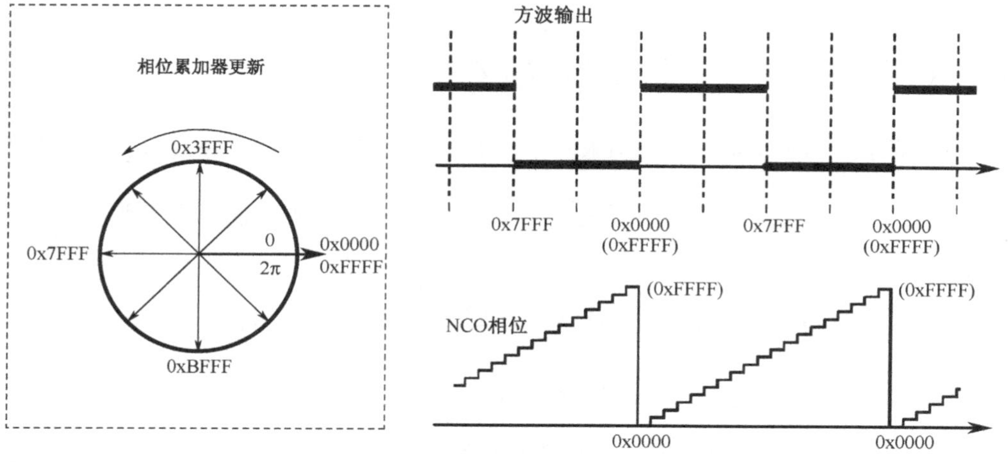

图 4.50　伪码 NCO 的本地相位更新原理和输出值

式(4.190)表明 f_s 和 n 决定了 NCO 的频率分辨率，一般在北斗和 GPS 接收机中，f_s 是中频采样时钟，由射频前端决定，可供设计人员调整的余地并不大，所以只能对 n 值进行调整，n 越大则 NCO 输出的频率值越精细。例如，$f_s=16.369\ \text{MHz}$，当 n=32 时，频率分辨率为 16.369E6/2^{32}=3.81E−3，也就是 3.8 mHz 左右。

在决定载波 NCO 的查找表时有两个因素需要考虑，一个是查找表的量化位宽，一个是 $[0,2\pi]$ 周期内的样点数。量化位宽可以根据射频前端的量化位宽决定，比如中频数据量化位宽为 2 bit，那么查找表可以设计为 3 比特或 4 比特，因为量化位宽越高则量化损失越小，在存储器容量开销不大的情况下，可以适当提高查找表的量化位宽。如果射频前端的量化位宽为多比特采样，如专业测绘型接收机中常用 8～12 比特量化，那么查找表的量化位宽应该与之相当，否则会抵消高采样量化带来的优势。查找表在一个周期内的样点数可以选择 8 个或 16 个即可，经验表明超过 16 个样点值并不会带来更高的处理增益，如果样点数是 16 个，因为 $16=2^4$，则只需要将本地相位累加器的高 4 位作为输出值的查找表索引。

2．s 域到 Z 域的转换

迄今为止前面章节中讲述载波环和伪码环的理论推导过程中均使用的是拉普拉斯域，即 s 域，而实际系统中的环路均工作在数字离散信号的基础上，数字离散信号分析的常用工具是 Z 变换，所以从 Z 域模型来分析环路和实际系统贴合得更紧密一下，本节将介绍从 s 域到 Z 域的转换。

s 域的 s 算子的物理意义是对时间求导数，假设时域信号 $x(t)$的 s 域转换是 $x(s)$，则 $sx(s)$对应 $\mathrm{d}x(t)/\mathrm{d}t$，假设对 $x(t)$进行数字采样，采样间隔 T_s，当 T_s 很小时，$x(t)$的导数可以用相邻采样点的差除以采样间隔来近似，即

$$\mathrm{d}x(t)\big/\mathrm{d}t \approx \frac{x(k)-x(k)}{T_s} \xrightarrow{Z变换} \frac{x(z)-z^{-1}x(z)}{T_\mathrm{s}} = \frac{1-z^{-1}}{T_\mathrm{s}}x(z),$$

这里 $x(z)$是 $x(t)$的 Z 变换，可见 s 算子对应 Z 域的 $\dfrac{1-z^{-1}}{T_\mathrm{s}}$

$1/s$ 算子的物理意义是对时间求积分，同样考虑上述的时域信号 $x(t)$，$y(s)=\dfrac{x(s)}{s}$ 对应 $y(t)=\int_0^\infty x(t)\mathrm{d}t$，在数字逻辑电路和软件编程中往往通过累加器实现积分，即 $y(k)=y(k-1)+x(k)T_\mathrm{s}$，则

$$y(k)=y(k-1)+x(k)T_\mathrm{s} \xrightarrow{Z变换} y(z)=\frac{T_\mathrm{s}}{1-z^{-1}}x(z),$$

可见采样累加器积分的方式 $1/s$ 算子对应 Z 域的 $\dfrac{T_\mathrm{s}}{1-z^{-1}}$。

另一种求积分的方法是利用相邻两个采样点 $x(k)$和 $x(k-1)$的平均值作为积分量来进行计算，即 $y(k)=y(k-1)+0.5[x(k)+x(k-1)]T_\mathrm{s}$，这种方法的出发点很简单，就是用相邻样点的平均值来替代单一样点进行积分操作，在某些情况下能够得到更加精确的结果，于是对等式两边同时做 Z 变化得到

$$y(z)-z^{-1}y(z)=0.5[x(z)+z^{-1}x(z)]T_\mathrm{s} \Rightarrow y(z)=0.5T_\mathrm{s}\frac{1+z^{-1}}{1-z^{-1}}x(z)$$

所以这样处理的结果是 $1/s$ 算子对应 Z 域的 $\dfrac{T_\mathrm{s}}{2}\dfrac{1+z^{-1}}{1-z^{-1}}$，这种处理叫作双线性变换。

表 4.6 给出了微分和积分算子在 s 域和 Z 域的对比，并根据 Z 域表达式给出了实现框图。

表 4.6　微分和积分算子在 s 域和 Z 域的表示

微分	s	$\dfrac{1-z^{-1}}{T_s}$	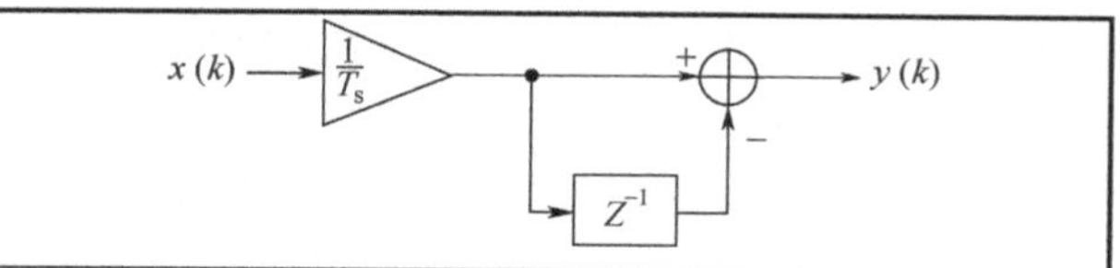
积分 （累加器）	$\dfrac{1}{s}$	$\dfrac{T_s}{1-z^{-1}}$	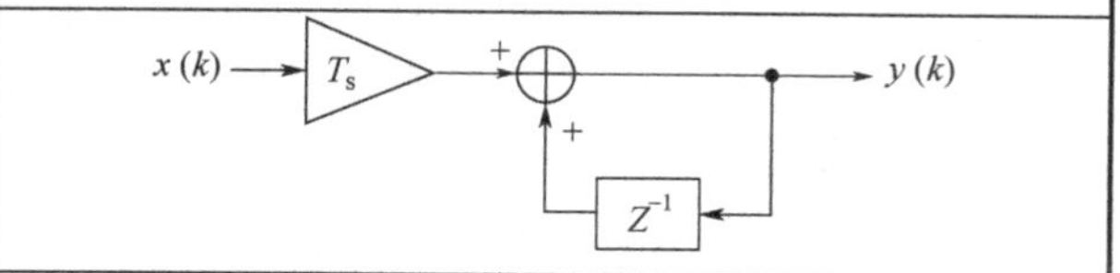
积分 （双线性变换）	$\dfrac{1}{s}$	$\dfrac{T_s}{2}\dfrac{1+z^{-1}}{1-z^{-1}}$	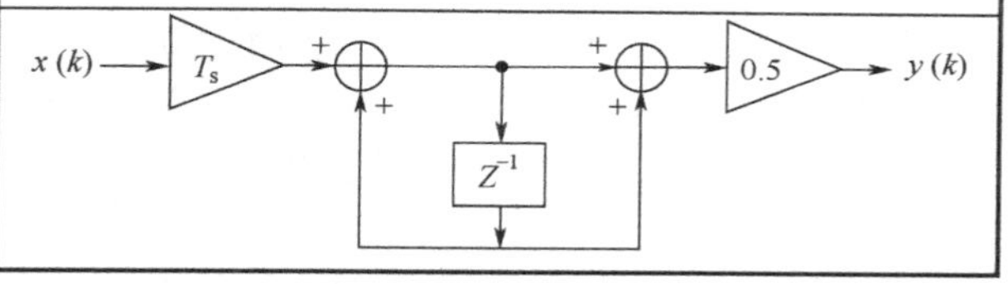

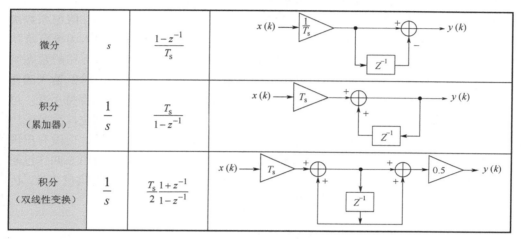

有了 s 算子和 $1/s$ 算子对应 Z 域的变换方式，可以将其代入锁相环的 s 域分析结果中，图 4.51 就是利用双线性变换将图 4.30 的处理框图从 s 域变换到 Z 域的结果，图中只给出了环路滤波器的 Z 域变换，省略了 NCO 环节中的积分器。从图 4.30 到图 4.51 的变换很直接，也很容易理解，唯一需要提出注意的是，双线性积分器单元中的输入信号增益为 $0.5T_s$，这里 T_s 是环路更新的时间间隔，不要和本书前面章节中提到的中频采样间隔弄混了，一般来说环路更新的时间间隔和相关器积分时间一致，例如，积分时间 1 ms，并且每次积分结束都要更新环路，则 T_s=0.001，在积分时间变为 10 ms 时，T_s=0.01，在某些时候并不是每次相干积分结束都要更新环路，此时 T_s 需要根据更新环路的具体时间间隔而定。

对于锁相环的系统传递函数和误差传递函数也可以用类似的方法进行转换，其稳态相差和热噪声分析均可以利用 Z 变换中的相关理论进行，读者可以参阅信号与系统及数字信号处理的相关参考书，在此就不再展开了。

3．环路参数的选取

从 4.2.1 节可以看出不同阶数的锁相环对动态应力有不同的跟踪能力，其中环路参数决定了捕获能力、响应速度、阻尼系数、系统稳定性、等效噪声带宽等诸多因素，其中等效噪声带宽在环路热噪声性能方面具有举足轻重的作用，关于这一点在 4.2.2 节、4.2.3 节和 4.2.4 节都有详细阐述。即使是相同的环路参数在动态应力和热噪声性能两方面也会呈现相反的作用，所以在工程实际中采用的环路参数是上述多个因素的综合考虑，有时需要针对不同的工作条件和侧重的系统性能进行动态调整。

二阶环是载波跟踪环中最常用的一种，由于其没有稳定性问题，参数调整相对简单，并且能够胜任民用场合下大多数的动态场景，所以在民用接收机市场中得到非常广泛应用。在北斗和 GPS 接收机的载波跟踪环路（科斯塔斯环）设计中，二阶环路的参数选择可以根据图 4.30 和表 4.2 中二阶环的部分进行，其中最重要的参数有两个，分别是阻尼系统 ζ 和等效噪声带宽 B_n，当然也可以选择 ζ 和自然频率 ω_n，由于 B_n 和 ω_n 有严格的线性关系（B_n=0.53ω_n），所以两种选择并不矛盾。阻尼系数决定了跟踪环路对外在输入的变化进行调整的速度，最典型的就是当输入为单位阶跃激励时，本地相位的调整步伐是否能够及时跟上输入相位的变化，即环路的暂态响应如何。图 4.52 是二阶科斯塔斯环在不同阻尼系统的情况下对于相位阶跃输入的暂态响应，其中 ω_n=10π，为了突出阻尼系数的影响，环路的其他设置均保持不变。可见当阻尼系数较小时，系统反应很灵敏，但本地相位无法一次调整到位，而是经历若干次震荡，最后趋于稳定；当阻尼系统较大时，本地相位调整迟缓，但没有出现震荡和过冲现象。一般把阻尼系数小于 1.0 叫作欠阻尼，阻尼系数大于 1.0 叫作过阻尼，阻尼系数为 1.0 叫作临界阻尼。工程上常常选择 0.707 作为优化的阻尼系数，因为此时实现了环路灵敏度和响应速度之间的兼顾。

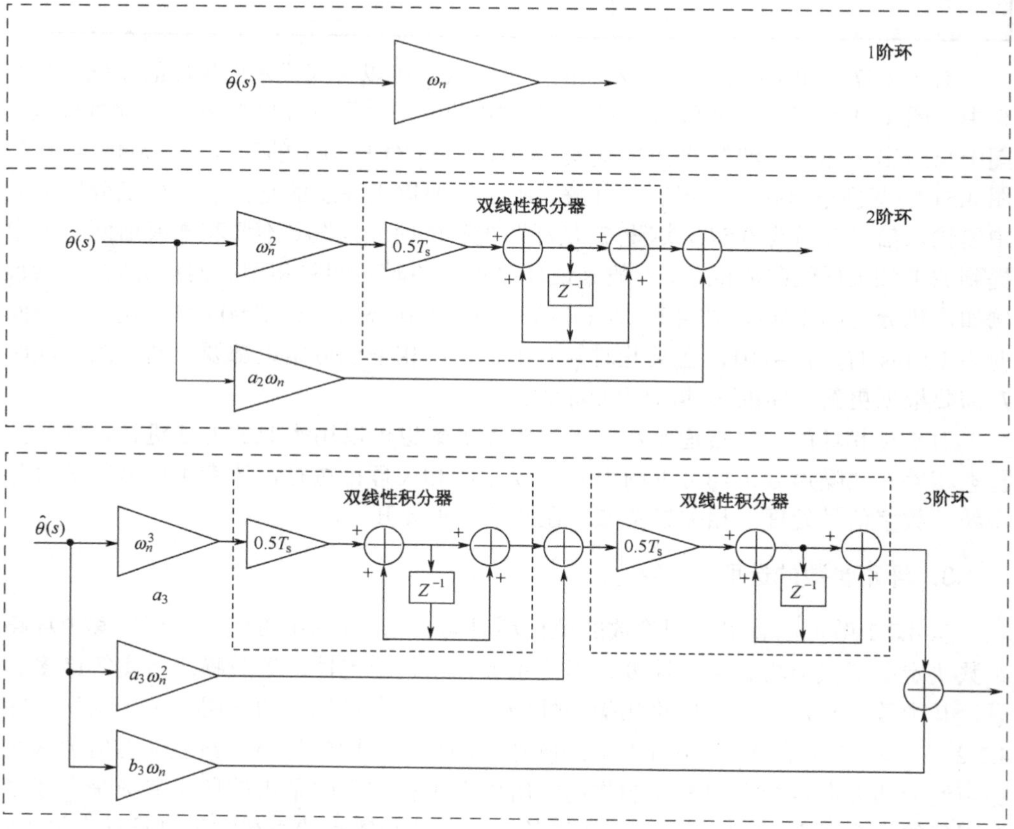

图 4.51　三种环路滤波器在 Z 域的实现方式：1 阶环、2 阶环和 3 阶环

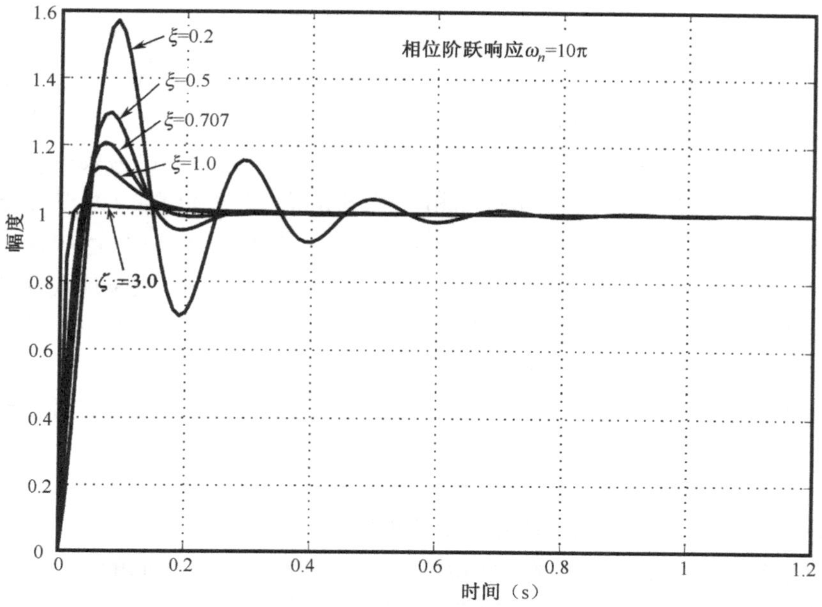

图 4.52　不同ζ值时科斯塔斯环对单位阶跃信号的暂态响应

效噪声带宽 B_n 的选择主要需要考虑下述几个因素：

① 对系统动态应力的跟踪情况，B_n 越大则环路能够跟踪的动态范围越大，这一点从式(4.140)可以看出来。

② B_n 的大小决定了环路由于输入噪声引起的随机相差，B_n 越小则随机相差越小，反之随机相差就越大，当随机相差大到一定程度也会导致环路不稳定。

③ B_n 的值决定了自然频率 ω_n，ω_n 越大则系统在暂态响应中有更快的稳定速度，即能够较快的进入稳定状态。

所以 B_n 的选择必须在动态性能、响应速度和随机相差之间取平衡，此时不同应用场景下需要不同的参数，比如对于动态大、响应速度快、定位精度要求不高的的应用中就需要将 B_n 的值选取稍大一些，而对于静止状态、定位精度要求较高的应用中就可以选择较小的 B_n 值。

这里分析环路的随机相差和动态应力相差对于载波跟踪环（科斯塔斯环）和伪码跟踪环（延迟锁定环）都适用，对于载波跟踪环来说，参考文献[9]给出了考虑相差裕度对于环路稳定性的经验条件公式：

$$\begin{aligned} &3\sigma_i + \theta_e \leqslant 90^\circ,\quad \text{当无数据调制时} \\ &3\sigma_i + \theta_e \leqslant 45^\circ,\quad \text{当有数据调制时} \end{aligned} \tag{4.191}$$

式(4.191)中 σ_i 是不考虑动态应力在内的所有因素引起的随机相差之和，除了输入信号中的加性白噪声以外，还包括时钟机械振动和阿伦方差引起的随机相差，这些随机相差可以认为是相互不相关的，所以其总方差可以以各方差平方和再相加的形式计算，即 $\sigma_i=\sqrt{\sigma^2_{热噪声}+\sigma^2_{时钟机械振动}+\sigma^2_{时钟阿伦方差}}$ 。θ_e 是动态应力引起的相差，动态应力相差和随机相差不同，动态应力相差并不是一种随机“噪声”，而更类似一种 “固定偏差”（Constant Bias），所以式(4.191)中 θ_e 以单独相加的形式出现。系统设计之初可以先确定能够稳定跟踪的最大加速度和加加速度，以及跟踪灵敏度等极限参数，结合时钟的短期稳定性指标和相位噪声等级，计算出式(4.191)中的 σ_i 和 θ_e，决定是否符合稳定性条件，必要时可以进行调整。在跟踪北斗 D1、D2 码信号和 GPS C/A 码信号时，可以参考有数据调制时的相差裕度门限，对于 GPS 现代化和未来北斗系统中的导频通道信号，由于没有数据调制，可以参考式(4.191)中无数据调制的相差裕度门限。无数据调制情况下的相差裕度门限要宽一倍。

对于伪码跟踪环来说，参考文献[9]给出了考虑相差对于环路稳定性的经验条件公式：

$$3\sigma_{\text{tDLL}}+R_e\leqslant D/2 \tag{4.192}$$

式(4.192)中 σ_{tDLL} 是伪码环由于热噪声引起的随机相差，可以用式(4.186)计算，R_e 是动态应力相差，D 是延迟锁定环中超前码相位和滞后码相位之间的相位差，但需要注意的是，这里 σ_{tDLL} 和 R_e 的单位均为码片，所以 D 的单位也是码片。当使用了载波辅助技术之后，载波环能够将伪码环中的动态应力项消除大部分，所以式(4.192)只需要考虑 σ_{tDLL} 项。

在现代接收机中往往可以用多个跟踪通道同时处理多颗卫星的信号，此时每一个跟踪通道都有各自的跟踪环路，不同通道中的卫星信号强度也各不相同，在这种情况下，强星信号的跟踪环路中可以采用较大的 B_n，弱星信号的跟踪通道中可以采用较小的 B_n，这样处理的好处是能够通过强星信号提供必要的动态应力处理能力，同时弱星信号能够提供相位噪声较小的观测量和较高的跟踪灵敏度。更进一步，可以利用模糊逻辑对鉴相器和鉴频器输出的误差信号进行模糊逻辑建模，能更好地解决动态特性、环路稳定性和随机相差之间的平衡。

4．利萨如图形在环路调试中的应用

利萨如图形是旋转矢量在两个相互垂直的方向上的合成轨迹图，在电工学和电子学往往用来判断两个波形信号之间的频率倍数关系和相位差。在科斯塔斯环和延迟滞后环中可以把 I 路和 Q 路相关积分器输出的两个积分结果看成一个旋转矢量，因此可以利用利萨如图形的相关结论对跟踪环路的工作状态作出判断，从而辅助环路的调试。

图 4.53 是将处于稳定的相位锁定状态的科斯塔斯环的 I 路和 Q 路积分结果画在二维平面，此图是一个典型的利萨如图形。根据 4.2.3 节分析的结论，当载波相位被稳定跟踪时，I 路积分结果包含了信号的全部能量和噪声项，Q 路积分结果只包含噪声项，所以在二维平面内的利萨如图形是两个以一定间距分开的圆形散布区域，左

边的圆形散布区域对应调制的数据比特−1，右边的圆形散布区域对应调制的数据比特+1，图 4.53 将两个散布区域的中心点之间的间距用 A 表示，圆形区域的散布直径用 r 表示。很容易看出，A 和 r 的比值衡量了输入信号的信噪比的大小。

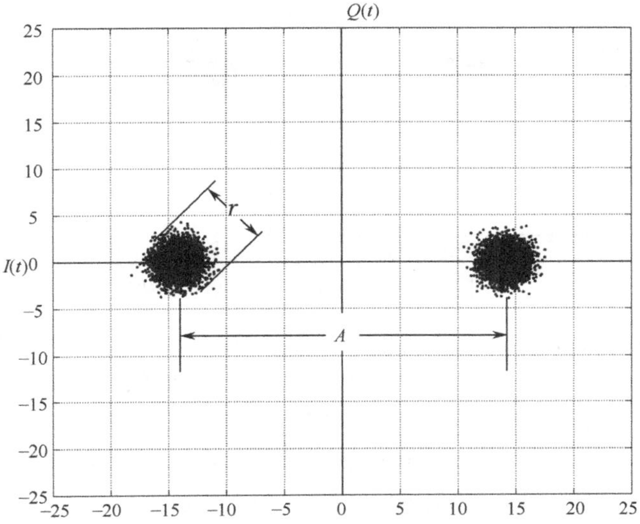

图 4.53　典型的锁相环路的利萨如图形

图 4.54 中是四种不同信号强度下的 I 路、Q 路积分结果的利萨如图形，输入信号的 CN_0 分别为 35 dBHz、40 dBHz、45 dBHz 和 50 dBHz，跟踪环路的噪声带宽为 20 Hz，输入信号不含二阶导数以上的动态以保证相位的稳定锁定，从图中可以看出信号强度会导致两个圆形散布区域的中心点的间隔变化，信号越强则中心点间隔越大，反之中心点间隔越小。信号跟踪过程中对噪声项做了归一化处理，所以图 4.54 四张图中的圆形散布区域的直径没有明显区别。

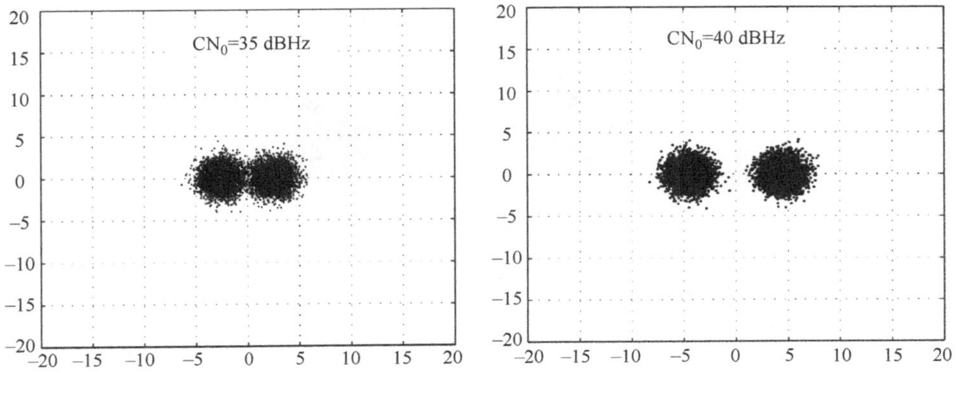

图 4.54　不同信号强度时锁相环的利萨如图形

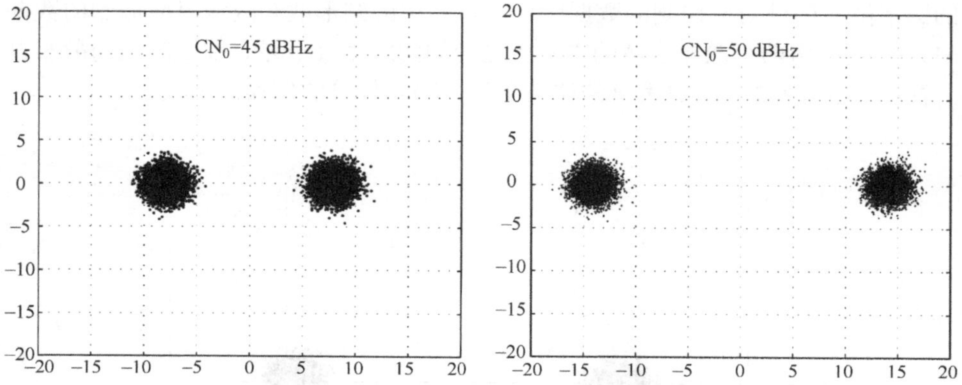

图 4.54 不同信号强度时锁相环的利萨如图形（续）

科斯塔斯环 PLL 在实际工作过程中，有多个因素能够导致载波相位失锁，最常见的原因包括信号强度的减弱、载体的大动态运动、射频时钟温度的急剧变化等。图 4.55 是载波相位暂时失锁时的利萨如图形，图中的数据来自于在输入信号中人为地加入加加速度分量而导致载波相位暂时失锁的情形。从图中可以看出，当载波相位失锁时，利萨如图形将不再局限于左右两个圆形散布区域，而是在整个象限平面内移动。在实际调试过程中，当环路的 I 路积分和 Q 路积分组成的利萨如图形出现如图 4.55 类似的轨迹时，需要检查当时的动态应力、信号强度、鉴相器和鉴频器输出结果，以及周围温度变化趋势等，以便及时判断出现相位失锁的原因，针对性地解决问题。

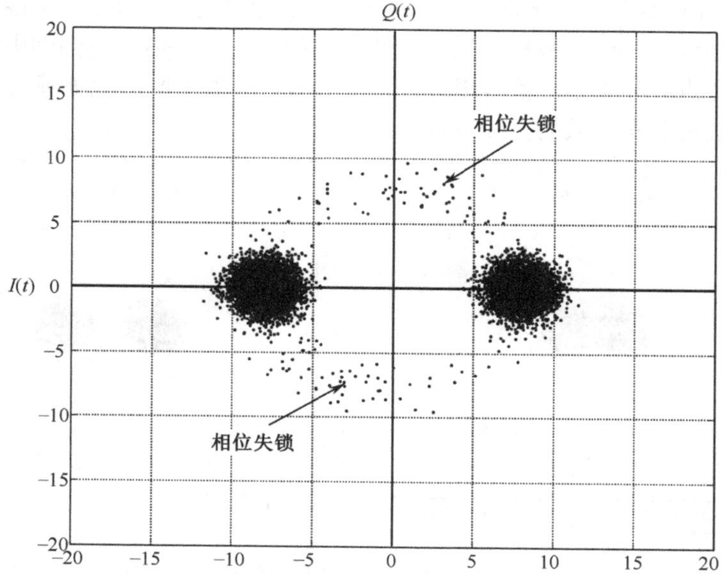

图 4.55 当载波相位失锁时锁相环的利萨如图形

观察载波相位失锁时的利萨如图形更好的情形是在锁频环的环路设置情况下，因为此时科斯塔斯环的目的是实现频率锁定，而不是相位锁定，当频率锁定时载波相位依然可以处于旋转状态，所以此时的 I 路和 Q 路积分结果组成的利萨如图形将非常完美地揭示载波相位旋转时的形态。图 4.56 是对 CN_0=45 dBHz 的输入信号进行频率跟踪的利萨如图形，图中的轨迹为一个圆环状散布，该圆环由两个参数确定，一个是圆环环带的宽度，图中用 r 表示，另一个是圆环环带中心曲线的直径，图中用 A 表示，很容易看出此处的 A 和 r 与图 4.53 中的 A 和 r 是对应的，相应的 A 和 r 的比值也衡量了输入信号的信噪比的大小。

图 4.56 显示在锁频环路完成频率锁定以后，载波相位依然处于旋转状态，所以锁频环的利萨如图形的轨迹散布在四个象限内，相位旋转的速度表示了频率误差的大小。当然，在图 4.56 中无法看出旋转的速度，因为利萨如图形只给出了轨迹图，而没有给出轨迹点之间的相互时间关系。载波相位旋转形成的圆环有一定的半径，半径的大小和信号强度直接相关，可以看出虽然载波相位在旋转，但信号能量并没有丢失，而是周期性地分布于同相分量和正交分量上，这也正是锁频环的一个主要特点，这也说明了用锁频环解调数据比特比较困难。

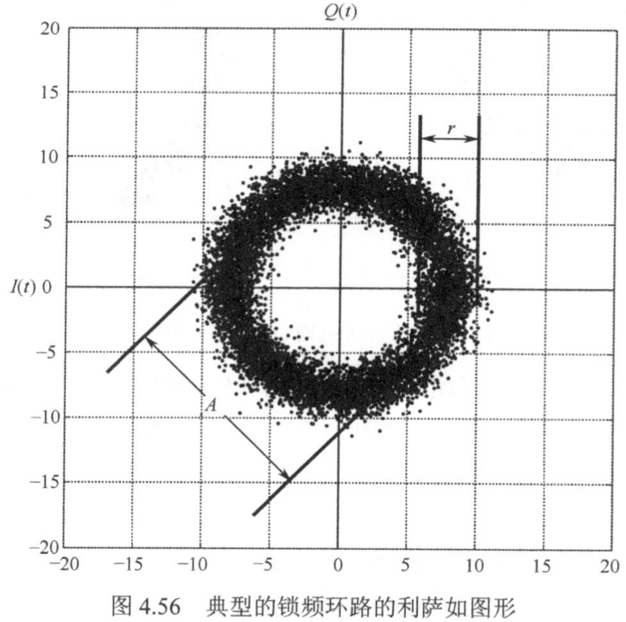

图 4.56　典型的锁频环路的利萨如图形

图 4.57 是不同输入信号强度时锁频环的利萨如图形，其中四种信号强度分布为 CN_0 分别为 35 dBHz、40 dBHz、45 dBHz 和 50 dBHz，从图中可见信号强度影响环带中心曲线的半径大小，信号越强则环带半径越大，反之则环带半径越小。和图 4.54 的处理过程类似，信号跟踪过程中对噪声项做了归一化处理，所以图 4.57 中四种信号强度下的环带宽度并没有明显区别。

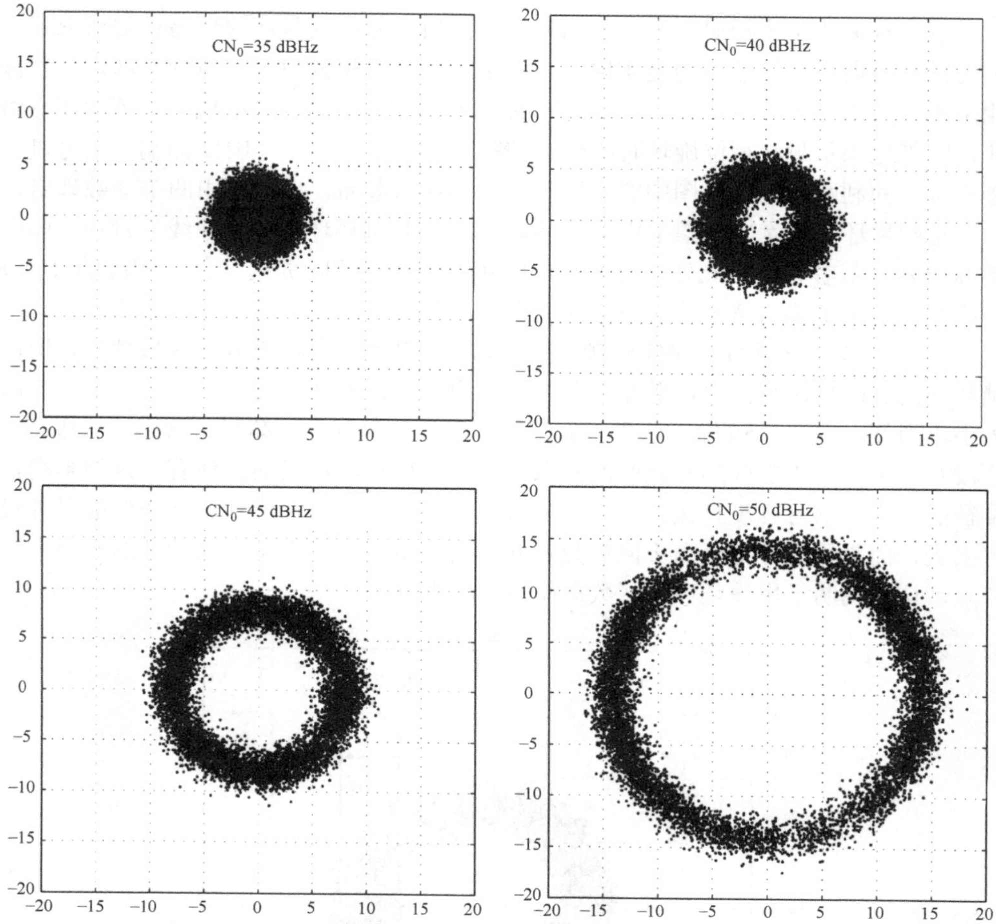

图 4.57 不同信号强度时锁频环的利萨如图形

对于延迟锁定环，可以把超前码、滞后码和中间码对应的I路和Q路积分共同画在二维平面内得到利萨如图形，分析过程和本节所述步骤类似，读者可以根据码相位误差和载波频率相位误差对于延迟锁定环输出的I路和Q路积分的影响自行试验并分析。

5．锁相环和锁频环的组合和载波辅助

根据前面章节的理论分析可知，锁频环和锁相环的差异是多方面的。从环路实现方式来看，锁相环的误差信号来自于鉴相器，锁频环的误差信号来自于鉴频器；从误差信号的物理意义来看，锁相环的误差信号是输入信号和本地信号的载波相位差，锁频环的误差信号是输入信号和本地信号的载波频率差；从环路的最终效果看，锁相环实现了对输入信号的载波相位的锁定，锁频环实现了输入信号的载波频率的锁定；从环路的跟踪性能上看，由于频率是相位的积分，所以在相同的输入信号强

度和等效噪声带宽的条件下，锁频环比锁相环具有更优异的动态应力性能。基于锁频环异于锁相环的特点和长处，北斗和 GPS 接收机中常常用锁频环来辅助锁相环。

在锁频环辅助锁相环的过程中，锁频环往往在以下两种情况下起作用：① 信号刚刚被捕获完成，此时本地载波和输入信号之间的频率差比较大，锁频环能够很快实现频率牵引过程，将控制权移交到锁相环。② 当信号由于某种原因无法实现相位锁定时，这种情况往往由于动态应力过大，或者信号强度很低，以至于载波相差的绝对值超过了式(4.191)给出的相位裕度。无论是由于动态应力还是信号强度的原因导致的相位失锁，锁频环都能作为锁相环的“备份环路”继续保持对信号的跟踪，当然此时是对信号频率的跟踪。锁频环虽然能保持对信号的持续跟踪，但由于无法实现对相位的锁定，所以解调电文数据的误码率很高，同时观测量的质量较差，载波相位存在严重的周跳，所以不适用于精度要求较高的应用场合。

由于频率是相位的微分，所以用来辅助锁相环的锁频环往往比锁相环的阶数低 1 个阶数，其原理如图 4.58 所示，图中给出了 1 阶锁频环辅助 2 阶锁相环和 2 阶锁频环辅助 3 阶锁相环的例子，由于这里的关键变动在于环路滤波器的合成方式，所以

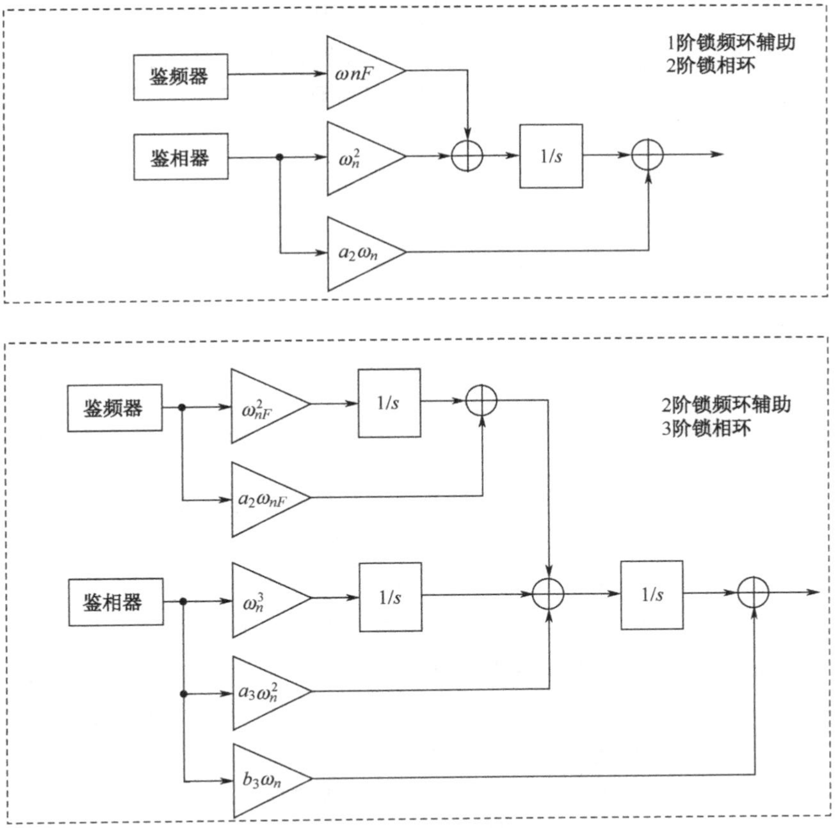

图 4.58　锁频环辅助锁相环的环路滤波器框图

省去了 NCO 单元。图中的鉴频器和鉴相器可以采用表 4.3 和表 4.4 中的例子，锁频环和锁相环各有一套独立的环路滤波器，其中锁频环和锁相环具有不同的噪声带宽 B_n，频率误差经过环路滤波器滤除高频分量以后送去控制载波 NCO，但频率误差的输入点比相位误差靠后一个积分器。

图 4.58 中的鉴频器和鉴相器均是对 I 路和 Q 路积分结果进行处理，所以鉴频器和鉴相器输出的频率差和相位差信号是相关的，在实现了相位锁定以后，鉴频器输出为零，此时跟踪环变为一个纯锁相环；当相位失锁以后，鉴频器开始输出频率误差，锁频环利用其优异的动态性能和热噪声性能实现频率的锁定，使之能够将输入信号的频率信息和码相位信息继续保持，在外界条件允许的时候锁相环将重新实现载波相位的锁定。

这里讲述的是锁频环和锁相环的常规辅助方式，除此之外还有多种锁频环和锁相环的组合方式，包括采用模糊逻辑控制和 FFT 频差分析法等，相关内容可以参考本章所附的参考文献。

因为卫星和接收机之间的相互运动，所以接收到的信号会产生多普勒频移效应。多普勒频移效应同时对载波信号和伪码信号起作用，于是结果就导致接收到的载波分量和伪码分量都产生了多普勒频移，而且这两个多普勒频移还有固定的线性关系。理解这一点其实不难，考虑更一般的情况，多普勒频移和相对运动速度以及信号初始频率的关系如下：

$$f_{\mathrm{R}} = \frac{c}{c - v_{\|}} f_{\mathrm{S}} \tag{4.193}$$

其中，f_{S} 是发射的信号频率；f_{R} 是接收到的信号频率；c 是光速；$v_{\|}$ 是相对运动速度在方向余弦上的投影。式(4.193)可以近似为

$$f_{\mathrm{R}} \approx (1 + \frac{v_{\|}}{c}) f_{\mathrm{S}} \tag{4.194}$$

所以多普勒频移值为 $\frac{v_{\|}}{c} f_{\mathrm{S}}$，对于卫星信号中的载波部分和伪码部分，$v_{\|}$ 都是相同的，唯一不同的是发射频率，由此可知，对于载波和伪码的多普勒频移有如下关系：

$$\frac{f_{\text{Dopp,载波}}}{f_{\text{Dopp,伪码}}} = \frac{f_{\text{载波频率}}}{f_{\text{伪码频率}}} = \begin{cases} 1\,540, & \text{GPS C/A码信号} \\ 763, & \text{北斗B1信号} \\ 590, & \text{北斗B2信号} \end{cases} \tag{4.195}$$

从式(4.195)可知，卫星信号中的载波频率和伪码频率的动态应力同源，多普勒频移具有上式中给出的比例关系，所以在跟踪环中可以把载波环跟踪得到的多普勒信息输入到伪码环中，通过上述的比例关系扣除大部分的动态应力，由相对运动导致的伪码频率波动被大幅度抵消，所以伪码跟踪环的环路带宽可以设置得非常小，从而显著提高环路噪声性能。这种技术叫作“载波辅助”。采用了载波辅助的跟踪环路如图 4.59 所示。

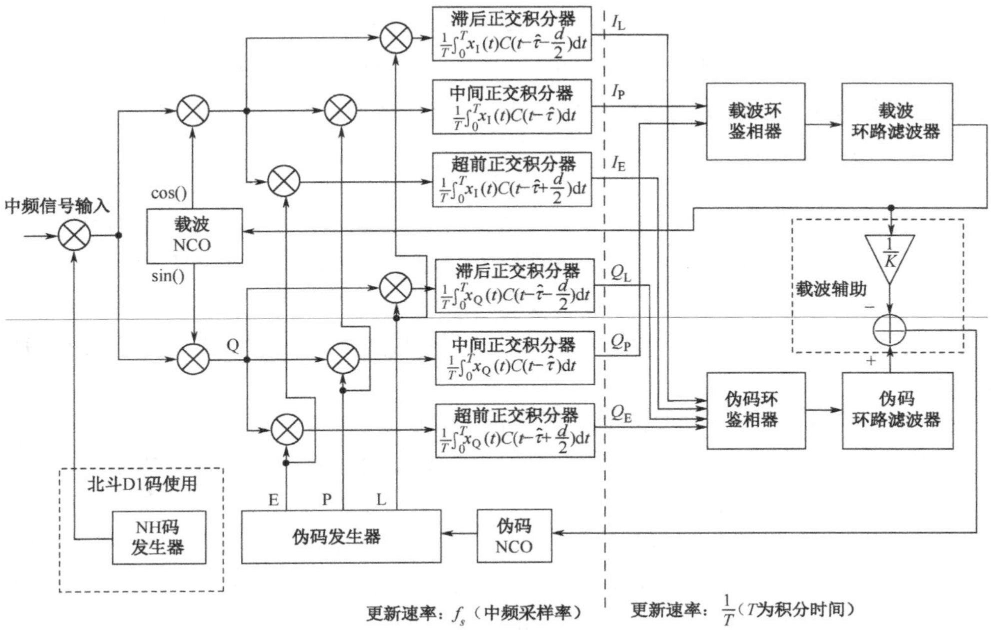

图 4.59　采用了载波辅助的载波跟踪环和伪码跟踪环

图 4.59 是现代接收机中最常使用的信号跟踪环路原理，包含了载波跟踪环和伪码跟踪环，6 个相干积分器分别对应超前码、滞后码和中间码的 I 路和 Q 路积分，6 个相干积分结果分别送给载波相位鉴相器（或鉴频器）和伪码相位鉴相器得到相位误差信号，然后通过各自的环路滤波器，经环路滤波以后控制 NCO，其中的原理在前面章节已经详细讲述过。由于采用了载波辅助，所以图中载波多普勒频偏值经过一个比例增益模块 $1/K$ 以后，被用来扣除伪码环路中的动态，这里 K 的值根据处理信号的不同而采取式(4.195)中对应的比例因子。

图 4.59 中虚线左侧的各个模块工作于中频频率 f_s，虚线右侧的各个模块则工作于 $1/T_I$ 频率，其中 T_I 是积分时间。一般来说，$f_s >> 1/T_I$，所以虚线左侧的模块一般都是在硬件中实现的，而虚线右侧的模块多在软件里实现。从复杂程度上来分析，NCO、积分器、伪码发生器等模块的功能相对比较简单，但工作时钟较高，比较适合在硬件里实现，而鉴相器、环路滤波器和跟踪环路逻辑控制等模块功能相对比较复杂，但所需的运算时钟较低，所以在软件中实现更合适一些。图 4.59 中还有一个 NH 码发生器，该模块是针对北斗 D1 码信号使用的，只有在实现了 NH 码剥离以后相干积分长度才能大于 1 ms。

载波辅助的基本思想是用某种已知的动态信息对伪码跟踪环路进行辅助，这种动态信息来自于载波环路。这种动态辅助的思想也可以用于载波环的跟踪，例如，用惯性传感器对接收机的动态进行估计，然后将这种动态信息以某种方式对载波跟踪环进行辅助，扣除其中由相对运动引起的动态应力，这样就可以将载波环路的等效噪声减小，采用这种方案的跟踪环路在保持了良好的动态特性的同时，也兼顾了环路的热噪声特性，这种方案一般叫作“深耦合”基带处理算法，该研究领域尚属卫星导航学术界比较前沿的课题，感兴趣的读者可以参阅参考文献[34～39]。

6. 载噪比估计

在实现了载波和伪码的跟踪以后，接收机中一个必不可少的任务是对当前跟踪的信号强度给出量化指标，这一方面是作为当前跟踪环路的工作状态指示，即是否锁定了真实的信号，另一方面为后续导航解算任务提供了衡量观测量可靠性的基本依据，同时在某些关键算法方面如互相关检测、伪码锁定检测等都需要知道信号强度信息。

从 4.1.8 节可以看出，同样的输入信号在不同的信号处理阶段其信号强度的表示是不同的，相干积分时间长短和非相关积分次数都会影响信号强度，为了保证表达的一致性，北斗和 GPS 接收机中常常用载噪比来衡量信号强度和噪声的关系。载噪比用 CN_0 来表示，在本书中 CN_0 已经多次出现，其物理意义是载波功率和白噪声功率谱密度的比值，单位是 dB/Hz。注意不要把 CN_0 和 CNR 弄混，CNR 指的是载波功率和噪声功率比值，CNR 和 CN_0 有如下的关系：

$$\text{CNR} = \text{CN}_0 - 10\lg(B_w) \tag{4.196}$$

上式中单位为分贝（dB），B_w 是天线和射频前端的信号带宽。

CN_0 和 CNR 一般用于射频频段的信号强度表示，在完成了信号载波同步和基带解调处理之后，往往用信噪比 SNR 来表示信号强度和噪声的关系，SNR 和 CNR 有如下的关系：

$$\text{SNR} = \text{CNR} + \text{基带处理增益} \tag{4.197}$$

式(4.197)中的基带处理增益包括了相干积分增益、非相干累加增益、平方损失、量化损失等多项的叠加，基带处理算法确定后，可以大致估算出基带处理增益。例如，对于 GPS 信号，相干积分时间为 10 ms，ADC 量化损失为 0.5 dB，没有非相关累加处理，则基带处理增益= $10\lg(10\times1\,023) - 0.5 \approx 39.6$ dB。如果知道了基带 SNR，则可以根据上面得到的基带处理增益反推出 CNR，然后再根据式(4.196)结合射频前端带宽推算出 CN_0 的值。

上述估算 CN_0 的方式理论上是可行的，但在接收机实现中不是很方便，首先基带 SNR 的计算不是很直接；其次一旦基带处理算法进行了改动就需要对整个估算过程进行调整，稍显不便，所以工程中往往不采用这种方法。接收机中广泛采用的方法是利用不同的信号处理带宽情况下的“信号+噪声”观测量的统计特性得到 CN_0，具体来说就是利用宽带情况和窄带情况下的“信号+噪声”的均值和方差等统计量计算出 CN_0。

由相干积分的原理知道，相干积分时间越长则等效的信号带宽越窄，信号带宽和相干积分时间成反比关系。假设相干积分时间为 T_I 的情况下，I 路和 Q 路积分器

输出可以表示为

$$
\begin{aligned}
s_{\mathrm{I}} &= A\cos(\Phi) + n_{\mathrm{I}} \\
s_{\mathrm{Q}} &= A\sin(\Phi) + n_{\mathrm{Q}}
\end{aligned} \tag{4.198}
$$

式(4.198)中，$\varPhi$ 为载波相位差；n_I 和 n_Q 为噪声项，服从 $N(0,\sigma^2)$。这里假设载波频率差已经同步，伪码相位也已经对齐，所以没有了 sinc 函数项和伪码自相关函数项。容易证明，信号幅度 A 和噪声功率 σ^2 有如下关系：

$$
A = \sqrt{2\mathrm{CN}_0 T_{\mathrm{I}}} \cdot \sigma \tag{4.199}
$$

考虑两个观测量：M 次相干积分时间为 T_{I} 的能量总和值 WBP（宽带信号能量）和一次相干积分时间为 $\mathrm{MT_I}$ 的能量值 NBP（窄带信号能量），即

$$
\mathrm{WBP} = \sum_{k=1}^{M} (S_{\mathrm{I},k}^2 + S_{\mathrm{Q},k}^2) \tag{4.200}
$$

$$
\mathrm{NBP} = \left(\sum_{k=1}^{M} S_{\mathrm{I},k} \right)^2 + \left(\sum_{k=1}^{M} S_{\mathrm{Q},k} \right)^2 \tag{4.201}
$$

将式(4.198)带入式(4.200)和式(4.201)可以得到 WBP 和 NBP 关于信号和噪声的表达式。可以看出，当无信号存在时，WBP 服从自由度为 $2M$ 的开方分布(χ^2)，NBP 服从自由度为 2 的开方分布；当有信号存在时，由于信号项和噪声与信号交叉项的存在，WBP 和 NBP 不再服从开方分布，而是高斯分布和开方分布的叠加。理论推导表明，WBP 和 NBP 的均值、方差和互相关为

$$
E(\mathrm{WBP}) = 2M\sigma^2 \left(\frac{A^2}{2\sigma^2} + 1 \right) \tag{4.202}
$$

$$
E(\mathrm{NBP}) = 2M\sigma^2 \left(\frac{A^2}{2\sigma^2} M + 1 \right) \tag{4.203}
$$

$$
var(\mathrm{WBP}) = 4M\sigma^4 \left(\frac{A^2}{\sigma^2} + 1 \right) \tag{4.204}
$$

$$
var(\mathrm{NBP}) = 4M^2\sigma^4 \left(\frac{A^2}{\sigma^2} M + 1 \right) \tag{4.205}
$$

$$
COV(\mathrm{NBP}, \mathrm{WBP}) = 4M\sigma^4 \left(\frac{A^2}{\sigma^2} + 1 \right) \tag{4.206}
$$

式(4.202)～式(4.206)的推导过程很繁琐，单列在附录 C 中。

利用概率论中的一个定理，即对于随机变量 x 和 y，其比值 x/y 的均值为

$$
E\left(\frac{x}{y} \right) \approx \frac{E(x)}{E(y)} - \frac{\mathrm{COV}(x,y)}{[E(y)]^2} + \frac{E(x)\sigma^2(y)}{[E(y)]^3}
$$

将上式中的 x,y 用 NBP 和 WBP 代替，并将式式(4.202)～式(4.206)代入其中，得到

$$Z = E\left(\frac{\text{NBP}}{\text{WBP}}\right) \approx \frac{(A^2/2\sigma^2)M+1}{(A^2/2\sigma^2)+1} \tag{4.207}$$

然后将 A 和 σ^2 的关系式(4.199)代入式(4.207)可得

$$CN0 = 10\lg\left(\frac{1}{T_\text{I}}\frac{Z-1}{M-Z}\right) \tag{4.208}$$

可以对 Z 做多次观测，取其平均值以进一步减小 Z 的方差，保证 CN_0 估算的稳定性，取平均的总时间长度需要在估值准确度和灵敏度之间平衡。Z 值除了可以用来估算 CN_0 之外，还可以作为伪码锁定指示器，当 Z 值小于一定的门限值时，可以判断环路已经失锁。式(4.208)的方法通常叫作窄带宽带功率比值法，对 GPS 和北斗信号均适用。由于 NBP 计算过程中必须保证没有数据比特跳变，所以对于 GPS C/A 码信号来说，相干积分时间可以取 1 ms，M 值取 20；对于北斗 D1 码信号首先需要完成 NH 码的同步，对于北斗 D2 码信号，由于 D2 码的最长相干积分时间长度为 2 ms，所以 M 最大值取 2，在一定程度上限制了 D2 码的 CN_0 准确度。

除了上述的窄带宽带功率比值法，估算 CN_0 的常用方法还有平方信噪比方差法和原点矩法[41][42]，这些方法利用相干积分信号和信号功率的统计特性，采用不同的组合观测量计算 CN_0，这些方法的运算量和误差特性各异，读者可以阅读本章所附的相关参考文献了解其细节和特点。

4.2.6 比特同步

当载波跟踪环路实现了相位锁定以后，输入信号和本地载波信号的相位差为零，I 路积分器开始输出数据比特，Q 路积分则主要包含噪声分量，如图 4.53 中的 I、Q 利萨如图形所示，此时接收机开始实现比特同步，利萨如图形中的左右两个散布区域就分别对应比特−1 和+1。由于 GPS 信号数据率是 50 bps，北斗 D1 码信号也是 50 bps，D2 码信号是 500 bps，在一个数据比特内可以有多个 I、Q 积分结果（如果积分时间是 1 ms），所以必须找到正确的数据比特起始沿才能保证数据解调的正确性。

比特同步的主要目的有三个：① 只有实现了比特同步才能实现更长相干积分时间，上面章节已经表明较长的相干积分时间能够提供更低的相噪和更高的跟踪灵敏度，而在数据比特没有实现之前无法实现超过 1 ms 的相干积分，否则就有可能导致数据比特跳变引起的积分正负抵消；② 完成了比特同步后才可以进行导航电文解调，从而得到卫星星历参数、电离层矫正参数、UTC 参数和卫星钟差矫正量等信息，为定位解算准备条件；③ 比特同步的实现能够提供卫星的精确发射时间，为伪距观测量的提取做准备。其实仅从定位解算的角度，第二步任务并不是一定要通过跟踪环来实现，目前被广泛使用的辅助 GNSS(A-GPS 和 A-北斗）技术就是通过服务器把上述所需的信息传输给接收机终端，从而使定位时间大大提高，另外在热启动的情况下，接收机把最近一次定位时刻的卫星星历、卫星时钟矫正、电离层信息存储在非易失性存储器中，再次上电后就可以直接读取这些信息，如果距离上次定位时间不超过 2 h（这里 2 h 是 GPS 星历更新的时间间隔），则无须再从实时跟踪的信号中解调电文，从而缩短 TTFF 时间，并且能够提高捕获灵敏度。当然对于无辅助的自主型接收机来说，通过跟踪环实时地解调导航电文是必不可少的功能。

对于 GPS 信号，比特同步的常用方法是直方图法，这种方法的基本出发点是在数据比特发生跳变的时刻，相邻两次的 I 路和 Q 路积分器的积分结果可能出现正负值跳变，而在数据比特稳定的时刻，相邻两次的积分结果保持符号不变。GPS 信号的数据比特宽度为 20 ms，则每 20 ms 有可能出现一次比特跳变。直方图法的具体实现步骤如下：跟踪环在进入载波相位锁定状态之后，随机选取某次积分结果的毫秒时刻为时刻 1，随后每次积分结果的毫秒时刻为 2，3，…，直到 20，后续的积分结果对应的毫秒时刻从 1 开始循环到 20 为止，以此类推，然后分配 20 个计数器，每个毫秒时刻对应一个计数器，在后续的每个毫秒时刻，I 路和 Q 路积分过程完成之后比较本次积分结果和上次积分结果的符号是否发生了变化，如果发生了变化则表明这可能是一个数据比特跳变沿，于是把本时刻对应的计数器加 1，在累计了一定的时间门限 T_M 之后比较 20 个计数器的值，超过预定门限的计数器值对应的毫秒位置表明了数据比特跳变的时刻。上述过程通过图 4.60 比较容易理解，图中的上半部分是某段 I 路积分结果，箭头所指时刻表示数据比特发生了跳变，此时毫秒时刻对应的计数器值应该加 1，而其他计数器值保持不变，当累积了一定时间以后，20 比特跳变计数器中的数值分布如图中下半部分所示，其中第 13 号计数器的值和其他计数值相比明显高了很多，则表示 13 号计数器对应的毫秒时刻就是比特跳变时刻。

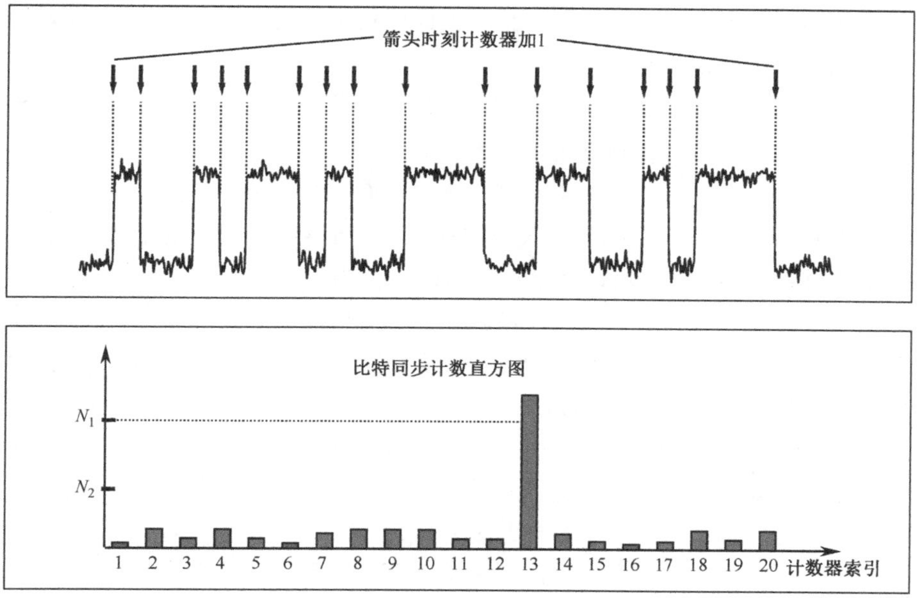

图 4.60　GPS 信号比特同步使用的直方图法图示

这种方法的关键之处在于判断前后两次积分值是否发生了比特跳变，图 4.60 是处理较强信号的（CN_0=45 dBHz）结果，所以比特跳变时刻对应的计数器值和其他计数值相比非常明显，如果是弱信号，判断两次积分值是否跳变就容易产生误判，则图中下半部分的计数器值会出现类似均匀分布的情况，如果没有一个明显较大的计数器峰值，就很难判断数据比特跳变时刻了。

对于载噪比为 CN_0 的输入信号，对积分值的符号进行判断发生误判的概率为

$$P_e = \text{erfc}'(\sqrt{2\text{CN}_0 T_I}) \tag{4.209}$$

式中，T_I 为相干积分时间；$\text{erfc}'(x)$ 是互补误差函数，其定义为

$$\text{erfc}'(x) = \frac{1}{\sqrt{2\pi}} \int_x^{+\infty} e^{-y^2/2} \text{d}y$$

所以相邻两次积分结果符号跳变出现误判的概率为

$$P_{\text{esc}} = 2P_e(1-P_e) \tag{4.210}$$

式(4.210)中的系数 2 是因为误判有两种情况，前一次正确而后一次错误，和前一次错误而后一次正确，两种情况下都会出现比特跳变错误判断。

对于 GPS 信号而言，可以认为发生比特跳变的概率是 50%，所以在观测时间 T_M 之内，发生数据比特跳变的次数的均值为 $25T_M$。20 个计数器中必定有一个对应正确的比特跳变时刻，一旦判断比特跳变则该计数器的值则加 1，其余计数器对应数据比特平稳时刻，只有发生误判时计数器值才加 1。

首先考虑对应于正确跳变时刻的计数器的表现，由于 T_M 时间内有 $25T_M$ 次数据跳变，有 $25T_M$ 次数据不跳变，当有数据跳变时，如果判断正确该积分器加 1；当无数据跳变时，如果判断错误该积分器加 1，上面分析中已经给出判断错误的概率 P_{esc}，容易推导判断正确的概率是

$$P_{\text{right}} = P_e^2 + (1-P_e)^2 = (1-2P_e+2P_e^2) \tag{4.211}$$

于是，对应于正确数据跳变沿的计数器均值为

$$N_{\text{right}} = 25T_M P_{\text{right}} + 25T_M P_{\text{esc}} = 25T_M \tag{4.212}$$

对于其他计数器来说，因为输入数据比特不可能发生跳变，所以只有在判断错误的情况下计数器才加 1，所以其他计数器的均值为

$$N_{\text{wrong}} = 50T_M P_{\text{esc}} \tag{4.213}$$

每一次判决可以看作一次伯努利实验，失败和成功的概率分布为 P_{esc} 和$(1-P_{\text{esc}})$，所以每一个计数器值的均方差都为

$$\sigma_N^2 = 50T_M P_{\text{esc}}(1-P_{\text{esc}}) \tag{4.214}$$

有了以上理论准备，就可以定义两个门限 N_1 和 N_2，

$$\begin{aligned} &N_1 = N_{\text{right}} \\ &N_{\text{wrong}} \leqslant N_2 \leqslant N_{\text{right}} - 3\sigma_N \end{aligned} \tag{4.215}$$

上面直方图法的观察时间超过门限 T_M 以后，会发生以下三种可能：

① 某一个计数器的值超过了 N_1。
② 环路失锁。
③ 两个或更多的计数器值都超过了 N_2。

- 发生则可以确定无疑地判断数据比特跳变的时刻就是该最大计数器对应的时刻；
- 发生则需要等待后续重捕处理和载波相位重新锁定；
- 发生则说明信号强度较低，使得无法找到确认的数据比特跳变时刻，此时需要重新复位各计数器值，等待下一次处理。

对于北斗 D2 码信号，由于数据比特长度为 2 ms，所以上述直方图法依然适用，但计数器数目只有两个，T_M时间内有 $250T_M$次可能数据跳变，有 $250T_M$次数据不跳变，所以将上述各式进行调整即可。

对于北斗 D1 码信号，情况稍微复杂一些，主要是因为 D1 码上调制了 1 kHz 的 NH 码，NH 码在每一毫秒时刻均可能发生跳变，所以直方图法就不适用了，此时可以采用能量积分法。该方法不是检测相邻毫秒积分的符号跳变，而是对相邻 20 ms 的积分结果进行滑动窗相关累加，滑动窗的系数为 NH 码，然后检测最大能量对应的时刻，其具体步骤如下：跟踪环在进入载波相位锁定状态之后，将每毫秒的积分结果缓存下来，缓存 20 ms 的积分结果之后，在每毫秒积分结束时将前面连续的 20 ms 的积分结果和滑动窗系数相乘并求和，得到一个结果，此处滑动窗系数设置为北斗 NH 码，这样经过 20 个 ms 时刻后得到 20 个累加结果，其中有一个必然对应正确的数据比特跳变时刻，因此信号能量达到最大值，其他的累加值中信号会正负抵消而得到较小的累加结果。从整个过程可以看出，滑动窗相乘并累加其实是将相邻的 20 ms 的积分结果和 NH 码进行了相关累加操作，同时滑动 1 毫秒积分结果以遍历全部可能的数据比特跳变时刻，整个过程中 NH 码的自相关函数决定最大累加值和次大累加值的相对数值大小。

北斗 NH 码的序列值和自相关函数如图 4.61 所示，其中 NH 码的自相关函数只取 4 值：0、±4 和 20，可见 20 个累加结果中最容易出错的是把自相关值为±4 的累加值对应的时刻当成了数据比特跳变时刻。

假设 1 毫秒的 I 路积分结果可以表示为

$$s_{\mathrm{I}} = \sqrt{2\mathrm{CN}_0 T_{\mathrm{I}}}\,\sigma\cos(\Phi) + n_{\mathrm{I}} \tag{4.216}$$

式中，Φ 取 0 或 π 表示数据比特调制+1 和−1；n_{I} 为噪声项，服从 $N(0,\sigma^2)$；T_{I} 为相干积分时间。那么经过上述的滑动窗相关累加后，最大的累加值可以表示为

$$s_{\mathrm{I,Max}} = 20\sqrt{2\mathrm{CN}_0 T_{\mathrm{I}}}\,\sigma\cos(\Phi) + n_{\mathrm{I,Max}} \tag{4.217}$$

这里 $n_{\mathrm{I,Max}}$ 为噪声项，服从 $N(0,20\sigma^2)$

根据图 4.61 所示的北斗 NH 码的自相关函数可知，次大的累加值可以表示为

$$s_{\mathrm{I,Sub}} = 4\sqrt{2\mathrm{CN}_0 T_{\mathrm{I}}}\,\sigma\cos(\Phi) + n_{\mathrm{I,Sub}} \tag{4.218}$$

式(4.218)中，$n_{\text{I,Sub}}$ 为噪声项，服从 $N(0,20\sigma^2)$

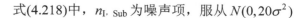

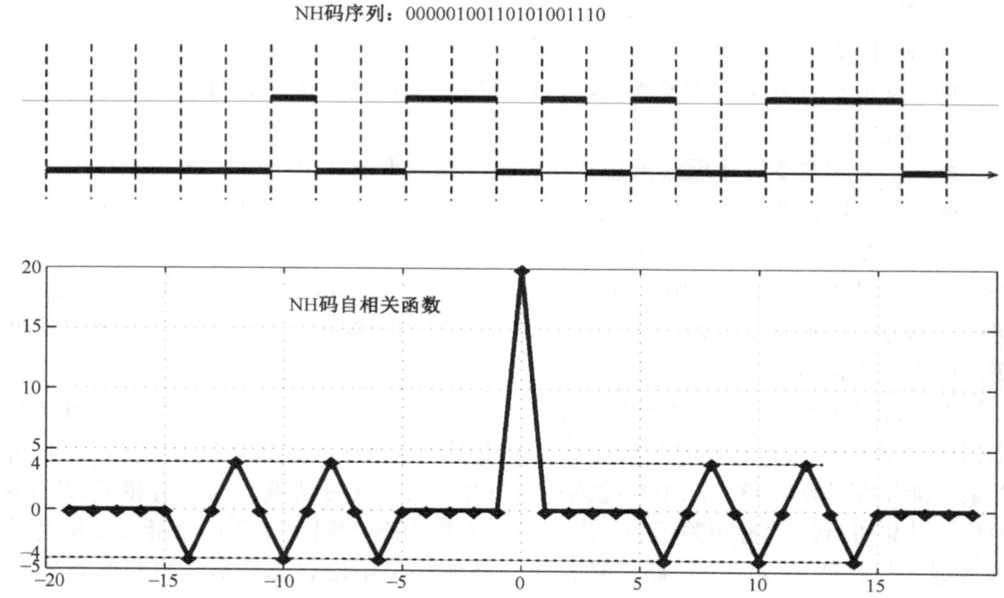

图 4.61 北斗 NH 码及其自相关函数

当 $s_{\text{I,Sub}} > s_{\text{I,Max}}$ 时出现比特沿判断错误，所以制造一个新的变量

$$s_{\text{I,MS}} = s_{\text{I,Max}} - s_{\text{I,Sub}} = 16\sqrt{2\text{CN}_0 T_{\text{I}}}\sigma + n_{\text{I,MS}} \tag{4.219}$$

严格来说，$n_{\text{I,Max}}$ 和 $n_{\text{I,Sub}}$ 并不是完全不相关的，因为两者来自相同的 1 毫秒积分噪声项序列，但经过了不同的 NH 码系数组合叠加，这里假设两者近似不相关，所以式(4.219)中的 $n_{\text{I,MS}}$ 服从 $N(0,40\sigma^2)$ 分布，因此出现误判的概率为

$$P_e = \text{erfc}'(\frac{16}{\sqrt{40}}\sqrt{2\text{CN}_0 T_{\text{I}}}) \approx \text{erfc}'(2.53\sqrt{2\text{CN}_0 T_{\text{I}}}) \tag{4.220}$$

从式(4.210)和式(4.220)可以看出，当信号 CN_0 降低时，比特同步失败的概率增大；当 CN_0 过低时，无论直方图法还是能量积分法都无法找到正确的数据比特跳变时刻。比特同步失败带来的代价是巨大的，会导致无法增大相干积分时间，无法正确解调数据比特，同时还会给出错误的卫星发射时间，由此送出错误的伪距观测量，所以接收机中必须提供保护机制对比特同步结果进行检测和修正。

当实现了比特同步以后，跟踪环路可以开始数据比特的解调，对 GPS 信号和北斗 D1 码信号来说，将一个数据比特内的 20 ms 的 I 路积分结果相加后进行门限判决得到+1 和−1 值，对北斗 D2 码信号来说，一个数据比特长度只有 2 ms，所以只能将 2 个 I 路积分结果进行相加后进行门限判决。由于都是 BPSK 信号，所以 GPS 信号和北斗 D1 码信号的误码率为

$$P_{e1} = \text{erfc}'(\sqrt{40\text{CN}_0 T_{\text{I}}}) \tag{4.221}$$

北斗 D2 码信号的误码率为

$$P_{e2} = \text{erfc}'(\sqrt{4\text{CN}_0 T_\text{I}}) \tag{4.222}$$

式(4.221)和式(4.222)中，T_I 是相干积分时间长度，这里是 1 ms。P_{e1}、P_{e2} 和 CN_0 的关系如图 4.62 所示。

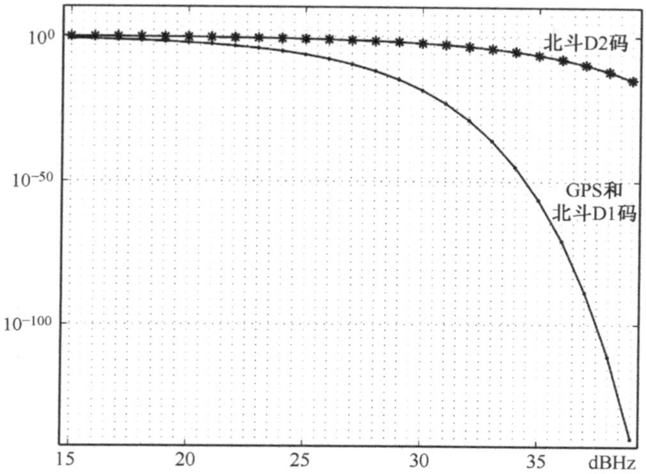

图 4.62　GPS 信号、北斗 D1 和 D2 码信号的误码率与信号强度的关系（纵轴为对数显示）

4.2.7　子帧同步

在完成了比特同步后，接收机开始解调数据比特。由前面章节中载波环的理论分析可以看出，当载波相位锁定后，I 路积分器将包含绝大多数信号能量，Q 路积分器将主要包含噪声能量，所以解调数据比特主要是通过对 I 路积分结果进行 0、1 判决来完成的。对于 GPS 和北斗 D1 码信号来说，一个数据比特包含 20 ms 长度，所以需要对 I 路积分器的积分结果进行 20 ms 累积之后判决一个数据比特，对于北斗 D2 码信号来说，一个数据比特只包含 2 ms 长度，所以每累积 2 ms 的 I 路积分结果就得到一个数据比特。接收机内的软件模块负责将连续数据比特存进本地缓存，以供后续处理。

原始的数据比特在内存中类似比特流，随时间源源不断更新，软件需要对该比特流进行子帧同步，只有完成了子帧同步后才能把比特流组织成一个一个的电文字，对于北斗和 GPS 导航电文来说，每一个字均包含 30 比特，只有完成了比特流到电文字的结构重组之后才能解调后续的导航电文内容，可见子帧同步在接收机的信号处理流程中是必不可少的一步。为了完成子帧同步，GPS 和北斗的卫星导航电文都设置了同步字，子帧同步的第一步就是在连续的比特流中试图找到同步字。

GPS 的同步字就是 3.3.1 节中提到的遥测码中的前导字符 10001011。由于前导字符只有8比特，假设比特流中出现0、1的概率是平均分布的，所以出现错误的前导字符的概率是 $1/2^8$，这个概率还是比较高的。因此在完成同步头的搜索以后，还需要根据导航电文帧校验逻辑进行帧完整性检查，只有通过子帧完整性检查以后，才能对导航电文进行解调。

北斗的同步字符从出错概率上来说比GPS有了改进，北斗的同步字符为11100010010，为11比特，所以由于随机比特流导致错误的前导字符的概率是 $1/2^{11}$，这个概率略低于GPS的情况，但从保证接收机可靠性来说还是需要谨慎判断的，因为同步字符出错的代价是巨大的，后续的导航电文内容的解调都需要基于子帧同步给出的比特位置信息，所以子帧同步一旦出错会导致卫星星历参数、TOW或SOW、电离层矫正参数、卫星钟差矫正参数等一系列错误，如果不加甄别就用于定位解算的话会导致错误的定位结果。

根据对科斯塔斯环的分析，可以知道其输出的数据比特会有0、π 相位模糊，实际中的表现就是，如果数据比特是0，则I路积分器输出的解调结果可能是0，也可能是1，反之亦然，所以仅从单个解调的数据比特无法得知真实的数据比特。对相位模糊问题，接收机的软件在搜索同步头时以一种巧妙的方式同时完成。前面提到，GPS的8位前导字符为10001011，于是解调得到的数据比特就有两种可能：① 10001011；② 01110100。第一种结果说明没有0、π 相位模糊，于是后续的数据比特就无须特殊处理了；第二种结果就说明发生了相位模糊，在这种情况下后续的每一个数据比特就需要进行一次反相操作。对于北斗信号来说，可以做同样的处理和判断，只不过这时同步字符为11100010010。值得一提的是，根据3.3.2节可知，北斗导航电文在组织形式上进行了交织处理，但细心的读者会发现D1码和D2码的每个子帧的第一个字例外，这样的处理就是为了搜索同步字符的方便，因为解交织必须在完成了子帧同步以后才能进行。

GPS信号的导航电文还有一个有趣的性质可以帮助解决相位模糊问题，从图3.21中可以看到HOW字的定义，注意HOW字中的第23和第24位的内容是特意设置的，其目的是为了保持校验位的最低两位，也就是D29和D30总是0。换句话说，不管HOW字其他位的内容如何变化，HOW字的最后两位校验位总是0。于是GPS接收机的软件设计可以通过检查前导字符往后数若干位（直到HOW的最后两位校验位）的两个比特值，如果该值为00，说明没有发生相位模糊，于是不用进行相位反转，否则就需要将相位反转。这个特性在实际程序中也可以用来检测是否搜索到正确的HOW字。在实际中，由于存在0、π 相位模糊，所以接收到的D29和D30可能是11或者00，而不可能是01或10。如果得到了10或01说明当前字要么不是HOW字，要么是出现了比特误码导致错误，无论哪种情况发生都需要重新搜索同步字。

北斗电文中并没有类似GPS的HOW字中的保留字的安排，但北斗电文在检测到同步字符后需要将第二个字及以后的所有字进行解交织操作，然后每15比特进行BCH译码，解交织的操作使北斗信号抗突发的连续差错的能力比GPS信号稍强，北斗解交织的过程可以参考图 3.26 中的译码部分。

GPS 和北斗的一个字均为 30 bit，其中 GPS 的校验字为 6 bit，北斗的校验字是两个 4 bit，总计是 8 bit，所以由于随机比特流导致出现错误的“正确校验字”的概率北斗比 GPS 低了 1/4，但从概率绝对值来说（GPS 是 $1/2^6$，GPS 是 $1/2^8$）还是比较高的，所以必须从其他方面入手对子帧同步的正确性加以确认。

GPS 的 TLM 字中除了同步字符外，其他信息都标明是保留（Reserved），可供利用的信息并不多，所以在搜索到 10001011 以后，只能对本字内的 6 bit 校验字进行检查，如果是随机比特流中同步字正确并且校验字通过的概率是 $1/2^{14}$（即 $1/2^8\times1/2^6$），这个概率已经比较小了。在得到 TLM 以后，紧接着的是 HOW 字，图 3.21 中表明 HOW 字包含了 17 bit 的 Z-计数和 3 bit 的子帧 ID 号，可以将这两者解调下来后判断其值是否在合理范围内，GPS 时间应该在 0～604 799 s 之间，子帧 ID 号应该是 1～5，除此之外还需要判断 HOW 字的校验字是否正确，如果这些均没有问题则子帧同步正确的可能性就非常大了。

图 3.32 给出了北斗的同步字和子帧 ID 以及 SOW 的关系，相对于 GPS 的 TLM 字来说，北斗的第一个字可利用的信息更多一些，总共有同步字符、子帧 ID、SOW 高 8 bit 和 4 bit 校验码等信息，如果再多等 12 bit 的时间，就能得到 SOW 低 12 bit，这样就能够充分利用上述信息对子帧同步的正确性加以判断，但由于北斗电文比特需要解交织处理，所以实际等待的时间基本上是 24 bit 左右。

一般来说，如果上述信息均利用起来，而且全部正确，那么子帧同步正确的可能性就非常大了，基于子帧同步的信息可以组织起后续的连续若干个 30 bit 的字，每一个字都可以进行校验字检查，如果都能通过的话基本就可以断定当前的子帧同步是正确的，如果出现校验错误的话，需要检查是由于比特误码导致的还是子帧同步错误导致的。

参考文献[43]中提到可以利用紧接着的两个子帧的 TOW 或 SOW 是否连续来判断子帧同步是否正确，这个条件的检查的确是一个很强的约束，因为由于随机比特导致时间间隔超过一个子帧的两个时间戳依然连续的概率是非常小的，其代价是需要多等待一个子帧的时间才能宣布子帧同步的完成，无形中增大了 TTFF。

子帧同步的过程必须进行校验字的检查，北斗校验字检查的过程可以参看图 3.26、图 3.28 和表 3.9 进行，GPS 的校验字的机制在前面章节并没有讲解，在本节的最后将 GPS 校验字的产生机制在表 4.7 中给出，其中 $\{D25\cdots D30\}$ 为计算出的校验字，和解调得到的 6 bit 校验字进行对比，相同则通过，不相同则失败。

表 4.7　GPS 导航电文校验字的计算方法

$d1 = D1 \oplus D^{*}30$
$d2 = D2 \oplus D^{*}30$

续表

$d3 = D3 \oplus D^{*}30$
$d4 = D4 \oplus D^{*}30$
…
$d24 = D24 \oplus D^{*}30$
$D25 = D^{*}29 \oplus d1 \oplus d2 \oplus d3 \oplus d5 \oplus d6 \oplus d10 \oplus d11 \oplus d12 \oplus d13 \oplus d14 \oplus d17 \oplus d18 \oplus d20 \oplus d23$
$D26 = D^{*}30 \oplus d2 \oplus d3 \oplus d4 \oplus d6 \oplus d7 \oplus d11 \oplus d12 \oplus d13 \oplus d14 \oplus d15$ $\oplus d18 \oplus d19 \oplus d21 \oplus d24$
$D27 = D^{*}29 \oplus d1 \oplus d3 \oplus d4 \oplus d5 \oplus d7 \oplus d8 \oplus d12 \oplus d13 \oplus d14 \oplus d15$ $\oplus d16 \oplus d19 \oplus d20 \oplus d22$
$D28 = D^{*}30 \oplus d2 \oplus d4 \oplus d5 \oplus d6 \oplus d8 \oplus d9 \oplus d13 \oplus d14 \oplus d15 \oplus d16$ $\oplus d17 \oplus d20 \oplus d21 \oplus d23$
$D29 = D^{*}30 \oplus d1 \oplus d3 \oplus d5 \oplus d6 \oplus d7 \oplus d9 \oplus d10 \oplus d14 \oplus d15 \oplus d16$ $\oplus d17 \oplus d18 \oplus d21 \oplus d22 \oplus d24$
$D30 = D^{*}29 \oplus d3 \oplus d5 \oplus d6 \oplus d8 \oplus d9 \oplus d10 \oplus d11 \oplus d13 \oplus d15 \oplus d19$ $\oplus d22 \oplus d23 \oplus d24$
说明：$D^{*}29$ 和 $D^{*}30$ 为前一个字的后两位；$\{D1 \cdots D24\}$ 为当前字的前 24 比特；$\oplus$ 为异或操作

完成了子帧同步后就可以对每个子帧进行导航电文译码了，具体步骤可以根据 3.3 节的 GPS 和北斗的导航电文结构和内容进行，也可以直接参考 GPS 和北斗的接口控制文档（ICD）。

参考文献

[1] Rice, S. O., "Mathematical Analysis of Random Noise," Bell System Technical Journal 24, 1945, pp. 146-156.

[2] Frank Van Diggelen, "A-GPS : Assisted GPS,GNSS, and SBAS", Artech House ,2009.

[3] A.J. Van Dierendonck, GPS Receivers, Chap.8 of Global Positioning System: Theory and Applications, Vol.I , B.Parkinson, J.Spiker, P.Axelrad, and P.Enge., 1996.

[4] Spiker, J. , Fundamental of Signal Tracking Theory, Chap.7 of Global Positioning System: Theory and Applications, Vol.I , B.Parkinson, J.Spiker, P.Axelrad, and P.Enge., 1996 .

[5] Spiker, J. GPS Signal Structure and Theoretical Performance, Chap.3 of Global Positioning System: Theory and Applications, Vol.I , B.Parkinson, J.Spiker, P.Axelrad, and P.Enge., 1996.

[6] 中国卫星导航系统管理办公室. 北斗卫星导航系统空间信号接口控制文件（公开服务信号）2.0 版. 2013 年 12 月.

[7] Navstar GPS Space Segment/Navigation User Interfaces, IS-GPS-200G, September 5, 2012.

[8] Pratap Misra, Per Enge. 全球定位系统——信号、测量和性能（第二版）. 北京：电子工业出版社，2008.
[9] E.D.Kaplan, Understanding GPS Principles and Applications, 2rd Edition,Artech House Publishers, 2006.
[10] 董绪荣，唐斌，蒋德. 卫星导航软件接收机——原理与设计. 北京：国防工业出版社，2008.
[11] 陈培. 高性能 GPS 接收机基带关键技术研究. 中国科学院研究生院博士学位论文，2009.
[12] Lawrence R.R,Ronald W. Schafer,Charles M. Rader, The Chirp Z-Transform Algorithm and Its Application, The Bell System Technical Journal, May-June, 1969.
[13] Tsui,James Bao-Yen, Fundamentals of Global Positioning Receivers: A Software Apporach, 2nd Edition, John Wiley& Sons 2008.
[14] Rosenfeld D. ,Duchovny E., Off-Board Positioning Using an Efficient GNSS SNAP Processing Algorithm, ION GPS GNSS 2010, Manassas, VA, USA.
[15] Sascha M. Spangenberg, Iain Scott, Stephen McLaughlin, Gordon J. R. Povey, David G. M. Cruickshank and Peter M. Grant, An FFT-Based Approach for Fast Acquisition in Spread Spectrum Communication Systems, Wireless Personal Communications, 2000.
[16] Baum C., Veeravalli V., Hybrid acquisition schemes for direct sequence CDMA system. IEEE International Conference on Communications. 1994.
[17] Gordon J. R. Povey. Spread spectrum PN code acquisition using hybrid correlators architectures. Wireless Personal Communications. 1998.
[18] Strässle, C., et al., “The Squaring-Loss Paradox,” Proc., ION GNSS 20th International Technical Meeting of the Satellite Division, Fort Worth, Texas, September 25-28, 2007.
[19] Lowe, S., “Voltage Signal-to-Noise Ratio SNR Nonlinearity Resulting from Incoherent Summations,” JPL-NASA, Technical Report, 1999.
[20] W. C. Lindsey and M. K. Simon, Telecommunication Systems Engineering, Englewood Cliffs, NJ:Prentice- Hall, 1973.
[21] R. E. Best, Phase-locked Loops, McGraw-Hill Inc. 1984.
[22] D.Taylor, Introduction to ‘Synchronous Communications’, A Classic Paper by John P. Costas, Proceedings of IEEE 90, pp. 1459-1460.
[23] 樊昌信，詹道庸，徐炳祥，吴成柯. 通信原理（第 4 版）. 北京：国防工业出版社，1995.
[24] Betz, J. W., and K. R. Kolodziejski, “Extended Theory of Early-Late Code Tracking for a Bandlimited GPS Receiver,”NAVIGATION: Journal of The Institute of Navigation, Vol.47, No. 3, Fall 2000, pp. 211-226.
[25] Mark L. Psiaki, Hee Jung, Extended Kalman Filter Methods for Tracking Weak GPS Signals, ION GPS 2002, 24-27 Sep. Portland, OR.
[26] Hee Jung, Mark L. Psiaki, Kalman-Filter-Based Semi-Codeless Tracking of Weak Dual-Frequency GPS Signals, , and Steven P. Powell, ION GPS/GNSS 2003, 9-12 Sep, Portland, OR.

[27] Kwang-Hoon Kim, Gyu-In Jee and Jong-Hwa Song, Carrier Tracking Loop using the Adaptive Two-Stage Kalman Filter for High Dynamic Situations, International Journal of Control, Automation, and Systems, vol. 6, no. 6, pp. 948-953, December 2008.

[28] Cyrille Gernot, Kyle O'Keefe, Gérard Lachapelle ,Combined L1/L2 Kalman filter based tracking scheme for weak signal environments, , GPS Solutions, 1 December 2010.

[29] D.Simon and H.El-Sherief, Fuzzy Phase-Locked Loops, Proceedings of the IEEE Position Location and Navigation Symposium, pp.252-259, Las Vegas, Nev, USA, Apr. 1994.

[30] A.M.Kamel, Design and Testing of an Intelligent GPS Tracking Loop For Noise Reduction and High Dynamic Applications, Proceedings of the 23rd International Technical Meeting of the Satellite Division of the ION, pp. 3235-3243, Portland, Ore, USA, Sep. 2010.

[31] W.L.Mao, H.W.Tsao, F.R.Chang, Intelligent GPS Receiver for Robust Carrier Phase Tracking in Kinematic Environments, IEE Proceedings Radar Sonar Navigation, Vol.151, No.3, June 2004.

[32] Ba Xiaohui, Liu Haiyang, Zheng Rui, Chen Jie, A Novel Efficient Tracking Algorithm Based On FFT For Extremely Weak GPS Signal, ION GNSS2009，September 22-25, 2009, Savannah, Georgia，pp1700-1706 .

[33] 巴晓辉，刘海洋，郑睿，陈杰. 一种有效的 GNSS 接收机载噪比估计方法. 武汉大学学报信息科学版，2011,4 (36,第 4 期), 457-460 页.

[34] Alban, S., Akos, D, and et. at., Performance Analysis and Architectures for INS-Aided GPS Tracking Loops, Proceedings of ION National Technical Meeting, ION-NTM 2003. Anahiem, CA.

[35] Kim, H., Bu, S., Jee, G., & Chan-Gook, P., An Ultra-Tightly Coupled GPS/INS Integration Using Federated Kalman Filter. 16th Int. Tech. Meeting of the Satellite Division of the U.S. Inst. of Navigation, Portland, OR 9-12 September, 2003, pp.2878-2885.

[36] Gebre-Egziabher, Demoz, et. al. "Doppler Aided Tracking Loops for SRGPS Integrity Monitoring." Proceedings of the Institute of Navigation GNSS Conference. Portland, OR, September 2003.

[37] Christopher R. Hamm, Warren S. Flenniken, et. al . Comparative Performance Analysis of Aided Carrier Tracking Loop Algorithms in High Noise/High Dynamic Environments, 17th Int. Tech. Meeting of the Satellite Division of Inst. Of Navigation, Long Beach, CA, 21-24 Sept. 2004, 523-532

[38] Christian Kreye, Bernd Eissfeller, Jón Ólafur Winkel, Improvements of GNSS Receiver Performance Using Deeply Coupled INS Measurements, Proceedings of the Institute of Navigation GNSS Conference. Salt Lake City , UT, September 2000, pp. 844-854.

[39] Jay A. Farrell, Aided Navigation, GPS with High Rate Sensors, McGraw Hill, 2008.

[40] Mood,A.M., Graybill,E.A., Boes,D.C. , Introduction to the Theory of Statistics, 3rd Edition,

McGraw-Hill, New York, 1974, Chap.2.

[41] Falletti E., Pini M., Lo Presti L., Margaria D., Assessment on low complexity C/No estimators based on M-PSK signal model for GNSS receivers, Position, Location and Navigation Symposium, 2008 IEEE/ION 5-8 May 2008 Page(s):167-172.

[42] M. Sharawi, D. M. Akos, D. N. Aloi, GPS C/N_0 estimation in the presence of interference and limited quantization level, IEEE Trans. On Aerosp. and Elec. Sys., vol. 43, no. 1, pp. 227-238, Jan. 2007.

[43] 谢刚. GPS 原理与接收机设计. 北京：电子工业出版社，2009.

[44] Stephen, S.A, and Thomas, J.B., Controlled-root formulation for digital phase-locked loops, IEEE Trans. Aerosp. Electron. System, 1995, 31, pp.78-95.

[45] John G.Proakis, Digital Communications, McGraw-Hill Inc.

[46] Jay A. Farrell, M. Barth. The Global Positioning System and Inertial Navigation, McGraw Hill, 1999.

第5章

双模观测量提取和误差分析

本章要点

- 伪距观测量
- 载波相位观测量
- 多普勒频率和积分多普勒观测量
- 观测量误差特性分析
- 差分 GNSS 技术

第 4 章中介绍了北斗和 GPS 接收机进行比特同步和子帧同步的方法，在子帧同步以后接收机开始解调导航电文的内容。GNSS 接收机实现了载波同步和伪码同步之后，科斯塔斯环的同相路积分器开始输出数据比特，同时开始进行观测量的提取。观测量的提取和处理是北斗和 GPS 接收机与一般的通信系统终端最大的不同之处。一般生活中常见的通信系统侧重于完成信息的传递和接收，如电视、广播、手机、无线调制解调器等；而北斗和 GPS 接收机除了需要完成“信息”的传递（例如，导航电文的解调和存储）之外，还需要从中得到测距码提供的位置和时间信息并对其进行处理，只有通过观测量的提取和处理才能最终实现定位和导航功能。从这个角度来看，了解北斗和 GPS 接收机中的各种观测量原理和产生机理是了解定位解算算法的重要基础。

北斗和 GPS 接收机中最常见的观测量有伪距、多普勒频率和积分多普勒、载波相位等观测量。不同观测量的物理意义各不相同，提取的方法也依赖于不同的信号处理状态和当时的跟踪环路状态，能达到的定位精度也不尽相同，所以在具体使用中也需要根据需求来决定采用哪些观测量。

本章将详细讲解北斗和 GPS 双模伪距观测量、多普勒频率和积分多普勒观测量，以及双模载波相位观测量，并对其中的物理意义进行详细讲解，为后续的定位解算算法奠定理论基础，同时对观测量中的误差特性进行分析，根据误差的时间相关性和空间相关性分析如何减小甚至消除观测量误差对定位精度的影响，在此基础上介绍差分 GNSS 的概念，包括广域差分系统和局域差分系统。

5.1 伪距观测量

伪距观测量其实很简单，其基本原理就是电磁波在真空中的传播速度是光速 c(2.997 924 58×10^8 m/s)，距离的测量可以转换为时间的测量。在本书 1.1 节中已经初步介绍了伪距量，但那时只是从科普的角度对伪距进行基本介绍；本节将用严谨的数学和物理理论更详细地阐述北斗和 GPS 接收机中伪距观测量提取的原理和性质。

北斗和 GPS 卫星发射的测距信号是一种电磁波信号，以光速在真空中传播。从卫星到位于地球表面的接收机之间的传播路径中，绝大部分都是真空状态；只有信号进入大气层以后，由于大气层中的电离层和对流层的影响，传播速度不再是严格的光速。后面在分析伪距观测量的误差特性时将对电离层延迟和对流层延迟进行分析；而此处可以近似地把传播速度当作固定不变的，这样可以简化对伪距观测量原理的分析。

卫星和接收机上都有各自的时钟，所以卫星和接收机都会保持各自的时间，假设在接收机时间的 t_R 时刻接收到来自卫星的信号，根据 1.1.4 节的分析，通过卫星信号上调制的时间戳信息得到信号从卫星天线离开时的发射时刻，此处记作 t_{SV}，那么可以很直接地计算出信号从卫星到接收机的传播时间为(t_R–t_{SV})，将传播时间乘以光速就可以得到卫星到接收机之间的距离了，但事情并非这么简单。

上面的 t_R 和 t_{SV} 分别是接收机和卫星根据各自的时钟计数而得到的本地时间，如果将这两个时间放到一个准确的时间基准上看，比如以 GPS 时或北斗时为时间基准，那么卫星认为的 t_{SV} 和“真实的 t_{SV}”存在一个偏差，记作 δt_{SV}。同理，接收机认为的 t_R 和“真实的 t_R”也存在一个偏差，记作 δt_R，如图 5.1 所示。

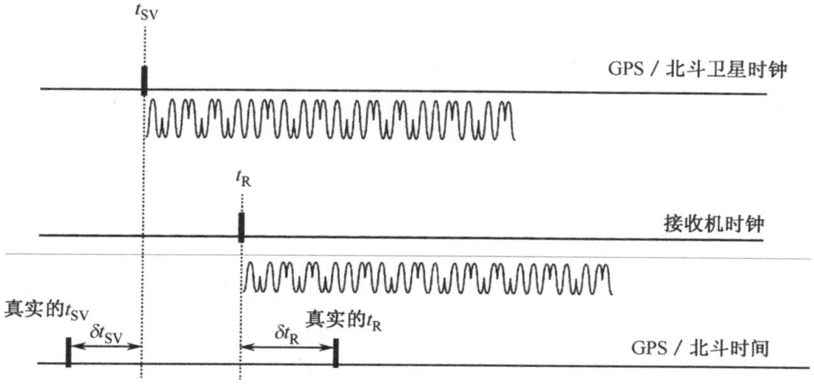

图 5.1　伪距观测量原理

图 5.1 中的时间基准可以是 GPS 时，也可以是北斗时，只要在取不同卫星的伪距观测量时一致即可。这里的“一致”意思是 GPS 卫星和北斗卫星的伪距观测量应该都基于同一个时间基准，对于 t_R 和 t_{SV} 都需要表述在这同一个时间基准上：t_R 的时间基准由接收机设计人员决定，所以没有什么疑问；t_{SV} 却和不同的卫星有关，GPS 卫星信号上调制的时间戳是表述在 GPS 时上的，北斗卫星信号上调制的时间戳却是在北斗时上表述的，所以在取双模伪距观测量时必须把 GPS 卫星的发射时间转换到北斗时上，或把北斗卫星的发射时间转换到 GPS 时上。关于 GPS 时和北斗时的转换在 1.3.5 节已经讲述过。北斗和 GPS 接收机在设计之初就可以规定一个公共的时间基准，则所有与时间有关的观测量均需要转换到这个时间基准上，由于 GPS 系统已经投入运营超过 30 年的时间，市场上已经存在大量成熟的 GPS 接收机，为了保持和其他产品的兼容性，把双模接收机中的时间基准定为 GPS 时是个比较稳妥的选择。

北斗时和 GPS 时之间存在整整 14 s 的差别，这仅仅是从秒级的尺度上来看；但从纳秒的级别上看，北斗时和 GPS 时加上 14 s 以后依然存在一个未知的时间偏差，这个时间偏差虽然很小，但对定位来说却不可忽略，因为即便是微秒的差别，如果不加处理的话也会带来 300 m 左右的定位误差。本书将用 T_{GB} 来表示北斗时和 GPS 时之间的系统偏差，北斗时在转换为 GPS 时减去 T_{GB} 即可。

当时间基准选定为 GPS 时，接收机中根据卫星发射信号的时间戳得到 t_{SV}，结合本地时间 t_R，于是对于 GPS 卫星伪距观测量可以表示为

$$\rho_G = c(t_R - t_{SV}) \tag{5.1}$$

对于北斗卫星伪距观测量来说，需要增加 T_{GB} 的影响，此时伪距观测量表示为

$$\rho_B = c[t_R - (t_{SV} - T_{GB})] \tag{5.2}$$

注意式(5.1)中的 t_{SV} 是 GPS 卫星发射时间在 GPS 时的表示，式(5.2)中的 t_{SV} 是北斗卫星发射时间在北斗时的表示，下面为了描述的简洁将只用 t_{SV} 来表示 GPS 卫星和北斗卫星的发射时间，读者注意需要区别对待。

从式(5.1)和式(5.2)可知，为了保证伪距的精度，t_R 和 t_{SV} 都必须足够精确，两者中任何一个不精确都会带来非常大的距离误差。在以下的分析中可以看到，在北斗和 GPS 接收机中，t_{SV} 可以被足够精确地测量，而 t_R 却无法精确地得到。

接收机用一种很巧妙的方式来获取精确的 t_{SV}，而该方式和卫星导航信号格式密切相关。事实上，只有在理解了如何获取精确的 t_{SV} 以后才会对北斗/GPS 信号格式的设置有更深刻的理解。简言之，t_{SV} 的获取是由接收机的软件和伪码跟踪环共同实现的。

t_{SV} 的获取是由以下四步来实现的：

第一步，在跟踪环进入稳定跟踪状态以后，导航电文数据比特能够被解调，子帧同步也已经实现。对于 GPS 信号而言，通过解调当前子帧的 TOW 就能够知道 Z 计数，由 3.3.1 节中图 3.22 可以知道，当前子帧的起始发射时刻是(Z计数 − 1)×6 s；对于北斗 D1 码信号而言，当前子帧的 SOW 就直接给出了该子帧的起始发射时刻。这一步可以将 t_{SV} 的估计精确到 6 s 的量级，对北斗 D2 码来说可以精确到 0.6 s，这是因为 D2 码一个子帧时间长度只有 D1 码子帧和 GPS 子帧的时间长度的十分之一。此时 t_{SV} 的值可以近似表示为

$$t_{sv} \approx \begin{cases} 6(Z-1), & \text{GPS信号} \\ \text{SOW}, & \text{北斗信号} \end{cases} \tag{5.3}$$

第二步，通过导航电文的比特计数可以将 t_{SV} 的精度进一步提高到 20 ms（或 2 ms）量级。GPS 和北斗 D1 码信号的导航电文中的子帧由 300 比特组成，每比特的时间长度是 20 ms；北斗 D2 码信号的导航电文子帧也由 300 比特组成，但每比特的时间长度是 2 ms。在实现稳定的跟踪以后，接收机的软件会保持对子帧比特的记数 N_{bit}，该记数范围为 1～300，在子帧最后一个比特清零。于是通过比特计数就可将 t_{SV} 的估计精确到 20 ms / 2 ms 的量级，即

$$t_{sv} \approx \begin{cases} 6(Z-1) + N_{bit} \times 0.02, & \text{GPS信号} \\ \text{SOW} + N_{bit} \times 0.02, & \text{北斗D1码信号} \\ \text{SOW} + N_{bit} \times 0.002, & \text{北斗D2码信号} \end{cases} \tag{5.4}$$

第三步，通过导航电文比特内的伪码周期计数将 t_{SV} 的精度提高到 1 ms。GPS 和北斗 D1 码信号的电文比特里面包含了 20 个伪码周期，北斗 D2 码信号的电文比特里面包含 2 个伪码周期，每个伪码周期是 1 ms。伪码跟踪环会对伪码周期进行记数，这里用 N_C 来表示。该记数范围对北斗 D1 码和 GPS 信号是 1～20，对北斗 D2 码信号是 1～2，计数值在数据比特跳变沿被清零。通过伪码周期记数可以将 t_{SV} 的

估计精确到 1 ms 的量级，即

$$t_{sv} \approx \begin{cases} 6(Z-1)+N_{bit}\times 0.02+N_C\times 0.001, & \text{GPS信号} \\ SOW+N_{bit}\times 0.02+N_C\times 0.001, & \text{北斗D1码信号} \\ SOW+N_{bit}\times 0.002+N_C\times 0.001, & \text{北斗D2码信号} \end{cases} \tag{5.5}$$

第四步，通过本地伪码的码相位把 t_{SV} 的精度提高到微秒量级。当伪码跟踪环实现了伪码相位的锁定后，跟踪环会给出本地伪码的相位 Φ_C，在稳定的跟踪状态下可以认为 Φ_C 精确吻合输入信号的伪码相位。对于 GPS 信号，Φ_C 的范围为 1～1 023；对北斗信号，Φ_C 的范围为 1～2 046，这里 Φ_C 的单位是码片，GPS 码片的时间宽度约 0.977 5 μs，北斗码片的时间宽度约 0.488 7 μs。可见，通过本地伪码相位就可以将 t_{SV} 的估计精确到码片的量级（微秒量级），即

$$t_{sv} \approx \begin{cases} 6(Z-1)+N_{bit}\times 0.02+N_C\times 0.001+0.9775\Phi_C\times 10^{-6}, & \text{GPS信号} \\ SOW+N_{bit}\times 0.02+N_C\times 0.001+0.4887\Phi_C\times 10^{-6}, & \text{北斗D1码信号} \\ SOW+N_{bit}\times 0.002+N_C\times 0.001+0.4887\Phi_C\times 10^{-6}, & \text{北斗D2码信号} \end{cases} \tag{5.6}$$

从以上分析可以看出，t_{SV} 的获取必须由接收机的软件和伪码跟踪环共同实现，同时也看出导航信号结构在其中所起的重要作用。t_{SV} 中 20 ms（对北斗 D2 码来说该值为 2 ms）精度以上的部分由接收机软件对卫星导航电文的分析结果提供，而 20 ms（或 2 ms）精度以下的部分由伪码跟踪环提供；而北斗和 GPS 信号结构设置则使这一切成为可能：导航电文中的比特内容提供了毫秒精度以上的部分，而数据比特调制的伪码相位则提供了毫秒精度以下的部分。值得提出的是，这里 t_{SV} 只是卫星信号的发射时刻在卫星时间内的表示，和真实的 t_{SV} 相差一个时间偏差 δt_{SV}。后面将会看到，卫星的时钟偏差可以通过星历数据中的时钟校正参数计算出来，并从原始的伪距观测量中扣除，GPS 和北斗卫星的时钟校正参数是(t_{oc},a_0,a_1,a_2)，在卫星星历参数中播发，具体请参考 3.3 节。

信号的接收时刻即接收机的本地时间 t_R 的获取就要简单一些，可以直接由接收机本地的时钟提供。如果本地时钟很精确的话，t_R 就已经是准确的了；但这种情况需要非常昂贵的原子钟作为本地时钟，而这种方案在成本上是无法接受的。一般来说，目前商用的北斗和 GPS 接收机普遍采用温控晶体振荡器（TCXO）作为本地时钟的来源。比较好的温补晶振的频率精确度能到 0.1～1 ppm，也就是说经过 1 000～10 000 s 以后本地时钟的偏差就可能高达 1 ms。所以本地时钟和真实的接收时刻必定存在一个不可预知的时间偏差，在图 5.1 中用 δt_R 表示。

由于真实的信号传输时间是图 5.1 中的"真实的 t_{SV}"和"真实的 t_R"之间的时间差，于是根据上述分析可以看出伪距表达式(5.1)和(5.2)可以表示为

$$\begin{aligned}\rho_G &= c(t_R - t_{SV}) \\ &= \sqrt{(x_u-x_s)^2+(y_u-y_s)^2+(z_u-z_s)^2}+c\delta t\end{aligned} \tag{5.7}$$

$$\begin{aligned}\rho_{\mathrm{B}} &= c(t_{\mathrm{R}} - t_{\mathrm{SV}}) + cT_{\mathrm{GB}} \\ &= \sqrt{(x_{\mathrm{u}} - x_{\mathrm{s}})^2 + (y_{\mathrm{u}} - y_{\mathrm{s}})^2 + (z_{\mathrm{u}} - z_{\mathrm{s}})^2} + c\delta t + cT_{\mathrm{GB}}\end{aligned} \tag{5.8}$$

其中，(x_{s}，y_{s}，z_{s}）是卫星在 t_{SV} 时刻的位置坐标；(x_{u}，y_{u}，z_{u}）是用户的位置坐标，为未知量；δt 是信号发射时间偏差和接收机时间偏差的总和，前面提到卫星时钟偏差可以计算出来并扣除，这样处理以后 δt 将只包含接收机本身的时间偏差，即 $\delta t \approx \delta t_{\mathrm{R}}$。知道了卫星发射时间 t_{SV}，(x_{s}，y_{s}，z_{s}）就可以通过星历数据算出，具体计算方法在后面将会详述。从这里可以看出，上面提到的 t_{SV} 有两个作用：除了用来计算伪距观测量之外，另一个作用就是作为输入变量来计算卫星位置坐标。需要提出的是，通过北斗卫星星历数据计算出来的北斗卫星坐标是在 CGS2000 坐标系内，而通过 GPS 星历数据计算出来的 GPS 卫星坐标是在 WGS84 坐标系内。参考文献[6,7]表明，相同点在两个坐标系的坐标相差非常小，所以北斗卫星和 GPS 卫星的坐标无须转换而直接混合使用。由于本书只涉及北斗和 GPS 两个 GNSS 系统，所以后面将不再对北斗和 GPS 卫星的坐标标注 CGS2000 和 WGS84 坐标系。

从式(5.7)和式(5.8)可以看出“伪距”这个名词的来历。正是由于本地时钟的不精确性，使伪距观测量中包含了一个不可预知的时间偏差，为了和真实的距离观测量相区别，将其叫作“伪距”观测量。

时间偏差 δt 的存在使问题变得稍稍复杂，因为现在未知量由(x_{u}，y_{u}，z_{u}）变成了(x_{u}，y_{u}，z_{u}，δt)，也就是说增加了一个未知量。更进一步，对于双模接收机来说，由于北斗时和 GPS 时之间的系统偏差 T_{GB} 使得未知量又增加了一个，现在未知量变为(x_{u}，y_{u}，z_{u}，δt ，T_{GB})。

现代北斗和 GPS 接收机往往有多个通道，每一个通道处理一颗卫星的信号，于是每一个通道都能提供一个如式(5.7)或式(5.8)所示的伪距观测量方程。我们知道，要解 5 个未知量意味着需要至少 5 个方程，而这个要求对于现代多通道的接收机而言并不是件困难的事情。T_{GB} 的存在似乎使得所需方程的最少数目又额外增加了一个，但北斗系统中目前有 14 颗可用卫星，所以额外提供一个北斗伪距观测量并不是一件棘手的事情。实际上，在中国和亚太区域同时可见的北斗卫星数目都在 8～10 颗以上，所以在开放天空的情况下，提供足够多的北斗+GPS 双模伪距观测量并不困难。

还有一个初学者往往容易忽视的重要问题，即如何保证每一个伪距观测量方程中的 δt 都是同一个量？事实上，接收机内部在读取多个伪距观测量时是同时进行的。比如，接收机内部的定时器在某一个时刻触发所有通道同时开始读取伪距观测量，这样就保证了所有通道在该时刻采集的伪距观测量共享同一个本地时间，包括 GPS 跟踪通道和北斗跟踪通道，于是就顺理成章地使所有伪距量方程中的 δt 是同一个量。理解这一点在接收机设计中至关重要。

实际上，伪距方程中的不确定量除了接收机时钟偏差以外，还有星历数据自身带来的卫星位置的误差 E_{eph}，扣除卫星时钟偏差 δt_{SV} 后依然存在一个较小的偏差 τ_{s}，以及电离层和对流层的传输延迟，分别用 T_{iono} 和 T_{tron} 来表示。另外，接收机内部的热噪声也会影响伪距观测量，同时信号传输时环境所造成的多径效应也会影响观测量，用 MP 表示多径噪声，n_{r} 表示接收机内部的热噪声。结合这些因素，伪距方程可以进一步写为

$$\begin{aligned}\rho_{\text{G}} = &\sqrt{(x_{\text{u}}-x_{\text{Gs}})^2+(y_{\text{u}}-y_{\text{Gs}})^2+(z_{\text{u}}-z_{\text{Gs}})^2}+c\delta t \\ &+c\tau_{\text{G,s}}+E_{\text{G,eph}}+T_{\text{G,iono}}+T_{\text{G,tron}}+\text{MP}_{\text{G}}+n_{\text{r}}\end{aligned} \tag{5.9}$$

$$\begin{aligned}\rho_{\text{B}} = &\sqrt{(x_{\text{u}}-x_{\text{Bs}})^2+(y_{\text{u}}-y_{\text{Bs}})^2+(z_{\text{u}}-z_{\text{Bs}})^2}+c\delta t+cT_{\text{GB}} \\ &+c\tau_{\text{B,s}}+E_{\text{B,eph}}+T_{\text{B,iono}}+T_{\text{B,tron}}+\text{MP}_{\text{B}}+n_{\text{r}}\end{aligned} \tag{5.10}$$

式(5.9)和式(5.10)分别针对 GPS 伪距观测量和北斗伪距观测量，其中的下标“G”、“B”分别表示 GPS 和北斗。电离层延迟、对流层延迟、卫星时钟误差、多径效应都是针对各自的卫星信号的，所以也加上了下标以示区分。

用 $n_{\rho}=c\tau_{\text{s}}+E_{\text{eph}}+T_{\text{iono}}+T_{\text{tron}}+\text{MP}+n_{\text{r}}$ 来表示伪距观测量中总的误差项。其中，可以将误差量归结为两个类型，一个类型是公共误差，另一个是独有误差。公共误差的含义是在一个较小的区域（比如方圆 50 km）内，所有接收机都共享的误差项；而独有误差是该接收机自己独特的误差项，不同接收机的独有误差是各不相同的。公共误差包括 $c\tau_{\text{s}}$、E_{eph}、T_{iono} 和 T_{tron}，而独有误差则包括 MP 和 n_{r}。公共误差能够借助差分的方法来消除或减小。

式(5.9)和式(5.10)是北斗和 GPS 接收机的双模伪距方程，是利用伪距定位的数学基础，读者需要多加揣摩并深刻理解。

5.2 载波相位观测量

北斗和 GPS 接收机中的载波相位观测量可以通过图 5.2 来理解。

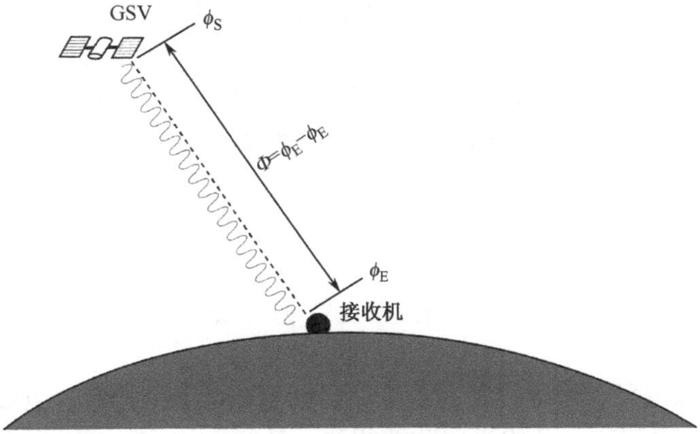

图 5.2　载波相位观测量的原理

图 5.2 中卫星发射导航信号到接收机，为了突出载波分量，图中没有画出伪随机码和导航电文比特。假设在导航信号离开天线的一霎那记录载波相位为 ϕ_{S}，经过卫星与接收机之间的传播距离，到达接收机天线时的载波相位为 ϕ_{E}，那么接收机中的载波相位观测量是两者的差，用 Φ 表示，即

$$\Phi = \phi_{\mathrm{E}} - \phi_{\mathrm{S}} \tag{5.11}$$

Φ 等于从卫星天线到接收机天线之间传播路径上的全部载波周期数和不足一个周期的部分：

$$\Phi = N_{\mathrm{E,S}} + \Delta\phi = \frac{r}{\lambda} \tag{5.12}$$

式中，$N_{\mathrm{E,S}}$ 为整数；$\Delta\phi$ 为不足一个载波周期的部分，是一个 0～2π 之间的弧度值；r 是卫星天线和接收机天线之间的距离；λ 是载波波长。

式(5.11)对于理解载波相位的原理很有帮助，但在实际中对载波相位观测量进行提取却困难重重。首先，接收机无法在卫星天线端对信号的载波相位进行测量；其次，虽然接收机内部对接收到的导航信号的载波相位进行测量没什么问题，但由于载波信号由正弦波组成，正弦波每一个周期内的波形都是完全一样的，那么在某时刻测量到的本地载波相位如何对应信号在离开卫星天线的时刻呢？也就是说，即使接收机能够实现对 ϕ_{E} 的测量，却没有办法测量 ϕ_{S}。

在无法测量 ϕ_{S} 的情况下，式(5.12)中的 $N_{\mathrm{E,S}}$ 和 $\Delta\phi$ 均无法得到，所以式(5.12)仅仅是在理论中存在的公式，但其意义在于揭示了载波相位和距离之间的关系。

当接收机的载波跟踪环进入相位锁定状态后，在没有周跳发生的情况下，可以认为本地载波相位和输入信号的载波相位实现了完全同步，此时接收机测量的载波相位是本地载波相位的增量，即

$$\Phi_k = \Phi_{k-1} + \int_{T_{k-1}}^{T_k} 2\pi f_{\mathrm{NCO}}(t)\mathrm{d}t \tag{5.13}$$

式中，Φ_k 和 Φ_{k-1} 是在 T_k 和 T_{k-1} 时刻的载波相位观测值，两个时刻之间的时间跨度是 T；f_{NCO} 是载波 NCO 的瞬时频率，它和 NCO 的相位步进值的关系如式(4.190)所示。f_{NCO} 是一个随时间改变的量，所以式中采用了对时间的积分来求相位增量，当时间间隔 T 较小的情况下也可以用 $2\pi f_{\mathrm{NCO}}T$ 近似。一般来说，观测时刻就是观测量锁存的时刻，在该时刻伪距、载波相位和积分多普勒观测量同时被锁存，以保证所有通道的观测量均共享相同的本地时间。对常用的民用导航型接收机来说，观测时刻大多数为每秒一次，即每秒能得到一个定位结果。对于高动态应用场合下的接收机，观测频率更高一些，为每秒 5 次、20 次或 100 次，相应的定位结果频率也更高，从观测量提取的角度看只是观测间隔缩短而已，但对后面的 PVT 算法的运算量要求提高了。

Φ_0 是对某颗卫星初次进行观测量提取时的初始值。一般在该卫星对应的跟踪环路进入载波相位锁定之后开始提取载波相位，其初始值 Φ_0 可以根据接收机的位置

（比如最小二乘法得到的定位结果）和卫星位置之间的距离算出。显然，由于本地位置和卫星位置均存在较大误差，所以这样的初始值并不是式(5.11)中的真正的载波相位值。初始值也可以简单地置为 0，无论采用哪种初始值方案，都相当于在式(5.12)中引入了一个随机的整周数 N'。因为载波相位定位一般都会采用单差、双差甚至三差处理，而初始值作为一个固定的整周值折合进最终的“整周模糊度”求解问题中，所以不会对采用载波相位的定位方法产生不利影响。

Φ_k 可以通过式(5.13)中的方法进行计算得到，但 f_{NCO} 和 T 的值都存在偏差，这是因为接收机的射频前端的晶振频率存在偏差，由此计算得到的 NCO 瞬时频率值和观测量间隔 T 都存在偏差。接收机中的载波相位一般通过对载波 NCO 溢出的次数进行累加计数得到，在每次相干积分结束，通过 arctan2(Q，I）计算出载波相位 0～2π 之间的部分，然后在相干积分过程中对 NCO 的本地相位进行整周计数，得到载波相位的整周部分，两部分合成最终的载波相位观测量。这个过程如图 5.3 所示。

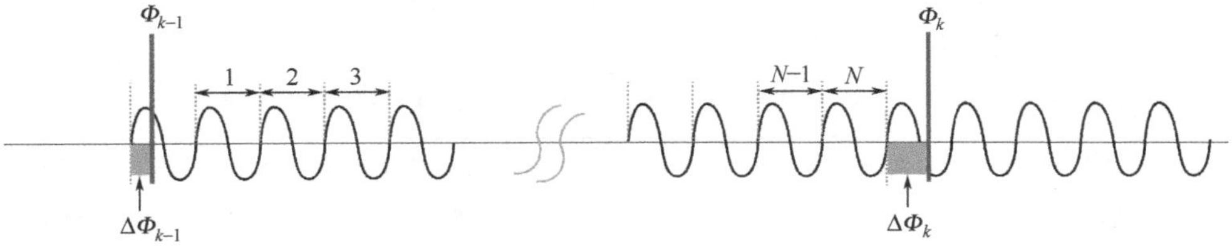

图 5.3 接收机中载波相位观测量提取的原理

图 5.3 中在 Φ_{k-1} 观测量之后，将载波相位整周计数器清零，每次载波 NCO 更新时钟到来时对相位累加寄存器进行更新，同时检查相位累加寄存器的值是否发生了从 2π～0 的溢出：如果发生了溢出，说明信号的载波相位前进了一个整周，于是将载波相位整周计数器加 1，以此类推，直至 Φ_k 观测量锁存时刻。图 5.3 中的示意过程中总共累加了 N 次整周，当到了 Φ_k 观测量锁存的时刻，载波相位观测量中除了 N 个整周的载波相位以外，还需要对载波相位的分数部分进行累加，当前的载波相位的分数部分通过 arctan2(Q，I）计算，同时需要从当前的载波相位的分数部分扣除上一次载波相位的分数部分，如图 5.3 中两块阴影区域分别是 Φ_{k-1} 和 Φ_k 的分数部分，分别记作 $\Delta\Phi_{k-1}$ 和 $\Delta\Phi_k$，则

$$\Phi_k = \Phi_{k-1} + N + (\Delta\Phi_k - \Delta\Phi_{k-1}) \tag{5.14}$$

上面讲述了接收机中载波相位观测量的提取方法，这样得到的载波相位观测量会包含一个理论中频累积项，即 $\omega_{\mathrm{IF}}t$，但在做星间单差处理时就会把这一项消除，所以对载波相位的使用并没有不利影响，本节后面的载波相位观测量中将不包含理论中频累积项。

GPS 和北斗卫星的载波相位观测量的数学模型分别如下：

$$\begin{aligned}\lambda_{\mathrm{G}}\Phi_{\mathrm{G}} = &\sqrt{(x_{\mathrm{u}} - x_{\mathrm{Gs}})^2 + (y_{\mathrm{u}} - y_{\mathrm{Gs}})^2 + (z_{\mathrm{u}} - z_{\mathrm{Gs}})^2} + c\delta t + \lambda_{\mathrm{G}} N_{\mathrm{G}} + \\ &c\tau_{\mathrm{G,s}} + E_{\mathrm{G,eph}} - T_{\mathrm{G,iono}} + T_{\mathrm{G,tron}} + \mathrm{MP_G} + \varepsilon_{\mathrm{r}}\end{aligned} \tag{5.15}$$

$$\lambda_{B}\Phi_{B}=\sqrt{(x_{u}-x_{Bs})^2+(y_{u}-y_{Bs})^2+(z_{u}-z_{Bs})^2}+c\delta t+cT_{GB}+\lambda_{B}N_{B}+ \\ c\tau_{B,s}+E_{B,eph}-T_{B,iono}+T_{B,tron}+\mathrm{MP}_{B}+\varepsilon_{r} \tag{5.16}$$

从式(5.15)和式(5.16)看出，GPS 和北斗载波相位观测量乘以各自的载波波长以后和伪距观测量的数学方程非常相似，其中公共误差 E_{eph}、τ_{s}、T_{iono} 和 T_{tron} 的含义和伪距观测量中的一样，唯一区别在于载波相位观测量中的 T_{iono} 的符号和伪距观测量中的符号相反。N_{G} 和 N_{B} 分别是 GPS 和北斗载波相位观测量中的未知的载波整周数，这个是载波相位观测量独有的，在信号载噪比足够高的情况下，载波跟踪环只要能保持载波相位的稳定跟踪锁定，则 N_{G} 和 N_{B} 将固定不变。式(5.15)和(5.16)中的独有误差 $(\mathrm{MP}+\varepsilon_{r})$ 和伪距相位观测量中的独有误差 $(\mathrm{MP}+n_{r})$ 在形式上一样，但比伪距中的误差值小了两个数量级。一般来说，多径效应和热噪声对载波跟踪环引起的相噪值（转换为以米为单位的距离量）在厘米量级，只有伪码跟踪环的相噪值的 1%左右[5]。

如果能够通过差分处理把式(5.15)和(5.16)中的 T_{GB} 和公共误差项消除，那么可以把式(5.15)和式(5.16)重写成

$$\lambda_{G}(\Phi_{G}-N_{G})=\sqrt{(x_{u}-x_{Gs})^2+(y_{u}-y_{Gs})^2+(z_{u}-z_{Gs})^2}+c\delta t+(\mathrm{MP}_{G}+\varepsilon_{r}) \tag{5.17}$$

$$\lambda_{B}(\Phi_{B}-N_{B})=\sqrt{(x_{u}-x_{Bs})^2+(y_{u}-y_{Bs})^2+(z_{u}-z_{Bs})^2}+c\delta t+(\mathrm{MP}_{B}+\varepsilon_{r}) \tag{5.18}$$

可见，如果把 $\{\lambda_{G}(\Phi_{G}-N_{G}),\lambda_{B}(\Phi_{B}-N_{B})\}$ 作为观测量做定位解算，由于噪声项的方差在厘米级别，则定位结果的精度能够达到厘米级精度，这就是载波相位定位的优势所在。但同时也可以看到，必须知道载波整周数 N_{G} 和 N_{B} 以后才能运用载波相位观测量，这个问题是载波相位应用中面临的一大难题，叫作“整周模糊度”问题。

5.3 多普勒频率和积分多普勒观测量

多普勒效应是物理学上一个很常见的效应，主要发生在波形信号的发射和接收过程中。简言之，对于以频率 f 发射的波形信号，如果接收者相对于发射者处于运动状态，则接收到的信号频率就不再是 f，而是相对于 f 有一个偏移量，这就是多普勒频移现象。进一步而言，当接收者和发射者之间的相对运动方向和两者方向矢量一致时，所接收到的信号频率比 f 高；当相对运动方向和两者之间的方向矢量反向时，接收到的信号频率比 f 低。

多普勒效应在人们日常生活中也很常见。当火车面向人们驶来时，人耳听到的火车鸣笛声变得尖利而急促；而当火车背向人们远离时，人耳听到的火车鸣笛声变得低沉而拉长：由于火车汽笛的声调在发射时刻并无任何变化，所以人耳听到的不同声调就是多普勒效应产生的频率变化。多普勒效应不仅对声波有效，对电磁波也有效。众所周知的宇宙膨胀现象，其重要证据就是科学家对遥远星体的光谱进行分

析而发现了红移现象，而这一现象被认为是由于星体高速远离而导致的多普勒效应引起的。

由于 GPS 卫星、北斗 MEO 和 IGSO 卫星都处于高速飞行状态，所以对于地球表面的接收机而言多普勒效应几乎是必然要发生的事情。进一步分析表明，多普勒频移值和三个因素有关：卫星和接收机之间的距离矢量和相对速度矢量之间的夹角 α；相对速度绝对值大小；载波波长 λ。用数学表达式表述可写成

$$f_{\rm d}=\frac{\boldsymbol{v}_{\rm u}\cdot\boldsymbol{H}}{\lambda}=\frac{|\boldsymbol{v}_{\rm u}|\cos\alpha}{c}f_{\rm carrier} \tag{5.19}$$

式中，“•”为向量点积运算；$\boldsymbol{v}_{\rm u}$ 是接收机和卫星之间的相对速度矢量；$\boldsymbol{H}$ 是接收机和卫星之间的方向余弦矢量（即相对位置矢量进行归一化得到的单位矢量）；λ 是载波波长，$\lambda=c/f_{\rm carrier}$，这里 c 是光速。

图 5.4所示是卫星和接收机之间的距离矢量、相对速度矢量、两个矢量之间的夹角 α 和多普勒频移的示意图。图 5.4（a）中是在 α<90° 情况下，此时接收机和卫星之间是相向运动，多普勒频移为正，即接收到的载波频率比发射时的频率要高；图 5.4（b）是在 α>90° 情况下，此时接收机和卫星之间是背向运动，多普勒频移为负，即接收到的载波频率比发射时的频率要低。

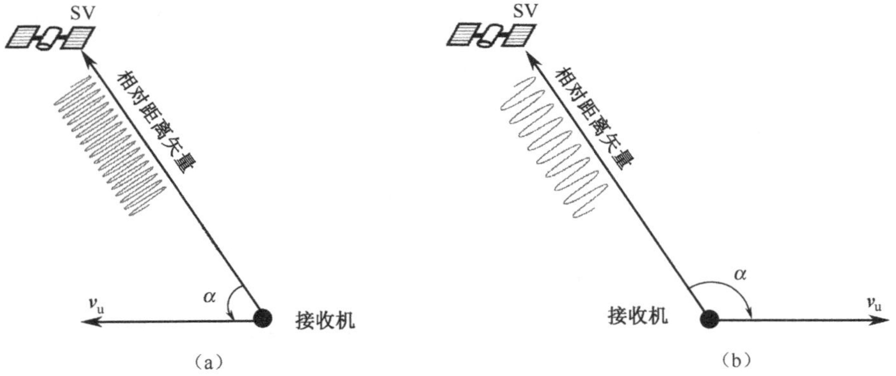

图 5.4　多普勒效应原理

北斗和 GPS 接收机中的多普勒频率观测量可以通过载波 NCO 的相位步进寄存器读取。在第 4 章已经提到，相位步进寄存器和 NCO 瞬时频率的关系如式(4.190）所示。在读取 NCO 的瞬时频率后，如何得到多普勒频率观测量有两种处理方法：一种是直接把 NCO 的瞬时频率送出去作为多普勒频率观测量；另一种是把 NCO 的瞬时频率扣掉理论中频 f_c 后，再作为多普勒频率观测量送出。在介绍这两种方法之前先解释一下理论中频的概念。

理论中频是由接收机的射频前端的频率方案决定的一个标称中频值，这个值的物理意义是在没有多普勒效应和本地钟漂的情况下，所接收到的 GPS 或北斗中频信号的载波频率。这个值由射频前端的配置决定，具体的原理和实例分析在后续有关射

频前端的章节还要详细说明，这里通过一个简单的例子让读者理解理论中频和为什么多普勒频率观测量的提取需要知道这个值。

图 5.5 所示给出了一种典型的 GPS 接收机的射频前端设置。GPS 信号通过天线接收，经低噪放大器（LNA）放大后，进入混频器。传统的 GPS 接收机射频前端有一级或多级混频器，为了简便起见，这里我们只考虑一级混频器。GPS 的射频载波频率为 1 575.42 MHz，假设本地振荡器的标称值为 1 565.42 MHz，则混频器输出的低频分量的载波频率标称值 f_c 就是(1 575.42 MHz−1 565.42 MHz)，即 10 MHz。这个标称值是在没有多普勒频移和本振频率偏差的情况下的理论值，也就是说，假设卫星和接收机之间保持静止，同时 TCXO 的频率经过本地频综以后输出的频率是精确无误的 1 565.42 MHz，那么 ADC 采样得到的中频信号载波频率才会是 10 MHz。前面已经说过，信号传输过程中卫星和用户之间的相对运动导致接收到的信号发生了多普勒频移，同时由于 TCXO 的实际振荡频率和标称值总会存在偏差，所以本地振荡器的实际频率也不会是 1 565.42 MHz。综合以上两点因素，最终输出的载波中频值是由多普勒效应和本地时钟偏差共同决定的。所以实际得到的信号中频不会是 10 MHz，而和 10 MHz 有一个偏差，具体偏差的大小就由上述两个因素决定。需要提出的是，由于北斗卫星信号和 GPS 卫星信号的载波频率不一样，信号带宽也不同，所以两者的射频前端的频率方案会存在差别，导致各自的理论中频也不一样，在算法设计和软件实现中需要注意这一点。

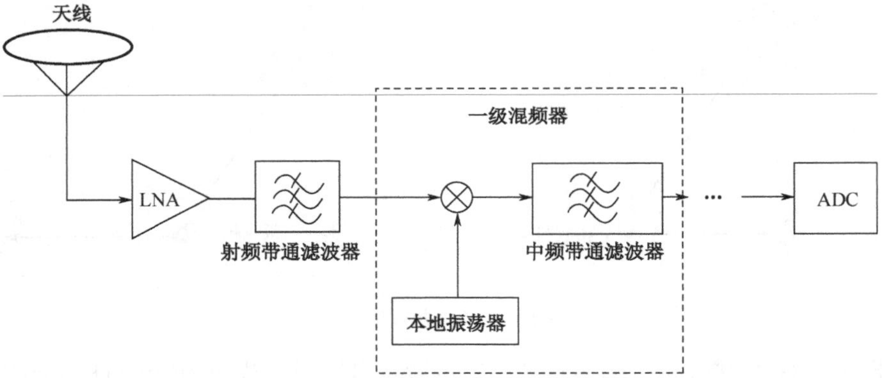

图 5.5　一个简单的 GPS 射频前端

理论中频值是信号捕获之前首先需要知道的量，因为虽然多普勒频移和 TCXO 的钟漂决定了需要搜索的多普勒频率范围的大小，而多普勒频率范围的位置却由理论中频决定。当完成了信号捕获进入信号跟踪以后，载波 NCO 的瞬时频率是理论中频±5 kHz 的一个值，如果从 NCO 的瞬时频率中不扣除 f_c，则多普勒频率观测量将包含一个理论中频项，这一项对所有卫星的多普勒频率观测量都是一样的，属于一个公共项，在使用时可以经过星间单差操作将它消除。

那么再来看看从 NCO 的瞬时频率中扣除 f_c，此时多普勒频率观测量不再有一个理论中频项，多普勒频率观测量的数学方程将十分简洁，如下式所示：

$$f_{\mathrm{d}}=(\boldsymbol{v}_{\mathrm{s}}-\boldsymbol{v}_{\mathrm{u}})\cdot\boldsymbol{H}+c\dot{\delta t}+n_d \tag{5.20}$$

式中，$\boldsymbol{H}$ 是接收机和卫星之间的方向余弦矢量；$\boldsymbol{v}_{\mathrm{s}}=[v_{\mathrm{sx}},v_{\mathrm{sy}},v_{\mathrm{sz}}]^{\mathrm{T}}$ 是卫星的速度矢量；$\boldsymbol{v}_{\mathrm{u}}=[v_{\mathrm{ux}},v_{\mathrm{uy}},v_{\mathrm{uz}}]^{\mathrm{T}}$ 是用户的速度矢量；$\dot{\delta t}$ 是钟漂；n_d 是总的噪声项。注意：式(5.20)中的各物理量的单位是米 / 秒，接收机中的多普勒观测量以赫兹或弧度为单位，如果以赫兹为单位则需要乘以载波波长，如果以弧度为单位还需要再乘以 2π。GPS 的 L1 频点和北斗的 B1 频点的波长有细微差别，GPS 的 L2 频点和北斗 B2 频点的波长也有细微差别，在实际计算中用 $\lambda=c/f_{\mathrm{carrier}}$ 计算。$\dot{\delta t}$ 是一个无单位的量，表示时钟偏差漂移量和标称频率的比值，一般用 ppm 或 10^{-6} 表示。

从式(5.20)可以看出，多普勒频率观测量是卫星和用户相对运动速度，以及本地钟漂的函数。于是在解算用户速度时，必然要利用多普勒观测量，而在利用多普勒观测量计算用户运动速度的之前，还需要知道卫星和用户之间的方向余弦矢量，因此一般来说要先解算出用户的位置和卫星的位置以后才能使用式(5.20)对用户速度和钟漂进行求解。

多普勒频率观测量的物理意义可以看作伪距观测量的时间导数，关于这一点只需要对式(5.9)和式(5.10)对时间求导，并对等式右边的距离项做一阶泰勒近似就可以验证。注意：北斗卫星的伪距观测量中 T_{GB} 可以认为是一个常量，所以其导数为 0。这一点也很容易理解，因为北斗时和 GPS 时两个原子时之间的时间差将几乎没有变化。由于 $\dot{T}_{\mathrm{GB}}=0$，因此北斗卫星和 GPS 卫星的多普勒频率观测量具有相同的数学表达式。

多普勒频率观测量也被称为伪距变化率观测量，单位时间内的伪距观测量之间的差就是多普勒频率观测量，但如果把实际采集的伪距数据和多普勒频率数据进行对比，就会发现单位时间内伪距观测量中的噪声要比多普勒频率观测量中的噪声大得多，这是因为伪距观测量中的时间相关性强的噪声项都不会在多普勒频率中出现，这些噪声项包括电离层延迟、对流层延迟、星历误差项的一部分和环境变动不剧烈条件下的多径效应，所以多普勒频率观测量比伪距观测量要“干净”得多。

积分多普勒观测量是一定时间内载波跟踪环输出的频率值的积分，用下式表示：

$$\Delta\Phi_{\mathrm{d}}(t_2,t_1)=\Phi_2-\Phi_1=\int_{T_1}^{T_2}2\pi f_{\mathrm{NCO}}(t)\,\mathrm{d}t \tag{5.21}$$

式(5.21)中，$\Delta\Phi_{\mathrm{d}}(t_2,t_1)$ 就是 t_1 到 t_2 时刻的积分多普勒观测量，将式(5.21)和式(5.13)对比可以看出，$\Delta\Phi_{\mathrm{d}}(t_2,t_1)$ 实际上是 t_1 到 t_2 时刻的载波相位观测量的差。理解这一点并不困难，因为相位本来就是频率的积分，所以载波相位在一定时间内的差就是该段时间内多普勒频率的积分，即积分多普勒观测量。

如果 t_1 到 t_2 的时间间隔是单位时间，那么，$\Delta\Phi_{\mathrm{d}}(t_2,t_1)/(2\pi)$ 和多普勒频率观测

量 f_d 将十分接近，但两者有着本质区别。f_d 是某时刻多普勒频率的瞬时值，而 $\Delta\Phi_d(t_2,t_1)/(2\pi)$ 是一段时间内的多普勒频率的积分值，两者之间的差别可以用图 5.6 表示。

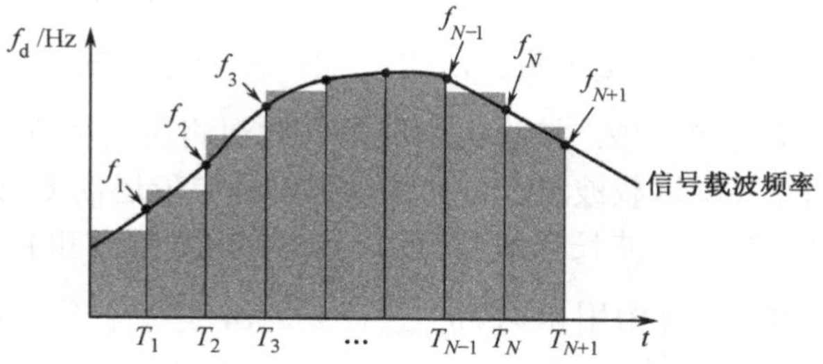

图 5.6 多普勒频率观测量和积分多普勒观测量之间的区别

图 5.6 中的曲线是卫星信号中一段时间内多普勒频率值。其中横坐标是观测时刻，单位是秒；纵轴单位是赫兹，在观测时刻 T_1，T_2，…，T_N，T_{N+1} 对应的多普勒频率观测量分别是 f_1，f_2，…，f_N，f_{N+1}。图中相邻观测时刻内阴影部分是该时段内多普勒频率的积分，从上面分析可以知道，阴影面积就是该时段内的积分多普勒观测量。从数值上对比，多普勒频率观测量和积分多普勒观测量只有细微的差别，但是当输入信号的载波频率剧烈变动时，这种数值上的差别就更明显，当输入信号的载波频率平缓变化时，两者的差别较小。

从物理意义上看，多普勒频率观测量衡量的是卫星和接收机之间的相对运动速度的瞬时大小，而积分多普勒观测量衡量的是一段时间内卫星和接收机之间的距离的变化值。由于载波相位观测量的噪声方差很小，所以积分多普勒观测量给出的距离变化具有极高的精度，在没有载波相位周跳发生的情况下能达到厘米级甚至毫米级的精度。

5.4 观测量误差特性分析

从 5.1 节和 5.2 节可以看到，伪距观测量和载波相位观测量都可以认为是卫星和接收机之间的距离与若干项偏差或噪声项之和。这里偏差的含义是指保持不变或缓变的随机变量，而噪声则指变化迅速、很难预测的随机变量；噪声和偏差的区分并不是绝对的，不同的观测时间跨度内偏差也可以被看作噪声。全部偏差和噪声项的累积效应被称作等效用户距离误差（User Equivalent Range Error，UERE）。本节将对北斗和 GPS 伪距和载波相位观测量的 UERE 进行分析，针对其中主要的偏差或误差项进行分析和讨论，着重分析其产生根源和统计特性，从而理解对其进行消除或减弱的方法。

5.4.1 卫星时钟误差

卫星上配置了原子钟用于产生星载工作频率，原子钟虽然具有良好的长期稳定性，但作为时间和频率信号来源依然存在频率偏移和老化率问题，由此产生的卫星时间和导航系统所使用的时间标准必然存在偏差，北斗卫星和 GPS 卫星都面临类似的问题。为了解决这个问题，北斗地面监控站和 GPS 地面监控站均实时监测各自的卫星信号，并给出了对卫星时钟进行修正的参数。在工程实践中，卫星时钟的钟差被建模为如下二项式：

$$\Delta\tau(t) = a_0 + a_1(t - t_{oc}) + a_2(t - t_{oc})^2 \tag{5.22}$$

式中，t_{oc} 为星钟修正参考时间；a_0 为星钟的零偏修正参数；a_1 为星钟的钟速修正参数（频率偏差）；a_2 为星钟的钟速度率修正参数。这四项参数均由各自的导航电文中的卫星星历数据块提供。

严格来说，式(5.22)中的自变量 t 应该是北斗信号或 GPS 信号的发射时刻在各自时间基准（北斗时或 GPS 时）里的时间值。这句话有些拗口，要理解这一点，可以先回顾式(5.6)。其中给出了 GPS 和北斗信号的卫星发射时刻 t_{SV}，但要注意这里的 t_{SV} 包含了卫星时钟和各自时间基准的偏差 $\Delta\tau(t)$。所以应该把[$t_{SV}-\Delta\tau(t)$]作为自变量送给式(5.22)来计算 $\Delta\tau(t)$，这样看来就涉及迭代过程；如果 $\Delta\tau(t)$ 值比较大的话确实需要一次迭代过程，但实际上 $\Delta\tau(t)$ 值都比较小，由于式(5.22)的计算结果对时间变化不敏感，所以可以直接把由式(5.6)计算得到的 t_{SV} 代入计算 $\Delta\tau(t)$ 即可。需要注意的是，($t_{SV}-t_{oc}$）的值应该在(−302 400，302 400）之间，如果($t_{SV}-t_{oc}$）大于 302 400 则需要将结果减去 604 800，如果($t_{SV}-t_{oc}$）小于−302 400 则需要将结果加上 604 800。

除了式(5.22)的修正量以外，卫星钟差还存在相对论修正量。在 3.2.1 节已经看到，北斗和 GPS 卫星时钟由于狭义相对论和广义相对论的综合效应导致时钟频率被调整，但由于卫星轨道并非是规则的圆形，所以相对论效应在不同轨道位置对时钟的影响是不同的。北斗和 GPS 信号接口控制文档给出的相对论修正均为

$$\Delta t_r = F e_s \sqrt{A} \sin E_k \tag{5.23}$$

式中，e_s 为轨道离心率；A 为轨道半长轴；E_k 为卫星偏近点角，在卫星位置计算章节部分会详细讲解；F 为一个常数，其定义为

$$F = \frac{-2\sqrt{\mu}}{c^2} \tag{5.24}$$

式中，c 是光速，μ 是引力常数。表 1.1 中已经给出了北斗和 GPS 系统的引力常数的数值，根据上述信息计算得到的北斗和 GPS 系统下的 F 值分别为

$$F_{GPS} = -4.442\,807\,633\,4 \times 10^{-10} \quad [\mathrm{s/m^{1/2}}]$$

$$F_{BD} = -4.442\,807\,309\,0 \times 10^{-10} \quad [\mathrm{s/m^{1/2}}]$$

可见两者的 F 常数非常接近。

卫星的钟差修正还包括群延迟校正 T_{GD}，由卫星导航电文给出，所以最终的星

钟修正量为

$$\delta t_{\mathrm{SV}} = \Delta\tau(t) + \Delta t_{\mathrm{r}} + T_{\mathrm{GD}} \tag{5.25}$$

将式(5.25)对时间求导，可得到卫星的钟差修正量的变化率，考虑 T_{GD} 随时间变化很小，可得到卫星钟差的变化率

$$\delta \dot{t}_{\mathrm{SV}} = a_1 + 2a_2(t - t_{\mathrm{oc}}) + Fe_{\mathrm{s}}\sqrt{A}\dot{E}_k\cos(E_k) \tag{5.26}$$

卫星钟差的残差将影响伪距和载波相位观测量的测量精度，卫星钟差的变化率的残差将影响多普勒观测量。在 2000 年 SA 政策取消以前，美国政府就是通过对 GPS 的卫星时钟加上一个随机抖动影响民用接收机的伪距观测量的误差，从而控制民用接收机的定位结果偏差。由于同一个卫星的钟差对所有接收机都是相同的，和用户位置无关，所以可以通过差分方法消除。

5.4.2 星历误差

卫星星历数据包括广播星历和精密星历。广播星历是由卫星实时通过导航电文播发的星历数据，包括了卫星轨道参数和扰动项。精密星历是根据遍布全球的卫星跟踪站的观测数据经过事后处理得到的星历数据，目前最为成熟的精密星历是由 IGS（International GNSS Service）发布的 GPS 和 GLONASS 的精密星历，北斗卫星的精密星历的产生和发布工作也正在展开。

卫星在空间运行并不是理想的惯性系，会受到地球质量分布不均引起的作用力、大气阻力、潮汐影响、太阳光压等多种因素的影响，所以导致卫星运行的轨迹呈现非常复杂、不规则的运动曲线。由于这些因素的影响，通过卫星的广播星历和精密星历计算出来的卫星位置和其真实位置都会存在误差。位置误差是三维的，为了便于分析将误差用径向分量、切向分量和法向分量表示，其中径向分量指向卫星和接收机的连线方向，切向分量指向卫星的飞行速度方向，法向分量指向垂直于卫星轨道面的方向。

参考文献[13]给出了 GPS 卫星的广播星历计算得到的位置误差，如表 5.1 所示。

表 5.1　GPS 广播星历计算得到的卫星位置误差

误差分量	Block IIA（σ）/ m	Block IIR（σ）/ m	Block IIR-M（σ）/ m
法向误差	1.03	0.81	0.72
切向误差	2.05	1.34	1.32
径向误差	0.36	0.17	0.16
三维误差	2.32	1.57	1.51

精密星历给出的位置误差要小得多，一般为 5～15 cm，但由于只能事后处理得到，所以限制了精密星历的使用范围。

图 5.7 是卫星位置误差的图示，其中 P_u 是接收机的位置，P_s 和 $\hat{P}_s$ 分别是卫星的真实位置和计算得到的位置，显然卫星的误差向量为

$$\Delta \boldsymbol{P}_s = \hat{P}_s - P_s$$

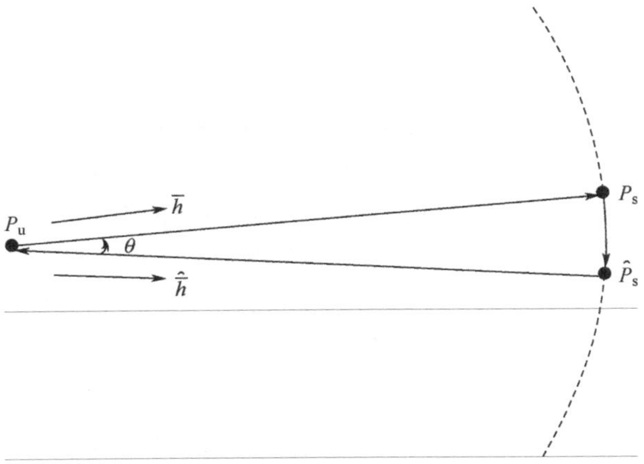

图 5.7　星历误差对伪距观测量的影响

于是根据接收机位置和计算的卫星位置得到的距离 $\|\hat{R}\|$ 为

$$\|\hat{R}\| = \hat{h} \cdot (P_u - \hat{P}_s) \tag{5.27}$$

式(5.27)中 $\hat{h}$ 为从接收机位置到计算得到的卫星位置的单位距离矢量，如图 5.7 中所示。同时可知接收机位置和真实地卫星位置之间的距离矢量 R 为

$$R = (P_u - P_s) \tag{5.28}$$

将式(5.27)重新整理写为

$$\begin{aligned} \|R\| &= \hat{h} \cdot (P_u - P_s + P_s - \hat{P}_s) \\ &= \hat{h} \cdot (P_u - P_s) + \hat{h} \bullet \Delta \boldsymbol{P}_s \end{aligned} \tag{5.29}$$

式(5.29)中 $\hat{h} \cdot (P_u - P_s) = \|R\|\cos(\theta) \approx \|R\|(1-\theta^2/2)$，这里 $\theta \approx \Delta \boldsymbol{P}_s / A$，$A$ 为卫星轨道半径。根据表 5.1 中的数值可知 $\Delta \boldsymbol{P}_s$<10 m，所以把北斗或 GPS 卫星的轨道半径代入 θ 的近似式中可以看出 θ 的值非常小，以至于可以安全地认为 $\|R\|(1-\theta^2/2) \approx \|R\|$，于是将这个结果代入式(5.29)得到

$$\|\hat{R}\| - \|R\| = \hat{h} \cdot \Delta \boldsymbol{P}_s \tag{5.30}$$

式(5.30)中的 $\|\Delta R\| = (\|\hat{R}\| - \|R\|)$ 就是由卫星位置误差引起的伪距和载波相位观测量的误差。从式(5.30)等号右边的表达式可以看出，星历误差的切向分量与法向分量和 $\hat{h}$ 垂直，所以对 ΔR 产生影响的只有星历误差的径向分量。目前，在 GPS 卫星和 GLONASS 卫星上放置的激光反射器对卫星位置径向误差的测量起到一定帮助，通过激光测距原理对 GLONASS 卫星进行测距的结果表明，其法向和切向误差均为 1 m

左右，径向距离误差在±10 cm以内[1]。

和星钟误差一样，星历误差对所有接收机均是一样的，所以也可以通过差分的方法消除。

5.4.3 电离层延迟

电离层是地球大气层中距离地球表面50～1 000 km的部分，由于受宇宙射线，其中主要是太阳辐射的电离作用，这部分大气层处于部分电离或全部电离的状态，包含大量的自由电子和带正电荷的离子。电离层对电磁波的影响主要是改变传播速度，发生折射、反射和散射现象。电离层是色散介质，所谓“色散”，是指介质的介电常数和频率有关，导致不同频率的电磁波具有不同的传播速度。

在介质中传播的电磁波的相速度v_p可以表示为

$$v_p = \lambda f \tag{5.31}$$

这里f是频率，λ为波长。电磁波上调制的信息传输的速度被称作群速度，用v_g表示。早在100多年前，Rayleigh就发现了相速度和群速度之间有如下的关系：

$$v_g = v_p - \lambda \frac{dv_p}{d\lambda} \tag{5.32}$$

在真空中v_g和v_p的速度均为光速，但在色散介质中两者不再相等。

由式(5.31)可以得到$d\lambda/\lambda = -df/f$，所以代入式(5.32)可得

$$v_g = v_p + f\frac{dv_p}{df} \tag{5.33}$$

引入两个折射率因子n_p和n_g，n_p为相折射率，n_g为群折射率。根据折射率的定义，n_p和n_g与v_p和v_g有如下关系：

$$n_p v_p = c \tag{5.34}$$

$$n_g v_g = c \tag{5.35}$$

上式中c是光速。由式(5.34)计算v_p对频率f的微分，可得

$$\frac{dv_p}{df} = -\frac{c}{n_p^2}\frac{dn_p}{df} \tag{5.36}$$

将式(5.33)得到的dv_p/df代入式(5.36)并整理可得到

$$n_g = \frac{n_p}{1 - \dfrac{f}{n_p}\dfrac{dn_p}{df}} \tag{5.37}$$

式(5.37)给出了在色散介质中n_p和n_g的关系，将式(5.37)进行一阶近似得到

$$n_{\mathrm{g}} = n_{\mathrm{p}} + f\frac{\mathrm{d}n_{\mathrm{p}}}{\mathrm{d}f} \tag{5.38}$$

色散介质中相折射率 n_{p} 和频率 f 的关系式为

$$n_{\mathrm{p}} = 1 + \frac{a_1}{f^2} + \frac{a_2}{f^3} + \cdots \tag{5.39}$$

代入式(5.38)可得到群折射率 n_{g} 和频率 f 的关系为

$$n_{\mathrm{g}} = 1 - \frac{a_1}{f^2} - \frac{2a_2}{f^3} + \cdots \tag{5.40}$$

对于电离层介质来说，上面两式中的系数 $a_1, a_2, \cdots$ 和自由电子浓度有关，通过实际测量可以得到其数值。

卫星信号在电离层中传播过程中，群延迟量和相延迟量可以通过下式计算：

$$\delta r_{\mathrm{p}} = \int_S (n_{\mathrm{p}} - 1)\mathrm{d}s = \int_S \left(\frac{a_1}{f^2} + \frac{a_2}{f^3} + \cdots\right)\mathrm{d}s \tag{5.41}$$

$$\delta r_{\mathrm{g}} = \int_S (n_{\mathrm{g}} - 1)\mathrm{d}s = \int_S \left(\frac{-a_1}{f^2} + \frac{-2a_2}{f^3} + \cdots\right)\mathrm{d}s \tag{5.42}$$

式(5.41)和式(5.42)中的 S 为信号在电离层中的传播路径，如果省去两式中的高阶项，可以得到两个结论：① 电离层对卫星信号的群速度和相速度的延迟量绝对值相同，但符号相反；② 电离层对群速度和相速度的影响与频率平方成反比。这样就解释了 5.1 节的伪距观测量公式和 5.2 节中的载波相位观测量中的电离层延迟项形式相同，但符号相反；因为电离层对伪距量的影响是群速度，而电离层对载波相位的影响是相速度。

更进一步的研究表明，如果信号传播路径上的自由电子浓度用 N_{e} 表示，则系数 a_1 可以表示为

$$a_1 = -40.28N_e \tag{5.43}$$

由于自由电子浓度 N_{e} 总是正值，所以 δr_{g} 总是正值而 δr_{p} 总是负值，表明电离层效应使得群速度延迟，但使相速度超前。

根据上述结论，可以写出伪距观测量和载波相位观测量中的电离层延迟项：

$$T_{\mathrm{iono,伪距}} = \frac{40.28}{cf_{\mathrm{c}}^2}\int_S N_{\mathrm{e}}(s)\mathrm{d}s \quad (\mathrm{s}) \tag{5.44}$$

$$T_{\mathrm{iono,载波相位}} = -\frac{40.28}{cf_{\mathrm{c}}^2}\int_S N_{\mathrm{e}}(s)\mathrm{d}s \quad (\mathrm{s}) \tag{5.45}$$

定义路径自由电子总计数 TEC 为

$$\mathrm{TEC} \triangleq \int_S N_{\mathrm{e}}(s)\mathrm{d}s \tag{5.46}$$

则伪距观测量和载波相位观测量中的电离层延迟项可以简化为

$$T_{\text{iono,伪距}} = \frac{40.28 \times \text{TEC}}{cf_c^2}, \qquad T_{\text{iono,载波相位}} = -\frac{40.28 \times \text{TEC}}{cf_c^2} \tag{5.47}$$

由于电离层延迟和载波频率有上述的关系，所以在双频观测量存在的情况下可以进行组合以消除电离层延迟。将式(5.9)中的电离层延迟用(5.47)中的 $T_{\text{iono,伪距}}$ 代替，并写出两个不同频点 f_1 和 f_2 下的伪距观测量方程，可以证明如下伪距组合将不再包含电离层延迟：

$$\bar{\rho} = \frac{f_1^2 \rho_1 - f_2^2 \rho_2}{f_1^2 - f_2^2} \tag{5.48}$$

式(5.48)中的 f_1 和 f_2 是两个不同的载波频率，对于 GPS 信号而言可以是 L1 和 L2，对北斗信号而言可以是 B1 和 B2，当然也可以取 L1、L5，或者是 B1、B3。ρ_1 和 ρ_2 是 f_1 和 f_2 频率下对应的伪距观测量。式(5.48)解释了为什么双频接收机能够消除电离层的影响，以及单频接收机为何无法完美地解决电离层延迟的问题。

如果转换思路，将不同频点 f_1 和 f_2 下的伪距观测量进行下式中的组合，可以得到 f_1 和 f_2 频点下电离层延迟的大小：

$$I_1 = \frac{f_2^2}{f_1^2 - f_2^2}(\rho_1 - \rho_2) \tag{5.49}$$

$$I_2 = \frac{f_1^2}{f_1^2 - f_2^2}(\rho_1 - \rho_2) \tag{5.50}$$

双频接收机中不仅可以对伪距观测量进行组合，也可以对载波相位观测量进行组合，读者可以将(5.47)中的 $T_{\text{iono,载波相位}}$ 代替式(5.15)中的电离层延迟项，并写出两个频点下的载波相位观测量方程，进行类似的观测量组合并自行练习。

以上分析是基于式(5.41)和式(5.42)中只包含 a_1 项的前提之下，从式(5.41)和式(5.42)可以看出：载波频率越高，则省略其中高阶项带来的误差越小。对于 L 波段的卫星信号来说，省略 a_2 项和后续高阶项带来的误差可以接受；如果有三频观测量的话可以通过观测量组合得到 a_2 项的延迟量，从而得到更精确的电离层延迟结果。

单频接收机由于只有单频观测量，所以无法利用式(5.48)的伪距观测量组合消除电离层延迟，替代的解决方案是通过建立数学模型在一定程度上消除电离层延迟。目前，北斗和 GPS 导航电文中使用的都是 Klobuchar 模型，这种模型总共包括 8 个电离层参数(α_1，α_2，α_3，α_4，β_1，β_2，β_3，β_4)，具体使用方法可以直接阅读北斗和 GPS 的接口控制文档，也可以参阅本书附录 E。Klobuchar 模型可以把电离层延迟消除 50%左右。

在美国的 SA 政策废止以后，电离层延迟就变成 GPS 伪距观测量中最主要的偏差项，电离层延迟一般在几米的量级；但在太阳黑子活跃期间，由于电离层中的自由电子密度升高会导致电离层延迟增大到十几米或几十米的级别。所以，如果忽略电离层延迟，就会导致定位结果有较大偏差。从式(5.47)和式(5.46)看出，电离层延迟依赖于具体的信号传播路径，所以地球上不同位置的接收机所受到的电离层延迟是不相同的，地理位置接近的接收机可以认为具有接近的电离层延迟。因而可以通过区域差分的方法消除电离层延迟，后面将会看到差分消除的效果和基线长度有关。

5.4.4　对流层延迟

在大气科学中对流层表示大气层最贴近地球表面的最下层部分，其高度因纬度和季节而异。从纬度而言，低纬度的对流层上界高 17～18 km，中纬度的对流层上界为 10～12 km，而高纬度的对流层上界仅有 8～9 km；从季节角度而言，夏季对流层的上界要高于冬季。而在卫星导航领域提到的对流层延迟主要是和电离层延迟对比而言，这里的对流层指从地球表面延伸到大约 50 km 高度的大气层区域，可见卫星导航领域的对流层和严格的大气科学中的对流层定义是有区别的。

卫星导航领域中的对流层延迟主要从其对卫星信号传播的影响方面进行研究，基于历史的原因把电离层以下的部分统称为对流层。对流层大气中主要成分由中性原子和大气分子组成，对电磁波呈现非色散特性，即对不同频率的电磁波信号具有相同的传输速度，所以对流层对于卫星信号而言可以认为是非色散介质。

对流层延迟量在典型情况下是 2～3 m，这里的“典型情况”是指卫星在接收机天顶正上方时，如图 5.8 所示，其中 P_{u} 是接收机的位置。当卫星位于接收机的天顶上空时对流层延迟量为 d；当卫星位置偏离天顶位置时，对流层延迟量为 $\hat{d}$。可见，当卫星仰角较低时，对流层延迟会显著变大，严重的时候能够达到 20～30 m，所以接收机中必须对对流层延迟进行处理才能保证定位精度。

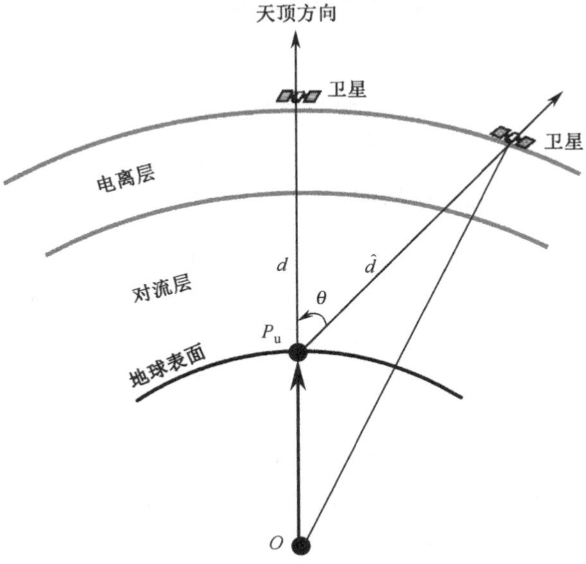

图 5.8　对流层延迟示意图

类似于电离层延迟量的分析，假如定义对流层的折射率因子为 $n(s)$，则对流层延迟量为

$$\delta r_T = \int_S [n(s)-1]\mathrm{d}s \tag{5.51}$$

式中，S 为信号传输路径。

从以上分析表明，对流层延迟和信号频率没有关系，所以无法通过类似于电离层延迟消除方法中的伪距和载波相位观测量组合进行消除，也无法通过接收机的观测量进行计算得到。在实际中，一般通过数学模型的方式进行消除。

$n(s)$主要受温度、湿度和高度等因素影响，一般可以归结为两大类：干分量折射率(Dry)，记作 $n_{\mathrm{d}}(s)$；湿分量折射率（Wet），记作 $n_{\mathrm{w}}(s)$。$n_{\mathrm{d}}(s)$主要由大气中氧分子和氮分子决定，$n_{\mathrm{w}}(s)$主要由大气中水汽含量决定。由于大气湿度变化不定，$n_{\mathrm{w}}(s)$比 $n_{\mathrm{d}}(s)$更难以预测。对流层总延迟量中 $n_{\mathrm{d}}(s)$大约占 90%，$n_{\mathrm{w}}(s)$大约占 10%。

目前对对流层延迟有多种数学模型，这些模型一般都包括两步操作：第一步，对天顶路径的电离层延迟进行估计；第二步，对不同仰角下的路径延迟乘上一个倾斜因子 F。下面以 Chao 模型为例对对流层延迟模型进行分析。

Chao 模型需要事先知道以下物理量：

- P：大气压力，单位为 $\mathrm{N/m^2}$；
- E：卫星仰角，单位为弧度；
- T：温度，单位为 K；
- e_0：水蒸气引起的大气压，单位为 mb(1 mb=100 Pa)；
- α：温度随高度变化率，单位为 k/m；

Chao 模型首先计算干分量延迟量和倾斜因子：

$$\delta r_{\mathrm{d}} = 2.276\times 10^{-5} P \tag{5.52}$$

$$F_{\mathrm{d}} = \frac{1}{\sin E + \dfrac{0.00143}{\tan E + 0.0445}} \tag{5.53}$$

然后计算湿分量延迟量和倾斜因子：

$$\delta r_{\mathrm{w}} = 4.70\times 10^{2}\frac{e_0^{1.23}}{T^2} + 1.705\times 10^{6}\alpha\frac{e_0^{1.46}}{T^3} \tag{5.54}$$

$$F_{\mathrm{w}} = \frac{1}{\sin E + \dfrac{0.00035}{\tan E + 0.017}} \tag{5.55}$$

最终总的对流层延迟量为

$$\delta r_{\mathrm{Tro}} = F_{\mathrm{d}}\delta r_{\mathrm{d}} + F_{\mathrm{w}}\delta r_{\mathrm{w}} \tag{5.56}$$

上式中的 δr_{Tro}、δr_{d}、δr_{w} 的单位均为 m。Chao 模型需要知道大气压力、温度、水蒸汽大气压和温度随高度变化率等气象资料，而这些输入量在独立工作的北斗和 GPS 接收机中都是很难得到的。所以，在实际产品中 Chao 模型使用得并不广泛。

简化的模型只需要知道卫星高度 h_s、接收机高度 h_r 和卫星仰角 E，如 Magnavox 和 Collins 模型分别为

$$\delta r_M = \frac{2.208}{\sin E}\left(e^{\frac{-h_r}{6\,900}} - e^{\frac{-h_s}{6\,900}}\right) \tag{5.57}$$

$$\delta r_C = \frac{2.4225}{0.026+\sin E}\left(e^{\frac{-h_r}{7\,492.8}}\right) \tag{5.58}$$

在卫星仰角大于 15° 的情况下，Magnavox 和 Collins 模型与 Chao 模型之间的差别小于 1 m。

和电离层延迟对路径的依赖性类似，对流层延迟量也和具体的接收机位置有关，地理位置的相关性决定了可以通过区域差分的方法消除对流层延迟，但消除的效果也和基线长度有关，基线长度越短则消除的越彻底。

5.4.5　多径效应

卫星信号在从太空传输到接收机的过程中，除了直射路径之外，往往受接收机周围环境影响，还会有一路或多路反射路径存在，同时受大气散射影响还存在散射波信号，以上多路信号叠加而导致的测距误差叫作多径效应。基本的多径效应原理如图 5.9 所示。

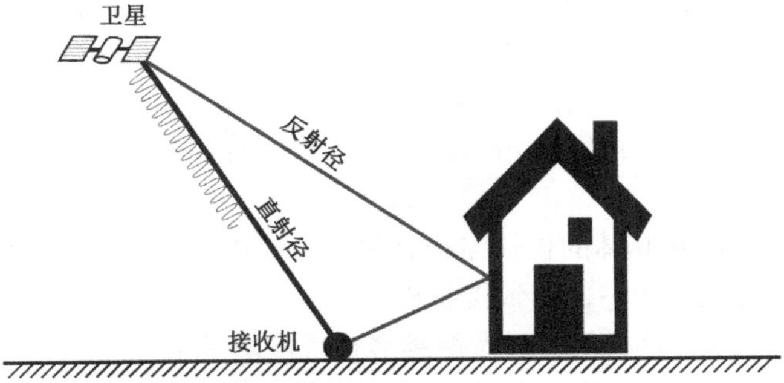

图 5.9　多径效应产生示意

图 5.9 中接收机工作环境附近建筑物的反射面导致的反射径信号和直射径信号叠加，得到进入接收机天线的实际信号。反射径信号也可以由其他物体引起，如地平面、海平面、山体或摩天大楼玻璃外墙等。

实际中的多径信号的形成是非常复杂的，图 5.10 是两种特殊情况的示意图。图 5.10（a）是直射路径被遮挡的情况，此时只有反射或散射路径；图 5.10（b）是存在多个反射路径的情况。实际中接收机工作的环境千差万别，可以存在多个反射径，也可以没有直射径，或者直射径信号被树林等遮挡物导致信号强度减弱等，这些因素都导致多径效应的理论分析十分复杂。

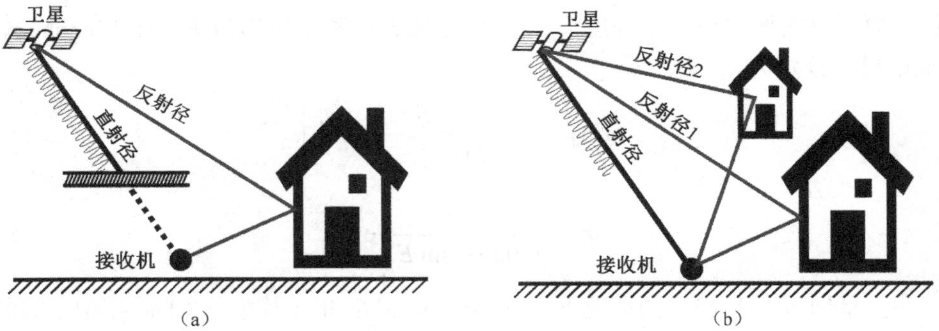

图 5.10 两种复杂的多径效应

多径信号可以建模为如下表达式：

$$r_{\mathrm{MP}}(t)=\alpha_0 x(t-\tau_0)\mathrm{e}^{-\mathrm{j}\Phi_0}\mathrm{e}^{-\mathrm{j}2\pi f_c t}+\sum_{i=1}^{N}\alpha_i x(t-\tau_i)\mathrm{e}^{-\mathrm{j}\Phi_i}\mathrm{e}^{-\mathrm{j}2\pi f_i t} \tag{5.59}$$

式(5.59)中的第一项表示直射信号，累加号中的后续项表示多路反射信号，很明显，其中包含了 N 路反射信号的情况；α_0、α_i 分别表示直射信号和反射信号的信号强度。直射信号的信号强度主要受路径衰减和遮挡物情况决定；反射信号的强度和反射面有关，取决于反射面的反射系数，一般来说光滑的地面、水面、盐碱滩、矿区地面、玻璃幕墙等放射系数较大，能够产生较强烈的反射信号，在这些区域作业的接收机必须具有良好的多径抑制能力。$x(t)$ 是调制的信号包络，决定自相关函数的形状。Φ_i 为接收到的载波相位初始值。f_c 为直射信号的载波频率，f_i 为反射信号的载波频率，在接收机动态较小的情况下，直射信号和反射信号的载波频率接近，如果两者差别很大的话，反射信号对最终定位的影响也会很小，因为伪码环路中的自相关函数受多普勒频率偏移的影响，使得反射路径的信号导致的相关峰可以忽略不计。

式(5.59)中的 Φ_i 和具体的传输路径有关，由于周围环境的复杂性，以及卫星和接收机都处于相对运动状态，导致接收机实际接收到的反射径信号载波相位以一种随机变量的形式出现，这样就会导致两种多径效应的效果：当 Φ_i 和直射径信号的载波相位同相时，合成信号的自相关函数相对于直射径信号被增强；当 Φ_i 和直射径信号的载波相位反相时，合成信号的自相关函数相对于直射径信号被抵消。其他多径效应介于完全增强和完全抵消两种情况之间。

图 5.11 所示是多径效应的两种结果，图 5.11（a）表示增强效应，图 5.11（b）表示抵消效应，两幅图中的合成径信号的自相关函数和直射径信号相比均发生了畸变。增强效应中的自相关函数和直射信号的自相关函数相比最大值更大，同时形状变“胖”，结合第 4 章中的 DLL 环路的知识，不难推导出此时伪码环的中间伪码相位和真实伪码相位的偏差值为正值；抵消效应中的自相关函数和直射信号自相关函数相比最大值更小，同时形状变“瘦”，此时不难推导出伪码环跟踪环的中间伪码相

位和真实伪码相位的偏差值为负值。

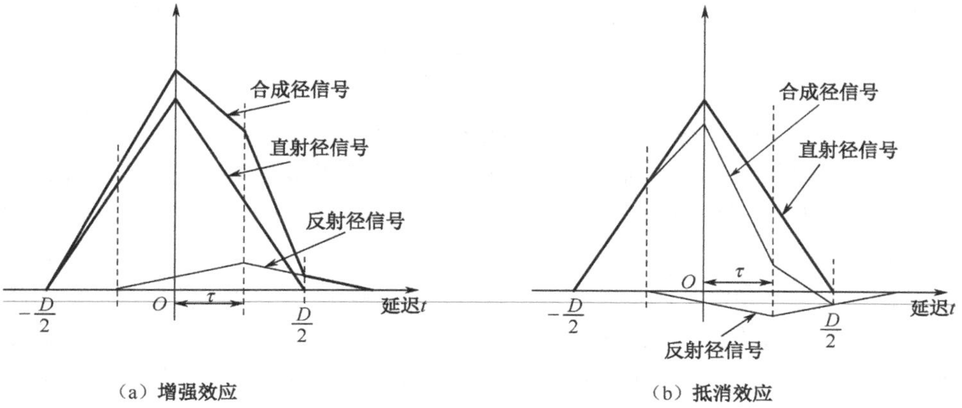

图 5.11　多径效应的两种结果

根据上述分析，结合第 4 章的图 4.43 中不同相关器间隔下的鉴相器曲线，可以推导出在超前码和滞后码的相干间隔 D 为不同值情况下的多径效应的包络曲线，如图 5.12 所示。图中给出了 D=1.0 码片和 D=0.1 码片时不同多径延时对伪码相位误差的影响，纵轴是伪码环跟踪的伪码相位和真实伪码相位的差，单位是码片。图中多径效应的包络曲线是基于存在直射径和一个反射径叠加的多径信号得到的，当误差值为正值时对应增强效应，当误差值为负值时对应抵消效应。从图中可以清楚看出，窄相关技术确实可以对多径信号起到一定的抑制作用。

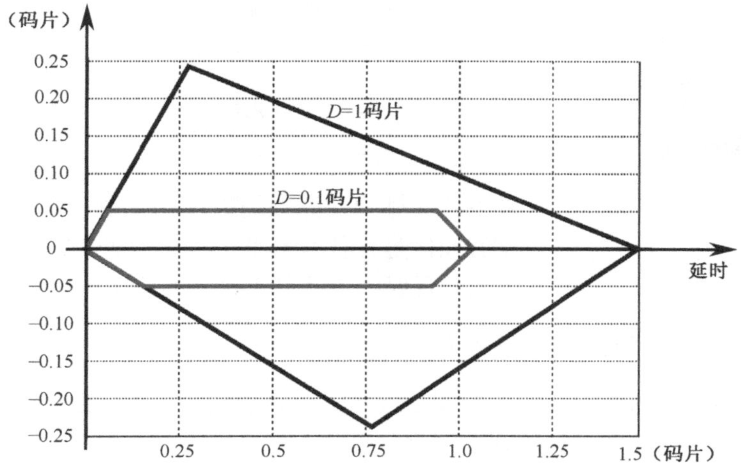

图 5.12　不同相关间隔时多径效应的误差包络曲线

由于北斗信号的伪随机码片宽度只有 GPS 的 C/A 码片宽度的一半，所以北斗信号的多径效应的曲线包络宽度和高度只有 GPS 的一半，也就是说同样的多径环境下北斗信号的多径效应要比 GPS 好一些。

图 5.12 是基于理想信号的情况和若干假设通过计算机仿真得到的，基于若干前提，例如，只有一个反射径信号，存在主径信号，相关器的自相关函数中包含无穷宽的高频分量，而实际系统很难满足这些条件，但这并不妨碍对相关间隔和多径效应的关系进行定性分析。

多径效应对伪码观测量的影响要比载波相位观测量要大得多，读者只需回顾伪码跟踪环和载波跟踪环的区别，尤其是各自环路的鉴相器原理，就不难理解这个结论。试验数据表明，多径效应对于伪码观测量的影响为 5～10 m，极端情况下会更大，而对载波相位的影响则在 1/4 载波波长（5 cm）以内。

多径效应对工作于不同动态场景的接收机的影响也不一样。当接收机处于高速运动状态时，周围环境急剧变化，反射径处于时刻变化状态，从而导致多径信号的合成信号迅速变化，不同反射径信号的叠加使得合成信号的载波相位变化更快，同时幅度忽大忽小，因此多径效应表现更随机，其影响更类似白噪声的影响。PVT 处理中的卡尔曼滤波技术能够更好地对多径误差进行滤波和消除。当接收机处于静止状态时，周围环境保持不变，反射径处于基本不变状态，此时多径信号的幅度起伏和相位变化主要取决于卫星运动和反射径的几何特征，多径误差呈现一定的周期性特征，给后续的处理带来更大的困难。

了解了多径效应的机理以后，可以从以下几个方面对多径效应进行抑制。

（1）对作业环境进行选择

在条件允许的情况下，尽量避免光滑地面、静止水平面、玻璃幕墙等反射强烈的环境下作业，如果无法避免不利的环境条件，可以考虑设立人为的屏蔽反射波的设施。

图 5.13 一种扼流圈天线

（2）采用硬件措施对反射径信号进行抑制

例如，采用图 5.13 所示的扼流圈天线，这种天线采用特殊排列的高频隔离环带，由于来自周围地面的反射径信号往往具有低仰角或负仰角，所以，扼流圈天线对反射径信号具有良好的屏蔽作用。

（3）从信号处理的角度对多径信号进行剔除

可以采用上面内容中介绍的窄相关技术，或者 PAC、MEDLL 等方法对反射径信号从信号处理的角度进行估计并消除。

多径效应由于和接收机工作的特定环境有关，所以不属于公共误差，无法通过差分手段进行消除，因此在差分 GNSS 中多径效应引起的误差已经成为一个主要的误差源。

5.4.6　接收机误差

卫星时钟误差和星历误差属于来自卫星位置和时间的误差，电离层和对流层延迟属于信号传播路径上导致的误差，多径效应是由于外界环境导致的误差。接收机误差则是由于接收机内部因素导致的误差，包括射频前端的热噪声、线缆和无源器件导致的延时、射频连续波或镜像频率的干扰、采样量化误差、跟踪环路的热噪声引起的相噪、跟踪环路的动态应力偏差等。接收机误差是和特定接收机设置相关的，所以也无法通过差分手段进行消除。接收机中往往由独立的信号跟踪通道处理对某颗卫星的信号进行处理，而通道之间相互独立，所以不同卫星信号导致接收机误差可以认为是不相关的。

5.5　差分 GNSS 技术

根据在 5.4 节中对北斗和 GPS 观测量的误差和噪声项进行分析，可以看到卫星时钟偏差、卫星星历误差、电离层延迟、对流层延迟均为公共误差，对于处于同一区域内的接收机来说，其伪距观测量和载波相位观测量中包含近似相同或高度相关的误差项。因此，可以通过一台接收机作为参考接收机，将参考接收机根据自身位置计算得到的公共误差项，通过通信链路以实时或非实时方式播发到其他接收机，则可以将公共误差消除，以提高其他接收机的定位精度。这就是差分 GNSS 的基本原理。基站接收机计算得到的公共误差项习惯上被称作差分修正量。由于本书内容涵盖北斗和 GPS 系统，基站和移动站接收机同时接收并处理北斗和 GPS 卫星信号，所以这里采用“差分 GNSS”来描述差分技术比单一的“差分 GPS”或“差分北斗”更贴切一些。

图 5.14 所示就是差分 GNSS 技术的原理示意图。图中的基站接收机就是上面提到的参考接收机，其所在的位置一般是已知的，并处于固定状态；移动站接收机的“移动”是相对于基站来说的，并不是一定要处于运动状态。根据 5.4 节中对多径效应的分析可知，由于基站和移动站的周边环境不同，差分处理无法消除多径效应。由于基站接收机需要根据自身位置和接收到的观测量计算修正量，必须保证基站接收到的观测量的质量，否则基站接收机会把自身的多径效应包含在观测量修正量中发送给移动站。因此，基站选址一定要注意避开多径效应严重的地区，一般选择视野开阔、地面反射较弱、地势较高的位置，并尽量选择扼流圈天线和高品质接收机，进一步抑制多径效应和接收机自身的误差。

基站接收机和移动站接收机之间的距离叫作基线长度。从前面对误差特性进行的分析可知，基线长度越短，则误差源的空间相关性越强，通过差分技术消除公共误差的效果就越好。当基站接收机和移动站接收机连接到一个天线时，基线长度为零，这种配置叫作零基线配置；当基站接收机和移动站接收机的天线距离很短（几米或十几米）时，可以对基线长度进行非常精确的物理测量，此时叫作超短基线配置。零基线配置和超短基线配置可以保证两台接收机具有基本相同的电离层延迟、对流层延迟、卫星钟差和星历误差，以及几乎一样的多径效应，所以能够对接收机的时延大小、时延稳定性、载波相位和伪距观测量品质等进行精确的评估。

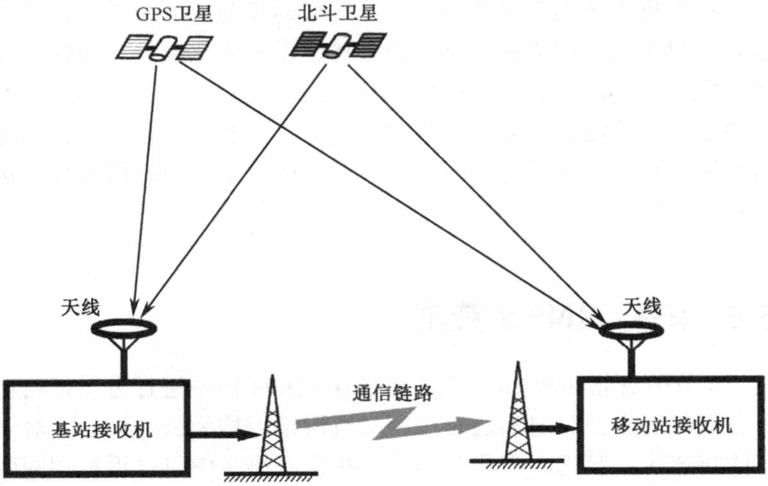

图 5.14　差分 GNSS 技术原理

基站和移动站之间的通信链路，其主要任务是将差分修正量传输给移动站接收机。一般来说，通信连接是单向的，基站接收机负责发送，移动站接收机只负责接收，具体的通信方式可以根据实际应用需求和软硬件条件自行决定，比如数传电台、Modem、移动 TCP/IP、WIFI、GPRS/WCDMA/TDS-CDMA 等均可。通信链路需要考虑的因素包括数据带宽、实时性、覆盖距离、通信终端功耗和体积等。单向通信链路的一个优点是可以将差分修正量通过广播的方式传输给多个移动站，这样的系统架构下移动站的数目几乎可以是无限的。

虽然利用误差项的空间相关性的差分系统必须是在局域范围（10～100 km 的基线长度）内，但通过其他手段也可以在广域范围（上千千米或全球范围）内实现差分，后者叫作广域差分系统，在本章的最后将对目前主要的几种广域差分系统进行简要介绍。

从差分修正量的类型上区分，差分技术可以分为位置差分、伪距差分和载波相位差分。

1. 位置差分

位置差分的基本原理是：基站根据接收到的伪距观测量计算出位置坐标，然后和已知位置坐标做差，得到位置修正量并传输给移动站；移动站用位置修正量对自身计算出的位置坐标进行修正，从而得到精度更高的本地位置坐标。

假设基站接收机的已知位置为(x_b, y_b, z_b)，这里基站的已知位置一般是经过精密测绘得到的，所以可以保证较高的精度。基站接收机接收到的伪距观测量集合为{ρ_i, i=1,⋯,N}，伪距观测量的数学表达式可以由式(5.9)和式(5.10)得到。在单模观测量（只有 GPS 伪距或只有北斗伪距）情况下，最少 4 个伪距观测量可以解算出位置和接收机钟差；在双模观测量情况下，最少 5 个伪距观测量可以解算出位置和接收机钟差，以及北斗时和 GPS 时的系统偏差 T_{GB}。具体参与位置解算的卫星集合由接收机中选星逻辑决定，这里假设卫星伪距观测量集合为{ρ_j, j=1,⋯,M }，这里 $M \leqslant N$。基于上述选定的伪距观测量集合计算得到的位置坐标为

$$\left(\hat{x}_{\rm b},\hat{y}_{\rm b},\hat{z}_{\rm b}\right)=f\left(\rho_{j1},\cdots,\rho_{jM}\right) \tag{5.60}$$

然后将式(5.60)和(x_b, y_b, z_b）相减得到位置修正量：

$$\left(\delta x_{\rm b},\delta y_{\rm b},\delta z_{\rm b}\right)=\left(x_{\rm b},y_{\rm b},z_{\rm b}\right)-\left(\hat{x}_{\rm b},\hat{y}_{\rm b},\hat{z}_{\rm b}\right) \tag{5.61}$$

将$\left(\delta x_{\rm b},\delta y_{\rm b},\delta z_{\rm b}\right)$发送给移动站，当移动站根据接收到的伪距观测量集合计算得到自身位置$\left(\hat{x}_{\rm r},\hat{y}_{\rm r},\hat{z}_{\rm r}\right)$后，将用$\left(\delta x_{\rm b},\delta y_{\rm b},\delta z_{\rm b}\right)$对其进行修正：

$$\left(x_{\rm r},y_{\rm r},z_{\rm r}\right)=\left(\hat{x}_{\rm r},\hat{y}_{\rm r},\hat{z}_{\rm r}\right)+\left(\delta x_{\rm b},\delta y_{\rm b},\delta z_{\rm b}\right) \tag{5.62}$$

式(5.62)所得到的$\left(x_{\rm r},y_{\rm r},z_{\rm r}\right)$就是经过位置差分以后的移动站的位置坐标。

式(5.60)到式(5.62)就是位置差分的过程，其中下标“b”，“r”分别表示基站（Base）和移动站（Rover)，后面涉及基站和移动站的公式中将沿用这个约定。

位置差分的基本前提是基站和移动站各自计算得到的位置坐标中包含相同的误差项。这个结论是需要前提条件的，即基站和移动站使用的卫星伪距观测量集合是一致的，都是{ρ_j, j=1,⋯,M}，同时计算位置的算法也是完全相同的；否则，就无法保证基站和移动站计算的位置坐标中的误差项相同。这个前提条件很难保证，因为移动站和基站的工作环境不一样，接收机也不一定是相同型号的，即使是相同型号的接收机也无法保证在同一时元能捕获并跟踪到完全相同的卫星集合。所以，位置差分在实际中使用得并不广泛。

2. 伪距差分

伪距差分传输的差分修正量是基站可视卫星的伪距误差项，移动站利用伪距误差项对本地接收的伪距观测量进行修正，然后用经过差分修正的伪距观测量进行定位解算，从而算出本地的位置。

基站接收到的第 i 颗 GPS 和北斗卫星的伪距观测量可写为

$$\begin{aligned}\rho_{\rm b}^{({\rm G}i)}=&r\left(p_{\rm b},p_{\rm s}^{({\rm G}i)}\right)+c\delta t_{\rm b}+\\&c\tau_{\rm b,G,s}+E_{\rm b,G,eph}+T_{\rm b,G,iono}+T_{\rm b,G,tron}+MP_{\rm b,G}+n_{\rm b,r}\end{aligned} \tag{5.63}$$

$$\begin{aligned}\rho_{\rm b}^{({\rm B}i)}=&r\left(p_{\rm b},p_{\rm s}^{({\rm B}i)}\right)+c\delta t_{\rm b}+\\&cT_{\rm GB}+c\tau_{\rm b,B,s}+E_{\rm b,B,eph}+T_{\rm b,B,iono}+T_{\rm b,B,tron}+MP_{\rm b,B}+n_{\rm b,r}\end{aligned} \tag{5.64}$$

式(5.63)和式(5.64)分别表示 GPS 和北斗的伪距观测量，$\rho_{\rm b}^{({\rm G}i)}$ 和 $\rho_{\rm b}^{({\rm B}i)}$ 中的上标

表示 GPS 的第 i 颗卫星和北斗的第 i 颗卫星；$r(p_{\mathrm{b}},p_{\mathrm{s}}^{(\mathrm{G}i)})$ 和 $r(p_{\mathrm{b}},p_{\mathrm{s}}^{(\mathrm{B}i)})$ 分别是基站和第 i 颗 GPS 卫星的距离，以及基站和第 i 颗北斗卫星的距离，p_{b} 和 p_{s} 分别是基站位置和对应卫星的位置。式(5.63)、式(5.64)中其他噪声项的定义和式(5.9)、式(5.10)中的噪声项一样，只是加了个下标“b”表示基站。

由于基站的位置已知，卫星位置可以通过星历数据计算得到，于是 $r(p_{\mathrm{b}},p_{\mathrm{s}}^{(\mathrm{G}i)})$ 和 $r(p_{\mathrm{b}},p_{\mathrm{s}}^{(\mathrm{B}i)})$ 也可以计算得到，由此可以得到 GPS 和北斗卫星的伪距修正量：

$$\begin{aligned}\Delta\rho^{(\mathrm{G}i)} &= \rho_{\mathrm{b}}^{(\mathrm{G}i)} - r(p_{\mathrm{b}},p_{\mathrm{s}}^{(\mathrm{G}i)}) \\ &= c\delta t_{\mathrm{b}} + c\tau_{\mathrm{b,G,s}} + E_{\mathrm{b,G,eph}} + T_{\mathrm{b,G,iono}} + T_{\mathrm{b,G,tron}} + \mathrm{MP}_{\mathrm{b,G}} + n_{\mathrm{b,r}}\end{aligned} \tag{5.65}$$

$$\begin{aligned}\Delta\rho^{(\mathrm{B}i)} &= \rho_{\mathrm{b}}^{(\mathrm{B}i)} - r(p_{\mathrm{b}},p_{\mathrm{s}}^{(\mathrm{B}i)}) \\ &= c\delta t_{\mathrm{b}} + cT_{\mathrm{GB}} + c\tau_{\mathrm{b,B,s}} + E_{\mathrm{b,B,eph}} + T_{\mathrm{b,B,iono}} + T_{\mathrm{b,B,tron}} + \mathrm{MP}_{\mathrm{b,B}} + n_{\mathrm{b,r}}\end{aligned} \tag{5.66}$$

$\Delta\rho^{(\mathrm{G}i)}$ 和 $\Delta\rho^{(\mathrm{B}i)}$ 作为伪距修正项被发送给移动站，移动站接收机将本地接收到的伪距观测量扣除对应的伪距修正项，得到差分伪距观测量：

$$\begin{aligned}\tilde{\rho}_{\mathrm{r}}^{(\mathrm{G}i)} = {}& r(p_{\mathrm{r}},p_{\mathrm{s}}^{(\mathrm{G}i)}) + c\Delta t_{\mathrm{br}} + \\ & c\Delta\tau_{\mathrm{G,s}} + \Delta E_{\mathrm{G,eph}} + \Delta T_{\mathrm{G,iono}} + \Delta T_{\mathrm{G,tron}} + \Delta\mathrm{MP}_{\mathrm{G}} + \Delta n_{\mathrm{r}}\end{aligned} \tag{5.67}$$

$$\begin{aligned}\tilde{\rho}_{\mathrm{r}}^{(\mathrm{B}i)} = {}& r(p_{\mathrm{r}},p_{\mathrm{s}}^{(\mathrm{B}i)}) + c\Delta t_{\mathrm{br}} + \\ & c\Delta\tau_{\mathrm{B,s}} + \Delta E_{\mathrm{B,eph}} + \Delta T_{\mathrm{B,iono}} + \Delta T_{\mathrm{B,tron}} + \Delta\mathrm{MP}_{\mathrm{B}} + \Delta n_{\mathrm{r}}\end{aligned} \tag{5.68}$$

式(5.67)和(5.68)中各项定义和说明如下：

- 基站和移动站钟差：$\Delta t_{\mathrm{br}} = \delta t_{\mathrm{r}} - \delta t_{\mathrm{b}}$；
- 卫星钟差残差：$\Delta\tau_{\mathrm{B/G,s}} = \tau_{\mathrm{r,B/G,s}} - \tau_{\mathrm{b,B/G,s}}$；
- 卫星星历误差残差：$\Delta E_{\mathrm{B/G,eph}} = E_{\mathrm{r,B/G,eph}} - E_{\mathrm{b,B/G,eph}}$；
- 卫星电离层误差残差：$\Delta T_{\mathrm{B/G,iono}} = T_{\mathrm{r,B/G,iono}} - T_{\mathrm{b,B/G,iono}}$；
- 卫星对流层误差残差：$\Delta T_{\mathrm{B/G,tron}} = T_{\mathrm{r,B/G,tron}} - T_{\mathrm{b,B/G,tron}}$；
- 多径效应残差：$\Delta\mathrm{MP}_{\mathrm{B}} = \mathrm{MP}_{\mathrm{r,B}} - \mathrm{MP}_{\mathrm{b,B}}$；
- 接收机误差残差：$\Delta n_{\mathrm{r}} = n_{\mathrm{r,r}} - n_{\mathrm{b,r}}$。

Δt_{br} 可以作为一个系统状态量进行估计；卫星钟差残差、卫星星历误差残差、卫星电离层误差残差、卫星对流层层误差残差的方差都会大幅度减小；多径效应残差和接收机误差残差的方差会比单一的基站和移动站的多径效应和接收机误差增大，这是由于这两项不存在时间和空间相关性。

经过差分修正以后的伪距观测量$\{\tilde{\rho}_{\mathrm{r}}^{(\mathrm{G}i)},\tilde{\rho}_{\mathrm{r}}^{(\mathrm{B}i)}\}$可以送给最小二乘法或卡尔曼滤波进行 PVT 解算，与未经差分修正的伪距观测量相比有如下两个改变：

① 差分处理以后的大部分噪声项的方差变小。

② 北斗时和 GPS 时的系统偏差 T_{GB} 被扣除，所以只需要四颗卫星的观测量即可完成定位解算。

上面的伪距差分过程对单频观测量和双频甚至多频观测量都适用，在对不同频率的伪距观测量进行伪距差分项的生成和使用时，需要注意与相同频率、相同卫星号的伪距观测量对应起来。

3. 载波相位差分

载波相位差分和伪距差分的处理基本一样，只不过把伪距差分修正项改为载波相位差分修正项。

基站接收到的第 i 颗 GPS 和北斗卫星的载波相位观测量可写为

$$\lambda_{\mathrm{G}}\Phi_{\mathrm{b}}^{(\mathrm{G}i)} = r(p_{\mathrm{b}}, p_{\mathrm{s}}^{(\mathrm{G}i)}) + c\delta t_{\mathrm{b}} + \lambda_{\mathrm{G}} N_{\mathrm{b,G}} + c\tau_{\mathrm{b,G,s}} + E_{\mathrm{b,G,eph}} - T_{\mathrm{b,G,iono}} + T_{\mathrm{b,G,tron}} + \mathrm{MP}_{\mathrm{b,G}} + \varepsilon_{\mathrm{b,r}} \tag{5.69}$$

$$\lambda_{\mathrm{B}}\Phi_{\mathrm{b}}^{(\mathrm{B}i)} = r(p_{\mathrm{b}}, p_{\mathrm{s}}^{(\mathrm{B}i)}) + c\delta t_{\mathrm{b}} + cT_{\mathrm{GB}} + \lambda_{\mathrm{B}} N_{\mathrm{b,B}} + c\tau_{\mathrm{b,B,s}} + E_{\mathrm{b,B,eph}} - T_{\mathrm{b,B,iono}} + T_{\mathrm{b,B,tron}} + \mathrm{MP}_{\mathrm{b,B}} + \varepsilon_{\mathrm{b,r}} \tag{5.70}$$

式(5.69)和式(5.70)中的各项定义大部分和式(5.63)、式(5.64)中相同，不同之处在于多了整周数 $N_{\mathrm{b,G}}$ 和 $N_{\mathrm{b,B}}$，分别是基站接收机跟踪的 GPS 卫星和北斗卫星的载波相位整周数。

由于基站的位置已知，卫星位置可以通过星历数据计算得到，于是 $r(p_{\mathrm{b}}, p_{\mathrm{s}}^{(\mathrm{G}i)})$ 和 $r(p_{\mathrm{b}}, p_{\mathrm{s}}^{(\mathrm{B}i)})$ 也可以计算得到，由此可以得到 GPS 和北斗卫星的载波相位修正量：

$$\begin{aligned}\Delta\Phi^{(\mathrm{G}i)} &= \lambda_{\mathrm{G}}\Phi_{\mathrm{b}}^{(\mathrm{G}i)} - r(p_{\mathrm{b}}, p_{\mathrm{s}}^{(\mathrm{G}i)}) \\ &= c\delta t_{\mathrm{b}} + \lambda_{\mathrm{G}} N_{\mathrm{b,G}} + c\tau_{\mathrm{b,G,s}} + E_{\mathrm{b,G,eph}} - T_{\mathrm{b,G,iono}} + T_{\mathrm{b,G,tron}} + \mathrm{MP}_{\mathrm{b,G}} + \varepsilon_{\mathrm{b,r}}\end{aligned} \tag{5.71}$$

$$\begin{aligned}\Delta\Phi^{(\mathrm{B}i)} &= \lambda_{\mathrm{B}}\Phi_{\mathrm{b}}^{(\mathrm{B}i)} - r(p_{\mathrm{b}}, p_{\mathrm{s}}^{(\mathrm{B}i)}) \\ &= c\delta t_{\mathrm{b}} + \lambda_{\mathrm{B}} N_{\mathrm{b,B}} + c\tau_{\mathrm{b,B,s}} + E_{\mathrm{b,B,eph}} - T_{\mathrm{b,B,iono}} + T_{\mathrm{b,B,tron}} + \mathrm{MP}_{\mathrm{b,B}} + \varepsilon_{\mathrm{b,r}}\end{aligned} \tag{5.72}$$

$\Delta\Phi^{(\mathrm{G}i)}$ 和 $\Delta\Phi^{(\mathrm{B}i)}$ 作为载波相位差分修正项被发送给移动站，移动站接收机将本地接收到的载波相位观测量扣除相对应的载波相位修正项，就得到差分载波相位观测量：

$$\lambda_{\mathrm{G}}\tilde{\Phi}_{\mathrm{r}}^{(\mathrm{G}i)} = r(p_{\mathrm{r}}, p_{\mathrm{s}}^{(\mathrm{G}i)}) + c\Delta t_{\mathrm{br}} + \lambda_{\mathrm{G}} N_{\mathrm{br}}^{(\mathrm{G}i)} + c\Delta\tau_{\mathrm{G,s}} + \Delta E_{\mathrm{G,eph}} - \Delta T_{\mathrm{G,iono}} + \Delta T_{\mathrm{G,tron}} + \Delta\mathrm{MP}_{\mathrm{G}} + \Delta\varepsilon_{\mathrm{br}} \tag{5.73}$$

$$\lambda_{\mathrm{G}}\tilde{\Phi}_{\mathrm{r}}^{(\mathrm{B}i)} = r(p_{\mathrm{r}}, p_{\mathrm{s}}^{(\mathrm{B}i)}) + c\Delta t_{\mathrm{br}} + \lambda_{\mathrm{B}} N_{\mathrm{br}}^{(\mathrm{B}i)} + c\Delta\tau_{\mathrm{B,s}} + \Delta E_{\mathrm{B,eph}} - \Delta T_{\mathrm{B,iono}} + \Delta T_{\mathrm{B,tron}} + \Delta\mathrm{MP}_{\mathrm{B}} + \Delta\varepsilon_{\mathrm{br}} \tag{5.74}$$

式(5.73)和式(5.74)中的噪声项除了 $\lambda_{\mathrm{G}} N_{\mathrm{br}}^{(\mathrm{G}i)}$ 和 $\lambda_{\mathrm{B}} N_{\mathrm{br}}^{(\mathrm{B}i)}$ 外与式(5.67)、式(5.68)中的定义一样。$N_{\mathrm{br}}^{(\mathrm{G}i)}$ 和 $N_{\mathrm{br}}^{(\mathrm{B}i)}$ 的定义和说明如下：

- 基站和移动站的第 i 颗 GPS 卫星载波相位整周数差：$N_{\mathrm{br}}^{(\mathrm{G}i)} = N_{\mathrm{r,G}i} - N_{\mathrm{b,G}i}$；
- 基站和移动站的第 i 颗北斗卫星载波相位整周数差：$N_{\mathrm{br}}^{(\mathrm{B}i)} = N_{\mathrm{r,B}i} - N_{\mathrm{b,B}i}$。

由此可见，差分载波相位观测量的载波相位整周数($N_{\mathrm{br}}^{(\mathrm{G}i)}, N_{\mathrm{br}}^{(\mathrm{B}i)}$) 是移动站接收机原来的载波整周数和基站的载波整周数的差，由于在没有周跳发生的情况下，基站的载波相位整周数($N_{b,Gi}$, $N_{b,Bi}$)和移动站的载波相位整周数($N_{r,Gi}$, $N_{r,Bi}$)均为常数，所以$N_{br}^{(Gi)}$和$N_{br}^{(Bi)}$也是常数。从这里可以看出，差分后的载波相位观测量依然需要解决整周模糊度问题，只不过从解算($N_{r,Gi}$, $N_{r,Bi}$)变成了解算($N_{br}^{(Gi)}$, $N_{br}^{(Bi)}$)。同时也可以看出，基站在产生载波相位差分修正项的时候并不需要将基站载波相位整周数先解出来，只需要保证($N_{b,Gi}$, $N_{b,Bi}$)保持不变即可；如果在差分处理的过程中发生了周跳或相位失锁，则需要让移动站接收机及时知道，从而使以前解算的整周数失效，从下一时元开始重新解算新的整周数。

经过差分处理后的载波相位观测量，如果实现了整周模糊度解算，就可以得到与式(5.17)和式(5.18)类似的观测量$\{\lambda_G(\tilde{\Phi}_r^{(Gi)}-N_{br}^{(Gi)}), \lambda_B(\tilde{\Phi}_r^{(Bi)}-N_{br}^{(Bi)})\}$，这种观测量的精度能够达到厘米级甚至毫米级。

和伪距观测量类似，上述差分处理也能运用到双频、三频载波相位观测量中去，此时由于多频载波相位观测量可以通过不同组合得到宽巷、窄巷组合，能够进一步帮助完成整周模糊度的解算。

4. 差分相对定位

除了传输差分修正项之外，基站接收机还可以把伪距和载波相位观测量直接发送给移动站接收机，此时移动站接收机可以将本地的伪距与载波相位观测量和基站对应的观测量进行差分。这种方法可以计算出基线向量，即移动站和基站之间的相对位置，所以叫作差分相对定位。这种差分的过程也可以称作站间单差。

基站和移动站接收机接收到的伪距观测量可以按照式(5.63)和式(5.64)写出来，此处省略，而直接给出伪距观测量的站间单差：

$$\begin{aligned}\nabla\rho_{br}^{(Gi)} = &\left[r(p_b, p_s^{(Gi)}) - r(p_r, p_s^{(Gi)})\right] + c\Delta t_{br} + \\ &c\Delta\tau_{G,s} + \Delta E_{G,eph} + \Delta T_{G,iono} + \Delta T_{G,tron} + \Delta MP_G + \Delta n_{br}\end{aligned} \tag{5.75}$$

$$\begin{aligned}\nabla\rho_{br}^{(Bi)} = &\left[r(p_b, p_s^{(Bi)}) - r(p_r, p_s^{(Bi)})\right] + c\Delta t_{br} + \\ &c\Delta\tau_{B,s} + \Delta E_{B,eph} + \Delta T_{B,iono} + \Delta T_{B,tron} + \Delta MP_B + \Delta n_{br}\end{aligned} \tag{5.76}$$

同理，载波相位观测量的站间单差为

$$\begin{aligned}\nabla\lambda_G\Phi_{br}^{(Gi)} = &\left[r(p_b, p_s^{(Gi)}) - r(p_r, p_s^{(Gi)})\right] + c\Delta t_{br} + \lambda_G N_{br}^{(Gi)} + \\ &c\Delta\tau_{G,s} + \Delta E_{G,eph} - \Delta T_{G,iono} + \Delta T_{G,tron} + \Delta MP_G + \Delta\varepsilon_{br}\end{aligned} \tag{5.77}$$

$$\begin{aligned}\nabla\lambda_G\Phi_{br}^{(Bi)} = &\left[r(p_b, p_s^{(Bi)}) - r(p_r, p_s^{(Bi)})\right] + c\Delta t_{br} + \lambda_G N_{br}^{(Bi)} + \\ &c\Delta\tau_{B,s} + \Delta E_{B,eph} - \Delta T_{B,iono} + \Delta T_{B,tron} + \Delta MP_B + \Delta\varepsilon_{br}\end{aligned} \tag{5.78}$$

式(5.75)到式(5.78)的中括号内是卫星到基站接收机和卫星到移动站接收机的距离差，可以做如下近似：

$$\left[r(p_b, p_s) - r(p_r, p_s)\right] \approx \boldsymbol{H}^T(p_b - p_r) \tag{5.79}$$

式(5.79)中卫星的位置用 p_{s} 表示，为了简化省略了上标，表示对北斗和 GPS 卫星都适用。$(p_{\mathrm{b}}-p_{\mathrm{r}})$ 表示基线距离矢量，$\boldsymbol{H}^{\mathrm{T}}$ 为卫星到基站或移动站的单位方向余弦矢量，T 表示转置。实际上，从卫星到基站的单位方向余弦矢量用 $\boldsymbol{H}_{\mathrm{b}}$ 表示，从卫星到移动站的单位方向余弦矢量用 $\boldsymbol{H}_{\mathrm{r}}$ 表示，如图 5.15 所示。由于基线长度相对于卫星高度很小，所以 $\boldsymbol{H}_{\mathrm{b}}\approx\boldsymbol{H}_{\mathrm{r}}$，可以统一用 $\boldsymbol{H}$ 表示。

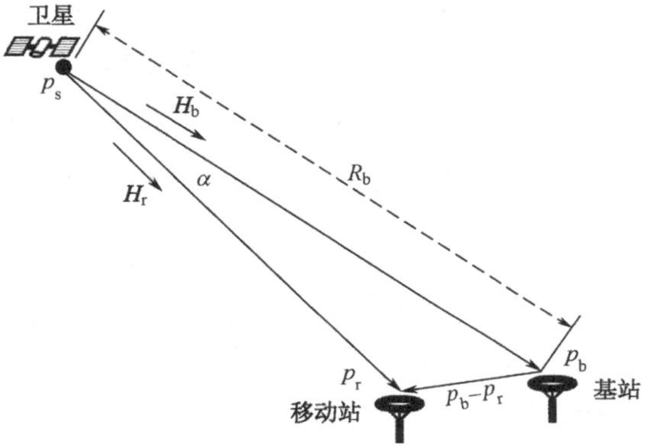

图 5.15　卫星、基站和移动站的几何关系

根据图 5.15 所示的几何关系，可以有

$$
\begin{aligned}
\left[r(p_{\mathrm{b}},p_{\mathrm{s}})-r(p_{\mathrm{r}},p_{\mathrm{s}})\right]&=\boldsymbol{H}_{\mathrm{r}}^{\mathrm{T}}(p_{\mathrm{r}}-p_{\mathrm{s}})-\boldsymbol{H}_{\mathrm{b}}^{\mathrm{T}}(p_{\mathrm{b}}-p_{\mathrm{s}})\\
&=\boldsymbol{H}_{\mathrm{r}}^{\mathrm{T}}(p_{\mathrm{r}}-p_{\mathrm{b}}+p_{\mathrm{b}}-p_{\mathrm{s}})-\boldsymbol{H}_{\mathrm{b}}^{\mathrm{T}}(p_{\mathrm{b}}-p_{\mathrm{s}})\\
&=\boldsymbol{H}_{\mathrm{r}}^{\mathrm{T}}(p_{\mathrm{r}}-p_{\mathrm{b}})+\boldsymbol{H}_{\mathrm{r}}^{\mathrm{T}}(p_{\mathrm{b}}-p_{\mathrm{s}})-\boldsymbol{H}_{\mathrm{b}}^{\mathrm{T}}(p_{\mathrm{b}}-p_{\mathrm{s}})\\
&=\boldsymbol{H}_{\mathrm{r}}^{\mathrm{T}}(p_{\mathrm{r}}-p_{\mathrm{b}})+(\cos\alpha-1)R_{\mathrm{b}}\\
&\approx\boldsymbol{H}_{\mathrm{r}}^{\mathrm{T}}(p_{\mathrm{r}}-p_{\mathrm{b}})+\frac{\alpha^2}{2}R_{\mathrm{b}}
\end{aligned}\tag{5.80}
$$

式(5.80)的推导过程中用到了 $\boldsymbol{H}_{\mathrm{r}}^{\mathrm{T}}(p_{\mathrm{b}}-p_{\mathrm{s}})=(\cos\alpha)R_{\mathrm{b}}$。其中，$\alpha$ 是卫星与基站和卫星和移动站之间的夹角，R_{b} 是卫星与基站之间的距离，图 5.15 中均有标识。

将式(5.80)和式(5.79)对比，可以看出式(5.79)的近似带来的误差为 $\dfrac{\alpha^2}{2}R_{\mathrm{b}}$，$\alpha$ 可以用下式近似：

$$
\alpha\approx\sin\alpha\approx\frac{\|p_{\mathrm{b}}-p_{\mathrm{s}}\|}{R_{\mathrm{b}}}
$$

则近似带来的距离误差为

$$
\frac{\alpha^2}{2}R_{\mathrm{b}}\approx\frac{\|p_{\mathrm{b}}-p_{\mathrm{r}}\|^2}{2R_{\mathrm{b}}}\tag{5.81}
$$

$\|p_{\mathrm{b}}-p_{\mathrm{s}}\|$ 是基线长度，所以式(5.81)表明基线长度越大带来的距离误差越大。对 GPS 卫星来说，地球表面的基站的 R_{b} 约为 20 182 km，代入式(5.81)可知，1 km

的基线长度会带来约 2.4 cm 的误差；对北斗 IGSO/GEO 卫星来说，地球表面的基站的 R_b 约为 35 786 km，此时 1 km 的基线长度会带来约 1.4 cm 的误差；对于北斗 MEO 来说，地球表面的基站的 R_b 约为 21 528 km，此时 1 km 的基线长度会带来约 2.3 cm 的误差。

通过上述的近似，站间单差后伪距观测量可以写为

$$\nabla\rho_{\mathrm{br}}^{(\mathrm{G}i)} = \boldsymbol{H}_{(\mathrm{G}i)}^{\mathrm{T}}\Delta p_{\mathrm{br}} + c\Delta t_{\mathrm{br}} + \Delta MP_{\mathrm{G}} + \Delta n_{\mathrm{br}} \tag{5.82}$$

$$\nabla\rho_{\mathrm{br}}^{(\mathrm{B}i)} = \boldsymbol{H}_{(\mathrm{B}i)}^{\mathrm{T}}\Delta p_{\mathrm{br}} + c\Delta t_{\mathrm{br}} + \Delta MP_{\mathrm{B}} + \Delta n_{\mathrm{br}} \tag{5.83}$$

其中，Δp_{br} 为基线矢量，$\boldsymbol{H}_{(\mathrm{G}i)}^{\mathrm{T}}$ 和 $\boldsymbol{H}_{(\mathrm{B}i)}^{\mathrm{T}}$ 分别是 GPS 和北斗卫星的单位方向余弦矢量。式(5.82)和式(5.83)为了描述简洁省略了卫星钟差、星历误差、电离层和对流层延迟等公共误差项。

将站间单差后的伪距观测量送给 PVT 解算单元，可以解算出($\Delta p_{\mathrm{br}}, \Delta t_{\mathrm{br}}$)。注意这里得到的位置信息是移动站接收机相对于基站接收机的相对位置，而不是移动站接收机的绝对位置。当然，如果知道了基站接收机的位置，在此基础上加上 Δp_{br} 就可以得到移动站接收机的绝对位置。

对载波相位观测量也可以进行站间单差操作，得到的观测量表达式和式(5.82)和式(5.83)相似，但多了一个载波整周数项。所以，利用站间单差的载波相位观测量也需要先解决整周模糊度问题。

5. 广域差分系统

局域差分系统利用基站接收机计算某个局部区域内的差分修正量，然后通过通信链路发送给该区域内的移动站接收机，提供一定精度要求的定位服务。这种架构的覆盖面积受观测量中的偏差和噪声项的时间和空间相关性限制，一般在方圆 100 km 以内，如果希望覆盖更广泛的面积，就必须增加基站数目。和局域差分系统不同，广域差分系统的覆盖面积要大得多，一般都能覆盖国际或洲际区域。另外，广域差分系统的差分修正量的产生和格式均和局域差分系统有很大的不同。目前广域差分系统大都采用同步卫星播放的方式，主要有美国的 WAAS、欧盟的 EGNOS、日本的 MSAS 和 QZSS、印度的 GAGAN，商业系统有 JohnDeere 公司的 StarFire 和 Fugro 公司的 OminSTAR 系统。

限于篇幅，本书将不对上述各广域差分系统做一一介绍，而只对美国的 WAAS 做详细介绍，读者可以从中了解到广域差分系统的工作原理、系统架构和服务内容，这对其他广域差分系统的了解和学习有一定的借鉴作用。

WAAS 的英文全称是 Wide Area Augmentation System，是美国联邦航空管理局（FAA）主导建设的一套空基导航增强和辅助系统，它作为 GPS 的一个补充系统，主要目的是为了提高导航定位服务的精度、可用性和可靠性，整个系统的主要承包商是美国雷神公司（Raytheon Company）。

WAAS 的系统架构和 GPS 非常类似，也分为空间部分、地面控制部分和用户终

端部分。图 5.16 所示是 WAAS 的系统架构图，图中主要显示了空间部分和地面控制部分。空间部分由 3 颗地球同步轨道卫星组成（2014 年 1 月的数据），分别位于 98°W（PRN133）、133°W（PRN135）、107.3°W（PRN138）；地面控制部分由 3 个主控站（WMS）和 38 个基准站（WRS）构成；用户终端部分主要由具备 WAAS 信号接收和处理功能的 GPS 接收机构成。WAAS 最初的应用定位是为航空飞行提供 I 类精密着陆，所以主要用户是飞行器和机场，后来逐渐扩展到各行各业对导航定位精度要求较高的行业和用户。

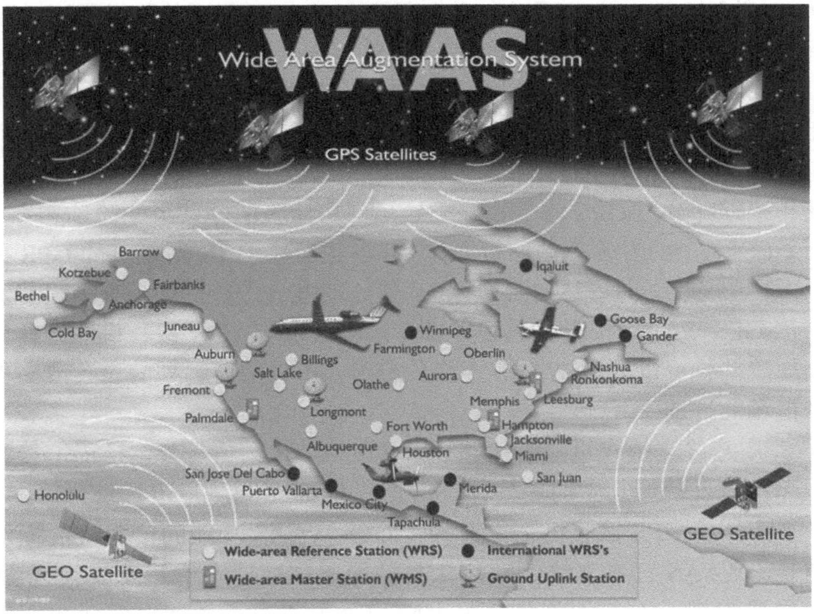

图 5.16　美国 WAAS 的系统架构图

WAAS 的基准站有 20 个在美国本土各州，7 个在阿拉斯加，1 个在夏威夷，1 个在波多黎各，5 个在墨西哥，4 个在加拿大，可见基准站主要覆盖北美大陆和一部分太平洋地区。基准站的位置都是经过精确测绘标定的，所以知道其精确的位置坐标。基准站配备了高品质 GPS 接收机，对 GPS 卫星信号质量和数据进行实时采集，同时也对 WAAS 空间卫星的信号进行监测。所有这些信息传送到 WAAS 主控站，由主控站对原始数据和观测量进行分析，负责产生 GPS 卫星的位置误差、时钟误差和电离层矫正参数。

WAAS 的主控站把来自基准站的数据进行处理后得到差分校正量，然后通过 WAAS 同步轨道卫星发射出去。WAAS 导航电文除了包含上述的差分校正信息以外，还包括 GEO 卫星位置、速度、加速度量，GEO 卫星的历书数据，GEO 卫星时间和 UTC 时间参数，GPS 观测量 RMS 误差等级，GPS 卫星的正直性信息等。导航电文的组织结构通过数据块的形式进行，数据块类似于 GPS 导航电文中的数据字的概念，一个数据块包含 250 bit，历时 1 s，其中有 8 bit 的同步字、6 bit 的数据块类型、212 bit 的数据内容和 24 bit 的校验，校验机制是 CRC-24Q。WAAS 文档共定义了 63 种数据块，但目前只使用了 28 种，29～63 数据块为未来的系统扩展预留。

WAAS 信号的载波频点（1 575.42 MHz）和 GPS 信号的 L1 载波频点一样，数据率为 250 bps，通过卷积码得到符号率为 500 cps 的导航电文，扩频码速率也是 1.023 MHz。实际上，扩频码发生器的结构都和 GPS 的 C/A 码一样，只需改变 G2 选择逻辑即可产生 WAAS 伪随机码，详情可以参看本书第 3 章。WAAS 伪随机码可以看作 GPS 的 C/A 码组的扩充，其 PRN 编号为 120～138，目前还有 12 个 PRN 码未分配。WAAS 的伪随机码的具体产生方式可以使用本书 3.1.2 节中所述的延迟相位法和 G2 初始相位法，相位延迟量和初始相位的具体设置可以参阅读参考文献[28]，此处不再赘述。从这里可以看出，对 WAAS 信号进行接收和处理可以采用现有的 GPS 接收机的硬件，信号捕获和跟踪部分与 GPS 信号处理无异，信号捕获部分甚至还简单和容易一些；这是因为 GEO 卫星的多普勒频移量要比 MEO 卫星小得多。用现有的 GPS 接收机硬件处理 WAAS 卫星信号，只需在软件和基带处理部分进行适当调整即可。这一点可以大大简化 GPS/WAAS 接收机的硬件设计，因为现有 GPS 接收机的硬件可以不加改动或稍加改动就可以处理 WAAS 卫星的信号，不再需要另外的设备或硬件即可实现差分修正量的解调。

WAAS 用户终端接收机除了能够接收并处理 GPS 信号外，还能够接收并处理 WAAS 卫星信号，解调其中的差分校正信息并对 GPS 观测量进行差分修正。所以，相对于独立工作的 GPS 接收机来说，具有 GPS/WAAS 功能的接收机能提供更精确的定位结果。WAAS 官方文档上宣称 95%的覆盖区域的定位精度能到达 7.6 m，但实际运行结果表明，在绝大部分北美大陆的美国各州、加拿大大部和阿拉斯加州区域能够达到垂直 1.5 m、水平 1 m 的定位精度，这已经能够满足 I 类精密着陆系统的要求。

图 5.17 所示是 WAAS 服务的全球覆盖区域图，其中浅灰色到深色的区域（图的中部）表示高可靠的服务区域（>95%）。需要注意的是，这个区域覆盖图示并非一成不变，当出现太阳风暴等电离层异常事件或某些 WAAS 卫星暂时处于不可用状态时，图中的覆盖区域会出现变化。根据参考文献[28]，更为严格的 WAAS 服务的覆盖区域的定义由表 5.2 中坐标点连线覆盖的区域决定，表中共有 12 个点，其中第一个和最后一个是同一点坐标，因此形成一个闭合曲面，在该曲面基础上往上延伸，高度从海平面到 30 000 m（约 100 000 英尺）的高空，此即为 WAAS 服务覆盖的区域。

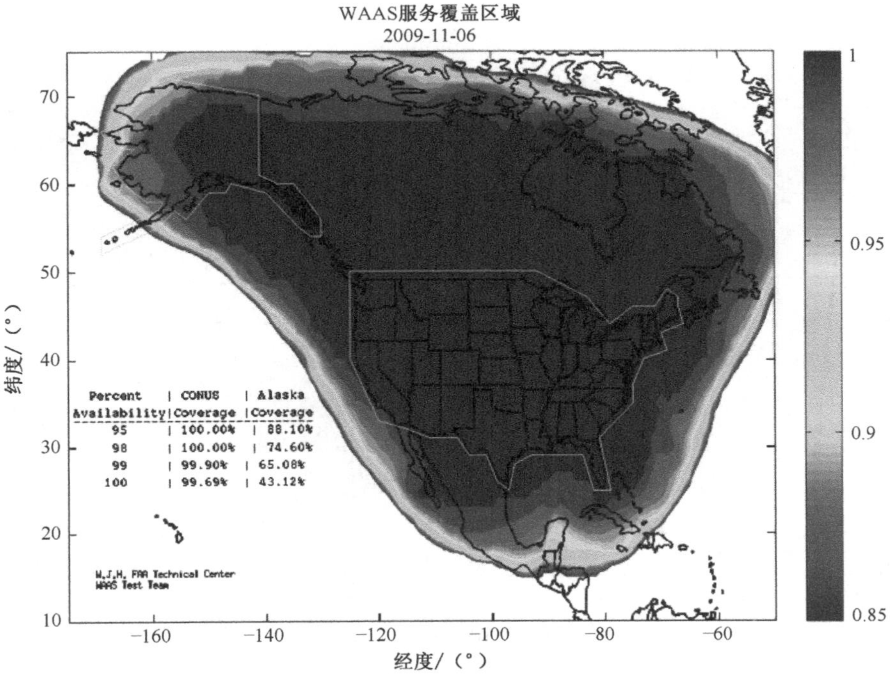

图 5.17　WAAS 服务覆盖范围

表 5.2　WAAS 覆盖区域的边界点坐标

经度	纬度
50°N	61°W
50°N	122°W
70°N	140°W
70°N	165°W
68°N	169°W
20°N	164°W
17°N	160°W
17°N	155°W
30°N	120°W
16°N	75°W
16°N	61°W
50°N	61°W

表 5.2 中的坐标连接而成的曲线即图 5.18 中的虚线框，可见 WAAS 的服务区域主要集中在西北半球，最东边到达 61°W，最西边到达 169°W，最北边到达 68°N，最南边到达 16°N。在上述区域之外的位置，虽然有可能接收到 WAAS 卫星的信号，但由于没有监控站提供当地的 GPS 卫星误差数据和电离层延时修正，所以也无法使

用 WAAS 提高定位精度。

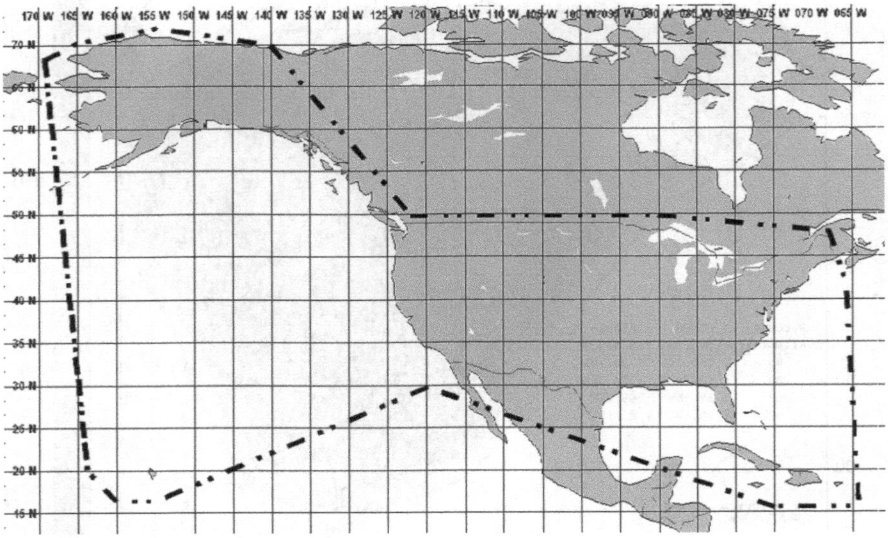

图 5.18　WAAS 服务的覆盖范围

WAAS 把 GPS 观测量中的误差分量分为两大类：快变量和慢变量。其中快变量包括卫星位置误差和时钟误差，慢变量则主要是电离层延迟。从前面章节可以看出，快变量和接收机位置无关，只具有时间相关性，所以在 WAAS 覆盖范围内接收到 GPS 卫星的观测量均可以将参考时间内有效的快变量修正扣除；但对于慢变量，则需要首先实现接收机大致位置的确定，再通过 WAAS 电离层网格信息计算出具体到自身定位点的电离层延迟校正量，然后予以扣除，这个过程稍显复杂，也是 WAAS 和局域差分系统最大的不同之处。

由于电离层延迟和具体位置有关，而 WAAS 的服务覆盖区域又幅员辽阔，所以 WAAS 对电离层校正量的处理不可能像局域差分系统那样对每一个局域内的所有 GPS 卫星的电离层延迟产生校正量。取而代之的是 WAAS 把全球划分成若干个小区域，称作电离层网格点（IGP），具体划分的网格密度设置如表 5.3 所示。

表 5.3　WAAS 电离层网格点的划分间隔

纬度区域	纬度间隔	经度间隔
85°N	10°	90°
65°N 至 75°N	10°	10°
55°S 至 55°N	5°	5°
65°S 至 75°S	10°	10°
85°S	10°	90°

从表 5.3 可以看出，电离层网格在低纬度地区经纬度间隔要密一些，在高纬度地区经纬度间隔要疏一些，这符合相同经度差之间的距离随纬度升高而递减的原理。经过这样的划分以后，全球被划分成了 1 808 个电离层网格点，如图 5.19 所示。1 808 个网格点的数据无法在一个数据包里发送，所以系统把全部网格点分成了 9 个带，编号为 0～8，相邻网格带之间经度间隔 40°，每个带内包含 201 个格点，其中第 8 个带内比较例外，只有 200 个格点。带内的格点编号为 1～201（或 200），顺序从西南角为第 1 个，往北顺序为第 2、第 3…第 27 个，然后再回到下一列最南端，依次计数，直至本带内最东北角。带内的网格点的间隔根据表 5.3 而定。

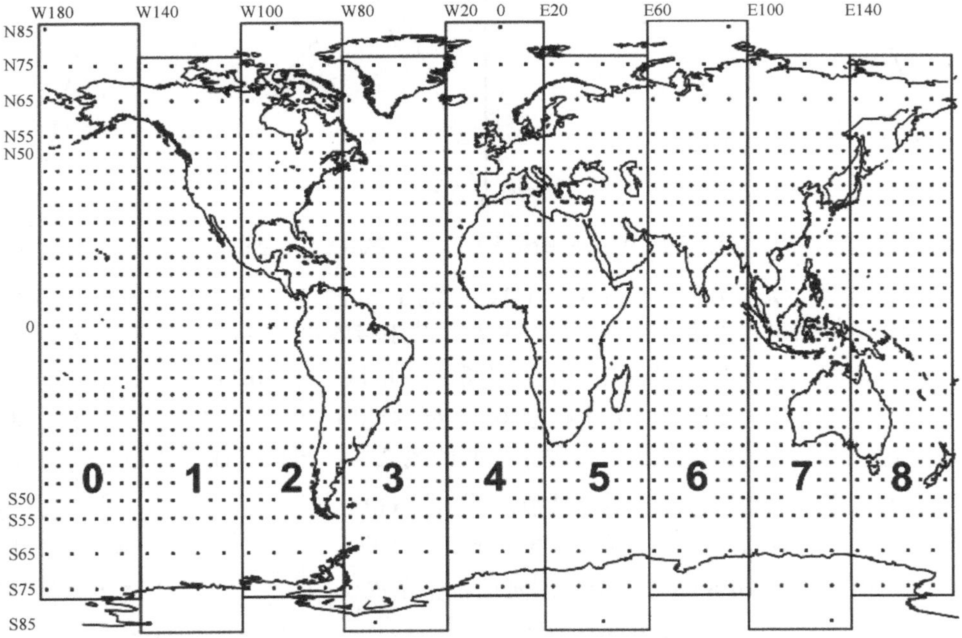

图 5.19 WAAS 电离层网格点分布图

GPS/WAAS 接收机解调到电离层网格点信息后，首先需要利用 GPS 伪距观测量计算出本地的大致位置；得到本地位置的经纬度后，计算出此时刻伪距观测量对应的 GPS 卫星的方位角和仰角；然后根据自身经纬度和 GPS 卫星的方位角和仰角，结合地球半径和电离层高度计算出 GPS 卫星信号传播路径和电离层最高点的交点位置。该交点被称作星下电离层穿刺点（IPP），可以把它想象为卫星信号朝向地心方向传播时和电离层最高点的交点。图 5.20 所示是电离层穿刺点的原理示意图，其中还给出了倾斜因子 F_{pp} 的示意和计算公式。

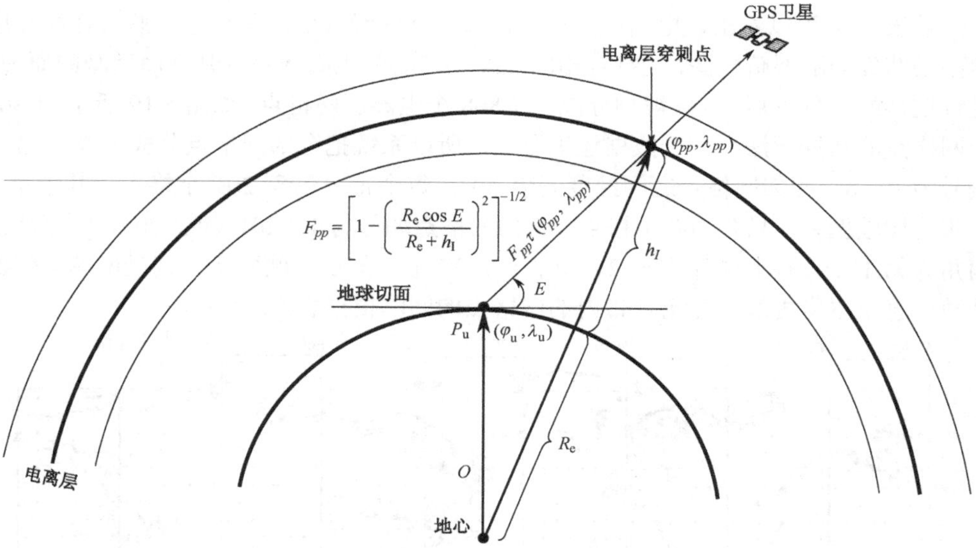

图 5.20 WAAS 电离层穿刺点和倾斜因子示意图

图 5.21 所示是 2014 年 5 月 9 日 UTC 时间 1:00 的 WAAS 电离层网格点的电离层延迟量，数据来自美国 FAA 的官方网站。其中接收机自身的经纬度是(φ_u,λ_u)，地球半径为 R_e，电离层典型高度是 h_I，计算中一般取 h_I=350 km，GPS 卫星的方位角和仰角分别为 A 和 E。有了以上信息就可以计算出 GPS 卫星的星下电离层穿刺点的坐标$(\varphi_{pp},\lambda_{pp})$，然后接收机根据解调得到的电离层网格信息计算和$(\varphi_{pp},\lambda_{pp})$相邻的 3 个或 4 个电离层网格点，通过插值计算出该 GPS 卫星信号在电离层穿刺点的电离层延迟$\tau_{pp}(\varphi_{pp},\lambda_{pp})$，同时根据 GPS 卫星仰角可以计算出倾斜因子 F_{pp}，最终计算出在接收机位置该 GPS 信号的电离层延迟校正量$F_{pp}\tau_{pp}(\varphi_{pp},\lambda_{pp})$。上述步骤只是整个计算过程的简要描述，详细的原理和计算方法可以参阅读参考文献[28]的 4.4.9 节和 4.4.10 节。计算出$F_{pp}\tau_{pp}(\varphi_{pp},\lambda_{pp})$以后，将原始的伪距观测量扣除卫星位置修正量、卫星时钟修正量和电离层延迟量，然后重新进行一次接收机位置解算，就可以得到更精确的定位结果。

从图 5.21 可以看出，电离层延迟量最大可以大于 16 m，而且高纬度地区的电离层延迟量比赤道附近要小，最大的电离层延迟量出现在靠近赤道附近。

WAAS 自 2003 年 7 月投入使用以来，航空领域受益匪浅：在此之前，精密着陆系统都需要复杂的地面基础设施和人员支持；而 WAAS 系统使成本低廉而稳定可靠的精密着陆系统成为可能，大大减少了机场建设的成本。据估算，安装一套基于 WAAS 的精密着陆系统只需 5 万美元左右，而部署一套 ILS 精密着陆系统则需要投入 100～150 万美元，而且后者还需要不菲的维护费用。

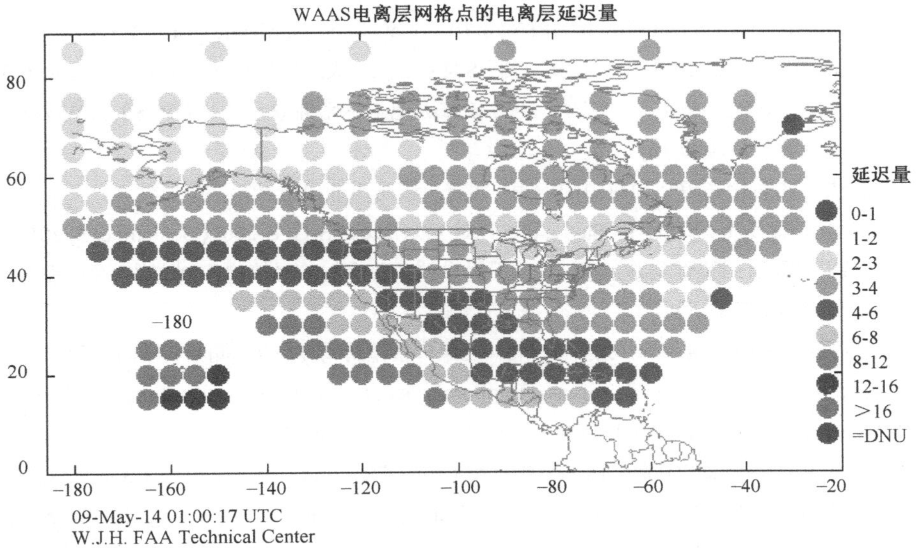

图 5.21　WAAS 电离层网格点的电离层延迟量[34]

经过 10 年的运行以后，WAAS 系统也暴露出如下不足之处：

- WAAS 通过监控站计算卫星位置误差、时钟误差和某个电离层网格内的电离层延迟，差分误差消除的效果取决于监控站的地理密度和位置，监控站没有覆盖的区域就无法得到高精度的定位结果；
- WAAS 接收机的精度受电离层延迟的影响很大，在出现太阳黑子活动剧烈的时间段无法保证定位精度；
- WAAS 的卫星均为地球同步静止轨道卫星，分布于赤道上空，所以在高纬度地区会导致接收不到卫星信号或卫星信号较弱的情况；
- WAAS 系统的定位精度无法保证 II 类和 III 类着陆系统的要求，所以在这些应用场合还是需要其他更高精度的着陆系统（如 ILS 或 LAAS）的辅助；
- 支持 GPS/WAAS 信号的接收机成本较高，尤其是具有航空安全认证的接收机价格更高，妨碍了进一步的市场推广。

参考文献

[1]　刘基余. GPS 卫星导航定位原理与方法. 北京：科学出版社，2003.

[2]　王惠南. GPS 导航原理与应用. 北京：科学出版社，003.

[3]　E. D. Kaplan, Understanding GPS Principles and Applications, 2rd Edition,Artech House Publishers, 2006.

[4]　A. J. Van Dierendonck, GPS Receivers, Chap.8 of Global Positioning System: Theory and Applications, Vol.I , B.Parkinson, J.Spiker, P.Axelrad, and P.Enge., 1996.

[5] Jay A. Farrell, Aided Navigation, GPS with High Rate Sensors, McGraw Hill, 2008.

[6] 魏子卿. 2000 中国大地坐标系及其与 WGS84 的比较. 大地测量与地球动力学，2008, (10).

[7] 程鹏飞，文汉江，成英燕，王华. 2000 国家大地坐标系椭球参数与 GRS80 和 WGS84 的比较. 测绘学报，2009, (6).

[8] 费保俊，相对论在现代导航中的应用. 北京：国防工业出版社，2007.

[9] Navstar GPS Space Segment/Navigation User Interfaces, IS-GPS-200G, September 5, 2012.

[10] 中国卫星导航系统管理办公室. 北斗卫星导航系统空间信号接口控制文件（公开服务信号）2.0 版. 2013 年 12 月.

[11] 朱永兴，贾小林，姬剑锋，张清华. 北斗卫星广播星历精度分析. 测绘科学与工程，2013, (8).

[12] John C.Cohenour, F. Van Graas, Temporal Decor Relattion Distributions of GPS Range Measurements due to Satellite Orbit and Clock Errors, Journal of Navigation, 2009, 175-182.

[13] John C. Cohenour, Global Positioning System Clock and Orbit Statistics and Precise Point Positioning, Ph. D thesis of Ohio University, Electrical Engineering (Engineering and Technology）, 2009.

[14] Anonymous. NAVSTAR GPS space segment/navigation user interfaces. Technical Report ICD-GPS-200, ARINC Research Corporation, April 1993.

[15] Anonymous. Phase I NAVSTAR/GPS Major Field Test Objective Report Thermostatic Correction. Technical report, Navstar/GPS Joint Program Office, Space & Missile Systems Organization, Los Angeles Air Force Station, Los Angeles, California, May 4 1979.

[16] A. E. Niell. Global Mapping Functions for the Atmosphere Delay at Radio Wavelengths. Journal of Geophysical Research, 101(B2）:3227-3246, February 1996.

[17] J. Shockley. Consideration of Troposheric Model Corrections for Differential GPS. Technical report, SRI International, February 1984.

[18] J. J. Spilker. Tropospheric Effects on GPS. In B. Parkinson, J. Spilker,P. Axelrad, and P. Enge, editors, Global Positioning System: Theory and Applications, Vol. 1, pages 517-546. AIAA, 1996.

[19] Saastamoinen J. Contribution to the Theory of Atmospheric Refraction, Bulletin G′eod′esique. 105-106.

[20] Hopfield HS., Torpospheric Effect on Electromagnetically Measured Ranges: Prediction from Surface Weather Data, Applied Physics Laboratory, Johns Hopkins Univ. Baltimore, MD, July 1970.

[21] A. J. V. Dierendonck, P. Fenton, and T. Ford, Theory and performance of narrow correlator spacing in a GPS receiver, Journal of the Institute of Navigation, vol. 39, no. 3, pp. 265-283, 1992.

[22] A. J. V. Dierendonck and M. S. Braasch, Evaluation of GNSS receiver correlation processing techniques for multipath and noise mitigation, in Proceedings of the National Technical Meeting

of the Institute of Navigation (ION NTM '97）, pp. 207-215, Santa Monica, Calif, USA, January 1997.

[23] M. Irsigler and B. Eissfeller, Comparison of multipath mitigation techniques with consideration of future signal structures, in Proceedings of the 16th International Technical Meeting of the Satellite Division of the Institute of Navigation (ION GNSS '03）, pp. 2584-2592, Portland, Ore, USA, September 2003.

[24] G. A. McGraw and M. S. Braasch, GNSS multipath mitigation using gated and high resolution correlator concepts, in Proceedings of the he National Technical Meeting of the Satellite Division of the Insitute of Navigation, San Diego, Calif, USA, January 1999.

[25] M. S. Braasch, Performance comparison of multipath mitigating receiver architectures, in Proceedings of the IEEE Aerospace Conference, pp. 31309-31315, Big Sky, Mont, USA, March 2001.

[26] J. Jones, P. Fenton, and B. Smith, Theory and performance of the pulse aperture correlator, Tech. Rep., Novatel, Alberta, Canada, September 2004.

[27] J. M. Sleewaegen and F. Boon, Mitigating short-delay multipath: apromising new technique, in Proceedings of the International Technical Meeting of the Satellite Division of the Institute of Navigation (ION GPS '01）, pp. 204-213, Salt Lake City, Utah,USA, September 2001.

[28] Specification for the Wide Area Augmentation System, U.S. Department of Transportation, Federal Aviation Administration, FAA-E-2892b, Aug.13,2001.

[29] http://www.nstb.tc.faa.gov/Full_VerticalProtectionLevel.htm.

[30] WAAS 官方网址：http://www.faa.gov/about/office_org/headquarters_offices/ato/service_units/techops/navservices/ gnss/waas/.

[31] Wide-Area Augmentation System Performance Analysis Report, FAA/William J. Hughes Technical Center, NSTB/WAAS T&E Team , Atlantic City International Airport, NJ 08405, July 2006.

[32] Services Status of QZSS, The Asia Pacific Regional Space Agency Forum, Communication Satellite Application WG, Dec 10, 2008.

[33] EGNOS - A Cornerstone of Galileo, ESA SP-1303, 2007.

[34] WAAS 数据实时更新网址：http://www.nstb.tc.faa.gov/RTData_WaasSatelliteData.htm.

第6章

卫星位置和速度的计算

本章要点

- 卫星轨道理论
- GPS 卫星和北斗 MEO/IGSO 卫星
- 北斗 GEO 卫星
- 卫星位置和速度的插值计算
- 精密星历和星历扩展

在北斗和GPS接收机中需要用到的卫星参数包括卫星的瞬时位置和瞬时速度。导航电文给出的星历数据被用来计算卫星位置和速度，ICD文档提供了这些计算公式。本章不仅要对这些公式进行说明，而且还将尽量在较短的篇幅内阐述这些公式背后的理论。为便于读者理解，本章主要分为两大部分：第一部分对卫星轨道进行详细的理论分析；第二部分在第一部分的基础上讲解如何利用星历数据来计算卫星的位置和速度，包括GPS卫星、北斗MEO／IGSO卫星和北斗GEO卫星，其中北斗GEO卫星的情况比较特殊，所以专门有一节分析北斗GEO卫星的轨道参数和位置计算原理。除了用GPS卫星和北斗卫星播发的广播星历计算卫星的位置速度之外，目前接收机的实时定位和后处理定位应用中也常常会用到精密星历和星历扩展数据，本章最后将简要介绍精密星历和星历扩展。

6.1　卫星轨道理论

卫星在空间的运行轨迹称为卫星轨道，描述卫星轨道状态和位置的参数称为轨道参数。卫星围绕着地球运行，除了受指向地心的地球引力作用以外，还受到太阳、月亮的引力，以及太阳光压、地球潮汐和大气物理现象等的影响，所以卫星的实际运行轨道是一条非常复杂的曲线。如果从一开始就考虑所有影响卫星运动的因素，那么必然会陷入非常复杂的数学物理问题而无法进行下去。因此一般的分析方式是：首先仅考虑只有地心引力的作用下的卫星轨道，此时卫星轨道称作无摄轨道；在无摄轨道的基础上，再考虑其他各种扰动因素的影响，此时卫星轨道称作受摄轨道。

卫星在无摄轨道上运行时，因为只受向心力影响，所以其轨道是一个椭圆，地心是其轨道的一个焦点。决定轨道形状只需要两个参数，一个是长轴半径a，另一个是离心率e。短轴半径b与a和e的关系为

$$b = a\sqrt{1-e^2} \tag{6.1}$$

可见，一旦知道了a、b和e中的任意两个，就可以算出第三个量。因为卫星只在一个二维平面内运动，所以可以用图6.1来表示卫星轨道和卫星运动。

图6.1中卫星的位置为S，地球的质心为O，为椭圆轨道的一个焦点，卫星和O点之间的距离矢量是$\boldsymbol{r}$，则根据万有引力定律，卫星受地球引力的影响，引力矢量可以表示为

$$\boldsymbol{f} = -\frac{GMm}{r^2}\frac{\boldsymbol{r}}{r} \tag{6.2}$$

同时根据牛顿第二定律，有

$$\boldsymbol{f} = m\boldsymbol{a} = m\ddot{\boldsymbol{r}} \tag{6.3}$$

式(6.2)和式(6.3)中的M和m是地球和卫星的质量，G是万有引力常量。

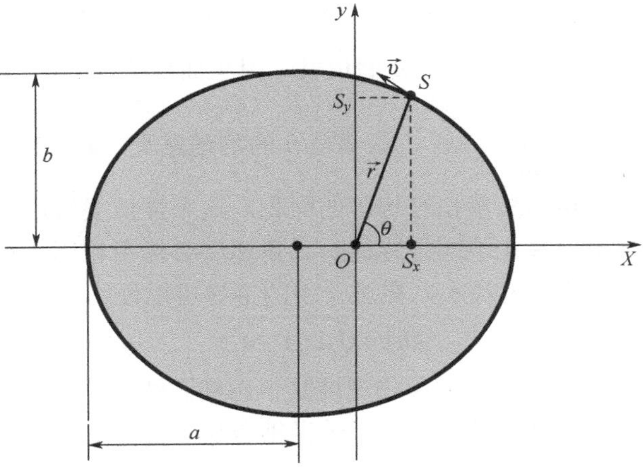

图 6.1　卫星轨道的椭圆曲线

结合式(6.2)和式(6.3)可得

$$\ddot{\boldsymbol{r}} = -\frac{GM}{r^2}\frac{\boldsymbol{r}}{r} = -\frac{\mu}{r^2}\frac{\boldsymbol{r}}{r} \tag{6.4}$$

式(6.4)中的 $\mu = GM$，一般被称作地球的引力常量，即在表 1.1 中的 GM 值。

先把卫星的运动轨迹看作三维的，即 $\boldsymbol{r} = (x, y, z)$，把式(6.4)写成标量的形式，即

$$\ddot{x} = -\frac{\mu}{r^3}x \tag{6.5}$$

$$\ddot{y} = -\frac{\mu}{r^3}y \tag{6.6}$$

$$\ddot{z} = -\frac{\mu}{r^3}z \tag{6.7}$$

将式(6.5)两边乘以 y，然后将式(6.6)两边乘以 x，然后两式相减可得

$$\ddot{x}y - x\ddot{y} = 0 \tag{6.8}$$

同理，对式(6.5)和式(6.7)，以及式(6.6)和式(6.7)做类似的操作，可得

$$\ddot{x}z - x\ddot{z} = 0 \tag{6.9}$$

$$\ddot{y}z - y\ddot{z} = 0 \tag{6.10}$$

将式(6.8)、式(6.9)和式(6.10)写成矢量形式，可得

$$\boldsymbol{r} \times \ddot{\boldsymbol{r}} = 0 \tag{6.11}$$

其中“×”为矢量叉乘，式(6.11)说明卫星的加速度方向和径向方向平行，当然这也是向心力的基本性质。

对式(6.11)对时间 t 积分可得

$$\frac{\mathrm{d}(\boldsymbol{r} \times \dot{\boldsymbol{r}})}{\mathrm{d}t} = \boldsymbol{r} \times \ddot{\boldsymbol{r}} = 0 \quad \Rightarrow \boldsymbol{r} \times \dot{\boldsymbol{r}} = \boldsymbol{h} \tag{6.12}$$

式(6.12)表明 $\boldsymbol{h}$ 是一个常矢量，由于 $\boldsymbol{r}$ 必然和 $\boldsymbol{h}$ 正交，所以 $\boldsymbol{r}$ 是处于一个二维平面内的。同时从 $\boldsymbol{h}$ 的表达式可知，$\boldsymbol{h}$ 的模就是卫星面积速度的两倍，即如果令 $\frac{\mathrm{d}s}{\mathrm{d}t}$ 为卫星的面积速度，那么 $\frac{\mathrm{d}s}{\mathrm{d}t}=\frac{1}{2}\|\boldsymbol{h}\|$，这就是 $\boldsymbol{h}$ 的物理意义。式（6.12）说明单位时间内卫星和地心之间的距离矢量扫过相等的面积。这个性质很有用。利用这个性质，可以很容易地推导出卫星在不同位置的瞬时角速度必然不相同，在近地点处角速度最大，而在远地点处角速度最小。更进一步的推导可以证明：

$$\|\boldsymbol{h}\|=\sqrt{\mu a(1-e^2)} \tag{6.13}$$

由式(6.13)可以看出，卫星的面积速度是个由椭圆轨道形状和引力常数共同决定的常数，由于地球引力常数是一定的，长半轴越长，卫星的面积速度越大。可以推导出卫星的速度和 $\boldsymbol{r}$ 的关系：

$$v(r)=\sqrt{\mu\left(\frac{2}{r}-\frac{1}{a}\right)} \tag{6.14}$$

在近地点，$r=(1-e)a$，则 $v_{近地点}=\sqrt{\frac{\mu(1+e)}{a(1-e)}}$；在远地点，$r=(1+e)a$，则 $v_{远地点}=\sqrt{\frac{\mu(1-e)}{a(1+e)}}$。可见卫星在近地点速度快而在远地点速度慢。

在这里回顾一下开普勒三定律：

① 所有行星绕太阳运行的轨道都是椭圆，太阳位于该椭圆的一个焦点上。

② 在相等的时间内，太阳和运动行星的连线扫过的面积是相等的。

③ 行星轨道的半长轴的立方与运行周期的平方之比为常量。

开普勒定律建立在行星受太阳的引力作用条件下，卫星和地球之间的关系和此类似。实际上，更广泛地说，开普勒定律适用于所有二体问题，可见上述内容已经对开普勒第一定律和第二定律进行了很好的证明。下面来推导开普勒第三定律。

首先假设卫星运行一周耗时为 T，那么卫星向径 $\boldsymbol{r}$ 扫过的面积为整个椭圆的面积 $S=\pi ab$，则其面积速度为

$$\frac{S}{T}=\frac{\pi ab}{T} \tag{6.15}$$

由上面面积速度的表达式(6.13)，则必然有

$$\frac{S}{T}=\frac{1}{2}\|\boldsymbol{h}\| \quad \Rightarrow \quad \frac{\pi ab}{T}=\frac{1}{2}\sqrt{\mu a(1-e^2)} \tag{6.16}$$

对上式稍加整理就得到

$$\frac{T^2}{a^3}=\frac{4\pi^2}{\mu} \tag{6.17}$$

式(6.17)其实就是开普勒第三定律，即卫星运动周期的平方和椭圆轨道长轴半径

的立方成正比。由此可以看出，在长轴半径 a 一定的情况下，卫星运动周期是个常量。由此可以引入一个平均角速度的概念：

$$n=\frac{2\pi}{T} \tag{6.18}$$

式中，n 的单位为弧度 / 秒。注意要把平均角速度和瞬时角速度分开，瞬时角速度是一个和卫星所在位置有关的变量，平均角速度要在后续讲解平近点角概念的时候要用到。

在图 6.1 中，原点在椭圆焦点 O，θ 是卫星地心向径和长半轴的夹角，则由解析几何知识可知，$\boldsymbol{r}$ 的模 r 和 θ 的关系为

$$r=\frac{a(1-e^2)}{1+e\cos\theta} \tag{6.19}$$

如果取卫星轨道平面坐标系以 O 为原点，在椭圆长半轴为 X 轴，椭圆短半轴为 Y 轴的直角坐标系中，卫星的坐标可以表示为

$$P_S=\begin{bmatrix} S_x \\ S_y \end{bmatrix}=\begin{bmatrix} r\cos\theta \\ r\sin\theta \end{bmatrix} \tag{6.20}$$

由式(6.19)和(6.20)可知，当轨道的形状一定时，卫星的坐标由 θ 决定，只要知道了 θ 的值，就可得到 r，进而就可以算出 $[S_x,S_y]^{\mathrm{T}}$。由于卫星是随时间持续运动的，所以 θ 是时间的函数。给定一个时刻 t，如果知道了 $\theta(t)$，就可算出卫星的坐标。实际中卫星的坐标是三维的，但因为卫星只在二维平面内运动，所以卫星的三维坐标[1]就是 $[S_x,S_y,0]^{\mathrm{T}}$。

实际中，卫星发送的导航电文中并不是直接给出 θ 的值，而是发送其他信息，由接收机软件间接地算出 θ。为了理解这个过程，就需要引入三种近点角的概念，分别是真近点角、偏近点角和平近点角。下面首先参照图 6.2 来看看真近点角和偏近点角的概念。

在图 6.2 中，O 为椭圆的焦点，P 是椭圆的几何中心，S 为卫星的位置，f 为卫星向径和长半轴之间的夹角，则 f 就是真近点角。可以看出，f 其实就是图 6.1 中的 θ，这里用 f 来表示是为了和传统表示方法一致。以 P 为圆心做一个半径为 a 的圆，同时过 S 做一条和椭圆长半轴垂直的直线，和椭圆相交于 S' 点，连接 S' 和 P 点，$S'P$ 和椭圆长半轴之间的夹角 E 就是偏近点角。

容易验证，如下关系式成立（详细推导过程见附录 **D**）：

$$\left\|\overline{S'H}\right\|=\frac{r\sin f}{\sqrt{1-e^2}} \tag{6.21}$$

$$r\cos f=a\cos E-ae \tag{6.22}$$

---

[1] 显然，这里的三维坐标系是一个临时坐标系，是以轨道长半轴为 X 轴，以短半轴为 Y 轴，Z 轴垂直于卫星轨道面，和 X 轴 Y 轴构成右手系。该临时坐标系和 ECEF 坐标系之间是一个旋转关系。

$$r\sin f = b\sin E = a\sqrt{1-e^2}\sin E \tag{6.23}$$

从式(6.22)和式(6.23)可以得到

$$r = a(1-e\cos E) \tag{6.24}$$

上式是以偏近点角 E 为变量的卫星轨道方程。

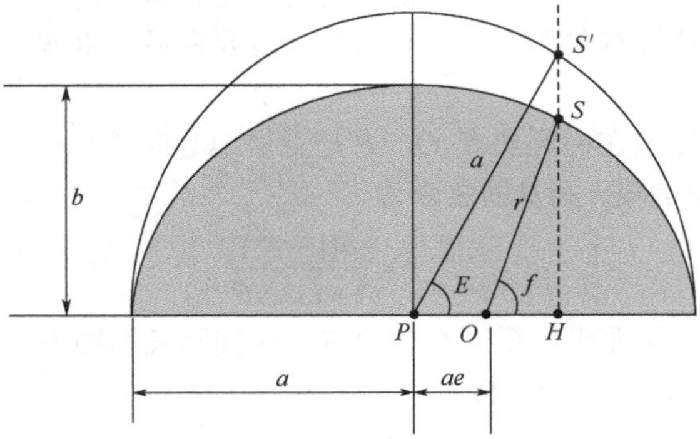

图 6.2 偏近点角和真近点角的关系

结合式(6.22)、(6.23)和(6.24)可以得到如下关系式：

$$\cos f = \frac{\cos E - e}{1-e\cos E} \tag{6.25}$$

$$\sin f = \frac{\sqrt{1-e^2}\sin E}{1-e\cos E} \tag{6.26}$$

由上面两式，结合半角公式可以得到

$$\tan\frac{f}{2} = \frac{\sin f}{1+\cos f} = \frac{\sqrt{1+e}}{\sqrt{1-e}}\tan\frac{E}{2} \tag{6.27}$$

根据天体力学中的多普勒方程，偏近点角 E 和时间 t 的关系为

$$E - e\sin E = n\cdot(t-t_0) \tag{6.28}$$

式中，n 是前面提到的平均角速度；t_0 是参考时刻，这里可以认为是卫星经过近地点的时刻。式(6.28)给出了 E 和时间的关系，只要给定一个时刻 t 就能计算出 E 。由此定义平近点角 M 如下：

$$M \triangleq n(t-t_0) \tag{6.29}$$

M 的意义是：给定一个参考时刻 t_0 ，在时刻 t 卫星以平均角速度 n 在轨道平面转过的角度，称为平近点角。需要注意的是，平近点角并不是卫星实际转过的角度。因为实际卫星的角速度并不是一个常量，而是根据多普勒方程定义的一个量。平近点角是时间 t 的一个线性函数。有了平近点角 M 的定义，式(6.28)可以写成

$$E - e\sin E = M \tag{6.30}$$

式(6.30)是一个超越方程，可用迭代法来求解。

GPS 卫星就是通过发送平均角速度，从而使接收机能计算出 M、E 和 r ，最终

得到卫星在轨道平面内的坐标。至此，我们已经清楚了如何确定卫星在轨道平面内的坐标，从卫星轨道平面到 ECEF 坐标平面还需要一个旋转转换。

图 6.3 显示了卫星轨道平面和 ECEF 坐标系的位置关系。图中给出了 ECEF 坐标系，即以地心为原点，X 轴指向春分点，Z 轴指向北极，Y 轴与 X 轴、Z 轴一起构成右手系。同时也给出了卫星轨道直角坐标系，即以地心为原点，椭圆轨道长半轴为 X_s 轴，椭圆轨道平面法线方向为 Z_s 轴，Y_s 轴、X_s 轴与 Z_s 轴一起构成右手坐标系。为了区分，ECEF 的 XYZ 轴用实线来表示，而卫星轨道直角坐标系的 $XsYsZs$ 轴用虚线表示。从惯性系中看，ECEF 坐标系是随着地球自转而转动的，所以图 6.3 中的 ECEF 坐标系只是当 X 轴恰好指向春分点时的一个瞬时坐标系，其他时刻的 ECEF 坐标系可以通过地球自转角速度和图中的 ECEF 坐标系建立起联系。

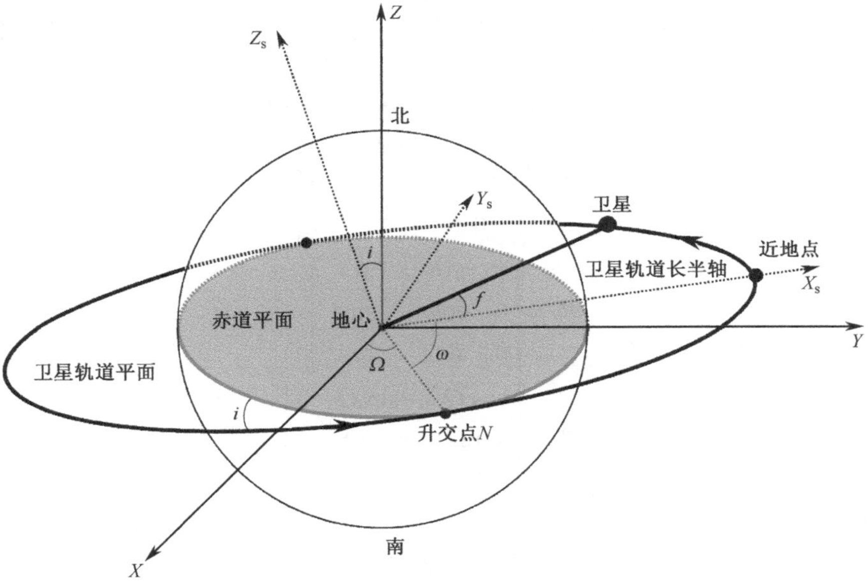

图 6.3　卫星轨道平面和地球 ECEF 坐标系的关系

卫星轨道平面和地球赤道平面之间有一个倾角，叫作轨道面倾角，这里用 i 来表示，其实就是 Z 轴和 Z_s 轴之间的夹角。卫星轨道平面和赤道平面相交在一条直线上，这条直线和地球赤道交于两点，一点是当卫星从北向南飞行时的交点，另一点是当卫星从南向北飞行时的交点，前者叫作降交点（Descending Node），后者被称作升交点（Ascending Node），图中用 N 表示升交点。地心与升交点 N 的连线和 ECEF 坐标系 X 轴的夹角叫作升交点赤经，图中用 Ω 表示。显然，轨道面倾角 i 和升交点赤经 Ω 这两个参数已经能够决定卫星轨道平面在 ECEF 坐标系中的位置。

轨道面倾角 i 和升交点赤经 Ω 只是决定了卫星轨道平面和赤道面之间的关系，但卫星轨道坐标系还是没有确定，因为在保持 i 和 Ω 不变的情况下卫星轨道长半轴还可以任意旋转。于是图 6.3 中定义了卫星轨道长半轴和升交点 N 的夹角，称作近地点角距，用ω表示。近地点角距一定，则卫星轨道直角坐标系就确定了。至此可以看出，a、e、i、Ω、ω五个参数就决定了卫星运行的椭圆轨道，其中a、e确定了卫星轨道的形状，i、Ω和ω确定了卫星轨道的位置。

上面已经知道，卫星在轨道平面坐标系中的坐标可以表示为$[S_x,S_y,0]^{\mathrm{T}}$，那么下面需要分析的就是如何将$[S_x,S_y,0]^{\mathrm{T}}$经过旋转变换得到卫星在 ECEF 坐标系里的位置坐标。

从图 6.3 可以看出，首先将卫星轨道直角坐标系绕 Z_s 轴转 $-\omega$ 角度，此时卫星轨道平面和地球赤道平面的相对位置还不变，只是地心、升交点 N 和卫星轨道近地点在一条直线上；第二步，将卫星轨道直角坐标系绕 X_s 轴转 $-i$ 角度，此时卫星轨道平面和赤道平面重合，即 ECEF 坐标系的 Z 轴和轨道直角坐标系的 Z_s 轴重合；第三步，将卫星轨道直角坐标系绕 Z_s 轴转 $-\Omega$ 角度，则卫星轨道直角坐标系就和 ECEF 坐标系重合了。

以上三次转动可以用以下三个旋转矩阵 $\boldsymbol{R}_1$、$\boldsymbol{R}_2$ 和 $\boldsymbol{R}_3$ 来表示：

$$\boldsymbol{R}_1=\begin{bmatrix}\cos\omega & -\sin\omega & 0\\ \sin\omega & \cos\omega & 0\\ 0 & 0 & 1\end{bmatrix}$$

$$\boldsymbol{R}_2=\begin{bmatrix}1 & 0 & 0\\ 0 & \cos i & -\sin i\\ 0 & \sin i & \cos i\end{bmatrix}$$

$$\boldsymbol{R}_3=\begin{bmatrix}\cos\Omega & -\sin\Omega & 0\\ \sin\Omega & \cos\Omega & 0\\ 0 & 0 & 1\end{bmatrix}$$

则最终的旋转矩阵为

$$\boldsymbol{R}_{S2E}=\boldsymbol{R}_3\boldsymbol{R}_2\boldsymbol{R}_1 \tag{6.31}$$

这里需要注意的是，$\boldsymbol{R}_3$、$\boldsymbol{R}_2$ 和 $\boldsymbol{R}_1$ 相乘的顺序不能弄混。

$\boldsymbol{R}_{S2E}$ 最终的具体形式为

$$\boldsymbol{R}_{S2E}=\begin{bmatrix}C(\Omega)C(\omega)-S(\Omega)C(i)S(\omega) & -C(\Omega)S(\omega)-S(\Omega)C(i)C(\omega) & S(\Omega)S(i)\\ S(\Omega)C(\omega)+C(\Omega)C(i)S(\omega) & -S(\Omega)S(\omega)+C(\Omega)C(i)C(\omega) & -C(\Omega)S(i)\\ S(i)S(\omega) & S(i)C(\omega) & C(i)\end{bmatrix} \tag{6.32}$$

式中，为了简化，令 $S(\bullet)=\sin(\bullet)$，$C(\bullet)=\cos(\bullet)$，则根据 $\boldsymbol{R}_{S2E}$ 的表达式可得出卫星在 ECEF 坐标系的位置坐标

$$\begin{bmatrix}X\\ Y\\ Z\end{bmatrix}=\boldsymbol{R}_{S2E}\begin{bmatrix}S_x\\ S_y\\ 0\end{bmatrix} \tag{6.33}$$

从式(6.22)和式(6.23)可以看出，当偏近点角 E 已知时，

$$\begin{bmatrix} S_x \\ S_y \end{bmatrix} = \begin{bmatrix} a(\cos E - e) \\ a\sqrt{1-e^2}\sin E \end{bmatrix} \tag{6.34}$$

将式(6.34)代入式(6.33)就可以得到$[X,Y,Z]$的值。

至此，我们已经分析了卫星的无摄轨道运动。实际运行中卫星要受到许多扰动力的影响，其中地球的形状并不是一个理想的球体，所以卫星受到的地球引力可以看作一个中心引力和非中心引力的叠加，非中心引力是由于地球的不规则形状引起的，其幅度大概是中心引力的 10^{-3}。另外，卫星还要受到太阳和月亮的引力、地球表面的潮汐的引力，以及太阳光压和大气拖曳效应的影响。对这些扰动进行严格分析是一件非常复杂的任务，已经超出本书的范畴，从事接收机设计的工程技术人员也无须对这些扰动效应的严格理论分析进行透彻的理解。简单来说，扰动项对卫星轨道的影响主要有以下几个方面：

- 卫星轨道平面在 ECEF 坐标系里不再静止，而是缓慢旋转。这主要是因为受地球摄动力的影响，卫星轨道升交点 N 在地球赤道上不断缓慢进动，从而使升交点赤经 Ω 不是常数。
- 近地点在卫星椭圆轨道内不再静止。这说明卫星椭圆轨道的半长轴指向不是固定的，这也导致近地点角距 ω 也在缓慢变化中。
- 平近点角 M 也在缓慢变化。由于多项摄动力的影响，卫星平均角速度也发生变化，导致相应的平近点角发生变化。

北斗和 GPS 导航电文将这些扰动效应包含在电文的修正项里，接收机软件只需解调下来正确使用即可。下面我们将对接收机利用星历数据计算卫星位置的步骤进行详细说明，同时指出如何利用导航电文的修正项来消除扰动。

6.2　GPS 卫星和北斗 MEO/IGSO 卫星

在 6.1 节看到，卫星轨道可以由 5 个开普勒参数完全决定，卫星的位置由偏近点角 E 确定，实际中为了考虑扰动项对卫星位置的影响，卫星播发的广播星历参数中还包含了 6 个修正项，对升交点角距、轨道半径和轨道平面倾角进行修正。由于偏近点角和时间的关系比较复杂，而平近点角 M 和时间为简单的线性关系，所以实际上卫星是播发参考时间的平近点角和角速度修正项，然后通过计算得到 M，通过式(6.30)解出偏近点角 E。

GPS 卫星和北斗的 MEO、IGSO 卫星的广播星历都包含相同的内容，具体为 6 个开普勒参数（半长轴的平方根 $\sqrt{a}$ 、偏心率 e_s 、近地点角距 ω 、参考时刻的平近点角 M_0 、参考时刻的升交点赤经 Ω_e 和参考时刻卫星轨道倾角 i_0 ）和 9 个摄动参数（平均角速度的修正项 Δn 、升交点赤经变化率 $\dot{\Omega}$ 、轨道倾角变化率 i_{dot}、以及 6 个扰

动修正项 C_{uc}、C_{us}、C_{rc}、C_{rs}、C_{ic}、C_{is}），卫星位置的计算方法也完全一样，所以可以合并在一起进行讲解和分析，表 6.1 给出了 GPS 卫星和北斗 MEO/IGSO 卫星发送的导航电文中包含的星历数据参数。

表 6.1　导航电文中的星历数据

参数	说　明	类　型
M_0	参考时刻的平近点角	轨道参数
Δn	卫星平均角速度的修正项	摄动参数
e_s	卫星椭圆轨道的偏心率	轨道参数
$\sqrt{a}$	卫星椭圆轨道半长轴的平方根	轨道参数
Ω_e	卫星轨道的升交点赤经	轨道参数
i_0	在参考时刻卫星轨道平面相对地球赤道面的倾角	轨道参数
ω	卫星轨道的近地点角距	轨道参数
$\dot{\Omega}$	卫星轨道的升交点赤经变化率	摄动参数
i_{dot}	卫星轨道平面倾角变化率	摄动参数
C_{uc}、C_{us}	升交角距的调和修正项	摄动参数
C_{rc}、C_{rs}	卫星地心向径的调和修正项	摄动参数
C_{ic}、C_{is}	卫星轨道倾角的调和修正项	摄动参数
t_{oe}	星历数据的参考时刻	轨道参数

根据 6.1 节的理论分析，结合 GPS 和北斗 ICD 文档中给出的导航电文中的扰动项说明，可以给出利用表 6.1 中的星历数据计算卫星位置的详细步骤。

1．计算归一化时间

因为卫星的星历数据都是相对于参考时刻 t_{oe} 而言的，所以需要将观测时刻 t 做如下归一化：

$$t_k = t - t_{oe} \tag{6.35}$$

式中，t_k 的单位是秒，并且要将 t_k 的绝对值控制在一个星期之内，即：如果 $t_k > 302\,400$，$t_k = t_k - 604\,800$；如果 $t_k < -302\,400$，$t_k = t_k + 604\,800$。这里 604 800 是一个星期内的秒计数。

2．计算卫星运行的平均角速度

这一步就需要用到导航电文中的扰动修正项了。卫星运行的理论平均角速度为

$$n_0 = \sqrt{\frac{\mu}{a^3}}$$

其中，μ 是地心引力常数，可以通过表 1.1 查到具体数值；a 是椭圆半长轴，来自星历数据。同时，星历数据还传送了修正项 Δn，则最终使用的平均角速度 $n = n_0 + \Delta n$。

3．计算卫星在 t_k 时刻的平近点角 M

平近点角和时间是线性关系，即

$$M = M_0 + nt_k \tag{6.36}$$

其中，t_k 就是第 1 步得到的归一化时间；n 是第 2 步得到的修正后的平均角速度。

4．计算卫星在 t_k 时刻的偏近点角 E

利用上一步得到的平近点角和式(6.30)可列出方程

$$E = M + e_s \sin E \tag{6.37}$$

该方程是个超越方程，采用迭代法可解。一般来说 10 次以内的迭代就足够精确了。

5．计算卫星的地心向径 r

这一步需要利用上一步得到的 E，利用式(6.24)可以得出：

$$r = a(1 - e_s \cos E) \tag{6.38}$$

6．计算卫星在归一化时刻的真近点角 f

结合式(6.25)和式(6.26)可知：

$$f = \tan^{-1}\left(\frac{\sqrt{1-e_s^2}\sin E}{\cos E - e_s}\right) \tag{6.39}$$

或利用半角公式也可以得到 f：

$$\tan\frac{f}{2} = \frac{\sin f}{1+\cos f} = \frac{\sqrt{1+e_s}}{\sqrt{1-e_s}}\tan\frac{E}{2} \tag{6.40}$$

但上式在 $E = 180^\circ$ 时发散，需要特殊处理。

7．计算升交点角距 ϕ

$$\phi = f + \omega \tag{6.41}$$

其中，f 来自于上一步；ω 是卫星轨道的近地点角距，来自于星历参数。

8．计算摄动修正项 $\delta\mu$、δr 和 δi，同时修正 ϕ_k、r 和 i

升交点角距修正项：

$$\delta\mu = C_{uc}\cos(2\phi) + C_{us}\sin(2\phi) \tag{6.42}$$

卫星地心向径修正项：

$$\delta r = C_{rc}\cos(2\phi) + C_{rs}\sin(2\phi) \tag{6.43}$$

卫星轨道倾角修正项：

$$\delta i = C_{ic}\cos(2\phi) + C_{is}\sin(2\phi) \tag{6.44}$$

上面式子中 $\{C_{uc}, C_{us}, C_{rc}, C_{rs}, C_{ic}, C_{is}\}$ 均来自卫星星历数据，然后用这些修正项更

新升交点角距ϕ、卫星地心向径r和卫星轨道倾角i：

$$\phi_k = \phi + \delta\mu \tag{6.45}$$

$$r_k = r + \delta r \tag{6.46}$$

$$i_k = i_0 + i_{\text{dot}} \cdot t_k + \delta i \tag{6.47}$$

9．计算卫星在椭圆轨道直角坐标系中的位置坐标

在以地心为原点、以椭圆长轴为X轴的椭圆直角坐标系里，卫星的位置坐标为

$$\boldsymbol{P}_s = \begin{bmatrix} r_k \cos\phi_k \\ r_k \sin\phi_k \\ 0 \end{bmatrix} \tag{6.48}$$

10．计算卫星椭圆轨道在归一化时刻的升交点赤经Ω

由于扰动项，升交点赤经不是常数，而由下式决定：

$$\Omega_k = \Omega_e + (\dot{\Omega} - \omega_{ie})t_k - \omega_{ie}t_{oe} \tag{6.49}$$

其中，Ω_e来自于星历数据，其意义并不是在参考时刻的升交点赤经，而是始于格林威治子午圈到卫星轨道升交点的准经度；$\dot{\Omega}$是升交点赤经的变化率；$\omega_{ie} = 7.2921151467 \times 10^{-5}$，是地球自转角速率。

11．计算卫星在 ECEF 坐标系的坐标

这一步将卫星在轨道直角坐标系内的坐标经旋转变换到 ECEF 坐标系。

首先，令$x_k = r_k \cos\phi_k$，$y_k = r_k \sin\phi_k$，则 (6.50)

$$\boldsymbol{P}_e = \begin{bmatrix} E_x \\ E_y \\ E_z \end{bmatrix} = \boldsymbol{R}_z(-\Omega_k)\boldsymbol{R}_x(-i_k)\begin{bmatrix} x_k \\ y_k \\ 0 \end{bmatrix} = \begin{bmatrix} x_k \cos\Omega_k - y_k \cos i_k \sin\Omega_k \\ x_k \sin\Omega_k + y_k \cos i_k \cos\Omega_k \\ y_k \sin i_k \end{bmatrix} \tag{6.51}$$

注意：在式(6.51)中的旋转矩阵只有两个旋转操作，而前面式(6.32)中有三个旋转矩阵，其原因是在计算ϕ_k时已经包含了$R(-\omega)$的操作。

上面就是用星历数据计算卫星位置的步骤。有了卫星的位置，通过对相邻时刻的卫星位置做差分就能得到卫星的速度。这种计算卫星速度的方法具有直观、简单的优点，但需要计算两次卫星的位置才能得到速度，计算量比较大。其实，直接从式(6.51)就能推导出卫星速度的计算公式，具体推导步骤如下：

首先，对式(6.51)求导，得

$$V_E=\begin{bmatrix}\dot{E}_x\\ \dot{E}_y\\ \dot{E}_z\end{bmatrix}=\begin{bmatrix}\dot{x}_k\cos\Omega_k-\dot{y}_k\cos i_k\sin\Omega_k+y_k\sin i_k\sin\Omega_k\dot{i}_k-E_y\dot{\Omega}_k\\ \dot{x}_k\sin\Omega_k+\dot{y}_k\cos i_k\cos\Omega_k-y_k\sin i_k\cos\Omega_k\dot{i}_k+E_x\dot{\Omega}_k\\ \dot{y}_k\sin i_k+y_k\cos i_k\dot{i}_k\end{bmatrix}\tag{6.52}$$

计算式(6.52)需要知道 $\dot{x}_k$、$\dot{y}_k$、$\dot{i}_k$、$\dot{\Omega}_k$ 的表达式。对式(6.50)、式(6.47)和式(6.49)对 t_k 求导得到

$$\dot{x}_k=\dot{r}_k\cos\phi_k-r_k(\sin\phi_k)\dot{\phi}_k\tag{6.53}$$

$$\dot{y}_k=\dot{r}_k\sin\phi_k+r_k(\cos\phi_k)\dot{\phi}_k\tag{6.54}$$

$$\dot{i}_k=2[C_{is}\cos(2\phi)-C_{ic}\sin(2\phi)]\dot{\phi}+i_{\mathrm{dot}}\tag{6.55}$$

$$\dot{\Omega}_k=\dot{\Omega}-\omega_{ie}\tag{6.56}$$

于是下一步就是得到 $\dot{\phi}$、$\dot{\phi}_k$ 和 $\dot{r}_k$ 的表达式。对式(6.45)、(6.46)和(6.41)求导得到

$$\dot{\phi}_k=[1+2C_{us}\cos(2\phi)-2C_{uc}\sin(2\phi)]\dot{\phi}\tag{6.57}$$

$$\dot{r}_k=ae_{\mathrm{s}}\sin E\dot{E}+[2C_{rs}\cos(2\phi)-2C_{rc}\sin(2\phi)]\dot{\phi}\tag{6.58}$$

$$\dot{\phi}=\dot{f}\tag{6.59}$$

对式(6.39)求导可以得到

$$\dot{f}=\frac{\sqrt{1-e_{\mathrm{s}}^2}}{1-e_{\mathrm{s}}\cos E}\dot{E}\tag{6.60}$$

最后计算 $\dot{E}$ 的表达式。对式(6.37)左右同时求导并整理，可以得到

$$\dot{E}=\frac{n_0+\Delta n}{1-e_{\mathrm{s}}\cos E}\tag{6.61}$$

上式的推导过程需要用到 $\dot{M}=n_0+\Delta n$。

将上面的过程倒过来，就是利用星历数据计算卫星速度的步骤，如表 6.2 所示。

表 6.2　利用星历数据计算卫星速度的步骤

步骤	计算量
1	$\dot{E}=\dfrac{n_0+\Delta n}{1-e_{\mathrm{s}}\cos E}$
2	$\dot{\phi}=\dfrac{\sqrt{1-e_{\mathrm{s}}^2}}{1-e_{\mathrm{s}}\cos E}\dot{E}$
3	$\dot{r}_k=ae_{\mathrm{s}}\sin E\dot{E}+(2C_{rs}\cos2\phi-2C_{rc}\sin2\phi)\dot{\phi}$
4	$\dot{\phi}_k=(1+2C_{us}\cos2\phi-2C_{uc}\sin2\phi)\dot{\phi}$
5	$\dot{\Omega}_k=\dot{\Omega}-\omega_{ie}$
6	$\dot{i}_k=2(C_{is}\cos2\phi-C_{ic}\sin2\phi)\dot{\phi}+\mathrm{idot}$
7	$\dot{y}_k=\dot{r}_k\sin\phi_k+r_k\cos\phi_k\dot{\phi}_k$
8	$\dot{x}_k=\dot{r}_k\cos\phi_k-r_k\sin\phi_k\dot{\phi}_k$

续表

步骤	计算量
9	$V_x = \dot{x}_k \cos\Omega_k - \dot{y}_k \cos i_k \sin\Omega_k + y_k \sin i_k \sin\Omega_k \dot{i}_k - E_y \dot{\Omega}_k$
10	$V_y = \dot{x}_k \sin\Omega_k + \dot{y}_k \cos i_k \cos\Omega_k - y_k \sin i_k \cos\Omega_k \dot{i}_k + E_x \dot{\Omega}_k$
11	$V_z = \dot{y}_k \sin i_k + y_k \cos i_k \dot{i}_k$

6.3 北斗 GEO 卫星

北斗 GEO 卫星的运动规律虽然也遵循开普勒定律，但如果采用 6.2 节的公式计算卫星位置，就会遇到一个意料不到的问题，为了理解这个问题产生的根源，可以看看图 6.4 中的两种情况。

图 6.4 示出了两种不同轨道倾角下卫星轨道面和赤道面的相交情况，其中图 6.4（a）是轨道倾角较大的情况，图 6.4（b）是轨道倾角较小的情况。图中的各个标示量的含义和图 6.3 中一样，可以看作图 6.3 的简化版本。赤道面和轨道面的交线在赤道上的两端分别是降交点和升交点，由前面章节可知，升交点赤经 Ω 和近地点角距 ω 都需要依据升交点的位置确定。当轨道倾角 i 继续变小时，恰如图 6.4（b）所示，升交点和降交点的具体位置将逐渐变得模糊，两者的连线也逐渐变成一条模糊带，而不是一条明确的连线；轨道倾角越小则模糊带越大。最极端的情况就是北斗 GEO 卫星，在这种情况下轨道倾角 i 为 0，卫星轨道面和赤道面平行或接近平行，此时升交点和降交点的位置出现奇异性，卫星轨道面和赤道面将不再存在一条明晰的交线。

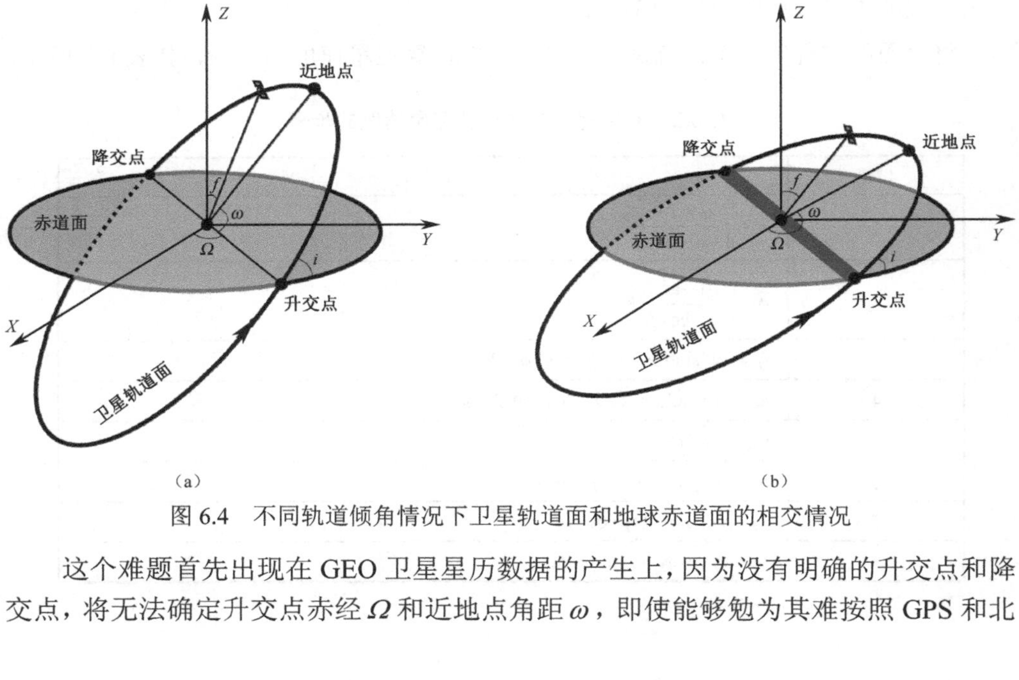

图 6.4 不同轨道倾角情况下卫星轨道面和地球赤道面的相交情况

这个难题首先出现在 GEO 卫星星历数据的产生上，因为没有明确的升交点和降交点，将无法确定升交点赤经 Ω 和近地点角距 ω，即使能够勉为其难按照 GPS 和北斗 MEO/IGSO 卫星的星历格式产生星历数据，也会由于这种轨道面和赤道面之间的几何关系的奇异性而带来很大的卫星位置计算误差。

从 GEO 卫星的问题根源来看，并不是卫星轨道有什么问题，而是在如何表达卫星轨道上出现了问题。更进一步来看，问题的根源是轨道的参考面选择不合理，如果卫星轨道面不和地球赤道面平行，就可以规避这个问题。因此，在产生北斗 GEO 卫星的星历数据时，把 GEO 卫星轨道人为地偏转了一个角度 β，可以认为卫星在这个虚拟的轨道上运行，具体步骤如下：

① 将 ECEF 坐标系绕 Z 轴旋转 $T_{cast}+\omega_{is}(t-t_{oe})$，使得旋转后的 ECEF 坐标系 X 轴指向参考时刻的春分点。

② 将 ECEF 坐标系绕 X 轴旋转 β 角，然后计算新坐标系下的卫星位置。

③ 根据新坐标系下的卫星位置拟合 GEO 卫星的广播星历数据。

以上过程用公式表示即

$$\vec{r}_{k,\mathrm{rot}}=\boldsymbol{R}_x(\beta)\boldsymbol{R}_z[T_{cast}+\omega_{is}(t-t_{oe})]\vec{r}_k \tag{6.62}$$

式中，$\boldsymbol{r}_k$ 是 t 时刻 GEO 卫星在 ECEF 坐标系中的位置向量；$\boldsymbol{r}_{k,\mathrm{rot}}$ 是卫星在经过上述旋转后的坐标系中的位置向量；t_{oe} 是星历拟合时段的参考时刻；ω_{is} 是地球自转角速度，T_{cast} 是参考时刻的格林尼治恒星时。

经过这样操作的广播星历在播发时还需要发送参考时刻的格林尼治恒星时 T_{cast}，显得比原有的 15 个开普勒参数复杂，并且数据格式和原有的星历数据格式不兼容。参考文献[11]提出的简化方法令 $T_{cast}=0$，相当于在上述第一步旋转完成后的新坐标系的 X 轴与参考时刻的 ECEF 坐标系的 X 轴重合，并且实验验证了这样处理对星历拟合的精度没有影响。

卫星轨道面旋转角 β 的选择需要仔细考虑，因为不合理的角度会使得部分星历参数出现拟合精度损失超限的问题，主要是平均角速度的修正项 Δn 和轨道平面倾角变化率 i_{dot}。参考文献[7]分析了轨道面旋转角对于 GEO 卫星广播星历拟合的影响，通过数值仿真计算证实了当 $\beta\geqslant5^\circ$ 时不会出现星历参数的拟合精度损失超限的现象。目前，北斗 GEO 卫星的广播星历就是采用了 $\beta=5^\circ$ 的方案。

在北斗接收机端计算 GEO 卫星位置时，需要针对上述 GEO 卫星轨道旋转的操作做相应的处理，具体表现就是在最后计算卫星位置时需要多乘一个旋转矩阵，所以 GEO 卫星和 MEO/IGSO 卫星的处理稍有不同，其不同之处仅仅在 6.2 节中的第 9 步之后。下面列出计算 GEO 卫星位置向量的详细步骤。

1～9. 和北斗 MEO/IGSO 卫星相同

10. 计算卫星椭圆轨道在归一化时刻的升交点赤经 Ω_k

$$\Omega_k=\Omega_e+\dot{\Omega}t_k-\omega_{ie}t_{oe} \tag{6.63}$$

式(6.63)和式(6.49)相比没有 $-\omega_{ie}t_k$ 项，因为后面还要绕 Z 轴旋转 $-\omega_{ie}t_k$ 角度，所

以这里就可以省去了。

11. 计算卫星在 ECEF 坐标系的坐标

首先，根据前面步骤中计算的 Ω_k 和 i_k 计算卫星的位置。

$$\boldsymbol{P}_{e,rot} = \begin{bmatrix} E_{x,rot} \\ E_{y,rot} \\ E_{z,rot} \end{bmatrix} = R(-\Omega_k)R(-i)\begin{bmatrix} x_k \\ y_k \\ 0 \end{bmatrix} = \begin{bmatrix} x_k\cos\Omega_k - y_k\cos i_k\sin\Omega_k \\ x_k\sin\Omega_k + y_k\cos i_k\cos\Omega_k \\ y_k\sin i_k \end{bmatrix} \tag{6.64}$$

但式(6.64)计算得到的 $P_{e,\mathrm{rot}}$ 是在绕 X 轴旋转了 5° 以后的虚拟 ECEF 坐标系里的位置向量，所以还需要再旋转回来，即

$$\boldsymbol{P}_e = \boldsymbol{R}_z(\omega_{is}t_k)\boldsymbol{R}_x(-5^\circ)\boldsymbol{P}_{e,\mathrm{rot}} \tag{6.65}$$

其中，

$$\boldsymbol{R}_z(\omega_{is}t_k) = \begin{bmatrix} \cos(\omega_{is}t_k) & \sin(\omega_{is}t_k) & 0 \\ -\sin(\omega_{is}t_k) & \cos(\omega_{is}t_k) & 0 \\ 0 & 0 & 1 \end{bmatrix}，\quad \boldsymbol{R}_x(-5^\circ) = \begin{bmatrix} 1 & 0 & 0 \\ 0 & \cos(5^\circ) & -\sin(5^\circ) \\ 0 & \sin(5^\circ) & \cos(5^\circ) \end{bmatrix}，$$

在前面第 10 步中计算 Ω_k 时如果有 $-\omega_{ie}t_k$ 项，则式(6.65)会多一项 $R_z(-\omega_{is}t_k)$。

如果将 $\boldsymbol{R}_z(\omega_{is}t_k)\boldsymbol{R}_x(-5^\circ)$ 记作一个统一的旋转矩阵 $\boldsymbol{\Phi}(t_k)$，即

$$\boldsymbol{\Phi}(t_k) = \boldsymbol{R}_z(\omega_{is}t_k)\boldsymbol{R}_x(-5^\circ) \tag{6.66}$$

则式(6.65)可写为

$$\boldsymbol{P}_e = \boldsymbol{\Phi}(t_k)\boldsymbol{P}_{\mathrm{e,rot}} \tag{6.67}$$

对式(6.67)对时间 t_k 求导，得

$$\boldsymbol{V}_e = \frac{\mathrm{d}\boldsymbol{\Phi}(t_k)}{\mathrm{d}t_k}\boldsymbol{P}_{e,\mathrm{rot}} + \boldsymbol{\Phi}(t_k)\boldsymbol{V}_{e,\mathrm{rot}} \tag{6.68}$$

式(6.68)就是 GEO 卫星的速度计算公式，其中，$V_{e,\mathrm{rot}}$ 按照表 6.2 的步骤计算，注意把其中第 5 步的 $\dot{\Omega}_k = \dot{\Omega} - \omega_{ie}$ 改为 $\dot{\Omega}_k = \dot{\Omega}$，$\dfrac{\mathrm{d}\boldsymbol{\Phi}(t_k)}{\mathrm{d}t_k}$ 就是把 $\boldsymbol{\Phi}(t_k)$ 矩阵中各项对 t_k 求导即可。

将式(6.66)展开，可得

$$\boldsymbol{\Phi}(t_k) = \boldsymbol{R}_z(\omega_{is}t_k)\boldsymbol{R}_x(-5^\circ) = \begin{bmatrix} \cos(\omega_{is}t_k) & \sin(\omega_{is}t_k)\cos(5^\circ) & -\sin(\omega_{is}t_k)\sin(5^\circ) \\ -\sin(\omega_{is}t_k) & \cos(\omega_{is}t_k)\cos(5^\circ) & -\cos(\omega_{is}t_k)\sin(5^\circ) \\ 0 & \sin(5^\circ) & \cos(5^\circ) \end{bmatrix}$$

对上式求导，可得

$$\frac{\mathrm{d}\boldsymbol{\Phi}(t_k)}{\mathrm{d}t_k}=\begin{bmatrix}-\omega_{is}\sin(\omega_{is}t_k) & \omega_{is}\cos(\omega_{is}t_k)\cos(5^\circ) & -\omega_{is}\cos(\omega_{is}t_k)\sin(5^\circ)\\ -\omega_{is}\cos(\omega_{is}t_k) & -\omega_{is}\sin(\omega_{is}t_k)\cos(5^\circ) & \omega_{is}\sin(\omega_{is}t_k)\sin(5^\circ)\\ 0 & 0 & 0\end{bmatrix} \tag{6.69}$$

将式(6.69)代入式(6.68)就可以推导出$\boldsymbol{V}_e$的最终表达式。

上述分析就是北斗 GEO 卫星的广播星历的特殊之处，以及北斗接收机如何利用 GEO 广播星历计算卫星位置和速度的方法和步骤。可以看出，通过旋转轨道的方法规避了 GEO 卫星广播星历拟合过程中的奇异性问题，同时也使 GEO、MEO 和 IGSO 卫星的星历数据格式和内容都统一起来，为北斗卫星广播星历的产生和播放带来很大的方便；但其代价是其中 GEO 卫星位置和速度的计算运算量稍微大一些。

6.4　卫星位置和速度的插值计算

从前两节分析可以看出，用星历数据计算卫星位置和速度是一件相当复杂的任务，需要耗费较长的时间，进行较多的浮点运算，占用处理器较多的资源。这一点在低成本、低精度应用的便携式接收机中体现尤甚。有一些方法可以用来减少运算量，其中之一就是用多项式拟合技术对卫星位置和速度进行估计，从而避开复杂、烦琐的运算。这种方法的基本思想是在一定时间跨度内，只计算起始点、中间点和结束点的卫星参数，而对时间跨度中其余的点则用多项式拟合进行参数估计，如图 6.5 所示。图 6.5 中假设时间跨度为T，起始点的时刻为 0，中间点的时刻为$T/2$，结束点的时刻为T，这三点的卫星参数是通过星历数据计算得到，作为三组已知数据用来确定多项式的系数。一旦多项式系数确定，该时间段以内的其他时刻的卫星参数就可以很容易地用该多项式拟合曲线算出。

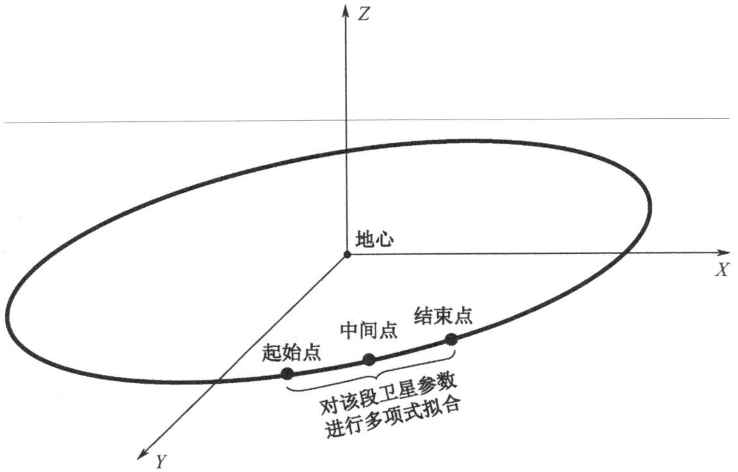

图 6.5　用多项式拟合计算卫星位置和速度

下面对这种近似计算的方法进行简单的合理性分析。如果对式(6.34)对时间求导得到

$$\begin{bmatrix} V_x \\ V_y \end{bmatrix} = \begin{bmatrix} \dot{S}_x \\ \dot{S}_y \end{bmatrix} = \begin{bmatrix} -a\sin E \cdot \dot{E} \\ a\sqrt{1-e^2}\cos E \cdot \dot{E} \end{bmatrix} \tag{6.70}$$

式(6.70)是卫星在无摄轨道内的二维速度分量表达式，显然卫星速度航向角ψ_{SV}可表示为

$$\psi_{\mathrm{SV}} = \arctan\left(\frac{V_x}{V_y}\right) \approx -E \tag{6.71}$$

由式(6.28)可得

$$\dot{E} = \frac{n}{1-e_s\cos E} \approx n \tag{6.72}$$

式(6.72)中的 n 为卫星轨道角速率，对 GPS 卫星和北斗 MEO 卫星来说近似为 1.45×10^{-4} 弧度／秒，对北斗 IGSO/GEO 卫星来说近似为 7.27×10^{-5} 弧度／秒。可见，在 1 min 之内卫星的航向角只偏转了不到 0.5°，可以近似看作直线飞行，由于位置是速度的积分，所以卫星位置的变化也可以认为是近似线性的。

图 6.5 中，假设在起始点、中间点和结束点的时刻分别为 t_1、t_2 和 t_3，则可以定义 $\tau_1 = t_2 - t_1$，$\tau_2 = t_3 - t_1$，一般会选取 $\tau_2 = 2\tau_1 = T$，而 T 叫作时间跨度。

假设在三个时刻(t_1, t_2, t_3)的卫星位置分别为

$$\boldsymbol{P}_1 = \begin{bmatrix} x_1 \\ y_1 \\ z_1 \end{bmatrix}, \boldsymbol{P}_2 = \begin{bmatrix} x_2 \\ y_2 \\ z_2 \end{bmatrix}, \boldsymbol{P}_3 = \begin{bmatrix} x_3 \\ y_3 \\ z_3 \end{bmatrix}$$

于是可以列出方程式

$$\begin{bmatrix} 1 & 0 & 0 \\ 1 & \tau_1 & \tau_1^2 \\ 1 & \tau_2 & \tau_2^2 \end{bmatrix} \begin{bmatrix} a_{1x} & a_{1y} & a_{1z} \\ a_{2x} & a_{2y} & a_{2z} \\ a_{3x} & a_{3y} & a_{3z} \end{bmatrix} = \begin{bmatrix} x_1 & y_1 & z_1 \\ x_2 & y_2 & z_2 \\ x_3 & y_3 & z_3 \end{bmatrix} \tag{6.73}$$

由式(6.73)可以确定系数矩阵

$$\boldsymbol{A} = \begin{bmatrix} a_{1x} & a_{1y} & a_{1z} \\ a_{2x} & a_{2y} & a_{2z} \\ a_{3x} & a_{3y} & a_{3z} \end{bmatrix} = \begin{bmatrix} 1 & 0 & 0 \\ 1 & \tau_1 & \tau_1^2 \\ 1 & \tau_2 & \tau_2^2 \end{bmatrix}^{-1} \begin{bmatrix} x_1 & y_1 & z_1 \\ x_2 & y_2 & z_2 \\ x_3 & y_3 & z_3 \end{bmatrix} \tag{6.74}$$

一旦得到系数矩阵 $\boldsymbol{A}$，则在 $[t_1, t_3]$ 之间的任意感兴趣的时刻 t 的卫星坐标可以由下式求出：

$$\begin{bmatrix} x & y & z \end{bmatrix} = \begin{bmatrix} 1 & (t-t_1) & (t-t_1)^2 \end{bmatrix} \boldsymbol{A} \tag{6.75}$$

将式(6.75)和常规的利用星历数据来计算卫星位置的方法相比较，可以看出，利用多项式拟合的方法能大大地减少运算量。

由于卫星轨道是二阶曲线，所以二阶多项式拟合就能取得理想的结果，这也是为什么只需要选取三个已知时刻的卫星参数就足够的原因。时间跨度 T 的选取必须折中考虑运算开销和拟合精度。T 越大则运算开销越小，但拟合精度就变差。

图 6.6 绘出了 T=20 s 和 T=60 s 的某段时间内通过多项式拟合与通过星历计算的 GPS 卫星位置误差。由图 6.6 可以看出，时间跨度在 20 s 时拟合后的卫星位置和通过星历计算的卫星位置误差为毫米级，当时间跨度为 60 s 时位置误差为分米级，所以对一般的应用来说取时间跨度为 20 s 是个不错的选择。

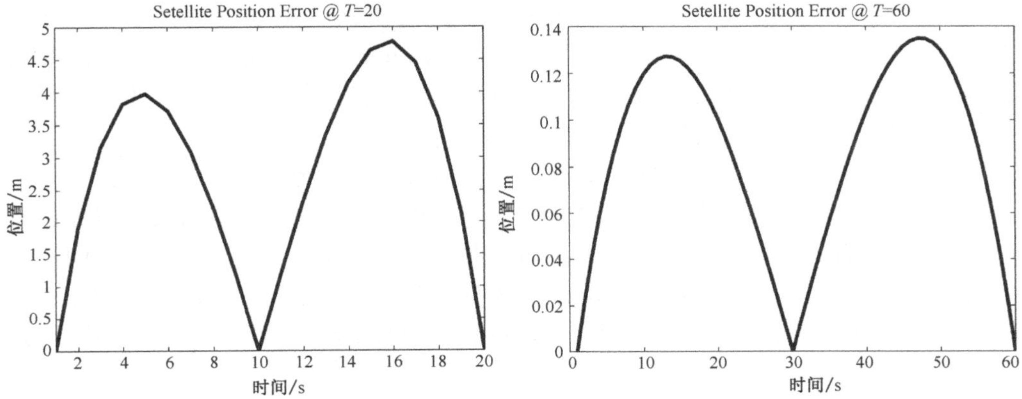

图 6.6　T=20 和 T=60 的多项式拟合计算 GPS 卫星位置的误差

以上是通过二阶曲线拟合的方法，除此之外还可以采取拉格朗日插值法、切比雪夫多项式插值法或线性逐次插值法等，具体方法需要在插值精度和运算复杂度之间衡量决定。

6.5　精密星历和星历扩展

除了 GPS 卫星播发的广播星历数据之外，国际 GNSS 服务组织（International GNSS Service，IGS）还提供精度更高的精密星历。IGS 的前身是国际 GPS 服务组织（International GPS Service，IGS），该组织于 1993 年成立，是一个由遍布全世界 80 多个国家和地区的超过 200 个科研机构组成的国际组织，主要向全球从事卫星导航及相关领域的工程技术人员和研究机构免费提供厘米级精度的 GPS 卫星轨道和时钟数据。IGS 在全球有超过 350 个连续运行的 GPS 和 GLONASS 卫星跟踪监测站，负责把 GPS 和 GLONASS 卫星的伪距和载波相位原始观测量送给 IGS 数据分析中心（ACC）得到三种精密星历：精密星历（IGS Final）、快速精密星历（IGS Rapid）和超快速精密星历（IGS Ultra-Rapid），国际上将其分别简称为 IGS、IGR 和 IGU。

IGS Final 星历的精度是最高的，其轨道位置误差小于 5 cm，卫星时钟误差小于 0.1 ns，更新率是一个星期；但数据延迟较长，为 13 天，即每周的 IGS Final 的数据需要等待两个星期之后才能得到。较长的延时限制了 IGS Final 星历的应用，例如，在需要实时处理或高效率应用的场合。

IGR 星历的数据的精度和 IGS Final 基本一样，即轨道位置误差和卫星时钟误差分别是 5 cm 和 0.1 ns，一般的应用都不会注意到两者在精度上的差别。IGR 的更新率是 1 天，数据延迟是 17 h，即当天的 IGR 星历数据在第二天的 17:00 可以获取，这一点和 IGS Final 相比可以大大提高数据处理的及时性。

IGU 星历的数据分两部分，一部分是即时的卫星星历，另一部分是预测的卫星星历，两部分时长各为 24 h。即时卫星星历需要延时 3 h，轨道位置误差为 5 cm，卫星时钟误差为 0.2 ns。预测卫星星历是基于前 24 h 的卫星星历预测出未来 24 h 的卫星星历，所以非常适合于需要实时处理的应用场合；但代价是误差较大，其卫星位置误差为 10 cm，卫星时钟误差为 5 ns 左右。

和广播星历不同，IGS 的精密星历不是用 15 个开普勒参数表示的，而是通过在一定时间间隔上的卫星坐标来表示的；卫星坐标框架是由国际地球自转组织提供的 ITRF 框架，ITRF 和 GPS 使用的 WGS-84 在概念上有一定差异，但实际上相同站点之间的坐标相差很小。IGS Final、IGR 和 IGU 的时间间隔都是 15 min，在相邻时间间隔之内的卫星坐标可以通过插值或拟合得到。下面以拉格朗日差值法为例讲解如何得到任何时刻的卫星坐标。

假设从 IGS 精密星历得到 N 个时刻的卫星位置 $S(t_i)$，分别位于时刻 t_i，$i=1,\cdots,N$，则在 t 时刻的卫星位置 $S(t)$可以表示为

$$S(t)=\sum_{i=1}^{N}\alpha_i(t)S(t_i) \tag{6.76}$$

其中

$$\alpha_i(t)=\prod_{\substack{j=1\\ i\neq j}}^{N}\frac{t-t_j}{t_i-t_j} \tag{6.77}$$

一般选择 $t\in[t_{1,}\ t_N]$，并使得 t 位于$[t_{1,}\ t_N]$的中间时刻。

如果说精密星历的主要目的是为了提高广播星历的定位精度，那么星历扩展就可以认为是从有效时间范围方面对广播星历的补充。星历扩展（Ephemeris Extension，EE），也被称作长时星历、长期卫星轨道等。它本质上也是一种卫星轨道参数，类似于广播星历；但有效时间比广播星历长得多，一般可以在 1 天、1 个星期、甚至更长时间内均有效，这和广播星历只有 2～4 h 的有效期形成了鲜明的对比。

从卫星导航定位的原理可以看到，成功实现定位解算的基本条件有两个：① 足够数量的伪距观测量；② 作为空间参考点的卫星位置。卫星播发的广播星历被用来计算卫星的位置，但当卫星信号被遮挡或被环境干扰时往往无法顺利解调广播星历。从 GPS 和北斗卫星的电文格式可以看到，整套广播星历数据每 30 s 就重复发送一次，在星历电文中的任何比特出现严重误码的情况下将无法解调广播星历，此时就必须

等待下一个 30 s，所以这种情况出现的后果往往会导致定位时间加大，甚至导致无法定位。同时，由于广播星历的有效期只有 2～4 h，所以一旦接收机工作时间超过了广播星历的有效期，则必须解调新的星历数据。

星历扩展的主要目的是弥补广播星历的有效期过短的缺陷。因为星历扩展的有效期往往是几天或几星期，若接收机在当前时刻得到星历扩展，则在随后的几天或几星期之内均无须再解调星历数据，只需得到足够多的伪距观测量就立刻可以开始进行定位解算。这样可以大大缩短定位时间，提升用户体验。而且一般来说，可靠解调电文数据所需的最低信号强度要远远高于获取伪距观测量所需的最低信号强度，所以星历扩展的使用也可以提高接收机定位灵敏度指标。从上面两个方面来说，星历扩展的使用对于提高接收机的性能指标功不可没。

星历扩展虽然在有效期方面比广播星历更长，但其定位精度不如广播星历，所以星历扩展最初出现在导航型接收机内。专业测绘型接收机一方面工作环境比较良好，大多数是在开放天空无遮挡的作业环境下，不存在无法解调星历数据的问题；另一方面，专业测绘型接收机对定位精度的要求比导航型接收机要高得多。所以，星历扩展在导航型接收机上被更广泛地接受并应用。

星历扩展是随着 A-GPS 架构的产生而出现的。因为星历扩展往往是由第三方机构或组织产生的，所以接收机必须通过适当的通信链路才能得到。A-GPS 的系统架构决定了必须具备通信链路以获取辅助信息，所以具备 A-GPS 功能的接收机天生就具有获得星历扩展功能的物理媒介，尤其是对于偶尔开机的接收机来说更为合适。因为开机时间不长，使得无法连续解调导航电文，而通过通信链路获取星历扩展之后可以在很短时间内就有可能实现定位，一个典型例子是美国 FCC 要求的具有 E911 功能的手机定位。

广播星历是实时星历数据，即通过广播星历计算当前的或未来 2 h 内的卫星位置；而星历扩展可以认为是“将来”的星历数据，通过星历扩展可以计算出未来更长时间跨度内的卫星位置。根据参考文献[13]，星历扩展的产生有三种方法：① 完全通过参考网络获取；② 参考网络获取和接收机自行解调广播星历；③ 只通过自行解调广播星历。第①种方法需要遍布全球的参考网络节点，以便记录 24 h 的 GPS 卫星的广播星历，然后通过一定算法计算出星历扩展，最后通过网络将星历扩展发送给接收机。第③种方法则不需要任何参考网络的参与，完全由接收机自行解调 GPS 卫星的广播星历，然后通过一定算法计算出星历扩展。第②种方法则将第①种和第③种方法结合：当能够解调广播星历时，利用广播星历对星历扩展进行校正或完好性检测，当信号强度不足以解调广播星历的时，则利用星历扩展计算卫星位置。一般来说，第①种方法得到的扩展星历的精度最高，但需要遍布全球的参考网络的支持；第③种方法的精度有限，所得到的扩展星历的有效期也比第①种要短得多，另外一个很大的问题是无法获取全部在轨卫星的扩展星历，因为地球上某个地点的接收机只能接收到在天顶过境的在轨卫星的信号，所以无法解调到空间星座中全部卫星的导航电文；第②种方法结合了第①种和第③种的优点，但对接收机的要求更高一些，不仅需要软硬件资源和参考网络通信，还需要能够通过广播星历对星历扩展进行校正。

值得提出的是，星历扩展的有效期并没有一个明确的界限；这是因为用星历扩展计算卫星位置的精度是随着时间推移而逐渐恶化的，而我们很难说卫星的位置误差超过 10 m 还是 100 m 时就无法使用星历扩展了，这取决于不同应用对于位置精度的误差允许范围。图 6.7 所示是通过一种星历扩展计算得到的卫星位置误差和时钟误差随时间变化的曲线，纵坐标单位为米，横坐标单位为天。其中星历扩展是参考文献[13]根据两个月的星历数据采用某种算法计算得到的。需要注意的是，图 6.7 中的曲线仅仅是为了说明星历扩展误差随时间变化的趋势，其中的具体数值并无太大意义，因为不同算法得到的星历扩展会给出不同数值的误差曲线，即使是同样的星历扩展算法在不同时间跨度的卫星数据基础上得到星历扩展的误差曲线也会各不相同。

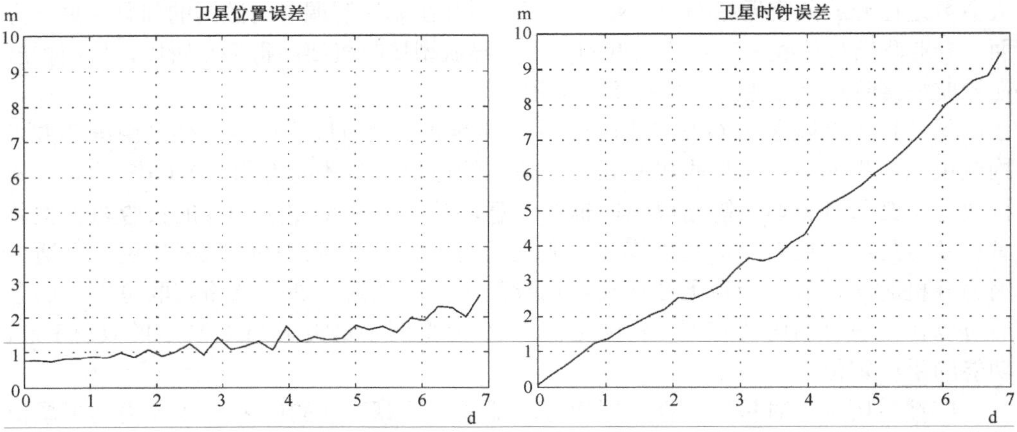

图 6.7 通过一种星历扩展计算的卫星位置误差和卫星时钟误差

关于如何计算星历扩展有很多方法，但可以归纳为两大类。第一种方法是通过建立卫星动力学方程，除了无摄轨道的引力项以外，还把各摄动项也考虑进卫星的受力情况中，即卫星运动轨迹受下式影响 ：

$$\ddot{\boldsymbol{r}} = -\frac{\mu}{r^2}\frac{\boldsymbol{r}}{r} + \boldsymbol{a}_{\text{earth}} + \boldsymbol{a}_{\text{sun}} + \boldsymbol{a}_{\text{moon}} + \boldsymbol{a}_{\text{solar}} + \boldsymbol{a}_{\text{tide}} + \boldsymbol{a}_{\text{atm}} + \boldsymbol{a}_{\text{other}} \tag{6.78}$$

式中，$\boldsymbol{a}_{\text{earth}}$ 表示地球不规则形状引起的摄动力；$\boldsymbol{a}_{\text{sun}}$ 表示太阳引力；$\boldsymbol{a}_{\text{moon}}$ 表示月亮引力；$\boldsymbol{a}_{\text{solar}}$ 表示太阳光压作用力；$\boldsymbol{a}_{\text{tide}}$ 表示潮汐作用力；$\boldsymbol{a}_{\text{atm}}$ 表示大气拖曳效应；$\boldsymbol{a}_{\text{other}}$ 表示其他作用力。

这种方法首先建立卫星受摄轨道模型，主要是建立上述各摄动力模型，然后根据一段时间内的卫星位置和速度信息对各摄动力模型进行求解，得到各摄动力随时间和 $\boldsymbol{r}$ 变化的函数关系。从式(6.78)可以看到，除了地球引力之外，卫星受诸多摄动力影响，其中地球不规则形状（非标准球体）$\boldsymbol{a}_{\text{earth}}$ 引起的摄动力最大，其他各项摄

动力虽然没有 $\boldsymbol{a}_{\text{earth}}$ 那么大，但长期效应不能忽视。进一步的理论分析表明，由于摄动力的影响导致卫星升交点在赤道上逐渐向西移动，轨道近地点也在不断移动，卫星的角速度也缓慢增大，这些摄动力有些可以建立精确的数学模型，有些却只有相对准确的经验公式。

在得到各摄动力模型的基础上，可以从参考时刻对未来某时刻内的各个摄动力项进行积分，从而得到未来某时刻的卫星位置和速度结果：

$$\boldsymbol{r}(t_r)=\boldsymbol{r}(0)+\int_{t_0}^{t_r}\left[\dot{\boldsymbol{r}}(t)+\int_{t_0}^{t}a[t,\boldsymbol{r}(\tau)]\mathrm{d}\tau\right]\mathrm{d}t \tag{6.79}$$

其中 $a[t,\boldsymbol{r}(\tau)]$ 是式(6.78)中等号右边卫星所受作用力的总和，$a[t,\boldsymbol{r}(\tau)]$ 表明该项是时间和卫星位置的函数。可见整个过程非常繁杂，所需运算量也很大，一般需要较强处理能力的 CPU 才能完成。采用这种方法的代表例子包括美国 JPL 实验室的 GIPSY 软件，美国航空航天局的 GEODYN 软件和 Van Martin Systems 公司的 Micro-Cosm 软件等。

第二种方法并不需要建立式(6.79)所示的卫星动力学方程，而是继续采用广播星历的数据格式，即开普勒参数 $\boldsymbol{X}$=($\sqrt{a}$, e_s , ω , M_0 , Ω_e , i_0 , $\dot{\Omega}$, Δn , i_{dot}, C_{uc} , C_{us} , C_{rc} , C_{rs} , C_{ic} , C_{is})来表示卫星轨道，把卫星位置表示为开普勒参数和时间的函数，即

$$\boldsymbol{r}(t)=\boldsymbol{f}(t,\sqrt{a},e_s,\omega,M_0,\Omega_0,i_0,\dot{\Omega},\Delta n,i_{\text{dot}},C_{us},C_{uc},C_{rs},C_{rc},C_{is},C_{ic}) \tag{6.80}$$

在某时段内由已知的卫星位置量，可以根据初始的开普勒参数 X_0 计算出不同历元卫星位置 $\hat{r}(t)$，则可以计算出卫星位置残差矢量：

$$\Delta\boldsymbol{r}(t)=\tilde{\boldsymbol{r}}(t)-\hat{\boldsymbol{r}}(t)\approx\sum_{i=1}^{M}\frac{\partial\boldsymbol{f}}{\partial x_i}\Delta x_i+\text{h.o.t.}(\text{高阶段}) \tag{6.81}$$

式(6.81)是将位置残差量进行了泰勒级数展开，其中只给出了一阶近似，x_i 是各开普勒参数项，M 是开普勒参数自变量的个数。由式(6.81)的一段时间历元内的卫星位置残差结果 $\Delta\boldsymbol{r}(t)$，则可以利用最小二乘法得到对初始的开普勒参数的修正量，从而得到星历扩展数据，过程如式(6.82)和式(6.83)所示：

$$\Delta\boldsymbol{x}=(\boldsymbol{B}^{\mathrm{T}}\boldsymbol{B})^{-1}\boldsymbol{B}^{\mathrm{T}}\Delta\boldsymbol{r}(t) \tag{6.82}$$

$$\boldsymbol{X}=\boldsymbol{X}_0+\Delta\boldsymbol{x} \tag{6.83}$$

其中，$\boldsymbol{B}$ 为不同历元时 $\boldsymbol{f}(t,X)$ 对开普勒参数项的偏导系数矩阵。注意：$\boldsymbol{f}(t,X)$ 结果是一个三维向量，分别表示 X 轴、Y 轴和 Z 轴的卫星位置坐标，所以一个历元的 $\boldsymbol{f}(t,X)$ 可以提供 3 个系数向量，$\boldsymbol{B}$ 的表达式如下：

$$\boldsymbol{B}=\begin{bmatrix}\left.\dfrac{\partial\boldsymbol{f}(t_0,X)}{\partial x_1}\right|_{X=X_0} & \cdots & \left.\dfrac{\partial\boldsymbol{f}(t_0,X)}{\partial x_M}\right|_{X=X_0}\\ \vdots & & \vdots\\ \left.\dfrac{\partial\boldsymbol{f}(t_N,X)}{\partial x_1}\right|_{X=X_0} & \cdots & \left.\dfrac{\partial\boldsymbol{f}(t_N,X)}{\partial x_M}\right|_{X=X_0}\end{bmatrix} \tag{6.84}$$

式(6.84)中的 M 表示开普勒参数自变量的个数，可以是 15 个，也可以省略一些影响不明显的扰动参数；N 是历元数目。根据以上分析，式(6.84)中的 $\boldsymbol{B}$ 将是一个 $3N\times M$ 的矩阵。当然这里仅仅是说明了产生星历扩展的基本原理，实际上需要考虑的因素很多，感兴趣的读者可以进一步阅读与此相关的文献或专利。

卫星位置残差矢量可以通过给定一套初始的卫星轨道参数 X_0，然后基于 X_0 计算不同历元卫星位置，参考卫星位置可以选取由广播星历计算出的卫星位置，也可以选取由 IGS 精密星历提供的卫星星历。采用 IGS 精密星历得到参考卫星位置的优势在于卫星位置的精度很高，但目前只能对于 GPS 卫星采取这种方案；因为北斗卫星的精密星历尚没有正式而可靠的供应渠道，同时这种方案需要保持互联网连接。采用广播星历的方案需要遍布全球的参考站，这样才能保证解调下来全部 GPS 和北斗卫星的全周期内的广播星历。参考文献[13]表明：采用这种方案，7 天内的卫星位置误差为几米的数量级，而由此计算的伪距观测量误差在 10 m 以内。

参考文献

[1] Navstar GPS Space Segment/Navigation User Interfaces, IS-GPS-200G, September 5, 2012.

[2] 中国卫星导航系统管理办公室. 北斗卫星导航系统空间信号接口控制文件（公开服务信号）2.0 版. 2013 年 12 月.

[3] Tsui,James Bao-Yen, Fundamentals of Global Positioning Receivers: A Software Apporach, 2nd Edition, John Wiley& Sons 2008.

[4] Pratap Misra, Per Enge, 全球定位系统——信号、测量和性能，第二版，电子工业出版社，2008.4.

[5] 高玉东，郗晓宁，王威. GEO 导航星广播星历拟合改进算法设计. 国防科技大学学报，2007，29(5):18-22.

[6] 阮仁桂，贾小林，吴显兵，等. 关于坐标旋转法进行地区静止轨道导航卫星广播星历拟合的探讨. 测绘学报，2011，40:145-150.

[7] 崔先强，杨元喜，吴显兵. 轨道面旋转对 GEO 卫星广播星历参数拟合的影响. 宇航学报，2012，33(5)：590-596.

[8] 何峰，王刚，刘利，陈刘成，等. 地球静止轨道卫星广播星历参数拟合与试验分析. 测绘学报，2011，40(5).

[9] 刘光明，廖瑛，文援兰，朱利伟. 导航卫星广播星历参数拟合算法研究. 国防科技大学学报，2008，30（3）.

[10] 陈刘成，唐波. 参考系选择对 Kepler 广播星历参数拟合精度的影响. 飞行器测控学报，2006，25（4）：19-25.

[11] GuoChang Xu , GPS:Theory, Algorithms and Applications, 2nd Edition, Springer 2010.

[12] Frank Van Diggelen, “A-GPS : Assisted GPS,GNSS, and SBAS”, Artech House ,2009.

[13] Spiker, J. , GPS Signal Structure and Theoretical Performance, Chap.3 of Global Positioning System: Theory and Applications, Vol.I , B.Parkinson, J.Spiker, P.Axelrad, and P.Enge., 1996.
[14] 张守信. GPS 卫星测量定位理论与应用. 北京：国防科技大学出版社，1996.
[15] 许其凤. 空间大地测量学——卫星导航与精密定位. 北京：解放军出版社，2001.
[16] He-Sheng Wang, GPS Ephemeris Extension Using Method of Averaging, Recent Patents on Space Technology, 2012, Volume 2, No. 2.
[17] David L.M. Warren and John F. Raquet,Broadcast vs Precise GPS Ephemerides: A Historical Perspective, Proceedings of the 2002 National Technical Meeting of The Institute of Navigation,January 28 - 30, 2002, San Diego, CA.
[18] Jan Kouba, Geodetic Survey Division (2009) , A guide to using international GNSS service (IGS) products http://acc.igs.org/UsingIGSProductsVer21.pdf.
[19] IGS 中心机构网站：http://www.igs.org/components/prods.html.
[20] 李征航，黄劲松. GPS 测量与数据处理. 武汉：武汉大学出版社，2005.
[21] Jason Zhang, Kefei Zhang, Ron Grenfell, Rod Deakin , GPS Satellite Velocity and Acceleration Determination using the Broadcast Ephemeris, Journal of Navigation,Volume 59 / Issue 02, May 2006, pp 293-305.
[22] 何仕强，吴斌，陈俊平. 利用 IGS 星历预报 GPS 卫星轨道. 中国科学院上海天文台年刊，2011, (32).
[23] Seppänen M, Perälä T, Piché R. Autonomous satellite orbit prediction[J]. 2011.
[24] Lionel Garin, Ephemeris Extension Method For GNSS Applications, U.S. Patent 8,274,430 B2, Sep. 25, 2012.
[25] P. Mcburney, Shahram. I'Qezaei, Long Term Compact Satellite Models, U.S. Patent 2011/0234456 A1,Sep. 29, 2011.
[26] 程义军. 基于 IGS 精密星历的 GPS 卫星轨道分析. 武汉大学硕士论文，2005.
[27] van Diggelen, F., C. Abraham, and J. LaMance, Method and Apparatus for Generating and Distributing Satellite Tracking Information in a Compact Format, U.S. Patent 6,651,000, July 25, 2001.
[28] C-T. Weng, Y-C. Chien, C-L. Fu, W-G. Yau, Y.J. Tsai, A Broadcast Ephemeris Extension Method for Standalone Mobile Apparatus, Proceedings of the 22nd International Technical Meeting of The Satellite Division of the Institute of Navigation (ION GNSS 2009), September 22-25, 2009.

第 7 章

位置、速度和时间解算

本章要点

- 最小二乘法解算
- 卡尔曼滤波解算
- 最小二乘法和卡尔曼滤波总结

在本章中，将针对第 5 章提出的伪距、载波相位和多普勒观测量详细讲解如何利用这些观测量来计算接收机的位置、速度和时间偏差。本章主要分为两大部分：第一部分是如何利用最小二乘法来计算用户的位置、速度和钟差，由于这三项的英文单词分别为 Position、Velocity 和 Time，所以一般把这个计算过程简称为 PVT 解算；第二部分讲解如何利用卡尔曼滤波的方法来进行 PVT 解算。最小二乘法作为常规的解算方法，在现实和理论上都有着重要意义，也是理解后面卡尔曼滤波的基础。在用最小二乘法完成了 PVT 解算以后，就可以计算几何精度因子和卫星的仰角辐角等一些接收机内很重要的信息，将这部分内容和最小二乘法放在一起讲解，会使读者对接收机内部的导航算法有一个整体的概念，也比较容易理解和接受。卡尔曼滤波的方法虽理解起来难度相对比较大，对读者在信号估值理论和自适应滤波理论等方面的背景知识要求较高，但它是现代接收机设计必不可少的一部分，所以第二部分用了较大的篇幅来讲解，尽量使读者在理解了最小二乘法原理的基础上能接受并真正理解卡尔曼滤波方法。但由于本书毕竟不是专门讲解信号估值理论和自适应滤波理论的著作，对相关理论无法面面俱到，所以有兴趣进一步深刻理解的读者可以阅读这方面的其他专业书籍和文献。

本章将结合北斗和 GPS 双模观测量的数学模型，分析双模联合定位的算法原理，并和单模定位算法进行对比，分析双模联合定位的性能优势和由此带来的问题。针对双模观测量的特点，最小二乘法和卡尔曼滤波方法均需要进行相应的调整。由于单模和双模观测量同时共存，所以在实际的北斗／GPS 双模接收机实现中需要考虑兼容单模和双模观测量的定位算法。

本章的内容涵盖了一部分随机过程和状态参数估计的知识，考虑到读者的背景不同，所以本着由浅入深、循序渐进的原则，在深入讲述定位算法之前先讲述一些有关参数估计和随机过程的基本知识，使没有这方面背景知识的读者也可以大致理解本章的内容。感兴趣并想进一步深入理解的读者，可以参阅有关状态参数估计和信号估值理论的书籍。

7.1 最小二乘法解算

7.1.1 基本原理

考虑包含噪声的状态观测方程如下：

$$\boldsymbol{Y} = \boldsymbol{A}\boldsymbol{x} + \boldsymbol{n} \tag{7.1}$$

式中，$\boldsymbol{x}$ 是我们需要估计的系统状态量。$\boldsymbol{x} \in \mathbb{R}^k$，这里 $\mathbb{R}^k$ 表示 k 维向量空间，k 是系统状态变量的数目。我们没有办法直接观测到 $\boldsymbol{x}$，但可以观测到 $\boldsymbol{Y}$，用 $\tilde{\boldsymbol{Y}}$ 来表示实际观测量。$\boldsymbol{A}$ 是系统观测矩阵，它反映了从状态量到观测量的转换关系。具体来说，$\boldsymbol{A}$ 的每一个行向量将状态变量转换到一个观测量。观测量中不可避免地会包含有噪声，式(7.1)中用 $\boldsymbol{n}$ 表示观测量中的噪声向量。假设我们能得到 m 个观测量，则 $\boldsymbol{Y}$ 和 $\boldsymbol{n}$ 是一个 $m\times1$ 的矩阵（向量），$\boldsymbol{A}$ 是一个 $m\times k$ 的矩阵。

现在的问题是如何由观测量 $\tilde{\boldsymbol{Y}}$ 以一种最优化的方法估计出 $\boldsymbol{x}$？这个问题本身其实也提出了另一个问题，即如何定义“最优化”？

假设对状态 $\boldsymbol{x}$ 的估计值为 $\hat{\boldsymbol{x}}$，则可以定义代价函数 $J(\hat{\boldsymbol{x}})$ 如下：

$$J(\hat{\boldsymbol{x}})=(\tilde{\boldsymbol{Y}}-\boldsymbol{A}\hat{\boldsymbol{x}})^{\mathrm{T}}(\tilde{\boldsymbol{Y}}-\boldsymbol{A}\hat{\boldsymbol{x}}) \tag{7.2}$$

式(7.2)中代价函数 $J(\hat{\boldsymbol{x}})$ 的含义可以进行如下的理解：前面说过，$\boldsymbol{A}$ 的每一行将状态变量转换到一个观测量，因为 $\hat{\boldsymbol{x}}$ 是对系统状态量的一个估计，所以 $\boldsymbol{A}$ 的每一行将 $\hat{\boldsymbol{x}}$ 转换到一个观测量的估计值。如果实际观测量 $\tilde{\boldsymbol{Y}}=[\tilde{y}_1,\tilde{y}_2,\cdots,\tilde{y}_m]^{\mathrm{T}}$，那么，$\boldsymbol{A}\hat{\boldsymbol{x}}=[\hat{y}_1,\hat{y}_2,\cdots,\hat{y}_m]^{\mathrm{T}}$。显然，$\boldsymbol{A}\hat{\boldsymbol{x}}$ 就是对式(7.1)中 $\boldsymbol{Y}$ 的估计值，$(\tilde{\boldsymbol{Y}}-\boldsymbol{A}\hat{\boldsymbol{x}})$ 是实际观测量和估计观测量之间的差，于是 $J(\hat{\boldsymbol{x}})$ 是 $(\tilde{\boldsymbol{Y}}-\boldsymbol{A}\hat{\boldsymbol{x}})$ 的 2-范数的平方。显然 $J(\hat{\boldsymbol{x}})$ 是 $\hat{\boldsymbol{x}}$ 的一个二次型，衡量了实测观测量和估计观测量之间的差别，当 $(\tilde{\boldsymbol{Y}}-\boldsymbol{A}\hat{\boldsymbol{x}})$ 为 $\boldsymbol{0}$ 向量时 $J(\hat{\boldsymbol{x}})=0$，表示此时实现了对 $\boldsymbol{x}$ 的完美估计。有了代价函数的定义，我们将能够使代价函数最小化的 $\hat{\boldsymbol{x}}$ 叫作“最优的”。从这个意义来说，这也是最小二乘法（Least Square）的名字由来。

将式(7.2)展开得到：

$$\begin{aligned}J(\hat{\boldsymbol{x}})&=\tilde{\boldsymbol{Y}}^{\mathrm{T}}\tilde{\boldsymbol{Y}}-\hat{\boldsymbol{x}}^{\mathrm{T}}\boldsymbol{A}^{\mathrm{T}}\tilde{\boldsymbol{Y}}-\tilde{\boldsymbol{Y}}^{\mathrm{T}}\boldsymbol{A}\hat{\boldsymbol{x}}+\hat{\boldsymbol{x}}^{\mathrm{T}}\boldsymbol{A}^{\mathrm{T}}\boldsymbol{A}\hat{\boldsymbol{x}}\\&=\tilde{\boldsymbol{Y}}^{\mathrm{T}}\tilde{\boldsymbol{Y}}-2\tilde{\boldsymbol{Y}}^{\mathrm{T}}\boldsymbol{A}\hat{\boldsymbol{x}}+\hat{\boldsymbol{x}}^{\mathrm{T}}\boldsymbol{A}^{\mathrm{T}}\boldsymbol{A}\hat{\boldsymbol{x}}\end{aligned} \tag{7.3}$$

式(7.3)中第二步是因为 $\hat{\boldsymbol{x}}^{\mathrm{T}}\boldsymbol{A}^{\mathrm{T}}\tilde{\boldsymbol{Y}}$ 和 $\tilde{\boldsymbol{Y}}^{\mathrm{T}}\boldsymbol{A}\hat{\boldsymbol{x}}$ 同为标量，而且二者相等。

将式(7.3)对 $\hat{\boldsymbol{x}}$ 求导。根据附录 A 中对向量求导的定义，可以得到

$$\frac{\partial J(\hat{\boldsymbol{x}})}{\partial\hat{\boldsymbol{x}}}=-2\boldsymbol{A}^{\mathrm{T}}\tilde{\boldsymbol{Y}}+2\boldsymbol{A}^{\mathrm{T}}\boldsymbol{A}\hat{\boldsymbol{x}} \tag{7.4}$$

读者可以参看附录 A 第 A.5 节中标量函数对向量求导的定义自行推导出上式。$J(\hat{\boldsymbol{x}})$ 极值点在 $\frac{\partial J(\hat{\boldsymbol{x}})}{\partial\hat{\boldsymbol{x}}}=0$ 时得到，即

$$-\boldsymbol{A}^{\mathrm{T}}\tilde{\boldsymbol{Y}}+\boldsymbol{A}^{\mathrm{T}}\boldsymbol{A}\hat{\boldsymbol{x}}=0 \tag{7.5}$$

解方程(7.5)可以得到

$$\hat{\boldsymbol{x}}=(\boldsymbol{A}^{\mathrm{T}}\boldsymbol{A})^{-1}\boldsymbol{A}^{\mathrm{T}}\tilde{\boldsymbol{Y}} \tag{7.6}$$

由于 $\frac{\partial^2 J(\hat{\boldsymbol{x}})}{\partial\hat{\boldsymbol{x}}^2}=2\boldsymbol{A}^{\mathrm{T}}\boldsymbol{A}$ 是正定矩阵，所以此时 $J(\hat{\boldsymbol{x}})$ 必定取到最小值。式(7.6)就是对状态参量 $\boldsymbol{x}$ 的最小二乘估计，简称 LS 估计或 LS 解。

需要注意的是，式(7.6)给出的最小二乘解只有在矩阵 $(\boldsymbol{A}^{\mathrm{T}}\boldsymbol{A})$ 可逆的情况下才可行。这就意味着，$\boldsymbol{A}$ 的 m 个行向量中至少有 k 个是线性无关的，即 $\mathrm{rank}(\boldsymbol{A})=k$，这里 rank($\boldsymbol{A}$)意为 $\boldsymbol{A}$ 矩阵的秩，也就是 $\boldsymbol{A}$ 矩阵中的行向量或列向量的极大线性无关组的向量个数。一般应用中，往往有 $m>k$，所以这个条件可以满足；如果 $m<k$，则

式(7.1)中的观测量数目小于系统状态变量的数目，此时式(7.1)是不定方程（或欠定方程），无法使用最小二乘解。

在对 $\boldsymbol{x}$ 的估计为 $\hat{\boldsymbol{x}}$ 的条件下，可以定义状态量的估计误差 $\delta\boldsymbol{x}$ 为

$$\delta\boldsymbol{x} = \boldsymbol{x} - \hat{\boldsymbol{x}} \tag{7.7}$$

将式(7.6)带入式(7.7)就得到

$$\begin{aligned}\delta\boldsymbol{x} &= \boldsymbol{x} - (\boldsymbol{A}^{\mathrm{T}}\boldsymbol{A})^{-1}\boldsymbol{A}^{\mathrm{T}}\tilde{\boldsymbol{Y}} \\ &= \boldsymbol{x} - (\boldsymbol{A}^{\mathrm{T}}\boldsymbol{A})^{-1}\boldsymbol{A}^{\mathrm{T}}(\boldsymbol{A}\boldsymbol{x} + \boldsymbol{n}) \\ &= \boldsymbol{x} - \boldsymbol{x} - (\boldsymbol{A}^{\mathrm{T}}\boldsymbol{A})^{-1}\boldsymbol{A}^{\mathrm{T}}\boldsymbol{n} \\ &= -(\boldsymbol{A}^{\mathrm{T}}\boldsymbol{A})^{-1}\boldsymbol{A}^{\mathrm{T}}\boldsymbol{n}\end{aligned} \tag{7.8}$$

从式(7.8)可以看出，此时系统状态矢量的估计误差 $\delta\boldsymbol{x}$ 和系统状态量无关，而只受观测噪声矢量 $\boldsymbol{n}$ 的影响。

如果噪声向量 $\boldsymbol{n}$ 的均值为 $\boldsymbol{0}$，即 $E\{\boldsymbol{n}\} = \boldsymbol{0}$，则

$$E\{\delta\boldsymbol{x}\} = -(\boldsymbol{A}^{\mathrm{T}}\boldsymbol{A})^{-1}\boldsymbol{A}^{\mathrm{T}}E\{\boldsymbol{n}\} = \boldsymbol{0} \tag{7.9}$$

式(7.9)说明 LS 估计值为无偏估计。

根据式(7.8)可以计算 $\delta\boldsymbol{x}$ 的协方差矩阵：

$$\begin{aligned}\mathrm{var}(\delta\boldsymbol{x}) &= E\{(\delta\boldsymbol{x})(\delta\boldsymbol{x})^{\mathrm{T}}\} \\ &= (\boldsymbol{A}^{\mathrm{T}}\boldsymbol{A})^{-1}\boldsymbol{A}^{\mathrm{T}}E\{\boldsymbol{n}\boldsymbol{n}^{\mathrm{T}}\}\boldsymbol{A}(\boldsymbol{A}^{\mathrm{T}}\boldsymbol{A})^{-1} \\ &= (\boldsymbol{A}^{\mathrm{T}}\boldsymbol{A})^{-1}\boldsymbol{A}^{\mathrm{T}}\boldsymbol{R}\boldsymbol{A}(\boldsymbol{A}^{\mathrm{T}}\boldsymbol{A})^{-1}\end{aligned} \tag{7.10}$$

其中，$\boldsymbol{R} = E\{\boldsymbol{n}\boldsymbol{n}^{\mathrm{T}}\}$ 是 $\boldsymbol{n}$ 的协方差矩阵。很显然，$\boldsymbol{R}$ 是正定的。更进一步，在 $\boldsymbol{n}$ 各个噪声量互不相关的情况下，$\boldsymbol{R}$ 是对角矩阵，即 $\boldsymbol{R} = \mathrm{diag}\{\sigma_1, \sigma_2, \cdots, \sigma_m\}$。

以上分析是从代价函数的定义出发，从代价函数的极值点得到最小二乘解的推导。下面将从线性空间的角度出发来讨论最小二乘解的意义。

将系统观测矩阵 $\boldsymbol{A}$ 写成列向量的形式，即

$$\boldsymbol{A} = [\boldsymbol{a}_1, \boldsymbol{a}_2, \cdots, \boldsymbol{a}_k]$$

将 $\boldsymbol{A}$ 的列向量所组成的线性空间记作 $S(\boldsymbol{A})$。

对任一个状态量的估计 $\hat{\boldsymbol{x}}$ 来说，$\boldsymbol{A}\hat{\boldsymbol{x}}$ 可以看作 $S(\boldsymbol{A})$ 中的一个矢量，因为

$$\boldsymbol{A}\hat{\boldsymbol{x}} = \sum_{i=1}^{k}\boldsymbol{a}_{\mathrm{i}}x_i \tag{7.11}$$

即 $\boldsymbol{A}\hat{\boldsymbol{x}}$ 可以用 $\boldsymbol{A}$ 的列向量的线性组合来表示。

于是观测量 $\tilde{\boldsymbol{Y}}$ 和 $\boldsymbol{A}\hat{\boldsymbol{x}}$ 的线性空间距离是

$$D(\tilde{\boldsymbol{Y}}, \boldsymbol{A}\hat{\boldsymbol{x}}) = \|\tilde{\boldsymbol{Y}} - \boldsymbol{A}\hat{\boldsymbol{x}}\| \tag{7.12}$$

如果对任意两个矢量 $\boldsymbol{s}_1$ 和 $\boldsymbol{s}_2$，定义其空间距离 $\|\boldsymbol{s}_1 - \boldsymbol{s}_2\| = (\boldsymbol{s}_1 - \boldsymbol{s}_2)^{\mathrm{T}}(\boldsymbol{s}_1 - \boldsymbol{s}_2)$，则从式(7.12)可以看出，$D(\tilde{\boldsymbol{Y}}, \boldsymbol{A}\hat{\boldsymbol{x}})$ 其实就是前面定义的代价函数 $J(\hat{\boldsymbol{x}})$。

从直观的角度考虑，当 $\boldsymbol{A}\hat{\boldsymbol{x}}$ 是 $\tilde{\boldsymbol{Y}}$ 在 $S(\boldsymbol{A})$ 上的投影时，$D(\tilde{\boldsymbol{Y}}, \boldsymbol{A}\hat{\boldsymbol{x}})$ 取到最小值，因为此时 $(\tilde{\boldsymbol{Y}} - \boldsymbol{A}\hat{\boldsymbol{x}})$ 和 $S(\boldsymbol{A})$ 垂直，而 $\hat{\boldsymbol{x}}$ 就是对 $\boldsymbol{x}$ 的最小二乘估计。

用一个简单的例子来说明。考虑 $\boldsymbol{x}=[x_1,x_2]^{\mathrm{T}}\in\mathbb{R}^2$，$\tilde{\boldsymbol{Y}}=[\tilde{y}_1,\tilde{y}_2,\tilde{y}_3]^{\mathrm{T}}\in\mathbb{R}^3$，$\boldsymbol{A}=[\boldsymbol{a}_1\ \ \boldsymbol{a}_2]$，其中 $\boldsymbol{a}_1,\boldsymbol{a}_2\in\mathbb{R}^3$，则可以将状态观测量方程写成

$$\begin{bmatrix}\tilde{y}_1\\ \tilde{y}_2\\ \tilde{y}_3\end{bmatrix}=\boldsymbol{A}\boldsymbol{x}=[\boldsymbol{a}_1\quad \boldsymbol{a}_2]\begin{bmatrix}x_1\\ x_2\end{bmatrix} \tag{7.13}$$

此时假设 $(\boldsymbol{a}_1,\boldsymbol{a}_2)$ 组成一个二维平面，则当 $\boldsymbol{A}\hat{\boldsymbol{x}}$ 正好是 $\tilde{\boldsymbol{Y}}$ 在这个二维平面上的投影时，$\hat{\boldsymbol{x}}$ 就是对 $\boldsymbol{x}$ 的最小二乘估计。对于其他任意的 $\boldsymbol{x}^*$ 所得到的 $\boldsymbol{A}\boldsymbol{x}^*$ 都会有

$$\|\tilde{\boldsymbol{Y}}-\boldsymbol{A}\boldsymbol{x}^*\|>\|\tilde{\boldsymbol{Y}}-\boldsymbol{A}\hat{\boldsymbol{x}}\| \tag{7.14}$$

式(7.14)所示的性质可以用图 7.1 直观地表示。

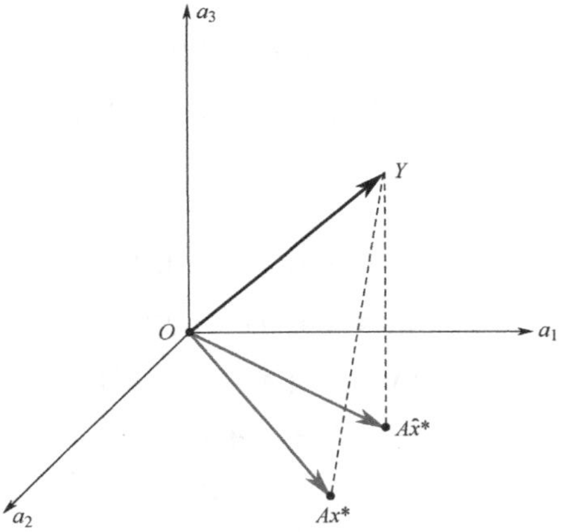

图 7.1　从线性空间的角度理解最小二乘法

7.1.2　加权的最小二乘法

在提取观测量 $\tilde{\boldsymbol{Y}}$ 时，不可避免地包含有噪声，于是有的观测量的可信度就要高一些，而有的观测量的可信度就要低一些。在利用最小二乘法对状态参量进行估值时，就理所当然地要尽量多地采用可信度高的观测量，而尽量少地采用可信度低的观测量。于是就对观测量引入了权重的概念。此时所得到的改进的最小二乘法被称作加权的最小二乘法（Weighted Least Square），简称 WLS 方法。

加权最小二乘法和常规最小二乘法相比，不同之处首先体现在对代价函数的改变，即

$$J(\hat{\boldsymbol{x}})=(\tilde{\boldsymbol{Y}}-\boldsymbol{A}\hat{\boldsymbol{x}})^{\mathrm{T}}\boldsymbol{W}(\tilde{\boldsymbol{Y}}-\boldsymbol{A}\hat{\boldsymbol{x}}) \tag{7.15}$$

其中，

$$\boldsymbol{W}=\begin{bmatrix}w_1 & 0 & \cdots & 0\\ 0 & w_2 & \cdots & 0\\ \vdots & \vdots & \ddots & 0\\ 0 & 0 & 0 & w_m\end{bmatrix}$$

被称作加权矩阵，它是一个$m\times m$的对角矩阵，其中每一条对角线上的元素都对应于每一个观测量的权重。当$w_i = w_j, \forall i, j \in [1,m]$时，WLS方法就退化成常规LS方法。

依然遵循7.1.1节中推导$J(\hat{x})$极值点的方法，首先对式(7.15)展开，得到

$$J(\hat{\boldsymbol{x}}) = \tilde{\boldsymbol{Y}}^{\mathrm{T}}\boldsymbol{W}\tilde{\boldsymbol{Y}} - 2\tilde{\boldsymbol{Y}}^{\mathrm{T}}\boldsymbol{W}\boldsymbol{A}\hat{\boldsymbol{x}} + \hat{\boldsymbol{x}}^{\mathrm{T}}\boldsymbol{A}^{\mathrm{T}}\boldsymbol{W}\boldsymbol{A}\hat{\boldsymbol{x}} \tag{7.16}$$

将式(7.16)对$\hat{\boldsymbol{x}}$求导，则根据附录A中对向量求导的定义，可以得到

$$\frac{\partial J(\hat{\boldsymbol{x}})}{\partial \hat{\boldsymbol{x}}} = -2\boldsymbol{A}^{\mathrm{T}}\boldsymbol{W}\tilde{\boldsymbol{Y}} + 2\boldsymbol{A}^{\mathrm{T}}\boldsymbol{W}\boldsymbol{A}\hat{\boldsymbol{x}} \tag{7.17}$$

$J(\hat{\boldsymbol{x}})$极值点在$\dfrac{\partial J(\hat{\boldsymbol{x}})}{\partial \hat{\boldsymbol{x}}} = 0$时得到，所以令式(7.17)等于0，可以得到对$\boldsymbol{x}$的WLS估计为

$$\hat{\boldsymbol{x}}_{\mathrm{WLS}} = (\boldsymbol{A}^{\mathrm{T}}\boldsymbol{W}\boldsymbol{A})^{-1}\boldsymbol{A}^{\mathrm{T}}\boldsymbol{W}\tilde{\boldsymbol{Y}} \tag{7.18}$$

由式(7.18)可以看出，只有在矩阵$(\boldsymbol{A}^{\mathrm{T}}\boldsymbol{W}\boldsymbol{A})$可逆的情况下，才能运用式(7.18)对系统状态参量进行**WLS**估计。

继续沿用式(7.7)中对系统状态估计误差的定义，可以得到

$$\begin{aligned}\delta\boldsymbol{x}_{\mathrm{WLS}} &= \boldsymbol{x} - (\boldsymbol{A}^{\mathrm{T}}\boldsymbol{W}\boldsymbol{A})^{-1}\boldsymbol{A}^{\mathrm{T}}\boldsymbol{W}\tilde{\boldsymbol{Y}} \\ &= \boldsymbol{x} - (\boldsymbol{A}^{\mathrm{T}}\boldsymbol{W}\boldsymbol{A})^{-1}\boldsymbol{A}^{\mathrm{T}}\boldsymbol{W}(\boldsymbol{A}\boldsymbol{x} + \boldsymbol{n}) \\ &= (\boldsymbol{x} - \boldsymbol{x} - (\boldsymbol{A}^{\mathrm{T}}\boldsymbol{W}\boldsymbol{A})^{-1}\boldsymbol{A}^{\mathrm{T}}\boldsymbol{W}\boldsymbol{n} \\ &= -(\boldsymbol{A}^{\mathrm{T}}\boldsymbol{W}\boldsymbol{A})^{-1}\boldsymbol{A}^{\mathrm{T}}\boldsymbol{W}\boldsymbol{n}\end{aligned} \tag{7.19}$$

由式(7.19)可以看出，WLS的估计误差$\delta\boldsymbol{x}_{\mathrm{WLS}}$依然和$\boldsymbol{x}$无关，而只与$\boldsymbol{A}$、$\boldsymbol{W}$和观测噪声向量$\boldsymbol{n}$有关，并且在观测量噪声均值为零的情况下，WLS估计也是无偏估计。

WLS估计的$\delta\boldsymbol{x}_{\mathrm{WLS}}$的协方差矩阵变成

$$\mathrm{var}\{\delta\boldsymbol{x}_{\mathrm{WLS}}\} = (\boldsymbol{A}^{\mathrm{T}}\boldsymbol{W}\boldsymbol{A})^{-1}\boldsymbol{A}^{\mathrm{T}}\boldsymbol{W}\boldsymbol{R}\boldsymbol{W}\boldsymbol{A}(\boldsymbol{A}^{\mathrm{T}}\boldsymbol{W}\boldsymbol{A})^{-1} \tag{7.20}$$

其中，$\boldsymbol{R}$依然是噪声矢量$\boldsymbol{n}$的协方差矩阵，在$\boldsymbol{n}$各个噪声量互不相关的情况下，可以把$\boldsymbol{R}$记作$\mathrm{diag}\{\sigma_1, \sigma_2, \cdots, \sigma_m\}$。

因为观测噪声衡量了观测量的可信程度，所以很自然地就会想到将加权矩阵和噪声协方差矩阵联系起来。一般可以取

$$\boldsymbol{W} = \boldsymbol{R}^{-1} = \begin{bmatrix} \dfrac{1}{\sigma_1} & 0 & \cdots & 0 \\ 0 & \dfrac{1}{\sigma_2} & \cdots & 0 \\ \vdots & \vdots & \ddots & 0 \\ 0 & 0 & 0 & \dfrac{1}{\sigma_m} \end{bmatrix} \tag{7.21}$$

对式(7.21)的直观理解就是：越大的σ说明该观测量越不可靠，所以应该给以较小的权重；反之，σ越小则说明该观测量越可靠，所以应该给以较大的权重。

如果将式(7.21)分别代入式(7.18)、式(7.19)和式(7.20)，则可以得到

$$\hat{\boldsymbol{x}}_{\text{WLS}} = (\boldsymbol{A}^{\text{T}}\boldsymbol{R}^{-1}\boldsymbol{A})^{-1}\boldsymbol{A}^{\text{T}}\boldsymbol{R}^{-1}\tilde{\boldsymbol{Y}} \tag{7.22}$$

$$\delta\boldsymbol{x}_{\text{WLS}} = -(\boldsymbol{A}^{\text{T}}\boldsymbol{R}^{-1}\boldsymbol{A})^{-1}\boldsymbol{A}^{\text{T}}\boldsymbol{R}^{-1}\boldsymbol{n} \tag{7.23}$$

$$\begin{aligned}\text{var}\{\delta\boldsymbol{x}_{\text{WLS}}\} &= (\boldsymbol{A}^{\text{T}}\boldsymbol{R}^{-1}\boldsymbol{A})^{-1}\boldsymbol{A}^{\text{T}}\boldsymbol{R}^{-1}\boldsymbol{R}\boldsymbol{R}^{-1}\boldsymbol{A}(\boldsymbol{A}^{\text{T}}\boldsymbol{R}^{-1}\boldsymbol{A})^{-1} \\ &= (\boldsymbol{A}\boldsymbol{R}^{-1}\boldsymbol{A}^{\text{T}})^{-1}\end{aligned} \tag{7.24}$$

此时，如果记 $\boldsymbol{P} = \text{var}\{\delta\boldsymbol{x}_{\text{WLS}}\}$，则式(7.22)变为

$$\hat{\boldsymbol{x}}_{\text{WLS}} = \boldsymbol{P}\boldsymbol{A}^{\text{T}}\boldsymbol{R}^{-1}\tilde{\boldsymbol{Y}} \tag{7.25}$$

由于 $\boldsymbol{P}^{-1} = \boldsymbol{A}\boldsymbol{R}^{-1}\boldsymbol{A}^{\text{T}}$，所以 $\boldsymbol{P}$ 和 $\boldsymbol{R}$ 正相关；观测量越准确，即 $\boldsymbol{R}$ 越小，$\boldsymbol{P}$ 就越小，意味着估计的准确性越高。从这个意义上来说，可以把 $\boldsymbol{P}^{-1}$ 叫作“信息矩阵”。

由式(7.24)可以看出，选取 $\boldsymbol{R}^{-1}$ 作为加权矩阵，大大简化了估计误差的协方差矩阵的计算。同时可以看出，$\delta\boldsymbol{x}_{\text{WLS}}$ 的协方差矩阵和状态参量 $\boldsymbol{x}$ 无关，而仅仅和观测噪声的协方差矩阵以及系统观测矩阵有关。

在本节的最后，以一个简单的例子对 LS 和 WLS 方法做一个小结。考虑一个单状态参量系统，用 $[x]^{\text{T}}$ 表示系统状态向量。假设每一次对状态参量做观测，都会得到一个观测结果 $\tilde{y}$。总共做了 N 次观测，得到的 N 个观测值用下列方程表示：

$$\begin{aligned}\tilde{y}_1 &= x + v_1 \\ \tilde{y}_2 &= x + v_2 \\ &\vdots \\ \tilde{y}_N &= x + v_N\end{aligned}$$

将该单状态参量系统和式(7.1)给出的状态观测方程对比，可知

$$\boldsymbol{Y} = \begin{bmatrix}\tilde{y}_1 \\ \tilde{y}_2 \\ \vdots \\ \tilde{y}_N\end{bmatrix},\quad \boldsymbol{A} = \begin{bmatrix}1 \\ 1 \\ \vdots \\ 1\end{bmatrix},\quad \boldsymbol{n} = \begin{bmatrix}\tilde{v}_1 \\ \tilde{v}_2 \\ \vdots \\ \tilde{v}_N\end{bmatrix} \tag{7.26}$$

首先假设所有观测量所包含的噪声功率都相等，并且为白噪声，则 $\boldsymbol{n}$ 的协方差矩阵为

$$\boldsymbol{R} = \begin{bmatrix}\sigma^2 & 0 & \cdots & 0 \\ 0 & \sigma^2 & \cdots & 0 \\ \vdots & \vdots & & \vdots \\ 0 & 0 & \cdots & \sigma^2\end{bmatrix}$$

于是根据式(7.6)，对 x 的最小二乘估计是

$$\hat{x}_{\text{LS}} = (\boldsymbol{A}^{\text{T}}\boldsymbol{A})^{-1}\boldsymbol{A}^{\text{T}}\boldsymbol{Y} = \frac{1}{N}\sum_{i=1}^{N}\tilde{y}_i \tag{7.27}$$

可以看出，此时最小二乘法的结果其实就是人们在实际中经常使用的算术平均法。如果观测噪声均值为 0，$\hat{x}_{\text{LS}}$ 的均值趋近于 $[x]^{\text{T}}$，即 $\hat{x}_{\text{LS}}$ 是无偏的。

同时根据式(7.10)可知，此时估计结果的方差为

$$\begin{aligned}\text{var}\{\delta x_{\text{LS}}\} &= (\boldsymbol{A}^{\text{T}}\boldsymbol{A})^{-1}\boldsymbol{A}^{\text{T}}\boldsymbol{R}\boldsymbol{A}(\boldsymbol{A}^{\text{T}}\boldsymbol{A})^{-1} \\ &= \frac{1}{N}(\sum_{i=1}^{N}\sigma^2)\frac{1}{N} \\ &= \frac{\sigma^2}{N}\end{aligned} \tag{7.28}$$

从式(7.28)可以知道：N 越大，$\text{var}\{\delta x_{\text{LS}}\}$ 越小，意味着 $\hat{x}_{\text{LS}}$ 的准确度越高，这也和实际情况相符。

下面考虑每次观测值包含的噪声功率不相等，此时令 $\boldsymbol{n}$ 的协方差矩阵为

$$\boldsymbol{R} = \begin{bmatrix} \sigma_1^2 & 0 & \cdots & 0 \\ 0 & \sigma_2^2 & \cdots & 0 \\ \vdots & \vdots & & \vdots \\ 0 & 0 & \cdots & \sigma_N^2 \end{bmatrix} \tag{7.29}$$

如果选取加权矩阵 $\boldsymbol{W} = \boldsymbol{R}^{-1}$，则根据式(7.22)得到对 x 的 WLS 估计是

$$\hat{x}_{\text{WLS}} = (\boldsymbol{A}^{\text{T}}\boldsymbol{R}^{-1}\boldsymbol{A})^{-1}\boldsymbol{A}^{\text{T}}\boldsymbol{R}^{-1}\boldsymbol{Y}$$

将 $\boldsymbol{A}$ 和 $\boldsymbol{R}$ 代入上式可得

$$\hat{x}_{\text{WLS}} = \frac{1}{\sum_{i=1}^{N}(1/\sigma_i^2)}\sum_{i=1}^{N}\left[(1/\sigma_i^2)\tilde{y}_i\right] \tag{7.30}$$

式(7.30)的结果实际上正是我们熟知的加权平均，同时根据式(7.24)可知，WLS 状态估计误差的方差为

$$\begin{aligned}\text{var}\{\delta x_{\text{WLS}}\} &= (\boldsymbol{A}^{\text{T}}\boldsymbol{R}^{-1}\boldsymbol{A})^{-1} \\ &= \frac{1}{\sum_{i=1}^{N}(1/\sigma_i^2)}\end{aligned} \tag{7.31}$$

由式(7.31)可知：如果增大测试次数，也就是式中的 N 值变大，则 $\text{var}\{\delta x_{\text{WLS}}\}$ 的值是随着 N 值单调递减的，说明可以通过增大测量次数来提高估值的准确度。当 σ_i^2 值彼此相同时，WLS 估计就变成为 LS 估计。

7.1.3 利用伪距观测量计算位置和钟偏

北斗和 GPS 双模接收机的伪距观测量在第 5.1 节详细介绍过，式(5.9)和式(5.10)分别是 GPS 和北斗伪距观测量的数学模型，接收机跟踪通道的每一个 GPS 或北斗卫星信号能够提供一个如式(5.9)或式(5.10)所示的伪距观测量。本节将详细讲解如何根据伪距观测量计算接收机位置和本地时钟偏差。

双模接收机具备同时接收和处理两种伪距观测量的能力，但有些时候只有单模

观测量可以使用，比如在某些应用环境下只有 GPS 或只有北斗卫星可用。典型的例子是，在北斗信号区域覆盖范围之外的地理位置，或者在基于特殊考虑（如战略安全或政治因素）的情况下，只需要使能单北斗模式或单 GPS 模式，此时将只有单模伪距观测量参与定位解算。所以，本节将分单模模式和双模模式两种情况讲解如何完成位置和钟偏量的计算。

1. 单模观测量模式

在这种情况下参与计算的伪距观测量来自同一个 GNSS 系统，此时可以把式(5.9)中的下标去掉，表示单模伪距观测量的数学模型，即

$$\tilde{\rho}_1(\boldsymbol{x}_\mathrm{u})=\sqrt{(x_\mathrm{u}-x_{\mathrm{s}_1})^2+(y_\mathrm{u}-y_{\mathrm{s}_1})^2+(z_\mathrm{u}-z_{\mathrm{s}_1})^2}+cb+n_{\rho_1} \tag{7.32}$$

$$\tilde{\rho}_2(\boldsymbol{x}_\mathrm{u})=\sqrt{(x_\mathrm{u}-x_{\mathrm{s}_2})^2+(y_\mathrm{u}-y_{\mathrm{s}_2})^2+(z_\mathrm{u}-z_{\mathrm{s}_2})^2}+cb+n_{\rho_2} \tag{7.33}$$

$$\vdots$$

$$\tilde{\rho}_m(\boldsymbol{x}_\mathrm{u})=\sqrt{(x_\mathrm{u}-x_{\mathrm{s}_m})^2+(y_\mathrm{u}-y_{\mathrm{s}_m})^2+(z_\mathrm{u}-z_{s_m})^2}+cb+n_{\rho_m} \tag{7.34}$$

式(7.32)～(7.34)表示 m 个伪距观测量，$[x_\mathrm{u},y_\mathrm{u},z_\mathrm{u}]$ 为用户的位置；b 是用户本地时钟和 GPST/BDT 之间的偏差，具体情况依据式中的伪距观测量所属的 GNSS 系统而定；$n_\rho=c\tau_\mathrm{s}+E_\mathrm{eph}+T_\mathrm{iono}+T_\mathrm{tron}+\mathrm{MP}+n_\mathrm{r}$ 表示伪距观测量中总的误差项。已知量为伪距观测量 $\tilde{\rho}_i$ 和卫星坐标 $[x_{\mathrm{s}_i},y_{\mathrm{s}_i},z_{\mathrm{s}_i}]$，观测量上面的波浪号“～”表示实际观测量，是为了和后面的预测量区分开。这里卫星和用户的坐标都在 ECEF 坐标系中表示，其中伪距观测量的获取在 5.1 节有详细说明。卫星的坐标根据信号的发射时刻用星历数据算出，具体步骤在第 6 章的内容里已经详细介绍。

将上述伪距观测量方程和最小二乘法中的状态观测方程相比，可见伪距方程是非线性方程，不能直接利用 7.1.1 节所讲述的 LS 方法解算。所以，首先要先将伪距方程线性化才能利用 LS 方法。在实际中，最常用的线性化方法就是利用一阶泰勒级数展开。

假设用户的坐标和本地钟差有一个起始值 $\boldsymbol{x}_0=[x_0,y_0,z_0,b_0]$，那么基于这个起始值将伪距方程进行一阶泰勒级数展开，就会得到

$$\begin{aligned}\tilde{\rho}_i(\boldsymbol{x}_\mathrm{u})=\rho_i(\boldsymbol{x}_0)+\frac{\partial\rho_i}{\partial x_\mathrm{u}}|_{x_0}(x_\mathrm{u}-x_0)+\frac{\partial\rho_i}{\partial y_\mathrm{u}}|_{y_0}(y_\mathrm{u}-y_0)+\\ \frac{\partial\rho_i}{\partial z_u}|_{z_0}(z_u-z_0)+\frac{\partial\rho_i}{\partial b}|_{b_0}(b-b_0)+\mathrm{h.o.t.}+n_{\rho_i}\end{aligned} \tag{7.35}$$

式中，$i=1,2,\cdots,m$；h.o.t.是高阶泰勒级数项。

$$\rho_i(\boldsymbol{x}_0)=\sqrt{(x_0-x_{s_i})^2+(y_0-y_{s_i})^2+(z_0-z_{s_i})^2}+cb_0$$

$$\frac{\partial\rho_i}{\partial x_\mathrm{u}}|_{x_0}=-\frac{x_0-x_{s_i}}{\sqrt{(x_0-x_{s_i})^2+(y_0-y_{s_i})^2+(z_0-z_{s_i})^2}}$$

$$\frac{\partial \rho_i}{\partial y_{\mathrm{u}}}|_{y_0} = -\frac{y_0 - y_{s_i}}{\sqrt{(x_0 - x_{s_i})^2 + (y_0 - y_{s_i})^2 + (z_0 - z_{s_i})^2}}$$

$$\frac{\partial \rho_i}{\partial z_{\mathrm{u}}}|_{z_0} = -\frac{z_0 - z_{s_i}}{\sqrt{(x_0 - x_{s_i})^2 + (y_0 - y_{s_i})^2 + (z_0 - z_{s_i})^2}}$$

$$\frac{\partial \rho_i}{\partial b}|_{b_0} = 1$$

$\rho_i(\boldsymbol{x}_0)$用当前的位置、钟差和卫星位置算出，往往被称作预测伪距量，注意与真实的伪距观测量区分开。此处下标“i”表示不同的卫星。

定义如下矢量：

$$\boldsymbol{u}_i \triangleq [\frac{\partial \rho_i}{\partial x_{\mathrm{u}}}|_{x_0}, \frac{\partial \rho_i}{\partial y_{\mathrm{u}}}|_{y_0}, \frac{\partial \rho_i}{\partial z_{\mathrm{u}}}|_{z_0}, 1],\quad \mathrm{d}\boldsymbol{x}_0 \triangleq [(x_{\mathrm{u}} - x_0), (y_{\mathrm{u}} - y_0), (z_{\mathrm{u}} - z_0), (b - b_0)]^{\mathrm{T}}$$

其中$\boldsymbol{u}_i$的前三个元素构成的矢量一般称作方向余弦矢量（Direction Cosine Vector），这里记作$\boldsymbol{DC}_i = [\frac{\partial \rho_i}{\partial x_{\mathrm{u}}}|_{x_0}, \frac{\partial \rho_i}{\partial y_{\mathrm{u}}}|_{y_0}, \frac{\partial \rho_i}{\partial z_{\mathrm{u}}}|_{z_0}]$，该矢量是从用户位置到卫星的单位方向矢量在ECEF坐标系中的表示。每一个卫星都有自己的方向余弦矢量，后面会看到该矢量还可以在其他坐标系中表示，但其物理意义是一样的。

将式(7.35)稍做整理并略去高阶项，得到

$$\rho_i(\boldsymbol{x}_{\mathrm{u}}) - \rho_i(\boldsymbol{x}_0) = \boldsymbol{u}_i \cdot \mathrm{d}\boldsymbol{x}_0 + n_{\rho_i} \tag{7.36}$$

式(7.36)中等号左边就是用观测到的伪距量减去利用初始点预测的伪距量，一般把这个差叫作伪距残差，用$\delta\rho_i$来表示。伪距残差的数学表达式如等号右边所示，可以看出伪距残差已经可以表示为线性方程的形式了。但需要注意的是，这里的线性化只是在一阶泰勒级数意义上的近似。严格来说，式(7.36)中不能用等号，而只能用近似号。后面会看到，随着迭代次数增加，线性化的结果会越来越精确。

式(7.36)是对一个卫星的伪距观测量所做的线性化，对于m个观测量同时进行线性化，就得到如下的线性方程组：

$$\begin{aligned} \delta\rho_1 &= \boldsymbol{u}_1 \bullet \mathrm{d}\boldsymbol{x}_0 + n_{\rho_1} \\ \delta\rho_2 &= \boldsymbol{u}_2 \bullet \mathrm{d}\boldsymbol{x}_0 + n_{\rho_2} \\ &\vdots \\ \delta\rho_m &= \boldsymbol{u}_m \bullet \mathrm{d}\boldsymbol{x}_0 + n_{\rho_m} \end{aligned}$$

将上述方程组写成矩阵的形式，得到

$$\delta\boldsymbol{\rho} = \boldsymbol{H}\mathrm{d}\boldsymbol{x}_0 + \boldsymbol{n}_\rho \tag{7.37}$$

其中，$\delta\boldsymbol{\rho} = [\delta\rho_1, \delta\rho_2, \cdots, \delta\rho_m]^{\mathrm{T}}$，$\boldsymbol{H} = [\boldsymbol{u}_1^{\mathrm{T}}, \boldsymbol{u}_2^{\mathrm{T}}, \cdots, \boldsymbol{u}_m^{\mathrm{T}}]^{\mathrm{T}}$，$\boldsymbol{n}_\rho = [n_{\rho_1}, n_{\rho_2}, \cdots, n_{\rho_m}]^{\mathrm{T}}$，其各自的维数分别为$m\times 1$、$m\times 4$和$m\times 1$。

根据7.1.1节的分析结果可知，式(7.37)的最小二乘估计为

$$\mathrm{d}\boldsymbol{x}_0 = (\boldsymbol{H}^{\mathrm{T}}\boldsymbol{H})^{-1}\boldsymbol{H}^{\mathrm{T}}\delta\boldsymbol{\rho} \tag{7.38}$$

如果将矩阵 $(\boldsymbol{H}^{\mathrm{T}}\boldsymbol{H})^{-1}\boldsymbol{H}^{\mathrm{T}}$ 写成如下形式：

$$(\boldsymbol{H}^{\mathrm{T}}\boldsymbol{H})^{-1}\boldsymbol{H}^{\mathrm{T}} = \begin{bmatrix} h_{11} & h_{12} & \cdots & h_{1m} \\ h_{21} & h_{22} & \cdots & h_{2m} \\ h_{31} & h_{32} & \cdots & h_{3m} \\ h_{41} & h_{42} & \cdots & h_{4m} \end{bmatrix}$$

则可以证明

$$\sum_{i=1}^{m} h_{1i} = 0\text{，}\quad \sum_{i=1}^{m} h_{2i} = 0\text{，}\quad \sum_{i=1}^{m} h_{3i} = 0\text{，}\quad \sum_{i=1}^{m} h_{4i} = 1 \tag{7.39}$$

即矩阵 $(\boldsymbol{H}^{\mathrm{T}}\boldsymbol{H})^{-1}\boldsymbol{H}^{\mathrm{T}}$ 的前 3 个行向量的元素之和为 0，第 4 个行向量的元素之和为 1。因为 $(\boldsymbol{H}^{\mathrm{T}}\boldsymbol{H})^{-1}\boldsymbol{H}^{\mathrm{T}}$ 的前 3 个行向量是计算用户位置的 x, y, z，所以由式(7.39)可以知道伪距观测量中的公共误差项不会对位置解算产生影响。而 $(\boldsymbol{H}^{\mathrm{T}}\boldsymbol{H})^{-1}\boldsymbol{H}^{\mathrm{T}}$ 的第 4 个行向量是计算用户钟差，所以伪距观测量中的公共误差项会影响钟差的解算。这个结论是从理论推导得出来的，而且和我们的直观观察相吻合。比如，将所有伪距观测量都加上一个同样的数值 Δt，得到的位置解算不会改变，而得到的钟差 b 会偏离 Δt。

式(7.38)得到的是通过一次线性化后初始点和真实点之间的修正量，将这个修正量用来更新初始点，得到修正后的解，即

$$\boldsymbol{x}_1 = \boldsymbol{x}_0 + \mathrm{d}\boldsymbol{x}_0 \tag{7.40}$$

然后再用 $\boldsymbol{x}_1$ 作为起始点来重复从式(7.36)到式(7.40)的过程，得到新的修正量 $\mathrm{d}\boldsymbol{x}_1$ 来更新上一次的解。

上述过程用通用的方式来描述，对第 k 次更新来说，其过程为

$$\mathrm{d}\boldsymbol{x}_{k-1} = (\boldsymbol{H}_{k-1}^{\mathrm{T}}\boldsymbol{H}_{k-1})^{-1}\boldsymbol{H}_{k-1}^{\mathrm{T}}\delta\boldsymbol{\rho}_{k-1} \tag{7.41}$$

$$\boldsymbol{x}_k = \boldsymbol{x}_{k-1} + \mathrm{d}\boldsymbol{x}_{k-1} \tag{7.42}$$

式(7.41)和式(7.42)中 $\boldsymbol{H}$ 和 $\delta\boldsymbol{\rho}$ 都被加上了下标，是因为每一次更新 $\boldsymbol{x}_k$ 以后都要重新计算每颗卫星的方向余弦矢量及其对应的伪距残差。

更新终结的条件是通过判断 $\|\mathrm{d}\boldsymbol{x}_k\|$，即

$$\|\mathrm{d}\boldsymbol{x}_k\| < \text{预定门限} \tag{7.43}$$

其中预定门限是预先设定的一个阈值。当 $\|\mathrm{d}\boldsymbol{x}_k\|$ 小于该阈值时，就认为可以停止更新了。一般来说，如果设置起始点为地心，那么只需要约 5 次迭代就能收敛到满意的精度。随着迭代次数的增多，$\|\mathrm{d}\boldsymbol{x}_k\|$ 的值越来越小，式(7.36)的线性化的精度就越来越高。

在迭代终结的时刻，$\|\mathrm{d}\boldsymbol{x}_k\|$ 的值可以非常小，比如小于 1 cm。这里需要注意的是，这并不意味着得到的用户的位置和钟差的误差已经小于 1 cm 了。$\|\mathrm{d}\boldsymbol{x}_k\|$ 的收敛只是意味着我们已经找到了使最小二乘法的代价函数最小的解，并不是说代价函数已经趋近于 0，所以用户的位置和钟差的误差还可能比较大。因此，试图通过增

大迭代次数的方法来提高解的精度是行不通的。关于位置和钟差的误差在后续有关几何精度因子的内容介绍中还要进一步说明。

在进行迭代运算时，还必须考虑地球自转的影响。我们知道，GPS 卫星和北斗 MEO 卫星信号从太空传播到地球表面需要 60～80 ms，北斗 IGSO 和 GEO 卫星信号从太空传播到地球表面需要 110～130 ms，在这段时间内地球转过了一定的角度。这个角度很小，但考虑到地球的半径非常大，所以带来的定位误差不容忽视。

地球自转的角速度为 ω_{ie}，每一次迭代时得到的预测伪距量除以光速就得到信号传输的时间 Δt_{tr}，于是在信号传输过程中地球转过的角度为

$$\alpha_k = \omega_{\text{ie}} \Delta t_{\text{tr}} \tag{7.44}$$

这里 α_k 的下标表示第 k 次迭代，也就是说，每一次迭代都需要重新计算 α_k。

由于地球绕着 ECEF 坐标系的 z 轴旋转，所以由 α_k 可以计算旋转矩阵如下：

$$\boldsymbol{R}_{\alpha_k} = \begin{bmatrix} \cos(\alpha_k) & -\sin(\alpha_k) & 0 \\ \sin(\alpha_k) & \cos(\alpha_k) & 0 \\ 0 & 0 & 1 \end{bmatrix} \tag{7.45}$$

将该旋转矩阵和通过星历数据计算得到的卫星坐标相乘，就得到了考虑了自转效应以后的卫星坐标，即

$$\begin{bmatrix} x'_{\text{sv}} \\ y'_{\text{sv}} \\ z'_{\text{sv}} \end{bmatrix} = \begin{bmatrix} \cos(\alpha_k) & -\sin(\alpha_k) & 0 \\ \sin(\alpha_k) & \cos(\alpha_k) & 0 \\ 0 & 0 & 1 \end{bmatrix} \begin{bmatrix} x_{\text{sv}} \\ y_{\text{sv}} \\ z_{\text{sv}} \end{bmatrix} \tag{7.46}$$

然后利用 $[x'_{\text{sv}}, y'_{\text{sv}}, z'_{\text{sv}}]^{\text{T}}$ 来计算卫星的方向余弦向量和预测的伪距量。

2. 双模观测量模式

在双模观测量参与计算时，GPS 和北斗伪距观测量混在一起。根据 5.1 节的分析，如果把 GPS 时（GPST）选择作为接收机的时间基准，则北斗卫星的伪距观测量与式(7.32)～式(7.34)相比，会多出一项北斗时（BDT）和 GPST 之间的系统时间偏差 T_{GB}。双模模式的分析主要围绕着如何处理 T_{GB} 展开。

一种方法是通过系统设置来读取 T_{GB}，从而解决北斗伪距观测量相对于 GPST 的系统偏差。具体来说，北斗导航电文中给出了 BDT 和 GPST 之间的时间同步参数，分别在 D1 码电文中第 5 子帧第 9 页面和 D2 码电文中第 5 子帧第 101 页面。BDT 和 GPST 之间时间同步参数有两个：

- $A_{0\text{GPS}}$：BDT 相对于 GPST 的钟差；
- $A_{1\text{GPS}}$：BDT 相对于 GPST 的钟差速度。

BDT 和 GPST 之间的系统偏差计算公式如下：

$$T_{\text{GB}} = A_{0\text{GPS}} + A_{1\text{GPS}} \times t_{\text{E}} \tag{7.47}$$

式(7.47)中 t_{E} 为接收机提取伪距观测量时刻的 BDT。

在计算出 T_{GB} 之后，可以将 T_{GB} 对应的项 cT_{GB} 从北斗伪距观测量表达式(5.10)

中扣除，此时待解系统状态量为 $\boldsymbol{x}=[x,y,z,b]$，则北斗和 GPS 伪距观测量转换为单模观测量的情况，按照上述单模观测量模式中的求解步骤计算。

这种方法的优点在于与单模模式相比没有增加状态变量数目，所以只需要至少 4 颗北斗或 GPS 卫星的数据即可完成接收机位置和本地钟差的计算，在观测量数目较少的情况下比较适用。但这种方法主要的不足之处在于需要获取时间同步参数，这就意味着必须完成北斗导航电文的数据解调。从接收机开机、完成北斗卫星信号捕获和跟踪、开始解调电文到读取时间同步参数，一般需要一定的时间开销，具体时间开销大小需要根据信号捕获速度、信号强度、开机时刻相对时间参数的距离等因素决定，时间开销会增大 TTFF 时间。同时，在信号质量较差的情况下甚至无法顺利完成数据解调任务，此时这种方法就不能使用了。

另一种方法是在用户设备端解决问题，其主要思想是将 T_{GB} 看作待估的系统状态量，此时待解系统状态量为 $\boldsymbol{x}=[x,y,z,b,T_{\text{GB}}]$，由单模模式的 4 个未知量变为 5 个未知量。由此双模伪距观测量可以写为

$$\tilde{\rho}_{\text{G}1}(\boldsymbol{x}_{\text{u}})=\sqrt{(x_{\text{u}}-x_{\text{Gs}_1})^2+(y_{\text{u}}-y_{\text{Gs}_1})^2+(z_{\text{u}}-z_{\text{Gs}_1})^2}+cb+n_{\rho_{\text{G}1}} \tag{7.48}$$

$$\tilde{\rho}_{\text{G}2}(\boldsymbol{x}_{\text{u}})=\sqrt{(x_{\text{u}}-x_{\text{Gs}_2})^2+(y_{\text{u}}-y_{\text{Gs}_2})^2+(z_{\text{u}}-z_{\text{Gs}_2})^2}+cb+n_{\rho_{\text{G}2}} \tag{7.49}$$

$$\vdots$$

$$\tilde{\rho}_{\text{G}m}(\boldsymbol{x}_{\text{u}})=\sqrt{(x_{\text{u}}-x_{\text{Gs}_m})^2+(y_{\text{u}}-y_{\text{Gs}_m})^2+(z_{\text{u}}-z_{\text{Gs}_m})^2}+cb+n_{\rho_{\text{G}m}} \tag{7.50}$$

$$\tilde{\rho}_{\text{B}1}(\boldsymbol{x}_{\text{u}})=\sqrt{(x_{\text{u}}-x_{\text{Bs}_1})^2+(y_{\text{u}}-y_{\text{Bs}_1})^2+(z_{\text{u}}-z_{\text{Bs}_1})^2}+cb+cT_{\text{GB}}+n_{\rho_{\text{B}1}} \tag{7.51}$$

$$\tilde{\rho}_{\text{B}2}(\boldsymbol{x}_{\text{u}})=\sqrt{(x_{\text{u}}-x_{\text{Bs}_2})^2+(y_{\text{u}}-y_{\text{Bs}_2})^2+(z_{\text{u}}-z_{\text{Bs}_2})^2}+cb+cT_{\text{GB}}+n_{\rho_{\text{B}2}} \tag{7.52}$$

$$\vdots$$

$$\tilde{\rho}_{\text{B}n}(\boldsymbol{x}_{\text{u}})=\sqrt{(x_{\text{u}}-x_{\text{Bs}_n})^2+(y_{\text{u}}-y_{\text{Bs}_n})^2+(z_{\text{u}}-z_{\text{Bs}_n})^2}+cb+cT_{\text{GB}}+n_{\rho_{\text{B}n}} \tag{7.53}$$

式(7.48)～式(7.53)表示了 m 个 GPS 伪距观测量和 n 个北斗伪距观测量的情况，其中式(7.48)～式(7.50)是 GPS 伪距观测量，式(7.51)～式(7.53)是北斗伪距观测量，$\tilde{\rho}_{\text{G}i}$ 和 $\tilde{\rho}_{\text{B}i}$ 中的下标 G 和 B 分别表示 GPS 和北斗。

对双模伪距观测量进行线性化的原理与单模模式情况下相似，不同之处在于针对 GPS 和北斗卫星信号进行区别：

$$\boldsymbol{u}_{\text{G}i}\triangleq[\frac{\partial\rho_i}{\partial x_{\text{u}}}|_{x_0},\frac{\partial\rho_i}{\partial y_{\text{u}}}|_{y_0},\frac{\partial\rho_i}{\partial z_{\text{u}}}|_{z_0},1,0]$$

$$\boldsymbol{u}_{\text{B}i}\triangleq[\frac{\partial\rho_i}{\partial x_{\text{u}}}|_{x_0},\frac{\partial\rho_i}{\partial y_{\text{u}}}|_{y_0},\frac{\partial\rho_i}{\partial z_{\text{u}}}|_{z_0},1,1]$$

$$\text{d}\boldsymbol{x}_0\triangleq[(x_{\text{u}}-x_0),(y_u-y_0),(z_{\text{u}}-z_0),(b-b_0),(T_{\text{GB}}-T_{\text{GB}0})]^{\text{T}}$$

式中，下标“B”、“G”用以区分北斗和 GPS 伪距观测量。线性化后的伪距残差可以表示为

$$\delta\rho_{G1} = \boldsymbol{u}_{G1} \cdot d\boldsymbol{x}_0 + n_{\rho_{G1}} \tag{7.54}$$

$$\delta\rho_{G2} = \boldsymbol{u}_{G2} \cdot d\boldsymbol{x}_0 + n_{\rho_{G2}} \tag{7.55}$$

$$\vdots$$

$$\delta\rho_{Gm} = \boldsymbol{u}_{Gm} \cdot d\boldsymbol{x}_0 + n_{\rho_{Gm}} \tag{7.56}$$

$$\delta\rho_{B1} = \boldsymbol{u}_{B1} \cdot d\boldsymbol{x}_0 + n_{\rho_{B1}} \tag{7.57}$$

$$\delta\rho_{B2} = \boldsymbol{u}_{B2} \cdot d\boldsymbol{x}_0 + n_{\rho_{B2}} \tag{7.58}$$

$$\vdots$$

$$\delta\rho_{Bn} = \boldsymbol{u}_{Bn} \cdot d\boldsymbol{x}_0 + n_{\rho_{Bn}} \tag{7.59}$$

式(7.54)～(7.59)对应于式(7.48)～式(7.53)，可见 $\boldsymbol{u}_i$ 向量元素个数变为 5，同时需要根据北斗和 GPS 卫星的不同而调整，相应的系统状态修正量 $d\boldsymbol{x}_i$ 的维度也是 5。

通过最小二乘法计算状态修正量 $d\boldsymbol{x}_i$ 与多次迭代的方法和单模模式一样，用通用的方式来描述，对第 k 次更新来说，其过程为

$$d\boldsymbol{x}_{k-1} = (\boldsymbol{H}_{k-1}^{T}\boldsymbol{H}_{k-1})^{-1}\boldsymbol{H}_{k-1}^{T}\delta\boldsymbol{\rho}_{k-1}$$

$$\boldsymbol{x}_k = \boldsymbol{x}_{k-1} + d\boldsymbol{x}_{k-1}$$

可以看出上面步骤的表达式和单模模式下完全一样，需要注意的是其中的 $\boldsymbol{H}_{k-1}$ 由 $\boldsymbol{u}_{Gi}$ 和 $\boldsymbol{u}_{Bi}$ 组合而成，即 $\boldsymbol{H} = [\boldsymbol{u}_{G1}^{T}, \boldsymbol{u}_{G2}^{T}, \cdots, \boldsymbol{u}_{Gm}^{T}, \boldsymbol{u}_{B1}^{T}, \boldsymbol{u}_{B2}^{T}, \cdots, \boldsymbol{u}_{Bn}^{T}]^{T}$。

双模模式下的迭代过程收敛的判断和单模模式一样，在计算卫星位置时也需要考虑地球自转的影响，具体过程可以参考式(7.44)～式(7.46)。

在用户设备端通过增加系统状态量的方法解决系统时间偏差问题，其优点在于不依赖系统设置中是否提供时间同步参数，只要有足够多的双模伪距观测量就能计算位置和时间偏差。所以，在卫星信号接收良好的情况下，TTFF 会比采用系统设置的方法要短，但不足之处在于所需的最少卫星数目比单模模式下多 1 个，在信号被遮挡的情况下该方法的使用会受限。

在实际的 GPS / 北斗双模接收机中可以同时实现两种方法：当北斗卫星信号质量较好时可以解调其中的时间同步信息，此时可以采用系统设置方法；否则，可以等到有超过 5 颗卫星的双模观测量时再采用增加系统状态量的方法。具体的处理策略如表 7.1 所示。

表 7.1 由卫星种类和卫星数目决定定位解算方法

卫星种类	卫星数目	解算方法
GPS	≥4	单模模式方法
北斗	≥4	单模模式方法
GPS+北斗	≥5	双模模式的用户设备端方法 或系统级方法
GPS+北斗	=4	双模模式的系统级方法

表 7.1 中只给出了伪距观测量数目足够多的情况，当伪距观测量少于 4 颗卫星时无法使用本节介绍的方法，此时可以采用高程辅助或其他冗余信息辅助的方法实现定位。

上述过程中计算的接收机位置坐标 $P_{\mathrm{u}}=[x,y,z]$ 是在 ECEF 坐标系中，实际输出的结果一般需要转换为经纬度坐标(ϕ,λ,h)，其中 ϕ 为纬度，λ 为经度，h 为高度，具体转换方法可以参考第 1 章的 1.2.3 节。

7.1.4　利用多普勒观测量计算速度和钟漂

5.3 节讲述了多普勒观测量的获取和其数学模型表达式，本节要利用最小二乘法来求解接收机的速度和钟漂量。

多普勒频率和积分多普勒观测量的差别在 5.3 节中已经详细讲解。多普勒频率体现的是某时刻卫星和接收机瞬时相对速度矢量在方向余弦上的投影，积分多普勒体现了一段时间内卫星和接收机之间的距离的变化值。由于在低成本导航接收机内往往不输出积分多普勒观测量，所以本节将利用多普勒频率计算接收机速度和钟漂，后面如果不加说明，则表示将多普勒频率当作多普勒观测量。对于具有积分多普勒观测量输出的接收机而言，可以把相邻时元的积分多普勒观测量进行差分，差分结果可以用于本节所述的计算过程。

由于 GPST 和 BDT 由各自系统中的原子钟维持，原子钟的频率稳定性可以达到 $10^{-12}\sim10^{-13}$，转换为速度为 $3\times10^{-4}\sim3\times10^{-5}$ m/s，GPST 和 BDT 之间的时间差与载波跟踪环路的频率误差方差相比可以认为保持恒定，即 $\dot{T}_{\mathrm{GB}}=0$；因此，虽然双模接收机中同时存在 GPS 和北斗卫星的多普勒观测量，但两者可以用相同的数学表达式表示，即 5.3 节中的式(5.20)。当接收机能获取 m 颗 GPS 卫星和北斗卫星的多普勒观测量时，可列出如下的方程组：

$$f_{\mathrm{d}_1}=(\boldsymbol{v}_{\mathrm{s}_1}-\boldsymbol{v}_{\mathrm{u}})\cdot\boldsymbol{DC}_1+c\dot{b}+n_{\mathrm{d}_1} \tag{7.60}$$

$$f_{\mathrm{d}_2}=(\boldsymbol{v}_{\mathrm{s}_2}-\boldsymbol{v}_{\mathrm{u}})\cdot\boldsymbol{DC}_2+c\dot{b}+n_{\mathrm{d}_2} \tag{7.61}$$

$$\vdots$$

$$f_{\mathrm{d}_m}=(\boldsymbol{v}_{\mathrm{s}_m}-\boldsymbol{v}_{\mathrm{u}})\cdot\boldsymbol{DC}_m+c\dot{b}+n_{\mathrm{d}_m} \tag{7.62}$$

其中，f_{d_i} 是第 i 颗卫星的多普勒观测量，单位是 m/s；$\boldsymbol{DC}_i$ 是第 i 颗卫星的方向余弦矢量，该矢量由上一节中的位置求解的过程提供，一般是当位置求解的迭代过程收敛时得到；$\boldsymbol{v}_{\mathrm{s}_i}$ 是第 i 颗卫星的速度，根据 6.2 节和 6.3 节中的相关内容计算。

式(7.60)～(7.62)中已不再区分 GPS 和北斗卫星，原因前面已经阐明。需要注意的是：f_{d_i} 的单位是 m/s，但基带跟踪环输出的多普勒频率值是以赫兹或弧度为单位。如果以赫兹为单位，则需要乘以载波波长；如果以弧度为单位，则还需要再乘以 2π，

载波波长数值用 $\lambda = c / f_{\text{carrier}}$ 计算，根据卫星信号类型分别代入 GPS 载波频率或北斗载波频率。

式(7.60)～(7.62)中共有四个待解的未知量，分别为用户的钟漂量 $c\dot{b}$ 和速度矢量 $\boldsymbol{v}_{\text{u}} = [v_x, v_y, v_z]^{\text{T}}$。以下为描述方便，统一用一个矢量 $\boldsymbol{x}_v = [v_x, v_y, v_z, c\dot{b}]^{\text{T}}$ 表示。将式(7.60)～式(7.62)中的卫星速度项稍做整理，移到等号左边得到：

$$f_{d_1} - \boldsymbol{DC}_1 \bullet \boldsymbol{v}_{s_1} = -\boldsymbol{DC}_1 \bullet \boldsymbol{v}_u + c\dot{b} + n_{d_1} \tag{7.63}$$

$$f_{d_2} - \boldsymbol{DC}_2 \bullet \boldsymbol{v}_{s_2} = -\boldsymbol{DC}_2 \bullet \boldsymbol{v}_u + c\dot{b} + n_{d_2} \tag{7.64}$$

$$\vdots$$

$$f_{d_m} - \boldsymbol{DC}_m \bullet \boldsymbol{v}_{s_m} = -\boldsymbol{DC}_m \bullet \boldsymbol{v}_u + c\dot{b} + n_{d_m} \tag{7.65}$$

式(7.63)～(7.65)很容易理解：GPS 和北斗卫星作为高速运动的飞行器，其高速的运动贡献了多普勒频移中的大部分，所以必须将这部分去掉，剩下的部分就完全由用户的运动和本地钟漂决定，当然噪声项依然保留其中。一般把 $(f_{d_i} - \boldsymbol{DC}_i \bullet \boldsymbol{v}_{s_i})$ 称作线性化的多普勒观测量。

当用户静止不动时，因为 $\boldsymbol{v}_u = [0,0,0]^{\text{T}}$，则

$$(-\boldsymbol{DC}_i \bullet \boldsymbol{v}_u) = 0, \quad i = 1, \cdots, m \tag{7.66}$$

此时，式(7.63)～(7.65)右边完全由本地钟漂和噪声项决定。本地钟漂对所有卫星的观测量来说是一个公共项，而噪声项相对来说比较小。此时如果在同一时刻对多颗卫星的线性化的多普勒观测量进行观察，会发现它们的值会非常接近。这一特性在实际系统调试时非常有用。

如果定义

$$\boldsymbol{f}_d' \triangleq \begin{bmatrix} f_{d_1} - \boldsymbol{DC}_1 \bullet \boldsymbol{v}_{s_1} \\ f_{d_2} - \boldsymbol{DC}_2 \bullet \boldsymbol{v}_{s_2} \\ \vdots \\ f_{d_m} - \boldsymbol{DC}_m \bullet \boldsymbol{v}_{s_m} \end{bmatrix}, \boldsymbol{H} \triangleq \begin{bmatrix} -\boldsymbol{DC}_1^{\text{T}} & 1 \\ -\boldsymbol{DC}_2^{\text{T}} & 1 \\ \vdots & \\ -\boldsymbol{DC}_m^{\text{T}} & 1 \end{bmatrix}, \boldsymbol{n}_d \triangleq \begin{bmatrix} n_{d_1} \\ n_{d_2} \\ \vdots \\ n_{d_m} \end{bmatrix} \tag{7.67}$$

则式(7.63)～(7.65)可以写成矩阵的形式，即

$$\boldsymbol{f}_d' = \boldsymbol{H}\boldsymbol{x}_{\text{v}} + \boldsymbol{n}_d \tag{7.68}$$

将式(7.68)和式(7.1)相比，会发现式(7.68)已经是标准的线性状态观测方程了，所以对其求解和对位置的解算不同，速度解算无须迭代，可以直接用最小二乘法求解：

$$\boldsymbol{x}_v = (\boldsymbol{H}^{\text{T}}\boldsymbol{H})^{-1}\boldsymbol{H}^{\text{T}}\boldsymbol{f}_d' \tag{7.69}$$

式(7.39)中体现的 $(\boldsymbol{H}^{\text{T}}\boldsymbol{H})^{-1}\boldsymbol{H}^{\text{T}}$ 的性质在此处依然成立，所以所有多普勒观测量中的公共误差项都不会影响用户速度的解算，而只会影响钟漂的解算。

由此可以看出，在接收机内部利用最小二乘法进行 PVT 求解时，一般的顺序是先运用牛顿迭代法求得用户的位置和钟差，然后再利用在该过程中得到的卫星方向余弦矢量形成 $\boldsymbol{H}$ 矩阵，同时从多普勒观测量扣除卫星运动速度得到线性化的多普勒观测量，最后利用式(7.69)求得用户的速度和钟漂。

至此，通过本节和上一节的讲解，已经用最小二乘法完成了用户的 PVT 解算。最小二乘法作为最常规的解算方法在现实接收机中有着广泛的应用，在理论上也是理解其他解算方法的基础。每一次最小二乘法的解算都基于某一个时元的观测量，和以前时元的观测量没有关系。如果将不同时元的观测量的噪声看作白噪声，则最小二乘解算得到 PVT 结果中包含的误差也可以认为是没有关联的。这一点在实际工程上的体现，就是最小二乘解算得到的位置误差和速度误差会有类似白噪声一样的的跳跃现象。当然，伪距观测量和多普勒频率观测量中包含的噪声并不都是白噪声，如电离层延迟和对流层延迟在时间上呈现低频缓变信号的特性，此时计算的位置误差也呈现一定的时间相关性。人们发展出多种对最小二乘法结果进行滤波或使定位结果更平滑的方法，后面要讲述的卡尔曼滤波就是其中的一种。

7.1.5　卫星的仰角和方位角

实现了用户的位置解算以后，一个重要的任务就是计算卫星的仰角和方位角（又称辐角）。卫星的仰角和方位角与用户当前的位置和卫星位置有关，理解这一点必须先明白仰角和方位角的定义。

如图 7.2 所示，其中用户位置为 P_{u}，卫星位置为 P_{sv}。从用户所在位置到卫星位置所形成的矢量 $\boldsymbol{P}_{\text{u-SV}}$，在用户站心坐标系中 N 坐标轴和 E 坐标轴形成的平面上有一个投影点 $P_{\perp}$。这里 N 坐标轴和 E 坐标轴所形成的平面其实就是从用户所在位置沿地球椭球面所做的切平面，N 坐标轴指向正北方向，E 坐标轴指向正东方向。矢量 $P_{\perp}P_{\mathrm{u}}$ 和 N 坐标轴的夹角即为方位角，一般取逆时针为正方向；而矢量 $\boldsymbol{P}_{\text{u-SV}}$ 和切平面之间的夹角即为仰角。在图 7.2中仰角用 α 表示，方位角用 β 表示。

卫星的仰角信息是接收机内部逻辑预测可见星集合的基础，接收机在运行时需要预测目前天顶上方的可见卫星，并计算每一个可见卫星的仰角，这样才能及时地替换已经处于地平线方向的下行卫星，同时对位于地平线方向的上行卫星做好信号捕获跟踪的准备。由此可见，卫星的仰角信息是接收机内部换星控制逻辑的重要依据。预测的可见星集合的一个重要用途是在接收机启动时，当接收机通过 EEPROM 或 Flash 等非易失性存储器保存有效的星历或历书数据时，就能计算卫星大致的方位，根据本地大致方位得到卫星的仰角和俯角。因为只有当卫星的仰角大于 0 时，这颗卫星的信号才可能被接收到，所以就能预先估计当前天空中可能被跟踪的卫星集合，从而减小搜索空间，加快卫星的开机定位时间。

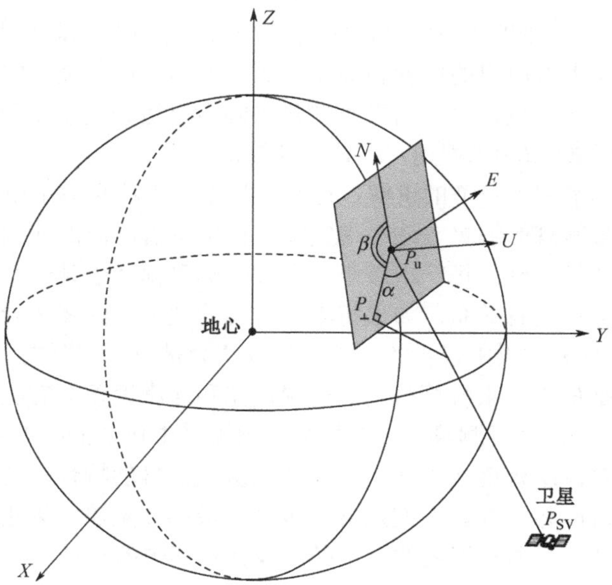

图 7.2　卫星的仰角和方位角示意图

卫星的仰角越低，相应地接收到的信号质量就越差，因为卫星信号需要经过更长的传输距离才能到达地面，而这增加的距离大部分在大气层，从 5.4.3 节和 5.4.4 节可知低仰角的卫星信号受到电离层和对流层的影响更强烈，电离层和对流层延迟也会更大。同时仰角较低的卫星信号比高仰角的卫星信号也更容易地产生多径效应，为了保证定位解算结果的正确性，现代的 GPS 接收机中一般都会对参与定位的卫星有最小的仰角要求（Elevation Mask）。当卫星的仰角低于预先设定的仰角门限时，就要将这颗卫星的观测量从定位解算的计算中剔除。实际中一般将仰角门限定为 5～10 度，该指标可以根据实际要求调整。

卫星仰角值在 PVT 解算中也被用来对伪距和载波相位观测量的质量进行量化，仰角越高的卫星提供的观测量越好，反之则越差，这种观测量质量好坏的信息在加权最小二乘法中往往用来设置观测量的权重矩阵，或在卡尔曼滤波算法中设置观测量的 $\boldsymbol{R}$ 矩阵，合适的 $\boldsymbol{R}$ 矩阵将会提高定位结果的准确性和平滑性。

从图 7.2 可以看出，$\boldsymbol{P}_{\text{u-SV}}$ 的单位矢量就是从用户到卫星的方向余弦矢量，即 7.1.3 节和 7.1.4 节中定义的 $\boldsymbol{DC}_i$，i 表示不同的卫星，那里 $\boldsymbol{DC}_i$ 被表示在 ECEF 坐标系中。由上述仰角和方位角的物理意义来看，在讨论仰角和方位角的时候，就必须将 $\boldsymbol{DC}_i$ 转换到 ENU 坐标系中。

根据仰角和方位角的定义可知，方向余弦在 ENU 坐标系中的表示为

$$\boldsymbol{DC}_{\text{ENU}} = [-\sin\beta\cos\alpha, \cos\beta\cos\alpha, \sin\alpha] \tag{7.70}$$

同时，如果算出了 $\boldsymbol{DC}$ 在 ECEF 坐标系中的表示以后，将其转换到 ENU 坐标系中，即

$$DC_{\text{ENU}} = \boldsymbol{R}_{e2t}\boldsymbol{DC} \tag{7.71}$$

这里 $\boldsymbol{R}_{e2t}$ 是从 ECEF 到 ENU 的旋转矩阵，由第 1.2.4 节可知

$$\boldsymbol{R}_{e2t} = \begin{bmatrix} -\sin(\lambda) & \cos(\lambda) & 0 \\ -\cos(\lambda)\sin(\phi) & -\sin(\lambda)\sin(\phi) & \cos(\phi) \\ \cos(\lambda)\cos(\phi) & \sin(\lambda)\cos(\phi) & \sin(\phi) \end{bmatrix}$$

其中，ϕ 为接收机所在位置的纬度，λ 为接收机所在位置的经度。

假设式(7.71)得到的结果可以表示为 $[\kappa_e, \kappa_n, \kappa_u]$，对比式(7.70)可知：

$$\alpha = \tan^{-1}\left(\frac{\kappa_u}{\sqrt{\kappa_e^2 + \kappa_n^2}}\right) \tag{7.72}$$

$$\beta = \tan^{-1}\left(-\frac{\kappa_e}{\kappa_n}\right) \tag{7.73}$$

式(7.72)和(7.73)分别为仰角和方位角的计算公式，它们对于 GPS 卫星和北斗卫星均适用。仰角的值域范围为[−90°，+90°]，方位角的值域范围为[−180°，+180°]或[0°，+360°]。实际中由于接收机只能接收到位于天顶上方的卫星，所以根据实际接收到的卫星信号所得到的卫星仰角只能是 0°～90°之间。图 7.3 所示是 24 小时的 GPS 和北斗卫星仰角和方位角轨迹，接收机位置为(39.9005°N, 116.4135°E)。为了便于识别，将 GPS 卫星和北斗卫星的轨迹分为两张图，左图为 GPS 卫星，右图为北斗卫星，图中中心点为接收机自身位置，不同卫星的仰角和方位角通过距离中心点的距离和角度表示。从图 7.3 中可以看出，不同 GPS 卫星的轨迹形状比较类似，而北斗卫星的轨迹形状则明显分为三类：B1 到 B5 为 GEO 卫星，所以仰角和方位角变化不大；B6 到 B10 为 IGSO 卫星，其轨迹为大半个“8”字形，因为当 IGSO 卫星飞行到南半球时不可见；B11 到 B14 为 MEO 卫星，故在观测地点只能接收到其整个运行周期的一部分时间内的信号。

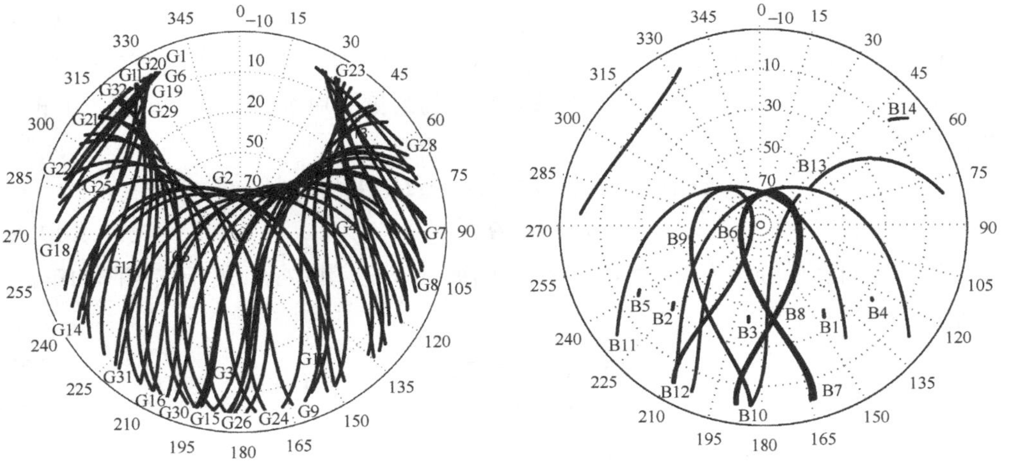

图 7.3　GPS 和北斗卫星的仰角和方位角分布图（接收机位置：39.9005°N, 116.4135°E）

7.1.6 几何精度因子

通过 7.1.3 节中对于伪距观测量定位的算法分析，同时根据最小二乘法中状态误差的协方差矩阵的表达式(7.10)，可以得到此时的位置误差的协方差矩阵：

$$\mathrm{var}\{\delta \boldsymbol{x}_u\} = (\boldsymbol{H}^{\mathrm{T}}\boldsymbol{H})^{-1}\boldsymbol{H}^{\mathrm{T}}\boldsymbol{R}\boldsymbol{H}(\boldsymbol{H}\boldsymbol{H}^{\mathrm{T}})^{-1} \tag{7.74}$$

这里用 $\delta \boldsymbol{x}_{\mathrm{u}}$ 是为了和 7.1.3 节中的每次迭代的更新量 $\mathrm{d}\boldsymbol{x}_i$ 区分开来；$\boldsymbol{R}$ 是伪距观测量中的噪声向量的协方差矩阵。如果希望通过式(7.74)计算 $\delta \boldsymbol{x}_{\mathrm{u}}$，则必须知道 $\boldsymbol{R}$ 的值。下面考虑 $\boldsymbol{R}$ 的具体形式。

一个合理的假设是不同卫星的观测噪声是相互独立的，所以 $\boldsymbol{R}$ 是对角矩阵，用 $\mathrm{diag}\{\sigma_1^2, \sigma_2^2, \cdots, \sigma_m^2\}$ 来表示。很显然，σ_i^2 是噪声功率，衡量了第 i 颗卫星伪距观测量的好坏。一般来说，$\sigma_i^2 \neq \sigma_j^2, \forall i, j \in [1, m]$。决定 σ_i^2 的因素有很多，根据第 5.4 节的分析，伪距观测量中的噪声项受多个因素的影响。比如，不同卫星的仰角不同：较高的仰角会使信号的载噪比比较高，信号传播过程中的电离层延迟和对流层延迟较小，因此从其提取到的观测量就会比较干净一些，从而包含了较小的噪声分量；与此相对应，较低仰角的卫星提供的观测量就会有比较大的噪声分量，导致对应的 σ_i^2 比较大。另外，影响伪距观测量噪声的因素还有星历误差、卫星钟差、多径延迟和接收机误差等；但在 GPS 的 SA 政策废止之前，由于 SA 政策人为加入的卫星时钟随机抖动引起的误差是最为显著的误差源，并且所有 GPS 卫星均受相同幅度的时钟误差影响，所以在早期 GPS 接收机的伪距观测量误差分析过程中可以假设所有卫星提供的伪距观测量噪声都有相同（或相近）的功率，于是 $\boldsymbol{R} = \sigma^2 \boldsymbol{I}$，这里 $\boldsymbol{I}$ 是个 $m \times m$ 的单位矩阵。下面的公式推导可以证实这个结论，首先假设伪距观测量误差用 ρ_{URE} 表示，下标 URE 表示用户测距误差（User Ranging Error），在各误差项相互独立的情况下 ρ_{URE} 可以写为：

$$\rho_{\mathrm{URE}} = \sqrt{\sigma_{\mathrm{Eph}}^2 + \sigma_{\mathrm{SA}}^2 + \sigma_{\mathrm{iono}}^2 + \sigma_{\mathrm{tron}}^2 + \sigma_{\mathrm{MP}}^2 + \sigma_{\mathrm{r}}^2} \tag{7.75}$$

在 GPS 的 SA 政策废止之前，$\sigma_{\mathrm{SA}} \approx 33\,\mathrm{m}$。当 σ_{SA} 远大于其他各项时，可以得到 $\rho_{\mathrm{URE}} \approx \sigma_{\mathrm{SA}}$。可见，假设所有卫星提供的伪距观测量噪声都有相同（或相近）的功率是合理的。如果将 $\boldsymbol{R} = \sigma^2 \boldsymbol{I}$ 代入式(7.74)，可得到

$$\begin{aligned}\mathrm{var}\{\delta \boldsymbol{x}_{\mathrm{u}}\} &= (\boldsymbol{H}^{\mathrm{T}}\boldsymbol{H})^{-1}\boldsymbol{H}^{\mathrm{T}}\sigma^2\boldsymbol{I}\boldsymbol{H}(\boldsymbol{H}^{\mathrm{T}}\boldsymbol{H})^{-1} \\ &= \sigma^2(\boldsymbol{H}^{\mathrm{T}}\boldsymbol{H})^{-1}\end{aligned} \tag{7.76}$$

为了后面理论分析方便，将 $(\boldsymbol{H}^{\mathrm{T}}\boldsymbol{H})^{-1}$ 用 $[\hbar_{i,j}]$ 来记，其中 $\hbar_{i,j}$ 表示该矩阵的第 i 行 j 列的元素，于是

$$\mathrm{var}\{\delta x_{\mathrm{u}}\} = \sigma^2 \hbar_{1,1} \tag{7.77}$$

$$\mathrm{var}\{\delta y_{\mathrm{u}}\} = \sigma^2 \hbar_{2,2} \tag{7.78}$$

$$\mathrm{var}\{\delta z_{\mathrm{u}}\} = \sigma^2 \hbar_{3,3} \tag{7.79}$$

$$\mathrm{var}\{\delta b\} = \sigma^2 \hbar_{4,4} \tag{7.80}$$

从式(7.77)到(7.80)可以看出，$(\boldsymbol{H}^{\mathrm{T}}\boldsymbol{H})^{-1}$ 矩阵对角线上的元素在一定程度上反映了定位结果的精确度。这里用“一定程度上”是因为上述公式的推导是基于各个卫星观测量噪声功率相同的假设，而该假设在工程实际中很难成立。在美国 SA 政策实施的时候，由于伪距观测量总是存在固定幅度的卫星钟差分量，导致定位误差的大小总是和 $\hbar_{i,i}$ 的值成正比。但当 SA 政策废止以后，伪距观测量的误差项中并不存在非常显著的误差源，此时如果伪距误差值很小的话，虽然 $\hbar_{i,i}$ 的值比较大，但最终也可能得到比较精确的定位结果。即使如此，从 GPS 接收机的设计和性能分析的早期阶段开始，人们定义了以下精度因子：

$$位置精度因子（PDOP）= \sqrt{\hbar_{1,1} + \hbar_{2,2} + \hbar_{3,3}}$$

$$钟差精度因子（TDOP）= \sqrt{\hbar_{4,4}}$$

$$几何精度因子（GDOP）= \sqrt{\hbar_{1,1} + \hbar_{2,2} + \hbar_{3,3} + \hbar_{4,4}}$$

精度因子可以看作从观测量中的测量误差到状态估计误差的线性映射。在观测量误差都相同的情况下，较大的精度因子会引起较大的状态估计误差，而较小的精度因子会使状态估计的误差更小。从精度因子的定义可以看出，精度因子和实际的观测量噪声无关，而仅仅与 $(\boldsymbol{H}\boldsymbol{H}^{\mathrm{T}})^{-1}$ 有关，$(\boldsymbol{H}\boldsymbol{H}^{\mathrm{T}})^{-1}$ 直接由 $\boldsymbol{H}$ 矩阵算出。仔细观察 $\boldsymbol{H}$ 矩阵的形式，可以知道 $\boldsymbol{H}$ 矩阵每一个行向量是由某一颗卫星和用户的方向余弦矢量和 1 组成的，所以 $(\boldsymbol{H}\boldsymbol{H}^{\mathrm{T}})^{-1}$ 必然和多颗卫星的几何分布有关。

根据上述精度因子的定义，可知

$$\begin{aligned}\sigma_{\mathrm{Pos}} &= \sqrt{\sigma_x^2 + \sigma_y^2 + \sigma_z^2} \\ &= \sqrt{\hbar_{1,1} + \hbar_{2,2} + \hbar_{3,3}} \bullet \sigma_{\mathrm{URE}} \\ &= \mathrm{PDOP} \bullet \sigma_{\mathrm{URE}}\end{aligned} \tag{7.81}$$

式中，σ_{Pos} 是最小二乘法计算的接收机位置的标准差。式(7.81)表示了伪距观测量中的测距误差和最终定位误差的关系。图 7.4 所示的例子直观地解释为什么几何精度因子会和卫星的几何分布有关。这个例子虽然是在二维平面上，但将其推广到我们生活的三维空间从原理上并没有太多的困难。

图 7.4 中有两个星座排列，每个星座排列有两颗星，因为在二维平面上两个星足够定位了。当然，如果考虑本地时钟的不稳定性的话，需要三颗卫星，但此处为了突出重点，假设本地时钟已经足够精确。每个卫星的伪距方程在平面绘出一个圆。考虑到伪距方程中的测量误差，这个圆不是一条曲线，而是一个同心圆带，同心圆带的厚度就反映了伪距测量误差的大小。理论上两个圆会有两个交点，其中一个在地球表面的交点就是用户的所在地。但现在由于测量误差的影响，两个同心圆带的交界就不是一个点，而是有一个交汇带，即图中用阴影绘出的部分。交汇带的区域就是用最小二乘法得到的所有可能的定位结果。图 7.4 中右边的星座排列是两个星

和用户的连线几乎成直线时的情况，而左边的星座排列是两颗星和用户的连线几乎相互垂直的情况。两个星座排列中相同卫星的同心圆带的厚度不变，唯一改变的是两颗卫星相对用户的排列。可以很容易地看出，右边的交汇带的面积比较大，而左边的交汇带面积就比较小。相应地，就是右边星座导致的定位结果的误差就比较大，而左边星座导致的定位结果的误差就比较小。

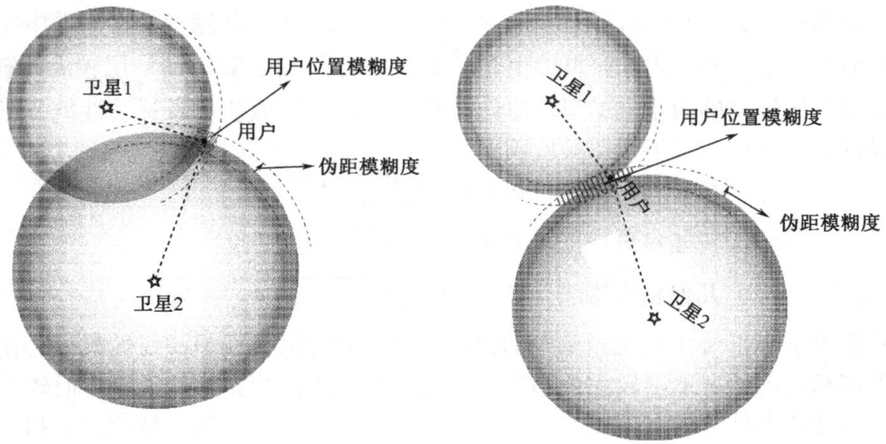

图 7.4　不同的星座排列对定位结果的影响

图 7.4 的例子推广到三维情况，就是几何精度因子的概念。因为 GPS 定位至少需要 4 颗星，理论上可以证明，在 4 颗卫星参与运算的情况下，最佳的星座排列是一颗星在天顶，另外三颗星以较低的仰角分散排列。

由式(7.77)～式(7.80)得到的精度因子是在 ECEF 坐标系中得到的；而在实际应用中人们往往对 ECEF 坐标系不甚熟悉，而更倾向于使用站心坐标系，即 ENU（或 NED）坐标系。如果想要得到在 ENU 坐标系中的几何精度因子的表达式，需要做一个旋转操作。

首先，考虑线性化的伪距方程

$$\delta\boldsymbol{\rho} = \boldsymbol{H}_e \delta\boldsymbol{x}_e + \boldsymbol{n}_\rho \tag{7.82}$$

式(7.82)中 $\boldsymbol{H}$ 和 $\delta\boldsymbol{x}$ 都加了下标“e”表示是在 ECEF 坐标系中。在 ENU 坐标系中，状态误差被表示为 $\delta\boldsymbol{x}_t$。根据矢量在不同坐标系中的旋转关系，可知在 ENU 坐标系中的 $\delta\boldsymbol{x}_t$ 和 ECEF 坐标系中的 $\delta\boldsymbol{x}_e$ 有如下关系：

$$\delta\boldsymbol{x}_t = \boldsymbol{R}_L \delta\boldsymbol{x}_e \tag{7.83}$$

其中，

$$\boldsymbol{R}_L = \begin{bmatrix} \boldsymbol{R}_{e2t} & \boldsymbol{0}_{3\times1} \\ \boldsymbol{0}_{1\times3} & 1 \end{bmatrix}$$

$\boldsymbol{R}_L$ 表达式中 $\boldsymbol{R}_{e2t}$ 是将 ECEF 坐标系中的三维矢量$[\delta x_{\mathrm{u}}, \delta y_{\mathrm{u}}, \delta z_{\mathrm{u}}]^{\mathrm{T}}$ 从 ECEF 坐标系旋转到 ENU 坐标系中的$[\delta E_{\mathrm{u}}, \delta N_{\mathrm{u}}, \delta U_{\mathrm{u}}]^{\mathrm{T}}$ 的旋转矩阵，$\boldsymbol{R}_{e2t}$ 的表达式在 7.1.5 节已经给

出，其中因为钟差量和具体坐标系无关，所以 $\boldsymbol{R}_L$ 中有关时间的项是 1。从 $\boldsymbol{R}_L$ 的表达式可以看出，$\boldsymbol{R}_L$ 作为一个正交矩阵，具有如下性质：

$$\boldsymbol{R}_L^{\mathrm{T}} = \boldsymbol{R}_L^{-1} \quad \Rightarrow \quad \boldsymbol{R}_L^{\mathrm{T}} \boldsymbol{R}_L = \boldsymbol{I} \tag{7.84}$$

故式(7.82)可以重写为

$$\begin{aligned} \delta\boldsymbol{\rho} &= \boldsymbol{H}_e \boldsymbol{R}_L^{\mathrm{T}} \boldsymbol{R}_L \delta\boldsymbol{x}_e + \boldsymbol{n}_\rho \\ &= \boldsymbol{H}_t \delta\boldsymbol{x}_t + \boldsymbol{n}_\rho \end{aligned} \tag{7.85}$$

这里 $\boldsymbol{H}_t = \boldsymbol{H}_e \boldsymbol{R}_L^{\mathrm{T}}$，$\delta\boldsymbol{x}_t = [\delta E_{\mathrm{u}}, \delta N_{\mathrm{u}}, \delta U_{\mathrm{u}}, \delta b]^{\mathrm{T}}$。

由类似于 ECEF 坐标系中的分析方法，可知在针对 ENU 坐标系的理论推导中，式(7.76)中的 $(\boldsymbol{H}^{\mathrm{T}}\boldsymbol{H})^{-1}$ 变为

$$\begin{aligned} (\boldsymbol{H}_t^{\mathrm{T}} \boldsymbol{H}_t)^{-1} &= (\boldsymbol{R}_L \boldsymbol{H}^{\mathrm{T}} \boldsymbol{H} \boldsymbol{R}_L^{\mathrm{T}})^{-1} \\ &= \boldsymbol{R}_L (\boldsymbol{H}^{\mathrm{T}} \boldsymbol{H})^{-1} \boldsymbol{R}_L^{\mathrm{T}} \end{aligned} \tag{7.86}$$

得到了 $(\boldsymbol{H}_t^{\mathrm{T}} \boldsymbol{H}_t)^{-1}$ 以后，用 $[\hbar'_{i,j}]$ 来标记第 i 行第 j 列元素。由于现在 $\delta\boldsymbol{x}_t = [\delta E_u, \delta N_u, \delta U_u, \delta b]^{\mathrm{T}}$ 表示东向、北向和上方向的位置误差，所以 $(\boldsymbol{H}_t^{\mathrm{T}} \boldsymbol{H}_t)^{-1}$ 4 个对角线上的元素分别对应东向、北向、上方向的位置误差和一个种差误差，于是可以定义

$$\text{水平位置精度因子（HDOP）} = \sqrt{\hbar'_{1,1} + \hbar'_{2,2}}$$

$$\text{垂直位置精度因子（VDOP）} = \sqrt{\hbar'_{3,3}}$$

$$\text{钟差精度因子（TDOP）} = \sqrt{\hbar'_{4,4}}$$

$$\text{几何精度因子（GDOP）} = \sqrt{\hbar'_{1,1} + \hbar'_{2,2} + \hbar'_{3,3} + \hbar'_{4,4}}$$

由于 GPS 卫星时刻处于运动状态，所以几何精度因子也相应地在动态地改变。GPS 接收机必须时刻监控几何精度因子的状况，在几何精度因子变差的时候要采取相应的策略，或者向使用者指出目前的几何精度因子的状况以加以预警。在早期 GPS 接收机中，由于集成电路工艺和信号处理器处理能力的限制，往往只能同时跟踪为数不多的几颗卫星，这样导致几何精度因子不会很好。现代的 GPS 接收机一般都能同时跟踪 12 颗或更多的卫星，并且能够把全部跟踪上的卫星的伪距观测量参与定位解算，所以几何精度因子已经越来越不是一个严重的问题；只是偶尔在有障碍物遮挡部分卫星或在室内定位的时候，才会有比较差的几何精度因子，这时在使用中必须加以注意。

对于北斗和 GPS 双模联合定位的情况，如果采用系统设置法则，最小二乘法的 $\boldsymbol{H}$ 矩阵依然是 $m \times 4$ 维的，所以上述几何精度因子的定义和计算方法依然适用。如果采用在用户设备端将 T_{GB} 看作待估的系统状态量的方法，则 $\boldsymbol{H}$ 矩阵变为 $m \times 5$ 维的，除了三个位置、一个钟差外，增加了一个系统时间偏差项。此时，几何精度因子除了上面的集中以外，还多了一项系统时间偏差精度因子：

$$\text{系统时间偏差精度因子（STDOP）} = \sqrt{h'_{4,4}} \tag{7.87}$$

上式在下列情况下成立：

$$\boldsymbol{H} = \begin{bmatrix} \boldsymbol{DC}_{\text{G1}} & 0 & 1 \\ \vdots & \vdots & \vdots \\ \boldsymbol{DC}_{\text{G}m} & 0 & 1 \\ \boldsymbol{DC}_{\text{B1}} & 1 & 1 \\ \vdots & \vdots & \vdots \\ \boldsymbol{DC}_{\text{B}n} & 1 & 1 \end{bmatrix} \tag{7.88}$$

即 $\boldsymbol{H}$ 矩阵的第 4 列对应系统时间偏差 T_{GB}，其中 $DC_{\text{G/B}i}$ 表示北斗 / GPS 卫星的方向余弦矢量。由式(7.88)可知此时的 $(\boldsymbol{H}_t^{\text{T}}\boldsymbol{H}_t)^{-1}$ 矩阵是 5×5 维的，所以其余的 PDOP、TDOP、HDOP、VDOP 和 GDOP 等物理量的定义和单 GPS 的情况下类似，只不过需要根据 $(\boldsymbol{H}_t^{\text{T}}\boldsymbol{H}_t)^{-1}$ 的对角线元素对对应的物理意义稍做调整即可。

图 7.5、图 7.6、图 7.7 和图 7.8 分别是 24 h 的 PDOP、HDOP、VDOP 和 TDOP 值，均包括了单 GPS 解算、单北斗解算和 GPS+BDS 联合解算的情况。其中，接收机位置为（39.9005°N, 116.4135°E），采样间隔为 30 s，大部分时间跟踪到的 GPS 和北斗卫星的总数目在 20 颗左右，计算几何精度因子时全部跟踪到的卫星信号不参与运算。从计算结果看，VDOP 值要略大于 HDOP 值，这是因为所有卫星均位于天顶方向，导致解算得到的定位结果在垂直方向的约束不如水平方向强。从图 7.5 可以看到，双模解算时的 PDOP 有相当大的概率小于 1，而根据式(7.81)，小于 1 的 PDOP 值将会导致更小的 σ_{Pos}，这是双模联合定位带来的一个好处。

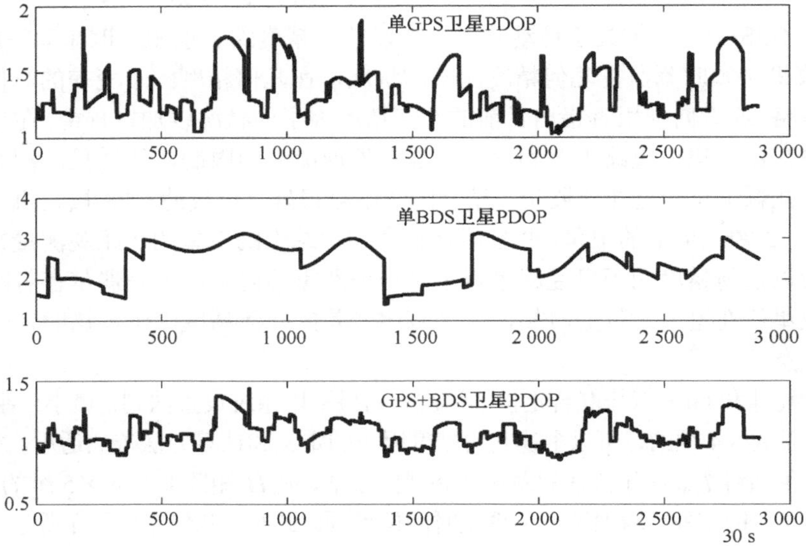

图 7.5　24 h 的 PDOP 值

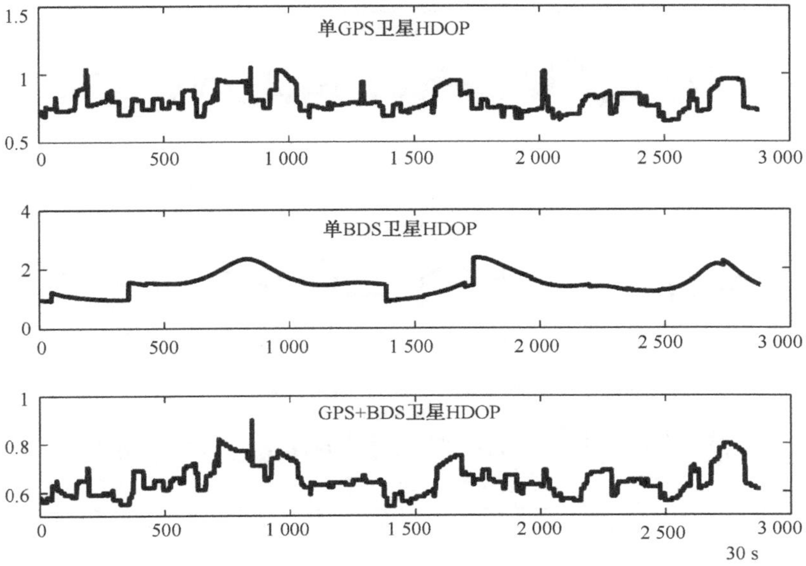

图 7.6　24 h 的 HDOP 值

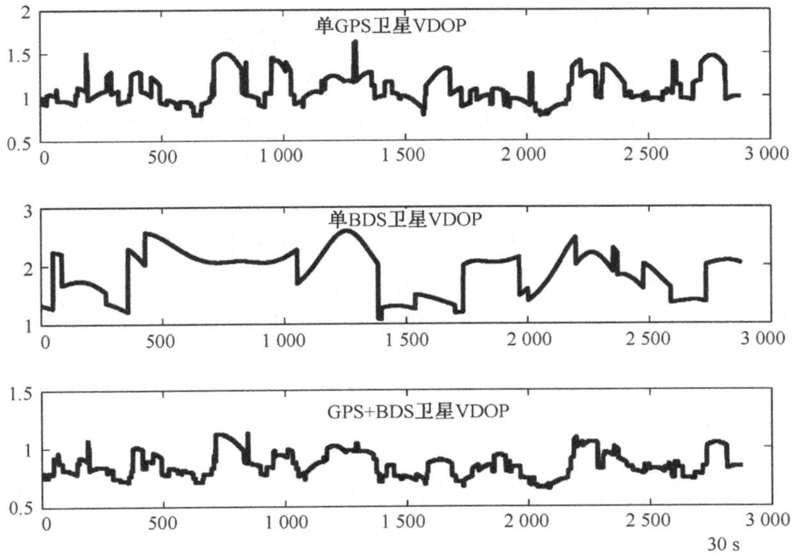

图 7.7　24 h 的 VDOP 值

从图 7.5、图 7.6、图 7.7 和图 7.8 还可以看到，北斗单模情况下的 DOP 变化较慢，而同时刻的 GPS 单模情况下的 DOP 变化较快，这是因为目前北斗卫星还主要由 GEO 和 IGSO 卫星组成，MEO 卫星较少，导致卫星的几何分布变化不如 GPS 快；随着北斗 MEO 卫星的增多，北斗单模情况下的 DOP 的变化趋势将和 GPS 类似。

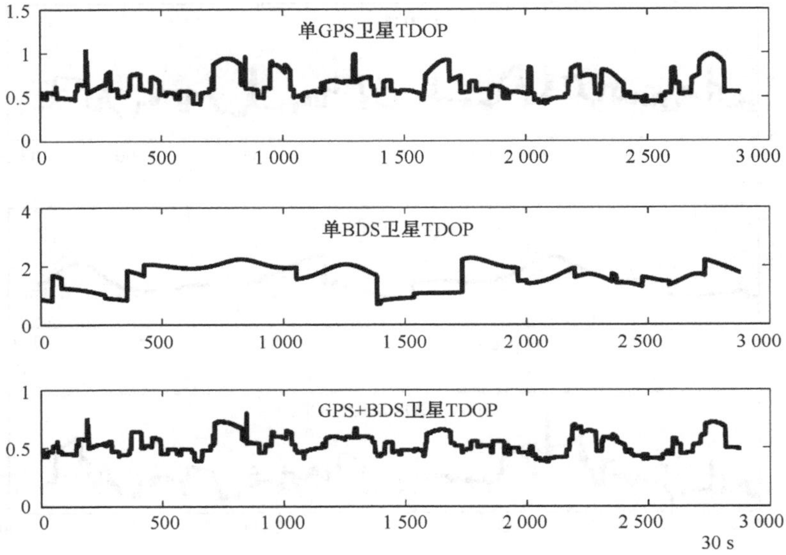

图 7.8　24 h 的 TDOP 值

7.1.7　接收机自主完好性监测（RAIM）

接收机自主完好性监测（Receiver Autonomous Integrity Monitoring，RAIM）的目的，是通过不同观测量之间的冗余约束关系对最小二乘法的定位结果的有效性进行判决。根据 7.1.3 节中的结论可知，最小二乘法中的未知量数目是 4 个（在双模解算情况下也可能是 5 个，但下面的分析过程将默认未知量数目是 4），接收机往往能够跟踪多于未知量数目的卫星，因此超出部分的伪距观测量将提供冗余信息，根据冗余信息和最小二乘解是否吻合就能够判断当前的最小二乘解是否存在错误或明显偏差。

1．伪距残差判决法

一个或多个错误的伪距观测量会导致错误的定位结果，但在 7.1.3 节的迭代过程中却无法判知。为了证明这一点，对于某个时元的一组伪距观测量，例如，下例中有 7 颗 GPS 卫星可用，将其中一颗卫星的伪距观测量人为地加上 300 km，模拟伪距观测量出现了明显偏差的情况。这种情况在接收机中产生了错误的比特同步的时候非常常见。将这组出现了错误的伪距观测量进行迭代运算，其迭代更新量和伪距残差结果分别在表 7.2 和表 7.3 中显示。

表 7.2　对错误的伪距进行 6 次迭代后的更新量（单位：米）

迭代次数	Δx_u	Δy_u	Δz_u	Δb
1	–3 482 231.70	5 717 628.68	3 985 718.62	1 404 937.22
2	551 235.04	–855 330.66	–6 31 169.52	–1 255 831.43
3	15 528.43	–19759.21	–17 773.41	–36 677.45
4	–12.36	49.56	–0.48	5.82
5	0.07 564	–0.139 474	–0.134 227	–0.102 945
6	–0.239 181E-3	0.527 204E-3	0.103 028E-3	0.266 970E-3

表 7.3　对错误伪距进行迭代收敛时各卫星伪距残差（单位：米）

卫星索引	1	2	3	4	6	7
伪距残差	–1.1036E5	–0.4787E5	–0.3670E5	0.2917E5	1.1923E5	0.4653E5

可以看出，虽然伪距观测量被人为地破坏，在 6 次迭代以后更新量却依然可以趋近于 0。由于更新量小于预定门限，所以在最小二乘法中依然可以认为迭代结束；但显然由此得到的定位结果是错误的，迭代停止更新只是说明在给定的伪距观测量的条件下由式(7.2)定义的代价函数取到了最小值。但是此时表 7.3 给出的伪距残差却非常大，都在 20～100 km 的范围，所以利用伪距残差的结果可以大致判断定位结果的正确与否。需要指出的是，只有在有冗余方程的情况下，即观测量的数目大于 4 的情况下，才能用上述方法判断定位结果是否正确；如果只有 4 个伪距观测量，则即使某个观测量是错误的，迭代结束后依然会给出很小的伪距残差（接近于 0）。读者可以自行验证这一点。

上述过程中通过计算伪距残差的方法可以判断当前最小二乘解的有效性，一般把这种 RAIM 方法称为伪距残差判决法。首先考虑基于前一个时元的定位结果将当前的伪距观测量进行线性化，结果如下列方程所示：

$$\boldsymbol{\rho} = \boldsymbol{H}\boldsymbol{x} + \boldsymbol{\varepsilon} \tag{7.89}$$

这里

- $\boldsymbol{\rho}$ 是 n 颗卫星的伪距观测量进行线性化后的结果，$\boldsymbol{\rho} \in \mathbb{R}^n$；
- $\boldsymbol{H} \in \mathbb{R}^{n\times 4}$，$\boldsymbol{H}$ 中每一行的行向量为 $[e_x, e_y, e_z, 1]$，其中 $[e_x, e_y, e_z]^{\mathrm{T}}$ 是从卫星位置到接收机位置的方向余弦矢量；
- $\boldsymbol{x} \in \mathbb{R}^4$ 是待估系统状态矢量，通常包括 3 个位置量和 1 个钟差量；
- $\boldsymbol{\varepsilon} \in \mathbb{R}^n$ 是观测噪声向量，通常包括信号传输噪声、卫星星历误差、卫星钟差和接收机误差等，通常可以认为噪声为零均值的高斯白噪声，并且不同卫星之间的噪声相互独立，即 $E[\boldsymbol{\varepsilon}] = \boldsymbol{0}, \mathrm{cov}[\boldsymbol{\varepsilon}] = \sigma_\varepsilon^2 \boldsymbol{I}_n$。

从前面章节可知，式(7.89)的最小二乘解为

$$\boldsymbol{x}_{\mathrm{ls}} = (\boldsymbol{H}^{\mathrm{T}}\boldsymbol{H})^{-1}\boldsymbol{H}^{\mathrm{T}}\boldsymbol{\rho} \tag{7.90}$$

由上式可以得到伪距残差矢量为

$$\boldsymbol{z}=[\boldsymbol{I}-\boldsymbol{H}(\boldsymbol{H}^{\mathrm{T}}\boldsymbol{H})^{-1}\boldsymbol{H}^{\mathrm{T}}]\boldsymbol{\rho} \tag{7.91}$$

如果定义矩阵 $\boldsymbol{S}\triangleq\boldsymbol{I}-\boldsymbol{H}(\boldsymbol{H}^{\mathrm{T}}\boldsymbol{H})^{-1}\boldsymbol{H}^{\mathrm{T}}$，则式(7.91)可以写为

$$\boldsymbol{z}=\boldsymbol{S}\boldsymbol{\rho} \tag{7.92}$$

可以验证，$\boldsymbol{S}$ 矩阵为对称矩阵，且为幂等矩阵（$\boldsymbol{S}^2=\boldsymbol{S}$）。可见，只要知道了 $\boldsymbol{H}$ 矩阵，就可以计算出 $\boldsymbol{S}$ 矩阵，进而无须计算最小二乘解 $\boldsymbol{x}_{\mathrm{ls}}$ 就能直接计算出 $\boldsymbol{z}$ 矢量。得到了 $\boldsymbol{z}$ 矢量以后，可以计算伪距残差平方和 SSE：

$$\mathrm{SSE}=\boldsymbol{z}^{\mathrm{T}}\boldsymbol{z} \tag{7.93}$$

很显然，SSE 是一个数值而非矢量，由 $\boldsymbol{z}$ 矢量各个元素的平方求和得到。如果 n 颗卫星的伪距观测量中的观测噪声为零均值高斯噪声且相互独立，则可以证明 SSE 为自由度为 $n-4$ 的开方分布，于是可以根据 SSE 的概率分布而计算出给定虚警概率下的检测门限，当 SSE 大于该门限时可以认定当前的伪距观测量中存在错误观测量，相应地当前时元的最小二乘解存在问题而需要丢弃。有些学者建议采用归一化的伪距残差平方和 $\sqrt{\mathrm{SSE}/(n-4)}$ 进行判决，从这里可以看出，采用伪距残差判决法要求伪距观测量的数目至少大于 4 个，小于或等于 4 颗卫星的伪距观测量无法得到有效的伪距残差平方和。

伪距残差判决法的优点在于 SSE 的表达式形式简单，计算复杂度也不高。由于是标量值，所以判决门限为单一门限，SSE 的结果和卫星几何分布形式无关，只和伪距观测量的噪声分布有关。在 SA 政策有效期间，伪距观测量的噪声分布比较容易确定，而且由于各个 GPS 卫星的伪距观测量噪声功率基本一致，所以符合前面对 $\boldsymbol{\varepsilon}$ 的理论假设；但在 SA 政策废止以后各个 GPS 卫星的伪距观测量噪声功率不再一致，所以 SSE 的概率分布相对更复杂一些，实际中往往用经验值的方法来确定判决门限。伪距残差判决法的一个缺陷，在于它只能判决当前伪距观测量集合存在问题或错误，但无法判决具体哪颗卫星的伪距观测量出现了问题；这是因为全部伪距观测量都被用来计算最小二乘解，即使只有 1 个伪距观测量出现错误，也会导致错误的结果。

2. 伪距比较法

在伪距观测量数目大于 4 的情况下，假设伪距观测量数目为 n，可以将伪距观测量集合分为两部分，其中第一部分包括 4 个伪距观测量，第二部分包含剩下的 $n-4$ 个伪距观测量。第一步，先根据第一部分的 4 个伪距观测量得到最小二乘解；第二步，将第二部分的伪距观测量作为判决依据，具体步骤是先计算第二部分中每一个卫星的位置，然后根据式(7.32)和第一步中得到的最小二乘解计算出预测的伪距量，将第二部分中的伪距观测量和预测的伪距量相减：如果所有的 $n-4$ 个伪距差的绝对值都很小，说明这组伪距观测量应该没有问题，第一步得到的最小二乘解也是可靠的；否则，说明这组伪距观测量应该存在错误或问题，错误观测量可能出现在第一

部分的伪距观测量中，也可能出现在第二部分作为判决的伪距观测量中。这个过程可以看作一次二元假设检验，即 H_0 和 H_1 判决，出现错误的时候为 H_1 判决，没有出现错误的时候为 H_0 判决。当为 H_1 判决时，如果所有的 $n-4$ 个伪距差的绝对值都比较大，则说明通过第一部分的 4 个伪距观测量计算得到的最小二乘解出现错误的概率较大；如果 $n-4$ 个伪距差中只有一个绝对值较大而其他的都较小，则说明最小二乘解正确的概率较大，出现问题的伪距观测量恰恰是那个伪距差较大的伪距观测量。这种 RAIM 方法叫作伪距比较法。这种方法和伪距残差判决法的不同之处，在于它并不把全部伪距观测量都用来计算最小二乘解；所以如果只有 1 个伪距观测量出现错误，只要这个伪距观测量不在第一部分的 4 个伪距观测量出现，则最小二乘解依然是正确的。此时通过上述的逻辑判决可以找到错误的伪距观测量，必要时需要对两部分的伪距观测量集合进行重新分组，然后重新计算最小二乘解并比较伪距值。当然，这样会增大运算量和逻辑判决的复杂性。

3. 校验向量法

校验向量法是另外一种在实际工程中广泛应用的 RAIM 方法。这种方法通过一个校验矩阵 $\boldsymbol{P}$ 计算校验向量 $\boldsymbol{p}$：

$$\boldsymbol{p}=\boldsymbol{P}\boldsymbol{\rho} \tag{7.94}$$

其中，校验矩阵 $\boldsymbol{P}$ 具有如下性质：

① $\boldsymbol{P}\in\mathbb{R}^{(n-4)\times n}$，即 $\boldsymbol{P}$ 的维度是$(n-4)\times n$；

② $\mathrm{rank}(\boldsymbol{P})=n-4$，即 $\boldsymbol{P}$ 的秩为 $n-4$；

③ $\boldsymbol{P}\boldsymbol{P}^{\mathrm{T}}=\boldsymbol{I}_{n-4}$，即 $\boldsymbol{P}$ 的行向量相互正交；

④ $\boldsymbol{P}\boldsymbol{H}=\boldsymbol{0}$。

根据 $\boldsymbol{P}$ 矩阵的性质，可以看出校验向量 $\boldsymbol{p}$ 是（$n-4$）维，并且可以证明

$$\boldsymbol{p}^{\mathrm{T}}\boldsymbol{p}=\boldsymbol{z}^{\mathrm{T}}\boldsymbol{z} \tag{7.95}$$

式中，$\boldsymbol{z}$ 是伪距残差法中的伪距残差矢量，即式(7.92)的结果。这证实了校验向量法和伪距残差法的一致性，在计算 SSE 时可以采用两种方法中的任意一种。

由矩阵 $\boldsymbol{P}$ 的第 4 个性质可知，$\boldsymbol{P}$ 的列向量在 $\boldsymbol{H}^{\mathrm{T}}$ 的零空间里。如果将式(7.89)代入式(7.94)，并利用 $\boldsymbol{P}$ 的性质 4，可得

$$\boldsymbol{p}=\boldsymbol{P}\boldsymbol{\varepsilon} \tag{7.96}$$

从式(7.96)可知，系统状态矢量 $\boldsymbol{x}$ 在左乘 $\boldsymbol{P}$ 以后为 $\boldsymbol{0}$ 向量，只有观测误差向量才会被“转换”到校验向量 $\boldsymbol{p}$ 中，这是一个非常有用的性质。关于这一点，假如我们把式(7.90)和式(7.94)写在一起，如式(7.97)所示，就能够理解得更透彻一些。

$$\begin{bmatrix}\boldsymbol{x}_{\mathrm{ls}}\\ \cdots\cdots\\ \boldsymbol{p}\end{bmatrix}=\begin{bmatrix}(\boldsymbol{H}^{\mathrm{T}}\boldsymbol{H})^{-1}\boldsymbol{H}^{\mathrm{T}}\\ \cdots\cdots\cdots\cdots\\ \boldsymbol{P}\end{bmatrix}[\boldsymbol{\rho}] \tag{7.97}$$

其中，$[\boldsymbol{\rho}]$对应观测矢量空间，$[\boldsymbol{x}_{\text{ls}}]$对应系统状态矢量空间，$[\boldsymbol{p}]$对应校验矢量空间，从观测量空间到系统状态空间的转换通过矩阵$(\boldsymbol{H}^{\text{T}}\boldsymbol{H})^{-1}\boldsymbol{H}^{\text{T}}$完成，从观测量空间到校验空间的转换通过$\boldsymbol{P}$矩阵完成。从式(7.96)可知，由于校验向量$\boldsymbol{p}$和观测噪声矢量$\boldsymbol{\varepsilon}$呈齐次线性关系，那么对于错误观测量的检测和甄别就可以通过校验向量$\boldsymbol{p}$来完成。以 n=6 个伪距观测量为例，此时$\boldsymbol{H}$矩阵为 4×6 维，$\boldsymbol{P}$矩阵为 2×6 维，假设$\boldsymbol{P}$矩阵取如下的形式：

$$\boldsymbol{P}=\begin{bmatrix} p_{11} & p_{12} & p_{13} & p_{14} & p_{15} & p_{16} \\ p_{21} & p_{22} & p_{23} & p_{24} & p_{25} & p_{26} \end{bmatrix}$$

当 6 个伪距观测量中第j个出现了错误时，即$\rho_j=\boldsymbol{H}_j\boldsymbol{x}+b$，其中$b$为该伪距观测量中的明显偏差，如果其他几个观测量的噪声大小忽略不计的话，则此时校验向量为

$$\boldsymbol{p}\approx\begin{bmatrix} p_{1j} \\ p_{2j} \end{bmatrix}b \tag{7.98}$$

从式(7.98)可以得到两个结论：首先$\boldsymbol{p}$的模可以用来判决是否出现了观测量错误；其次$\boldsymbol{p}$向量可以用来判决哪个观测量出现了错误，判决原则就是用$\boldsymbol{p}$向量的元素和原点（0,0）之间的连线的斜率和p_{1i}/p_{2i} $(i=1,\cdots,6)$比较，两者最接近的i值就表明该位置对应的卫星的伪距观测量出错的概率最大。实际中，可以把$\boldsymbol{P}$矩阵的每一个列向量的元素看作一个偏差倾斜斜率，每一个倾斜斜率对应一个伪距观测量，上述例子中的 6 个伪距观测量可以得到 6 个偏差倾斜斜率，如图 7.9 中左图所示。左图中有 6 条直线，每条直线的斜率由p_{1i}/p_{2i}决定，图中圆的半径表示判决门限，只有当$\boldsymbol{p}$的模大于该门限时才说明出现了观测量错误，此时会判决$\boldsymbol{p}$向量和那条直线平行，从而甄别出错误的伪距观测量。

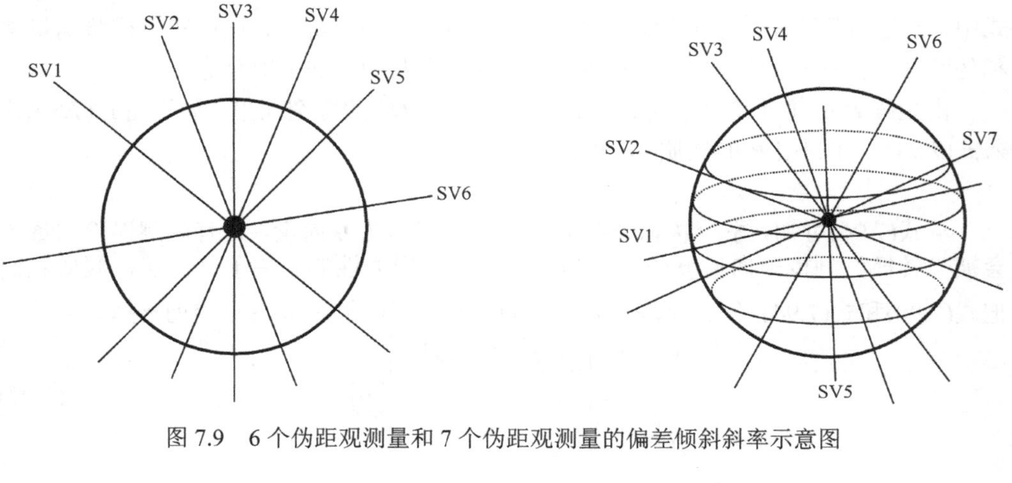

图 7.9　6 个伪距观测量和 7 个伪距观测量的偏差倾斜斜率示意图

当伪距观测量的数目大于 6 个时，偏差倾斜斜率就需要在更高维度的空间中表示了。图 7.9 中右图就是伪距观测量数目为 7 时的偏差倾斜斜率，此时的校验矢量空间为 3 维空间，相应的判决门限决定的形状是一个球而非一个圆，$\boldsymbol{p}$ 向量是三维空间中的直线，但判决的依据依然是检查 $\boldsymbol{p}$ 向量和哪个偏差倾斜斜率平行。

从 $\boldsymbol{P}$ 矩阵的性质可知，$\boldsymbol{P}$ 矩阵并不是唯一的，$\boldsymbol{P}$ 矩阵可以通过对 $\boldsymbol{H}$ 矩阵做 QR 分解得到，即如果

$$\boldsymbol{H} = \boldsymbol{QR} \tag{7.99}$$

则 $\boldsymbol{Q}$ 的转置矩阵的底部 $n-4$ 个行向量就是 $\boldsymbol{P}$ 矩阵。

校验向量方法不仅实现了伪距观测量的错误判决，而且还能够通过比较偏差倾斜斜率实现对错误观测量的甄别，所以在实际产品中得到了比较广泛的使用。但校验向量法也有一定的不足，例如：如果两个卫星对应的偏差倾斜斜率很接近，则容易出现误判现象；当出现错误的观测量不止一个时，校验向量 $\boldsymbol{p}$ 就由多个不同斜率的直线组合而成，这样就很难甄别出那个观测量出现了错误。另外，图 7.9 中的判决门限，即图中的圆和球的半径，很难被准确地确定，当 $\boldsymbol{p}$ 的模很大时比较容易确定出错的观测量，当 $\boldsymbol{p}$ 的模很小时无须确定出错的观测量，当 $\boldsymbol{p}$ 的模 c 处于两者之间时恰恰是最棘手的情况；因为此时的 b 虽然不大，但这样的观测量却能对定位结果产生不可忽视的偏差，而此时却很难将出错的观测量筛选出来。

4．最大解分离法

最大解分离法的基本思想是将 N 个伪距观测量分成 N 组集合，每一组不包括第 i 个伪距观测量，$i=1,\cdots,N$。即每一组集合包含的观测量数目是 $N-1$，如果 $N-1$ 足够大（$N-1\geqslant 4$），则依然能够得到一个有效的最小二乘解。这样就能够得到 N 的定位结果，判断这些 N 个定位结果之间的两两距离：如果最大的距离小于预设的门限，说明全部 N 个伪距观测量没有错误；反之，则说明其他有一个或多个伪距观测量存在错误。这种方法的依据是当只有一个伪距观测量出现错误时，通过上述的分组方式必然有一组观测量集合不包含错误观测量，而此时通过该观测量集合计算得到的定位结果必然在正确位置附近，其他各组必然包含错误观测量，所以其定位结果由于受错误观测量的影响而不会得到正确位置，这样正确的定位结果和错误的定位结果之间必然存在较大的距离。这种方法存在若干个变种，其中之一就是观测量分组计算方法，这种方法将 N 个观测量分成 C_N^M 个组，每一个组内包含 M 个观测量，显然如果 $M\geqslant 4$，每一组可以得到一个最小二乘解，比较这 C_N^M 个解的距离，可以判断全部观测量中是否存在错误，进一步对 C_N^M 个解的详细分析可以甄别出错误观测量。这些方法的代价是分组导致运算量增大，在对错误观测量进行甄别时需要复杂的逻辑处理，并且存在一定的判决错误概率。

从上面对几种 RAIM 方法进行分析中可以看出，这些方法均利用了伪距观测量的冗余信息，如果没有冗余的伪距观测量，则无法对最小二乘解的正确与否做出判

断。从这个角度出发，也可以利用更多的冗余信息，这里的冗余信息并不一定限于卫星信号，也可以是来自惯性传感器、气压计、磁力计、罗兰-C 导航结果、车辆里程计等信息。

7.2　卡尔曼滤波解算

自从 20 世纪 60 年代出现卡尔曼滤波以来，全世界的学者已经对其进行了详尽的研究和探讨。卡尔曼滤波在很多领域，尤其在目标跟踪、制导、控制和导航领域得到了非常广泛的应用。卡尔曼滤波的显著特点包括递归运算和运算的高效性，同时在最小均方误差的意义上是最优的。一般来说，卡尔曼滤波的每次更新需要两个步骤：第一个步骤是进行状态更新，第二个步骤是观测量更新。状态更新基于系统状态转移方程，对系统状态量进行时间预测；而观测量更新发生在系统观测量到来以后，将预测的状态量和观测量一起作为输入对系统状态量进行最小二乘法的估计，而得到的估计又作为下一个时刻的系统更新的起点。所以，卡尔曼滤波从某种意义上来说和递归最小二乘（Recursive Least Square，RLS）方法有一定的相似之处。本节将从 RLS 开始，详细讲解卡尔曼滤波的原理及其在北斗 / GPS 接收机内部的应用，同时结合具体工程问题对卡尔曼滤波在具体实现方法上进行一些有益的探讨。

7.2.1　递归最小二乘法

从 7.1.2 节中可知，对于用状态转移方程

$$\boldsymbol{Y} = \boldsymbol{A}\boldsymbol{x} + \boldsymbol{n}$$

所描述的系统来说，对其系统状态量的加权最小二乘估计为

$$\hat{\boldsymbol{x}} = (\boldsymbol{A}^{\mathrm{T}}\boldsymbol{W}\boldsymbol{A})^{-1}\boldsymbol{A}^{\mathrm{T}}\boldsymbol{W}\tilde{\boldsymbol{Y}} \tag{7.100}$$

式中，$\boldsymbol{n}$、$\boldsymbol{W}$、$\tilde{\boldsymbol{Y}}$ 和 7.1.2 节中的定义一样。假设 $\tilde{\boldsymbol{Y}}$ 包含从时刻 0 开始的所有观测量，这样的处理是对所有观测量同时处理，一般被称作批处理（Batch Processing）方式。

由于现代数字系统工作于离散时间域，所以下面分析将基于数字采样时刻 t_k 展开，其中 k=0,1,⋯,∞。假设在时刻 t_m，有 m 个观测量，即 $\tilde{\boldsymbol{Y}}_m = [\tilde{y}_1, \tilde{y}_2, \cdots, \tilde{y}_m]^{\mathrm{T}}$，则状态转移矩阵 $\boldsymbol{A}$ 是一个 $m \times k$ 的矩阵，这里 k 是系统状态矢量 $\boldsymbol{x}$ 的维数。那么由式(7.100)得到的 WLS 估计是基于 $\tilde{\boldsymbol{Y}}_m$ 中的所有元素得到的。显而易见，整个批处理过程需要一次 $k \times m$ 和 $m \times k$ 的矩阵相乘，一次 $k \times k$ 的矩阵求逆，一个 $k \times m$ 和 $m \times 1$ 的矩阵相乘，一个 $k \times k$ 和 $k \times 1$ 的矩阵相乘。

在时刻 t_{m+1}，有了一个新的观测量 $\tilde{y}_{m+1}$，因此观测量向量

$$\begin{aligned}\tilde{\boldsymbol{Y}}_{m+1} &= [\tilde{y}_1, \tilde{y}_2, \cdots, \tilde{y}_m, \tilde{y}_{m+1}]^{\mathrm{T}} \\ &= [\tilde{\boldsymbol{Y}}_m^{\mathrm{T}}, \tilde{y}_{m+1}]^{\mathrm{T}}\end{aligned}$$

如果继续沿用式(7.100)的批处理方式对系统状态进行 WLS 估计，则新的估计基于 $\tilde{\boldsymbol{Y}}_{m+1}$ 中的所有元素。类似前面的分析可知，所需的运算量为一次 $k\times(m+1)$ 和 $(m+1)\times k$ 的矩阵相乘，一次 $k\times k$ 的矩阵求逆，一个 $k\times(m+1)$ 和 $(m+1)\times 1$ 的矩阵相乘，和一个 $k\times k$ 与 $k\times 1$ 的矩阵相乘。

这样做粗看起来似乎并没有什么不妥。可是仔细分析以后就会发现，$\tilde{\boldsymbol{Y}}_m$ 包含的全部信息已经在 t_m 时刻用过了，在 t_{m+1} 时刻已经没有必要再重新从 $\tilde{y}_1$ 开始计算。因为 $\tilde{\boldsymbol{Y}}_{m+1}$ 和 $\tilde{\boldsymbol{Y}}_m$ 相比，其中的新信息其实只包含在 $\tilde{y}_{m+1}$ 中，所以只需在上一次估计的基础上考虑这个新的观测量即可。

简单地基于式(7.100)的方法还有一个致命的问题，就是系统资源开销的问题，尤其是存储器开销的问题。随着时间的流逝，新的观测量源源不断地到来，则系统需要不断开辟新的存储空间来存储新的观测量。长此以往，一个实际的系统必然有内存耗尽而停止工作的时刻。所以我们必须另辟蹊径以避免发生这些问题，假如把基于 $\tilde{\boldsymbol{Y}}_m = [\tilde{y}_1, \tilde{y}_2, \cdots, \tilde{y}_m]^{\mathrm{T}}$ 的最小二乘估计表示为 $E^*[x \mid \tilde{y}_1, \tilde{y}_2, \cdots, \tilde{y}_m]$，下面将从递推的角度来看 $E^*[x \mid \tilde{y}_1, \tilde{y}_2, \cdots, \tilde{y}_m, \tilde{y}_{m+1}]$ 和 $E^*[x \mid \tilde{y}_1, \tilde{y}_2, \cdots, \tilde{y}_m]$ 的关系。

假设在 t_m 时刻基于 $\tilde{\boldsymbol{Y}}_m$ 对系统状态 $\boldsymbol{x}$ 的 WLS 估计为 $\hat{\boldsymbol{x}}_m$，$\hat{\boldsymbol{x}}_m$ 和真实的 $\boldsymbol{x}$ 值之间的偏差用 $\delta\hat{\boldsymbol{x}}_m$ 表示，即

$$\hat{\boldsymbol{x}}_m = \boldsymbol{x} + \delta\hat{\boldsymbol{x}}_m \tag{7.101}$$

同时，误差的协方差矩阵 $\mathrm{var}\{\delta\hat{\boldsymbol{x}}_m\} = \boldsymbol{P}_m$ 为已知，即 7.1.2 节中的式(7.24)。

在 t_{m+1} 时刻，新的观测量 $\tilde{y}_{m+1}$ 到来，假设其观测噪声方差为 R_{m+1}。我们可以将 t_m 时刻的 WLS 估计量 $\hat{\boldsymbol{x}}_m$ 和 $\tilde{y}_{m+1}$ 一起组成一个新的观测向量 $[\hat{\boldsymbol{x}}_m^{\mathrm{T}}, \tilde{y}_{m+1}]^{\mathrm{T}}$，这个观测量和系统状态参量 $\boldsymbol{x}$ 之间的状态转移方程变为

$$\begin{bmatrix} \hat{\boldsymbol{x}}_m \\ \tilde{y}_{m+1} \end{bmatrix} = \begin{bmatrix} \boldsymbol{I} \\ \boldsymbol{A}_{m+1} \end{bmatrix} \boldsymbol{x} + \begin{bmatrix} \delta\hat{\boldsymbol{x}}_m \\ n_{m+1} \end{bmatrix} \tag{7.102}$$

式中，$\boldsymbol{A}_{m+1}$ 为 t_{m+1} 时刻的状态转移矩阵，下标“$m+1$”表示状态转移矩阵可以是时变的；n_{m+1} 为 t_{m+1} 时刻的观测量噪声，它和 $\delta\hat{\boldsymbol{x}}_m$ 组成新的观测量噪声矢量。n_{m+1} 和 $\delta\hat{\boldsymbol{x}}_m$ 相互独立，则新的观测量误差的协方差矩阵可以用 $\boldsymbol{R}_{m+1}$ 表示。根据上述分析，$\boldsymbol{R}_{m+1}$ 可以表示为

$$\boldsymbol{R}_{m+1} = \mathrm{cov}\{\delta\hat{\boldsymbol{x}}_m^{\mathrm{T}}, n_{m+1}\} = \begin{bmatrix} \boldsymbol{P}_m & \boldsymbol{0} \\ \boldsymbol{0} & R_{m+1} \end{bmatrix} \tag{7.103}$$

有了 $\boldsymbol{R}_{m+1}$ 的表达式，对新的观测向量 $[\hat{\boldsymbol{x}}_m^{\mathrm{T}}, \tilde{y}_{m+1}]^{\mathrm{T}}$ 采用 WLS 方法，新的状态转移矩阵和观测量噪声由式(7.102)给出，并取加权矩阵为 $\boldsymbol{W} = \boldsymbol{R}_{m+1}^{-1}$，则新的状态参量估计 $\hat{\boldsymbol{x}}_{m+1}$ 为

$$\hat{\boldsymbol{x}}_{m+1} = \boldsymbol{P}_{m+1}\begin{bmatrix} \boldsymbol{I} & \boldsymbol{A}_{m+1}^{\mathrm{T}} \end{bmatrix}\begin{bmatrix} \boldsymbol{P}_m & \boldsymbol{0} \\ \boldsymbol{0} & R_{m+1} \end{bmatrix}^{-1}\begin{bmatrix} \hat{\boldsymbol{x}}_m \\ \tilde{y}_{m+1} \end{bmatrix} \tag{7.104}$$

其中，

$$\begin{aligned} \boldsymbol{P}_{m+1} &= \mathrm{var}\{\delta\hat{\boldsymbol{x}}_{m+1}\} \\ &= \left(\begin{bmatrix} \boldsymbol{I} & \boldsymbol{A}_{m+1}^{\mathrm{T}} \end{bmatrix}\begin{bmatrix} \boldsymbol{P}_m & \boldsymbol{0} \\ \boldsymbol{0} & R_{m+1} \end{bmatrix}^{-1}\begin{bmatrix} \boldsymbol{I} \\ \boldsymbol{A}_{m+1} \end{bmatrix}\right)^{-1} \end{aligned} \tag{7.105}$$

将式(7.105)展开得到

$$\boldsymbol{P}_{m+1}^{-1} = \boldsymbol{P}_m^{-1} + \boldsymbol{A}_{m+1}^{\mathrm{T}} R_{m+1}^{-1} \boldsymbol{A}_{m+1} \tag{7.106}$$

上式中由于 $\boldsymbol{A}_{m+1}^{\mathrm{T}} R_{m+1}^{-1} \boldsymbol{A}_{m+1}$ 总是非负定的，所以可以看出随着新的观测量到来，信息矩阵总是递增的。根据 7.1.2 节中信息矩阵的定义及其性质，可以看出，当新的观测量到来时信息矩阵中的信息量增大，下一步就是如何利用新的信息量来使本地状态的估计量更准确。

对式(7.106)两边同时左乘 $\boldsymbol{P}_{m+1}$ 并整理得到

$$\boldsymbol{P}_{m+1}\boldsymbol{P}_m^{-1} = \boldsymbol{I} - \boldsymbol{P}_{m+1}\boldsymbol{A}_{m+1}^{\mathrm{T}} R_{m+1}^{-1} \boldsymbol{A}_{m+1} \tag{7.107}$$

式(7.107)将在下面的推导中被用到。

将式(7.104)展开并在下式中第二步利用式(7.107)的结果，可以得到

$$\begin{aligned} \hat{\boldsymbol{x}}_{m+1} &= \boldsymbol{P}_{m+1}\boldsymbol{P}_m^{-1}\hat{\boldsymbol{x}}_m + \boldsymbol{P}_{m+1}\boldsymbol{A}_{m+1}^{\mathrm{T}} R_{m+1}^{-1}\tilde{y}_{m+1} \\ &= \hat{\boldsymbol{x}}_m + \boldsymbol{P}_{m+1}\boldsymbol{A}_{m+1}^{\mathrm{T}} R_{m+1}^{-1}(\tilde{y}_{m+1} - \boldsymbol{A}_{m+1}\hat{\boldsymbol{x}}_m) \end{aligned} \tag{7.108}$$

令 RLS 增益矩阵

$$\boldsymbol{k}_{m+1} = \boldsymbol{P}_{m+1}\boldsymbol{A}_{m+1}^{\mathrm{T}} R_{m+1}^{-1} \tag{7.109}$$

则式(7.108)可以简化为

$$\hat{\boldsymbol{x}}_{m+1} = \hat{\boldsymbol{x}}_m + \boldsymbol{k}_{m+1}(\tilde{y}_{m+1} - \boldsymbol{A}_{m+1}\hat{\boldsymbol{x}}_m) \tag{7.110}$$

式(7.110)中，$\hat{y}_{m+1} = \boldsymbol{A}_{m+1}\hat{\boldsymbol{x}}_m$ 是基于 $\hat{\boldsymbol{x}}_m$ 对 t_{m+1} 时刻的观测量进行预测，而 $(\tilde{y}_{m+1} - \boldsymbol{A}_{m+1}\hat{\boldsymbol{x}}_m)$ 是实际观测量和预测观测量的残差。

对式(7.110)可以这样理解：假设在 t_m 时刻，我们已经得到了对系统状态的 WLS 估计 $\hat{\boldsymbol{x}}_m$，同时也得到了估计误差方差矩阵 $\boldsymbol{P}_m$。在 t_{m+1} 时刻，新的观测量 $\tilde{y}_{m+1}$ 到来，同时到来的还有新观测量的系统转移矩阵 $\boldsymbol{A}_{m+1}$ 和观测噪声方差 R_{m+1}。首先根据式(7.105)计算出 $\boldsymbol{P}_{m+1}$，然后利用 $\boldsymbol{P}_{m+1}$、$\boldsymbol{A}_{m+1}$ 和 R_{m+1}^{-1} 根据式(7.109)计算出增益矩阵 $\boldsymbol{k}_{m+1}$，然后将观测量残差 $(\tilde{y}_{m+1} - \hat{y}_{m+1})$ 和 $\boldsymbol{k}_{m+1}$ 相乘，将结果反馈回去更新 $\hat{\boldsymbol{x}}_m$，更新后的结果就是在 t_{m+1} 时刻对系统状态的 WLS 估计 $\hat{\boldsymbol{x}}_{m+1}$。而当前时刻的状态估计 $\hat{\boldsymbol{x}}_{m+1}$ 和估计误差方差矩阵 $\boldsymbol{P}_{m+1}$ 又作为下一时刻迭代的起点。

整个过程没有从最初的观测量开始，而是巧妙地利用了上一次估计的结果和本次的观测量。理论上可以证明，迭代处理的结果和从最初的观测量开始的批处理方式结果是一样的，但运算量要小得多，而且对存储空间的开销也要小了很多。

整个过程用示意图的方法用图 7.10 表示出来。图中 $\hat{\boldsymbol{x}}_m$ 和 $\boldsymbol{P}_m$ 被保存在本地存储器

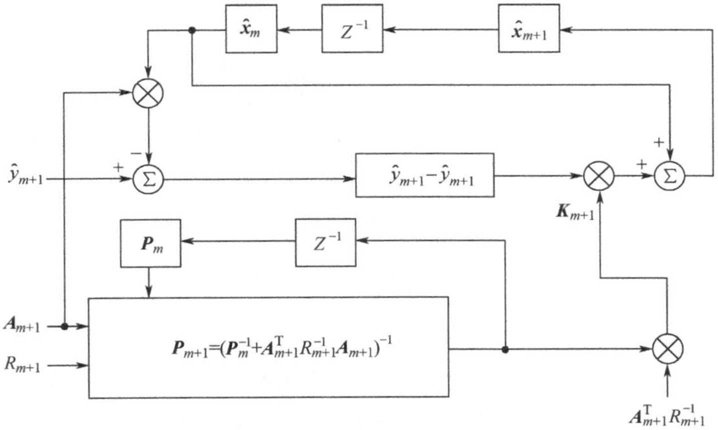

图 7.10　递归最小二乘法（RLS）的迭代原理[21]

中，$\tilde{y}_{m+1}$、$\boldsymbol{A}_{m+1}$ 和 R_{m+1} 等信息则来自观测量。每次处理的结果要更新 $\hat{\boldsymbol{x}}_m$ 和 $\boldsymbol{P}_m$ 。RLS 算法的运算量分析和存储量分析如表 7.4 所示[21]，其中计算运算量和存储器开销过程中的变量 n 为系统状态参量的个数，即 $\boldsymbol{x}\in\mathbb{R}^n$，观测量为标量，故 $\boldsymbol{H}_{m+1}\in\mathbb{R}^{1\times n}$，$\tilde{y}_{m+1}$ 和 R_{m+1} 均为标量，$\boldsymbol{F}_{m+1}$ 实际是一个中间变量矩阵，其物理意义为信息矩阵。

表 7.4　RLS 运算量和存储器开销对比

计算项	FLOPS	暂时存储器	全局存储器
$\boldsymbol{A}_{m+1}$	0	0	n
$r=\tilde{y}_{m+1}-\boldsymbol{A}_{m+1}\hat{\boldsymbol{x}}_m$	n	1	0
$\boldsymbol{d}=\boldsymbol{A}_{m+1}^T R_{m+1}^{-1}$	N	n	0
$\boldsymbol{F}_{m+1}=\boldsymbol{F}_m+\boldsymbol{d}\boldsymbol{A}_{m+1}$	$\frac{1}{2}(n+1)n$	0	$\frac{1}{2}(n+1)n$
$\boldsymbol{P}_{m+1}=\boldsymbol{F}_{m+1}^{-1}$	$n^3+\frac{1}{2}(n+1)n$	$\frac{1}{2}(n+1)n$	0
$\boldsymbol{K}=\boldsymbol{P}_{m+1}\boldsymbol{d}$	n^2	n	0
$\hat{\boldsymbol{x}}_{m+1}=\hat{\boldsymbol{x}}_m+\boldsymbol{K}r$	n	0	n
总计运算量	n^3+2n^2+4n	$\frac{1}{2}n^2+\frac{5}{2}n+1$	$\frac{1}{2}n^2+\frac{5}{2}n$

由表 7.4 可以看出，RLS 算法所需的运算量和存储器开销只和状态向量的维数 n 有关，所以其开销是一个固定的数目。相对应式(7.100)的批处理方式所需的运算量和存储器开销随着处理时刻的增加而增加，所以当 m 非常大时，系统将不堪重负而濒于崩溃。

最后以一个简单的例子来对 RLS 方法做一个总结，同时让读者更容易理解 RLS 算法的基本思想。

依然用 7.1.2 节最后的例子。在 7.1.2 节我们已经知道，当观测量的噪声功率都

相等时，即 $\text{var}\{\tilde{y}\}=\sigma^2$，对它的 WLS 估计就是对所有的观测量$[\tilde{y}_1,\tilde{y}_2,\cdots,\tilde{y}_m]$取平均，即

$$\hat{x}_m=\frac{1}{m}\sum_{i=1}^{m}\tilde{y}_i,\quad \text{var}\{\delta x\}=\frac{\sigma^2}{m}$$

在$m+1$时刻，一个新的观测量$\tilde{y}_{m+1}$来到，则此时新的状态估计为

$$\begin{aligned}\hat{x}_{m+1}&=\frac{1}{m+1}\sum_{i=1}^{m+1}\tilde{y}_i\\&=\hat{x}_m+\frac{1}{m+1}(\tilde{y}_{m+1}-\hat{x}_m)\end{aligned}\tag{7.111}$$

在上式推导过程中，将新的状态估计$\hat{x}_{m+1}$写成递推的方式。注意，这里的递推方式只是批处理方式的一种数学变形，而非本节所讲述的 RLS 方法。下面将完全从 RLS 算法的原理出发，推导出相应的状态估计表达式，并和式(7.111)相比较。

现在考虑从 RLS 的方法。从时刻 0 开始，观测量为$\tilde{y}_0$，观测噪声方差为$\text{var}\{\tilde{y}_0\}=\sigma^2$，则此时对$x$的 WLS 估计为$\hat{x}_0=\tilde{y}_0$，$P_0=\text{var}\{\delta\hat{x}_0\}=\sigma^2$。

在时刻 1，观测量$\tilde{y}_1$到来，根据式(7.105)、式(7.109)和式(7.110)分别得到P_1、K_1和$\hat{x}_1$如下：

$$P_1=(P_0^{-1}+A_1R_1^{-1}A_1)^{-1}=\frac{\sigma^2}{2}$$

$$K_1=P_1A_1R_1^{-1}=\frac{1}{2}$$

$$\hat{x}_1=\hat{x}_0+K_1(\tilde{y}_1-A_1\hat{x}_0)=\hat{x}_0+\frac{1}{2}(\tilde{y}_1-\hat{x}_0)$$

上面各式推导过程中用到了$A_i=1,R_i=\sigma^2,\forall i$。

继续利用式(7.105)、(7.109)和(7.110)和上一时刻的估计结果P_m、K_m和$\hat{x}_m$，可以得到在后续的$m+1$时刻的P_{m+1}、K_{m+1}和$\hat{x}_{m+1}$如下：

$$P_{m+1}=(P_m^{-1}+A_{m+1}R_{m+1}^{-1}A_{m+1})^{-1}=\frac{\sigma^2}{m+1}$$

$$K_{m+1}=P_{m+1}A_{m+1}R_{m+1}^{-1}=\frac{1}{m+1}$$

$$\hat{x}_{m+1}=\hat{x}_m+K_{m+1}(\tilde{y}_{m+1}-A_{m+1}\hat{x}_m)=\hat{x}_m+\frac{1}{m+1}(\tilde{y}_{m+1}-\hat{x}_m)\tag{7.112}$$

式(7.112)说明：RLS 的结果可以看作对观测量$\tilde{y}_m$的时变低通滤波器，滤波器系数 1/(m+1)随时间流逝逐渐变小，表明系统对本地状态的更新将随着时间的推移而更倾向于保留上一个时刻的估计结果。将式(7.112)和式(7.111)相比较，可以看出 RLS 的结果和利用批处理的方法得到的结果完全吻合。这印证了如果被正确初始化，RLS 方法和批处理方法有同样的结果，但显然 RLS 方法比批处理方法的总运算量更小，存储器开销也更少。

7.2.2　基本的卡尔曼滤波器

RLS 算法巧妙地利用了迭代，从而能基于时刻 t_m 的估计结果和时刻 t_{m+1} 的观测量对当前的系统状态进行加权最小二乘估计。所以可以看出：RLS 算法要求系统状态在时刻 t_m 和时刻 t_{m+1} 保持不变，由此递推到未来的所有时刻；RLS 算法要求系统状态必须是常量，否则就不能再用 RLS 算法。而在实际的应用中，系统状态往往需要随着时间而变，此时 RLS 算法就无能为力了。

考虑一个状态时间线性系统，该系统由离散时间差分方程描述如下：

$$\boldsymbol{x}_m = \boldsymbol{\varPhi}_{m-1}\boldsymbol{x}_{m-1} + \boldsymbol{G}_{m-1}\boldsymbol{u}_{m-1} + \boldsymbol{w}_{m-1} \tag{7.113}$$

$$\boldsymbol{y}_m = \boldsymbol{H}_m\boldsymbol{x}_m + \boldsymbol{v}_m \tag{7.114}$$

其中，$\boldsymbol{x}_m$ 是系统状态矢量；$\boldsymbol{\varPhi}_m$ 是状态转移矩阵；$\boldsymbol{u}_m$ 是输入信号矢量；$\boldsymbol{H}_m$ 是系统观测方程；$\boldsymbol{w}_m$ 和 $\boldsymbol{v}_m$ 分别是系统处理噪声和观测噪声。式(7.113)被称作状态转移方程，而式(7.114)被称作系统观测方程。

观察者不能直接测量 $\boldsymbol{x}_m$，而只能观测到 $\boldsymbol{Y}_m$，将观测到的 $\boldsymbol{Y}_m$ 叫作观测量，用 $\tilde{\boldsymbol{Y}}_m$ 表示以示区分。由于 $\boldsymbol{w}_m$ 和 $\boldsymbol{v}_m$ 都是随机变量，所以无法得到其具体数值，而只能对其统计特性进行分析。这里假设 $\boldsymbol{w}_m$ 和 $\boldsymbol{v}_m$ 都是白噪声，均值为 0，而且相互独立，即

$$E\{\boldsymbol{w}\} = 0, \quad E\{\boldsymbol{w}_j\boldsymbol{w}_l^{\mathrm{T}}\} = \boldsymbol{QD}_j\boldsymbol{\delta}_{j,l} \tag{7.115}$$

$$E\{\boldsymbol{v}\} = 0, \quad E\{\boldsymbol{v}_j\boldsymbol{v}_l^{\mathrm{T}}\} = \boldsymbol{R}_j\boldsymbol{\delta}_{j,l} \tag{7.116}$$

$$E\{\boldsymbol{w}_j\boldsymbol{v}_l^{\mathrm{T}}\} = 0 \tag{7.117}$$

其中，

$$\boldsymbol{\delta}_{j,l} = \begin{cases} \boldsymbol{I}, & 当 l = j \\ \boldsymbol{0}, & 当 l \neq j \end{cases} \tag{7.118}$$

式(7.118)说明了白噪声的典型特点，就是在时间上不相关，由于随机信号的功率谱是其自相关函数的 FFT，则白噪声在频域的特点就是功率谱在整个频率区间上都是常量，这和白光在整个光谱频率区间内功率均匀分布的特点类似。

式(7.115)、式(7.116)和式(7.117)是对于系统噪声的假设，这种假设在理想条件下才成立，实际系统中和这种假设不符的情况主要有两种：① $\boldsymbol{w}_m$ 和 $\boldsymbol{v}_m$ 是有色噪声；② $\boldsymbol{w}_m$ 和 $\boldsymbol{v}_m$ 相关。这两种情况的处理对策在后面章节介绍，这里为了推导卡尔曼滤波的基本方程，假设式(7.115)、式(7.116)和式(7.117)成立。

假设在时刻 $m-1$ 我们已经有了对于系统状态 $\boldsymbol{x}_{m-1}$ 的估计 $\hat{\boldsymbol{x}}_{m-1}$，同时也知道了估计误差方差矩阵 $\boldsymbol{P}_{m-1} = \mathrm{var}\{(\delta\hat{\boldsymbol{x}}_{m-1})(\delta\hat{\boldsymbol{x}}_{m-1})^{\mathrm{T}}\}$，则在时刻 m，在已知 $\boldsymbol{y}_m$、$\boldsymbol{QD}_m$ 和 $\boldsymbol{R}_m$ 的基础上，如何利用迭代的方法得到对系统状态 $\boldsymbol{x}_m$ 的估计 $\hat{\boldsymbol{x}}_m$？

在时刻 m，系统状态 $\boldsymbol{x}_m$ 发生了变化，但这个变化是由状态转移方程决定，所以首先可以根据式(7.113)来对 $\boldsymbol{x}_m$ 进行时间预测：

$$\hat{\boldsymbol{x}}_m^- = \boldsymbol{\varPhi}_{m-1}\hat{\boldsymbol{x}}_{m-1}^+ + \boldsymbol{G}_{m-1}\boldsymbol{u}_{m-1} \tag{7.119}$$

这里用上标“-”表示观测量更新之前，用上标“+”表示观测量更新之后，后续内容将沿用同样的表示。一般往往把 $\hat{\boldsymbol{x}}_m^-$ 叫作 $\hat{\boldsymbol{x}}_{m-1}^+$ 的时间更新。

由于 $\hat{\boldsymbol{x}}_{m-1}^+$ 是无偏的，而 $\boldsymbol{w}_{m-1}$ 均值为 0，所以可以证明 $\hat{\boldsymbol{x}}_m^-$ 也是无偏的，即

$$\delta\hat{\boldsymbol{x}}_m^- = \hat{\boldsymbol{x}}_m^- - \boldsymbol{x}_m\text{，且 } E\{\delta\hat{\boldsymbol{x}}_m^-\} = \boldsymbol{0} \tag{7.120}$$

用式(7.113)和式(7.119)相减，得到

$$\delta\hat{\boldsymbol{x}}_m^- = \boldsymbol{\Phi}_{m-1}\delta\hat{\boldsymbol{x}}_{m-1}^+ + \boldsymbol{w}_{m-1} \tag{7.121}$$

将 $\hat{\boldsymbol{x}}_m^-$ 的估计误差的协方差矩阵记作 $\boldsymbol{P}_m^-$，则

$$\begin{aligned}\boldsymbol{P}_m^- &= E\{[\delta\hat{\boldsymbol{x}}_m^-][\delta\hat{\boldsymbol{x}}_m^-]^{\mathrm{T}}\}\\ &= \boldsymbol{\Phi}_{m-1}E\{[\delta\hat{\boldsymbol{x}}_{m-1}^+][\delta\hat{\boldsymbol{x}}_{m-1}^+]^{\mathrm{T}}\}\boldsymbol{\Phi}_{m-1}^{\mathrm{T}} + E\{\boldsymbol{w}_{m-1}\boldsymbol{w}_{m-1}^{\mathrm{T}}\}\\ &= \boldsymbol{\Phi}_{m-1}\boldsymbol{P}_{m-1}^+\boldsymbol{\Phi}_{m-1}^{\mathrm{T}} + \boldsymbol{QD}_{m-1}\end{aligned} \tag{7.122}$$

上式的推导用到了式(7.121)，推导过程中的第二步中没有交叉项是因为 $E\{(\delta\hat{\boldsymbol{x}}_{m-1}^+)(\boldsymbol{w}_{m-1}^{\mathrm{T}})\} = \boldsymbol{0}$，这是因为 $\boldsymbol{w}_{m-1}^{\mathrm{T}}$ 只影响 $\hat{\boldsymbol{x}}_m^-$、$\boldsymbol{w}_{m-1}^{\mathrm{T}}$ 和 $\delta\hat{\boldsymbol{x}}_{m-1}^+$ 不相关，所以 $E\{(\delta\hat{\boldsymbol{x}}_{m-1}^+)(\boldsymbol{w}_{m-1}^{\mathrm{T}})\} = E\{\delta\hat{\boldsymbol{x}}_{m-1}^+\}E\{\boldsymbol{w}_{m-1}^{\mathrm{T}}\}$，由于 $E\{\boldsymbol{w}_{m-1}^{\mathrm{T}}\} = 0$，所以 $E\{(\delta\hat{\boldsymbol{x}}_{m-1}^+)(\boldsymbol{w}_{m-1}^{\mathrm{T}})\} = 0$。

现在我们已经有了对 $\boldsymbol{x}_m$ 的时间预测估计 $\hat{\boldsymbol{x}}_m^-$，其估计误差协方差矩阵 $\boldsymbol{P}_m^-$ 也已知，所以可以列出如下类似式(7.102)的方程：

$$\begin{bmatrix}\hat{\boldsymbol{x}}_m^-\\ \tilde{\boldsymbol{y}}_m\end{bmatrix} = \begin{bmatrix}\boldsymbol{I}\\ \boldsymbol{H}_m\end{bmatrix}\boldsymbol{x}_m + \begin{bmatrix}\delta\hat{\boldsymbol{x}}_m^-\\ \boldsymbol{v}_{m+1}\end{bmatrix} \tag{7.123}$$

分析至此，已经可以很清楚地看出，我们可以直接利用 7.2.1 节中对 RLS 分析的方法，类似于式(7.110)的推导，而得出对 $\boldsymbol{x}_m$ 的估计 $\hat{\boldsymbol{x}}_m^+$，如下所示：

$$\hat{\boldsymbol{x}}_m^+ = \hat{\boldsymbol{x}}_m^- + \boldsymbol{k}_m(\tilde{\boldsymbol{y}}_m - \boldsymbol{H}_m\hat{\boldsymbol{x}}_m^-) \tag{7.124}$$

式(7.124)中的 $\boldsymbol{k}_m = \boldsymbol{P}_m^+\boldsymbol{H}_m^{\mathrm{T}}\boldsymbol{R}_m^{-1}$，被称作卡尔曼增益矩阵，用来对观测量残差加权以后再更新 $\hat{\boldsymbol{x}}_m^-$。$\hat{\boldsymbol{x}}_m^+$ 是系统状态经过观测量更新以后的值，其误差协方差矩阵为 $\boldsymbol{P}_m^+$，由式(7.106)可知

$$(\boldsymbol{P}_m^+)^{-1} = (\boldsymbol{P}_m^-)^{-1} + \boldsymbol{H}_m^{\mathrm{T}}\boldsymbol{R}_m^{-1}\boldsymbol{H}_m \tag{7.125}$$

对 $\boldsymbol{k}_m$ 的表达式进行直观的分析可知：当观测量包含更大的噪声，即当 $\boldsymbol{R}_m^{-1}$ 变大时，相应的 $\boldsymbol{k}_m$ 就变小，表示当前系统更倾向于保持原来的估计结果；反之，当观测量的可信度更大时，$\boldsymbol{R}_m^{-1}$ 变小，则 $\boldsymbol{k}_m$ 就变大，系统就允许更多的来自于观测量的更新。由此可见卡尔曼滤波过程其实是一个智能的自适应的调整过程，其对状态参量的估计是基于自身当前状态参量可信度和外界观测量可信度的折中。

基于以上分析，卡尔曼滤波器可以分成两个步骤：第一个步骤是根据系统状态转移方程对系统状态进行时间更新，同时还需要更新状态协方差矩阵；第二步是观测量更新，在观测量到来以后，首先更新状态协方差矩阵，从而算出卡尔曼增益，最后更新系统状态。而当前时刻的系统状态和协方差矩阵又成为下一次迭代的初始条件。作为一个总结，整个过程用下面的公式表示：

$$\hat{\boldsymbol{x}}_m^- = \boldsymbol{\Phi}_{m-1}\hat{\boldsymbol{x}}_{m-1}^+ + \boldsymbol{G}_{m-1}\boldsymbol{u}_{m-1} \tag{7.126}$$

$$\hat{\boldsymbol{y}}_m = \boldsymbol{H}_m\hat{\boldsymbol{x}}_m^- \tag{7.127}$$

$$\boldsymbol{P}_m^- = \boldsymbol{\Phi}_{m-1}\boldsymbol{P}_{m-1}^+\boldsymbol{\Phi}_{m-1}^{\mathrm{T}} + \boldsymbol{QD}_{m-1} \tag{7.128}$$

$$(\boldsymbol{P}_m^+)^{-1} = (\boldsymbol{P}_m^-)^{-1} + \boldsymbol{H}_m^{\mathrm{T}}\boldsymbol{R}_m^{-1}\boldsymbol{H}_m \tag{7.129}$$

$$\boldsymbol{k}_m = \boldsymbol{P}_m^+\boldsymbol{H}_m^{\mathrm{T}}\boldsymbol{R}_m^{-1} \tag{7.130}$$

$$\hat{\boldsymbol{x}}_m^+ = \hat{\boldsymbol{x}}_m^- + \boldsymbol{k}_m(\tilde{\boldsymbol{y}}_m - \hat{\boldsymbol{y}}_m) \tag{7.131}$$

式(7.126)～式(7.128)就是时间更新的所有操作，式(7.129)～式(7.131)就是观测量更新的所有操作，这就是卡尔曼滤波的基本方程。

在上述所有操作中，式(7.129)是所有操作中对运算量要求最高的一步，需要先求矩阵 $\boldsymbol{P}_m^-$ 的逆，然后再求 $(\boldsymbol{P}_m^-)^{-1} + \boldsymbol{H}_m^{\mathrm{T}}\boldsymbol{R}_m^{-1}\boldsymbol{H}_m$ 的逆。矩阵求逆对处理器的运算能力的要求很高，尤其当矩阵的纬度很大时，所以人们研究出了其他的计算方法。附录 **A** 中证明了 $\boldsymbol{k}_m$ 和 $\boldsymbol{P}_m^+$ 可以通过下面的方法算出：

$$\boldsymbol{k}_m = \boldsymbol{P}_m^-\boldsymbol{H}_m^{\mathrm{T}}(\boldsymbol{H}_m\boldsymbol{P}_m^-\boldsymbol{H}_m^{\mathrm{T}} + \boldsymbol{R}_m)^{-1} \tag{7.132}$$

$$\boldsymbol{P}_m^+ = (\boldsymbol{I} - \boldsymbol{k}_m\boldsymbol{H}_m)\boldsymbol{P}_m^- \tag{7.133}$$

这里也许会产生疑问：从式(7.132)看出，这种变通的方法同样需要求矩阵 $(\boldsymbol{H}_m\boldsymbol{P}_m^-\boldsymbol{H}_m^{\mathrm{T}} + \boldsymbol{R}_m)$ 的逆，那么新方法的优势何在呢？如果我们仔细比较式(7.132)和式(7.129)，就知道原来的方法中需要求〔$(\boldsymbol{P}_m^-)^{-1} + \boldsymbol{H}_m^{\mathrm{T}}\boldsymbol{R}_m^{-1}\boldsymbol{H}_m$〕和 $\boldsymbol{P}_m^-$ 的逆，这两个矩阵的维数都是由系统状态向量的维数决定的，当系统状态参量一定的情况下，这两个矩阵的维数是不变的；而式(7.132)需要求 $(\boldsymbol{H}_m\boldsymbol{P}_m^-\boldsymbol{H}_m^{\mathrm{T}} + \boldsymbol{R}_m)$ 的逆，而该矩阵的维数由系统观测量的数目决定，在不同时刻系统观测量的数目可能会不同，同时由 6.2.6 节可以看到，可以利用序贯处理的方式对每一个观测量顺序处理，此时每次观测量更新只对一个观测量进行处理，对矩阵求逆就变成了对数值求倒数，从而减小运算量。

从式(7.126)～式(7.131)也可以推导出卡尔曼滤波的一步预测方程，即利用 $\hat{\boldsymbol{x}}_m^-$、$\boldsymbol{P}_m^-$ 直接计算 $\hat{\boldsymbol{x}}_{m+1}^-$、$\boldsymbol{P}_{m+1}^-$ 的方程：

$$\hat{\boldsymbol{x}}_{m+1}^- = \boldsymbol{\Phi}_m\hat{\boldsymbol{x}}_m^- + \boldsymbol{\Phi}_m\boldsymbol{k}_m(\tilde{\boldsymbol{y}}_m - \boldsymbol{H}_m\hat{\boldsymbol{x}}_m^-) + \boldsymbol{G}_m\boldsymbol{u}_m \tag{7.134}$$

$$\boldsymbol{P}_{m+1}^- = \boldsymbol{\Phi}_m(\boldsymbol{I} - \boldsymbol{k}_m\boldsymbol{H}_m)\boldsymbol{P}_m^-\boldsymbol{\Phi}_m^{\mathrm{T}} + \boldsymbol{QD}_m \tag{7.135}$$

从上述推导过程可以看出，由于采用了递推算法，卡尔曼滤波过程不必把全部观测量存储下来，节省了存储器开销和运算量。虽然每一次观测量更新只利用了当前时刻的观测量信息，但系统状态量估计 $\hat{\boldsymbol{x}}_m^+$ 包含了从初始化时刻开始的全部观测量信息，随着更新时刻的增加，$\hat{\boldsymbol{x}}_m^+$ 中包含的信息浓度在不断增加。

卡尔曼滤波的另一个优异特点，是每一次滤波过程基于前一时刻的系统状态矢量根据系统状态转移矩阵 $\boldsymbol{\Phi}_m$“预测”到当前时刻。这样就允许系统状态矢量在观测过程中非平稳，整个推导过程中只需要知道系统噪声和观测噪声的统计特性，而不需要知道被估计量的一阶、二阶矩。所以，卡尔曼滤波和 RLS 相比，一个明显优势就是它可以对非平稳的被估计量进行估计。当然，前提是系统的状态方程是准确已知的，同时系统噪声和观测噪声是平稳白噪声过程，统计特性不随时间而变。

7.2.3 从连续时间系统到离散时间系统

在7.2.2节中，所有分析都是基于式(7.113)和式(7.114)，而式(7.113)和式(7.114)描述的显然是一个离散时间系统，所有的观测量和状态估计都是基于一定的时间间隔来完成的。在一个实际的离散系统里，该时间间隔往往是一个固定的时钟周期T_s。但是在实际世界里，一个线性系统呈现给系统设计者最初的数学模型往往在时间上是连续的，而非离散的，人们将连续时间系统转换为离散时间系统是便于现代计算机处理。所以将连续时间系统转换为离散时间系统是系统设计者一个很重要也是很基础的工作。本节将讲述如何完成这一转换。

考虑一个连续时间线性系统，用下面的状态观测差分方程描述：

$$\dot{\boldsymbol{x}}(t)=\boldsymbol{F}(t)\boldsymbol{x}(t)+\boldsymbol{G}(t)\boldsymbol{w}(t) \tag{7.136}$$

$$\boldsymbol{y}(t)=\boldsymbol{H}(t)\boldsymbol{x}(t)+\boldsymbol{v}(t) \tag{7.137}$$

这里，$\boldsymbol{x}(t)$是$(n\times1)$维系统状态矢量；$\boldsymbol{F}(t)$是$(n\times n)$的状态转移矩阵；$\boldsymbol{G}(t)$是$(n\times l)$输入转换矩阵（l为输入变量的维数）；$\boldsymbol{y}(t)$是$(m\times1)$的观测矢量（m为观测量的个数）；$\boldsymbol{H}(t)$是$(m\times n)$的观测矩阵。这个系统的系统处理噪声和观测噪声分布为随机过程$\boldsymbol{w}(t)$和随机过程$\boldsymbol{v}(t)$。以上所有变量均为连续时间范畴。

式(7.136)和式(7.137)分别对应式(7.113)和式(7.114)，为了简化，这里省去了输入变量$\boldsymbol{u}(t)$。

对随机变量$\boldsymbol{w}(t)$和$\boldsymbol{v}(t)$的合理假设可以认为它们都是白噪声，均值为0，方差已知,并且相互独立，即

$$E\{\boldsymbol{w}(t)\}=0,\quad \mathrm{var}\{\boldsymbol{w}(t)\boldsymbol{w}(t+\tau)^{\mathrm{T}}\}=\boldsymbol{Q}(t)\delta(\tau) \tag{7.138}$$

$$E\{\boldsymbol{w}(t)\}=0,\quad \mathrm{var}\{\boldsymbol{w}(t)\boldsymbol{w}(t+\tau)^{\mathrm{T}}\}=\boldsymbol{Q}(t)\delta(\tau) \tag{7.139}$$

$$E\{\boldsymbol{w}(t)\boldsymbol{v}(t+\tau)^{\mathrm{T}}\}=\boldsymbol{0} \tag{7.140}$$

上式中的$\delta(\tau)$是狄拉克函数，即式(7.115)和式(7.116)中的$\delta_{j,l}$在连续时间域的表示方式。

由线性系统的知识可知，如果有一个$(n\times n)$的矩阵$\boldsymbol{\varPhi}(t)$，满足条件

$$\boldsymbol{\varPhi}(0)=\boldsymbol{I},\ 并且\ \dot{\boldsymbol{\varPhi}}(t)=\boldsymbol{F}(t)\Phi(t),\ \ \forall t>0$$

则

$$\boldsymbol{x}(t)=\boldsymbol{\varPhi}(t,t_0)\boldsymbol{x}(t_0)+\int_{t_0}^{t}\boldsymbol{\varPhi}(t,\lambda)\boldsymbol{G}(\lambda)\boldsymbol{w}(\lambda)\mathrm{d}\lambda \tag{7.141}$$

其中，$\boldsymbol{\varPhi}(t,t_0)=\boldsymbol{\varPhi}(t)\boldsymbol{\varPhi}^{-1}(t_0)$，叫作连续时间上的状态转移矩阵，该矩阵揭示了系统状态从时刻t_0到时刻(t)的转换关系。很容易验证，$\boldsymbol{\varPhi}(t,t_0)$有如下的性质：

$$\boldsymbol{\Phi}(t,t)=\mathbf{0} \tag{7.142}$$

$$\boldsymbol{\Phi}(t,t_0)=\boldsymbol{\Phi}^{-1}(t_0,t) \tag{7.143}$$

$$\boldsymbol{\Phi}(t,\alpha)\boldsymbol{\Phi}(\alpha,t_0)=\boldsymbol{\Phi}(t,t_0) \tag{7.144}$$

$$\frac{\mathrm{d}\boldsymbol{\Phi}(t,t_0)}{\mathrm{d}t}=\boldsymbol{F}(t)\boldsymbol{\Phi}(t,t_0) \tag{7.145}$$

$$\frac{\mathrm{d}\boldsymbol{\Phi}(t,t_0)}{\mathrm{d}t_0}=-\boldsymbol{\Phi}(t,t_0)\boldsymbol{F}(t) \tag{7.146}$$

为了验证式(7.141)的确满足式(7.136)，我们将式(7.141)对时间 t 求导，得到

$$\begin{aligned}\dot{\boldsymbol{x}}(t)&=\frac{\mathrm{d}}{\mathrm{d}t}\Big(\boldsymbol{\Phi}(t,t_0)\boldsymbol{x}(t_0)\Big)+\frac{\mathrm{d}}{\mathrm{d}t}\Big(\int_{t_0}^{t}\boldsymbol{\Phi}(t,\lambda)\boldsymbol{G}(\lambda)\boldsymbol{w}(\lambda)\mathrm{d}\lambda\Big)\\&=\boldsymbol{F}(t)\boldsymbol{\Phi}(t,t_0)\boldsymbol{x}(t_0)+\int_{t_0}^{t}\boldsymbol{F}(t)\boldsymbol{\Phi}(t,\lambda)\boldsymbol{G}(\lambda)\boldsymbol{w}(\lambda)\mathrm{d}\lambda+\boldsymbol{\Phi}(t,t)\boldsymbol{G}(t)\boldsymbol{w}(t)\\&=\boldsymbol{F}(t)\Big(\boldsymbol{\Phi}(t,t_0)\boldsymbol{x}(t_0)+\int_{t_0}^{t}\boldsymbol{\Phi}(t,\lambda)\boldsymbol{G}(\lambda)\boldsymbol{w}(\lambda)\mathrm{d}\lambda\Big)+\boldsymbol{G}(t)\boldsymbol{w}(t)\\&=\boldsymbol{F}(t)\boldsymbol{x}(t)+\boldsymbol{G}(t)\boldsymbol{w}(t)\end{aligned}$$

在 $\boldsymbol{F}(t)$ 是常量的情况下，

$$\boldsymbol{\Phi}(t)=\mathrm{e}^{\boldsymbol{F}t}\quad\Rightarrow$$

$$\boldsymbol{\Phi}(t,t_0)=\mathrm{e}^{\boldsymbol{F}\Delta t}，\ 这里\ \Delta t=t-t_0 \tag{7.147}$$

在工程实际中，$\boldsymbol{F}(t)$ 往往是个变量，此时一个近似的方法就是把 $[t_0,t]$ 划分成若干个小的时间段，比如 $[t_0,t_1,t_2,\cdots,t_N]$，这里 $t_N=t$ 。在每个小时间段 $t\in[t_i,t_{i+1})$ 内，可以认为 $\boldsymbol{F}(t)=\boldsymbol{F}_i$ 是个常量，则 $\boldsymbol{\Phi}(t_i,t_{i+1})=\mathrm{e}^{\boldsymbol{F}_i\delta t_i}$ ，此处 $\delta t_i=t_{i+1}-t_i$ 。于是在整个时间段 $[t_0,t]$，

$$\boldsymbol{\Phi}(t,t_0)\approx\prod_{i=0}^{N}\mathrm{e}^{\boldsymbol{F}_i\delta t_i},i=0,1,\cdots,N \tag{7.148}$$

式(7.148)的计算步骤可以用图 7.11 表示出来，图中把 $[t_0,t]$ 划分成 N 个小时间段，每一个时间段内可以把 $\boldsymbol{F}(t)$ 近似认为是常量，从而可以对每一个时间段按照式(7.147)计算 $\boldsymbol{\Phi}_i$ ，则整个时间跨度内的总的 $\boldsymbol{\Phi}(t,t_0)=\boldsymbol{\Phi}_0\boldsymbol{\Phi}_1\cdots\boldsymbol{\Phi}_{N-1}$ 。

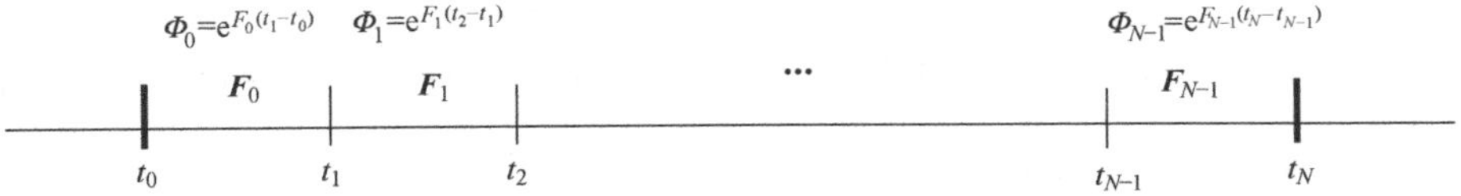

图 7.11　计算 $\boldsymbol{\Phi}(t,t_0)$ 的近似方法

现在考虑离散时间系统。离散时间系统的所有更新都发生在一定时间间隔 T_s 的时刻。如果 T_s 比较小，可以假设 $\boldsymbol{F}(t)$ 是不变的，这个假设在后面的分析中将会大大简化分析。于是在时刻 t_k 和 t_{k+1} 的状态矢量有如下关系：

$$\boldsymbol{x}(t_{k+1})=\mathrm{e}^{\boldsymbol{F}T_s}\boldsymbol{x}(t_k)+\int_{t_k}^{t_{k+1}}\mathrm{e}^{\boldsymbol{F}T_s}\boldsymbol{G}(\lambda)\boldsymbol{w}(\lambda)\mathrm{d}\lambda \tag{7.149}$$

从式(7.149)可以看出，经过从时刻t_0到t的状态转化，输入的噪声变量也变为

$$\boldsymbol{w}_d = \int_{t_k}^{t_{k+1}} \mathrm{e}^{\boldsymbol{F}T_s}\boldsymbol{G}(\lambda)\boldsymbol{w}(\lambda)\mathrm{d}\lambda \tag{7.150}$$

基于$\boldsymbol{w}(t)$是白噪声过程的假设，$\boldsymbol{w}_d$的协方差矩阵可以计算如下：

$$\begin{aligned} QD_w &= E\{\boldsymbol{w}_d\boldsymbol{w}_d^{\mathrm{T}}\} \\ &= E\left\{\int_{t_k}^{t_{k+1}}\int_{t_k}^{t_{k+1}} \mathrm{e}^{\boldsymbol{F}(\lambda-t_k}\boldsymbol{G}(\lambda)\boldsymbol{w}(\lambda)\boldsymbol{w}^{\mathrm{T}}(\beta)\boldsymbol{G}^{\mathrm{T}}(\beta)(\mathrm{e}^{\boldsymbol{F}(\beta-t_k)})^{\mathrm{T}}\mathrm{d}\lambda\mathrm{d}\beta\right\} \\ &= \int_{t_k}^{t_{k+1}} \mathrm{e}^{\boldsymbol{F}(\lambda-t_k}\boldsymbol{G}(\lambda)\boldsymbol{Q}(\lambda)\boldsymbol{G}^{\mathrm{T}}(\lambda)(\mathrm{e}^{\boldsymbol{F}(\lambda-t_k)})^{\mathrm{T}}\mathrm{d}\lambda \end{aligned} \tag{7.151}$$

对式(7.151)的一个粗略的近似是

$$QD_w \approx \boldsymbol{GQG}^{\mathrm{T}}T_s \tag{7.152}$$

这里假设T_s足够小，以至于$\mathrm{e}^{\boldsymbol{F}(\lambda-t_k)} \approx \boldsymbol{I}$, $\forall\lambda\in[t_k,t_{k+1})$。对式(7.151)的更精确的近似是先利用泰勒级数展开$\mathrm{e}^{\boldsymbol{F}(\lambda-t_k)}$，即

$$\mathrm{e}^{\boldsymbol{F}T} = \boldsymbol{I} + \boldsymbol{F}T + \frac{1}{2!}\boldsymbol{F}^2T^2 + \frac{1}{3!}\boldsymbol{F}^3T^3 + \cdots$$

然后代入式(7.151)得到

$$\begin{aligned} QD_w \approx{}& \boldsymbol{Q}_G T + \left(\boldsymbol{F}\boldsymbol{Q}_G + \boldsymbol{Q}_G\boldsymbol{F}^{\mathrm{T}}\right)\frac{T^2}{2!} + \\ & \left(\boldsymbol{F}^2\boldsymbol{Q}_G + 2\boldsymbol{F}\boldsymbol{Q}_G\boldsymbol{F}^{\mathrm{T}} + \boldsymbol{Q}_G(\boldsymbol{F}^{\mathrm{T}})^2\right)\frac{T^3}{3!} + \cdots \end{aligned} \tag{7.153}$$

其中，$\boldsymbol{Q}_G = \boldsymbol{GQG}^{\mathrm{T}}$。这里只展开到泰勒级数的第3项，更高项读者可以自行展开。

至此，我们已经明白了从连续时间系统到离散时间系统的转换，包括系统状态的转换和输入噪声变量的协方差矩阵的转换。下面将用一个在北斗／GPS接收机中经常使用的例子来帮助读者深化对这一节的理解。

考虑一个两个状态的线性系统，状态矢量$\boldsymbol{x}=[x_1,x_2]^{\mathrm{T}}$，输入噪声矢量$\boldsymbol{w}=[w_1,w_2]^{\mathrm{T}}$，其连续时间状态方程为

$$\begin{bmatrix}\dot{x}_1\\ \dot{x}_2\end{bmatrix} = \begin{bmatrix}0 & 1\\ 0 & 0\end{bmatrix}\begin{bmatrix}x_1\\ x_2\end{bmatrix} + \begin{bmatrix}w_1\\ w_2\end{bmatrix} \tag{7.154}$$

式(7.154)中的状态矢量可以适用于接收机中的位置和速度，即$[P,v]^{\mathrm{T}}$，或者钟差和钟漂$[b,\dot{b}]^{\mathrm{T}}$。注意，这里P和v是一维的，多维的可以类似处理。$[w_1,w_2]^{\mathrm{T}}$作为系统的输入，被称作$[x_1,x_2]^{\mathrm{T}}$的系统处理噪声。

假设$\mathrm{var}\{w_1(t)\}=S_1$，$\mathrm{var}\{w_2(t)\}=S_2$，那么就有

$$\boldsymbol{Q}(t) = \begin{bmatrix}S_1 & 0\\ 0 & S_2\end{bmatrix} \tag{7.155}$$

同时由式(7.154)可知

$$F(t)=\begin{bmatrix}0 & 1\\ 0 & 0\end{bmatrix},\quad G(t)=\begin{bmatrix}1 & 0\\ 0 & 1\end{bmatrix} \tag{7.156}$$

可见 $\boldsymbol{F}(t)$ 和 $\boldsymbol{G}(t)$ 都是常量。稍作演算，可以证明 $\boldsymbol{F}^n=\boldsymbol{0}$，$n\geqslant 2$，这个性质将简化后面的推导。

根据式(7.147)可知，

$$\begin{aligned}\Phi(t,t_0)&=\mathrm{e}^{\boldsymbol{F}(t-t_0)}\\&=\boldsymbol{I}+\boldsymbol{F}(t-t_0)\\&=\begin{bmatrix}1 & (t-t_0)\\ 0 & 1\end{bmatrix}\end{aligned} \tag{7.157}$$

上式第二行是用泰勒级数将 $\mathrm{e}^{\boldsymbol{F}(t-t_0)}$ 展开，并利用了 $\boldsymbol{F}^n=\boldsymbol{0},n\geqslant 2$。

根据式(7.153)可以得到 $\boldsymbol{QD}_w$：

$$\begin{aligned}\boldsymbol{QD}_w&\approx\boldsymbol{Q}_G\Delta t+\left(\boldsymbol{F}\boldsymbol{Q}_G+\boldsymbol{Q}_G\boldsymbol{F}^{\mathrm{T}}\right)\frac{\Delta t^2}{2!}+2\boldsymbol{F}\boldsymbol{Q}_G\boldsymbol{F}^{\mathrm{T}}\frac{\Delta t^3}{3!}\\&=\begin{bmatrix}S_1\Delta t+S_2\dfrac{\Delta t^3}{3} & S_2\dfrac{\Delta t^2}{2}\\ S_2\dfrac{\Delta t^2}{2} & S_2\Delta t\end{bmatrix}\end{aligned} \tag{7.158}$$

这里 $\Delta t=(t-t_0)$。

于是该系统的离散时间表示就为

$$\begin{bmatrix}x_1(k)\\ x_2(k)\end{bmatrix}=\begin{bmatrix}1 & T_s\\ 0 & 1\end{bmatrix}\begin{bmatrix}x_1(k-1)\\ x_2(k-1)\end{bmatrix}+\begin{bmatrix}w_1(k-1)\\ w_2(k-1)\end{bmatrix} \tag{7.159}$$

这里 T_s 即为两次采样之间的时间间隔，而

$$E\left\{\begin{bmatrix}w_1(k-1)\\ w_2(k-1)\end{bmatrix}[w_1(k-1),w_2(k-1)]\right\}=\boldsymbol{QD}_w \tag{7.160}$$

上式中 $\boldsymbol{QD}_w$ 由式(7.158)计算得到。

7.2.4 扩展卡尔曼滤波器

前面几节描述的卡尔曼滤波器都是基于线性系统的，但在实际应用中往往不能保证系统状态方程或观测方程都是线性的，在这种情况下，常规的线性卡尔曼滤波器就不适用了。对这种非线性系统运用卡尔曼滤波之前，往往要先对其进行线性化处理，才能继续沿用常规线性卡尔曼滤波的方法。人们把这类卡尔曼滤波叫作扩展的卡尔曼滤波器（Extended Kalman Filter，EKF）。

假设一个非线性系统用如下差分方程描述：

$$\dot{\boldsymbol{x}}(t)=\boldsymbol{f}(\boldsymbol{x},\boldsymbol{u},t)+\boldsymbol{g}(\boldsymbol{x},t)\boldsymbol{w}(t) \tag{7.161}$$

$$\boldsymbol{y}(t)=\boldsymbol{h}(\boldsymbol{x},t)+\boldsymbol{v}(t) \tag{7.162}$$

式(7.161)是系统状态转移方程，式(7.162)是观测方程，$\boldsymbol{f}(\boldsymbol{x},\boldsymbol{u},t)$ 是关于系统状态 $\boldsymbol{x}$、输入量 $\boldsymbol{u}$ 和 t 的非线性方程，$\boldsymbol{h}(\boldsymbol{x},t)$ 是关于 $\boldsymbol{x}$、t 的非线性方程，$\boldsymbol{w}(t)$ 和 $\boldsymbol{v}(t)$ 分别是在连续时间域的处理噪声和观测噪声。

假设系统在时刻 t 的状态 $\boldsymbol{x}(t)$ 是未知的，但我们知道其大致范围，则可以选定一个值 $\boldsymbol{x}^*(t)$，于是只要我们得到了对 $\delta\boldsymbol{x}(t)=\boldsymbol{x}(t)-\boldsymbol{x}^*(t)$ 的估计，那么就可以修正 $\boldsymbol{x}^*(t)$，从而得到对 $\boldsymbol{x}(t)$ 的更准确的估计。

在选取 $\boldsymbol{x}^*(t)$ 的时候，需要保证以下关系式成立：

$$\dot{\boldsymbol{x}}^*(t)=\boldsymbol{f}(\boldsymbol{x}^*,\boldsymbol{u},t) \tag{7.163}$$

$$\boldsymbol{y}^*(t)=\boldsymbol{h}(\boldsymbol{x}^*,t) \tag{7.164}$$

于是用式(7.161)和式(7.163)相减，式(7.162)和式(7.164)相减，并用泰勒级数展开，略去高阶项，得到

$$\delta\dot{\boldsymbol{x}}(t)=\boldsymbol{F}(t)\delta\boldsymbol{x}(t)+\boldsymbol{g}(\boldsymbol{x},t)\boldsymbol{w}(t) \tag{7.165}$$

$$\delta\boldsymbol{y}(t)=\boldsymbol{H}(t)\delta\boldsymbol{x}(t)+\boldsymbol{v}(t) \tag{7.166}$$

其中，

$$\boldsymbol{F}(t)=\left.\frac{\partial\boldsymbol{f}(\boldsymbol{x},\boldsymbol{u},t)}{\partial\boldsymbol{x}}\right|_{x=x^*},\quad \boldsymbol{H}(t)=\left.\frac{\partial\boldsymbol{h}(\boldsymbol{x},t)}{\partial\boldsymbol{x}}\right|_{x=x^*}$$

式(7.165)和式(7.166)与线性卡尔曼滤波的状态方程和观测方程一致，所以能遵循和7.2.2节的步骤非常类似的方法来实现卡尔曼滤波，不同之处只在于系统状态的时间更新和观测量的预测。同时需要注意的是，式(7.165)和式(7.166)只在当 $\boldsymbol{x}^*(t)$ 和系统的真实状态接近时才适用，当 $\boldsymbol{x}^*(t)$ 和真实的状态相差太大时，根据一阶泰勒级数展开结果的线性化就有较大的误差了。所以在用卡尔曼滤波完成对 $\delta\boldsymbol{x}(t)$ 的估计以后，对 $\boldsymbol{x}^*(t)$ 及时更新就显得非常重要。

结合以上分析和常规的线性卡尔曼滤波的原理，扩展卡尔曼滤波器的基本步骤如下所述。

1．对系统状态进行时间更新

假设在时刻 t_k 的系统状态的估计是 $\hat{\boldsymbol{x}}_{k|k}$，根据式 $\dot{\boldsymbol{x}}^*(t)=\boldsymbol{f}(\boldsymbol{x}^*,\boldsymbol{u},t)$，将 $\hat{\boldsymbol{x}}_{k|k}$ 带入，得到 $\dot{\boldsymbol{x}}^*(t)\big|_{\hat{\mathbf{x}}_{k|k}}$，对其在时间 $[t_k,t_{k+1})$ 上积分，得到 $\hat{\boldsymbol{x}}_{k+1|k}$，即

$$\hat{\boldsymbol{x}}_{k+1|k}=\hat{\boldsymbol{x}}_{k|k}+\int_{t_k}^{t_{k+1}}\dot{\boldsymbol{x}}^*(t)\big|_{\hat{\mathbf{x}}_{k|k}}\,\mathrm{d}t \tag{7.167}$$

2．计算观测量残差

根据第1步得到的 $\hat{\boldsymbol{x}}_{k+1|k}$ 计算预测的观测量：

$$\hat{\boldsymbol{y}}_{k+1}=h(\hat{\boldsymbol{x}}_{k+1|k},t_{k+1}) \tag{7.168}$$

进而计算实际观测量和预测的观测量之间的观测量残差：

$$z_{k+1} = \tilde{y}_{k+1} - \hat{y}_{k+1} \tag{7.169}$$

从这一步可以看出，观测量的预测 $\hat{\boldsymbol{y}}_{k+1}$ 是通过非线性方程基于状态量的预测 $\hat{\boldsymbol{x}}_{k+1|k}$ 得到的。

3．对误差协方差矩阵 $\boldsymbol{P}_{k|k}$ 和误差状态 $\delta\hat{\boldsymbol{x}}_{k|k}$ 进行时间更新

将第 1 步得到的 $\hat{\boldsymbol{x}}_{k+1|k}$ 带入 $\boldsymbol{F}(t) = \dfrac{\partial \boldsymbol{f}}{\partial \boldsymbol{x}}$，得到在 t_{k+1} 时刻的 $\boldsymbol{F}(t)\big|_{\hat{\boldsymbol{x}}_{k+1|k}}$ 矩阵，然后再利用 7.2.3 节中的方法计算 $\boldsymbol{\Phi}_k$ 和 $\boldsymbol{QD}_w$，对 $\boldsymbol{P}_{k|k}$ 和 $\delta\hat{\boldsymbol{x}}_{k|k}$ 进行时间更新得到

$$\delta\hat{\boldsymbol{x}}_{k+1|k} = \boldsymbol{\Phi}_k \delta\hat{\boldsymbol{x}}_{k|k} = \boldsymbol{\Phi}_k \boldsymbol{0} = \boldsymbol{0} \tag{7.170}$$

$$\boldsymbol{P}_{k+1|k} = \boldsymbol{\Phi}_k \boldsymbol{P}_{k|k} \boldsymbol{\Phi}_k^T + \boldsymbol{QD}_w \tag{7.171}$$

这里 $\delta\hat{\boldsymbol{x}}_{k|k} = \boldsymbol{0}$ 的原因在下面第 6 步中解释。

4．对观测量在 t_{k+1} 时刻进行线性化并计算卡尔曼增益矩阵 $\boldsymbol{k}_{k+1}$

将观测量方程 $\boldsymbol{h}(\boldsymbol{x}^*, t)$ 在 $\hat{\boldsymbol{x}}_{k+1|k}$ 处线性化，得到 $\boldsymbol{H}_{k+1} = \dfrac{\partial \boldsymbol{h}}{\partial \boldsymbol{x}}\bigg|_{\hat{\boldsymbol{x}}_{k+1|k}}$，于是卡尔曼增益矩阵为

$$\boldsymbol{k}_{k+1} = \boldsymbol{P}_{k+1|k} \boldsymbol{H}_{k+1}^{\mathrm{T}} [\boldsymbol{H}_{k+1} \boldsymbol{P}_{k+1|k} \boldsymbol{H}_{k+1}^{\mathrm{T}} + \boldsymbol{R}_{k+1}]^{-1} \tag{7.172}$$

5．对误差状态 $\delta\hat{\boldsymbol{x}}_{k+1|k}$ 进行观测量更新

$$\begin{aligned} \delta\hat{\boldsymbol{x}}_{k+1|k+1} &= \delta\hat{\boldsymbol{x}}_{k+1|k} + \boldsymbol{k}_{k+1} \boldsymbol{z}_{k+1} \\ &= \boldsymbol{k}_{k+1} \boldsymbol{z}_{k+1} \end{aligned} \tag{7.173}$$

这里 $\delta\hat{\boldsymbol{x}}_{k+1|k}$ 是第 3 步中对误差状态 $\delta\hat{\boldsymbol{x}}_{k|k}$ 的时间更新。

6．更新系统状态 $\hat{\boldsymbol{x}}_{k+1|k+1}$ 和 $\boldsymbol{P}_{k+1|k+1}$

现在得到了观测量更新以后的误差状态 $\delta\hat{\boldsymbol{x}}_{k+1|k+1}$，而在第 1 步已经得到了系统状态的时间更新 $\hat{\boldsymbol{x}}_{k+1|k}$，所以可以对 $\hat{\boldsymbol{x}}_{k+1|k}$ 进行观测量更新：

$$\hat{\boldsymbol{x}}_{k+1|k+1} = \hat{\boldsymbol{x}}_{k+1|k} + \delta\hat{\boldsymbol{x}}_{k+1|k+1} \tag{7.174}$$

在这一步更新以后，$\hat{\boldsymbol{x}}_{k+1|k+1} = E\{\boldsymbol{x}(t_{k+1})\}$，所以 $\delta\hat{\boldsymbol{x}}_{k+1|k+1}$ 中包含的新的信息已经使用了，因此需要置 $\delta\hat{\boldsymbol{x}}_{k+1|k+1} = \boldsymbol{0}$，这也解释了为什么在第 3 步中 $\delta\hat{\boldsymbol{x}}_{k|k} = \boldsymbol{0}$ 的原因。

与此同时，需要更新误差协方差矩阵：

$$\boldsymbol{P}_{k+1|k+1} = (\boldsymbol{I} - \boldsymbol{k}_{k+1} \boldsymbol{H}_{k+1}) \boldsymbol{P}_{k+1|k} \tag{7.175}$$

上述第 1～3 步为时间更新，第 4～6 步为观测量更新。每次处理的结果 $\boldsymbol{P}_{k+1|k+1}$ 和 $\hat{\boldsymbol{x}}_{k+1|k+1}$ 被保存下来，作为下一次迭代的起始条件。

在式(7.174)中，通过观测量残差和卡尔曼增益矩阵得到对系统状态误差的估计，

用这个估计对系统全状态的时间更新 $\hat{\boldsymbol{x}}_{k+1|k}$ 进行修正，这是非常关键的一步。只有在这个更新以后，才能将 $\delta\hat{\boldsymbol{x}}_{k+1|k+1}$ 置 0，同时这一步也保证了系统状态 $\hat{\boldsymbol{x}}_{k+1|k+1}$ 一直处于系统真实状态的临近值域附近，从而保证后续线性化的正确性。

在 GPS 接收机中，伪距观测量是系统状态的非线性函数，所以本节所讲述的扩展卡尔曼滤波器在现代 GPS 接收机中得到了广泛的应用，在北斗 / GPS 双模接收机中，双模观测量比单 GPS 伪距观测量稍微复杂一些，但上述的扩展卡尔曼滤波原理是一样的。7.2.5 节将对接收机内常用的几种卡尔曼滤波器的模型进行分析，并结合本节的步骤具体分析如何实现扩展卡尔曼滤波器。

7.2.5 接收机中常用的几种 KF 模型

1. 静止用户：P 模型

当接收机处于静态的时候，因为速度恒定为 0，所以只需要把位置坐标和时钟作为系统状态，即 $\boldsymbol{x}=[\boldsymbol{x}_{\mathrm{p}}^{\mathrm{T}},\boldsymbol{x}_{\mathrm{c}}^{\mathrm{T}}]^{\mathrm{T}}$，这里位置状态向量 $\boldsymbol{x}_{\mathrm{p}}=[x,y,z]^{\mathrm{T}}$，时钟状态向量 $\boldsymbol{x}_{\mathrm{c}}=[b,d]^{\mathrm{T}}$，$b$ 为本地钟差，d 为本地钟漂。因为一般来说，时钟向量必须被包括在系统状态中，为了突出 $\boldsymbol{x}_{\mathrm{p}}$，所以这种 KF 模型被称作 P 模型。

在 P 模型中，位置状态被认为是随机游走过程。P 模型的系统状态方程为

$$\begin{bmatrix}\dot{x}\\\dot{y}\\\dot{z}\\\dot{b}\\\dot{d}\end{bmatrix}=\begin{bmatrix}0&0&0&0&0\\0&0&0&0&0\\0&0&0&0&0\\0&0&0&0&1\\0&0&0&0&0\end{bmatrix}\begin{bmatrix}x\\y\\z\\b\\d\end{bmatrix}+\begin{bmatrix}w_x\\w_y\\w_z\\w_b\\w_d\end{bmatrix}\tag{7.176}$$

其中，$\boldsymbol{w}_{\mathrm{p}}=\begin{bmatrix}w_x\\w_y\\w_z\end{bmatrix}$，$\boldsymbol{w}_c=\begin{bmatrix}w_b\\w_d\end{bmatrix}$ 分别是位置的处理噪声向量和时钟的处理噪声向量。

由第 5 章可知，观测量包括伪距观测量和多普勒观测量。在 P 模型中，由于系统状态不包括速度向量，一般选用伪距观测量就足够了。如果需要使用多普勒观测量，需要将其速度分量置 0。单模伪距观测量的观测方程为

$$\rho_i=\sqrt{(x-x_{si})^2+(y-y_{si})^2+(z-z_{si})^2}+cb+n_i\,,\quad i=1,\cdots,m\tag{7.177}$$

上式中 c 为光速，$[x_{si},y_{si},z_{si}]^{\mathrm{T}}$ 为卫星的位置，n_i 为伪距噪声。如果是北斗和 GPS 双模接收机，并且采用把 T_{GB} 看作待估的系统状态量的方法，则 GPS 和北斗伪距观测量的观测方程为

$$\tilde{\rho}_{\mathrm{G}i}=\sqrt{(x_{\mathrm{u}}-x_{\mathrm{Gs}_i})^2+(y_{\mathrm{u}}-y_{\mathrm{Gs}_i})^2+(z_{\mathrm{u}}-z_{\mathrm{Gs}_i})^2}+cb+n_{\rho_{\mathrm{G}i}}\tag{7.178}$$

$$\tilde{\rho}_{Bi}=\sqrt{(x_u-x_{Bs_i})^2+(y_u-y_{Bs_i})^2+(z_u-z_{Bs_i})^2}+cb+cT_{GB}+n_{\rho_{Bi}} \tag{7.179}$$

同时需要将系统状态方程调整为

$$\begin{bmatrix}\dot{x}\\\dot{y}\\\dot{z}\\\dot{T}_{GB}\\\dot{b}\\\dot{d}\end{bmatrix}=\begin{bmatrix}0&0&0&0&0&0\\0&0&0&0&0&0\\0&0&0&0&0&0\\0&0&0&0&0&0\\0&0&0&0&0&1\\0&0&0&0&0&0\end{bmatrix}\begin{bmatrix}x\\y\\z\\T_{GB}\\b\\d\end{bmatrix}+\begin{bmatrix}w_x\\w_y\\w_z\\w_T\\w_b\\w_d\end{bmatrix} \tag{7.180}$$

式(7.180)和式(7.176)的区别在于系统状态量中多了 T_{GB}，同时处理噪声向量中多了 w_T，即 T_{GB} 也被建模成随机游走过程，由于 T_{GB} 随时间变化很小，所以可以把 Q 矩阵中对应 w_T 的方差项设置为很小的值。

多普勒观测量的观测方程为

$$f'_{d\_i}=cd+v_i,\quad i=1,\cdots,m \tag{7.181}$$

这里 $f'_{d\_i}, i=1,\cdots,m$，是式(7.68)中的线性化的多普勒观测量，即从伪码跟踪环的 NCO 得到的多普勒频移再减去卫星速度在方向余弦上的投影分量，c 为光速。由于接收机速度为 0，所以式(7.68)中的 $\boldsymbol{H}\boldsymbol{x}_v$ 只剩下钟漂项。

2. 低动态用户：PV 模型

当用户处于一种低动态运动的环境中时，就应该采用 PV 模型。这种模型应用的场合包括平稳驾驶的车船、步行者等。在这种模型中，速度分量被认为是随机游走过程，而位置分量是速度分量的积分，时钟模型保持不变。系统状态向量 $\boldsymbol{x}=[\boldsymbol{x}_p^T,\boldsymbol{x}_v^T,\boldsymbol{x}_c^T]^T$，其中 $\boldsymbol{x}_v=[v_x,v_y,v_z]^T$ 是速度状态向量，$\boldsymbol{x}_p$ 和 $\boldsymbol{x}_c$ 的含义保持不变。

PV 模型的系统状态方程为

$$\begin{bmatrix}\dot{x}\\\dot{y}\\\dot{z}\\\dot{v}_x\\\dot{v}_y\\\dot{v}_z\\\dot{b}\\\dot{d}\end{bmatrix}=\begin{bmatrix}0&0&0&1&0&0&0&0\\0&0&0&0&1&0&0&0\\0&0&0&0&0&1&0&0\\0&0&0&0&0&0&0&0\\0&0&0&0&0&0&0&0\\0&0&0&0&0&0&0&0\\0&0&0&0&0&0&0&1\\0&0&0&0&0&0&0&0\end{bmatrix}\begin{bmatrix}x\\y\\z\\v_x\\v_y\\v_z\\b\\d\end{bmatrix}+\begin{bmatrix}w_x\\w_y\\w_x\\w_{v_x}\\w_{v_y}\\w_{v_z}\\w_b\\w_d\end{bmatrix} \tag{7.182}$$

这里 $\boldsymbol{w}_v=[w_{v_x},w_{v_y},w_{v_z}]^T$，是速度状态的处理噪声向量。位置状态和时钟状态的处理噪声向量 $\boldsymbol{w}_p$ 和 $\boldsymbol{w}_c$ 与 P 模型中的定义一样。在 PV 模型中，可以认为位置状态的处理噪声向量 $\boldsymbol{w}_p=\boldsymbol{0}$，即认为位置状态没有处理噪声，此时位置状态可以由速度状态的积分完美地决定。

单模的伪距观测量和 P 模型相比没有变化，北斗和 GPS 双模伪距观测量和式(7.178)、式(7.179)一样，而系统状态方程变为式(7.184)，可以看出双模系统状态多出了 T_{GB} 一项，T_{GB} 也被建模成随机游走过程，由于 T_{GB} 随时间变化很小，所以可以把 Q 矩阵中对应 w_T 的方差项设置为很小的值。需要注意的是，如果采用通过系统设置来读取 T_{GB} 的方案，则系统状态方程中不包含 T_{GB}，系统状态方程采取式(7.182)的形式，此时双模伪距观测量的数学模型均采取式(7.177)的形式。

PV 模型下的多普勒观测量和式(7.181)不同，由于此时速度状态向量不为 **0**，则多普勒观测量采取式(7.183)的形式：

$$f'_{d\_i} = h_{x\_i}v_x + h_{y\_i}v_y + h_{z\_i}v_z + cd + v_i\text{，}\quad i=1,\cdots,m \tag{7.183}$$

$$\begin{bmatrix} \dot{x} \\ \dot{y} \\ \dot{z} \\ \dot{v}_x \\ \dot{v}_y \\ \dot{v}_z \\ \dot{T}_{\mathrm{GB}} \\ \dot{b} \\ \dot{d} \end{bmatrix} = \begin{bmatrix} 0 & 0 & 0 & 1 & 0 & 0 & 0 & 0 & 0 \\ 0 & 0 & 0 & 0 & 1 & 0 & 0 & 0 & 0 \\ 0 & 0 & 0 & 0 & 0 & 1 & 0 & 0 & 0 \\ 0 & 0 & 0 & 0 & 0 & 0 & 0 & 0 & 0 \\ 0 & 0 & 0 & 0 & 0 & 0 & 0 & 0 & 0 \\ 0 & 0 & 0 & 0 & 0 & 0 & 0 & 0 & 0 \\ 0 & 0 & 0 & 0 & 0 & 0 & 0 & 0 & 0 \\ 0 & 0 & 0 & 0 & 0 & 0 & 0 & 0 & 1 \\ 0 & 0 & 0 & 0 & 0 & 0 & 0 & 0 & 0 \end{bmatrix} \begin{bmatrix} x \\ y \\ z \\ v_x \\ v_y \\ v_z \\ T_{\mathrm{GB}} \\ b \\ d \end{bmatrix} + \begin{bmatrix} w_x \\ w_y \\ w_x \\ w_{v_x} \\ w_{v_y} \\ w_{v_z} \\ w_T \\ w_b \\ w_d \end{bmatrix} \tag{7.184}$$

式(7.183)中方向余弦矢量 $\boldsymbol{H} = [h_{x\_i}, h_{y\_i}, h_{z\_i}]^{\mathrm{T}}$ 和 7.1.3 节中的定义一样。因为此时速度向量不再是 **0**，所以多普勒观测方程中相对应的矩阵元素也不再是 0。

3．高动态用户：PVA 模型

在某些应用场合，用户的运动加速度变化范围很大，比如高速飞行器，此时就需要将三个加速度分量加进系统状态向量内，这种模型就叫作 PVA 模型。和 PV 模型相比，PVA 模型多了三个加速度分量，同时多了一项时钟高阶项。因为 PVA 模型的状态分量比较多，为了表述的简洁，下面的公式中将采用分块矩阵的表现形式。

PVA 模型中的系统状态向量 $\boldsymbol{x} = [\boldsymbol{x}_p^{\mathrm{T}}, \boldsymbol{x}_v^{\mathrm{T}}, \boldsymbol{x}_a^{\mathrm{T}}, \boldsymbol{x}_c^{\mathrm{T}}]^{\mathrm{T}}$。其中，$\boldsymbol{x}_p$、$\boldsymbol{x}_v$、$\boldsymbol{x}_c$ 分别是位置状态向量、速度状态向量和时钟状态向量；$\boldsymbol{x}_p$ 和 $\boldsymbol{x}_v$ 的定义与 PV 模型中的定义一样，$\boldsymbol{x}_a = [a_x, a_y, a_z]^{\mathrm{T}}$ 是新加进去的加速度状态向量。此时 $\boldsymbol{x}_c$ 包含三个量，分别是钟偏、钟漂和钟漂加速度，即 $\boldsymbol{x}_c = [b, d, j]^{\mathrm{T}}$，其中 j 是钟漂的加速度，可以把 j 建模为随机游走过程，则 $\boldsymbol{x}_c$ 满足以下方程：

$$\dot{\boldsymbol{x}}_c = \boldsymbol{F}_c \boldsymbol{x}_c + \boldsymbol{w}_c \tag{7.185}$$

其中，$\boldsymbol{F}_c=\begin{bmatrix}0&1&0\\0&0&1\\0&0&0\end{bmatrix}$，$\boldsymbol{w}_c=\begin{bmatrix}w_b\\w_d\\w_j\end{bmatrix}$。

在 PVA 模型中，位置状态是速度状态的积分，速度状态是加速度状态的积分，加速度状态可以用一阶马尔可夫过程来近似，即

$$\begin{aligned}\dot{\boldsymbol{x}}_p&=\boldsymbol{x}_v\\ \dot{\boldsymbol{x}}_v&=\boldsymbol{x}_a\\ \dot{\boldsymbol{x}}_a&=\boldsymbol{D}\boldsymbol{x}_a\end{aligned}\tag{7.186}$$

这里 $\boldsymbol{D}=\mathrm{diag}\left(-\frac{1}{\tau_x},-\frac{1}{\tau_y},-\frac{1}{\tau_z}\right)$，为一个对角线矩阵。$\tau_x$、$\tau_y$、$\tau_z$ 分别是三个加速度各自的时间相关常数。

综合以上分析，PVA 模型的系统状态方程可以写为

$$\begin{bmatrix}\dot{\boldsymbol{x}}_p\\\dot{\boldsymbol{x}}_v\\\dot{\boldsymbol{x}}_a\\\dot{\boldsymbol{x}}_c\end{bmatrix}=\begin{bmatrix}\boldsymbol{0}&\boldsymbol{I}&\boldsymbol{0}&\boldsymbol{0}\\\boldsymbol{0}&\boldsymbol{0}&\boldsymbol{I}&\boldsymbol{0}\\\boldsymbol{0}&\boldsymbol{0}&\boldsymbol{D}&\boldsymbol{0}\\\boldsymbol{0}&\boldsymbol{0}&\boldsymbol{0}&\boldsymbol{F}_c\end{bmatrix}\begin{bmatrix}\boldsymbol{x}_p\\\boldsymbol{x}_v\\\boldsymbol{x}_a\\\boldsymbol{x}_c\end{bmatrix}+\begin{bmatrix}\boldsymbol{w}_p\\\boldsymbol{w}_v\\\boldsymbol{w}_a\\\boldsymbol{w}_c\end{bmatrix}\tag{7.187}$$

式中 $\boldsymbol{I}$ 为 3×3 的单位矩阵。

对于北斗和 GPS 双模观测量的情况，和 P 模型及 PV 模型类似，只需在系统状态矢量中增加 T_{GB} 项，系统状态方程如下式所示：

$$\begin{bmatrix}\dot{\boldsymbol{x}}_p\\\dot{\boldsymbol{x}}_v\\\dot{\boldsymbol{x}}_a\\\dot{\boldsymbol{T}}_{\mathrm{GB}}\\\dot{\boldsymbol{x}}_c\end{bmatrix}=\begin{bmatrix}\boldsymbol{0}&\boldsymbol{I}&\boldsymbol{0}&0&\boldsymbol{0}\\\boldsymbol{0}&\boldsymbol{0}&\boldsymbol{I}&0&\boldsymbol{0}\\\boldsymbol{0}&\boldsymbol{0}&\boldsymbol{D}&0&\boldsymbol{0}\\0&0&0&0&0\\\boldsymbol{0}&\boldsymbol{0}&\boldsymbol{0}&0&\boldsymbol{F}_c\end{bmatrix}\begin{bmatrix}\boldsymbol{x}_p\\\boldsymbol{x}_v\\\boldsymbol{x}_a\\\boldsymbol{T}_{\mathrm{GB}}\\\boldsymbol{x}_c\end{bmatrix}+\begin{bmatrix}\boldsymbol{w}_p\\\boldsymbol{w}_v\\\boldsymbol{w}_a\\\boldsymbol{w}_T\\\boldsymbol{w}_c\end{bmatrix}\tag{7.188}$$

上式中 $\boldsymbol{T}_{\mathrm{GB}}$ 依然被建模成随机游走过程。双模伪距观测量和多普勒观测量与 PV 模型相比没有变化。采用式(7.185)的卡尔曼滤波包含 12 个状态量，采用式(7.188)的卡尔曼滤波包含 13 个状态量，在采用单模或双模伪距观测量和多普勒观测量的时候需要将观测矩阵相应的元素加以调整即可，在此不再赘述。

4．经纬高模型

上面所讲述的三种系统模型均是在 ECEF 坐标系中，经纬高模型在测地坐标系中表示位置坐标，此时位置状态向量 $\boldsymbol{x}_p=[\phi,\lambda,h]^{\mathrm{T}}$，其中，$\phi$、$\lambda$和$h$ 分别是接收机的经度、纬度和高度，相应的速度状态向量 $\boldsymbol{x}_v=[v_n,v_e,v_d]^{\mathrm{T}}$，$\boldsymbol{x}_v$ 包含了北东地方向的速度分量。时钟状态向量 $\boldsymbol{x}_c=[b,d]^{\mathrm{T}}$，其中 b 为本地钟差，d 为本地钟漂。所以这种系统模型下的状态矢量为 $\boldsymbol{x}=[\boldsymbol{x}_p^{\mathrm{T}},\boldsymbol{x}_v^{\mathrm{T}},\boldsymbol{x}_c^{\mathrm{T}}]^{\mathrm{T}}$，总共包含 8 个状态变量。

根据第 1 章的式(1.39)和(1.40)可得经纬高模型的系统状态方程

$$\begin{bmatrix}\dot{\phi}\\ \dot{\lambda}\\ \dot{h}\\ \dot{v}_n\\ \dot{v}_e\\ \dot{v}_d\\ \dot{b}\\ \dot{d}\end{bmatrix}=\begin{bmatrix}0&0&0&\dfrac{1}{R_M+h}&0&0&0&0\\ 0&0&0&0&\dfrac{1}{(R_N+h)\cos\phi}&0&0&0\\ 0&0&0&0&0&-1&0&0\\ 0&0&0&0&0&0&0&0\\ 0&0&0&0&0&0&0&0\\ 0&0&0&0&0&0&0&0\\ 0&0&0&0&0&0&0&1\\ 0&0&0&0&0&0&0&0\end{bmatrix}\begin{bmatrix}\phi\\ \lambda\\ h\\ v_n\\ v_e\\ v_d\\ b\\ d\end{bmatrix}+\begin{bmatrix}w_\phi\\ w_\lambda\\ w_h\\ w_{v_n}\\ w_{v_e}\\ w_{v_d}\\ w_b\\ w_d\end{bmatrix} \tag{7.189}$$

式(7.189)中的 R_N 和 R_M 定义如下（见第 1 章）：

$$R_N=\frac{a}{\left[1-e^2\sin^2\phi\right]^{1/2}},\quad R_M=\frac{a(1-e^2)}{\left[1-e^2\sin^2(\phi)\right]^{3/2}}$$

在采用经纬高度作为位置状态向量的情况下，伪距观测量却很难直接用经纬高度来表示，伪距数学表达式依然为式(7.177)。由于式(7.177)中的卫星位置和接收机位置都是在 ECEF 坐标系中表达的，所以无法直接得到伪距观测量和 $[\phi,\lambda,h]^{\mathrm{T}}$ 的关系。在采用 EKF 更新步骤过程中，计算式(7.169)中的伪距观测量残差

$$\begin{aligned}\partial\rho_i&\approx H_{xi}\partial x+H_{yi}\partial y+H_{zi}\partial z+c\partial b\\ &=\begin{bmatrix}h_{x\_i}&h_{y\_i}&h_{z\_i}\end{bmatrix}\begin{bmatrix}\partial x\\ \partial y\\ \partial z\end{bmatrix}+c\partial b\end{aligned} \tag{7.190}$$

其中，$\boldsymbol{H}_{E\_i}=[h_{x\_i},h_{y\_i},h_{z\_i}]^{\mathrm{T}}$ 为在 ECEF 坐标系里表示的第 i 个伪距观测量对应的卫星方向余弦矢量。由第 1.2.4 节可知，

$$\begin{bmatrix}\partial x\\ \partial y\\ \partial z\end{bmatrix}=R_{t2e}\begin{bmatrix}\partial n\\ \partial e\\ \partial d\end{bmatrix} \tag{7.191}$$

将式(7.191)代入式(7.190)可以得到

$$\begin{aligned}\partial\rho_i&\approx\begin{bmatrix}h_{n\_i}&h_{e\_i}&h_{d\_i}\end{bmatrix}\begin{bmatrix}\partial n\\ \partial e\\ \partial d\end{bmatrix}+c\partial b\\ &=\boldsymbol{H}_{T\_i}\begin{bmatrix}\partial n\\ \partial e\\ \partial d\end{bmatrix}+c\partial b\end{aligned} \tag{7.192}$$

式(7.192)中的 $\boldsymbol{H}_{T\_i}=[h_{n\_i},h_{e\_i},h_{d\_i}]^{\mathrm{T}}$ 依然是第 i 个卫星的方向余弦矢量，却是在

NED 坐标系中表示的，$\boldsymbol{H}_{T\_i}$ 和 $\boldsymbol{H}_{E\_i}$ 的关系为

$$\boldsymbol{H}_{T\_i} = \boldsymbol{H}_{E\_i}\boldsymbol{R}_{t2e} \tag{7.193}$$

其中，$\boldsymbol{R}_{t2e}$ 由式(1.32)决定。

同时由式(1.39)可知

$$\begin{bmatrix} \partial n \\ \partial e \\ \partial d \end{bmatrix} = \begin{bmatrix} (R_M + h) & 0 & 0 \\ 0 & (R_N + h)\cos(\phi) & 0 \\ 0 & 0 & -1 \end{bmatrix} \begin{bmatrix} \partial \phi \\ \partial \lambda \\ \partial h \end{bmatrix} \tag{7.194}$$

将式(7.194)代入式(7.192)可得

$$\partial \rho_i \approx \begin{bmatrix} (R_M + h)h_{n\_i} & (R_N + h)\cos(\phi)h_{e\_i} & -h_{d\_i} \end{bmatrix} \begin{bmatrix} \partial \phi \\ \partial \lambda \\ \partial h \end{bmatrix} + c\partial b \tag{7.195}$$

式(7.195)即伪距残差和$[\partial\phi,\partial\lambda,\partial h]^{\mathrm{T}}$的线性关系，在进行伪距观测量更新时需要用到。

多普勒观测量的情况比伪距观测量简单一些，可以很容易推导出

$$\begin{aligned} f'_{d\_i} &= h_{n\_i}v_n + h_{e\_i}v_e + h_{d\_i}v_d + cd + v_i, \\ &= \boldsymbol{H}_{T\_i}\begin{bmatrix} v_n \\ v_e \\ v_d \end{bmatrix} + cd + v_i, \quad i=1,\cdots,m \end{aligned} \tag{7.196}$$

其中，$\boldsymbol{H}_{T\_i}$ 由式(7.193)计算出来。

经纬高模型最大的好处在于直接把接收机的高程量作为系统状态量之一，这样在有气压计或高度计的情况下很容易实现高度辅助，只需要把传感器输出的高度值作为一个观测量加入卡尔曼滤波观测量集合即可。

以上分析基于单模伪距观测量的情况，在北斗和 GPS 双模观测量的情况下只需要将系统状态向量 $\boldsymbol{x}$ 扩充为 $[\boldsymbol{x}_p^{\mathrm{T}}, \boldsymbol{x}_v^{\mathrm{T}}, T_{\mathrm{GB}}, \boldsymbol{x}_c^{\mathrm{T}}]^{\mathrm{T}}$ 即可，与 P 模型、PV 模型及 PVA 模型中的处理类似，T_{GB} 也被建模成随机游走过程，读者可以根据前面的讲解自行完成。

5．实例分析：PV 模型

由于 PV 模型在实际的 GPS 接收机中应用最广泛，所以这里选择 PV 模型作为一个实现的实例来对本章所讲述的卡尔曼滤波的原理加以概括说明，同时也在实际中具有一定的实用意义。希望读者根据该实例的方法能举一反三，真正理解卡尔曼滤波器的原理，并推广到更多的实际应用中。

PV 模型的状态矢量包括接收机的位置、速度和时钟参量，所以适用的场景包括平稳运动的车、船、行人和低速飞行器等，由于涵盖了人们日常生活中的大部分运动场景，所以 PV 模型在民用接收机中使用得非常广泛，这也是本书将该模型作为实例分析的原因。

由式(7.182)可以看出，PV 模型的系统状态方程是线性的，而且 $\boldsymbol{F}(t)$ 是个常矩阵

$$\boldsymbol{F}(t)=\begin{bmatrix}0&0&0&1&0&0&0&0\\0&0&0&0&1&0&0&0\\0&0&0&0&0&1&0&0\\0&0&0&0&0&0&0&0\\0&0&0&0&0&0&0&0\\0&0&0&0&0&0&0&0\\0&0&0&0&0&0&0&1\\0&0&0&0&0&0&0&0\end{bmatrix} \tag{7.197}$$

但由于伪距观测量是非线性的，所以对状态向量 $\boldsymbol{x}$ 估计需要使用前面讲述的扩展卡尔曼滤波。

首先，需要对伪距方程线性化，根据 7.2.4 节的方法，取误差状态

$$\delta\boldsymbol{x}=\boldsymbol{x}-\boldsymbol{x}^*$$

上式中 $\boldsymbol{x}$ 是未知的系统真实状态，$\boldsymbol{x}^*$ 是 $\boldsymbol{x}$ 临近值域的一个估计值。下面的卡尔曼滤波过程的任务就是尽可能找出 $\boldsymbol{x}^*$ 和 $\boldsymbol{x}$ 之差的最优估值，然后对 $\boldsymbol{x}^*$ 进行修正。

由于系统状态方程本身就是线性的，所以无须对状态方程线性化；伪距方程是非线性的，所以需要线性化。用一阶泰勒级数对伪距观测量方程展开得到

$$\delta\dot{\boldsymbol{x}}(t)=\boldsymbol{F}\delta\boldsymbol{x}(t)+\boldsymbol{w}(t) \tag{7.198}$$

$$\delta\rho=\boldsymbol{H}\delta\boldsymbol{x}(t)+\boldsymbol{v} \tag{7.199}$$

在实际中，$\boldsymbol{x}^*$ 的初始化往往是通过最小二乘法得到 PVT 解算的结果，然后利用解算结果来置 $\hat{\boldsymbol{x}}$ 的初始值，即 $\hat{\boldsymbol{x}}_0$。在卡尔曼进入稳态以后，随着每一个时元观测量不断到来，系统状态被不断更新，则系统状态必然在真实状态 $\boldsymbol{x}$ 的临近值附近，由此保证了线性化的正确性。

式(7.199)中 $\boldsymbol{H}$ 的每一个行向量对应一颗卫星的观测方程：

$$\boldsymbol{H}=\begin{bmatrix}h_{x\_1}&h_{y\_1}&h_{z\_1}&0&0&0&1&0\\h_{x\_2}&h_{y\_2}&h_{z\_2}&0&0&0&1&0\\\vdots&\vdots&\vdots&\vdots&\vdots&\vdots&\vdots&\vdots\\h_{x\_m}&h_{x\_m}&h_{x\_m}&0&0&0&1&0\end{bmatrix} \tag{7.200}$$

其中，$\left[h_{x\_i},h_{y\_i},h_{z\_i}\right]=\left[\left.\dfrac{\partial\rho_i}{\partial x}\right|_{\mathbf{x}^*},\ \left.\dfrac{\partial\rho_i}{\partial y}\right|_{\mathbf{x}^*},\ \left.\dfrac{\partial\rho_i}{\partial z}\right|_{\mathbf{x}^*}\right]$，为第 i 颗卫星和 $\boldsymbol{x}^*$ 之间的方向余弦矢量。需要注意的是，随着接收机位置的改变，$\boldsymbol{H}$ 也随之改变，所以每一次用户位置更新后都需要重新计算 $\boldsymbol{H}$ 矩阵。

状态处理噪声 $\boldsymbol{w}(t)$ 的协方差矩阵表示为如式(7.201)所示的 $\boldsymbol{Q}$ 矩阵，其中只包含了对角线元素，非对角线元素为 0，说明此处认为各个系统状态中的处理噪声各不相关。实际中的 $\boldsymbol{Q}$ 矩阵并不一定是对角线矩阵，但这并不影响卡尔曼滤波的更新步骤。

$$
\boldsymbol{Q}=\mathrm{var}\{\boldsymbol{w}(t)\}=\begin{bmatrix}
\sigma_p & 0 & 0 & 0 & 0 & 0 & 0 & 0\\
0 & \sigma_p & 0 & 0 & 0 & 0 & 0 & 0\\
0 & 0 & \sigma_p & 0 & 0 & 0 & 0 & 0\\
0 & 0 & 0 & \sigma_v & 0 & 0 & 0 & 0\\
0 & 0 & 0 & 0 & \sigma_v & 0 & 0 & 0\\
0 & 0 & 0 & 0 & 0 & \sigma_v & 0 & 0\\
0 & 0 & 0 & 0 & 0 & 0 & \sigma_b & 0\\
0 & 0 & 0 & 0 & 0 & 0 & 0 & \sigma_d
\end{bmatrix} \tag{7.201}
$$

这里假设每个状态量的处理噪声相互独立，且为白噪声，各自的噪声功率谱密度分别为 $\mathrm{diag}\{\sigma_p,\sigma_p,\sigma_p,\sigma_v,\sigma_v,\sigma_v,\sigma_b,\sigma_d\}$。$\boldsymbol{Q}$ 矩阵将在后面计算 $\boldsymbol{QD}_w$ 的时候用到。

以上 $\boldsymbol{F}$、$\boldsymbol{Q}$ 和 $\boldsymbol{H}$ 都在连续时间域，现在要在计算机上实现卡尔曼滤波，必须推导出离散时间域上相对应的 $\boldsymbol{\Phi}$ 和 $\boldsymbol{QD}_w$。根据 7.2.3 节的分析可知：

$$
\boldsymbol{\Phi}=\mathrm{e}^{\boldsymbol{F}T}=\begin{bmatrix}
1 & 0 & 0 & T & 0 & 0 & 0 & 0\\
0 & 1 & 0 & 0 & T & 0 & 0 & 0\\
0 & 0 & 1 & 0 & 0 & T & 0 & 0\\
0 & 0 & 0 & 1 & 0 & 0 & 0 & 0\\
0 & 0 & 0 & 0 & 1 & 0 & 0 & 0\\
0 & 0 & 0 & 0 & 0 & 1 & 0 & 0\\
0 & 0 & 0 & 0 & 0 & 0 & 1 & T\\
0 & 0 & 0 & 0 & 0 & 0 & 0 & 1
\end{bmatrix} \tag{7.202}
$$

$$
\begin{aligned}
\boldsymbol{QD}_w &\approx \boldsymbol{Q}T+\left(\boldsymbol{FQ}+\boldsymbol{QF}^{\mathrm{T}}\right)\frac{T^2}{2!}+2\boldsymbol{FQF}^{\mathrm{T}}\frac{T^3}{3!}\\
&=\begin{bmatrix}
Q_p & 0 & 0 & \frac{\sigma_v T^2}{2} & 0 & 0 & 0 & 0\\
0 & Q_p & 0 & 0 & \frac{\sigma_v T^2}{2} & 0 & 0 & 0\\
0 & 0 & Q_p & 0 & 0 & \frac{\sigma_v T^2}{2} & 0 & 0\\
\frac{\sigma_v T^2}{2} & 0 & 0 & \sigma_v T & 0 & 0 & 0 & 0\\
0 & \frac{\sigma_v T^2}{2} & 0 & 0 & \sigma_v T & 0 & 0 & 0\\
0 & 0 & \frac{\sigma_v T^2}{2} & 0 & 0 & \sigma_v T & 0 & 0\\
0 & 0 & 0 & 0 & 0 & 0 & Q_b & \frac{\sigma_d T^2}{2}\\
0 & 0 & 0 & 0 & 0 & 0 & \frac{\sigma_d T^2}{2} & \sigma_d T
\end{bmatrix}
\end{aligned} \tag{7.203}
$$

上式中

$$Q_p = \sigma_p T + \frac{\sigma_v T^3}{3}，\quad Q_b = \sigma_b T + \frac{\sigma_d T^3}{3} \tag{7.204}$$

T 为每一次更新之间的间隔，现代的 GPS 接收机中一般来说 $T=1$ 秒。对于一些特殊要求的接收机，比如一些在大动态场合应用的接收机，要求输出的定位信息的频率更高，则 T 会取更小的值，但此时对处理器的处理能力有更高的要求。

式(7.202)和式(7.203)的推导过程中应用了 $\boldsymbol{F}$ 的性质：$\boldsymbol{F}^n = \boldsymbol{0}, n \geqslant 2$。做完了以上的准备工作后，就可以实现卡尔曼滤波的两步更新了，即时间更新和观测量更新。

假设在时刻 t_k 的系统状态为 $\hat{\boldsymbol{x}}_{k|k}$，状态的协方差矩阵为 $\boldsymbol{P}_{k|k}$。首先进行系统状态和状态协方差矩阵的时间更新：

$$\hat{\boldsymbol{x}}_{k+1|k} = \varPhi_k \hat{\boldsymbol{x}}_{k|k} \tag{7.205}$$

$$\boldsymbol{P}_{k+1|k} = \varPhi_k \boldsymbol{P}_{k|k} \varPhi_k^T + \boldsymbol{Q}\boldsymbol{D}_w \tag{7.206}$$

这里由于状态方程是线性的，所以 $\hat{\boldsymbol{x}}_{k|k}$ 的时间更新也是线性的。更进一步来说，对 PV 模型来说，对 $\hat{\boldsymbol{x}}_{k|k}$ 的时间更新其实就是

$$x_{k+1|k} = x_{k|k} + v_{x,k|k}T$$

$$y_{k+1|k} = y_{k|k} + v_{y,k|k}T$$

$$z_{k+1|k} = z_{k|k} + v_{z,k|k}T$$

$$b_{k+1|k} = b_{k|k} + d_{k|k}T$$

这里 T 是此次更新和上次更新的时间间隔，即 $T = t_{k+1} - t_k$。利用上式可以避开烦琐的矩阵相乘。

然后根据时间更新以后的系统状态 $\hat{\boldsymbol{x}}_{k+1|k}$ 对观测量进行预测，即

$$\hat{\rho}_i = \sqrt{(x_{k+1|k} - x_{si})^2 + (y_{k+1|k} - y_{si})^2 + (z_{k+1|k} - z_{si})^2} + b_{k+1|k}, \quad (i = 1, \cdots, m) \tag{7.207}$$

由于观测方程是非线性的，所以这里对观测量进行预测也是状态参量的非线性函数。随着观测量 $\tilde{\boldsymbol{\rho}}_{k+1} = [\tilde{\rho}_1, \cdots, \tilde{\rho}_m]^{\mathrm{T}}$ 的到来，可以计算伪距残差

$$\delta \boldsymbol{\rho}_{k+1} = \tilde{\boldsymbol{\rho}}_{k+1} - \hat{\boldsymbol{\rho}} \tag{7.208}$$

卡尔曼增益 $\boldsymbol{k}_{k+1}$ 的计算方法如下：

$$\boldsymbol{k}_{k+1} = \boldsymbol{P}_{k+1|k} \boldsymbol{H}_{k+1}^{\mathrm{T}} [\boldsymbol{H}_{k+1} \boldsymbol{P}_{k+1|k} \boldsymbol{H}_{k+1}^{\mathrm{T}} + \boldsymbol{R}_{k+1}]^{-1} \tag{7.209}$$

其中 $\boldsymbol{R}_{k+1}$ 是观测量方差矩阵，$\boldsymbol{H}_{k+1}$ 通过式(7.200)计算得到。

对系统状态的时间更新 $\hat{\boldsymbol{x}}_{k+1|k}$ 进行观测量更新：

$$\hat{\boldsymbol{x}}_{k+1|k+1} = \hat{\boldsymbol{x}}_{k+1|k} + \boldsymbol{k}_{k+1} \delta \boldsymbol{\rho}_{k+1} \tag{7.210}$$

然后更新状态协方差矩阵 $\boldsymbol{P}_{k+1|k}$：

$$\boldsymbol{P}_{k+1|k+1} = (\mathbf{I} - \mathbf{k}_{k+1} \boldsymbol{H}_{k+1}) \boldsymbol{P}_{k+1|k} \tag{7.211}$$

更新以后的 $\hat{\boldsymbol{x}}_{k+1|k+1}$ 和 $\boldsymbol{P}_{k+1|k+1}$ 被保存下来为下一个时元的更新做准备。

以上就是在 GPS 接收机内部利用 PV 模型对用户的位置、速度和钟差进行卡尔曼滤波的基本过程，在北斗 / GPS 双模观测量情况下可以按照式(7.184)展开，具体步骤和上述过程类似。限于篇幅，我们只对伪距观测量的使用进行了描述，对于多普勒观测量的处理步骤，读者可以根据本节和前面几节的原理描述自行推导。在实际的接收机内部，可靠而稳定的导航算法是非常复杂繁重的任务，需要完成的工作远远不止以上的描述。本节的内容只是对接收机内部的扩展卡尔曼滤波的原理做了尽量详细的原理性说明，希望能对读者在实际工作中有所帮助。

7.2.6　卡尔曼滤波具体实现中的技术处理

上面章节中讲述的是卡尔曼滤波的基本方程，对于理解卡尔曼滤波的原理已经足够了，但是在卡尔曼滤波的工程实现过程中，往往有一些需要特殊考虑的问题，相应地就有一些特殊的技巧和处理方法。这些技巧和方法从原理上并不改变卡尔曼滤波的基本性质，但在实际工作中却是非常重要的部分，有些技巧的应用能在很大程度上减少运算量，有些能帮助使系统工作得更稳定，有些则使得卡尔曼滤波的噪声模型更贴近实际情况。本节将这些技巧和问题汇总如下。

1．输入为有色噪声的情况

从式(7.115)和式(7.116)可知，卡尔曼滤波需要处理的噪声和观测噪声都是白噪声，在输入不是白噪声的情况下，卡尔曼滤波的后续处理尤其是系统状态协方差矩阵的更新就会出现问题。

考虑系统的状态方程和观测方程如式(7.212)和式(7.213)所示，即

$$\boldsymbol{x}_m = \boldsymbol{\Phi}_{m-1}\boldsymbol{x}_{m-1} + \boldsymbol{G}_{m-1}\boldsymbol{u}_{m-1} + \boldsymbol{\Gamma}_{m-1}\boldsymbol{w}_{m-1} \tag{7.212}$$

$$\mathbf{y}_m = \boldsymbol{H}_m\boldsymbol{x}_m + \mathbf{v}_m \tag{7.213}$$

当处理噪声 $\boldsymbol{w}_m$ 为有色噪声的情况下，可以假设 $\boldsymbol{w}_m$ 满足方程

$$\boldsymbol{w}_m = \boldsymbol{B}_m\boldsymbol{w}_{m-1} + \varsigma_{m-1} \tag{7.214}$$

式(7.214)中的 ς_{m-1} 为零均值白噪声。

此时可以将 $\boldsymbol{w}_m$ 增扩为系统状态，即新的系统状态矢量为 $X_m = \begin{bmatrix} \boldsymbol{x}_m \\ \boldsymbol{w}_m \end{bmatrix}$，则新的系统状态方程和观测方程为

$$\begin{bmatrix} \boldsymbol{x}_m \\ \boldsymbol{w}_m \end{bmatrix} = \begin{bmatrix} \boldsymbol{\Phi}_{m-1} & \boldsymbol{\Gamma}_{m-1} \\ \mathbf{0} & \boldsymbol{B}_{m-1} \end{bmatrix}\begin{bmatrix} \boldsymbol{x}_{m-1} \\ \boldsymbol{w}_{m-1} \end{bmatrix} + \begin{bmatrix} \boldsymbol{G}_{m-1} \\ \mathbf{0} \end{bmatrix}\boldsymbol{u}_{m-1} + \begin{bmatrix} \mathbf{0} \\ \boldsymbol{I} \end{bmatrix}\varsigma_{m-1} \tag{7.215}$$

$$\boldsymbol{y}_m = \begin{bmatrix} \boldsymbol{H}_m & \mathbf{0} \end{bmatrix}\begin{bmatrix} \boldsymbol{x}_m \\ \boldsymbol{w}_m \end{bmatrix} + \boldsymbol{v}_m \tag{7.216}$$

这样式(7.215)和式(7.216)中的噪声都为白噪声，符合卡尔曼滤波的基本方程对于噪声的要求。

在观测噪声 $\boldsymbol{v}_m$ 为有色噪声的情况下，处理略有不同，此时无法采用将 $\boldsymbol{v}_m$ 增扩为系统状态的方法，因为这样做会导致观测方程中没有观测噪声，在计算卡尔曼增益时会导致矩阵求逆发散。

假设观测噪声 $\boldsymbol{v}_m$ 符合以下方程

$$\boldsymbol{v}_m = \boldsymbol{T}_m \boldsymbol{v}_{m-1} + \boldsymbol{\zeta}_{m-1} \tag{7.217}$$

由式(7.213)可知

$$\begin{aligned}\boldsymbol{y}_{m+1} &= \boldsymbol{H}_{m+1}\boldsymbol{x}_{m+1} + \boldsymbol{v}_{m+1} \\ &= \boldsymbol{H}_{m+1}(\boldsymbol{\Phi}_m \boldsymbol{x}_m + \boldsymbol{G}_m \boldsymbol{u}_m + \boldsymbol{\Gamma}_m \boldsymbol{w}_m) + (\boldsymbol{T}_{m+1}\boldsymbol{v}_m + \boldsymbol{\zeta}_m) \\ &= \boldsymbol{H}_{m+1}(\boldsymbol{\Phi}_m \boldsymbol{x}_m + \boldsymbol{G}_m \boldsymbol{u}_m + \boldsymbol{\Gamma}_m \boldsymbol{w}_m) + [\boldsymbol{T}_{m+1}(\boldsymbol{y}_m - \boldsymbol{H}_m \boldsymbol{x}_m) + \boldsymbol{\zeta}_m] \\ &= (\boldsymbol{H}_{m+1}\boldsymbol{\Phi}_m - \boldsymbol{T}_{m+1}\boldsymbol{H}_m)\boldsymbol{x}_m + \boldsymbol{H}_{m+1}\boldsymbol{G}_m \boldsymbol{u}_m + \boldsymbol{T}_{m+1}\boldsymbol{y}_m + (\boldsymbol{H}_{m+1}\boldsymbol{\Gamma}_m \boldsymbol{w}_m + \boldsymbol{\zeta}_m)\end{aligned} \tag{7.218}$$

由式(7.218)稍作变换得到

$$\boldsymbol{y}_{m+1} - \boldsymbol{T}_{m+1}\boldsymbol{y}_m = (\boldsymbol{H}_{m+1}\boldsymbol{\Phi}_m - \boldsymbol{T}_{m+1}\boldsymbol{H}_m)\boldsymbol{x}_m + \boldsymbol{H}_{m+1}\boldsymbol{G}_m \boldsymbol{u}_m + (\boldsymbol{H}_{m+1}\boldsymbol{\Gamma}_m \boldsymbol{w}_m + \boldsymbol{\zeta}_m) \tag{7.219}$$

定义

$$\boldsymbol{Y}_k \triangleq \boldsymbol{y}_k - \boldsymbol{T}_k \boldsymbol{y}_{k-1},$$

$$\boldsymbol{H}_k^* \triangleq \boldsymbol{H}_k \boldsymbol{\Phi}_{k-1} - \boldsymbol{T}_k \boldsymbol{H}_{k-1},$$

$$\boldsymbol{V}_k \triangleq \boldsymbol{H}_k \boldsymbol{\Gamma}_{k-1} \boldsymbol{w}_{k-1} + \boldsymbol{\zeta}_{k-1}$$

则式(7.219)可以重写为

$$\boldsymbol{Y}_{m+1} = \boldsymbol{H}_{m+1}^* \boldsymbol{x}_m + \boldsymbol{H}_{m+1}\boldsymbol{G}_m \boldsymbol{u}_m + \boldsymbol{V}_{m+1} \tag{7.220}$$

式(7.220)是新的量测方程，可以证明新的观测噪声 $\boldsymbol{V}_k$ 为零均值白噪声，符合卡尔曼滤波对观测噪声的要求，但唯一的问题是 $\boldsymbol{V}_k$ 和 $\boldsymbol{w}_m$ 相关，即量测噪声和处理噪声不再是不相关的，式(7.117)不再成立。有关量测噪声和处理噪声相关条件下的卡尔曼滤波，限于篇幅本书不展开详述了，感兴趣的读者可以参看参考文献[22]的第 2 章。

2．观测量的序贯（串行）更新

假设在 t_k 时刻有 m 个观测量同时来到，根据 7.2.2 节一般的处理将这 m 个观测量组成一个 $m\times1$ 的向量，以一种并行处理的方式得到卡尔曼增益和状态修正量。

$$\boldsymbol{k}_k = \boldsymbol{P}_k^- \boldsymbol{H}_k^{\mathrm{T}} (\boldsymbol{H}_k \boldsymbol{P}_k^- \boldsymbol{H}_k^{\mathrm{T}} + \boldsymbol{R}_k)^{-1}$$

$$\delta \hat{\boldsymbol{x}}_k = \boldsymbol{k}_k (\tilde{\boldsymbol{y}}_k - \hat{\boldsymbol{y}}_k)$$

可见，在这种常规的并行处理方式中，矩阵的逆运算是必不可少的。尤其是当观测量数目比较多时，$(\boldsymbol{H}_k \boldsymbol{P}_k^- \boldsymbol{H}_k^{\mathrm{T}} + \boldsymbol{R}_k)$ 的维数可以很大，所以在很多场合尤其是嵌入式应用的场合这种方法会带来非常繁重的运算量负担。

在实际中，当观测量协方差矩阵 $\boldsymbol{R}$ 是对角矩阵的时候，即

$$\boldsymbol{R} = \begin{bmatrix} R_1 & \cdots & 0 \\ \vdots & & \vdots \\ 0 & \cdots & R_m \end{bmatrix}.$$

可以将这 m 个观测量看作“依次顺序”到来的，从而能以一种串行的方式来处理，即对每一个观测量 $\tilde{y}_i$，假设其噪声方差为 R_i，$i=1,\cdots,m$，可以计算这一个观测量导致的卡尔曼增益 $\boldsymbol{k}_i$、$\boldsymbol{P}_i$ 和 $\boldsymbol{x}_k$ 的更新值。

首先可以引进两个辅助向量

$$\hat{\boldsymbol{x}}_0=\boldsymbol{x}_k^-,\qquad \boldsymbol{P}_0=\boldsymbol{P}_m^-$$

此处 $\boldsymbol{x}_k^-$ 和 $\boldsymbol{P}_m^-$ 分别是经过时间更新以后的系统状态和状态误差方差矩阵，然后顺序对第 i 个观测量，$i=1,\cdots,m$，做如下计算

$$\boldsymbol{k}_i=\frac{\boldsymbol{P}_{i-1}\boldsymbol{h}_i^{\mathrm{T}}}{\boldsymbol{h}_i\boldsymbol{P}_{i-1}\boldsymbol{h}_i^{\mathrm{T}}+R_i} \tag{7.221}$$

$$\hat{\boldsymbol{x}}_i=\hat{\boldsymbol{x}}_{i-1}+\boldsymbol{k}_i(\tilde{y}_i-\boldsymbol{h}_i\hat{\boldsymbol{x}}_{i-1}) \tag{7.222}$$

$$\boldsymbol{P}_i=[\boldsymbol{I}-\boldsymbol{k}_i\boldsymbol{h}_i]\boldsymbol{P}_{i-1} \tag{7.223}$$

上式中 $\boldsymbol{h}_i$ 是 $\boldsymbol{H}_k$ 矩阵中和观测量 $\tilde{y}_i$ 对应的行向量。重复式(7.221)到(7.223)的处理，直到处理完所有的 m 个观测量。在处理完所有的 m 个观测量以后，应该重置总的系统状态和状态方差矩阵：

$$\boldsymbol{x}_k^+=\hat{\boldsymbol{x}}_m,\qquad \boldsymbol{P}_m^+=\boldsymbol{P}_m$$

很容易看到，根据每一个观测量进行观测量更新的时候，由于只有一个观测量，所以 $(\boldsymbol{h}_i\boldsymbol{P}_{i-1}\boldsymbol{h}_i^{\mathrm{T}}+R_i)$ 是一个 1×1 的“矩阵”，即是一个数字，所以通过这种串行方式，将一个维数很大的矩阵求逆运算变换为若干个数字求倒数的运算。同时 $\boldsymbol{k}_i$ 也不再是一个矩阵，而是一个向量。

这种处理可以等效地看作对系统进行了若干次观测量更新，由于这些观测量都是同时来到的，即 $\Delta t=0$，所以不需要做时间更新。序贯处理的累计的状态量更新 $\delta\hat{\boldsymbol{x}}_k$ 和并行处理是一样的，但最终的卡尔曼增益 $\boldsymbol{k}_m$ 却和并行处理却不一样，这是因为并行处理的 $\boldsymbol{k}_m$ 是基于所有观测量得到的，而这里却是每一次根据一个观测量得到的。

当观测量协方差矩阵 $\boldsymbol{R}$ 不是对角矩阵时，由于 $\boldsymbol{R}$ 是正定矩阵，所以可以将 $\boldsymbol{R}$ 分解为下三角矩阵相乘的形式，

$$\boldsymbol{R}=\boldsymbol{E}\boldsymbol{E}^{\mathrm{T}} \tag{7.224}$$

然后对观测方程两边同时乘以可得

$$\boldsymbol{E}^{-1}\boldsymbol{y}_m=\boldsymbol{E}^{-1}\boldsymbol{H}_m\boldsymbol{x}_m+\boldsymbol{E}^{-1}\boldsymbol{v}_m \tag{7.225}$$

定义

$$\bar{\boldsymbol{y}}_m\triangleq\boldsymbol{E}^{-1}\boldsymbol{y}_m,$$

$$\bar{\boldsymbol{H}}_m\triangleq\boldsymbol{E}^{-1}\boldsymbol{H}_m,$$

$$\bar{\boldsymbol{v}}_m\triangleq\boldsymbol{E}^{-1}\boldsymbol{v}_m$$

则新的观测方程变为

$$\bar{\boldsymbol{y}}_m=\bar{\boldsymbol{H}}_m\boldsymbol{x}_m+\bar{\boldsymbol{v}}_m \tag{7.226}$$

并且可以验证新的观测量协方差矩阵

$$\bar{\boldsymbol{R}} = E\left\{\bar{\boldsymbol{v}}_m \bar{\boldsymbol{v}}_{\boldsymbol{m}}^{\mathrm{T}}\right\} = \boldsymbol{I}$$

所以可以继续利用观测量协方差矩阵是对角矩阵的处理方法。

3. 观测量有效性检测

在实际应用中，由于某种原因往往使有错误或无效的观测量进入卡尔曼滤波器，如果基于这些错误的观测量对系统状态进行更新会导致错误的系统状态。幸运的是，卡尔曼滤波器从其原理上提供了对这些错误观测量筛选的机制。

考虑在某一时刻的观测量 $\tilde{y}$，假设其观测量方差为 R，系统状态协方差矩阵为 $\boldsymbol{P}$，则根据系统状态 $\boldsymbol{x}$ 对观测量进行预测值为 $\hat{y}$，那么其观测量残差 $\delta y = \tilde{y} - \hat{y}$ 为一个随机变量，并且

$$E\{\delta y\} = 0, \qquad \mathrm{var}\{\delta y\} = \boldsymbol{HPH}^{\mathrm{T}} + R \tag{7.227}$$

于是可以定一个阈值 α，使

$$\text{概率}\{(\delta y)^2 > \alpha(\boldsymbol{HPH}^{\mathrm{T}} + R)\} \approx 0 \tag{7.228}$$

于是满足上式条件的观测量就可以认为是一个错误或无效的观测量，从而被剔除出去不进行卡尔曼滤波的更新。α 的值可以根据实际工程的情况而定，基本原则是能剔除错误的观测量，同时又不能过多干涉正确的观测量更新。

这里描述的方法往往被称作更新检测（Innovation Check）。需要注意的是，当由于某种原因系统状态偏离真实状态很远时，即使正确的观测量也无法通过更新检测，所以实用的策略必然需要考虑如何应对这种情况，一个简单而有效的策略是如果信号质量足够好却被更新检测逻辑剔除出去的话，就需要仔细检查当前系统状态的有效性。可以很容易看出，更新检测可以很自然地在观测量的串行处理过程中应用，每更新一个观测量时进行一次更新检测。需要注意的是，此时一个有趣的技巧是观测量串行处理的顺序。一般需要对观测量的可信度进行排序，先处理可信度高的观测量，后处理可信度低的观测量，这样不至于由于坏的观测量对系统状态的错误更新而使正常的观测量不能通过更新检测。

4. 丢失或无效的观测量

有时由于系统故障或通信问题，观测量发生丢失或者无法被卡尔曼滤波模块得到，在这种情况下时间更新依然可以进行，观测量更新就没法进行了。

从另一个角度考虑，当观测量丢失时，可以认为观测量的不确定性是无穷大，即 $\boldsymbol{R} = \infty$，根据卡尔曼增益的公式

$$\boldsymbol{k} = \boldsymbol{P}^{-}\boldsymbol{H}(\boldsymbol{HP}^{-}\boldsymbol{H}^{\mathrm{T}} + \boldsymbol{R})^{-1}$$

可以看出，因为 $\boldsymbol{R} = \infty$，所以 $\boldsymbol{k} = \boldsymbol{0}$，于是对系统状态的更新量必然为 $\boldsymbol{0}$，导致此时对系统状态没有观测量更新，但时间更新在继续，同时 $\boldsymbol{P}_{k+1|k} = \boldsymbol{\varPhi}_k \boldsymbol{P}_{k|k} \boldsymbol{\varPhi}_k^{\mathrm{T}} + \boldsymbol{QD}_w$，所以系统状态协方差矩阵会递增，表示系统状态的不确定性在增加。

5. 保持 $\boldsymbol{P}$ 矩阵的对称和正定

系统状态的协方差矩阵 $\boldsymbol{P}$ 从其自身定义来说是对称阵，而且还应该是正定矩阵。从时间更新得到的 $\boldsymbol{P}^-$ 到观测量更新后 $\boldsymbol{P}^+$ 的公式

$$\boldsymbol{P}^+ = (\boldsymbol{I} - \boldsymbol{kH})\boldsymbol{P}^-$$

似乎从形式上看不出 $\boldsymbol{P}^+$ 的对称性，但如果将 $\boldsymbol{k}$ 的计算公式

$$\boldsymbol{k} = \boldsymbol{P}^-\boldsymbol{H}^{\mathrm{T}}(\boldsymbol{HP}^-\boldsymbol{H}^{\mathrm{T}} + \boldsymbol{R})^{-1}$$

代入就得到

$$\boldsymbol{P}^+ = \boldsymbol{P}^- - \boldsymbol{P}^-\boldsymbol{H}^{\mathrm{T}}(\boldsymbol{HP}^-\boldsymbol{H}^{\mathrm{T}} + \boldsymbol{R})^{-1}\boldsymbol{HP}^- \tag{7.229}$$

由式(7.229)可以看出，在 $\boldsymbol{P}^-$ 和 $\boldsymbol{R}$ 是对称阵的情况下，理论上 $\boldsymbol{P}^+$ 也一定是对称阵。因为在下一个时刻，当对 $\boldsymbol{P}^+$ 进行时间更新时，其操作也是对称的。所以在任何时刻，$\boldsymbol{P}^-$ 和 $\boldsymbol{P}^+$ 必定是对称阵。

在具体的实现过程中，由于计算机的字长效应和舍入效应不可避免，必然会导致 $\mathbf{P}$ 逐渐变得不对称，同时还会失去其正定性。当 $\boldsymbol{P}$ 变得非正定时，卡尔曼增益 $\boldsymbol{k}$ 无法实现观测量和本地状态之间真实的权重值，从而会使系统状态的更新出现严重错误。有一些方法可以保证 $\boldsymbol{P}$ 的对称性，其中之一是在每一次观测量更新以后，用 $\boldsymbol{P}$ 和 $\boldsymbol{P}^T$ 的平均重置 $\boldsymbol{P}$，即

$$\boldsymbol{P} = \frac{1}{2}(\boldsymbol{P} + \boldsymbol{P}^{\mathrm{T}}) \tag{7.230}$$

这个方法在实际中因为简单有效所以得到了很广泛的应用。

另一种非常简单的方法是在计算 $\boldsymbol{P}^+$ 的过程中，只计算对角线的元素和上半部分的元素，即 $\{P_{i,j},\ i \leqslant j,\ i = 1,\cdots,n\}$，这里 n 是 $\boldsymbol{P}$ 矩阵的维数，然后根据 $\boldsymbol{P}$ 矩阵的对称性，用其上半部分的元素来置其下半部分的元素，即

$$P_{j,i} = P_{i,j} \qquad i < j,$$

但上面这两种方法只能保证 $\boldsymbol{P}$ 矩阵的对称性，却无法保证 $\boldsymbol{P}$ 矩阵的正定性。更进一步的方法还可以采用平方根滤波和 UDU 分解滤波方法。平方根滤波的基本思想是利用矩阵理论中的一个结论，即非负定的对称矩阵 $\boldsymbol{P}$ 总能被分解为两个三角矩阵相乘的形式，即

$$\boldsymbol{P} = \Delta\Delta^{\mathrm{T}} \tag{7.231}$$

其中 Δ 为上三角或下三角矩阵，被称作 $\boldsymbol{P}$ 的平方根矩阵，Δ 矩阵可以通过对 $\boldsymbol{P}$ 进行 Cholesky 分解得到。后续的卡尔曼状态协方差矩阵的更新都基于 Δ 矩阵进行，由于式(7.231)保证了 $\boldsymbol{P}$ 的正定性和对称性，所以平方根滤波的优势在于能够严格保证 $\boldsymbol{P}$ 矩阵正定的同时，还能只用 $\boldsymbol{P}$ 矩阵一半的字长就能保证滤波结果的数值精度。UDU 分解滤波则是利用 $\boldsymbol{P}$ 矩阵的 UD 分解，即

$$\boldsymbol{P} = \boldsymbol{UDU}^{\mathrm{T}} \tag{7.232}$$

其中，$\boldsymbol{U}$ 为上三角矩阵；$\boldsymbol{D}$ 为对角线矩阵；UDU 分解滤波在滤波过程中不再传

递容易因字长效应而失去正定性的 $\boldsymbol{P}$ 矩阵，而是传递 $\boldsymbol{U}$、$\boldsymbol{D}$ 矩阵。

这些方法通过对 $\boldsymbol{P}$ 矩阵进行平方根分解和 UDU 分解，从而把对 $\boldsymbol{P}$ 矩阵的更新过程变为对平方根矩阵 Δ 或 $\boldsymbol{U}$、$\boldsymbol{D}$ 矩阵的更新，能够严格保证 $\boldsymbol{P}$ 矩阵的正定性，但代价是增大运算量。由于篇幅所限，这里就不详细讲解平方根滤波和 UDU 滤波的具体细节了，感兴趣的读者可以阅读有关卡尔曼滤波原理的相关文献和书籍。

7.3 最小二乘法和卡尔曼滤波总结

北斗和 GPS 接收机通过伪距观测量和多普勒观测量计算用户的位置、速度和时间信息，简称 PVT 解算，在具体实现 PVT 解算的过程中，可以采用最小二乘法或卡尔曼滤波法。

最小二乘法所得到的定位结果是基于某个时元的一组观测量，和其他时元的观测量无关。接收机在提取观测量时，不同时元的观测量是相互独立提取的，所以来自于不同时元的观测量可以认为是相互独立的。由此基于不同时元的最小二乘定位结果的误差特性可以认为类似于白噪声，所以最小二乘定位的结果在时间上有着类似白噪声的跳跃现象。

卡尔曼滤波器是一种线性、递归的估值方法，被广泛应用在现代控制、参数估计及自适应滤波等系统中。卡尔曼滤波器理论基于系统处理噪声是高斯白噪声的前提。接收机中的卡尔曼滤波器基于多个时元的观测量，可以认为共享了不同时元的观测量的所有信息。尽管在不同的时元的观测量噪声可以认为是白高斯分布，但由于卡尔曼滤波对于不同时元的信息共享，卡尔曼滤波的定位结果的误差特性表现为有色噪声分布，体现在时间上其定位误差是连续缓变的。图 7.12 给出了在静态天线的情况下，最小二乘定位结果和卡尔曼滤波定位结果的二维误差图示。为了保证比较的公正性，最小二乘法和卡尔曼滤波方法处理的是相同的中频数据，左半图是最小二乘定位的定位结果，右半图是卡尔曼滤波的定位结果。横坐标和纵坐标分别是用户 ENU 坐标系中的正东和正北方向的误差，单位均为米。图中相邻时刻的定位误差结果被细实线连接起来。可以很清楚地看出，最小二乘定位的误差呈杂乱无章的分布，而卡尔曼滤波的误差呈现一定规律的缓慢变化，而且整体来说，卡尔曼滤波的定位结果要比最小二乘定位结果的误差小一些，这也体现了卡尔曼处理的低通滤波特性。卡尔曼滤波结果中的起始点在图中标出，可以清楚地看到在迭代开始时刻卡尔曼滤波的更新量较大，体现在图中就是相邻点之间的间距较大，随着迭代次数增加，卡尔曼滤波的 $\boldsymbol{P}$ 矩阵收敛，则卡尔曼滤波的增益矩阵更依赖于本地状态，导致卡尔曼滤波的更新量变小，体现在图中就是相邻点之间的间距变小。

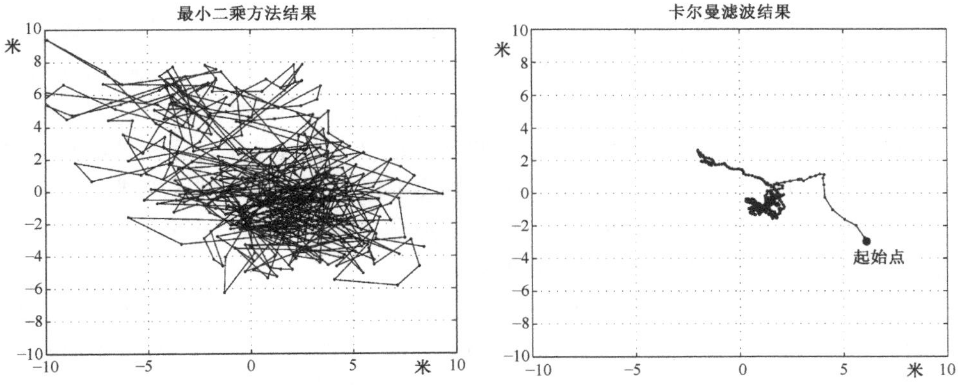

图 7.12　最小二乘法和卡尔曼滤波的定位结果比较

下面的一个例子更清楚的说明了卡尔曼滤波定位误差的有色噪声特性。

在本例中，接收机天线静止，接收机的输出包含了历时 500 秒的两种方法的定位结果，如图 7.13 所示。在 200 秒的时刻，将某一刻卫星的伪距观测量人为地引入

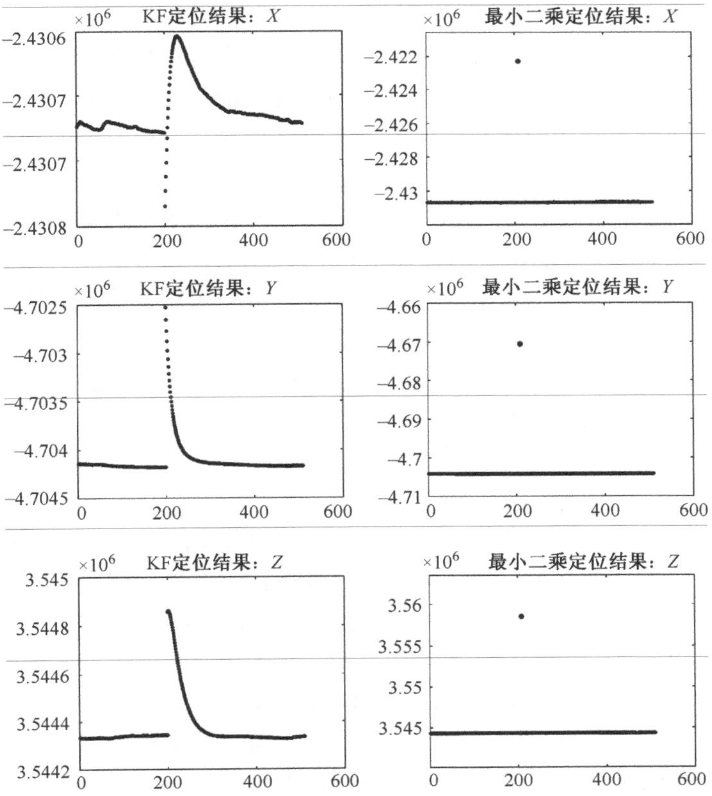

图 7.13　在 200 秒时刻引入的某颗伪距观测量误差导致的
卡尔曼滤波和最小二乘法定位结果的不同表现

50 km 的跳变，则卡尔曼滤波和最小二乘法都会出现较大定位误差。图中左边的三幅图分别是卡尔曼滤波输出的 ECEF 坐标系的（x,y,z）坐标，而右边的三幅图分别是最小二乘法的 ECEF 坐标系的（x,y,z）坐标。可以看出，最小二乘法只是在 200 秒时刻的定位结果出现偏差，然后迅速回到正确的定位结果，也就是说，后续时刻的定位结果不受前一时刻的错误结果影响；而卡尔曼滤波不仅在 200 秒时刻出现错误的定位结果，而且在随后的较长一段时间内定位误差依然在延续，一段时间以后才逐渐回到正确的定位结果。由此可以看出，卡尔曼滤波的定位结果在时间上是相互关联的。

从问题的本质上看，卡尔曼滤波结果的有色噪声特性来自于系统状态方程的约束，例如，在 PV 模型中，位置和速度之间存在严格的积分关系，所以当前时刻的定位结果和下一时刻的定位结果存在物理上的约束关系，而这个约束来自于接收机自身的速度矢量，卡尔曼滤波过程中的时间更新就是这种物理关系的体现，而后续的观测量更新只不过是基于时间更新和观测量之间的残差进行修正的，这样就决定了卡尔曼滤波的定位结果在时间上必定是相互关联的，而充分利用时间上的相关关联特性是卡尔曼滤波和最小二乘的最大区别，也是卡尔曼滤波的定位结果比最小二乘法的结果更为平滑的原因所在。

从最优估计的意义来看，最小二乘法和卡尔曼滤波都基于 Least Square 的原则对用户位置进行估计，但最小二乘法针对当前时元的一组观测量进行 Least Square 估计；而卡尔曼滤波是巧妙地利用递推方式对从接收机上电时刻的观测量直到当前时元的观测量的基础上进行 Least Square 估计。最小二乘法不需要知道系统状态的统计特性，甚至也无须知道观测量的统计特性，其最优指标仅仅是量测估计的数值精度达到最优，关于这一点从代价函数式(7.2)和式(7.15)可以看出，所以最小二乘法的估计精度不高，而且当观测量出现较大偏差时也会引起估计结果的较大偏差，但由于算法简单、适用条件宽泛，所以实际中仍然大量使用。虽然在已知观测向量的协方差矩阵的情况下，可以根据式(7.10)和式(7.20)计算估计误差的协方差矩阵，但这一点并不是必须的，也就是说最小二乘法的估值结果并不需要以式(7.10)和式(7.20)的计算结果作为前提，而与此相反，卡尔曼滤波在得到系统状态估值的过程中必须计算 $\boldsymbol{P}$ 矩阵，也就是估计误差的协方差矩阵。

卡尔曼滤波方法必须首先定义一个系统状态向量 $\boldsymbol{x}$，然后基于 $\boldsymbol{x}$ 求解一个时间-状态方程，对观测量来说也必须是 $\boldsymbol{x}$ 的线性或非线性方程。如果无法导出系统状态向量的时间-状态方程，则无法利用卡尔曼滤波的方法。时间-状态方程还必须能反映实际的系统运行情况，否则卡尔曼滤波也无法达到预期的效果。比如对于高速运动的物体采用 P 模型，就无法准确估计物体的速度矢量。

最小二乘法利用至少 4 颗卫星的观测量，由每一颗卫星的观测量提供了一个方程，通过非线性迭代的方式解出 4 个未知量，即用户的三个位置坐标和一个时钟偏差。不同于最小二乘法，卡尔曼滤波根据系统状态转换方程得到对当前系统状态的时间更新，时间更新对卫星数目没有要求。在时间更新以后，随着观测量的到来，根据观测量的方程在时间更新的基础上进行观测量更新。在观测量更新的过程中对卫星数目依然没有要求，所以甚至在只有 1～2 颗卫星的观测量的情况下，卡尔曼滤波依然能给出定位结果，当然这种定位结果会随着时间的增长会逐渐偏离正确的位置。

从卡尔曼增益 $\boldsymbol{k}_m$ 的表达式

$$\boldsymbol{k}_m = \boldsymbol{P}_m^- \boldsymbol{H}_m^{\mathrm{T}} (\boldsymbol{H}_m \boldsymbol{P}_m^- \boldsymbol{H}_m^{\mathrm{T}} + \boldsymbol{R}_m)^{-1}$$

可以看出，当 $\boldsymbol{R}$ 的对角线上某元素很大时，对应的 $\boldsymbol{k}_m$ 中的元素会很小，说明由对应的观测量导致的 $\delta \boldsymbol{x}$ 很小；如果 $\boldsymbol{P}$ 的某元素很小时，对应的 $\boldsymbol{k}_m$ 中的元素很小，说明此时的 $\delta \boldsymbol{x}$ 也很小。通过上述分析，我们可以看出卡尔曼滤波每次对系统状态的更新是基于当前系统状态的不确定度和观测量的不确定度之间的折中。如果当前的系统状态估计的不确定度为零，即当前的系统状态估计非常可靠，则由观测量导致的更新将非常小；反之，如果观测量的不确定度非常低，即观测量非常可信，则系统状态的更新将主要由观测量决定。所以卡尔曼滤波是一种自适应的过程，卡尔曼滤波中的 $\boldsymbol{P}$ 矩阵提供了对系统状态误差的方差估计，即

$$\boldsymbol{P} = \mathrm{cov}\{\delta \boldsymbol{x} \delta^{\mathrm{T}} \boldsymbol{x}\}$$

在实际中，$\boldsymbol{P}$ 矩阵往往被用来对 $\boldsymbol{x}$ 的状态估计误差作出评估，如果 $\boldsymbol{P}$ 矩阵中的元素比较大，则说明对应的系统状态量可信度较低；反之，则说明对应的系统状态量可信度较高。

同时，$\boldsymbol{P}$ 矩阵也能被用来对观测量的可信度作出评估，在 7.2.6 节我们已经看到如何利用 $\boldsymbol{P}$ 进行观测量有效性检测。而在最小二乘法中，并没有一种直观的方法来对观测量的有效性作出评估。

卡尔曼滤波方法提供了一种数据融合的手段，所以在有些应用场合卡尔曼滤波是系统设计师唯一的选择。在组合导航的系统设计中，除了北斗和 GPS 接收机本身的卫星伪距和多普勒观测量之外，其他传感器还提供了更多的观测量，比如加速度计和陀螺仪提供了运动物体在三个方向的加速度和角速度量，高度计可以提供当前的水平高度，而数字罗盘可以提供当前的航向角信息，如何充分并有效地利用来自于这些传感器的观测量，就需要借助于卡尔曼滤波的方法，将这些所有的信息揉合在一起，根据系统状态方程和观测量方程作出对系统状态的最优估计，更多的有关这方面的知识读者可以参阅参考文献[21][25[26]。

对于北斗和 GPS 接收机设计人员来说，最小二乘法作为常规的定位解算方法是必须掌握的知识。随着技术的进步，传感器价格不断下降，越来越多的廉价接收机也开始使用传感器来辅助导航，所以深刻理解并掌握卡尔曼滤波的原理和方法，对实际的系统分析并设计出符合物理实际的卡尔曼滤波模型也显得越来越重要，同时对于学习其他非线性滤波方法，如 Unscented 卡尔曼滤波（UKF）[23][29][33][35]和粒子滤波等新的滤波原理也是非常重要的理论基础，希望本章的内容可以让读者对这部分内容有初步的了解，并为以后进一步的学习打下基础。

参考文献

[1] R.Grover Brown, Receiver Autonomous Integrity Monitoring, Chap.5 of Global Positioning System: Theory and Applications, Vol.II , B.Parkinson, J.Spiker, P.Axelrad, and P.Enge., 1996.

[2] E.D.Kaplan, Understanding GPS Principles and Applications, 2rd Edition,Artech House Publishers, 2006.

[3] 中国卫星导航系统管理办公室. 北斗卫星导航系统空间信号接口控制文件（公开服务信号）2.0 版. 2013 年 12 月.

[4] Pratap Misra, Per Enge. 全球定位系统——信号、测量和性能（第二版）. 北京：电子工业出版社，2008.

[5] GuoChang Xu , GPS:Theory, Algorithms and Applications, 2nd Edition, Springer 2010.

[6] 张守信. GPS 卫星测量定位理论与应用. 北京：国防科技大学出版社，1996.

[7] Sturza, M. A. and Brown, A. K., “Comparison of Fixed and Variable Threshold RAIM Algorithms”, Proceedings of the Third International Technical Meeting of the Satellite Division of The Institute of Navigation (ION GPS-90), Colorado Springs, CO, September 19-21, 1990, pp. 437-43.

[8] Lee, Y. C., “Analysis of Range and Position Comparison Methods as a Means to Provide GPS Integrity in the User Receiver”, Proceedings of the Annual Meeting of The Institute of Navigation, Seattle, WA, June 24-26, 1986, pp. 1-4.

[9] Parkinson, B. W. and Axelrad, P., “ A Basis for the Development of Operational Algorithms for Simplified GPS Integrity Checking”, Proceedings of the Satellite Division First Technical Meeting, The Institute of Navigation, Colorado Springs, CO, 1987, pp. 269-76.

[10] Sturza, M. A., “Navigation System Integrity Monitoring Using Redundant Measurements”, NAVIGATION, Journal of The Institute of Navigation, Vol. 35, No. 4, Winter 1988-89, pp. 483-501.

[11] R.G.Brown and G.Y.Chin , “GPS RAIM: Calculation of Threshold andProtection Radius Using Chi-Square Methods A Geometric Approach”, Global Positioning System, Navigation,Volume V, Journal of The Institute of Navigation, 1997, pp.155-178.

[12] Brown, R.G., “A Baseline GPS RAIM Scheme and a Note on the Equivalence of Three RAIM Methods”, NAVIGATION, Journal of The Institute of Navigation, Vol.39, No.3, Fall 1992.

[13] Pakinson, B.W. and Axelrad, P.A., “Autonomous GPS Integrity Monitoring Using the Pseudorange Residual”, NAVIGATION, Journal of The Institute of Navigation, Vol.35, No.2, Summer 1988.

[14] Chin,G.Y. and Kraemer, J.H., “GPS RAIM Screen Out Bad Geometries Under Worst-Case Bias Conditions”, NAVIGATION, Journal of The Institute of Navigation, Vol.39, No.4, Winter 1992-1993.

[15] Brown, R.G. and Hwang, P.Y.C., “Introduction to Random Signals and Applied Kalman Filtering”,

2nd ed., New York: Wiley, 1992.

[16] Pervan, B.S., et.al, "Parity Space Methods For Autonomous Fault Detection and Exclusion Algorithms Using Carrier Phase", Proceedings of PLANS 96 Symposium, Altanta, GA, Apr. 1996.

[17] Kelly, R.J., "The Linear Model, RNP, and the Near-Optimum Fault Detection and Exclusion Algorithm", Invited Paper of GPS RedBook, Volume V, 1998.

[18] Brenner, M., "Implementation of a RAIM Monitor in a GPS Receiver and an Integrated GPS/IRS", Proceedings of ION GPS-90, Colorado Springs, CO, Sep.1990.

[19] Pullen, S. and Enge,P., "Satellite Integrity Monitoring Concepts for GPS/Galileo Augmentation Systems", Proceedings of ION GNSS 17th ITM of the Satellite Division, Long Beach, CA, September 2004.

[20] R.G. Brown, P.W. McBurney, "Self-Contained GPS Integrity Check Using Maximum Solution Seperation as the Test Statistic", Proceedings of the Satellite Division First Technical Meeting, ION, Colorado Springs, CO, 1987.

[21] Jay A. Farrell, Aided Navigation, GPS with High Rate Sensors, McGraw Hill, 2008.

[22] 秦永元. 卡尔曼滤波与组合导航原理（第二版）. 西安，西北工业大学出版社，2012.

[23] Julier Simon J.,　Uhlmann　Jeffrey K.,　"A New Externsion fo the Kalman Filter to Nonlinear Systems", Proceedings of AeroSense, the 11th International Symposium on Aerospace/Defense Sensing, Simulation and Controls, 1997.

[24] Grewal M., Andrews A., Kalman Filtering: Theory and Practice Using Matlab, 2nd Edition, John Wiley & Sons Inc, 2001.

[25] Jay A. Farrell, M. Barth, "The Global Positioning System and Inertial Navigation", McGraw-Hill, 1999.

[26] Grewal M. , Weill L., Andrews A., "Global Positioning Systems, Inertial Navigation, and Integration", John Wiley & Sons Inc, 2001.

[27] S. Haykin. "Adaptive Filter Theory",　3rd edition, Prentice-Hall, Inc. ,1996.

[28] Kalman R.E., "A New Approach to Linear Filtering and Prediction Problems", Transactions of ASME, Journal of Basic Engineering, Vol.82, 1960.

[29] Wan Eric A. , Rudolph V. D. Merwe, "The Unscented Kalman Filter for Nonlinear Estimation".

[30] Thornton C.L., "Triangular Covariance Factorizations for Kalman Filtering", NASA PhD Thesis, 1976.

[31] Yaakov Bar-Shalom, Li X.Rong, Thiagalingarm Kirubarajan, "Estimation with Applications to Tracking and Navigation", John Wiley & Sons Inc., July 2001.

[32] Bierman Gerald J., "Factorization Methods for Discrete Sequential Estimation",Mathematics in Science and Engineering , Vol. 128, Academic Press, NY, 1977 .

[33] http://www.cs.unc.edu/~welch/kalman/.

[34] Eric A. Wan, Rudolph V.D. Merwe, The Unscented Kalman Filter, Chap.7 of Kalman Filtering and Neural Networks, John Wiley & Sons, Inc. 2001.

[35] Arthur Gelb, Applied Optimal Estimation, The MIT Press ,May 15, 1974.

[36] Tine L. and Herman B. , Comment on "New Method for the Nonlinear Trans-formation of Means and Covariances in Filters and Estimators", IEEE Transactions of Automatic Control, 2002.

[37] A. Papoulis, Probability, Random Variables and Stochastic Processes, McGraw Hill, 1991.

[38] Oppenheim, A. V., A. S. Willsky and S. H. Nawab, Signals and Systems, 2nd edition. Prentice-Hall, Inc. 1997.

第8章

射频前端

本章要点

- 卫星信号的发射与接收
- 级联系统的噪声系数
- 带通采样原理
- 中频采样方案和射频采样方案
- 自动增益控制（AGC）和量化位宽
- 射频载噪比和基带信噪比的关系
- 射频前端频率方案实例分析

射频前端的设置在卫星接收机内部起着举足轻重的作用。尤其对于软件接收机来说，射频前端也许是整个系统中唯一的硬件部分，在以 ASIC 芯片为主要架构的常规硬件接收机中，射频前端是后续基带信号处理的源头，对接收机性能具有举足轻重的作用。射频前端的重要性主要体现在以下几个方面。

① 射频前端的信号带宽、噪声系数、插入损耗和射频阻抗等特性直接影响着接收到的信号强度和噪声特性，从而影响后续基带处理部分的性能，包括跟踪环的环路性能以及导航定位结果的精度。

② 射频前端的频率方案设置决定了接收到的卫星信号的理论中频值 f_c。这个值的物理意义是在没有多普勒频移和本地钟漂的情况下，接收到的卫星信号的载波频率的理论值。这个值直接决定了信号捕获算法的频率搜索范围，也是后续信号处理必须知道的重要参数。

③ 随着多模卫星导航系统的实施，多模多频接收机需要同时接收并处理多个卫星导航系统的信号，例如，GPS 新的民用信号 L2C、L5 信号，北斗的 B1、B2、B3 信号，以及 GLONASS 的 G1 和 G2 信号等，巧妙的射频设置将能通过较少的射频硬件开销而同时接收多个频段、多个系统的 GNSS 信号。本章内容将围绕着这三点展开。

在现代卫星导航接收机中基本上全部采用数字信号处理的方案对卫星信号进行处理，卫星信号最初以模拟信号的形式进入射频前端，最后以数字信号的形式进入基带处理环节，所以其中数字模拟转换器（下面简称为 ADC）将是必不可少的一环，后面将要看到 ADC 的有限量化位宽将对信号能量带来一定的损耗，而量化电平的确立和 AGC 的设置也有关，这些因素在射频前端的设计中都是必须考虑的因素。由于卫星导航信号往往属于窄带信号，所以带通采样被广泛地应用在 GNSS 接收机的射频前端，同时特意的频谱混叠经常地被用来将较高频段的窄带信号转换为数字基带信号。为了便于读者理解采样的过程，本节还特意讲解了带通采样的基本原理。本章讲述了两种常见的射频前端方案，分别是传统的中频采样方案和软件无线电中常用的射频采样方案，并比较了两者的优缺点。天线接收到的信号相对于噪声的强度常常用载噪比 CN_0 来表示，载噪比和后续的信号处理性能密切相关。本章从射频信号的角度讲解了信噪比 S/N 和载噪比的关系，本节的最后以一款目前市场上常用的 GPS 射频芯片为例，结合本节射频前端的原理详细讲解如何分析具体的频率方案，这将能够帮助 GPS 接收机工程设计人员深入理解有关射频前端的重要参数，而这些参数对于后续信号处理算法设计是必不可少的。

8.1 卫星信号的发射与接收

北斗和 GPS 卫星发射的信号功率受星载器件所限，例如，GPS 卫星在 L1 载波上的 C/A 码信号的发射功率只有大概 27 W 左右，如果以分贝为单位，即 $10\lg 27 = 14.3\,\text{dBW}$。当卫星向空间所有方向均匀地发射信号时，则信号在自由空间的传输过程中衰减的速度和$\frac{1}{R^2}$成正比，这里R是接收者距离卫星的直线距离。更具体地说，距离卫星直线距离为R的地方的信号功率空间密度为

$$P_D = \frac{P_T}{4\pi R^2} \tag{8.1}$$

式(8.1)中P_T是信号的发射功率，P_D表示的是单位面积上的功率强度，所以其单位是瓦特/米^2（W/m^2）。

在工程实际中，人们更习惯于用分贝即 dB 表示，所以P_D用 dB 表示为

$$\begin{aligned} P_{D,dB} &= P_{T,dB} - 10\lg(4\pi) - 20\lg R \\ &= P_{T,dB} - 11 - 20\lg R \qquad dB/m^2 \end{aligned} \tag{8.2}$$

其中，$P_{T,dB}$是卫星发射功率，用dB/m^2来表示。式(8.2)中，

$$L_{R,dB} = 11 + 20\lg R \tag{8.3}$$

是由路径引起的信号损耗。

卫星信号在空间的传播距离R的计算方法可以用图 8.1帮助理解。图中 α 为地球表面的接收机观察卫星的仰角，当仰角为 90° 时，卫星在接收机头顶方向；当仰角为 0° 时，卫星在接收机地平线方向。从图 8.1 中可知，如果知道了卫星仰角，结合地球半径和卫星轨道高度，则可以计算出信号传播距离，具体计算方法利用三角关系就可以推导出，此处略过。

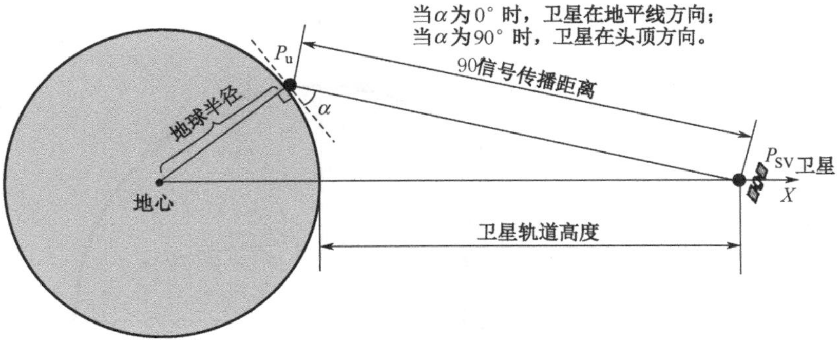

图 8.1 卫星信号在空间传播距离的图示

对于 GPS 信号接收来说，当用户在地球表面时，R是一个和卫星仰角α有关的函数。当卫星在用户头顶时，即$\alpha \approx 90°$，$R \approx 20\,190$ km，根据式(8.3)可知，此时的路径损耗大概是−157.1 dB；当卫星在地平线方向，比如仰角是 5° 时，$R \approx 25\,240$ km，此时的路径损耗大概是−159 dB。

对于北斗 MEO 卫星来说，当卫星在用户头顶方向时，$R \approx 21\,500$ km，此时的路径损耗大概是−157.6 dB；当卫星在地平线方向时，依然取卫星仰角是 5° 的时候，可以计算出$R \approx 25\,688$ km，此时的路径损耗大概是−159.5 dB，可见两种情况下分别比 GPS 卫星多了 0.5 dB。

对于北斗 IGSO/GEO 卫星来说，上述两种情况（$\alpha \approx 90°$ 和 $\alpha \approx 5°$）下的信号传输距离分别为 $R \approx 35\,780\,\text{km}$ 和 $R \approx 41\,120\,\text{km}$，根据式(8.3)计算得到的路径损耗分别为−162 dB 和−163.3 dB，比北斗 MEO 卫星的路径损耗增加了近 4 dB 左右，可见和 MEO 卫星相比由于 IGSO/GEO 卫星较高的卫星轨道会给地球表面的接收机带来近 4 dB 的额外信号损失。

以上分析是基于全向性发射天线，全向性天线将发射的信号平均分布于宇宙的各个方向，而在实际中北斗和 GPS 卫星将发射的信号集中于朝向地球的方向，所以地球表面接收的信号和上面分析的自由空间的情况相比有所增强。而这个增强的部分是由发射天线决定的，所以叫作发射天线增益。图 8.2 表示了天线增益的原理。

由图 8.2 可以看出，当天线将发射信号集中于一个角度为 2ϕ 的范围内时，即图中阴影部分所示，此时信号将集中于以 r 为半径的球冠之内，所以和全向性天线形成的球面相比，天线增益近似为

$$G_T(\phi) \approx \frac{4\pi R^2}{\pi r^2} = \frac{4}{\sin^2 \phi} \tag{8.4}$$

可见天线增益是 ϕ 的函数。式(8.4)中之所以是近似号是因为实际球冠的面积并不是 πr^2，严格的球冠面积比 πr^2 稍稍大一些，ϕ 越小则近似程度越精确。具体到 GPS 系统，卫星天线以 $\pm 21.3°$ 的角度发射信号，用(8.4)计算得到的天线增益大致在 $10\lg G_T(21.3°) \approx 14.8\ \text{dB}$。

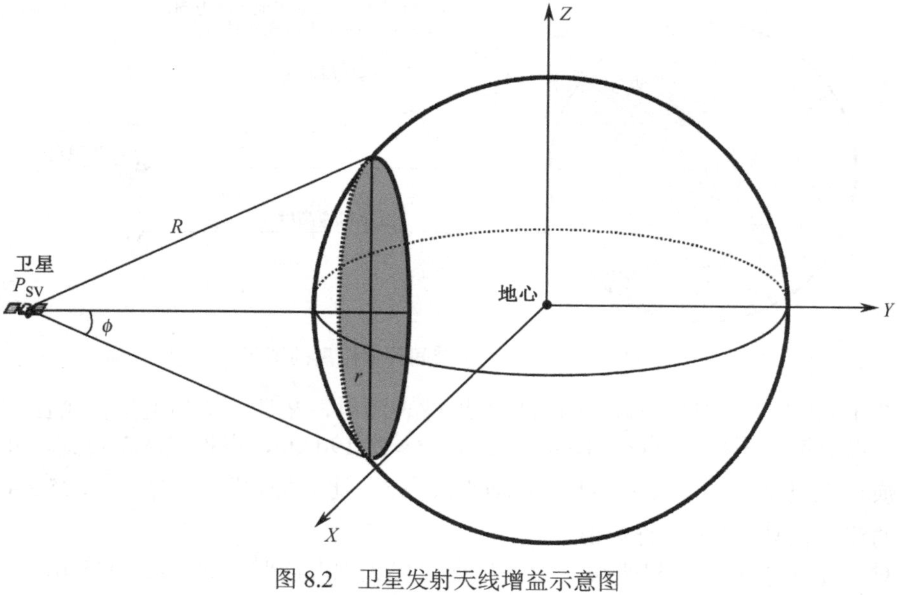

图 8.2 卫星发射天线增益示意图

这样一来如果卫星信号在整个球冠区域内部均匀发射的话，球冠区域的顶点部分的用户接收到的信号强度略高一些，而球冠边缘的用户接收到的卫星信号强度就

要略低一些，道理显而易见，是由于球冠顶点具有较小的距离损耗。为了保证在地球表面不同地点的用户接收到的信号强度一致，GPS 卫星天线的发射模式在发射角为 0° 时发射功率略低一些，而在球冠区域的边缘地带的发射功率要略高一些。在第 2 章中提到，GPS 现代化中的 Block-IIIC 卫星会增加“热点”功能，即局部信号增强功能，主要通过点波束天线（Spot Beam）对地球上局部热点区域进行信号强度的提升，以加强该地区 GPS 接收机的抗干扰能力，这种特殊功能其实就是通过利用可调节的波束覆盖面积来实现的。

卫星信号经过长途跋涉到达地球，经过路径损耗已经非常微弱。接收机接收到的信号功率等于信号功率密度 P_D 与天线有效面积的乘积。理论表明，天线的有效面积和信号波长 λ 以及接收天线增益 G_R 的关系为

$$S_{Ant} = G_R \lambda^2 / 4\pi \tag{8.5}$$

式中，λ 是信号载波波长，对 GPS L1 信号来说，载波波长 $\lambda \approx 0.19\ \text{m}$，对于北斗信号载波波长读者可以自行计算。$G_R$ 是接收天线增益，表示天线对某一个方向集中捕捉信号的能力。由于北斗卫星星座和 GPS 卫星星座的设计，卫星的信号可能来自于任何方向，所以接收机的天线通常被设计成是全向的，即对来自任何方向的卫星都有相同的天线增益。否则，如果天线对于某些方向的信号不能很好接收的话，这样的接收机必然不会有好的几何精度因子。

北斗卫星和 GPS 卫星信号经过远距离传输，信号已经非常微弱，天线接收到的具体信号功率由多个因素决定，包括本节讲述的卫星初始发射功率、发射天线增益、路径损耗、接收天线有效面积等，下面以 GPS 信号为例做一个很粗略的估算。

考虑 GPS 卫星在 L1 频率上的信号发射功率为 27 W，即 14.3 dBW，根据上面计算将发射天线增益取 14.8 dB，路径损耗为−159 dB，则信号到达地球表面的功率密度为−130 dBW/m^2；假设天线的有效面积为 $S_{Ant} = \lambda^2 / 4\pi$，这里对 L1 信号，$\lambda = 0.19\ \text{m}$，则 $S_{Ant} \approx 2.872 \times 10^{-3}\ \text{m}^2$，表示成分贝形式为−25.4 dB，于是接收到的信号功率就大概为−156 dBW。需要指出的是，这个数值仅仅是一个粗略的估计，实际的数值还要根据卫星仰角的不同，接收天线的不同等多个因素而变。但有一点可以确定的是，地球表面的用户接收到的北斗和 GPS 信号已经极度微弱。

8.2　级联系统的噪声系数

GNSS 接收机的射频前端从天线开始，后面有多个射频模块，包括低噪放大器、混频器、滤波器等，所以整个射频前端可以看作多个模块的级联。每个射频模块都有一个重要的指标叫作噪声系数，这里用 F 来表示。噪声系数的定义为

$$F = \frac{\text{输入SNR}}{\text{输出SNR}} \tag{8.6}$$

噪声系数总是大于 1 的，这是因为任何模块自身总会产生噪声，当处于绝对零度（0K）以上的任何温度时，任何半导体或导体内部均会不可避免地产生热噪声，所以信号经过模块以后的信噪比总是小于输入信噪比。更进一步，如果输入信号中的噪声功率为 N_0，模块的增益为 G，而模块自身产生的噪声功率为 N_{Local}，则

$$F = 1 + \frac{N_{\text{Local}}}{GN_0} \tag{8.7}$$

式(8.7)可以通过图 8.3 来理解，图中的模块的输入信号为 $S+N_{\text{in}}$，其中 S 为信号，N_{in} 为输入噪声，模块的增益为 G_1，模块自身产生的噪声为 N_{Local}，则模块输出的信号加噪声为 $G_1S+G_1N_{\text{in}}+N_{\text{Local}}$，则有以下关系：

$$\text{输入 SNR=}\frac{S}{N_{\text{in}}}，\text{输出 SNR=}\frac{G_1S}{G_1N_{\text{in}}+N_{\text{local}}} \tag{8.8}$$

将式(8.8)代入式(8.6)就可以得到式(8.7)的结论。

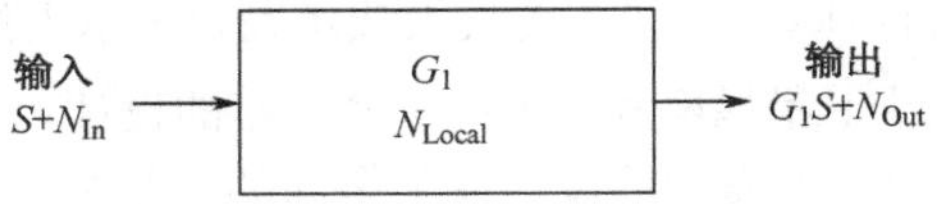

图 8.3　噪声系数的计算

根据式(8.7)可知，如果已知噪声系数，则系统本地噪声可以表示为

$$N_{\text{Local}} = (F-1)GN_{\text{In}} \tag{8.9}$$

从噪声系数的定义看，噪声系数衡量了一个模块对输入信噪比恶化的程度。噪声系数越大，则输出的信噪比越差；反之，噪声系数越小，则输出的信噪比和输入信噪比越接近。当模块本身不产生任何噪声时，输入信噪比等于输入信噪比，此时噪声系数为 1，当然这是理想的情况，实际中无法实现。通过式(8.7)还可以得到一些有趣的结论，如果两个模块的自身噪声功率相同，则增益较大的模块具有较小的噪声系数。对无源器件来说，比如电缆、连接器和无源滤波器等，因为增益 $G<1$，其对信号起到衰减作用，可以证明，无源器件的噪声系数等于其插入损耗，所以无源器件的衰减越大则噪声系数越大。

上面是针对单独的射频模块进行的分析，当多个模块，如 N 个线性系统级联时，假设每个系统的噪声系数和增益分别是 F_i，G_i，$i=1,2,\cdots,N$，并且每个模块产生的本地噪声为 $N_{\text{L},i}$，如图 8.4 所示，

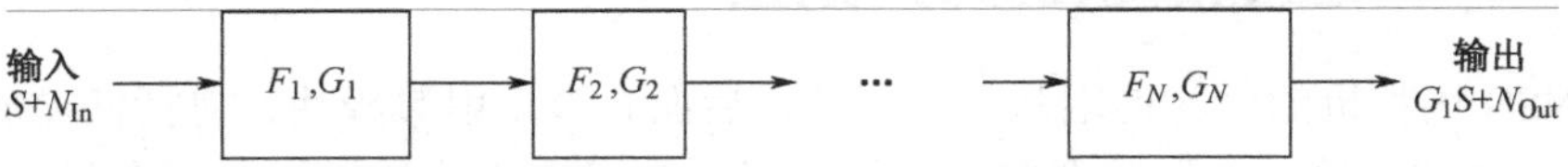

图 8.4　N 个级联系统的噪声系数的计算

根据对单级模块的分析，可以用类似的方法推导出下列结论：

- 第一级模块输出的信号为 G_1S，噪声为 $G_1N_{\text{In}}+N_{\text{L},1}$；

- 第二级模块输出的信号为 G_1G_2S，噪声为 $G_1G_2N_{\text{In}} + G2N_{\text{L},1} + N_{\text{L},2}$；

……

以此类推，可以得到第 N 级模块输出的信号为 $\prod_{i=1}^{n} G_i S$，噪声为

$$\prod_{i=1}^{n} G_i N_{\text{In}} + \prod_{i=2}^{n} G_i N_{\text{L},1} + \cdots + G_N N_{\text{L},N-1} + N_{\text{L},N}$$

如果把这 N 级级联的系统看作一个模块，则总的噪声系数为

$$\begin{aligned}
F_{\text{All}} &= \frac{\prod_{i=1}^{n} G_i N_{\text{In}} + \prod_{i=2}^{n} G_i N_{\text{L},1} + \cdots + G_N N_{\text{L},N-1} + N_{\text{L}_N}}{\prod_{i=1}^{n} G_i S} \frac{S}{N_{\text{In}}} \\
&= \frac{\prod_{i=1}^{n} G_i N_{\text{In}} + \prod_{i=2}^{n} G_i N_{\text{L},1} + \cdots + G_N N_{\text{L},N-1} + N_{\text{L}_N}}{\prod_{i=1}^{n} G_i N_{In}} \\
&= 1 + \frac{N_{\text{L},1}}{G_1 N_{\text{In}}} + \frac{N_{\text{L},2}}{G_1 G_2 N_{\text{In}}} + \cdots + \frac{N_{L,N}}{G_1 G_2 \cdots G_N N_{\text{In}}} \\
&= F_1 + \frac{F_2 - 1}{G_1} + \cdots + \frac{F_N - 1}{G_1 G_2 \cdots G_{N-1}}
\end{aligned} \tag{8.10}$$

式(8.10)就是射频前端中经常要用到的富瑞斯公式（Friis' Formula）。这个公式揭示了一个有用的特性，当 G_1 很大时，整个级联系统的总的噪声系数基本上由第一级模块的噪声系统决定。所以在实际工程设计中，往往在卫星天线之后，第一个模块就是一级低噪放大器。低噪放大器有较低的噪声系数，同时又有较高的增益，所以整个射频前端的噪声系数就由该低噪声放大器决定。所以在这样的级联系统中，后续的无源器件的噪声系数就无须过多考虑了。有些卫星天线本身就包含一个低噪放大器，这种天线叫作有源天线，外界必须对这种天线进行馈电才能保证天线输出正常的射频信号，在这种情况下，无论后续的接收机射频前端如何设计，总的噪声系数已经基本由天线内包含的低噪放大器决定了。

8.3　带通采样原理

带通采样被广泛地应用于 GNSS 接收机的射频前端。尤其在应用特意的频谱混叠技术（Intentional Frequency Aliasing）时，带通采样过程可以看作对模拟信号的数字量化任务和窄带信号的变频任务的结合。由于带通采样在 GNSS 接收机的射频前端被如此广泛地使用，所以本节将详细讲解其原理，在此之前先回顾一下基带采样原理。

如果一个信号 $s(t)$ 的带宽为 B，则以 $f_s > 2B$ 的频率对其采样得到的离散序列包含了 $s(t)$ 的所有信息，即 $s(t)$ 能被该离散序列不失真地重构。满足 $f_s > 2B$ 是采样后的离散序列得以能重构原始信号的关键，$2B$ 被称作 $s(t)$ 的奈奎斯特频率（Nyquist Frequency）。之所以需要选择高于 2 倍信号带宽的采样率的深层原因是为了避免频谱混叠的发生。为了理解这一点，需要对整个采样原理进行理论分析。

为了理论分析的方便，假设采样波形是如图 8.5 所示的周期冲激函数 $p(t)$，假设采样周期为 T_s，显然有 $T_s = \frac{1}{f_s}$。采样脉冲的数学表达式为

$$p(t) = \sum_{n=-\infty}^{\infty} \delta(t - nT_s) \tag{8.11}$$

其傅里叶变换为

$$P(f) = \frac{1}{T_s} \sum_{n=-\infty}^{\infty} \tag{8.12}$$

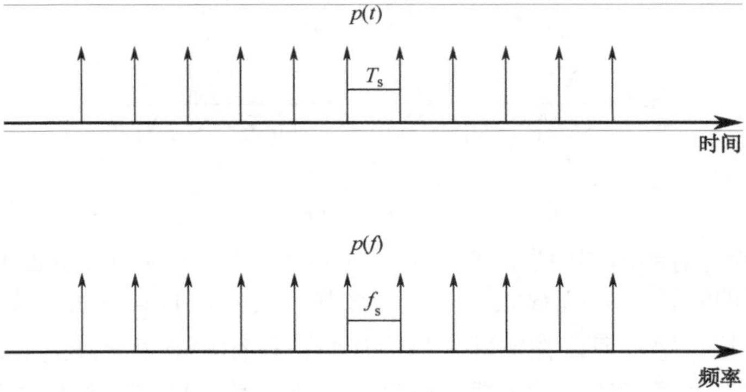

图 8.5 采样波形及其频谱，图中的箭头表示冲激函数 $\delta(t)$

利用上述的采样脉冲对信号 $s(t)$ 进行采样，可以看作用上述的采样波形 $p(t)$ 和 $s(t)$ 相乘。如果将采样以后的信号记作 $\hat{s}(t)$，则

$$\hat{s}(t) = s(t) \sum_{n=-\infty}^{\infty} \delta(t - nT_s) \tag{8.13}$$

对 $\hat{s}(t)$ 做傅里叶变换得到 $\hat{s}(t)$ 的频谱 $\hat{S}(f)$

$$\begin{aligned} \hat{S}(f) &= S(f) \otimes P(f) \\ &= \frac{1}{T_s} \sum_{n=-\infty}^{\infty} S(f - \frac{n}{T_s}) \end{aligned} \tag{8.14}$$

式中 $\otimes$ 表示卷积。

可见经过周期冲激函数的采样，得到的离散信号的频谱相当于将原始信号的频谱进行了周期性的搬移并叠加，周期为采样频率 f_s。这个过程可以用图 8.6 所示，图中上半部分为原始信号的频谱 $S(f)$，图中横轴表示频率，阴影部分为信号的频谱范

围，由于采样频率 $f_s>2B$，所以信号频谱位于 $0\sim0.5f_s$ 之间，图 8.6 下半部分为采样序列的频谱 $\hat{S}(f)$，即式(8.14)中表达式。

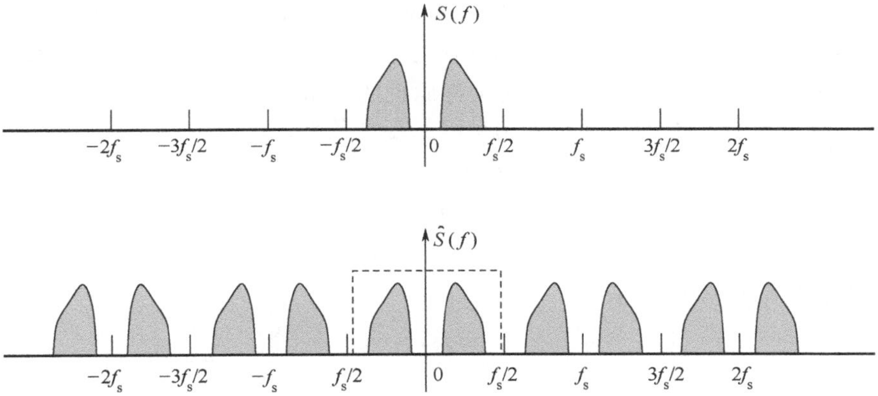

图 8.6 原始信号频谱 $S(f)$ 和被采样以后的信号频谱 $\hat{S}(f)$

从图 8.6 可以看出，如果信号带宽超过了 $f_s/2$，则采样以后的信号的高频部分必然和低频部分发生了混叠。这就是采样频率必须高于 2 倍带宽的原因。仔细研究图 8.6 可以看出，避免信号混叠的根本原因是保证整个信号的频谱分布在 $[kf_s,\ (k+1/2)f_s]$ 之内，这里 $k=0,1,\cdots$，为任意一个整数。有人会质疑信号频谱在负频域的部分，实际上，如果 $s(t)$ 是实信号，则其负频谱必然和正频谱相对于零频率对称，所以负频谱部分也必然落在 $[-(k+1/2)f_s,\ -kf_s]$ 之内。可以看出，当 $k=0$ 时就是基带采样；而当 $k>0$ 时，信号中的最高频率分量已经比采样率高了，此时就是带通采样情况了。

需要注意的是，当信号的频谱分布在 $[(k+1/2)f_s,\ (k+1)f_s]$ 范围内时，同样可以保证不发生频谱混叠，但此时发生了“频谱反转”，即原始信号中的高频分量对应采样后信号中的低频分量，而原始信号中的低频分量对于采样后信号的高频分量，这一点系统设计者必须要注意，图 8.7 就是发生了频谱反转的情况。

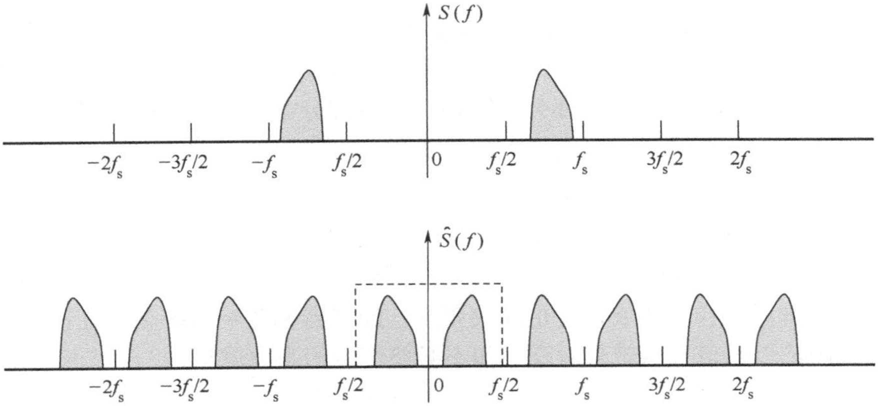

图 8.7 原始信号频谱 $S(f)$ 和被采样以后发生了信号频谱反转

带通采样往往是对窄带信号进行的。如果一个信号的带宽相对于其载波频率很小，则把这样的信号叫作窄带信号。GPS 信号中 C/A 码信号带宽为 2 MHz，即使 P/Y 码信号带宽也仅有 20 MHz，相对于其载波频率 1.57 GHz 来说，信号带宽可以认为是很小的，所以 GPS 信号是标准的窄带信号。北斗信号的信号带宽和载波频率相比也可以认为是窄带信号。根据上述对采样原理的分析可知，对窄带信号进行采样，为了避免频谱混叠，f_s 的选择必须满足以下三个条件：

$$\begin{aligned} &f_s > 2B; \\ &f_L > nf_s/2; \\ &f_H < (n+1)f_s/2 \end{aligned} \tag{8.15}$$

图 8.8 给出了式(8.15)的图示。

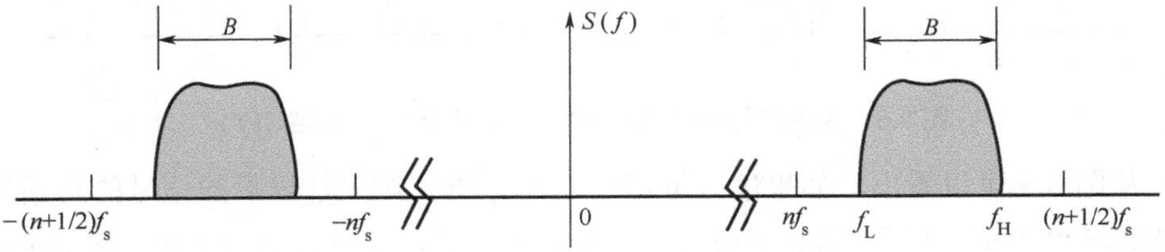

图 8.8 f_s 的选择需要满足的条件

图 8.8 中 B 为信号带宽，f_L 和 f_H 分别是信号频谱中的最低频率分量和最高频率分量。显然有，$B = f_H - f_L$。其实，式(8.15)中的三个条件中只有两个是必要的，从任意两个都能推导出第三个。这里依然列出三个条件是为了描述地更清楚。n 的值不是唯一的，只要满足上述条件都可以，只有在有其他附加要求的时候，才会唯一地确定 n 的值。比如在实际中，往往希望采样率能尽可能的低，当然是在不违背避免频谱混叠的条件的前提下，此时就能唯一地确定 n 的值。需要指出的是，当 n 的值为偶数时，采样以后的信号没有频谱反转；当 n 是奇数时，采样以后的信号发生了频谱反转。

带通采样原理可以用图 8.9 表示。图中信号频谱位于 $[nf_s,(n+1/2)f_s]$，于是采样以后的信号如图中下半部分所示。可以看出，经过采样，原本处于高频的信号频谱被线性“搬移”到了数字基带部分，即 $[0,1/2f_s]$ 部分。从这个角度来看，可以认为带通采样完成了数字量化任务和下变频任务的结合。

这样处理的一个重要前提是，信号能量都集中在 $[nf_s,(n+1/2)f_s]$ 频带以内，在其他频带信号分量为 0。因为在将信号下变频到数字基带的过程中，带外噪声也同样被“搬移”到了数字基带，这里“带外”噪声包括从直流到无穷的所有频带内的噪声。所以带通采样对滤波器有很高的要求，滤波器幅频响应必须保证在信号频带内畅通无阻，以及信号频带外对噪声和不必要信号的强力滤除。

由于北斗和 GPS 信号频谱必然是关于其载波频率 f_c 对称的，所以在实际工程中，当 n 的值确定以后，可以选取 f_s 使得

$$f_c = nf_s + 1/4 f_s \tag{8.16}$$

那么采样以后的信号的中心频率必然在数字基带的 $0.25f_s$ 处。从避免频谱混叠的角度，这样的处理是最安全的。当然，这种处理并不是唯一的选择。

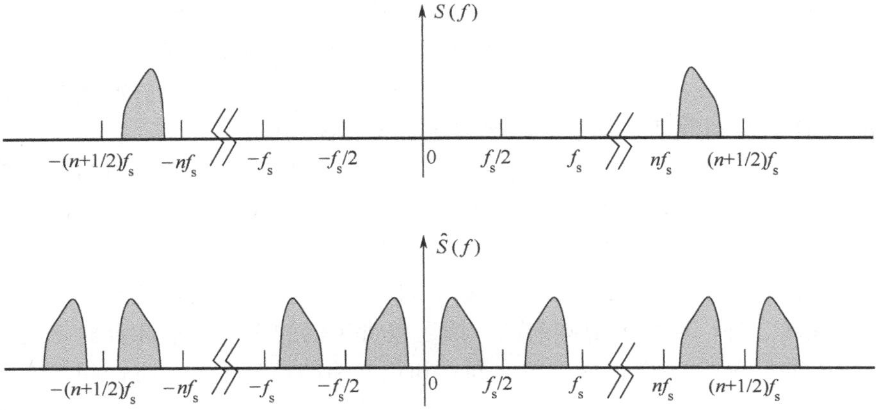

图 8.9　窄带信号被带通采样以后的信号频谱

从理论上分析，带通采样对于输入信号的频谱分布没有特殊要求，只要满足式(8.15)的三个条件即可。因此在北斗和 GPS 接收机的设计中，带通采样适用于射频前端经过下变频以后的中频信号，也适用于直接放大以后的射频信号。于是就有了两种不同的采样方案：中频采样方案和射频采样方案。

8.4　中频采样方案和射频采样方案

8.4.1　中频采样方案

中频采样方案是目前在 GNSS 接收机中被广泛应用的射频前端方案。这种方案的基本配置是先通过本地振荡器和混频器将射频信号下变频到中频，通过 ADC 将中频信号采样量化后得到离散时间域的信号，然后再送给后续信号处理软件做基带信号处理。

在 5.3 节中，为了讲述多普勒观测量的提取简要介绍了一种常规的射频方案，如图 5.5 中所示。那里讲述的射频方案就是一种中频采样方案。一般来说，中频采样方案的原理如图 8.10 所示。

图中射频信号首先被天线接收，然后经过一级低噪声放大器（LNA）放大。这里天线之后的第一个射频模块就是一个 LNA，如此设计的依据就是考虑到 8.2 节讲述的级联系统的噪声系数的原因。经过 LNA 以后，通过射频带通滤波器滤去不需要的带外信号和噪声，然后就是一级混频器。混频器将射频信号和本振的本地载波相乘，得到中频信号，这里用 IF_1 表示，其中的 IF 为中频 Intermediate Frequency 的英文缩写。有的射频方案会有多级混频器，这样就会有多个中频，IF_2、IF_3 等，每一级中频的频率值逐次降低，同时带外噪声和干扰被逐步消除或减弱。多级混频方案和一级混频方案在实际中都是可以的。混频以后的信号经过中频带通滤波器进一步滤除带外信号和噪声，得到最终的下变频信号。如果信号幅度还没有足够被放大，在中频段还会有一级或多级 LNA，以提供必要的增益。最后经过足够放大的中频信号被 ADC 采样后得到数字中频信号，被送给后续模块处理。

图 8.10 中仅仅包含了射频前端的基本功能单元，实际上一个实用的 GNSS 射频前端要包含比图中更多的功能单元，如自动增益控制（AGC）功能，AGC 是为了保证输入到 ADC 的模拟信号电平在合适的范围之内，而不会随着外界信号和噪声的情况而改变，如果包含了 AGC，则图 8.10 中的 LNA 需要被可控增益放大器（PGA）所替代。除此之外，现代的射频前端一般还包含灵活的本地频率综合器以适应不同的频率输入的情况，ADC 也往往包含同相和正交路的信号采样，时钟和复位逻辑也是必不可少的，同时由于射频前端往往还需要灵活配置，所以还需要包括外围配置接口，如 UART、IIC 或 SPI 等总线接口。

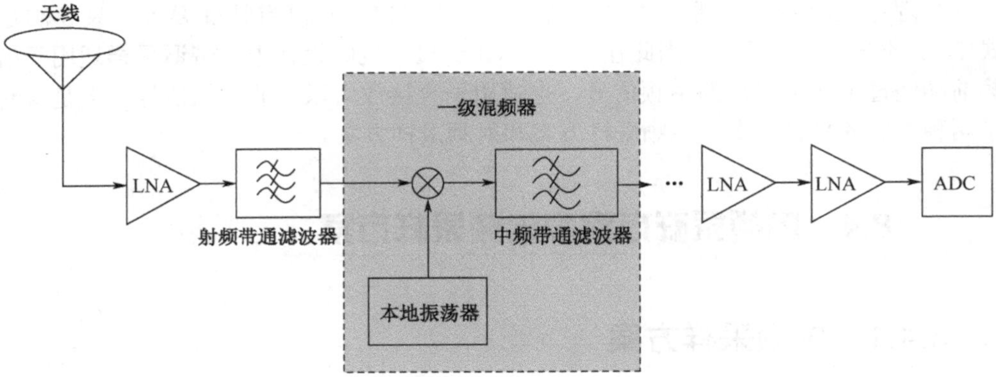

图 8.10　中频采样方案原理框图

射频前端中的滤波器是一个容易被忽略但却非常重要的环节。根据 8.3 节关于带通采样原理的描述，如果没有滤波器的存在，则信号频带以外的噪声和其他信号都会被“搬移”到数字基带内，从而对信噪比产生不利影响，信号的捕获和跟踪也会受影响。如果滤波器直接工作在射频频段之内，则滤波器的通带（≈ 2 MHz）宽度相比其工作频率（$=1.57$ GHz）来说是非常窄的，这样的滤波器被认为是高 Q 值的，所以在制造工艺上比较困难，目前一般都采用声表面波（Surface Acoustic Wave，SAW）滤波器。工作在中频频率上的滤波器相对来说制造难度就小了很多，成本也比较低，所以中频采样方案在滤波器的选择上比较有优势，有时一般的 LC 或 RC 滤波器就能满足要求。

上述过程就是整个中频射频方案的整个信号流程。实际中的具体实现可以有很多选择，图 8.10 仅仅是很多选择中的一种。比如，在中频段的 LNA 也可以放在射频段，即混频器之前，具体的实现要结合器件的具体性能，比如放大器的工作频段，各个器件级联时的阻抗匹配，不同器件的噪声系数等因素。

由于天线接收到的射频信号是实信号，其频谱是关于射频载波对称的，如果本地混频信号为单载波，混频过程只会改变载波频率而不会改变信号频谱，所以在最后一级混频器中信号频谱必然是关于中频值对称的。中频信号作为 ADC 的输入信号完成采样过程。采样方案可以是 8.3 节提到的基带采样或者带通采样，取决于最终的中频值 f_{IF} 和采样频率 f_{s}。如果中频值落在数字基频以内，则是基带采样；如果中频值落在高于数字基频以外，则是带通采样，用公式表示如下：

$$\text{采样方案}=\begin{cases}\text{基带采样}\quad, \text{当 } f_{\mathrm{IF}}\in[0,\ 0.5f_{\mathrm{s}}]\\ \text{带通采样}\quad, \text{当 } f_{\mathrm{IF}}\in[0.5f_{\mathrm{s}},\ \infty]\end{cases}$$

对于接收机后续处理来说，从射频前端需要知道的最重要的两个技术指标分别是采样频率和理论中频值。采样频率的重要性体现在两个方面：第一，后续的跟踪环路中的载波 NCO 和伪码 NCO 的工作频率来自于采样频率，所以必须精确地知道采样频率才能产生正确的本地载波和本地伪码；第二，软件接收机的工作频率就是采样频率，每一个采样样点的到来意味着一个时钟周期，而本地时间来自于对采样时钟的积分。理论中频值的原理已经在 5.3 节中解释了，这里就不再重复了。需要提出的是，理论中频值是由具体的射频前端的设置决定的，这里没有办法给出一个通用的计算方法。基本来说，在整个中频采样方案中，影响理论中频值的模块有两个，一个是混频器，这一点毋庸置疑。另一个是 ADC，理解这一点只需要回头看看 8.3 节有关采样原理的阐述，在带通采样过程中实际上是完成了对中频信号的下变频过程，所以在这个过程中必然会影响到理论中频值。所以确定理论中频值必须知道详细的射频频率方案和最终 ADC 的采样频率。

从上面分析可以看出，射频前端的本振、ADC 等模块均需要工作时钟，其工作时钟信号是非常关键的。因为时钟的性能直接影响到采样以后的信号的理论中频值 f_{IF}，以及采样频率 f_{s} 的稳定性，并且会对后续的信号处理产生直接的影响，例如，载波跟踪环路和伪码跟踪环路的性能，所以 GNSS 接收机的射频前端使用的基准时钟一般选用较高稳定度的温度补偿晶体振荡器（TCXO），这种石英晶体振荡器经过温度补偿环路的负反馈控制能够达到 10^{-6}～10^{-7} 的频率稳定度。

下面以一个例子就时钟偏差对 f_{IF} 和 f_{s} 的影响进行详细说明。

考虑一个中频采样的射频方案，该方案原理如图 8.10 所示，即经过一级混频器后得到中频，经过两级 LNA 送给 ADC。假设混频器中的本地振荡器的理论频率为 1 571.0 MHz，于是理论中频值 $f_{\mathrm{IF}} = 1\,575.42 - 1\,571.0 = 4.42\ \mathrm{MHz}$。但实际上由于本地时钟的偏差，本地振荡器的实际真实频率不会是 1 571.0 MHz，比如是 1 571.010 MHz，即和理论中频值偏差了 10 kHz，于是得到的实际中频值也相应地有 10 kHz 的偏差。由于卫星和用户之间的相对运动，接收到的信号必然有多普勒频移，所以最终得到的中频值由多普勒频移和本振的频率偏差共同决定。真实中频值和理论中频值的偏差如果过大，则会加大信号捕获算法的困难，比如需要很长的时间才能覆盖所有可能的频率范围，更为严重的是，过大的频率偏差会超出捕获算法的捕捉范围而无法完成信号的捕获。对于 GPS 的 L1 频点和北斗的 B1 频点的信号而言，TCXO 的频率偏差每增加 1 ppm 则理论中频大约会偏差 1.5 kHz，所以 TCXO 的频率稳定性越差，则信号捕获时的多普勒频率搜索范围越要调大一些。

如前所述，在带通采样的过程中 f_s 的偏差也会影响到多普勒观测量的实际中频值，但时钟的偏差会导致全部多普勒观测量的公共偏差，并不会影响对接收机速度的估算精度，关于这一点只需要回顾 7.4 节就可以理解。除此之外，后续信号处理模块的时钟输入来自于采样频率 f_s，接收机本地时间的维持是通过将 f_s 时钟积分得到的，伪距观测量的提取需要使用本地时间，所以采样频率的偏差会直接影响伪距观测量的偏差。当然和多普勒观测量类似，时钟引起的偏差都是伪距观测量的公共偏差，这个时间偏差也可以被定位算法估计出来，同时时钟的钟漂量也可以估计出来，从这一点来分析可知，PVT 解算出来的时钟偏差和时钟漂移存在积分关系，关于这一点，在第 7 章中 PVT 解算算法中已经有详细的说明。

8.4.2 射频采样方案

射频采样方案和前面的中频采样最大的区别是没有混频器和中频，所有的处理都是在射频完成。射频采样方案是软件无线电系统的最佳选择，因为其简洁的硬件设置非常符合软件无线电的原则。整个射频前端具备一定的增益是必要的，而且这里的增益都是在射频段的放大。放大到一定程度的射频信号直接送给 ADC 完成采样量化任务，可以看出这里 ADC 也工作在射频频段，而非中频频段。射频采样方案的基本框图如图 8.11 所示。和图 8.10 中的中频采样方案相比，射频采样方案从结构上看要简单很多，但并不意味着射频采样方案的实现要比中频采样方案容易，至少目前市场上主要的射频前端芯片均是采用中频采样方案实现的。

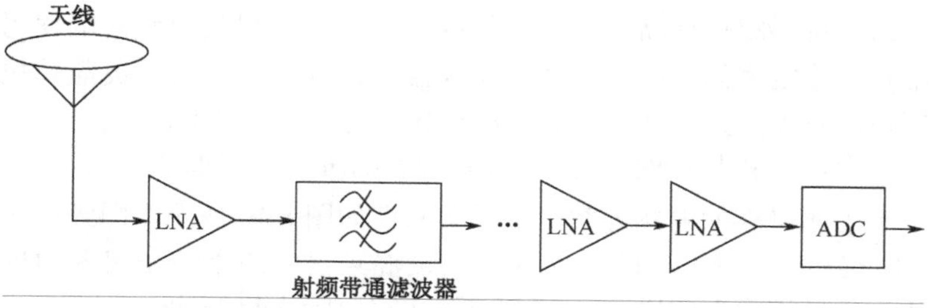

图 8.11 射频采样方案原理框图

考虑到噪声系数的因素，在图 8.11 中 GPS 天线以后的第一级是 LNA，随后是射频带通滤波器，因为一级 LNA 也许不能达到需要的增益，所以还需要一节或多级

LNA 来提供所需的增益，其中会存在一级或多级滤波器滤除带外噪声或干扰，最后由 ADC 完成采样任务。因为 GPS L1 信号的射频频率是 L1=1 575.42 MHz，显然如果采用基带采样则需要的采样率高于 2×L1=3 150.84 MHz，在目前技术条件下如此高采样率的 ADC 还是非常难以实现的，所以射频采样方案中的 ADC 一般都是利用带通采样原理。在进行带通采样的同时，完成了将信号频带从射频向数字基带变换的过程。在这个过程中，利用了特意的频谱混叠完成下变频的过程，关于这一点在 8.3 节有详细的理论分析。为了使读者对这一过程有更清楚的理解，下面以一个实例来说明。

假设采样率 $f_s = 100\ \text{MHz}$，则类似于 7.2 节的分析，对 GPS 信号有

$$f_c = 1\,575.4\ \text{MHz}, B \approx 2\ \text{MHz} \Rightarrow f_L = 1\,574.4\ \text{MHz}, f_H = 1\,576.4\ \text{MHz}$$

由式(8.15)可知，对 GPS 信号的 f_L 和 f_H 有

$$f_L > 31 f_s / 2,\quad 且\ f_H < (31+1) f_s / 2$$

于是当 $f_s = 100\ \text{MHz}$ 时，$n = 31$，即通过带通采样过程将北斗或 GPS 信号从射频频段，即[1 550 MHz,1 600 MHz]，搬移到数字基带[0,50 MHz]频段。因为此时 n 是奇数，所以采样得到的信号发生了频谱反转。

以上整个过程用语言和公式来描述显得比较繁琐和难以理解，一些研究学者（Akos、Poppe）巧妙地利用图 8.12 所示的镜像阶梯来描述。

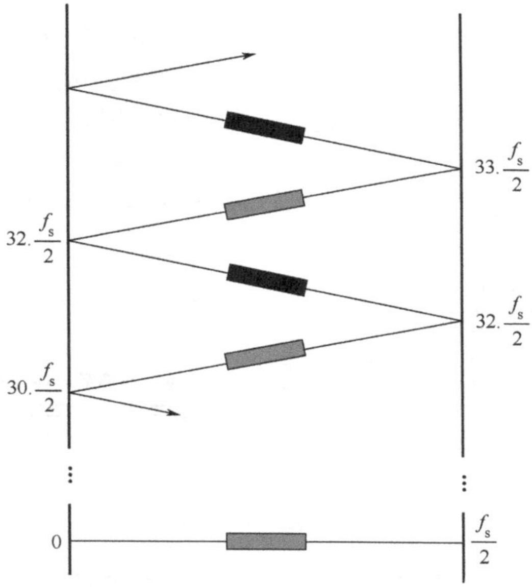

图 8.12　射频采样镜像频率的阶梯，其中 f_s=100 MHz，此时 GPS 信号落在 $\left[31\times\frac{f_s}{2}，32\times\frac{f_s}{2}\right]$

图 8.12 中最下面的范围是数字基带，即$\left[0,\frac{f_s}{2}\right]$。高于数字基带的频率都反映在上面的阶梯上，每一段折线对应一段频率$\left[i\frac{f_s}{2},(i+1)\frac{f_s}{2}\right]$，$i=1,2,\cdots$。GPS 信号位于$\left[31\times\frac{f_s}{2},32\times\frac{f_s}{2}\right]$范围内。图中每一个折线段中间的阴影部分对应信号频谱，根据式(8.16)，信号的中心频率最好选取在每个折现段的中心点。细心的读者会看到，有的折线段的信号频谱部分颜色比较浅，有些就比较深，这里比较浅的信号频段表示没有频谱反转发生，颜色深的信号频段表示发生了频谱反转。可以看出，GPS 信号所处的折线段发生了频谱反转。

通过图 8.12 还可以很容易地看出滤波器对采样后信号的信噪比的影响。因为每一个阶梯中的噪声都会被搬移到数字基带，所以必须用滤波器将信号频带以外的噪声滤除，否则采样以后的信号必定会包含非常多的带外噪声信号。

图 8.12 还可以清楚地解释采样频率的偏差对采样以后的信号理论中频的影响。假设实际的采样率是 100.001 MHz，即和理论采样率差了 1 kHz，则因为 GPS 信号所在阶梯对应$n=31$，所以需要“折叠”16 个完整的[0, f_s] 频段才会到达数字基带，因此采样以后的 GPS 信号中频会有 16 kHz 的偏差。从这里看出，射频采样过程对采样时钟的频率准确度和稳定度要求很高。

利用了带通采样原理的射频采样方案中虽然 ADC 的工作频率不会很高，比如上面的例子中是 100 MHz，但设计者必须时刻意识到信号频率是在射频频段，即 $L1$=1 575.42 MHz，所以就必须要求 ADC 能对如此高频率的信号不会产生不必要的衰减，同时在电路设计时也要考虑器件的分布参量。例如，器件的引脚和相互之间的连线相当于一个低通网络，如图 8.13 所示。这些因素在器件选择和系统硬件设计中都必须仔细考虑。

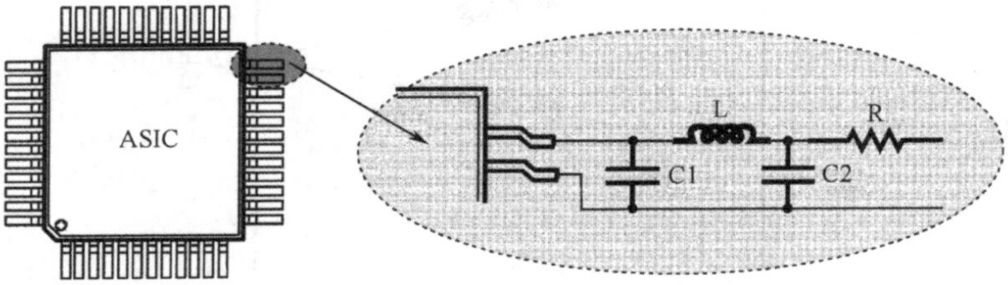

图 8.13 ADC 输入引脚的等效电路

射频采样方案还有一个优势就是能够同时采样多个 GNSS 信号。以 GPS 信号为例，目前的 GPS 信号还主要是 L1 和 L2 信号，随着 GPS 系统的现代化进程，新的民用信号 L2C 和 L5 将进入民用接收机市场，所以如果能够只用一个射频前端就能对多个 GPS 信号完成采样将是非常有意义的。理论和实践证明，如果仔细选取采样率，使得多个频率的 GPS 信号落在数字基带的某个频段而不会彼此重叠，就能够将这些信号通过一次带通采样就完成所有信号的下变频过程。下面将以一个实例来说明如何实现。

未来的 GPS 民用信号将包括 L1 C/A、L2C 和 L5，这三者的信号带宽和载波频率分别如表 8.1 所示，表中最后一栏表示的是三个信号的频谱范围，

表 8.1　未来 GPS L1、L2C 和 L5 的信号特征

信号特征	L1	L2C	L5
信号带宽	≈2 MHz	≈2 MHz	≈20 MHz
伪码码率	1.023 Mchip/s	1.023 Mchip/s	10.23 Mchip/s
载波频率	1 575.42 MHz	1 227.6 MHz	1 176.45 MHz
$[f_L, f_H]$ /MHz	[1 574.42,1 576.42]	[1 226.6,1 228.6]	[1 171.45、1 181.45]

三者信号带宽总和大概为 24 MHz，即 $\approx (2+2+20)$ MHz，所以根据奈奎斯特采样定理，所需的采样频率最小约为 50 MHz。选取了采样频率以后，根据上面的描述可以对其中每一个信号进行带通采样过程，将其从射频频段搬移至数字基带频段。和单个频率不同的是，现在有多个信号，在数字基带频段上必须保证每一个信号的频谱不会发生重叠。通过相关计算得到表 8.2 中所示的几个采样频率，这些采样频率可以使得经过带通采样以后的三个信号的频谱在数字基带上满足以上条件。表 8.2 中还给出了采样频率和由此得到的三个 GPS 信号在数字基带频率上的中心频率 f_c，以及频谱的范围 $[f_c - 0.5B, fc + 0.5B]$。

表 8.2　同时对 GPS 的 L1、L2C 和 L5 信号进行带通采样的采样频率方案选择

采样频率 f_s	L1		L2C		L5	
	f_c	$f_c \pm 0.5B$	f_c	$f_c \pm 0.5B$	f_c	$f_c \pm 0.5B$
64.5	27.42	(26.39, 28.44)	2.1	(1.077, 3.123)	15.45	(5.22, 25.68)
166	1.42	(80.397,82.443)	65.6	(64.577,66.623)	14.45	(4.22, 24.68)
166.5	76.92	(75.897,77.943)	62.1	(61.077,63.123)	10.95	(0.72,21.18)
190	55.42	(54.397,56.443)	87.6	(86.577,88.623)	36.45	(26.22,46.48)
191.5	43.42	(42.397,44.443)	78.6	(77.577,79.623)	27.45	(17.22,37.68)
192	39.42	(38.397,40.443)	75.6	(74.577,76.623)	24.45	(14.22,34.68)
注：以上各项单位均为 MHz						

下面以采样频率为 $f_s = 64.5$ MHz 为例说明如何得到表 8.2 的结果。

对 GPS L1 信号来说，根据式(8.15)可以得到

$$f_{L1} > nf_s/2, \quad 且\ f_{H1} < (n+1)f_s/2, \quad \Rightarrow \quad n = 48$$

该式中 $f_{L1} = 1\,574.42$，$f_{H1} = 1\,576.42$，故数字基带上的理论中频为

$$f_{C1} = 1\,575.42 - nf_s/2 = 27.42\ \text{MHz}$$

对 L2C 信号做类似的分析可以得到

$$f_{L2} > nf_s/2,\quad 且\ f_{H2} < (n+1)f_s/2,\qquad \Rightarrow \qquad n=38$$

该式中 $f_{L2}=1\,226.6$，$f_{H2}=1\,228.6$，故数字基带上的理论中频为

$$f_{C2}=1\,227.6-nf_s/2=2.1\,\text{MHz}$$

同理，对 L5 信号做类似的分析有

$$f_{L3} > nf_s/2,\quad 且\ f_{H3} < (n+1)f_s/2,\qquad \Rightarrow \qquad n=36$$

该式中 $f_{L3}=1\,171.45$，$f_{H3}=1\,181.45$、1 171.45、1 181.45，其数字基带上的理论中频为

$$f_{C3}=1\,176.45-nf_s/2=15.45\,\text{MHz}$$

对其他采样频率方案读者可以自行分析。

8.5 自动增益控制（AGC）和量化位宽

GNSS 接收机的射频前端工作的环境千差万别，从天线混入的除了 GNSS 信号外，还有各种噪声和干扰信号，包括阻塞信号，其中有些是无意混入的，有些是主观故意混入的，如在敌对状态下对敌方接收机的恶意阻塞信号。民用接收机主要面对的噪声和干扰包括宇宙背景噪声、天线热噪声、连续波干扰、电磁兼容性干扰等，例如，在手机中使用的 GNSS 接收机必须需要考虑通信频段（GSM、TDS-CDMA、WCDMA，cdma2000 等通信制式的工作频段）的镜像频率或谐波频率的干扰，由于这些干扰和噪声信号的存在，导致天线接收的信号经放大和滤波后到达 ADC 的时候信号强度存在较大幅度的起伏，自动增益控制模块的主要目的就是保证 ADC 的输入电平在一定范围内保持稳定。如果没有自动增益控制，在强干扰信号存在的情况下会导致 ADC 的输出饱和，而无法正常输出信号。

图 8.14 是 GNSS 射频前端中广泛使用的一种 AGC 的原理框图，图中自动增益控制由电平检测单元、低通滤波器单元和可控增益放大器（PGA）组成。电平检测单元对 ADC 输出的数字采样进行电平检测，根据电平值的大小得到一个控制信号，控制信号经过低通滤波器滤除高频后作为控制信号来对 PGA 的放大倍数进行控制，最终的效果是当 ADC 输出的采样值电平过高时 PGA 的增益较小，而当 ADC 输出的采样值电平过低时 PGA 的增益变大，使得 ADC 输出的采样值保持在基本稳定的电平范围内。图 8.14 中电平检测单元的输入信号取自于 ADC 的输出，即数字采样信号，此时电平检测是通过数字电路实现的，当然电平检测的输入信号也可以取自于 ADC 的输入，即模拟信号，此时电平检测是通过模拟电路实现的。

影响 AGC 功能的因素主要包括 PGA 的增益控制范围、控制信号的阀门时间、电平检测的算法等方面。PGA 的增益控制范围用 dB 表示，其含义是控制信号可以控制的放大器增益范围，目前一般的 GNSS 射频芯片都能做到 40～60 dB 的增益控制范围[4][5][6]，增益控制范围越大则 AGC 能够处理的干扰和噪声的动态范围越大，但过大的增益会引起放大器稳定性问题。控制信号的阀门时间是产生控制信号的时

间常数，由于电平检测算法需要对一定时间段内的电平进行分析得到控制信号，阀门时间就是这里的时间段长度，阀门时间越短则控制信号越灵敏，但过短的阀门时间会包含过多的噪声，阀门时间越长则控制信号会滞后于输入干扰和噪声的变化，一般的阀门时间控制在毫秒量级。电平检测方法是影响 AGC 性能的另一个重要因素，一般来说，电平检测方法包括峰峰值检测法、平均电平方法、功率法和采样值分布法，对于采样电平取自于ADC输出采样的方案来说，采样值分布法是目前GNSS射频前端中使用得比较广泛的一种方法。

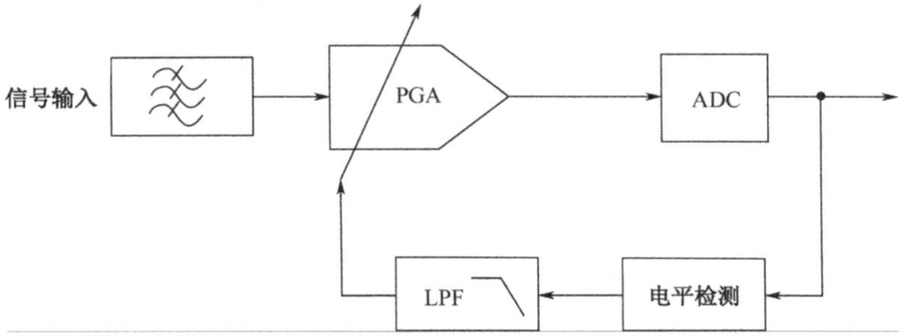

图 8.14　自动增益控制的基本原理框图

采样值分布法利用一个基本假设，即天线输入信号中的噪声和干扰是高斯白噪声分布的情况下，ADC 输出的采样电平分布也应该是高斯分布。这种方法其实还有一个隐含条件，即天线输入信号中的主要分量是噪声分量，而 GNSS 信号的强度是如此之弱，以至于不会对噪声分量的强度产生影响。这一点往往和实际情况相符，因为卫星到达地面的信号一般都被湮没在噪声里，关于这个结论只需要考虑，即使是在开阔天空下，GPS 信号功率也要比噪声功率低 19 dB 左右，所以 GNSS 射频前端的 AGC 调节的依据和其他近场通信终端不同：GNSS 射频前端的 AGC 其实是根据噪声电平的功率高低来产生控制信号的，而一般的近场通信终端则是依据信号强度的功率高低来产生控制信号的。

图 8.15 是 2 比特量化情形下，AGC 控制 PGA 后 ADC 输出的采样点分布图。因为 2 比特量化，则 ADC 输出的数字采样点有四种电平值：±1、±3。当输入信号为正电压时输出+1 和+3，当输入信号为负电压是输出−1 和−3，量化电平 V_T的数值决定 ADC 输出绝对值是 1 还是 3。AGC 产生控制信号对 PGA 的增益进行调整，所以实际控制的是 ADC 输入的模拟电平，并非 ADC 的量化电平，但可以等效认为 ADC 的输入电平的分布一定，而调整 ADC 的量化电平，通过这样的等效可以比较清楚地用图 8.15 的输入电平分布曲线及量化电平 V_T值之间的关系来表示 AGC 的控制效果。

假设输入信号的分布概率密度函数为

$$p(x)=\frac{1}{\sigma\sqrt{2\pi}}e^{-\frac{x^2}{2\sigma^2}} \tag{8.17}$$

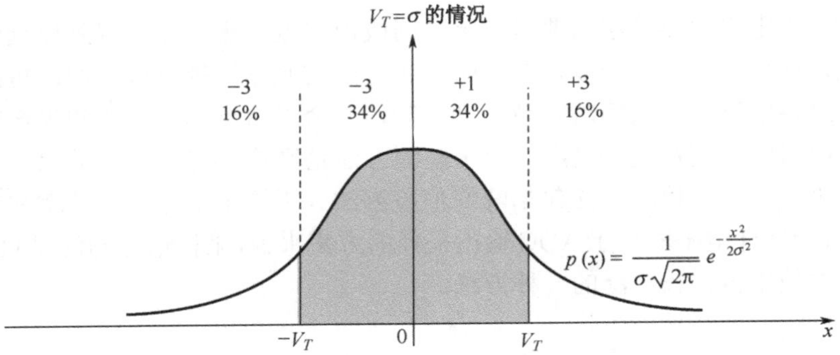

图 8.15　量化电平受 AGC 控制后对采样点分布的影响

则四种采样点的分布概率分别为

$$P(\pm 3)=\int_{V_T}^{\infty}\frac{1}{\sigma\sqrt{2\pi}}e^{-\frac{x^2}{2\sigma^2}}\mathrm{d}x \tag{8.18}$$

$$P(\pm 1)=\int_{0}^{V_T}\frac{1}{\sigma\sqrt{2\pi}}e^{-\frac{x^2}{2\sigma^2}}\mathrm{d}x \tag{8.19}$$

如果取 $V_T=\sigma$ 代入式(8.18)和式(8.19)，可以得到 P{−3,−1,+1,+3} = [16%，34%，34%，16%]，这也是目前 2 比特量化情况下的最广泛设置的采样值分布。AGC 的电平检测单元检查时间阀门内的采样值 1 和采样值 3 的分布，如果采样值 1 的分布大于 34%，说明此时 PGA 的增益过低则需要调高；否则说明 PGA 的增益过高则需要调低。

上述分析是基于 2 比特量化的情况，多比特量化的情形可以做类似的分析，图 8.16 是量化宽度为 6 比特时，三种 PGA 增益下的采样电平分布，由于量化比特为 6，所以此时采样样点值的范围为[−63,+63]。图 8.16（a）为增益过小的情况下采样样点的分布，可见此时采样点大多分布于较小的样值范围内；图 8.16（b）为增益合适的情况下，此时采样点的分布在整个样点范围内呈现高斯分布；图 8.16（c）为增益过大的情况下，此时采样点的分布不正常地分布于较高值的样点值范围内。

在量化位宽有限的情况，ADC 在量化过程中必然会带来量化损失，所以量化比特位越宽则量化损失越小，由于 GPS 或北斗信号的扩频增益很大，例如，GPS 的 CA 码信号的扩频增益为 30 dB，而北斗 D1 码的扩频增益为 33 dB，因此基带处理的相干积分时间较长，所以高比特量化的量化损失呈现逐渐递减的趋势，根据参考文献[9][10][12]，量化比特宽度为 1 比特、2 比特、3 比特、4 比特的最小量化损失如表 8.3 所示，其中的结论的前提条件是噪声为高斯分布，射频带宽无限，如果在限带情况下，实际的量化损失比表 8.3 略大 0.4～0.5 dB。

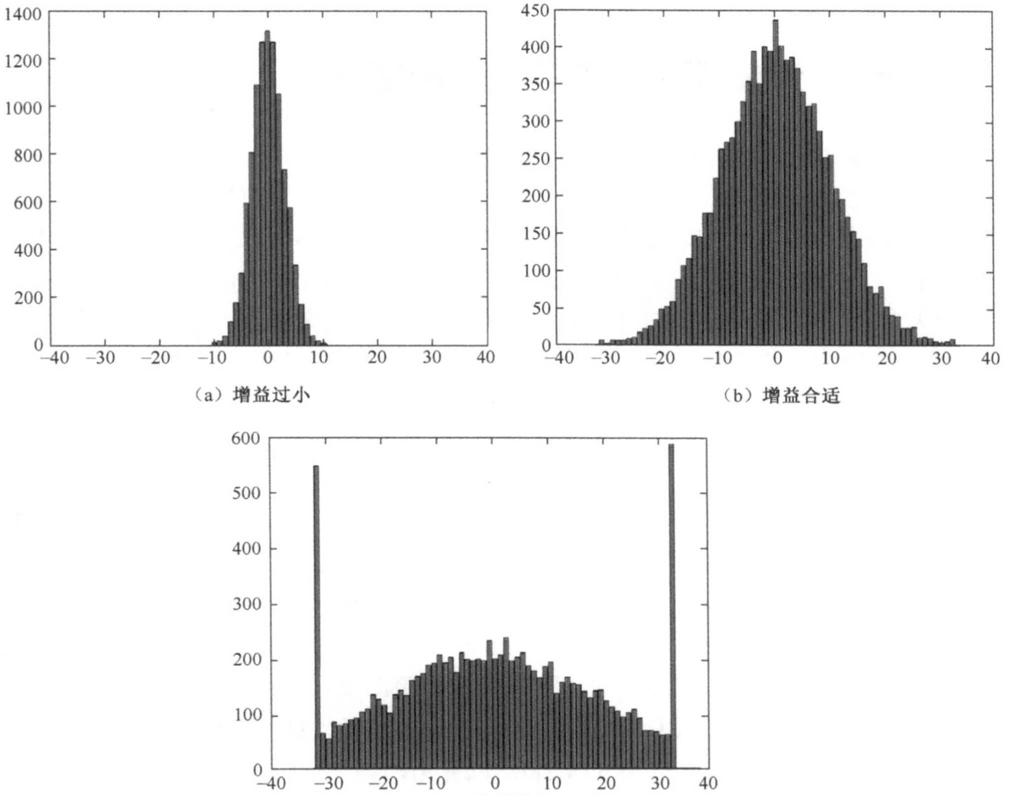

（a）增益过小　（b）增益合适　（c）增益过大

图 8.16　6 比特量化时的三种 AGC 控制效果

表 8.3　最小量化损失和比特位宽的关系

量化比特位	最小量化损失 / dB
1	−1.96
2	−0.55
3	−0.17
4	−0.05

从表 8.3 中可以看出，当量化比特大于 4 比特时，量化损失几乎可以忽略不计了，此时继续增大量化比特主要的考量已经不是为了减少量化损失，而是为了提高射频前端的动态范围，因为每增加一个比特动态范围可以增加 6 dB，所以，12 比特的采样可以比 2 比特的采样增加 60 dB 的动态范围，如果再加上 PGA 的 40～60 dB 的增益调节范围，则总的动态范围可以达到 120 dB，这在应对阻塞干扰时的优势是非常显而易见的，所以高比特采样方案往往在抗阻塞接收机的射频前端中得到了广泛应用。

8.6 射频载噪比和基带信噪比的关系

为了表示 GNSS 卫星信号的质量，在射频段人们往往用载噪比 CN_0 来表示信号强度相对于噪声的关系，而基带往往用信噪比 S/N 来表示。了解这两者之间的关系非常重要，因为接收机的一个任务就是要根据基带的 S/N 来推算其 CN_0。在本书 4.2.5 节中已经大致介绍了 CN_0 的含义，本节将详细介绍 CN_0 的意义，以及 CN_0 和 S/N 的关系。为了了解这两者之间的相互关系，让我们先来了解一下 CN_0 的定义。

在天线接收到的信号中包含着噪声，一个合理的假设是这里的噪声是白噪声，即噪声的功率谱密度是平坦的，不随频率的不同而变化。基于这个假设，在一个信号带宽为 B 的系统中，如果输入噪声的单边带功率谱密度为 N_0，则总共的噪声功率为

$$P_n = BN_0 \tag{8.20}$$

从这个公式可以看出，噪声功率谱密度 N_0 的单位应该是瓦特 / 赫兹（W/Hz）。

热噪声的功率谱密度和其等效噪声温度成正比，即

$$N_0 = kT_e \tag{8.21}$$

这里 $k = 1.38\times10^{-23}$ 是玻尔兹曼常数，T_e 是等效噪声温度，单位为开尔文。热噪声的根源来自于器件中的导体和半导体内部的电子运动，所以只要器件的温度在绝对零度以上就必然会产生热噪声。由式(8.21)可以算出，当等效噪声温度为 290 K 时，N_0=−204 dBW/Hz。对于北斗和 GPS 天线，由于主要接收来自宇宙的信号，其等效噪声温度为 70～100 K。

在 8.1 节中分析过，地球表面的接收机收到的信号功率大概在−156 dBW，接收机的射频前端的噪声功率谱密度主要由天线和第一级 LNA 决定，一般大约在−201 dBW/Hz，所以进入接收机射频前端的载噪比大致为

$$CN_0 \approx (-156) - (-201) = 45\ \text{dB/Hz} \tag{8.22}$$

类似对信号功率的计算，这里对载噪比的计算也是一个粗略的估算，实际的数值也和很多因素有关，比如卫星的仰角、用户使用的环境、接收机天线的性能参数等。载噪比 CN_0 在 GNSS 接收机的信号处理过程中是一个重要的参数，很多信号处理的性能和结果与载噪比直接相关。比如在初始的信号搜索过程中，载噪比的高低直接决定了捕获成功与否；再比如信号的跟踪过程中，跟踪环的相位噪声也和载噪比有着直接的关系。所以得知载噪比的信息对 GNSS 接收机至关重要，具体的计算方法在 4.2.5 节中有详细阐述。

很难直接在射频前端估计载噪比，因为信号被湮没在噪声中，不经过特殊处理无法将噪声和信号分离。有些初学者也许对这一点有疑问：射频信号的输入载噪比大约是 45 dB/Hz，这不是信号比噪声更强吗？这个疑问是因为对载噪比的意义没有

深刻理解。载噪比衡量的是信号功率相对单位带宽内噪声功率的关系，所以必须考虑系统噪声带宽才可以真正衡量信号功率和噪声功率的关系。具体到 GPS 的 C/A 码信号，因为信号带宽为 2 MHz，所以射频前端的带宽必须大于 2 MHz 以允许信号功率无损通过。此处假设射频前端的带宽为 2 MHz，信号功率和噪声功率谱密度沿用式(8.22)中的数值，即−201 dBW/Hz 左右，则可以得到此时噪声功率为 $P_n(\text{dB}) = -201 + 10\lg(2\times10^6) = -138\ \text{dBW}$，于是信噪比为 $[-156-(-138)] = -18\ \text{dB}$，从这里我们可以看出信号的的确确被湮没在噪声中。

图 8.17 是载噪比和信噪比的关系图示，上图中的粗线表示噪声功率谱密度，下图中的矩形阴影区域可以认为是射频前端噪声带宽为 B 情况下的噪声功率。

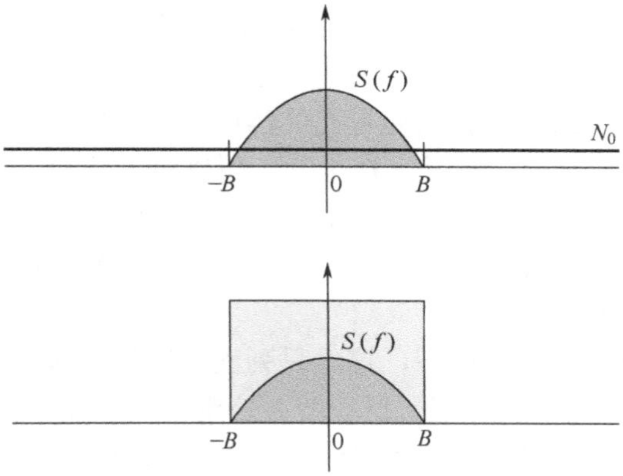

图 8.17　载噪比和信噪比的关系

根据载噪比的物理意义可知，如果射频前端的带宽为 B，则进入基带处理的信噪比为

$$S/N_{\text{in}} = \frac{CN_0}{B} \tag{8.23}$$

假设解扩过程中进行了积分时间为 T 的相干积分，所以由此得到的扩频增益为

$$G_{\text{d}} = \frac{T}{T_{\text{c}}} \tag{8.24}$$

这里 T_{c} 为扩频码的码片宽度，对于 GPS 信号 C/A 码来说，$T_{\text{c}} = \frac{1}{1\,023}\ \text{ms}$，对于北斗 D1 码来说，$T_{\text{c}} = \frac{1}{2\,046}\ \text{ms}$。综合上述分析，在不考虑其他损耗的情况下，可以得到 S/N 和 CN_0 的关系

$$S/N = S/N_{\text{in}}G_{\text{d}} = CN_0\frac{T}{BT_{\text{c}}} \tag{8.25}$$

将上式表示为对数形式

$$CN_0(\text{dB}) = S/N(\text{dB}) + 10\lg(\text{B}) - 10\lg(T/T_{\text{c}}) \tag{8.26}$$

考虑到射频前端的噪声系数和其他损耗不为 0，上式可以调整为

$$CN_0(\text{dB}) = S/N(\text{dB}) + 10\lg(B) - 10\lg(T/T_c) + \beta \tag{8.27}$$

其中，β 为接收机射频前端的噪声系数和基带处理损耗之和。式(8.27)即载噪比和基带信噪比的关系式。

8.7 射频前端频率方案实例分析

GP2015 是 Zarlink 公司的一款 GPS 射频前端芯片，提供了一个低功耗、低成本和高集成度的 GPS L1 频段射频前端解决方案，适合于对器件面积受限的应用。GP2015 内部集成了频率合成器、三级混频器、AGC 控制单元和一个 2 比特的 ADC，只需要很少的外围器件就能构成一个完整的射频前端。GP2015 是十多年以前的产品，从现在的射频前端的指标和性能看已经落后于现有的主流产品，但是由于其系统结构明晰，功能单元全面，产品文档丰富，所以对于理解 GNSS 的射频前端的原理和结构依然是一个很好的实例。本节将结合本章前面讲述的内容，以 GP2015 为设计实例分析，将本章讲解的理论知识和实际工程产品结合起来，来帮助读者加深对 GNSS 接收机射频前端的理解。

图 8.18 是 GP2015 的功能框图，这里只列出了决定射频频率方案的几个关键模块，包括本地频率合成器、混频器、自动增益控制模块以及 ADC 采样模块等，其余一些对其器件正常工作也很重要但和频率方案并无直接关系的模块就省略或简略列出。

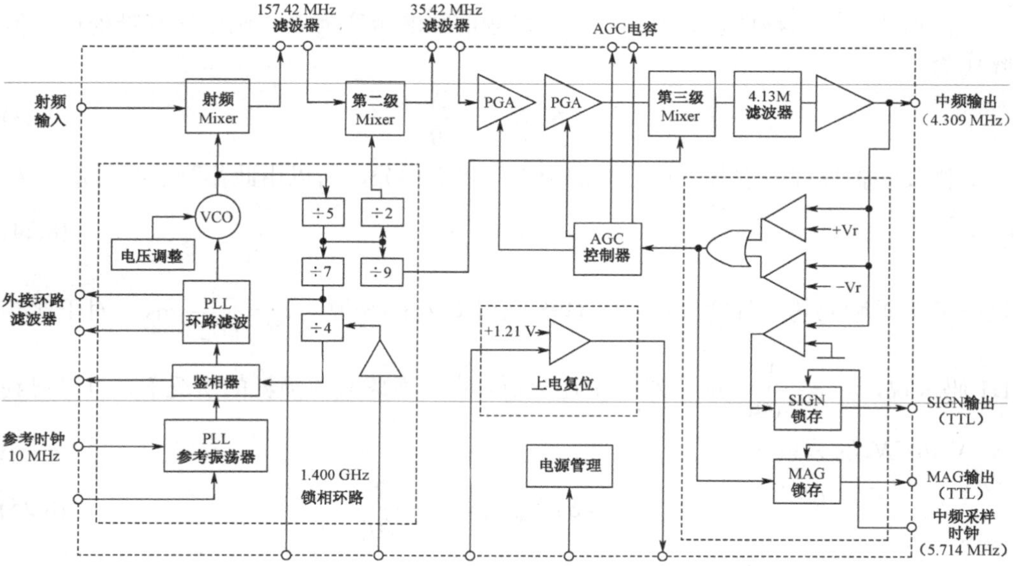

图 8.18 GP2015 的结构框图

GP2015 的功能简要来说，就是将天线接收到的 GPS 卫星的 L1 信号经过必要的放大，和本地振荡器混频以后，变换到中频频段，在 GP2015 中有三级中频，分别是 175.42 MHz、35.42 MHz 和 4.3 MHz，最后通过采样率为 5.714 MHz 的 ADC 采样得到理论中频值为 1.405 MHz 的数字中频信号。

经天线接收到的信号载波频率为 $L1$=1 575.42 MHz，进入 GP2015 的混频器，混频器将输入信号和本振产生的载波相乘，滤除高频分量，得到差频分量。GP2015 中总共包含三级混频器，所以存在三个中频频率，分别用 IF_1、IF_2 和 IF_3 表示，三级混频器的本振信号分别来自频率合成器的三路载波输出。

第一级本振载波频率为 1 400 MHz，是频率合成器通过锁相环将输入基频（10 MHz）倍频 140 倍得到；第二级本振载波频率由第一级本振载波信号分频 10 倍得到，即 140 MHz；第三级本振载波频率由第一级本振载波信号分频 45 倍得到，即 31.111 MHz。于是经过第一级混频器，得到第一中频 IF_1 为 $(1\,575.42-14\,000)=175.42\ \text{MHz}$；$IF_1$ 信号经过第二级混频，得到第二中频 IF_2 为 $(175.42-140)=35.42\ \text{MHz}$；$IF_2$ 中频信号经过第三级混频，得到第三中频 IF_3 为 $(35.42-31.11)=4.31\ \text{MHz}$。

第三中频信号经过中心频率为 4.3 MHz 的带通滤波器以后，以 $f_s=5.714\ \text{MHz}$ 的采样率被 ADC 转换为 2 比特的数字信号。因为 IF_3 落在 $[f_s/2, f_s]$，所以在进行 AD 采样的过程中发生了 8.3 节所讲述的带通采样，并且发生了频谱反转，最后的中心载频 f_c 是 5.714−4.31≈1.405 MHz。ADC 的采样时钟是由 40 MHz 时钟分频 7 倍得到的，而 IF_3 的精确值为 4.308 888 MHz，所以其 f_c 的精确数值应该为(40/7− 4.308 888) = 1.405 396 MHz。这里需要提出的是，这些数值只是理论值，也就是在本地参考时钟是精确的 10 MHz，而且输入 GPS 信号载波是精确的 1 575.42 MHz 时，任意一个产生偏差都会使实际接收到的信号频率偏离该理论中频值。

对理论中频值进行分析的意义在于确定后续信号捕获过程中多普勒频率的搜索空间，同时也可以让读者更清楚射频前端的频率方案对理论中频值的影响。从这里看出，中频信号的理论中频值是和射频方案的具体设置密切相关的，没有一个通用的公式来得到，必须具体问题具体分析。

根据 GP2015 的芯片手册，三级混频器在完成混频的同时还提供了一定的增益。三级增益分别用 $G1$、$G2$ 和 $G3$ 来表示。三级混频器总的增益就为（$G1$+$G2$+$G3$），如何确定这个总增益也是芯片设计人员必须解决的问题。

GP2015 的片上 ADC 的输入电平要求大概是在 100 mV，考虑到射频阻抗 50 Ω，则功率值为 $0.1^2/50=2\times10^{-3}$ W，用分贝表示为−37 dBW 或者−7 dBm。考虑到低噪放大器的增益和噪声系数，外围声表面波滤波器的衰减和 2 MHz 的信号带宽等诸多因素，可以得到以下关系式：

$$\begin{aligned}-7\ \text{dBm} &< -174\ \text{dBm/Hz} + 19\ \text{dB} + (G1+G2+G3) - 21\ \text{dB} + 63\ \text{dB} \\ \Rightarrow &\quad (G1+G2+G3) > 106\ \text{dB}\end{aligned} \tag{8.28}$$

这个不等式的结果说明三级混频器的总增益必须要大于 106 dB。式中 −174 dBm/Hz

是射频输入的背景噪声功率谱密度，63 dB 来自于 2 MHz 的 GPS 信号带宽，−21 dB 是外围声表面波滤波器的衰减（主要是 175 MHz 和 35 MHz 的带通滤波器），而 19 dB 则是 ADC 之前的低噪放大器提供的增益和噪声系数的综合结果。以上关系式和参数均来自于 GP2015 的数据手册[4]。

GP2015 中自动增益控制单元的输入是 ADC 输出的采样结果，根据一定的电平检测逻辑来判断采样结果的信号强度来控制第三级混频器中的可控增益放大器。AGC 的增益控制范围是 60 dB，能满足绝大多数应用场合的信号变化范围。在 8.5 节中讲述 AGC 原理的时候，曾经着重讲解了根据采样值分布法确定 AGC 控制信号的方法，GP2015 中 AGC 的控制信号就是根据该方法进行调整的。

AGC 通过判断输出数据流的数值分布来调整增益，最终的效果是使 70%的采样数据落在[−1,1]之间，30%的采样数据落在[−3,3]之间。具体来说可以用表 8.4 来表示其分布。很明显，经过 AGC 的控制以后的采样数据必然是没有直流成分的，并且采样电平在噪声电平均方根附近。

表 8.4 GP2015 中的 ADC 采样样值分布概率

采样数值	概率分布/（%）
3	15
−1	35
1	35
3	15

GP2015 的 AGC 的时间阀门由外接电容决定，根据 GP2015 的数据手册，推荐的电容值为 100 nF，此时的时间阀门为 2 ms。

其他类似的 GNSS 射频前端芯片还有 SiGe 半导体公司的 SE4110/4120、Maxim-IC 公司的 MAX2769，国内的生产厂家包括中科微电子、西南微电子、润芯信息技术有限公司、迦美信芯通讯技术有限公司等，其产品的工作原理都大同小异，读者在理解了本节的基础上可以根据芯片的数据手册自行分析出其频率方案和关键参数。

参考文献

[1] W. C. Lindsey and M. K. Simon, Telecommunication Systems Engineering, Englewood Cliffs, NJ:Prentice-Hall, 1973.

[2] John G.Proakis, Digital Communications, McGraw-Hill Inc.

[3] 樊昌信，等编. 通信原理（第 4 版）. 北京：国防工业出版社，1995.

[4] Datasheet: GP2015, GPS Receiver RF Front End, ISSUE3.1, Zarlink Semiconductor, Feb 2002.

[5] Datasheet: SE4110L, GPS Receiver IC, Rev 6.4, SiGe Semiconductor, May 2009.

[6]　Datesheet: Max2769, Universal GPS Receiver, Rev 2, Maxim-IC, Jul 2010.

[7]　E.D.Kaplan, Understanding GPS Principles and Applications, 2rd Edition,Artech House Publishers, 2006.

[8]　Pratap Misra, Per Enge. 全球定位系统——信号、测量和性能（第二版）. 北京：电子工业出版社，2008.

[9]　Frank Van Diggelen, "A-GPS : Assisted GPS,GNSS, and SBAS", Artech House ,2009.

[10]　A.J. Van Dierendonck, GPS Receivers, Chap.8 of Global Positioning System: Theory and Applications, Vol.I , B.Parkinson, J.Spiker, P.Axelrad, and P.Enge., 1996.

[11]　Tsui,James Bao-Yen, Fundamentals of Global Positioning Receivers: A Software Apporach, 2nd Edition, John Wiley& Sons 2008.

[12]　Sturza, M. A., "Digital Direct-Sequence Spread-Spectrum Receiver Design Considerations," Proc. of the Fourth Annual WIRELESS Symposium, Santa Clara, California, Feb, 1996.

[13]　Vaughan, R. G., N. L. Scott and D. R. White, "The theory of bandpass sampling", IEEE Trans. on Signal Processing, Vol. 39, No. 9, pp. 1973-1984, Sept. 1991.

[14]　Akos, D. M., A Software Radio Approach to Global Navigation Satellite Receiver Design, Ph.D. Dissertation, Department of Electrical Engineering and Computer Science, Ohio University, 1997.

[15]　Peterson, R.L., R. E. Ziemer and D. E. Borth, Introduction to spread-spectrum communications, Prentice-Hall 1995.

[16]　Navstar GPS Space Segment/Navigation User Interfaces, IS-GPS-200G, September 5, 2012.

[17]　Navstar GPS Space Segment/User Segment L5 Interfaces, IS-GPS-705,Rev.A, June 8, 2010.

[18]　Navstar GPS Space Segment/User Segment L1C Interfaces, IS-GPS-800, Rev.A, June 8, 2010.

[19]　中国卫星导航系统管理办公室. 北斗卫星导航系统空间信号接口控制文件（公开服务信号）2.0 版. 2013 年 12 月.

第9章

北斗和GPS双模软件接收机的实现

本章要点

- 双模软件接收机的信号源
- 双模接收机的软件模块和程序运行界面
- 双模接收机数据处理结果

本章将根据前面章节讲解的GNSS接收机理论，通过软件方式实现北斗和GPS双模接收机，这种实现方式就是第2章中提到的软件无线电接收机方案，该方案和硬件方案相比其优势在于极高的灵活性、易于重新配置和功能升级便捷，所以非常适合初学者对GNSS接收机理论进行学习，对工程技术人员来说也可以作为GNSS接收机的研发平台进行相关的信号处理和算法研究。

本章实现的软件接收机的基础理论已全部在本书前面章节中涵盖，软件接收机的本质任务是通过具体的编程语言把最主要的接收机理论在计算机上实现。在具体的软件实现过程中，编程语言的选择值得仔细斟酌。理论上说，任何一种编程语言都可以用来实现GNSS软件接收机的理论，但考虑到本书的主要读者群为学生和科研人员，在学习和科研工作中美国MathWorks公司的Matlab脚本语言具有非常明显的优势，在算法研究、数据可视化、数据分析和数值计算中应用非常广泛，所以本书选择Matlab脚本语言作为软件接收机的编程语言。

本章将分为三个部分，第一部分介绍软件接收机的信号源，信号源是软件接收机的输入信号，往往是以数据文件的形式存在，信号源所存储的数据来自于射频前端的AD采样量化数据，并通过一定的格式存储为数据文件，所以这部分将涉及第8章的射频前端的理论。本章第二部分为软件接收机的代码实现，该部分将对Matlab代码模块进行介绍，着重介绍每个源文件的主要功能及涉及的信号处理理论，同时结合前面章节中的理论知识点进行介绍，该部分涉及北斗和GPS信号格式、信号捕获与跟踪、电文解调、卫星位置和速度的计算、PVT解算等理论，通过阅读该部分可以使读者对前面章节中的理论知识有更清晰和实质的认识。本章第三部分为软件接收机的数据处理结果，该部分采用第二部分中实现的软件接收机对一段典型的北斗和GPS双模中频数据进行处理，并对信号处理的结果进行分析，以图形方式给出了信号捕获和跟踪的结果、PVT定位解算的结果等，使得读者在理解GNSS接收机的理论基础上，对GNSS接收机的内部原理、信号处理流程和各功能模块有更感性的认识，同时也能反过来帮助理解本书前半部分的GNSS接收机理论知识。

本章的软件接收机的源代码在本书配套网站http://www.gnssbook.cn中给出，同时给出的还有一段历时90秒左右的北斗和GPS双模中频数据文件，该数据文件中包含了共计15颗北斗和GPS卫星的信号，90 s的时间长度保证了GPS和北斗卫星至少能包含一套完整的星历数据。读者可以在理解本接收机源代码的基础上，自行开发自己的北斗和GPS软件接收机以及相应的信号处理算法。

9.1 双模软件接收机的信号源

双模软件接收机的信号源来自于中频数据文件，由于中频数据文件来自于BD/GPS双模射频前端的采样量化数据，所以也可以认为该双模软件接收机的信号源来自于BD/GPS双模射频前端。实际上，三者之间的逻辑关系如图9.1所示。

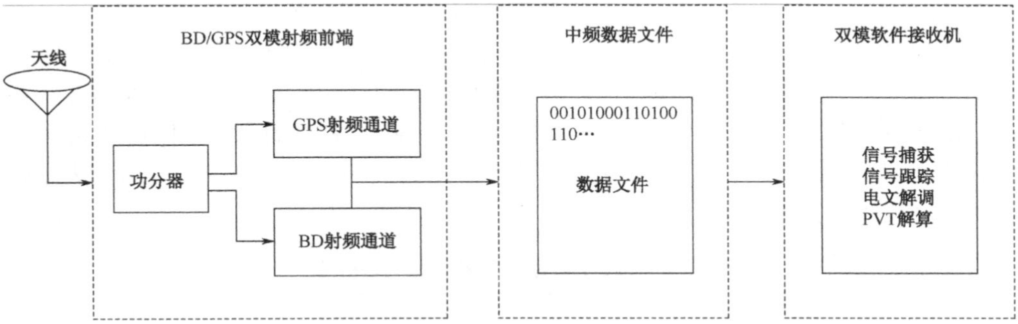

图 9.1　双模软件接收机的信号输入、中频数据文件和双模射频前端之间的关系

图 9.1 中的 BD/GPS 双模射频前端包含了两路射频信号通道，分别处理北斗和 GPS 信号，完成一系列混频、滤波、下变频和 AD 采样量化等信号处理任务，两路射频共用一个本地时钟，保证了北斗和 GPS 信号的时钟严格同源，两路 AD 量化后的数字信号通过高速数据接口存储为中频数据文件，然后由双模软件接收机对中频数据文件进行处理。由图 9.1 可见，双模软件接收机处理的依然是硬件射频前端的信号，只不过是对存储后的数据文件进行处理，是一种非实时的处理方式，这种方式对于接收机系统调试和信号处理算法的研究具有明显的优势，在接收机产品开发前期和科学研究探索中应用很广泛。

在软件接收机代码实现中，首先需要对中频数据文件的格式进行解析，以获取数据采样值，由于中频数据的具体格式由射频前端的 AD 量化格式确定，不同的射频前端的 AD 输出量化格式各不相同，所以在此只针对本书所附的北斗和 GPS 双模中频数据文件格式进行说明，对于通过其他射频前端输出的数字采样存储的数据文件而言，读者可以依据其硬件手册自行分析。

本书所附的数据文件是二进制格式，每一个字节包含两组采样数据，每组采样数据包含北斗和 GPS 各一个采样，其中每一个采样数据的量化位宽为 2 比特，具体的数据格式如图 9.2 所示。

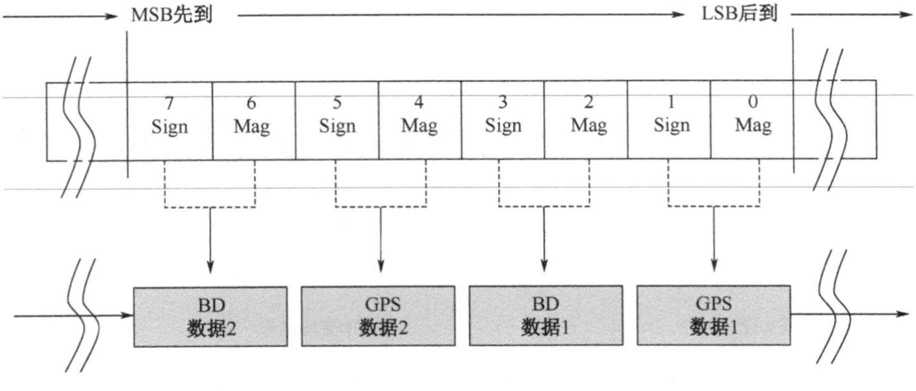

图 9.2　中频数据文件格式

图 9.2 中给出了每一个字节中的双模数据格式，其中数据存储的时间顺序从高比特（MSB）到低比特（LSB），这一点需要使用者注意，因为在软件接收机读取数据时需要和存储数据时的顺序相符。每一个数据采样（GPS 和北斗）都是两比特量化，高比特为符号位（Sign），低比特为幅度位（Mag），具体的量化原则参考 8.5 节，Sign 为 0 表示采样值为正，否则采样值为负，Mag 为 0 表示幅度为 1，否则表示幅度为 3，具体含义如表 9.1 所示。

表 9.1 两比特量化和采样值的映射表

采样值	Sign 位	Mag 位
+1	0	0
+3	0	1
−1	1	0
−3	1	1

中频数据文件在软件接收机中的主要作用有两个，第一是提供中频采样数据，第二是提供核心处理模块的工作时钟。第一个作用很好理解，但第二个作用就不那么直观。理解这一点只需要理解 ADC 采样的具体过程，每一个采样时钟导致一个采样样点的产生，在实际的北斗和 GPS 接收机中，这个采样数据就被送给后续硬件处理，但在软件接收机中该样点被存入数据文件，于是在进行软件接收机的信号处理时，每从数据文件读取一个采样数据，就同时意味着一个采样时钟的到来。该时钟将导致相关器的每一次状态更新，同时对时钟的积分就是本地时间的变化量，用来更新本地时间。

以上分析可以用图 9.3 表示。图中虚线左边是中频数据在计算机文件中的表示。每一次对数据的读取都对应于一次硬件中 AD 对中频信号的采样过程，如图中虚线右边部分所示。对于本书的双模软件接收机来说，图中每一个数据包含了一个北斗数据和一个 GPS 数据。

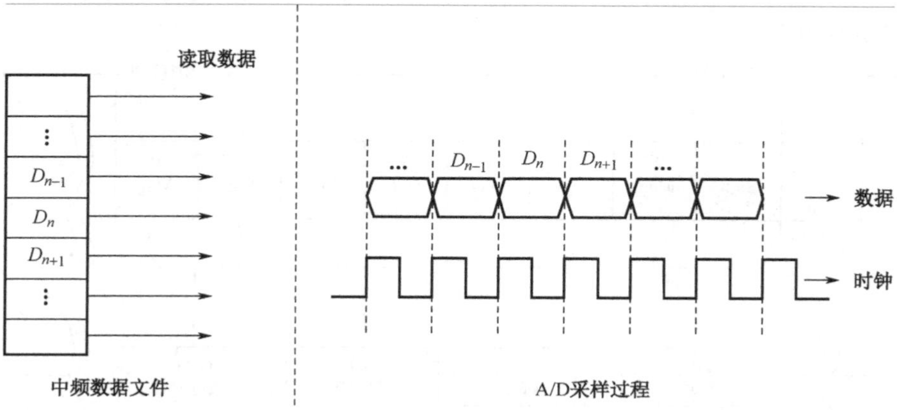

图 9.3 数据文件的读取和 AD 采样的对应关系

9.2　双模接收机的软件模块和程序运行界面

如前所述，本书中软件接收机的代码采用 Matlab 脚本语言，所以读者最好对 Matlab 语言有比较深入的了解，由于本书并不是专门讲授 Matlab 语言的教科书，所以在此并不打算对 Matlab 语言本身做太多介绍，好在如今讲解 Matlab 语言的参考书和技术资料种类繁多，在互联网上也有各式各样的免费教程作为参考，所以读者只需要稍稍花费一些时间就可以理解并尝试调试本书的软件接收机代码。

从总体上来说，该双模软件接收机代码可以分为 5 大部分，分别是图形界面部分、信号捕获部分、信号跟踪部分、电文解调部分和 PVT 解算部分，这 5 大部分按照其各自功能隶属于 5 个子目录，即 GUI、Acquisition、Tracking、Navmsg 和 PVT，各子目录中的代码模块完成的功能如表 9.2 所示。

表 9.2　软件接收机功能模块划分

子目录名	实现的功能简介
GUI	图形界面的产生，在程序运行过程中根据数据处理的结果进行更新
Tracking	根据信号捕获的结果分配跟踪通道，实现 GPS 和 BD 的信号跟踪、比特同步、观测量的提取
Acquisition	接收机初始化、GPS 和 BD 伪随机码产生、各种 LUT 的产生，以及 GPS 和 BD 信号的捕获
Navmsg	GPS 和 BD 信号的子帧同步、GPS 数据校验和 BD 数据的 BCH 校验、星历数据的解调
PVT	PVT 解算、最小二乘法解算、卡尔曼滤波解算、ECEF 到 LLH 坐标转换、GPS 和 BD 卫星位置和速度的计算

下面对各子目录下的源代码文件进行说明，需要注意的是，这里仅仅是对各源代码文件的基本功能进行简要介绍，如果想了解其工作细节和原理还需要阅读源代码。

1. GUI 子目录

- main_fig.m：完成主程序界面的初始化；
- initial_mainfig.m：根据初始配置的信息对主程序界面进行更新，在程序运行过程中只运行一次；
- GuiUpdate.m：在程序运行过程中完成对不同信息区域的更新，这些区域包括数据文件信息区、处理进度信息区、处理消息区、基带信号处理信息区、最小二乘结果区和卡尔曼滤波结果区；
- pushInfoMsg.m：将程序运行中的关键信息和中间变量在处理消息区显示出来。

2. Acquisition 子目录

- ReadGnssConfig.m：该文件读取输入文件的文件名、中频采样频率、理论中频频率和信号格式，该文件是用户需要自行改动以适应特定文件信息的输入配置文件；

- gnssInit.m：完成所有全局变量初始化，包括 GPS 和 BD 伪随机码的产生、正弦余弦和信号映射查找表的产生、跟踪通道的初始化、最小二乘和卡尔曼滤波结果的初始化等；
- GpsCodeGen.m：产生 32 颗 GPS 卫星的伪随机码；
- BdCodeGen.m：产生 32 颗北斗卫星的伪随机码；
- DownSampling.m：对原始输入信号进行降采样，以适应软件 FFT 的要求；
- createValueMapping.m：建立信号映射查找表；
- BDsearchNH.m：搜索 BD 的 D1 码中的 NH 码的起始位置，在对北斗 IGSO/MEO 卫星信号捕获时需要；
- AcquisitionByFFT.m：通过时域并行的 FFT 算法对输入信号进行信号捕获，是该软件接收机中信号捕获的核心文件；
- AcquisitionEngine.m：对输入原始信号进行降采样，然后通过 FFT 算法实现信号捕获，是主程序调用信号捕获的上层函数接口。

3．Tracking 子目录

- AllocateTrackingChannel.m：根据捕获模块的结果对跟踪通道进行分配和初始化；
- ResetChannel.m：对跟踪通道进行复位；
- BDGeoTrkLoop.m：对北斗 GEO 卫星进行环路更新，包括码环更新和载波环更新；
- BDMeoTrkLoop.m：对北斗 MEO/IGSO 卫星进行环路更新，包括码环更新和载波环更新；
- GPSTrkLoop.m：对 GPS 卫星进行环路更新，包括码环更新和载波环更新；
- SignalTracking.m：信号跟踪的主函数入口，对所有已经分配的跟踪通道完成 E、P、L 支路的 I、Q 积分，并调用各自的环路更新函数进行环路更新；
- SignalTrackingByC.c：对 E、P、L 支路的 I、Q 积分进行相关运算，该函数是全部代码中唯一的 C 语言文件，主要目的是提高程序运行速度；
- TicMeasurement.m：在信号跟踪通道完成子帧同步以后提取伪距和多普勒观测量；
- UpdateTrackingLoop.m：根据信号制式的不同调用各自的环路更新函数。

4．Navmsg 子目录

- BdBchDecode.m：完成北斗电文数据比特的 BCH 译码；
- BdGeoDecodeEph.m：完成北斗的 GEO 卫星的星历数据解码；
- BdMeoDecodeEph.m：完成北斗的 MEO/IGSO 卫星的星历数据解码；

- BdNavProcess.m：北斗基带数据处理的主函数入口；
- BdSearchPreamble.m：完成北斗电文的同步字搜索和子帧同步，该步骤完成后就可以知道 SOW 和当前的子帧号；
- GpsDecodeEph.m：　完成 GPS 卫星的星历数据解码；
- GpsParityCheck.m：　完成 GPS 数据比特的汉明码校验；
- GpsSearchPreamble.m：完成 GPS 数据的同步字搜素和子帧同步，该步骤完成后可以知道 Z-Count 和子帧号；
- GpsNavProcess.m：GPS 基带数据处理的主函数入口。

5. PVT 子目录

- Ecef2Llh.m：ECEF 坐标到 LLH 坐标（经纬高坐标系）的转换；
- Llh2Ecef.m：LLH 坐标到 ECEF 坐标的转换；
- gnssPvt.m：PVT 解算的主函数入口；
- initKF.m：用最小二乘的结果对卡尔曼滤波状态进行初始化；
- kalmanFix.m：卡尔曼滤波的实现，包含时间更新和观测量更新，以及 ECEF 到 LLH 坐标系的旋转矩阵的产生、DOP 值的计算等，卡尔曼滤波模型选取的是 7.2.5 节中讲解的 PV 模型；
- lsfix_double.m：对双模观测量进行最小二乘法的解算（5 状态）；
- lsfix_single.m：对单模观测量进行最小二乘法的解算（4 状态）；
- sv_pos_eph.m：计算 GPS 卫星和北斗 MEO/IGSO 卫星的位置、速度和时钟修正量；
- sv_pos_eph_geo.m：计算北斗 GEO 卫星的位置、速度和时钟修正量。

在源代码根目录下的主程序脚本文件为 startRun.m，在 Matlab 环境下将当前工作目录设置为源代码根目录，然后在命令行窗口运行主函数 startRun，则会出现主程序界面，如图 9.4 所示。

点击界面左上角的 start 按钮，则程序开始运行，在程序运行过程中可以点击 stop 按钮终止程序运行。在程序运行过程中，为了直观地显示数据处理的结果和程序运行的状态，程序运行界面共分为 6 大部分，分别是数据文件信息区、处理进度信息区、处理消息区、基带信号处理信息区、最小二乘结果区和卡尔曼滤波结果区。

数据文件信息区主要显示当前进行处理的数据文件名、中频采样频率值、理论中频频率值和 GPS/BD 数据文件模式（单模数据还是双模数据），如图 9.5 所示。

处理进度信息区显示当前正在处理的数据文件总时长和正在处理掉的采样时刻，以及当前数据处理的百分比进度，如图 9.6 所示，其中总时长和正在处理的时刻的单位均为毫秒。

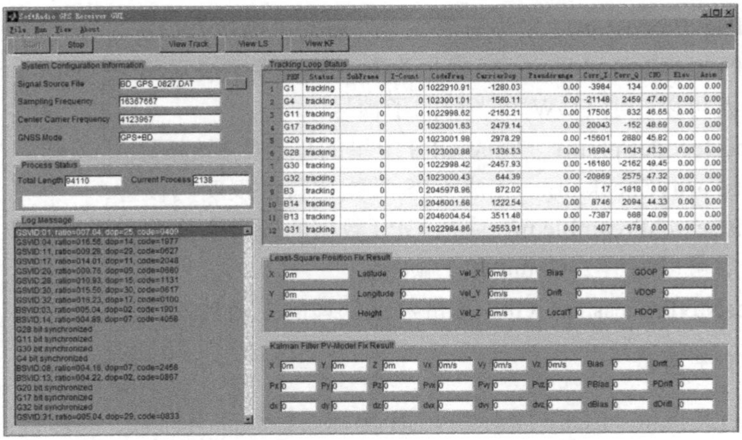

图 9.4　软件接收机的主程序界面

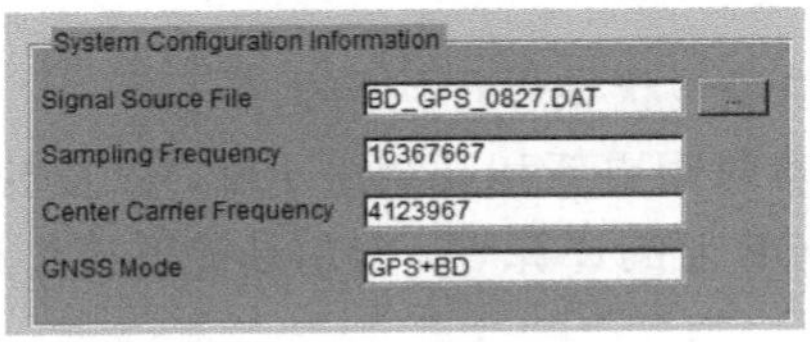

图 9.5　数据文件信息区

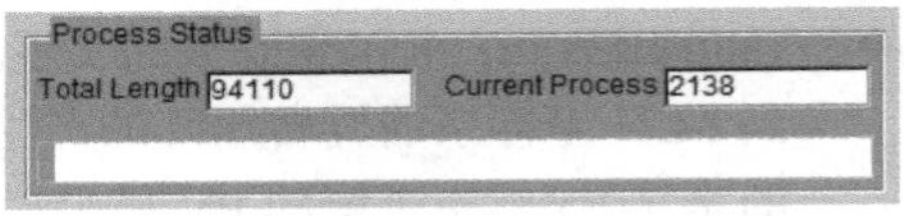

图 9.6　数据处理进度信息区

在程序运行过程中，会产生北斗和 GPS 信号处理的关键信息，如信号捕获的结果、信号跟踪环路的状态、比特同步和子帧同步的结果、本地时间的初始化、星历数据解调的结果、PVT 解算的结果等，这些信息对于判断软件接收机的工作状态是否正常至关重要，所以在主界面中专门分配信号处理消息区显示这些信息，如图 9.7 所示。

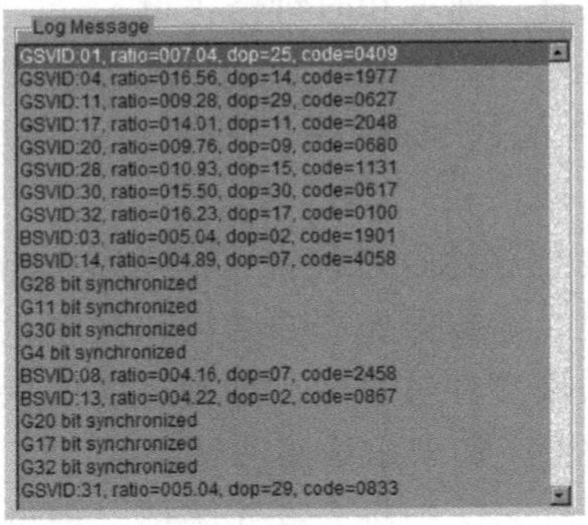

图 9.7　信号处理消息区

信号跟踪过程中的状态量在基带信号处理信息区显示，这些信息包括卫星号、卫星种类（G 表示 GPS 卫星，B 表示北斗卫星）、子帧同步结果、Z-Count（或 TOW）值、码跟踪频率、载波跟踪频率、伪距观测量、多普勒观测量、IQ 积分值、CN0、卫星的仰角和幅角等，如图 9.8 所示。

随着星历解调的完成、本地时间的确定，以及伪距和载波频率观测量的提取，接收机软件开始进行 PVT 解算，最初的解算算法是通过最小二乘法完成的，程序会根据观测量的组合灵活采用单模或双模算法，最小二乘法计算的结果包括了 ECEF 坐标系和经纬度坐标系中的位置、ECEF 坐标系的速度、钟差和钟漂量、几何精度因子等信息。更进一步的 PVT 解算通过卡尔曼滤波来完成，本软件接收机中的卡尔曼滤波是系统状态，分别是$[x,y,z,b,vx,vy,vz,dr,Tgb]$，其中$[x,y,z]$为 ECEF 坐标系里的位置，$[vx,vy,vz]$

为 ECEF 坐标系里的速度量，[*b*,*dr*,*Tgb*]分别是时钟钟差、钟漂和 GPST-BDT 的系统时间偏差。最小二乘法和卡尔曼滤波的结果在最小二乘结果区和卡尔曼滤波结果区显示，如图 9.9 所示。

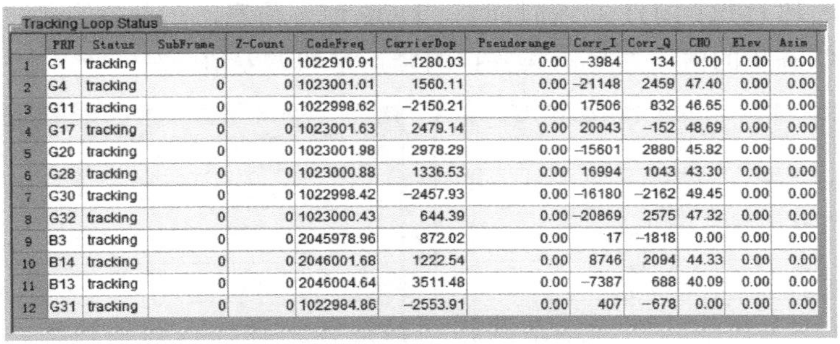
Tracking Loop Status

	PRN	Status	SubFrame	Z-Count	CodeFreq	CarrierDop	Pseudorange	Corr_I	Corr_Q	CNO	Elev	Azim
1	G1	tracking	0	0	1022910.91	−1280.03	0.00	−3984	134	0.00	0.00	0.00
2	G4	tracking	0	0	1023001.01	1560.11	0.00	−21148	2459	47.40	0.00	0.00
3	G11	tracking	0	0	1022998.62	−2150.21	0.00	17506	832	46.65	0.00	0.00
4	G17	tracking	0	0	1023001.63	2479.14	0.00	20043	−152	48.69	0.00	0.00
5	G20	tracking	0	0	1023001.98	2978.29	0.00	−15601	2880	45.82	0.00	0.00
6	G28	tracking	0	0	1023000.88	1336.53	0.00	16994	1043	43.30	0.00	0.00
7	G30	tracking	0	0	1022998.42	−2457.93	0.00	−16180	−2162	49.45	0.00	0.00
8	G32	tracking	0	0	1023000.43	644.39	0.00	−20869	2575	47.32	0.00	0.00
9	B3	tracking	0	0	2045978.96	872.02	0.00	17	−1818	0.00	0.00	0.00
10	B14	tracking	0	0	2046001.68	1222.54	0.00	8746	2094	44.33	0.00	0.00
11	B13	tracking	0	0	2046004.64	3511.48	0.00	−7387	688	40.09	0.00	0.00
12	G31	tracking	0	0	1022984.86	−2553.91	0.00	407	−678	0.00	0.00	0.00

图 9.8　基带信号处理信息区

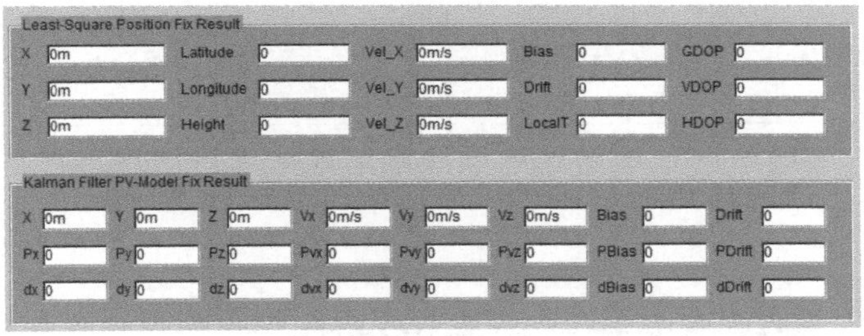

图 9.9　最小二乘结果区和卡尔曼滤波结果区

在程序运行过程，可以点击界面上部的三个 View 按钮实现类似“示波器”的功能，其中 View Track 按钮可以显示各个跟踪通道的 I、Q 积分和 E、P、L 支路积分结果，从而使观察者实时观察信号跟踪过程中的瞬态响应和环路更新的全部过程，如图 9.10 所示。

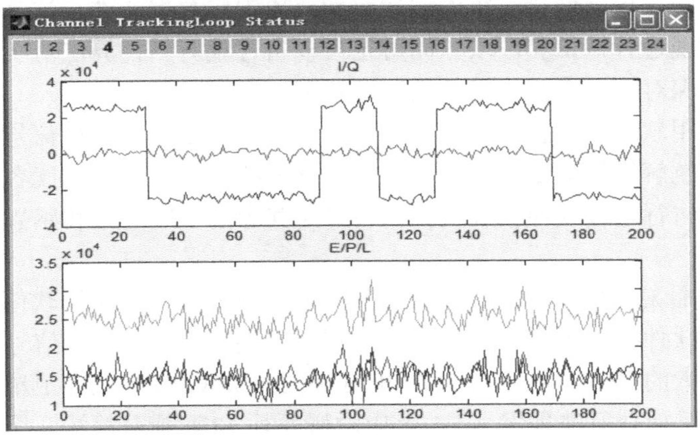

图 9.10　跟踪通道的 I\Q 积分和 E、P、L 积分结果

View LS 按钮显示了最小二乘法的定位结果在时间轴上的曲线，View KF 按钮显示了卡尔曼滤波的系统状态的值、修正量和协方差矩阵元素在时间轴的曲线。分别如图 9.11 的左半部分和右半部分所示。在最小二乘结果显示中有接收机位置、速度、钟差钟漂和 GPST-BDT 系统时间差、DOP 值等信息，在卡尔曼滤波结果显示中是 9 个系统状态量的值，并显示其各自的修正量和方差值。

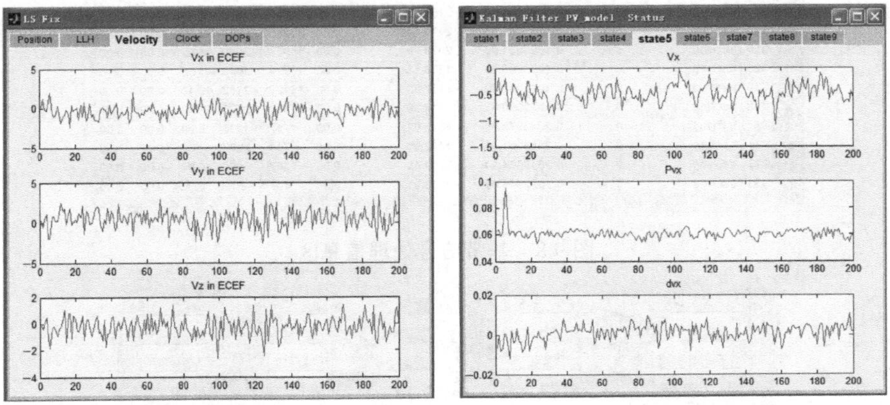

图 9.11　最小二乘结果（左）和卡尔曼滤波结果（右）

9.3　双模接收机数据处理结果

本书在给出北斗和 GPS 双模软件接收机的 Matlab 代码实现的同时，还给出了一段北斗和 GPS 双模中频数据文件，该文件是采用北京捷星广达科技有限责任公司的 UTREK210 卫星数据采集系统对实际卫星信号采集得到的，其采样频率为 16.367 6 MHz，理论中频为 4.130 4 MHz，2 比特量化，数据存储的格式和图 9.2 的描述一致。结合双模软件接收机的源代码和双模中频数据文件，读者可以直接对软件接收机的实现进行调试和改动，同时也可以自行编写软件算法对实际卫星信号进行处理，以加深对 GNSS 接收机理论的理解和认识。

本节将采用软件接收机对上述中频数据文件进行处理，包括信号捕获、跟踪、电文解调、导航解算等关键处理，结果以图形曲线的形式给出，读者在阅读本节内容的同时可以自行运行软件接收机代码，并对其中的中间结果和感兴趣的变量进行分析和比对。

图 9.12 是针对双模中频数据文件进行信号捕获的结果，由于软件接收机的自身特点决定，在软件接收机运行起始时刻没有任何先验信息，所以信号捕获的方式采用冷启动盲搜索的策略，图 9.12 和图 9.13 是对所有 GPS 和北斗卫星进行捕获的结果，具体的信号捕获算法采用 4.1.4 节中时域并行 FFT 捕获算法。图中只列出了信号较强的卫星的捕获结果，从中可以看出比较明显的信号峰值。

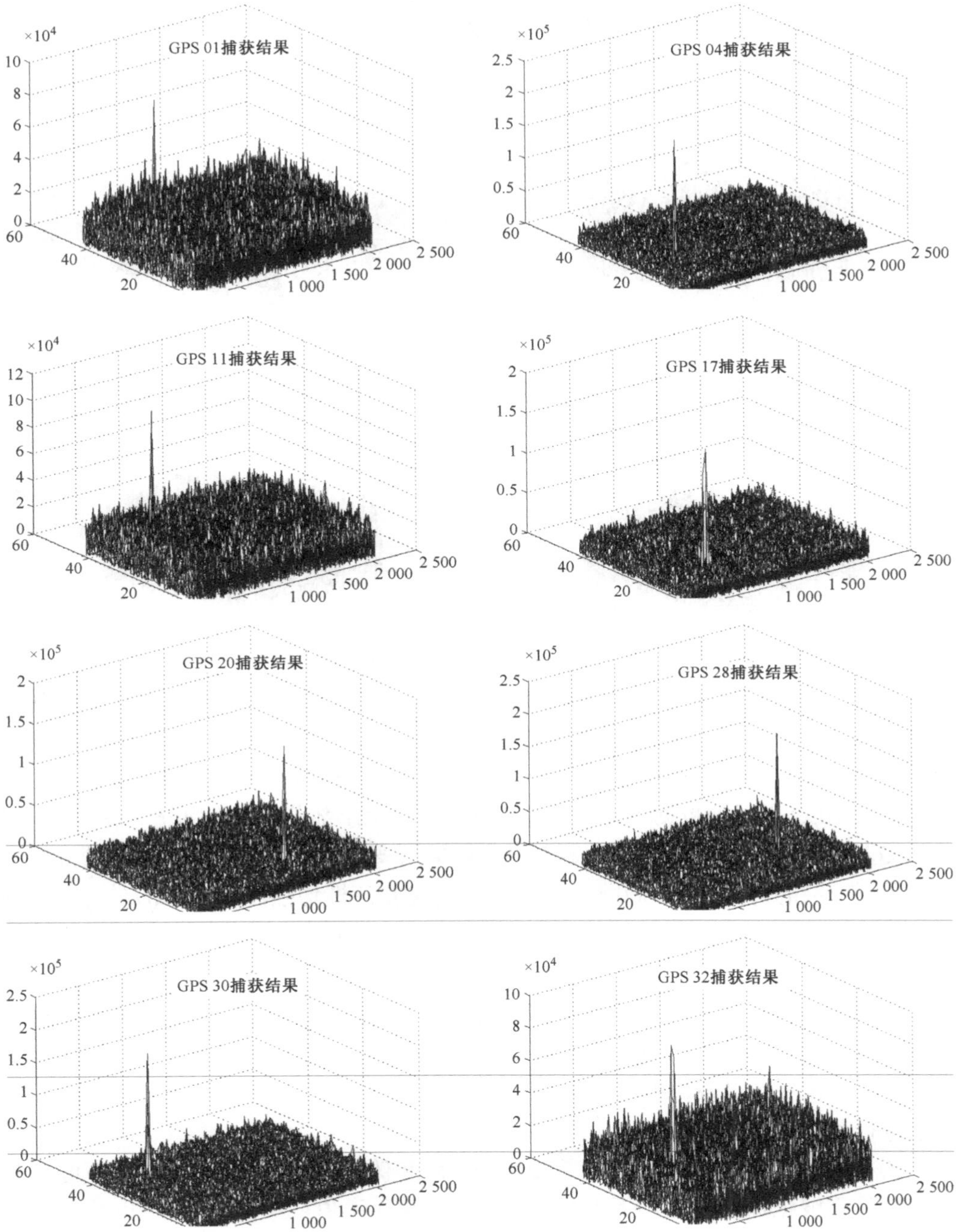

图 9.12　对全部 GPS 和北斗卫星进行信号捕获的结果

根据图 9.12 和图 9.13 的结果可以计算出捕获成功后的卫星信号峰值对应的伪码相位和多普勒频率，然后把这些信息通过一定的逻辑转换提交给信号跟踪通道，初始化跟踪通道的载波和伪码NCO设置，从而进入信号的跟踪处理。

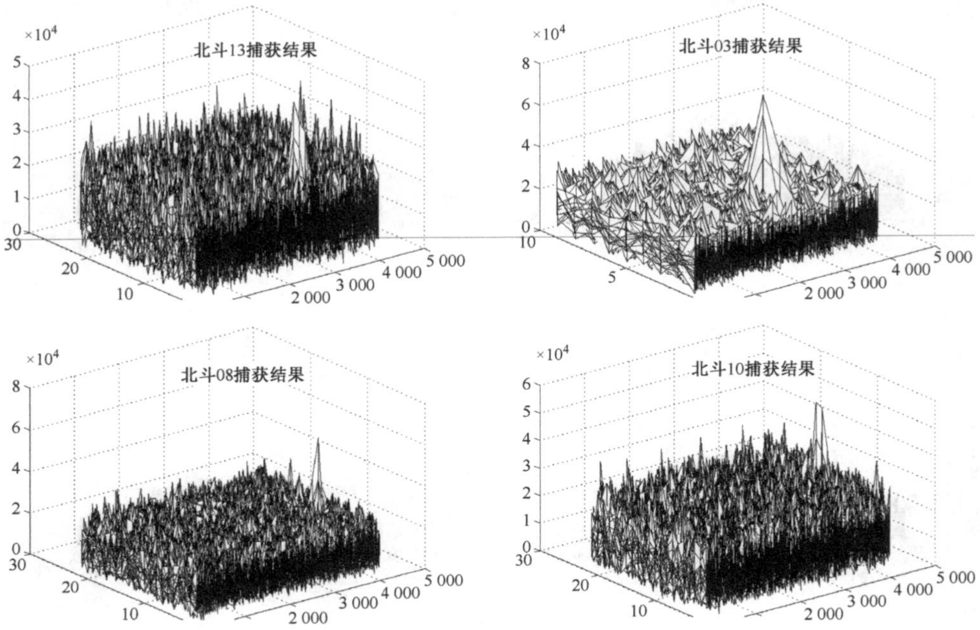

图 9.13　对全部北斗卫星进行信号捕获的结果

图 9.14 是信号跟踪环路输出的同相路（I 路）和正交路（Q 路）的相干积分结果，积分长度为 1 ms，所以图中的横轴是以 ms 为单位的时间轴，纵轴为积分幅度值。图中的结果来自于 GPS 卫星信号，对于北斗卫星信号来说具有相似的图形，只不过北斗 GEO 卫星的数据跳变周期是 2 ms。图中上半部分为 I 路积分结果，下半部分为 Q 路积分结果，从 I 和 Q 路积分结果随时间变化的曲线可以看出以下两点：

① 在环路开始阶段（500 ms 以内），信号能量逐渐增强，体现在 $\sqrt{I^2+Q^2}$ 逐渐变大，这一点是因为环路调整使得载波频率差变小，从而使得频差导致的能量损失变小。

② 在环路进入稳定跟踪以后（500 ms 以后），I 路积分幅度稳定，而 Q 路积分幅度变小，这一点是因为频率差小到一定程度就开始进行相位锁定，实现相位锁定以后则全部信号能量都集中在 I 路，而 Q 路只包含噪声分量，此时可以由 I 路的积分值进行导航电文解调。

图 9.15 是信号跟踪过程中的载波跟踪环路和伪码跟踪环路的 NCO 频率值，上半部分为载波跟踪频率值，下半部分为伪码跟踪频率值，从图 9.15 中也可以得出图 9.14 的相对应的结论。在环路开始阶段，载波频率和伪码频率的方差较大，表示此时正在进行比较剧烈的调整，而进入稳定跟踪之后载波频率和伪码频率的变化幅度都较开始阶段小得多，尤其是伪码频率更是由于载波辅助的作用，导致伪码频率非常平滑。

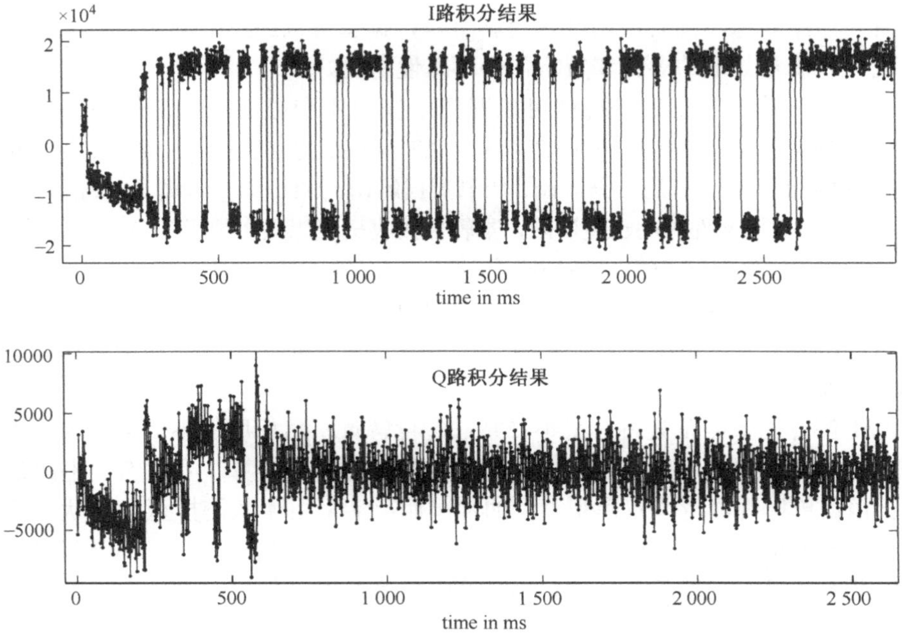

图 9.14　信号跟踪环路输出的 I 路和 Q 路积分结果

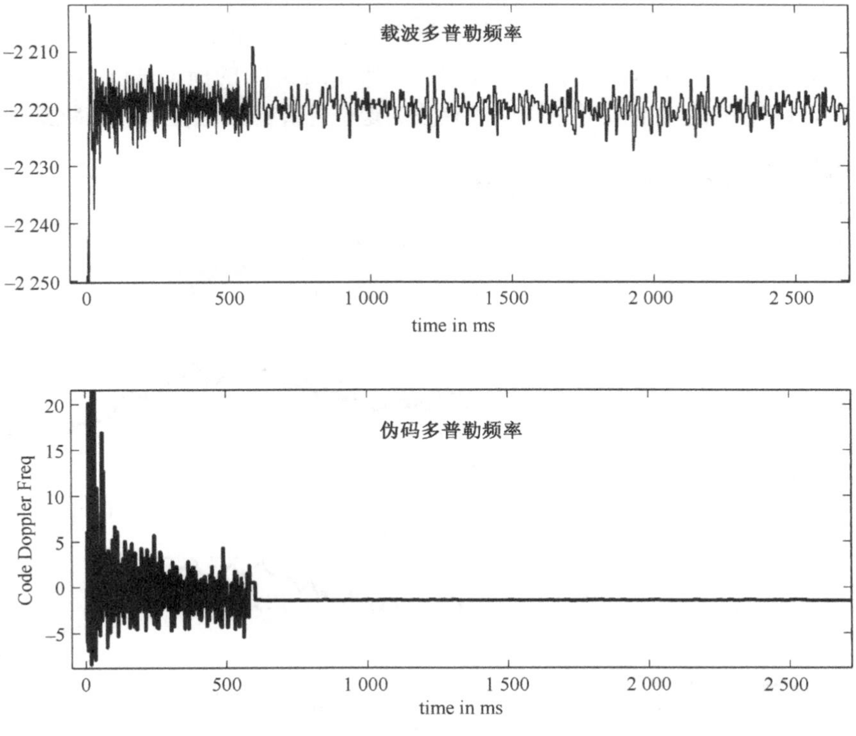

图 9.15　载波跟踪环的载波频率和伪码跟踪环的伪码频率

有关环路跟踪不同阶段的环路更新策略，读者可以通过阅读源代码来了解其细节，更可以调整其中的参数和策略使得环路性能更好。

在跟踪环路进入稳态以后就可以开始子帧同步和导航电文的解调了，北斗和GPS 的子帧同步可以参照本书 3.3.2 节和 4.2.7 节介绍的方法实现，全面的导航电文解调包括 TOW 的解调、星历数据解调、历书数据解调、UTC 参数解调、电离层参数解调等任务，由于数据文件时间长度所限，本软件接收机代码只实现了 TOW 和星历数据的解调，但对于后续 PVT 解算已经足够了。

在获取卫星信号的 TOW 时间以后就可以进行观测量的提取了，这里实现了伪距观测量和多普勒频率观测量的提取。在具备了多于 4 颗卫星的观测量和星历数据以后就可以实现 PVT 解算。

PVT 解算的策略是先进行最小二乘法定位解算，然后用最小二乘法的结果初始化卡尔曼滤波状态量，然后开始进行卡尔曼滤波的定位解算。具体实现中的最小二乘法会根据单模观测量或双模观测量的情况而灵活采用 4 状态模型或 5 状态模型，其中 4 状态模型针对单模情况（单 GPS 或单北斗），5 状态模型针对双模观测量，5 状态模型比 4 状态模型多了一个 GPST-BDT 的系统时间偏差，具体原理可以参考本书第 7 章。

图 9.16 是最小二乘法计算的接收机位置坐标，在 ECEF 坐标系中表示。为了更好地显示坐标的变化范围，图中显示的是计算出的坐标结果和其均值的差。由于该软件接收机代码中每隔 100 毫秒提取一次观测量，所以图 9.16 的横轴是以 100 ms 为单位的时间轴，纵轴单位为米，可见最小二乘法的定位计算结果存在较大的跳跃现象。

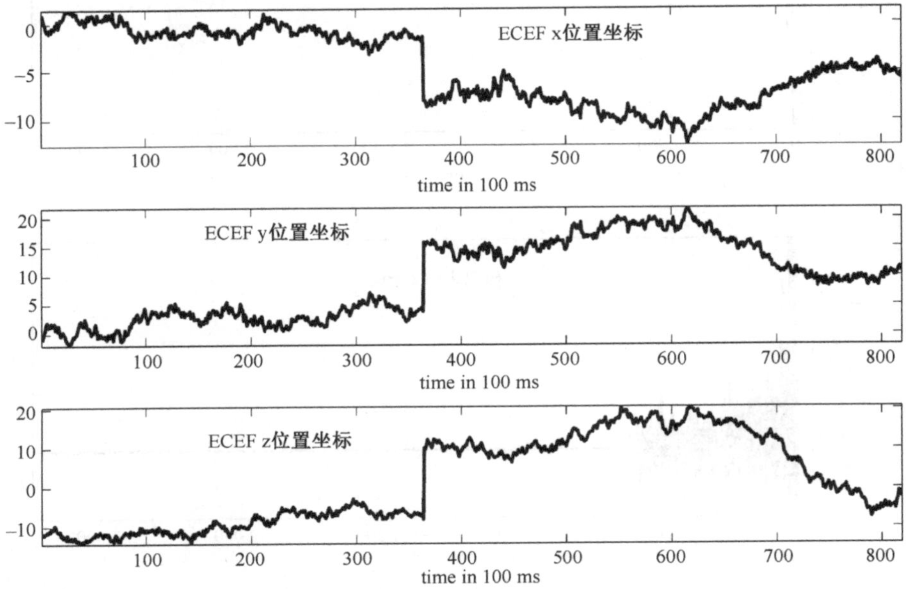

图 9.16　最小二乘法计算的位置结果

作为对比，图 9.17 给出了卡尔曼滤波计算出的位置坐标，由于同样的原因也扣除了位置均值。通过与最小二乘法的位置结果对比可以看出，卡尔曼滤波的位置结果更平滑，整个定位时间内的位置跳跃幅度也要小得多。读者可以在理解卡尔曼滤波源代码的基础上，调整其中的 R 和 Q 矩阵参数可以得到不同的定位结果，读者可以思考卡尔曼滤波的结果受 R 矩阵和 Q 矩阵的影响。

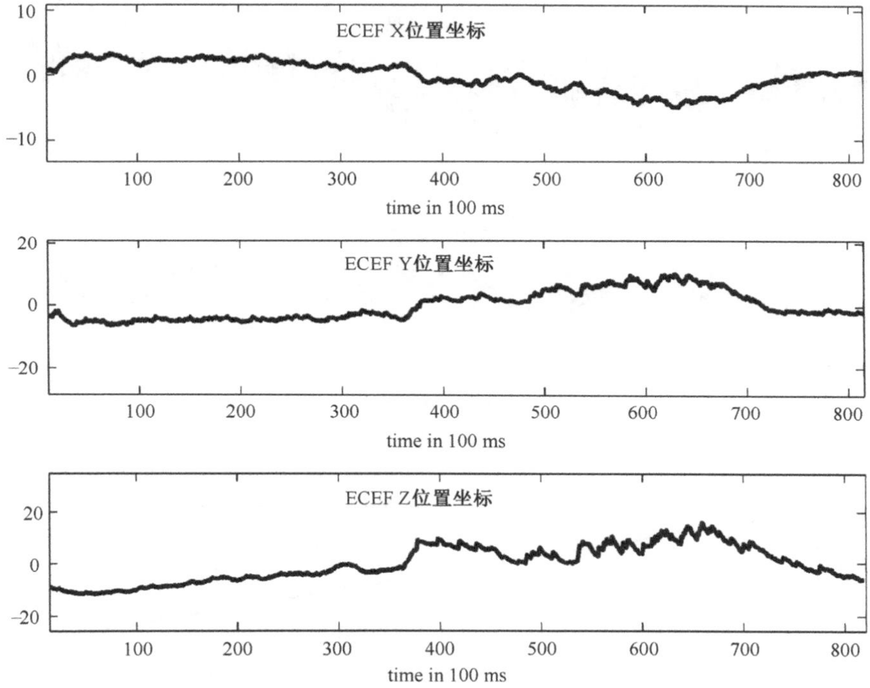

图 9.17　卡尔曼滤波计算的位置结果

在图 9.18 中给出了卡尔曼滤波的速度分量结果，上中下三条曲线分别是 X 轴、Y 轴、Z 轴方向的速度分量。由于是静止天线，所以速度分量均值为 0，其中 Z 轴方向的速度偏差稍大。图 9.19 中的三条曲线分别是本地钟差、本地钟漂和 GPST-BDT 的系统时间偏差，其中本地钟差和系统时间偏差的单位是米，本地钟漂的单位是 m/s，本地钟差和系统时间偏差可以处以光速转换为以秒为单位，本地钟漂处光速可以转换为以 ppm 为单位。

本地钟差是本地钟漂的积分，这个结论由钟差和钟漂的物理性质决定，这一点也可以很容易从图 9.19 中的曲线的数值上验证。从图 9.19 可以看出 GPST-BDT 系统时间偏差的值在 0 附近（如果用秒表示），这说明 BDT 和 GPST 基本是同步的，如果扣除观测误差的话系统时间偏差的值会更小。从图中可以看出 GPST-BDT 系统时间偏差变化幅度很小，在观测时间内基本保持不变。

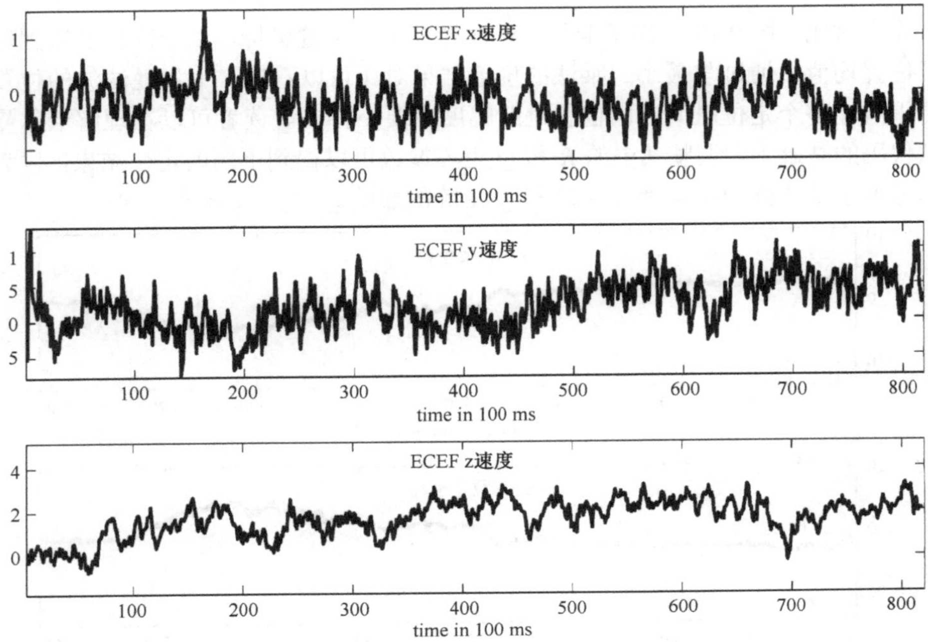

图 9.18 卡尔曼滤波的速度结果

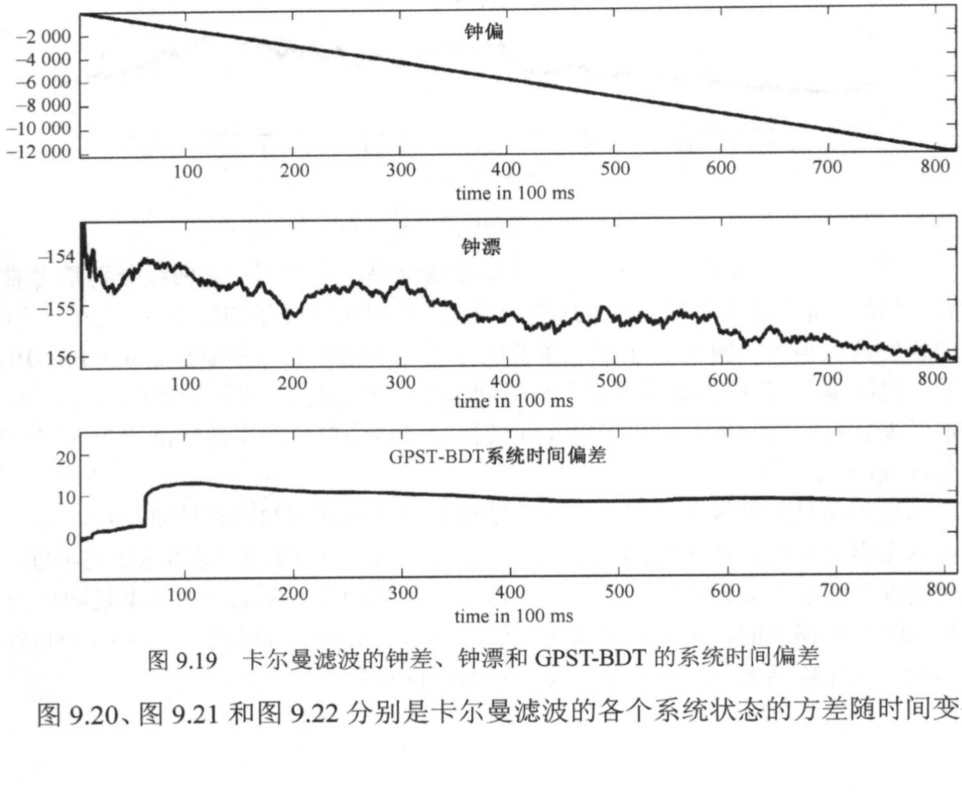

图 9.19 卡尔曼滤波的钟差、钟漂和 GPST-BDT 的系统时间偏差

图 9.20、图 9.21 和图 9.22 分别是卡尔曼滤波的各个系统状态的方差随时间变化

的曲线。在该软件接收机中的卡尔曼滤波采用的是 7.2.5 节中讲解的 PV 模型，系统状态矢量为 $[x, y, z, b, vx, vy, vz, d, T_{GB}]$，即 3 个位置量、3 个速度量和 3 个时钟量，P 矩阵为这 9 个系统状态量的协方差矩阵，而图 9.20、图 9.21 和图 9.22 给出的就是 P 矩阵的 9 个对角线元素的时间曲线。图 9.20 中的纵轴单位为 m，图 9.21 中的纵轴单位为 m/s，图 9.22 中的纵轴单位为 m（上）、m/s（中）和 m（下），三张图的横轴均为以 100 ms 为单位的时间。

从图 9.20、图 9.21 和图 9.22 可以看出，卡尔曼滤波的 $\boldsymbol{P}$ 矩阵的各个对角元素的时间曲线的变化趋势一致，均为初始值较大，而随着时间流逝逐渐变小，最终收敛在一个稳定值附近。这是因为在采用最小二乘法的结果对卡尔曼滤波初始化时，一般把 $\boldsymbol{P}$ 矩阵初始化为较大的值，这样可以允许观测量更新较快地对本地状态进行修正，而随着时间流逝和观测量更新的不断进行，本地系统状态的协方差矩阵会逐渐收敛，此时观测量噪声方差和 $\boldsymbol{P}$ 矩阵共同决定卡尔曼增益矩阵 $\boldsymbol{K}$，对于本地系统状态的修正量将是本地状态方差和观测噪声方差的加权结果，而最终的 $\boldsymbol{P}$ 矩阵也将稳定在一个收敛值附近，当然在卡尔曼滤波的后续更新中，观测量噪声的情况和系统处理噪声矩阵 $\boldsymbol{Q}$ 的变动都会影响 $\boldsymbol{P}$ 矩阵的收敛值，如一段时间没有观测量（这种情况发生的典型场景是接收机进入地下车库或隧道）或观测量质量下降均会导致 $\boldsymbol{P}$ 矩阵的增大。

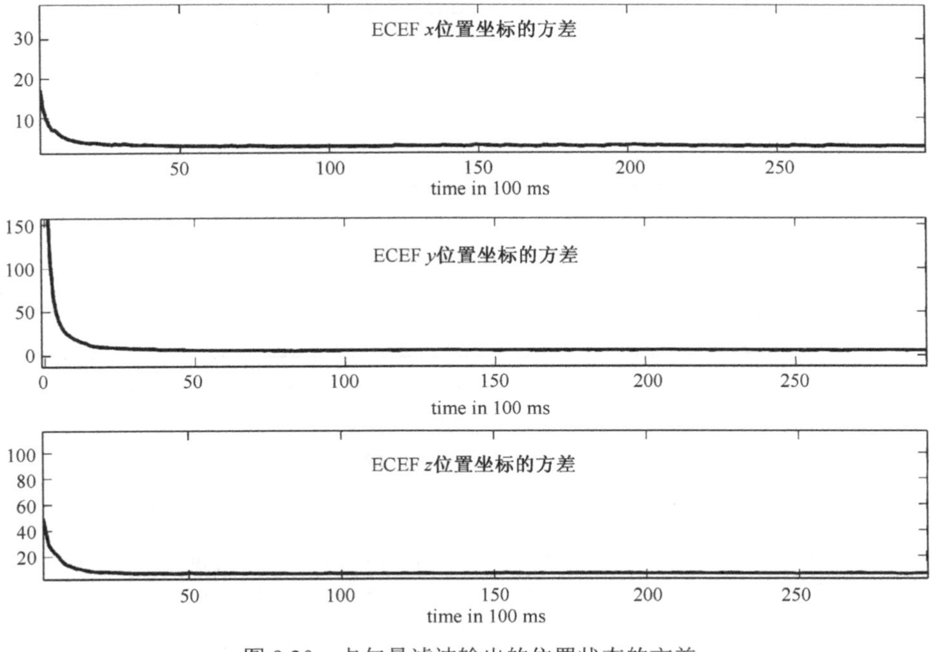

图 9.20　卡尔曼滤波输出的位置状态的方差

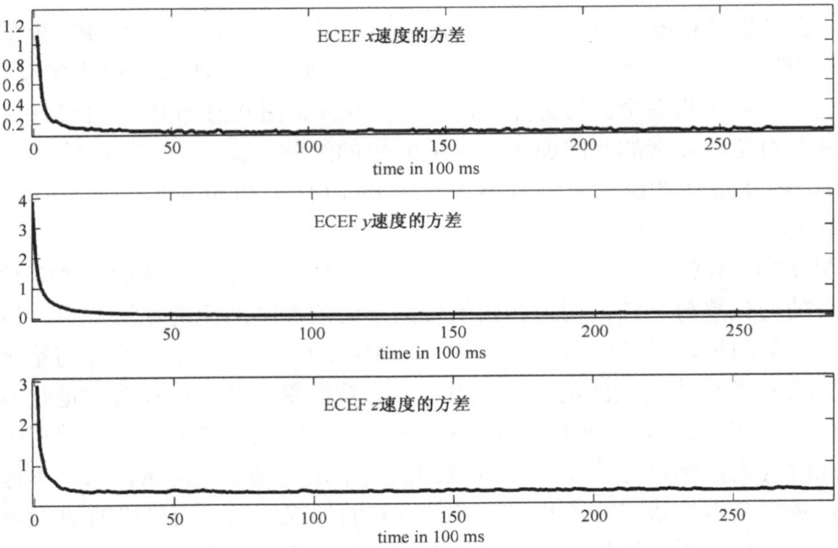

图 9.21 卡尔曼滤波输出的速度状态的方差

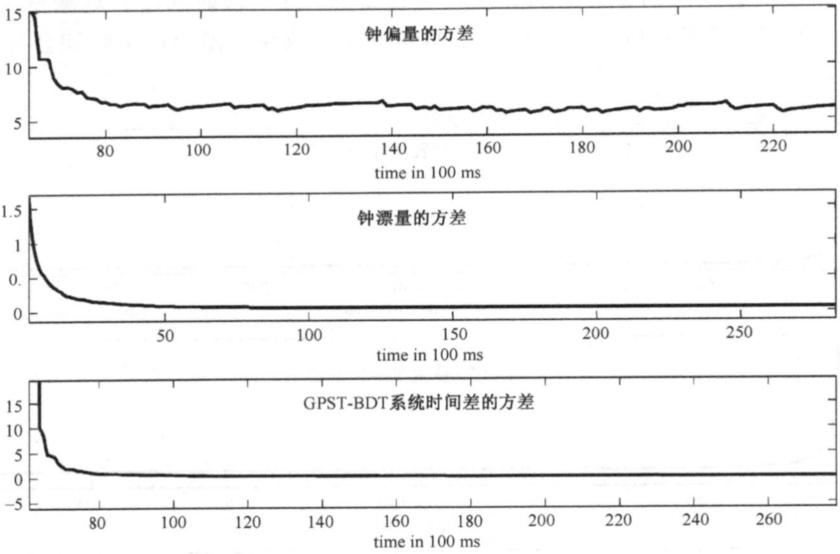

图 9.22 卡尔曼滤波输出的时间状态的方差

至此为止已经完成了对本书双模软件接收机对实际中频数据文件进行处理的简单讲解，其中的数据分析只是软件接收机中的中间结果的一小部分，对其的分析过程也略过了很多的实现细节和调试过程，希望读者能够对本书实现的软件接收机代码仔细阅读并理解其背后的理论原理，如果有条件的话最好能对现有代码进行改动和优化并观察输出结果的变化，这样才能举一反三、融会贯通，在未来的工作学习中不断提高。

附录A

基本矩阵和向量运算

本章要点

- 逆矩阵及其性质
- 矩阵的特征值和特征向量
- 二次型和有定矩阵
- 几种重要的矩阵分解
- 矩阵分析初步

本书中大量用到了矩阵和向量的运算，所以读者具有这方面的基本知识对于阅读并理解本书至关重要。在该节中简要讲述有关矩阵和向量运算的基本知识，限于篇幅，有关的具体推导过程将不予给出，感兴趣的读者请参阅有关线性代数和矩阵论的相关书籍。

在本书中的约定以下标记法：

- 以常规字体变量表示标量，如 x；
- 以粗体变量表示向量或矩阵，如 $\boldsymbol{x}$, $\boldsymbol{X}$；
- 实数域集合表示为 $\mathbb{R}$；
- 实 n 维向量的集合表示为 $\mathbb{R}^n$；
- $m\times n$ 的实矩阵的集合表示为 $\mathbb{R}^{m\times n}$；
- $n\times n$ 的实方阵的集合表示为 $\mathbb{R}^{n\times n}$；
- $\mathrm{diag}\{a_1,a_2,\cdots,a_n\}$ 表示对角元素为 $\{a_1,a_2,\cdots,a_n\}$，其他元素为 0 的 n 阶方阵；
- $\det(\boldsymbol{A})$ 或 $|\boldsymbol{A}|$ 表示矩阵 $\boldsymbol{A}$ 的行列式；
- $r(\boldsymbol{A})$ 表示矩阵 $\boldsymbol{A}$ 的秩。

A.1 逆矩阵及其性质

矩阵 $\boldsymbol{A}\in\mathbb{R}^{n\times n}$ 可逆的充要条件是 $r(\boldsymbol{A})=n$，即 $\boldsymbol{A}$ 是满秩的。所以

$$\det(\boldsymbol{A})\neq 0 \Leftrightarrow \boldsymbol{A}\text{满秩} \Leftrightarrow \boldsymbol{A}\text{可逆}$$

在求 n 阶方阵 $\boldsymbol{A}$ 的逆矩阵的时候，可以通过矩阵的分块将其转化为阶数较低的矩阵求逆运算。具体来说，假如 $\boldsymbol{A}$ 可以表示为

$$\boldsymbol{A}=\begin{bmatrix}\boldsymbol{A}_{11} & \boldsymbol{A}_{12}\\ \boldsymbol{A}_{21} & \boldsymbol{A}_{22}\end{bmatrix}$$

且 $\boldsymbol{A}_{11}$ 可逆，则

$$\boldsymbol{A}^{-1}=\begin{bmatrix}\boldsymbol{A}_{11}^{-1}(\boldsymbol{I}+\boldsymbol{A}_{12}\boldsymbol{W}^{-1}\boldsymbol{A}_{21}\boldsymbol{A}_{11}^{-1}) & -\boldsymbol{A}_{11}^{-1}\boldsymbol{A}_{12}\boldsymbol{W}^{-1}\\ -\boldsymbol{W}^{-1}\boldsymbol{A}_{21}\boldsymbol{A}_{11}^{-1} & \boldsymbol{W}^{-1}\end{bmatrix} \tag{A.1}$$

其中，$\boldsymbol{W}=\boldsymbol{A}_{22}-\boldsymbol{A}_{21}\boldsymbol{A}_{11}^{-1}\boldsymbol{A}_{12}$。

当 $\boldsymbol{A}_{22}$ 是一个 *1* 维矩阵，即标量的时候，将 n 阶矩阵的求逆转化为 $n-1$ 阶矩阵的求逆。此时，$-\boldsymbol{A}_{11}^{-1}\boldsymbol{A}_{12}\boldsymbol{W}^{-1}$ 和 $-\boldsymbol{W}^{-1}\boldsymbol{A}_{21}\boldsymbol{A}_{11}^{-1}$ 运算都是比较简单的向量相乘相加运算。

下面是很有用的**矩阵求逆引理**：

假如矩阵 $\boldsymbol{E}=\boldsymbol{A}+\boldsymbol{BCD}$，且 $\boldsymbol{A}$、$\boldsymbol{C}$、$\boldsymbol{E}$ 的逆矩阵均存在，则

$$\boldsymbol{E}^{-1}=\boldsymbol{A}^{-1}-\boldsymbol{A}^{-1}\boldsymbol{B}(\boldsymbol{D}\boldsymbol{A}^{-1}\boldsymbol{B}+\boldsymbol{C}^{-1})^{-1}\boldsymbol{D}\boldsymbol{A}^{-1} \tag{A.2}$$

该引理在计算卡尔曼滤波器的增益矩阵 $\boldsymbol{k}_m$ 的时候非常有用。下面利用矩阵求逆引理给出式(7.132)的推导过程。

由式(7.129)，

$$(\boldsymbol{P}_m^+)^{-1} = (\boldsymbol{P}_m^-)^{-1} + \boldsymbol{H}_m^{\mathrm{T}}\boldsymbol{R}_m^{-1}\boldsymbol{H}_m \tag{A.3}$$

对比式(A.2)，可知 $\boldsymbol{A} = (\boldsymbol{P}_m^-)^{-1}$， $\boldsymbol{B} = \boldsymbol{H}_m^{\mathrm{T}}$， $\boldsymbol{C} = \boldsymbol{R}_m^{-1}$， $\boldsymbol{D} = \boldsymbol{H}_m$，利用矩阵求逆引理得到

$$\boldsymbol{P}_m^+ = \boldsymbol{P}_m^- - \boldsymbol{P}_m^-\boldsymbol{H}_m^{\mathrm{T}}(\boldsymbol{H}_m\boldsymbol{P}_m^-\boldsymbol{H}_m^{\mathrm{T}} + \boldsymbol{R}_m)^{-1}\boldsymbol{H}_m\boldsymbol{P}_m^- \tag{A.4}$$

由式(7.130)并将上式结果带入得到

$$\begin{aligned}
\boldsymbol{k}_m &= \boldsymbol{P}_m^+\boldsymbol{H}_m^{\mathrm{T}}\boldsymbol{R}_m^{-1} \\
&= \boldsymbol{P}_m^-\boldsymbol{H}_m^{\mathrm{T}}\boldsymbol{R}_m^{-1} - \boldsymbol{P}_m^-\boldsymbol{H}_m^{\mathrm{T}}(\boldsymbol{H}_m\boldsymbol{P}_m^-\boldsymbol{H}_m^{\mathrm{T}} + \boldsymbol{R}_m)^{-1}\boldsymbol{H}_m\boldsymbol{P}_m^-\boldsymbol{H}_m^{\mathrm{T}}\boldsymbol{R}_m^{-1} \\
&= \boldsymbol{P}_m^-\boldsymbol{H}_m^{\mathrm{T}}[\boldsymbol{R}_m^{-1} - (\boldsymbol{H}_m\boldsymbol{P}_m^-\boldsymbol{H}_m^{\mathrm{T}} + \boldsymbol{R}_m)^{-1}\boldsymbol{H}_m\boldsymbol{P}_m^-\boldsymbol{H}_m^{\mathrm{T}}\boldsymbol{R}_m^{-1}] \\
&= \boldsymbol{P}_m^-\boldsymbol{H}_m^{\mathrm{T}}[\boldsymbol{I} - (\boldsymbol{H}_m\boldsymbol{P}_m^-\boldsymbol{H}_m^{\mathrm{T}} + \boldsymbol{R}_m)^{-1}\boldsymbol{H}_m\boldsymbol{P}_m^-\boldsymbol{H}_m^{\mathrm{T}}]\boldsymbol{R}_m^{-1} \\
&= \boldsymbol{P}_m^-\boldsymbol{H}_m^{\mathrm{T}}(\boldsymbol{H}_m\boldsymbol{P}_m^-\boldsymbol{H}_m^{\mathrm{T}} + \boldsymbol{R}_m)^{-1}\boldsymbol{R}_m\boldsymbol{R}_m^{-1} \\
&= \boldsymbol{P}_m^-\boldsymbol{H}_m^{\mathrm{T}}(\boldsymbol{H}_m\boldsymbol{P}_m^-\boldsymbol{H}_m^{\mathrm{T}} + \boldsymbol{R}_m)^{-1}
\end{aligned} \tag{A.5}$$

根据这个结果带入式(A.4)可以得到

$$\begin{aligned}
\boldsymbol{P}_m^+ &= \boldsymbol{P}_m^- - \boldsymbol{k}_m\boldsymbol{H}_m\boldsymbol{P}_m^- \\
&= (\boldsymbol{I} - \boldsymbol{k}_m\boldsymbol{H}_m)\boldsymbol{P}_m^-
\end{aligned} \tag{A.6}$$

A.2 矩阵的特征值和特征向量

对于矩阵 $\boldsymbol{A} \in \mathbb{R}^{n\times n}$，如果存在非零向量 $\boldsymbol{x} \in \mathbb{R}^n$ 使得

$$\boldsymbol{A}\boldsymbol{x} = \lambda\boldsymbol{x} \tag{A.7}$$

则称 λ 为 $\boldsymbol{A}$ 的特征值，而相应的向量 $\boldsymbol{x}$ 称为 $\boldsymbol{A}$ 关于特征值 λ 的特征向量。

从矩阵的特征值的定义出发，可以知道 λ 满足齐次线性方程

$$(\lambda\boldsymbol{I} - \boldsymbol{A})\boldsymbol{x} = \boldsymbol{0} \tag{A.8}$$

欲使该方程有非零解，需要

$$\det(\lambda\boldsymbol{I} - \boldsymbol{A}) = 0 \tag{A.9}$$

$\det(\lambda\boldsymbol{I} - \boldsymbol{A})$ 是 λ 的 n 阶方程，所以该方程的根就是 $\boldsymbol{A}$ 的特征值。

如果记 $\boldsymbol{A} = [a_{ij}]$，则将

$$f(\lambda) = \det(\lambda\boldsymbol{I} - \boldsymbol{A}) \tag{A.10}$$

叫作 $\boldsymbol{A}$ 的特征多项式，而

$$\begin{bmatrix} \lambda - a_{11} & -a_{12} & \cdots & -a_{1n} \\ -a_{21} & \lambda - a_{22} & \cdots & -a_{2n} \\ \vdots & \vdots & \ddots & \vdots \\ -a_{n1} & -a_{n2} & \cdots & \lambda - a_{nn} \end{bmatrix} \tag{A.11}$$

被称为 $\boldsymbol{A}$ 的特征矩阵。

假设 λ 是 $\boldsymbol{A}$ 的一个特征值，则有如下结论成立：

- $k\lambda$ 是 $k\boldsymbol{A}$ 的特征值，k 为任意常数；
- λ^m 是 $\boldsymbol{A}^m$ 的特征值，m 是任意正整数；
- 如果 $\boldsymbol{A}$ 可逆，则 $\dfrac{1}{\lambda}$ 是 $\boldsymbol{A}^{-1}$ 的特征值；
- 如果 $\boldsymbol{A}$ 是实对称矩阵或 Hermite 矩阵，则 λ 必为实数；
- 如果 $\lambda=0$，则 $\boldsymbol{A}$ 必定是奇异矩阵，即 $\det(\mathbf{A})=0$；
- λ 也是 $\boldsymbol{A}^{\mathrm{T}}$ 的特征值。这个特性说明 $\boldsymbol{A}$ 和 $\boldsymbol{A}^{\mathrm{T}}$ 具有相同的特征值。

假设 $\boldsymbol{A}=[a_{ij}]\in\mathbb{R}^{n\times n}$ 的 n 个特征值为 $\lambda_1,\lambda_2,\cdots,\lambda_n$，则

$$(i)\qquad \sum_{i=1}^{n}\lambda_i=\sum_{i=1}^{n}a_{ii} \tag{A.12}$$

$$(ii)\qquad \prod_{i=1}^{n}\lambda_i=det(\mathbf{A}) \tag{A.13}$$

上式中，一般把 $\sum_{i=1}^{n}a_{ii}$ 记作 $Tr(\mathbf{A})$，叫作 $\boldsymbol{A}$ 的**迹**。

矩阵的特征向量与矩阵的可对角化之间有着密切的联系，更具体来说，矩阵 $\boldsymbol{A}$ 可对角化的充要条件是 $\boldsymbol{A}$ 有 n 个线性无关的特征向量。因为对应于不同特征值的特征向量是线性无关的，所以如果 $\boldsymbol{A}$ 有 n 个不同的特征值，则 $\boldsymbol{A}$ 必定是可对角化的。这个结论的逆命题不成立，即可对角化的矩阵 $\boldsymbol{A}$ 并不一定就有 n 个不同的特征值。

一个特殊的情况是当 $\boldsymbol{A}$ 是实对称矩阵时，对应于不同特征值的特征向量不仅是线性无关的，还是正交的。实对称矩阵必定是可对角化的，即存在一个正交矩阵 $\boldsymbol{P}\in\mathbb{R}^{n\times n}$，使得

$$\boldsymbol{P}^{-1}\boldsymbol{A}\boldsymbol{P}=\mathrm{diag}\{\lambda_1,\lambda_2,\cdots,\lambda_n\} \tag{A.14}$$

其中，$\boldsymbol{P}^{\mathrm{T}}\boldsymbol{P}=\boldsymbol{I}$。

A.3　二次型和有定矩阵

关于 n 元变量 $x_1,x_2,\cdots,x_n$ 的二次齐次多项式

$$\begin{aligned}&a_{11}x_1^2+a_{12}x_1x_2+\cdots+a_{1n}x_1x_n+\\&a_{21}x_2x_1+a_{22}x_2^2+\cdots+a_{2n}x_2x_n+\\&\qquad\vdots\\&a_{n1}x_nx_1+a_{n2}x_nx_2+\cdots+a_{nn}x_n^2\end{aligned} \tag{A.15}$$

叫作一个 n 元二次型，简称二次型。

如果记

$$A = \begin{bmatrix} a_{11} & a_{12} & \cdots & a_{1n} \\ a_{21} & a_{22} & \cdots & a_{2n} \\ \vdots & \vdots & \ddots & \vdots \\ a_{m1} & a_{m2} & \cdots & a_{mn} \end{bmatrix}, \quad \mathbf{x} = [x_1, x_2, \cdots, x_n]^{\mathrm{T}}$$

则二次型可写作

$$\sum_{i=1}^{n}\sum_{j=1}^{n} a_{ij}x_i x_j = \boldsymbol{x}^{\mathrm{T}}\boldsymbol{A}\boldsymbol{x} \tag{A.16}$$

矩阵 $\boldsymbol{A}$ 可以写成对称部分 $\boldsymbol{A}_{\mathrm{s}}$ 和非对称部分 $\boldsymbol{A}_{\mathrm{u}}$ 之和，所以

$$\boldsymbol{x}^{\mathrm{T}}\boldsymbol{A}\boldsymbol{x} = \boldsymbol{x}^{\mathrm{T}}\boldsymbol{A}_{\mathrm{s}}\boldsymbol{x} + \boldsymbol{x}^{\mathrm{T}}\boldsymbol{A}_{\mathrm{u}}\boldsymbol{x} \tag{A.17}$$

可以证明，

$$\boldsymbol{x}^{\mathrm{T}}\boldsymbol{A}_{\mathrm{u}}\boldsymbol{x} = 0$$

$$\Rightarrow \quad \boldsymbol{x}^{\mathrm{T}}\boldsymbol{A}\boldsymbol{x} = \boldsymbol{x}^{\mathrm{T}}\boldsymbol{A}_{\mathrm{s}}\boldsymbol{x}$$

所以在讨论实数域上的二次型时只需要考虑实对称矩阵即可。

通过某种非退化线性变换 $\boldsymbol{x} = \boldsymbol{C}\boldsymbol{y}$，其中 $\boldsymbol{C} \in \mathbb{R}^{n\times n}$ 为可逆矩阵，$\boldsymbol{y} = [y_1, y_2, \cdots, y_n]^{\mathrm{T}}$，可以将式(A.15)所示的有关 $\boldsymbol{x}$ 的二次型转变为有关 $\boldsymbol{y}$ 的只含平方项不含混合项的二次型，即

$$b_1 y_1^2 + b_2 y_2^2 + \cdots + b_n y_n^2 \tag{A.18}$$

称为标准二次型。很显然，化一般二次型为标准二次型就是寻找可逆矩阵 $\boldsymbol{C}$ 使得 $\boldsymbol{C}^{\mathrm{T}}\boldsymbol{A}\boldsymbol{C}$ 为对角矩阵。

对于实对称矩阵 $\boldsymbol{A}$，无论非退化线性变换矩阵 $\boldsymbol{C}$ 如何选取，得到的标准二次型中的正平方项的个数是不变的，负平方项的个数也是不变的，这两个值分别叫作 $\boldsymbol{A}$ 的正惯性指数和负惯性指数。

当实对称矩阵 $\boldsymbol{A}$ 的正惯性指数为 n 时，对于任意的非零向量 $\boldsymbol{x}$，恒有

$$\sum_{i=1}^{n}\sum_{j=1}^{n} a_{ij}x_i x_j = \boldsymbol{x}^{\mathrm{T}}\boldsymbol{A}\boldsymbol{x} > 0 \tag{A.19}$$

此时称 $\boldsymbol{x}^{T}\boldsymbol{A}\boldsymbol{x}$ 为正定二次型，而 $\boldsymbol{A}$ 为正定矩阵。如果上式中 $\boldsymbol{x}^{\mathrm{T}}\boldsymbol{A}\boldsymbol{x} \geqslant 0$，则称 $\boldsymbol{A}$ 为半正定矩阵。

类似地，当实对称矩阵 $\boldsymbol{A}$ 的负惯性指数为 n 时，对于任意的非零向量 $\boldsymbol{x}$，恒有

$$\sum_{i=1}^{n}\sum_{j=1}^{n} a_{ij}x_i x_j = \boldsymbol{x}^{\mathrm{T}}\boldsymbol{A}\boldsymbol{x} < 0 \tag{A.20}$$

此时称 $\boldsymbol{x}^{\mathrm{T}}\boldsymbol{A}\boldsymbol{x}$ 负定二次型，而 $\boldsymbol{A}$ 为负定矩阵。

对于正定实对称矩阵 $\boldsymbol{A} = [a_{ij}]$ 来说，有如下性质：

- $\boldsymbol{A}$ 的对角线上的元素 $a_{ii} > 0, i = 1, 2, \cdots, n$；
- $\boldsymbol{A}$ 的特征值 $\lambda_i > 0, i = 1, 2, \cdots, n$；
- $\det(\boldsymbol{A}) > 0$；

- 存在可逆矩阵 $\boldsymbol{P}$，使得 $\boldsymbol{A}=\boldsymbol{P}^{\mathrm{T}}\boldsymbol{P}$；
- $\boldsymbol{A}$ 存在逆矩阵，且 $\boldsymbol{A}^{-1}$ 也是正定矩阵。

半正定矩阵的特征值大于或等于 0，不会小于 0，因此其行列式大于或等于 0。正定矩阵必定是满秩的，而半正定矩阵不一定是满秩的，因此半正定矩阵不一定存在逆矩阵。对于半负定矩阵的情况可以类似分析。

在 7.2.6 节中提到卡尔曼滤波中的 $\boldsymbol{P}$ 矩阵是正定的，在实际工程中可以用上述条件判断其正定性。

A.4 几种重要的矩阵分解

1. 矩阵特征值分解

假设矩阵 $\boldsymbol{A}\in\mathbb{R}^{n\times n}$ 有 n 个线性无关的特征向量 $\boldsymbol{x}_i, i=1,2,\cdots,n$，对应的特征值为 λ_i，即

$$\boldsymbol{A}\boldsymbol{x}_i=\lambda_i\boldsymbol{x}_i \tag{A.21}$$

将这 n 个特征向量按列排成一个 $n\times n$ 的矩阵 $\boldsymbol{P}$，

$$\boldsymbol{P}=[\boldsymbol{x}_1,\boldsymbol{x}_2,\cdots,\boldsymbol{x}_n]$$

将 $\boldsymbol{A}$ 左乘 $\boldsymbol{P}$ 得到

$$\boldsymbol{A}\boldsymbol{P}=\boldsymbol{P}\begin{bmatrix}\lambda_1 & 0 & \cdots & 0\\ 0 & \lambda_2 & \cdots & 0\\ \vdots & \vdots & \ddots & 0\\ 0 & 0 & 0 & \lambda_n\end{bmatrix} \tag{A.22}$$

因为 $\boldsymbol{x}_i$ 线性无关，所以 $\boldsymbol{P}$ 满秩，于是 $\boldsymbol{P}^{-1}$ 存在，则有

$$\boldsymbol{A}=\boldsymbol{P}\begin{bmatrix}\lambda_1 & 0 & \cdots & 0\\ 0 & \lambda_2 & \cdots & 0\\ \vdots & \vdots & \ddots & 0\\ 0 & 0 & 0 & \lambda_n\end{bmatrix}\boldsymbol{P}^{-1} \tag{A.23}$$

这样就把 $\boldsymbol{A}$ 按特征值分解为对角矩阵 $\mathrm{diag}\{\lambda_1,\lambda_2,\cdots,\lambda_n\}$。

2. SVD 分解

SVD 分解意为矩阵的奇异值分解（Singular Value Decomposition）。SVD 分解可以对非对角矩阵进行。

设 $\boldsymbol{A}\in\mathbb{R}^{m\times n}$，则矩阵 $\boldsymbol{A}^{\mathrm{T}}\boldsymbol{A}$ 是一个 n 阶正方矩阵，其 n 个特征值 λ 的正平方根 $\sigma=\sqrt{\lambda}$ 叫作 $\boldsymbol{A}$ 的奇异值。由于 $\boldsymbol{A}^{\mathrm{T}}\boldsymbol{A}$ 是实对称矩阵并且必然是半正定的，所以如果将其特征值按大小排序，必然有

$$\lambda_1>\lambda_2>\cdots>\lambda_r>\lambda_{r+1}=\cdots=\lambda_n=0 \tag{A.24}$$

其中 r 为 $\boldsymbol{A}^{\mathrm{T}}\boldsymbol{A}$ 的秩，$r \leqslant min(m,n)$。

一个有趣的结论是，在计算 $\boldsymbol{A}$ 的奇异值的时候，如果采取对 $\boldsymbol{A}\boldsymbol{A}^{\mathrm{T}}$ 做类似的处理，会得到同样的结果。$\boldsymbol{A}\boldsymbol{A}^{\mathrm{T}}$ 为一个 m 阶正方矩阵，同样也是半正定的。如果计算其特征值并排序，得到的序列为

$$\mu_1 > \mu_2 > \cdots > \mu_r > \mu_{r+1} = \cdots = \mu_m = 0 \tag{A.25}$$

则 $\mu_i = \lambda_i, i = 1,2,\cdots,r$。

对于 $\boldsymbol{A}$，必然存在正交矩阵 $\boldsymbol{U} \in \mathbb{R}^{m\times m}$ 和 $\boldsymbol{V} \in \mathbb{R}^{n\times n}$ 使得

$$\boldsymbol{U}^{\mathrm{T}}\boldsymbol{A}\boldsymbol{V} = \begin{bmatrix} \boldsymbol{S} & \boldsymbol{0} \\ \boldsymbol{0} & \boldsymbol{0} \end{bmatrix}_{(m\times n)} \tag{A.26}$$

其中，$\boldsymbol{S} = \mathrm{diag}\{\sigma_1,\sigma_2,\cdots,\sigma_r\}$。

由 $\boldsymbol{U}$ 和 $\boldsymbol{V}$ 的正交特性和式(A.26)可以推出

$$\begin{aligned} \boldsymbol{A}\boldsymbol{A}^{\mathrm{T}}\boldsymbol{U} &= \boldsymbol{U}\boldsymbol{U}^{\mathrm{T}}\boldsymbol{A}\boldsymbol{V}\boldsymbol{V}^{\mathrm{T}}\boldsymbol{A}^{\mathrm{T}}\boldsymbol{U} \\ &= \boldsymbol{U}(\boldsymbol{U}^{\mathrm{T}}\boldsymbol{A}\boldsymbol{V})(\boldsymbol{U}^{\mathrm{T}}\boldsymbol{A}\boldsymbol{V})^{\mathrm{T}} \\ &= \boldsymbol{U}\begin{bmatrix} \boldsymbol{S}^2 & \boldsymbol{0} \\ \boldsymbol{0} & \boldsymbol{0} \end{bmatrix}_{(m\times m)} \end{aligned} \tag{A.27}$$

$$\begin{aligned} \boldsymbol{A}^{\mathrm{T}}\boldsymbol{A}\boldsymbol{V} &= \boldsymbol{V}\boldsymbol{V}^{\mathrm{T}}\boldsymbol{A}^{\mathrm{T}}\boldsymbol{U}\boldsymbol{U}^{\mathrm{T}}\boldsymbol{A}\boldsymbol{V} \\ &= \boldsymbol{V}(\boldsymbol{U}^{\mathrm{T}}\boldsymbol{A}\boldsymbol{V})^{\mathrm{T}}(\boldsymbol{U}^{\mathrm{T}}\boldsymbol{A}\boldsymbol{V}) \\ &= \boldsymbol{V}\begin{bmatrix} \boldsymbol{S}^2 & \boldsymbol{0} \\ \boldsymbol{0} & \boldsymbol{0} \end{bmatrix}_{(n\times n)} \end{aligned} \tag{A.28}$$

所以可以看出，$\boldsymbol{U}$ 和 $\boldsymbol{V}$ 分别是由 $\boldsymbol{A}\boldsymbol{A}^{\mathrm{T}}$ 和 $\boldsymbol{A}^{\mathrm{T}}\boldsymbol{A}$ 的线性无关的特征向量组成。

当 $\boldsymbol{A}$ 是实对称矩阵时，其 **SVD** 分解的奇异值为其特征值的绝对值，即

$$\sigma_i = |\lambda_i|, i = 1,2,\cdots,r \tag{A.29}$$

更进一步，当 $\boldsymbol{A}$ 是实对称正定矩阵时，其奇异值等于其特征值，也就是说，其 SVD 分解就是其矩阵特征值分解。

3．LU 分解

对于矩阵 $\boldsymbol{A} \in \mathbb{R}^{n\times n}$，其 LU 分解是将其分成一个下三角矩阵 $\boldsymbol{L}$ 和上三角矩阵 $\boldsymbol{U}$ 的矩阵相乘，即 $\boldsymbol{A} = \boldsymbol{L}\boldsymbol{U}$。矩阵的 LU 分解是伴随着解方程 $\boldsymbol{A}\boldsymbol{x} = \boldsymbol{b}$ 的问题提出的。如果能将 $\boldsymbol{A}$ 进行 LU 分解，那么该问题就可以化为两步，

$$\begin{gathered} \boldsymbol{L}\boldsymbol{U}\boldsymbol{x} = \boldsymbol{b} \Rightarrow \\ \boldsymbol{L}\boldsymbol{y} = \boldsymbol{b} \qquad \boldsymbol{U}\boldsymbol{x} = \boldsymbol{y} \end{gathered} \tag{A.30}$$

从而大大简化问题的求解，一般采用的方法是高斯消元法。

首先按照以下规则产生矩阵 $\boldsymbol{L}_k, k = 1,2,\cdots,n-1$：

$$\boldsymbol{L}_k=\begin{bmatrix}1&\cdots&0&0&\cdots&0\\ \vdots&\ddots&\vdots&\vdots&\ddots&\vdots\\ 0&&1&0&&0\\ 0&&-\tau_{k+1}&1&&0\\ \vdots&\vdots&\vdots&\vdots&\ddots&\vdots\\ 0&\cdots&-\tau_n&0&\cdots&1\end{bmatrix} \tag{A.31}$$

其中，$\tau_{k+1}=\dfrac{a_{k+1,k}}{a_{k,k}},\cdots,\tau_n=\dfrac{a_{n,k}}{a_{k,k}}$。

容易证明

$$\boldsymbol{L}_k^{-1}=\begin{bmatrix}1&\cdots&0&0&\cdots&0\\ \vdots&\ddots&\vdots&\vdots&\ddots&\vdots\\ 0&&1&0&&0\\ 0&&\tau_{k+1}&1&&0\\ \vdots&\vdots&\vdots&\vdots&\ddots&\vdots\\ 0&\cdots&\tau_n&0&\cdots&1\end{bmatrix} \tag{A.32}$$

即 $\boldsymbol{L}_k$ 的逆就是将 τ_k 符号反转即可。

将 $\boldsymbol{L}_k$ 左乘矩阵 $\boldsymbol{A}$，将 $\boldsymbol{A}$ 第 k 行 k 列元素 $a_{k,k}$ 下方的元素全部变成 0。依次从 $k=1$ 到 $n-1$ 左乘 $\boldsymbol{L}_k$ 就得到上三角矩阵 $\boldsymbol{U}$，即

$$\boldsymbol{L}_{n-1}\cdots\boldsymbol{L}_2\boldsymbol{L}_1\boldsymbol{A}=\boldsymbol{U} \tag{A.33}$$

注意：这里左乘 $\boldsymbol{L}_k$ 的顺序不能弄混。

将上式两边同时依次左乘 $\boldsymbol{L}_k^{-1}$ 就得到

$$\boldsymbol{A}=\boldsymbol{L}_1^{-1}\boldsymbol{L}_2^{-1}\cdots\boldsymbol{L}_{n-1}^{-1}\boldsymbol{U} \tag{A.34}$$

定义 $\boldsymbol{L}=\boldsymbol{L}_1^{-1}\boldsymbol{L}_2^{-1}\cdots\boldsymbol{L}_{n-1}^{-1}$，很显然 $\boldsymbol{L}$ 依然是下三角矩阵，就得到

$$\boldsymbol{A}=\boldsymbol{L}\boldsymbol{U} \tag{A.35}$$

这里 $\boldsymbol{L}_k^{-1}$ 由式(A.32)决定。

4. QR 分解

对于满秩矩阵 $\boldsymbol{A}\in\mathbb{R}^{n\times n}$，如果将其写成列向量的形式即

$$\boldsymbol{A}=[\boldsymbol{a}_1,\boldsymbol{a}_2,\cdots,\boldsymbol{a}_n]$$

则 $\boldsymbol{a}_i,i=1,2,\cdots,n,$ 为 n 个线性无关的向量。对这 n 个向量进行 Gram－Schmidt 过程。整个过程需要 n 步完成，具体操作如下。

第 1 步：取 $\boldsymbol{u}_1=\boldsymbol{a}_1$，　$\boldsymbol{y}_1=\|\boldsymbol{u}_1\|^{-1}\boldsymbol{u}_1$；

第 2 步：取 $\boldsymbol{u}_2=\boldsymbol{a}_2-(\boldsymbol{a}_2\cdot\boldsymbol{y}_1)\boldsymbol{y}_1$，　$\boldsymbol{y}_2=\|\boldsymbol{u}_2\|^{-1}\boldsymbol{u}_2$；

...

第 n 步：取 $\boldsymbol{u}_n=\boldsymbol{a}_n+\sum_{i=1}^{n-1}[-(\boldsymbol{a}_n\cdot\boldsymbol{y}_i)\boldsymbol{y}_i]$，　　$\boldsymbol{y}_n=\|\boldsymbol{u}_n\|^{-1}\boldsymbol{u}_n$。

这里 $(\boldsymbol{x}\cdot\boldsymbol{y})$ 为向量 $\boldsymbol{x}$ 点乘向量 $\boldsymbol{y}$。

由此得到的向量 $\boldsymbol{y}_i$ 必然是互相正交的，即

$$\boldsymbol{y}_i\cdot\boldsymbol{y}_j=\begin{cases}0 & \text{当} i\neq j\\ 1 & \text{当} i=j\end{cases}.$$

将以上过程反向展开得到

$$\begin{aligned}
&\boldsymbol{a}_1=\|\boldsymbol{u}_1\|\boldsymbol{y}_1\\
&\boldsymbol{a}_2=(\boldsymbol{a}_2\cdot\boldsymbol{y}_1)\boldsymbol{y}_1+\|\boldsymbol{u}_2\|\boldsymbol{y}_2\\
&\vdots\\
&\boldsymbol{a}_n=\sum_{i=1}^{n-1}[(\boldsymbol{a}_n\cdot\boldsymbol{y}_i)\boldsymbol{y}_i]+\|\boldsymbol{u}_n\|\boldsymbol{y}_n
\end{aligned}$$

写成矩阵的形式即为

$$\boldsymbol{A}=\boldsymbol{Q}\boldsymbol{R} \tag{A.36}$$

其中，

$$\boldsymbol{R}=\begin{bmatrix}\|\boldsymbol{u}_1\| & (\boldsymbol{a}_2\cdot\boldsymbol{y}_1) & \cdots & (\boldsymbol{a}_n\cdot\boldsymbol{y}_1)\\ 0 & \|\boldsymbol{u}_2\| & \cdots & (\boldsymbol{a}_n\cdot\boldsymbol{y}_2)\\ \vdots & \vdots & \ddots & \vdots\\ 0 & 0 & \cdots & \|\boldsymbol{u}_n\|\end{bmatrix},\boldsymbol{Q}=[\boldsymbol{y}_1,\boldsymbol{y}_2,\cdots,\boldsymbol{y}_n] \tag{A.37}$$

类似地分解可以很容易地推广到长方阵的情况。对于列满秩矩阵 $\boldsymbol{A}\in\mathbb{R}^{m\times n}$，$(m>n)$，存在正交矩阵 $\boldsymbol{U}\in\mathbb{R}^{m\times m}$ 和上三角矩阵 $\boldsymbol{D}\in\mathbb{R}^{n\times n}$ 使得

$$\boldsymbol{A}=\boldsymbol{U}\begin{bmatrix}\boldsymbol{D}\\ \boldsymbol{O}\end{bmatrix} \tag{A.38}$$

其中，$\boldsymbol{O}\in\mathbb{R}^{(m-n)\times n}$。

矩阵的 QR 分解在解超定方程

$$\boldsymbol{A}\boldsymbol{x}=\boldsymbol{b} \tag{A.39}$$

的时候很有用。此处 $\boldsymbol{A}\in\mathbb{R}^{m\times n}$，\$m>n\$，$\text{rank}(\boldsymbol{A})=n$，$b\in\mathbb{R}^m$，$\mathbf{x}\in\mathbb{R}^n$。

对于一个待定的解 $\boldsymbol{x}$，定义代价函数为

$$J(\boldsymbol{x})=\|\boldsymbol{A}\boldsymbol{x}-\boldsymbol{b}\|^2 \tag{A.40}$$

很显然

$$\begin{aligned}
J(\boldsymbol{x})&=\|\boldsymbol{U}^{\mathrm{T}}\boldsymbol{A}\boldsymbol{x}-\boldsymbol{U}^{\mathrm{T}}\boldsymbol{b}\|^2\\
&=\left\|\begin{bmatrix}\boldsymbol{D}\boldsymbol{x}\\ \boldsymbol{O}\end{bmatrix}-\begin{bmatrix}\boldsymbol{b1}\\ \boldsymbol{b2}\end{bmatrix}\right\|^2\\
&=\|\boldsymbol{D}\boldsymbol{x}-\boldsymbol{b1}\|^2+\|\boldsymbol{b2}\|^2
\end{aligned} \tag{A.41}$$

上式中，$\boldsymbol{U}^{\mathrm{T}}\boldsymbol{b}=\begin{bmatrix}\boldsymbol{b1}\\ \boldsymbol{b2}\end{bmatrix}$。

所以使代价函数最小的解 $\boldsymbol{x}_{\mathrm{o}}$ 由方程 $\boldsymbol{D}\boldsymbol{x}_{\mathrm{o}}=\boldsymbol{b1}$ 决定，由于 $\boldsymbol{D}$ 是可逆的，所以有

$$\boldsymbol{x}_{\mathrm{o}}=\boldsymbol{D}^{-1}\boldsymbol{b1} \tag{A.42}$$

而此时代价函数

$$J(\boldsymbol{x})=\|\boldsymbol{b2}\|^2 \tag{A.43}$$

可以证明，这时得到的解就是最小二乘解，即

$$\boldsymbol{x}_{\mathrm{LS}}=(\boldsymbol{A}^{\mathrm{T}}\boldsymbol{A})^{-1}\boldsymbol{A}^{\mathrm{T}}\boldsymbol{b} \tag{A.44}$$

而

$$\boldsymbol{x}_{\mathrm{o}}=\boldsymbol{x}_{\mathrm{LS}} \tag{A.45}$$

A.5 矩阵分析初步

矩阵函数是自变量为矩阵，同时值域也为矩阵的一类函数。类似于实数域上的多项式

$$f(\lambda)=a_0+a_1\lambda+a_2\lambda^2+\cdots+a_n\lambda^n(a_m\neq 0)$$

可以定义矩阵 $\boldsymbol{A}\in\mathbb{R}^{n\times n}$ 的矩阵多项式如下：

$$f(\boldsymbol{A})=a_0+a_1\boldsymbol{A}+a_2\boldsymbol{A}^2+\cdots+a_n\boldsymbol{A}^n(a_m\neq 0) \tag{A.46}$$

对于两个矩阵多项式 $f_1(\boldsymbol{A})$ 和 $f_2(\boldsymbol{A})$ 来说，有如下关系成立：

$$f_1(\boldsymbol{A})+f_2(\boldsymbol{A})=f_2(\boldsymbol{A})+f_1(\boldsymbol{A}) \tag{A.47}$$

$$f_1(\boldsymbol{A})f_2(\boldsymbol{A})=f_2(\boldsymbol{A})f_1(\boldsymbol{A}) \tag{A.48}$$

$$f(\boldsymbol{P}^{-1}\boldsymbol{A}\boldsymbol{P})=\boldsymbol{P}^{-1}f(\boldsymbol{A})\boldsymbol{P}\ \text{（当}\ \boldsymbol{P}\ \text{为非奇异矩阵）} \tag{A.49}$$

设 $\boldsymbol{A}$ 的特征多项式为

$$\Gamma(\lambda)=|\lambda\boldsymbol{I}-A|=\lambda^n+\alpha_1\lambda^{n-1}+\cdots+\alpha_{n-1}\lambda+\alpha_n \tag{A.50}$$

则有

$$\Gamma(\boldsymbol{A})=\boldsymbol{0} \tag{A.51}$$

即 $\Gamma(\boldsymbol{A})$ 是 $\boldsymbol{A}$ 的一个零化多项式。

通过这个性质可以把较高阶的矩阵多项式转化为低价($\leqslant n$)的矩阵多项式计算。比如，对于下面的 $f(\boldsymbol{A})$。

$$f(\boldsymbol{A})=\Gamma(\boldsymbol{A})\phi(\boldsymbol{A})+s(\boldsymbol{A}) \tag{A.52}$$

则只需要计算 $s(\boldsymbol{A})$ 即可。

有了矩阵多项式的概念，就可以计算一些特殊函数。比如，在本书中多次用到的矩阵的指数函数，就可以用矩阵幂级数的方法来计算：

$$e^{\boldsymbol{F}t}=\boldsymbol{I}+\boldsymbol{F}t+\frac{(\boldsymbol{F}t)^2}{2!}+\frac{(\boldsymbol{F}t)^3}{3!}+\cdots \tag{A.53}$$

其中，$\boldsymbol{F} \in \mathbb{R}^{n\times n}$。

函数矩阵的定义是以自变量 x 的函数为矩阵元素的矩阵，即

$$\boldsymbol{A}(x)=\begin{bmatrix} a_{11}(x) & a_{12}(x) & \cdots & a_{1n}(x) \\ a_{21}(x) & a_{22}(x) & \cdots & a_{2n}(x) \\ \vdots & \vdots & \ddots & \vdots \\ a_{m1}(x) & a_{m2}(x) & \cdots & a_{mn}(x) \end{bmatrix} \tag{A.54}$$

其中 $a_{ij}(x)$ 都是 x 的函数。注意：不要将函数矩阵和矩阵函数的定义混淆。

如果函数矩阵 $\boldsymbol{A}(x)$ 中的所有函数 $a_{ij}(x)$ 都在区间 (s,t) 上可微，则可以定义 $\boldsymbol{A}(x)$ 在 (s,t) 上的导数

$$\boldsymbol{A}'(x)=\lim_{x\to x_0}\frac{\boldsymbol{A}(x_0+\Delta x)-\boldsymbol{A}(x_0)}{\Delta x} \tag{A.55}$$

如果函数 $f(\boldsymbol{A})$ 以矩阵 $\boldsymbol{A}\in\mathbb{R}^{m\times n}$ 为自变量，而结果是一个标量，则定义其关于矩阵 $\boldsymbol{A}$ 的导数为

$$\frac{\mathrm{d}f(\boldsymbol{A})}{\mathrm{d}\boldsymbol{A}}=\begin{bmatrix} \frac{\partial f}{\partial a_{11}} & \frac{\partial f}{\partial a_{12}} & \cdots & \frac{\partial f}{\partial a_{1n}} \\ \frac{\partial f}{\partial a_{21}} & \frac{\partial f}{\partial a_{22}} & \cdots & \frac{\partial f}{\partial a_{2n}} \\ \vdots & \vdots & \ddots & \vdots \\ \frac{\partial f}{\partial a_{m1}} & \frac{\partial f}{\partial a_{m2}} & \cdots & \frac{\partial f}{\partial a_{mn}} \end{bmatrix} \tag{A.56}$$

可见 $\frac{\mathrm{d}f(\boldsymbol{A})}{\mathrm{d}\boldsymbol{A}}$ 是一个矩阵。

一个很简单的例子是 $f(\boldsymbol{A})=\mathrm{tr}(\boldsymbol{A})$，则 $\frac{\mathrm{d}f(\boldsymbol{A})}{\mathrm{d}\boldsymbol{A}}=\mathbf{I}$。当函数 $f(\boldsymbol{v})$ 以向量 $\boldsymbol{v}\in\mathbb{R}^m$ 为自变量的标量函数时，可以类似地定义

$$\frac{\mathrm{d}f(\boldsymbol{v})}{\mathrm{d}\boldsymbol{v}}=\begin{bmatrix} \frac{\partial f}{\partial v_1} \\ \frac{\partial f}{\partial v_2} \\ \vdots \\ \frac{\partial f}{\partial v_m} \end{bmatrix} \tag{A.57}$$

由此可见，标量函数对向量的导数依然是一个向量，可以看作上面对矩阵的导数的一种特殊情况。

下面是一些很有用的关系式，其中，$\boldsymbol{A}\in\mathbb{R}^{n\times n},\boldsymbol{X}\in\mathbb{R}^{n\times n},\boldsymbol{v}\in\mathbb{R}^{n},\boldsymbol{u}\in\mathbb{R}^{n}$，

$$\frac{\mathrm{d}}{\mathrm{d}\boldsymbol{v}}(\boldsymbol{u}\cdot\boldsymbol{v})=\frac{\mathrm{d}}{\mathrm{d}\boldsymbol{v}}(\boldsymbol{v}\cdot\boldsymbol{u})=\boldsymbol{u} \tag{A.58}$$

$$\frac{\mathrm{d}}{\mathrm{d}\boldsymbol{v}}(\boldsymbol{A}\boldsymbol{v})=\boldsymbol{A} \tag{A.59}$$

$$\frac{\mathrm{d}}{\mathrm{d}\boldsymbol{v}}(\boldsymbol{v}^{\mathrm{T}}\boldsymbol{A})=\boldsymbol{A}^{\mathrm{T}} \tag{A.60}$$

$$\frac{\mathrm{d}}{\mathrm{d}\boldsymbol{v}}(\boldsymbol{v}^{\mathrm{T}}\boldsymbol{A}\boldsymbol{v})=\boldsymbol{v}^{\mathrm{T}}(\boldsymbol{A}+\boldsymbol{A}^{\mathrm{T}}) \tag{A.61}$$

$$\frac{\mathrm{d}}{\mathrm{d}\boldsymbol{X}}\mathrm{tr}(\boldsymbol{A}\boldsymbol{X})=\boldsymbol{A}^{\mathrm{T}} \tag{A.62}$$

$$\frac{\mathrm{d}}{\mathrm{d}\boldsymbol{X}}\mathrm{tr}(\boldsymbol{X}^{\mathrm{T}}\boldsymbol{A}\boldsymbol{X})=\boldsymbol{A}\boldsymbol{X}+\boldsymbol{A}^{\mathrm{T}}\boldsymbol{X} \tag{A.63}$$

附录 B

直角坐标系的转换和旋转

考虑两个直角坐标系 XYZ 和 $X'''Y'''Z'''$ 如图 B.1 所示。两个坐标系的原点重合，但三个坐标轴却指向不同方向。

假设点 P 在坐标系 XYZ 的坐标为 (x_1, y_1, z_1)，则从坐标原点指向点 P 的向量在 XYZ 坐标系内可表示为

$$\boldsymbol{OP} = x_1\boldsymbol{I}_1 + y_1\boldsymbol{J}_1 + z_1\boldsymbol{K}_1 = \begin{bmatrix}\boldsymbol{I}_1 & \boldsymbol{J}_1 & \boldsymbol{K}_1\end{bmatrix}\begin{bmatrix}x_1\\ y_1\\ z_1\end{bmatrix} \tag{B.1}$$

这里 $\boldsymbol{I}_1$、$\boldsymbol{J}_1$ 和 $\boldsymbol{K}_1$ 分别是 X 轴，Y 轴和 Z 轴指向的单位矢量。

类似地，可以得到点 P 在坐标系 $X'''Y'''Z'''$ 中的坐标为 (x_2, y_2, z_2)，向量 $\boldsymbol{OP}$ 在坐标系 $X'''Y'''Z'''$ 中的表示为

$$\boldsymbol{OP} = x_2\boldsymbol{I}_2 + y_2\boldsymbol{J}_2 + z_2\boldsymbol{K}_2 = \begin{bmatrix}\boldsymbol{I}_2 & \boldsymbol{J}_2 & \boldsymbol{K}_2\end{bmatrix}\begin{bmatrix}x_2\\ y_2\\ z_2\end{bmatrix} \tag{B.2}$$

$\boldsymbol{I}_2$、$\boldsymbol{J}_2$ 和 $\boldsymbol{K}_2$ 分别是 X''' 轴、Y''' 轴和 Z''' 轴指向的单位矢量。

式(B.1)和(B.2)中的 (x_1, y_1, z_1) 和 (x_2, y_2, z_2) 是 P 点在两个不同坐标系中的坐标，这两个坐标之间必然有某种必然的联系，而这种联系就揭示了两个坐标系之间的关系。为了弄清楚这种转换关系，让我们先分析坐标系 $X'''Y'''Z'''$ 的 $\boldsymbol{I}_2$、$\boldsymbol{J}_2$ 和 $\boldsymbol{K}_2$ 矢量在坐标系 XYZ 中的表示。

先考虑 X''' 轴在坐标系 XYZ 中的表示，如图 B.2 所示。

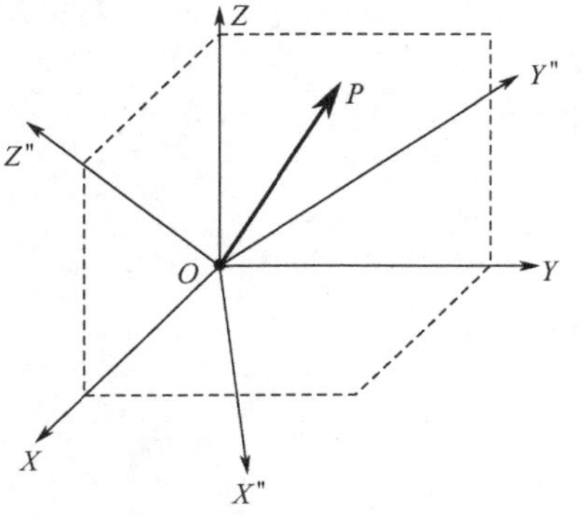

图 B.1 点 P 在两个直角坐标系中的表示

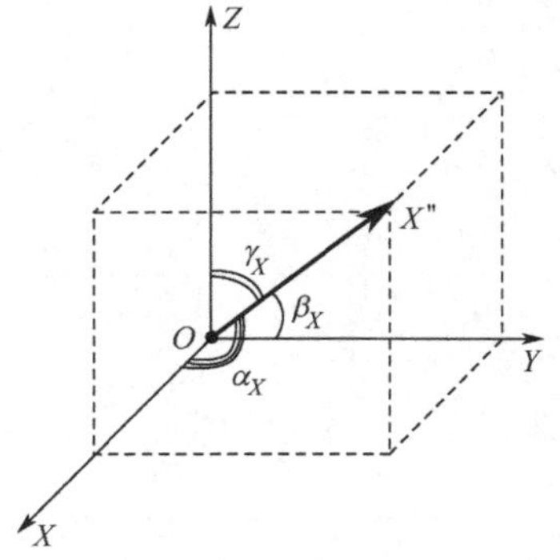

图 B.2 X''' 轴在坐标系[X,Y,Z]中的表示

图中 X''' 轴和 X 轴，Y 轴和 Z 轴的夹角分别是 α_X、β_X 和 γ_X，则 X''' 轴指向的单位矢量 $\boldsymbol{I}_2$ 在坐标系 XYZ 的表示为

$$\boldsymbol{I}_2 = \cos\alpha_X\boldsymbol{I}_1 + \cos\beta_X\boldsymbol{J}_1 + \cos\gamma_X\boldsymbol{K}_1 = \begin{bmatrix}\boldsymbol{I}_1 & \boldsymbol{J}_1 & \boldsymbol{K}_1\end{bmatrix}\begin{bmatrix}\cos\alpha_X\\ \cos\beta_X\\ \cos\gamma_X\end{bmatrix} \tag{B.3}$$

通过类似的分析可以得到 $\boldsymbol{J}_2$ 和 $\boldsymbol{K}_2$ 在坐标系 XYZ 的表示

$$\boldsymbol{J}_2 = \cos\alpha_Y \boldsymbol{I}_1 + \cos\beta_Y \boldsymbol{J}_1 + \cos\gamma_Y \boldsymbol{K}_1 = [\boldsymbol{I}_1 \quad \boldsymbol{J}_1 \quad \boldsymbol{K}_1]\begin{bmatrix}\cos\alpha_Y\\ \cos\beta_Y\\ \cos\gamma_Y\end{bmatrix} \tag{B.4}$$

$$\boldsymbol{K}_2 = \cos\alpha_Z \boldsymbol{I}_1 + \cos\beta_Z \boldsymbol{J}_1 + \cos\gamma_Z \boldsymbol{K}_1 = [\boldsymbol{I}_1 \quad \boldsymbol{J}_1 \quad \boldsymbol{K}_1]\begin{bmatrix}\cos\alpha_Z\\ \cos\beta_Z\\ \cos\gamma_Z\end{bmatrix} \tag{B.5}$$

其中，α_Y、β_Y 和 γ_Y 分别是 Y''' 轴和 X、Y 和 Z 轴的夹角；而 α_Z、β_Z 和 γ_Z 分别是 Z''' 轴和 X，Y 和 Z 轴的夹角。

由式(B.3)，(B.4)和(B.5)可得

$$[\boldsymbol{I}_2 \quad \boldsymbol{J}_2 \quad \boldsymbol{K}_2] = [\boldsymbol{I}_1 \quad \boldsymbol{J}_1 \quad \boldsymbol{K}_1]\begin{bmatrix}\cos\alpha_X & \cos\alpha_Y & \cos\alpha_Z\\ \cos\beta_X & \cos\beta_Y & \cos\beta_Z\\ \cos\gamma_X & \cos\gamma_Y & \cos\gamma_Z\end{bmatrix} \tag{B.6}$$

将式(B.6)代入式(B.2)得到

$$\boldsymbol{OP} = [\boldsymbol{I}_1 \quad \boldsymbol{J}_1 \quad \boldsymbol{K}_1]\begin{bmatrix}\cos\alpha_X & \cos\alpha_Y & \cos\alpha_Z\\ \cos\beta_X & \cos\beta_Y & \cos\beta_Z\\ \cos\gamma_X & \cos\gamma_Y & \cos\gamma_Z\end{bmatrix}\begin{bmatrix}x_2\\ y_2\\ z_2\end{bmatrix} \tag{B.7}$$

对比式(B.7)和式(B.1)可得到

$$\begin{bmatrix}x_1\\ y_1\\ z_1\end{bmatrix} = \begin{bmatrix}\cos\alpha_X & \cos\alpha_Y & \cos\alpha_Z\\ \cos\beta_X & \cos\beta_Y & \cos\beta_Z\\ \cos\gamma_X & \cos\gamma_Y & \cos\gamma_Z\end{bmatrix}\begin{bmatrix}x_2\\ y_2\\ z_2\end{bmatrix} \tag{B.8}$$

定义

$$\boldsymbol{R}_{2\to1} = \begin{bmatrix}\cos\alpha_X & \cos\alpha_Y & \cos\alpha_Z\\ \cos\beta_X & \cos\beta_Y & \cos\beta_Z\\ \cos\gamma_X & \cos\gamma_Y & \cos\gamma_Z\end{bmatrix} \tag{B.9}$$

该矩阵叫作从坐标系 $X'''Y'''Z'''$ 到坐标系 XYZ 的旋转矩阵。$\boldsymbol{R}_{2-1}$ 包含了 9 个未知量，$\{\alpha_X,\beta_X,\gamma_X,\alpha_Y,\beta_Y,\gamma_Y,\alpha_Z,\beta_Z,\gamma_Z\}$。但实际上有如下约束关系成立：

首先，对 $\alpha_i,\beta_i,\gamma_i$，$i=\{x, y, z\}$ 来说有

$$\cos^2\alpha_X + \cos^2\beta_X + \cos^2\gamma_X = 1 \tag{B.10}$$

$$\cos^2\alpha_Y + \cos^2\beta_Y + \cos^2\gamma_Y = 1 \tag{B.11}$$

$$\cos^2\alpha_Z + \cos^2\beta_Z + \cos^2\gamma_Z = 1 \tag{B.12}$$

其次，由于坐标轴之间的正交性，可以得到

$$\cos\alpha_X\cos\alpha_Y + \cos\beta_X\cos\beta_Y + \cos\gamma_X\cos\gamma_Y = 0 \tag{B.13}$$

$$\cos\alpha_Y\cos\alpha_Z + \cos\beta_Y\cos\beta_Z + \cos\gamma_Y\cos\gamma_Z = 0 \tag{B.14}$$

$$\cos\alpha_X\cos\alpha_Z + \cos\beta_X\cos\beta_Z + \cos\gamma_X\cos\gamma_Z = 0 \tag{B.15}$$

式(B.10)～式(B.12)和式(B.15)～式(B.15)给出了 6 个约束条件，所以旋转矩阵 $\boldsymbol{R}_{2-1}$ 中的 9 个未知量其实只有 3 个自由度，也就是说，真正需要确定的只有 3 个角度而已。

下面从另外一种方法来推导旋转矩阵，这种方法从初始的 XYZ 坐标系出发，通过将三个坐标轴旋转一定的角度得到最终的 $X'''Y'''Z'''$ 坐标系，所以这种方法能充分说明旋转矩阵的“旋转”特性。

首先，图 B.3 中是第一步：绕 Z 轴旋转 ψ 角度得到 $X'Y'Z'$ 坐标系。我们可以看出经过这一步旋转，新坐标系的 Z' 轴和初始的 Z 轴依然重合，但 X 和 Y 轴不再重合。新的 X' 轴和 Y' 轴依然在 XY 平面以内，但和 X 轴和 Y 轴相差 ψ 角度。

新坐标系中的 Z' 轴坐标和初始坐标系中的 Z 轴坐标一样，X' 轴和 Y' 轴的坐标和初始的 X 和 Y 轴坐标是一个二维的旋转关系，所以得到的新坐标系和 XYZ 坐标系的旋转矩阵为

$$\boldsymbol{R}_1 = \begin{bmatrix} \cos\psi & \sin\psi & 0 \\ -\sin\psi & \cos\psi & 0 \\ 0 & 0 & 1 \end{bmatrix} \tag{B.16}$$

图 B.4 给出了第二步：绕 Y' 轴旋转 $-\theta$ 角度得到 $X''Y''Z''$ 坐标系。这一步的旋转基于上一次的 $X'Y'Z'$ 坐标系，而得到的是 $X''Y''Z''$ 坐标系。因为是绕 Y' 轴旋转，所以 Y'' 坐标不变，而 X'' 轴和 Z'' 轴和 X' 轴和 Z' 轴相差 $-\theta$ 角度。

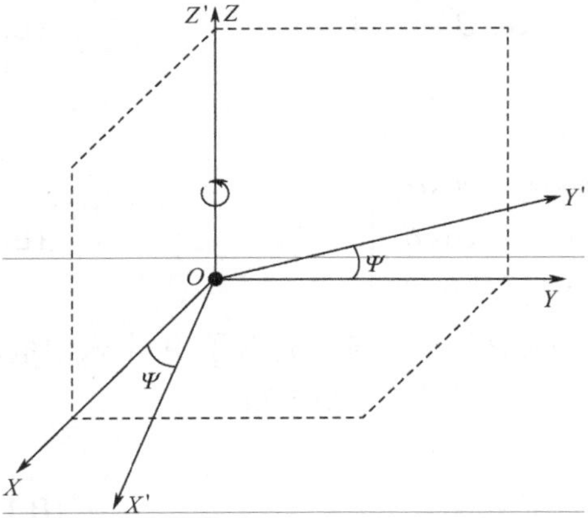

图 B.3 第一步：绕 Z 轴旋转 ψ 角度得到[$X'Y'Z'$]坐标系

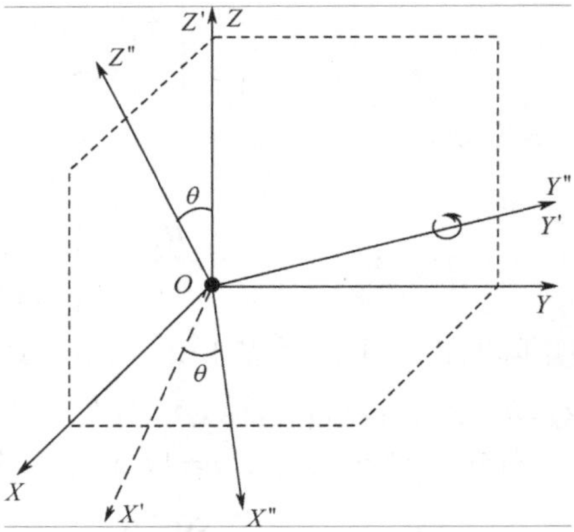

图 B.4 第二步：绕 Y' 轴旋转-θ 角度得到[$X''Y''Z''$]坐标系

由此得到从 $X'Y'Z'$ 坐标系到 $X''Y''Z''$ 坐标系的旋转矩阵为

$$\boldsymbol{R}_2 = \begin{bmatrix} \cos\theta & 0 & -\sin\theta \\ 0 & 1 & 0 \\ \sin\theta & 0 & \cos\theta \end{bmatrix} \tag{B.17}$$

图 B.5 给出了第三步：绕 X'' 轴旋转 ϕ 角度得到 $X'''Y'''Z'''$ 坐标系。这一步的旋转式基于上一次的 $X''Y''Z''$ 坐标系。因为是绕 X'' 旋转，所以 X'' 轴坐标不变。类似的分析表明，从 $X''Y''Z''$ 坐标系到 $X'''Y'''Z'''$ 坐标系的旋转矩阵

$$\boldsymbol{R}_3 = \begin{bmatrix} 1 & 0 & 0 \\ 0 & \cos\phi & \sin\phi \\ 0 & -\sin\phi & \cos\phi \end{bmatrix} \tag{B.18}$$

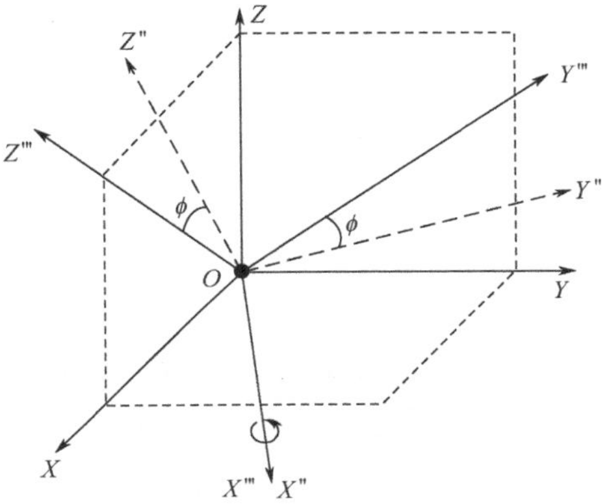

图 B.5 绕 X''' 轴旋转 ϕ 角度得到[$X'''Y'''Z'''$]坐标系

$X'''Y'''Z'''$ 坐标系就是最终的坐标系。综合以上步骤，可以得出从初始的 XYZ 坐标系到 $X'''Y'''Z'''$ 坐标系的旋转矩阵为

$$\begin{aligned}\boldsymbol{R}_{1\to 2} &= \boldsymbol{R}_3\boldsymbol{R}_2\boldsymbol{R}_1 \\ &= \begin{bmatrix} c(\theta)c(\psi) & c(\theta)s(\psi) & -s(\theta) \\ -c(\phi)s(\psi)+s(\phi)s(\theta)c(\psi) & c(\phi)c(\psi)+s(\phi)s(\theta)s(\psi) & c(\theta)s(\phi) \\ s(\phi)s(\psi)+c(\phi)s(\theta)c(\psi) & -s(\phi)c(\psi)+c(\phi)s(\theta)s(\psi) & c(\theta)c(\phi) \end{bmatrix}\end{aligned} \tag{B.19}$$

这里 $c(a)=\cos(a), s(a)=\sin(a)$。

式(B.19)给出的是从 XYZ 坐标系到 $X'''Y'''Z'''$ 坐标系的旋转矩阵 $\boldsymbol{R}_{1\to 2}$，式(B.9)中的 $\boldsymbol{R}_{2\to 1}$ 是从 $X'''Y'''Z'''$ 坐标系到 XYZ 坐标系的旋转矩阵，两者的关系为

$$\boldsymbol{R}_{2\to 1} = \boldsymbol{R}_{1\to 2}^{\mathrm{T}} \tag{B.20}$$

且

$$\boldsymbol{R}_{2\to 1}\boldsymbol{R}_{1\to 2} = \boldsymbol{I} \tag{B.21}$$

可以验证由式(B.19)得到的旋转矩阵依然满足式(B.10)～(B.12)和(B.13)～(B.15)。

从以上步骤可以非常明显地看出，只需要知道 3 个角度就可以确定旋转矩阵，两个坐标系之间的关系也就可以确定了，这个结论也和前面 3 个自由度的结论相吻合。

至此为止，我们的分析还基于两个坐标系原点重合的情况，也就是说两个坐标

系只有转动而没有平移。考虑更一般的情况，如图 B.6 所示。

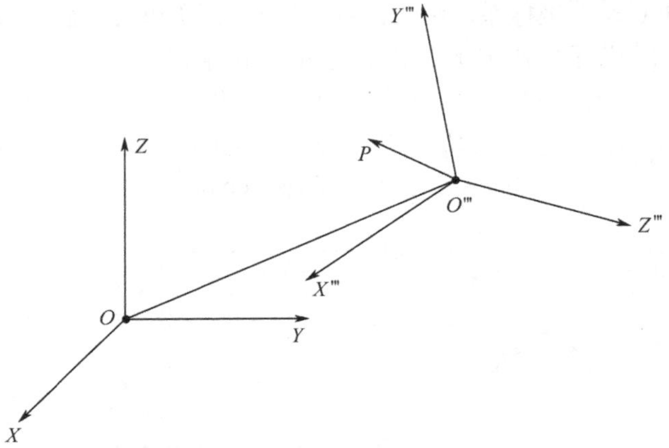

图 B.6　两个坐标系既有转动又有平移的情况

图 B.6 中 $X'''Y'''Z'''$ 坐标系和 XYZ 坐标系的原点不再重合，而发生了平移。在这种情况下，假设点 P 在 $X'''Y'''Z'''$ 坐标系中的坐标为 (x_2, y_2, z_2)，即

$$\boldsymbol{O'''P} = \begin{bmatrix} \boldsymbol{I}_2 & \boldsymbol{J}_2 & \boldsymbol{K}_2 \end{bmatrix} \begin{bmatrix} x_2 \\ y_2 \\ z_2 \end{bmatrix} \tag{B.22}$$

在这种情况下，点 P 在 XYZ 坐标系中的表示为

$$\begin{aligned} \boldsymbol{OP} &= \boldsymbol{OO'''} + [\boldsymbol{O'''P}]_1 \\ &= \begin{bmatrix} x_o \\ y_o \\ z_o \end{bmatrix} + \boldsymbol{R}_{2\to1} \begin{bmatrix} x_2 \\ y_2 \\ z_2 \end{bmatrix} \end{aligned} \tag{B.23}$$

其中，$[x_o, y_o, z_o]^T$ 是 $X'''Y'''Z'''$ 坐标系原点相对于 XYZ 坐标系的原点平移的矢量，$[\boldsymbol{O'''P}]_1$ 中的下标$_1$意为向量 $\boldsymbol{O'''P}$ 在 XYZ 坐标系中的表示。

知道了一个点的坐标在不同坐标系中的转换关系，就能推导出一个向量在不同坐标系中的转换关系。如图 B.7 所示，假设在 $X'''Y'''Z'''$ 坐标系中的向量 $\boldsymbol{QP} = [x_2, y_2, z_2]^{\mathrm{T}}$，那么在 XYZ 坐标系中该如何表示呢？

由向量的有关知识可知，在 $X'''Y'''Z'''$ 坐标系中

$$\boldsymbol{QP} = \boldsymbol{O'''P} - \boldsymbol{O'''Q} \tag{B.24}$$

将上式表示在 XYZ 坐标系中，并利用式(B.23)的结果可得

$$\begin{aligned} [\boldsymbol{QP}]_1 &= [\boldsymbol{O'''P}]_1 - [\boldsymbol{O'''Q}]_1 . \\ &= \left(\begin{bmatrix} x_o \\ y_o \\ z_o \end{bmatrix} + \boldsymbol{R}_{2\to1} \begin{bmatrix} x_P \\ y_P \\ z_P \end{bmatrix} \right) - \left(\begin{bmatrix} x_o \\ y_o \\ z_o \end{bmatrix} + \boldsymbol{R}_{2\to1} \begin{bmatrix} x_Q \\ y_Q \\ z_Q \end{bmatrix} \right) \end{aligned}$$

$$= \boldsymbol{R}_{2\to 1}\left(\begin{bmatrix} x_P \\ y_P \\ z_P \end{bmatrix} - \begin{bmatrix} x_Q \\ y_Q \\ z_Q \end{bmatrix}\right)$$

$$= \boldsymbol{R}_{2\to 1}\begin{bmatrix} x_2 \\ y_2 \\ z_2 \end{bmatrix} \tag{B.25}$$

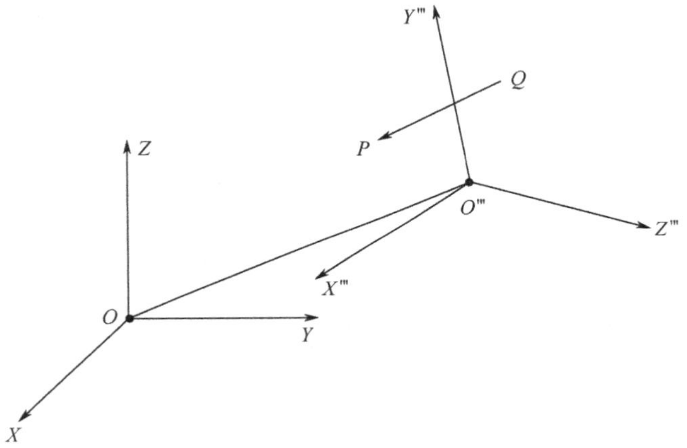

图 B.7　向量 $\overline{QP}$ 在两个坐标系中的表示

可见，对于向量来说，只需要考虑坐标系的旋转而不需要考虑坐标系的平移。

附录 C

NBP 和 WBP 的均值和方差

本节附录主要为了证明式(4.202)～式(4.206)，所用到的背景知识主要为概率论的相关知识。

根据第 4 章的式(4.200)和式(4.201)，

$$\mathrm{WBP}=\sum_{k=1}^{M}(S_{I,k}^2+S_{Q,k}^2) \tag{C.1}$$

$$\mathrm{NBP}=\left(\sum_{k=1}^{M}S_{I,k}\right)^2+\left(\sum_{k=1}^{M}S_{Q,k}\right)^2 \tag{C.2}$$

并且，

$$\begin{aligned}S_{I,k}&=A\cos(\Phi)+n_{I,k}\\S_{Q,k}&=A\sin(\Phi)+n_{Q,k}\end{aligned} \tag{C.3}$$

其中，A 为信号幅度，Φ 为初始相位差，在相干积分时刻段内可以认为不变或变化很小；$n_{I,k}$和 $n_{Q,k}$ 为噪声项，服从 $N(0,\sigma^2)$ 分布，不同积分时刻的 n_I 和 n_Q 可以认为是相互独立的。

将式(C.3)代入式(C.1)和(C.2)可得

$$\begin{aligned}\mathrm{WBP}=&A^2M+2A\cos\Phi\left(\sum_{k=1}^{M}n_{I,k}\right)+2A\sin\Phi\left(\sum_{k=1}^{M}n_{Q,k}\right)\\&+\left(\sum_{k=1}^{M}n_{I,k}^2\right)+\left(\sum_{k=1}^{M}n_{Q,k}^2\right)\end{aligned} \tag{C.4}$$

$$\begin{aligned}\mathrm{NBP}=&A^2M^2+2AM\cos\Phi\left(\sum_{k=1}^{M}n_{I,k}\right)+2AM\sin\Phi\left(\sum_{k=1}^{M}n_{Q,k}\right)\\&+\left(\sum_{k=1}^{M}n_{I,k}\right)^2+\left(\sum_{k=1}^{M}n_{Q,k}\right)^2\end{aligned} \tag{C.5}$$

令 $N_{I,M}=\sum_{k=1}^{M}n_{I,k}$，$N_{Q,M}=\sum_{k=1}^{M}n_{Q,k}$，则显然 $N_{I,M}$ 和 $N_{Q,M}$ 均服从 $N(0,M\sigma^2)$ 分布；令 $\mathrm{X}_{I,M}=\sum_{k=1}^{M}n_{I,k}^2$，$\mathrm{X}_{Q,M}=\sum_{k=1}^{M}n_{Q,k}^2$，则 $\mathrm{X}_{I,M}$ 和 $\mathrm{X}_{Q,M}$ 服从 M 个自由度的开方分布 $\chi^2(M)$，$\mathrm{X}_{I,M}$ 和 $\mathrm{X}_{Q,M}$ 的均值为 $M\sigma^2$，方差为 $2M\sigma^4$。

由此可以推导出 NBP 和 WBP 的均值，结果如式(C.6)和式(C.7)，可见结果和第 4 章式(4.202)和式(4.203)一致。

$$\begin{aligned}E[\mathrm{WBP}]=&A^2M+2A\cos\Phi\bullet E\left(\sum_{k=1}^{M}n_{I,k}\right)+2A\sin\Phi\bullet E\left(\sum_{k=1}^{M}n_{Q,k}\right)\\&+E\left(\sum_{k=1}^{M}n_{I,k}^2\right)+E\left(\sum_{k=1}^{M}n_{Q,k}^2\right)\\=&A^2M+2\sigma^2M\end{aligned} \tag{C.6}$$

$$
\begin{aligned}
E[\text{NBP}] &= A^2M^2 + 2AM\cos\Phi \bullet E\left(\sum_{k=1}^{M} n_{I,k}\right) + 2AM\sin\Phi \bullet E\left(\sum_{k=1}^{M} n_{Q,k}\right) \\
&\quad + E\left[\left(\sum_{k=1}^{M} n_{I,k}\right)^2\right] + E\left[\left(\sum_{k=1}^{M} n_{Q,k}\right)^2\right] \\
&= A^2M^2 + 2\sigma^2 M
\end{aligned}
\tag{C.7}
$$

下面推导式(4.204)和式(4.205)，首先推导出 $E\left[(\text{WBP})^2\right]$ 和 $E\left[(\text{NBP})^2\right]$。

$$
\begin{aligned}
E\left[(\text{WBP})^2\right] &= E\left[\left(A^2M + 2A\cos\Phi N_{I,M} + 2A\sin\Phi N_{Q,M} + \text{X}_{I,M} + \text{X}_{Q,M}\right)^2\right] \\
&= A^4M^2 + 4A^2\cos^2\Phi \bullet E\left[N^2{}_{I,M}\right] + 4A^2\sin^2\Phi \bullet E\left[N^2{}_{Q,M}\right] \\
&\quad + E\left[(X_{I,M} + X_{Q,M})^2\right] + 2A^2M \bullet E\left[X_{I,M} + X_{Q,M}\right] \\
&= A^4M^2 + 4A^2M\sigma^2 + 4A^2M^2\sigma^2 + 4M\sigma^4 + 4M^2\sigma^4
\end{aligned}
\tag{C.8}
$$

式(C.8)的推导过程中用到了以下结论：

$$
E\left[X_{I,M}\right] = E\left[X_{Q,M}\right] = M\sigma^2 \tag{C.9}
$$

$$
E\left[\left(X_{I,M}\right)\right]^2 = E\left[\left(X_{Q,M}\right)^2\right] = 2M\sigma^4 + M^2\sigma^4 \tag{C.10}
$$

$$
\begin{aligned}
E\left[(\text{NBP})^2\right] &= E\left[\left(A^2M^2 + 2AM\cos\Phi N_{I,M} + 2AM\sin\Phi N_{Q,M} + N_{I,M}^2 + N_{Q,M}^2\right)^2\right] \\
&= A^4M^4 + 4A^2M^2\cos^2\Phi \bullet E\left[N^2{}_{I,M}\right] + 4A^2M^2\sin^2\Phi \bullet E\left[N^2{}_{Q,M}\right] \\
&\quad + E\left[(N_{I,M}^2 + N_{Q,M}^2)^2\right] + 2A^2M^2 \bullet E\left[N_{I,M}^2 + N_{Q,M}^2\right] \\
&= A^4M^4 + 8A^2M^3\sigma^2 + 8M^2\sigma^4
\end{aligned}
\tag{C.11}
$$

式(C.11)的推导过程中用到了以下结论：

$$
E\left[N_{I,M}^2\right] = E\left[N_{Q,M}^2\right] = M\sigma^2 \tag{C.12}
$$

$$
E\left[N_{I,M}^2 + N_{Q,M}^2\right] = 2M\sigma^2 \tag{C.13}
$$

$$
E\left[(N_{I,M}^2 + N_{Q,M}^2)^2\right] = 8M^2\sigma^4 \tag{C.14}
$$

$(N_{I,M}^2 + N_{Q,M}^2)$ 服从自由度 2 的开方分布 $\chi^2(2)$，均值为 $2M\sigma^2$，方差为 $4M^2\sigma^4$，根据开方分布的性质不难推导出式(C.14)。

然后根据式(C.8)和式(C.14)可以得到

$$
\begin{aligned}
\text{var}[\text{WBP}] &= E\left[\left(\text{WBP}\right)^2\right] - \left(E[\text{WBP}]\right)^2 \\
&= 4M\sigma^4 + 4A^2M\sigma^2 \\
&= 4M\sigma^4\left(\frac{A^2}{\sigma^2} + 1\right)
\end{aligned}
\tag{C.15}
$$

同时，根据式(C.11)和式(C.7)可以得到

$$\begin{aligned}\operatorname{var}[\mathrm{NBP}] &= E\left[(\mathrm{NBP})^2\right]-\left(E[\mathrm{NBP}]\right)^2 \\ &= 4M^2\sigma^4+4A^2M^3\sigma^2 \\ &= 4M^2\sigma^4\left(\frac{MA^2}{\sigma^2}+1\right)\end{aligned} \tag{C.16}$$

至此证明了式(4.204)和式(4.205)。

$$\begin{aligned}\operatorname{cov}[\mathrm{WBP},\mathrm{NBP}] &= E\left[\left(\mathrm{WBP}-E[\mathrm{WBP}]\right)\bullet\left(\mathrm{NBP}-E[\mathrm{NBP}]\right)\right] \\ &= E\left[(\mathrm{WBP})\bullet(\mathrm{NBP})\right]-E[\mathrm{WBP}]\bullet E[\mathrm{NBP}]\end{aligned} \tag{C.17}$$

从式(C.17)可见，欲求 $\operatorname{cov}[\mathrm{WBP},\mathrm{NBP}]$，关键是求出 $E\left[(\mathrm{WBP})\bullet(\mathrm{NBP})\right]$。

$$\begin{aligned}(\mathrm{WBP})\bullet(\mathrm{NBP}) &= \left(\sum_{k=1}^{M}(S_{I,k}^2+S_{Q,k}^2)\right)\left[\left(\sum_{k=1}^{M}S_{I,k}\right)^2+\left(\sum_{k=1}^{M}S_{Q,k}\right)^2\right] \\ &= \left(\sum_{k=1}^{M}(S_{I,k}^2+S_{Q,k}^2)\right)\left[\sum_{k=1}^{M}(S_{I,k}^2+S_{Q,k}^2)+\sum_{\substack{i,j\\ i\neq j}}^{1..M}2S_{I,i}S_{I,j}+\sum_{\substack{i,j\\ i\neq j}}^{1..M}2S_{Q,i}S_{Q,j}\right] \\ &= (\mathrm{WBP})^2+(\mathrm{WBP})\bullet\left(\sum_{\substack{i,j\\ i\neq j}}^{1..M}2S_{I,i}S_{I,j}+\sum_{\substack{i,j\\ i\neq j}}^{1..M}2S_{Q,i}S_{Q,j}\right)\end{aligned} \tag{C.18}$$

根据式(C.18)可以得到

$$\begin{aligned}E\left[(\mathrm{WBP})\cdot(\mathrm{NBP})\right] &= E\left[(\mathrm{WBP})^2\right]+E[\mathrm{WBP}]\bullet E\left(\sum_{\substack{i,j\\ i\neq j}}^{1..M}2S_{I,i}S_{I,j}+\sum_{\substack{i,j\\ i\neq j}}^{1..M}2S_{Q,i}S_{Q,j}\right) \\ &= A^4M^3+4A^2M\sigma^2+2A^2M^2\sigma^2+2A^2M^3\sigma^2+4M\sigma^4+4M^2\sigma^4\end{aligned} \tag{C.19}$$

将式(C.19)、(C.6)和(C.7)代入式(C.17)可以得到

$$\begin{aligned}\operatorname{cov}[\mathrm{WBP},\mathrm{NBP}] &= 4A^2M\sigma^2+4M\sigma^4 \\ &= 4M\sigma^4\left(\frac{A^2}{\sigma^2}+1\right)\end{aligned} \tag{C.20}$$

至此式(4.205)证明完毕。

附录 *D*

和卫星椭圆轨道相关的推导

在本节中将推导 1.2.3 节中式(1.15)以及 6.1 节中式(6.14)、式(6.21)、式(6.22)和式(6.23)的由来。

首先，看图 D.1。假设 N 点坐标为 (x_0, y_0)，则根据椭圆曲线方程有

$$y_0 = b\sqrt{1-\frac{x^2}{a^2}} \tag{D.1}$$

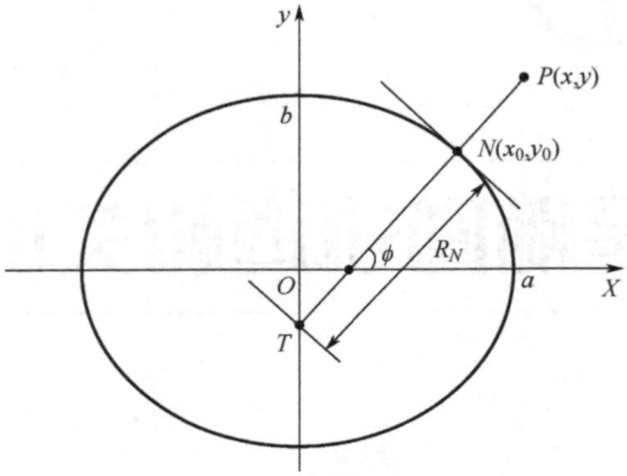

图 D.1 R_N 的含义

所以过 N 点做椭圆的切线，其斜率为

$$k_{\parallel} = -\frac{bx_0}{a\sqrt{a^2-x_0^2}} \tag{D.2}$$

则直线 NT 的斜率为

$$k_{\perp} = -1/k_{\parallel} = \frac{a\sqrt{a^2-x_0^2}}{bx_0} \tag{D.3}$$

由于 NT 过 N 点，N 点的坐标已知，所以可以得到 NT 的直线方程为

$$y = k_{\perp}x + \left(y_0 - \frac{a\sqrt{a^2-x_0^2}}{b}\right) \tag{D.4}$$

将上述方程中 x 置 0，得到 T 的坐标为

$$\left(0, y_0 - \frac{a\sqrt{a^2-x_0^2}}{b}\right)$$

则 R_N 为

$$\begin{aligned} R_N &= \|\overline{NT}\| = \sqrt{x_0^2 + \frac{a^2(a^2-x_0^2)}{b^2}} \\ &= \sqrt{\frac{a^4}{b^2} + (1-\frac{a^2}{b^2})x_0^2} \end{aligned} \tag{D.5}$$

由关系式

$$\tan\phi = \frac{a\sqrt{a^2 - x_0^2}}{bx_0} \tag{D.6}$$

可以推导出

$$x_0^2 = \frac{a^4\cos^2\phi}{b^2\sin^2\phi + a^2\cos^2\phi} \tag{D.7}$$

将式(D.7)代入式(D.5)可以得到

$$R_N = \frac{a^2}{\sqrt{b^2\sin^2\phi + a^2\cos^2\phi}} \tag{D.8}$$

至此已经证明了式(1.15)的结果。

下面证明式(6.21)、(6.22)和(6.23)，首先，来看图D.2。

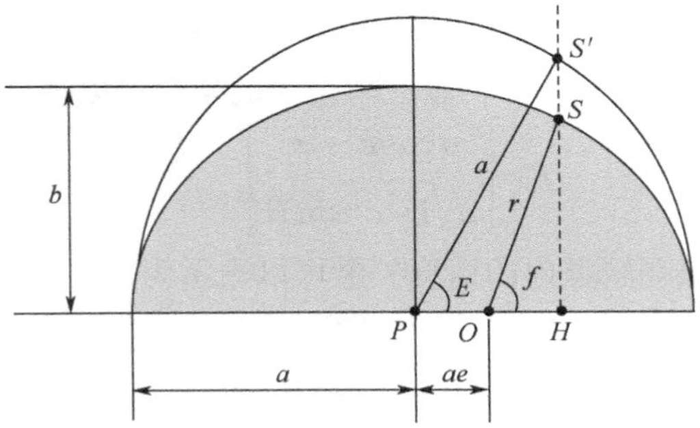

图D.2　偏进点角和真近点角的关系

图D.2中S点所在的曲线为椭圆曲线，椭圆的长半轴为a，短半轴为b；S'点所在的曲线和椭圆曲线同心，以椭圆长半轴为半径的圆周曲线。

图D.2中一个很关键的关系式是

$$\frac{\|\overline{S'H}\|}{\|\overline{SH}\|} = \frac{a}{b} = \frac{1}{\sqrt{1-e^2}} \tag{D.9}$$

式(D.9)藉由解析几何的知识很容易推导。实际上，只要列出圆周和椭圆曲线的方程就一目了然了。假设S'和S点的横坐标为x，则

$$\|\overline{S'H}\| = a\sqrt{1 - \frac{x^2}{a^2}} \tag{D.10}$$

$$\|\overline{SH}\| = b\sqrt{1 - \frac{x^2}{a^2}} \tag{D.11}$$

因为

$$\|\overline{SH}\| = r\sin f \tag{D.12}$$

结合式(D.9)和上式可以推出

$$\|\overline{S'H}\| = \frac{r\sin f}{\sqrt{1-e^2}} \tag{D.13}$$

因为

$$\|\overline{PH}\| = a\cos E \tag{D.14}$$

$$\|\overline{PO}\| = ae \tag{D.15}$$

所以

$$\|\overline{OH}\| = r\cos f = a\cos E \ - ae \tag{D.16}$$

而 $\|\overline{S'H}\|$ 可以表示为

$$\|\overline{S'H}\| = a\sin E \tag{D.17}$$

则根据式(D.9)可以得到

$$\|\overline{SH}\| = r\sin f = a\sqrt{1-e^2}\sin E \tag{D.18}$$

至此证明了式(6.21)，(6.22)和(6.23)。

式(6.14)的证明稍微麻烦一些，需要以下的已知条件。

由式(D.16)和式(D.18)可知，卫星在轨道内的坐标可以表示为

$$\bar{r} = \begin{bmatrix} a\cos E - ae \\ a\sqrt{1-e^2}\sin E \end{bmatrix} \tag{D.19}$$

对(D.19)求导，则卫星在轨道内的速度矢量可以表示为

$$\dot{\bar{r}} = \begin{bmatrix} -a\sin E \\ a\sqrt{1-e^2}\cos E \end{bmatrix}\frac{\mathrm{d}E}{\mathrm{d}t} \tag{D.20}$$

根据式(6.12)和式(6.13)可得

$$\left|\bar{r}\times\dot{\bar{r}}\right| = \sqrt{\mu a(1-e^2)} \tag{D.21}$$

将式(D.19)和(D.20)代入式(D.21)可以得到

$$\frac{\mathrm{d}E}{\mathrm{d}t} = \frac{-\sqrt{\mu}}{a^{\frac{3}{2}}(1-e\cos E)} \tag{D.22}$$

因此卫星速度

$$\begin{aligned} v^2 &= \left\{(-a\sin E)^2 + \left[a\sqrt{1-e^2}\cos E\right]^2\right\}\left(\frac{\mathrm{d}E}{\mathrm{d}t}\right)^2 \\ &= a^2\left(1-e^2\cos^2 E\right)\left(\frac{\mathrm{d}E}{\mathrm{d}t}\right)^2 \end{aligned} \tag{D.23}$$

将式(D.22)代入式(D.23)得到

$$v^2 = \frac{\mu(1+e\cos E)}{a(1-e\cos E)} \tag{D.24}$$

利用关系式 $r = a(1-e\cos E)$ 代入上式得到

$$v(r) = \sqrt{\mu\left(\frac{2}{r}-\frac{1}{a}\right)} \tag{D.25}$$

式(D.25)即式(6.14)。

附录 E

电离层延迟的 Klobuchar 模型

目前，北斗和 GPS 的导航电文传播的电离层延迟模型都为 Klobuchar 模型，该模型可以在全球范围内提供大约 50%的电离层延迟修正，Klobuchar 模型使用了 8 个参数的约束，其理论数学模型可以用下式表示：

$$D_{\text{iono}} = F\left[b + A\cos\left(\frac{2\pi(t-\varsigma)}{\text{Per}}\right)\right] \tag{E.1}$$

其中，F 为倾斜因子；b 为垂直延迟常数；A 为余弦曲线振幅；ς 为初始相位时刻，一般取余弦曲线极点的时刻，即当地时间 14：00，表示为秒即 50 400 s，Per 为余弦曲线周期。

从式(E.1)可以看出，Klobuchar 模型把电离层延迟看作一定周期的余弦函数，卫星传播的电离层参数包含了(α_1，α_2，α_3，α_4，β_1，β_2，β_3，β_4) 8 个参数，其中 α_i 用来计算 A，β_i 用来计算 Per。这个模型仅仅在单频独立接收机时使用，在差分模式和双频接收机不应该使用。

计算 D_{iono} 需要以下已知量。

- E：接收机相对于卫星的仰角；
- Z：接收机相对于卫星的方位角；
- ϕ_{u}：接收机的 WGS-84 纬度；
- λ_{u} 接收机的 WGS-84 经度；
- T_{gps}：GPS 系统时间。

计算过程如下所述。

① 计算接收机位置和电离层穿刺点在地球的投影之间的地心夹角 ψ。

$$\psi = \frac{0.0137}{E+0.11} - 0.022 \tag{E.2}$$

② 计算电离层穿刺点在地球投影位置的经纬度 ϕ_i 和 λ_i。

$$\phi_i = \begin{cases} \phi_u + \psi\cos(Z) & |\phi_i| \leqslant 0.416 \\ 0.416 & \phi_i > 0.416 \\ -0.416 & \phi_i < -0.416 \end{cases} \tag{E.3}$$

$$\lambda_i = \lambda_u + \frac{\psi\sin(Z)}{\cos(\phi_i)} \tag{E.4}$$

③ 计算电离层穿刺点的磁纬 ϕ_m。

$$\phi_m = \phi_i + 0.064\cos(\lambda_i - 1.617) \tag{E.5}$$

④ 利用电离层参数中的 β_i 计算 Per。

$$\text{Per} = \begin{cases} \sum_{i=0}^{3}\beta_i(\phi_m)^i & \text{Per} > 72\,000 \\ 72\,000 & \text{Per} \leqslant 72\,000 \end{cases} \tag{E.6}$$

⑤ 利用电离层参数中的 α_i 计算 A。

$$A=\begin{cases}\sum_{i=0}^{3}\alpha_i(\phi_m)^i & A\geqslant 0\\ 72\,000 & A<0\end{cases} \tag{E.7}$$

⑥ 计算电离层穿刺点的本地时间 t 和余弦项参数 x。

$$t=4.32\times10^4\lambda_i+T_{\text{gps}} \tag{E.8}$$

$$x=\frac{2\pi(t-50\,400)}{\text{Per}} \tag{E.9}$$

⑦ 计算径斜因子 F。

$$F=1.0+16(0.53-E)^3 \tag{E.10}$$

⑧ 计算 L1 的电离层延迟修正 D_{iono}。

$$D_{\text{iono}}=\begin{cases}F\left[5\times10^{-9}+A\left(1-\frac{x^2}{2}+\frac{x^4}{24}\right)\right] & |x|<\frac{\pi}{2}\\ F\times5\times10^{-9} & |x|\geqslant\frac{\pi}{2}\end{cases} \tag{E.11}$$

式(E.11)中对余弦函数 $\cos(x)$做了泰勒级数近似，垂直延迟常数 $b=5\times10^{-9}$。

如果需要计算 L2 频点上的电离层修正，则

$$D_{\text{iono2}}=\frac{77^2}{60^2}D_{\text{iono}} \tag{E.12}$$

细心的读者会发现式(E.12)中的系数是 L1 和 L2 的载波频率平方的比值。

北斗接口控制文档中给出了计算北斗卫星电离层延迟的 Klobuchar 参数，原理和本节讲述的类似，只是具体细节上有所不同，读者可以参看北斗 ICD 了解具体处理细节和步骤。

反侵权盗版声明